普通高等教育“十一五”规划教材
PUTONG GAODENG JIAOYU SHIYIWU GUIHUA JIAOCAI

GONGCHENG ZHITU

工程制图

（第二版）

主　编　于春艳　陶　怡
副主编　郭全花　顾世权
编　写　张国兴　刘玉杰　纪　花
主　审　韦节廷

中国电力出版社
http://jc.cepp.com.cn

内 容 提 要

全书共分17章，在知识结构方面可分为六大部分：①画法几何，包括投影法、点线面投影、立体及其表面交线等内容；②制图基础，包括制图的基本知识和技能、组合体、轴测图、机件表达方法等内容；③机械制图，包括标准件与常用件、零件图、装配图等内容；④土建制图，包括建筑工程图、结构工程图；⑤专业图，包括给水排水工程图、采暖工程图、通风与空调工程图、电气工程图、展开图、焊接图和钢结构等内容；⑥计算机绘图，包括AutoCAD 2006绘图软件的基本命令的操作，利用AutoCAD 2006绘图软件绘制机械图、建筑图和专业图的基本方法等内容。教学时，可根据各专业的需要对内容作不同的取舍。

本书所涉及国家标准的有关内容，全部采用最新标准，在编写上体现素质教育，着重培养学生的绘图和读图能力。

为配合教学需要，另编有《工程制图习题集（第二版）》一书，与本书配套使用。

本书可作为普通高等院校非机类各专业，如给水排水、建筑环境与设备工程、电气工程、环境工程、楼宇自动化等相关专业的教材，也可供相近的其他专业选用。

图书在版编目（CIP）数据

工程制图/于春艳，陶怡主编．—2版．—北京：中国电力出版社，2008.8（2014.7重印）
普通高等教育"十一五"规划教材
ISBN 978-7-5083-7672-1

Ⅰ．工…　Ⅱ．①于…②陶…　Ⅲ．工程制图—高等学校—教材　Ⅳ．TB23

中国版本图书馆CIP数据核字（2008）第100221号

中国电力出版社出版、发行
（北京市东城区北京站西街19号　100005　http://jc.cepp.com.cn）
汇鑫印务有限公司印刷
各地新华书店经售
*
2004年7月第一版
2008年8月第二版　　2014年7月北京第九次印刷
787毫米×1092毫米　16开本　25.75印张　628千字
定价**38.00**元

前 言

为贯彻落实教育部《关于进一步加强高等学校本科教学工作的若干意见》和《教育部关于以就业为导向深化高等职业教育改革的若干意见》的精神，加强教材建设，确保教材质量，中国电力教育协会组织制订了普通高等教育"十一五"教材规划。该规划强调适应不同层次、不同类型院校，满足学科发展和人才培养的需求，坚持专业基础课教材与教学急需的专业教材并重、新编与修订相结合。本书为修订教材。

本书为普通高等教育"十一五"规划教材，是参照国家教育部修订的适用于非机类专业《画法几何及工程制图课程教学基本要求》，并经过大量的调查研究，在广泛征求非机类各专业对工程制图课程的意见和要求，综合一些学校教学改革的成果及各位编委在该专业多年的教学经验而编写完成的。本书可作为房屋建筑设备工程本科各专业（如给水排水、供热通风、电气工程、环境工程等）的工程制图课程的教材，也可供相近的其他专业选用。另外，还编写了《工程制图习题集（第二版）》，也由中国电力出版社同时出版，与本书配套使用。

由于建筑设备工程各专业所使用的设备、配件、仪器等的图示方法，各种设备仪器的安装方式等均采用机械制图规定的方法表示，要求学生掌握机械制图的基本方法和投影作图规律，具备绘制和阅读机械图样的初步能力。另外，房屋建筑设备工程的安装离不开建筑物，房屋建筑设备工程各专业的专业图，是按照《建筑制图》有关国家标准绘制而成。因此，要求学生还必须学习和掌握房屋建筑图和各专业图的基本知识，具备绘制和阅读房屋建筑图和专业图的初步能力。计算机绘图在工程设计中得到了广泛的应用，掌握计算机绘图技术已成为工程技术人员必须具备的一项基本技能。本书选用 AutoCAD 2006 绘图软件，将工程制图内容与计算机绘图融为一体，在掌握工程制图的基本方法、绘图步骤的同时，能够在计算机上正确画出零件图、装配图、房屋建筑图和各专业的专业图。

本书在知识结构方面可分为六大部分：①画法几何，包括投影法、点线面投影、立体及其表面交线等内容；②制图基础，包括制图的基本知识和技能、组合体、轴测图、机件表达方法等内容；③机械制图，包括标准件与常用件、零件图、装配图等内容；④土建制图，包括建筑工程图、结构工程图；⑤专业图，给水排水工程图、采暖工程图、通风与空调工程图、电气工程图、展开图、焊接图和钢结构等内容；⑥计算机绘图，包括 Auto CAD2006 绘图软件的基本命令的操作，利用 AutoCAD 2006 绘图软件绘制机械图和建筑图的基本方法等内容。教学时，可根据各专业的需要对内容作不同的取舍。

本书主要采用的国家标准有：《机械制图》(GB/T 14689～14691—1993、GB/T 4458.1～4458.4—2002、GB/T 4459.1～4459.4—2003)，《技术制图》(GB/T 14689～14692—1993)，《建筑制图标准》(GB/T 50104—2001)、《房屋建筑制图统一标准》(GB/T 50001—2001)、《总图制图标准》(GB/T 50103—2001)、《建筑结构制图标准》(GB/T 50105—2001)、《给水排水制图标准》(GB/T 50106—2001)、《暖通空调制图标准》(GB/T 50114—2001)、《电气简图用图形符号》(GB/T 4728) 等。

本书在编写工程中，注意语言精练，内容准确，例题典型，重点突出。从对人才的知识、素质、能力综合培养的要求出发，密切结合我国工程实际，努力反映近代绘图新技术，贯彻新标准，由浅入深，循序渐进，内容丰富，适用面广。

本书由长春工程学院于春艳、平顶山工学院陶怡主编，本书的编写分工是：第一～三章由平顶山工学院陶怡编写；第四、六章由平顶山工学院张国兴编写；第七～九章由长春工程学院刘玉杰编写；第五、十、十一章由长春工程学院顾世权编写；第十二～十五章由长春工程学院于春艳编写；第十六、十七章由长春工程学院纪花编写；书中计算机绘图内容全部由河北建筑工程学院郭全花编写。

本书由长春工程学院韦节廷教授主审，审稿人对本书初稿进行了详尽的审阅和修改，提出许多宝贵意见，在此表示衷心感谢。

限于编者水平，书中难免存在缺点和不足之处，敬请读者批评指正。

编　者

2008 年 5 月

第一版前言

本教材是按照国家教委1995年印发的适用于非机类专业《画法几何及工程制图课程教学基本要求》，并经过大量的调查研究，在广泛征求非机类各专业对工程制图课程的意见和要求，综合一些学校教学改革的成果及各位编委在该专业多年的教学经验而编写完成的。本教材可作为房屋建筑设备工程本科各专业（如给水排水、供热通风、电气工程、环境工程等）的《工程制图》课程的教材，也可供相近的其他专业选用。另外，为方便教学，还编写了《工程制图习题集》，也由中国电力出版社同时出版，与本教材配套使用。

由于建筑设备工程各专业所使用的设备、配件、仪器等的图示方法，各种设备仪器的安装方式等均采用机械制图规定的方法表示，要求学生掌握机械制图的基本方法和投影作图规律，具备绘制和阅读机械图样的初步能力。另外，房屋建筑设备工程的安装离不开建筑物，房屋建筑设备工程各专业的专业图，是按照《建筑制图》有关国家标准绘制而成。因此，要求学生还必须学习和掌握房屋建筑图和各专业图的基本知识，具备绘制和阅读房屋建筑图和专业图的初步能力。计算机绘图在工程设计中得到了广泛的应用，掌握计算机绘图技术已成为工程技术人员必须具备的一项基本技能。本教材选用AutoCAD 2000绘图软件，将工程制图内容与计算机绘图融为一体，在掌握工程制图的基本方法、绘图步骤的同时，能够在计算机上正确画出零件图、装配图、房屋建筑图和各专业的专业图。

本教材在知识结构方面可分为六大部分：①画法几何，包括投影法、点线面投影、立体及其表面交线等内容；②制图基础，包括制图的基本知识和技能、组合体、轴测图、机件表达方法等内容；③机械制图，包括标准件与常用件、零件图、装配图等内容；④土建制图，包括建筑工程图、结构工程图；⑤专业图，给水排水工程图、采暖工程图、通风与空调工程图、电气工程图、展开图、焊接图和钢结构等内容；⑥计算机绘图，包括AutoCAD 2000绘图软件的基本命令的操作，利用AutoCAD2000绘图软件绘图软件绘制机械图和建筑图的基本方法等内容。教学时，可根据各专业的需要对内容作不同的取舍。

本教材主要采用的国家标准有：《机械制图》（GB 4457.4～4460—1984、GB/T 131—1993、GB/T 4459.11995），《技术制图》（GB/T 14689～14692—1993），《建筑制图标准》（GB/T 50104—2001）、《房屋建筑制图统一标准》（GB/T 50001—2001）、《总图制图标准》（GB/T 50103—2001）、《建筑结构制图标准》（GB/T 50105—2001）、《给水排水制图标准》（GB/T 50106—2001）、《暖通空调制图标准》（GB/T 50114—2001）、《电气简图用图形符号》（GB/T 4728）等。

本教材在编写工程中，注意语言精练，内容准确，例题典型，重点突出。从对人才的知识、素质、能力综合培养的要求出发，密切结合我国工程实际，努力反映近代绘图新技术，贯彻新标准，由浅入深，循序渐进，内容丰富，适用面广。

本教材由长春工程学院于春艳、平顶山工学院张国兴主编，本教材的编写分工是：第一、二、七章由平顶山工学院张国兴编写；第三、四、六章由平顶山工学院陶怡编写；第八、九章由平顶山工学院王红阁编写；第十、十一章由长春工程学院顾世权编写；第十二、

十三、十四、十五章由长春工程学院于春艳编写；第五、十六、十七章由吉林市辐射化学工业公司何立新编写；书中计算机绘图内容全部由河北建筑工程学院郭全花编写。

本书由长春工程学院韦节廷教授主审，审稿人对本教材初稿进行了详尽的审阅和修改，提出许多宝贵意见，在此表示衷心感谢。

限于编者水平，书中难免存在缺点和不足之处，敬请读者批评指正。

编　者

2003年10月

目　　录

绪　　论

按一定的投影方法，准确地表达物体的形状、大小及技术与施工要求的图形，称为工程图样。工程图样是表达和交流技术思想的重要工具，是机械制造、工程施工的最基本的技术文件；是用来进行设计、制造、检验、装配产品的重要技术文件；也是组织工业生产和工程施工、编制工程预算的主要依据。在使用机器、仪表和设备时，也常常通过阅读图样来了解它的结构和性能。所以工程图是工业生产与工程施工中不可缺少的技术资料。因此，它被称之为工程界共同的“技术语言”。每个工程技术人员都必须掌握这种技术语言，即具有绘制和阅读工程图样的能力。

一、本课程的地位、性质和任务

“工程制图”课程是工科院校各专业必修的一门技术基础课。它是研究用投影法绘制工程图样，解决空间几何问题的技术基础课。其主要目的是培养学生绘图、读图和图解空间几何问题的能力。它的主要任务有以下几方面：

（1）使学生掌握投影法的基本理论及其应用。

（2）培养学生对简单的空间几何问题的图解能力和基本形体的图示能力。

（3）培养对三维形状和相关位置的空间逻辑思维和形象思维能力。

（4）研究工程图样的图示理论和方法，培养绘制和阅读工程图样的能力。

（5）培养学生认真负责的态度和严谨细致的作风。

二、本课程的内容与要求

本课程的内容包括画法几何、制图基础、机械图、建筑图、专业图和计算机绘图基础六部分，具体内容与要求如下：

（1）画法几何是工程制图的理论基础，通过学习投影法，掌握表达空间几何形体（点、线、面、体）和图解空间几何问题的基本理论和方法。

（2）制图基础要求学生学会正确使用绘图工具和仪器的方法，贯彻国家标准中有关工程制图的基本规定，掌握工程形体的和机件的画法、读图方法和尺寸标注法。培养正确使用绘图工具、仪器和徒手绘图的能力。

（3）机械图要求学生能正确地阅读与绘制一般复杂程度的零件图和装配图。所绘图样能够做到投影正确，尺寸完整，字体工整，线型标准，图面整洁、美观，符合《技术制图》、《机械制图》等有关国家标准的规定。

（4）通过建筑图的学习，应了解《建筑制图》国家标准的有关规定，了解建筑施工图、结构施工图和设备施工图的表达内容和图示特点，能够查阅有关建筑制图国家标准的规定，具备初步绘制和阅读建筑图的能力。

（5）专业图部分要求学生了解有关专业的一些基本知识，专业图的表达内容和图示特点，掌握有关专业制图标准的规定，具备初步绘制和阅读专业图样的能力。

（6）计算机绘图是适应现代化建设的一种新的图学技术，也是本课程发展的一个重要方向。目前，计算机绘图在工程设计中得到了广泛的应用，掌握计算机图形技术已成为工程技术人员必须具备的一项基本技能。提高对计算机绘图软件 AutoCAD 2000 的学习，要求学生掌握二维图形的绘制与编辑命令，能够利用计算机绘制零件图、装配图和建筑图等。

本课程只能为学生的绘图和读图打下一定的基础，要达到合格的工科学生所必须具备的有关要求，还需在后续课程、生产实习、课程设计和毕业设计中继续培养和提高。

三、本课程的学习方法

(1)由于本课程是一门实践性较强的课程，所以必须切实加强实践性教学环节，认真地完成一定数量的习题和作业，包括上机操作的习题。通过习题和作业，理解和应用投影法的基本理论；贯彻制图标准的基本规定；熟悉初步的专业知识；训练手工绘图和计算机绘图的操作技能；培养对三维形状和相关位置的空间逻辑思维和形象思维能力；培养绘图和读图能力。

(2) 学习画法几何，应在理解几何形体的投影特性基础上，通过想象形体之间的相对位置和进行几何分析，通过形象思维和逻辑推理确定解决图示空间几何形体和图解空间几何问题的步骤，然后循序作图完成。

(3) 学习制图基础，应了解、熟悉和严格遵守制图标准的有关规定，踏实地进行制图技能的操作训练，养成正确使用制图工具、仪器，以及正确地循序制图和准确作图的习惯，在培养绘制和阅读工程图样的基本能力时，必须由浅入深地反复通过由物画图，由图想物，分析和想象空间形体与图纸上图形之间的对应关系，逐步提高对三维形状与相关位置的空间逻辑思维能力和形象思维能力，掌握正投影基本作图方法及其应用。

(4) 学习机械图，侧重于在初步工程意识指导下，综合运用基础理论，表达和识读工程实际中的零件、部件。掌握零件图和装配图中所表达的内容，熟悉《机械制图》国家标准中的一些基本的规定，学会查阅国家标准的基本方法。

(5) 在进入学习土木建筑专业图阶段后，应结合所学的一些初步专业知识，运用制图基础阶段所学的制图标准的基本规定和当前所学的专业制图标准的有关规定，读懂教材和习题上所列出的主要图样，在绘制专业图作业时，必须在读懂已有图样的基础上进行制图，继续进行制图技能的操作训练，严格遵守制图标准的各项规定，坚持培养认真负责的工作态度，从而达到培养绘制和阅读专业图样的初步能力。

(6) 学习计算机绘图基础时，必须重视上机操作实践和完成一定的习题，输出习题中所指定的图形，只有这样，才能培养学生具有利用计算机生成图形的初步能力。

(7) 在学习本课程的过程中，应逐步提高自学能力、分析问题和解决问题的能力，及时复习和进行阶段小结，学会通过自己阅读作业提示和查阅教材来解决习题和作业中的问题，作为培养今后查阅有关标准、规范、手册等资料来解决工程实际问题的能力的起步。要有意识地逐步将中学时期的学习方法转变为适应于高等工程教育的学习方法。

(8) 工程图样是指导施工和制造的主要依据。因此绘制工程图样时，一定要作到图形正确，表达清晰，图面整洁，能确切地表明机器、零件、建筑物、构筑物的形状、大小和技术要求。如有错误，则不但会给施工或制造带来困难，而且还会造成财产的损失。因此，在学习工程中，一定要严肃认真，耐心细致，具有刻苦钻研，一丝不苟的学习态度和工作作风。

第一章　制图的基本知识

图样是生产过程中的重要技术资料和主要依据。在画图和看图过程中，首先应对制图的基本知识有所了解。基本知识内容包括技术制图的基本规定；绘图工具的正确使用；几何图形的作图方法以及画图的基本技能等。

第一节　图纸幅面、比例、图线和字体的规定

作为指导生产的技术文件，工程图样必须有统一的标准。这些标准对科学地生产和图样的管理起着重要作用，在绘图时均应熟悉并严格遵守国家标准的有关规定。

《技术制图》(GB 14689～GB 14692—1993) 对图纸幅面、比例、图线和字体均有明确规定。

一、图纸幅面和格式 (GB/T 14689—1993)

(1) 绘制图样时，应优先采用表 1-1 中规定的基本幅面。必要时可使用加长幅面。加长幅面是使基本幅面的短边成整数倍增加。

表 1-1　　图纸幅面和边框尺寸

幅面代号	A0	A1	A2	A3	A4
$B \times L$	841×1189	594×841	420×594	297×420	210×297
e	20		10		
c	10			5	
a	25				

(2) 画图时先定出图纸幅面，并用粗实线画出图框；图框有留装订边和不留装订边两种，其格式见图 1-1 和图 1-2。尺寸见表 1-1 中的规定。

(3) 图纸可以横放，也可以竖放，但每张图纸均要有标题栏。为使看图方向与标题栏方

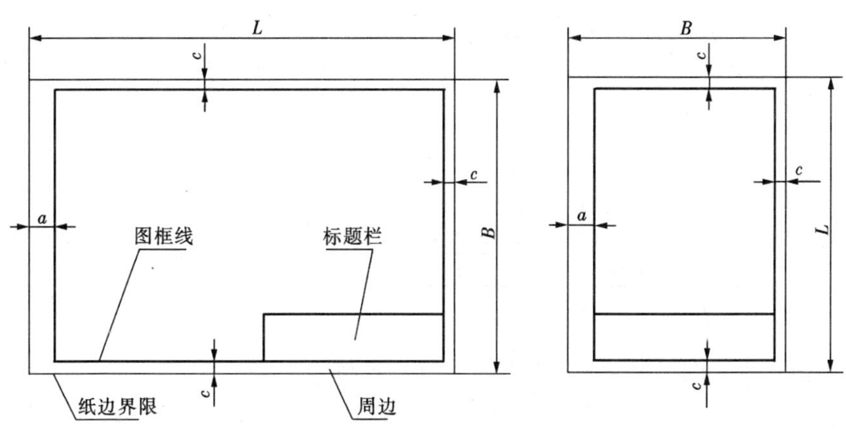

图 1-1　留装订边格式

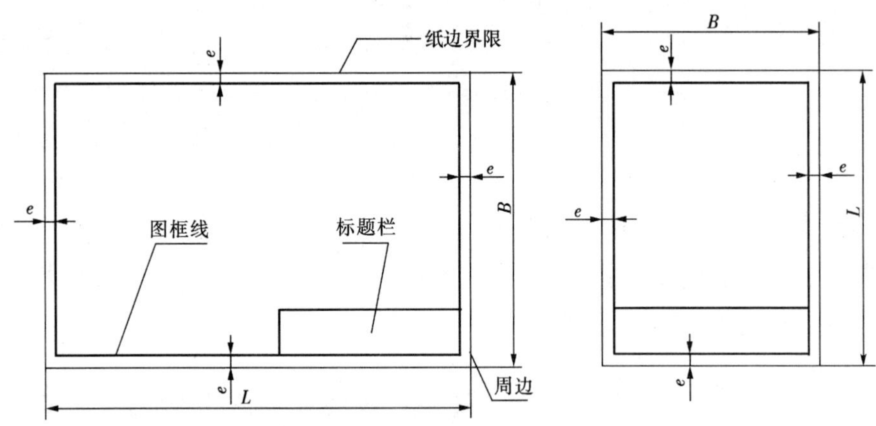

图 1-2 不留装订边格式

向一致，通常标题栏置于图纸的右下角。

《技术制图标题栏》（GB 10609.1—1989）对标题栏的格式和尺寸均作了规定，其中涉及内容项目较多。建议制图作业的标题栏采用图 1-3 所示的格式。

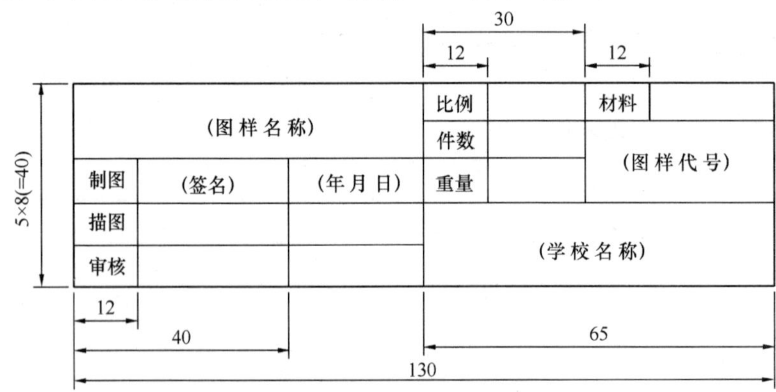

图 1-3 标题栏

二、比例（GB/T 14690—1993）

1．比例

比例是指图形与实物相应要素的线性尺寸之比。

2．比例的三种类型（表 1-2）

表 1-2　　比　例

原值比例	1∶1
缩小比例	（1∶1.5）1∶2（1∶2.5）（1∶3）（1∶4）1∶5（1∶6）1∶1×10^n （1∶1.5×10^n）1∶2×10^n（1∶2.5×10^n）（1∶3×10^n）（1∶4×10^n）1∶5×10^n（1∶6×10^n）
放大比例	2∶1（2.5∶1）（4∶1）5∶11×10^n∶12×10^n∶1（2.5×10^n∶1）（4×10^n∶1）5×10^n∶1

注　n 为正整数，优先选用没有括弧的比例。

（1）原值比例，图形尺寸与实物尺寸一样，比例为 1∶1；

（2）放大比例，图形尺寸大于实物尺寸，如比例为 2∶1，即图形线性尺寸是实物线性尺寸的 2 倍；

（3）缩小比例，图形尺寸小于实物尺寸，如比例为 1∶2，即图形线性尺寸是实物线性尺寸的一半。

3. 需注意问题

（1）不管图形放大或缩小，均须标注实物的实际尺寸。为了看图方便，画图时尽量采用原值比例。当实物过大或过小时，则宜采用缩小或放大比例。比例已标准化，须按表 1-2 所列选用适当比例。

（2）绘制同一实物的各个视图应采用相同的比例，一般标注在标题栏中的比例项内。比例的符号应以“∶”表示，必要时，可在视图名称的下方标注比例，如：

$$\frac{\mathrm{I}}{2:1} \quad \frac{A-A}{1:2}$$

三、字体（GB/T 14691—1993）

在图样上除了应表达机件的形状外，还需要用文字和数字注明机件的大小、技术要求及其他说明。

1. 字体的书写

字体书写必须做到：

字体工整、笔画清楚、间隔均匀、排列整齐。

2. 字体的号数

字体的号数即字体的高度。字体的高度（用 h 表示）系列为：1.8，2.5，3.5，5，7，10，14，20mm。汉字高度不应小于 3.5mm。

3. 字体的宽度

字体的宽度 b 一般为 $h/\sqrt{2}$，字母和数字分 A 型和 B 型，A 型字体笔划宽度为字高的 1/14，B 型字体笔划宽度为字高的 1/10。在同一图样中采用同一型式的字体。

4. 字体的示例

字体分成直体和斜体两种，斜体字头向右倾斜，与水平线成 75°。字母和数字一般写成斜体。

（1）汉字。汉字应写成长仿宋字体，不分斜体或直体。其书写要领是横平竖直、注意起落、结构均匀、填满方格。汉字的基本笔划为点、横、竖、撇、捺、挑、点、折、钩。其基本笔画见表 1-3。

表 1-3　　长仿宋字体基本笔画

名称	横	竖	撇	捺	挑	点	钩	折
形状								
笔法								

汉字示例见图 1-4。

（2）字母和数字。字母和数字常用斜体。见图 1-5～图 1-9。

10 号字

字体工整 笔画清楚 间隔均匀 排列整齐

7 号字

横平竖直注意起落结构均匀填满方格

5 号字

技术制图机械电子汽车航空船舶土木建筑矿山井坑港口纺织服装

图 1-4 长仿宋字体

A 型大写斜体

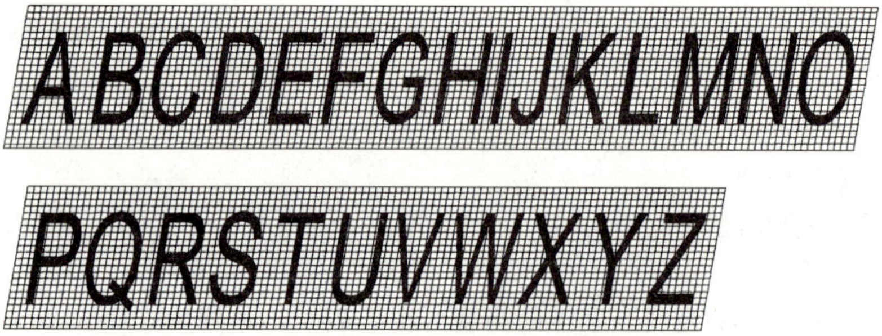

ABCDEFGHIJKLMNO
PQRSTUVWXYZ

图 1-5 大写拉丁字母

A 型小写斜体

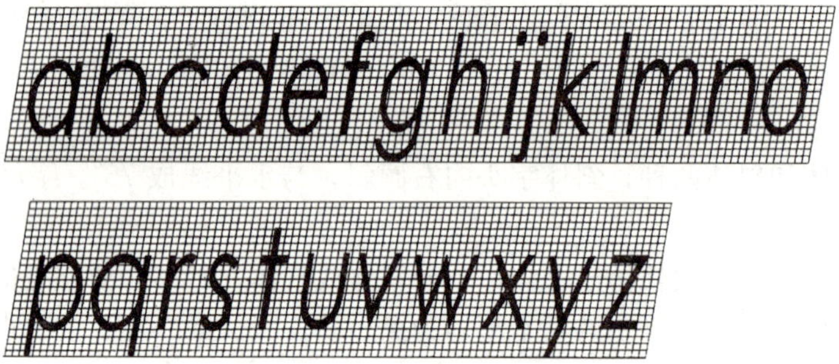

abcdefghijklmno
pqrstuvwxyz

图 1-6 小写拉丁字母

A 型斜体

0123456789

图 1-7 阿拉伯数字

A 型斜体

I II III IV V VI VII VIII IX X

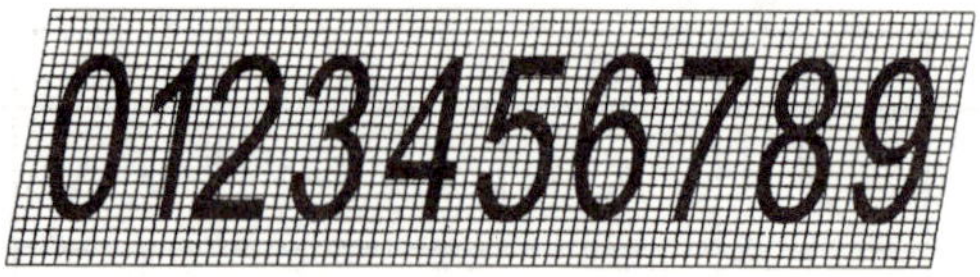

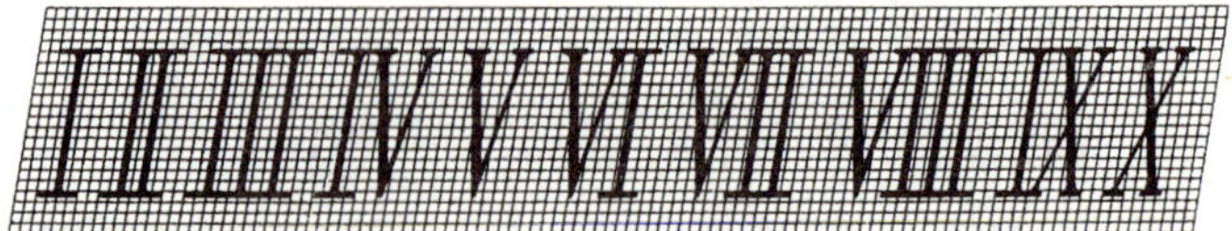

图 1-8 罗马数字

综合应用示例

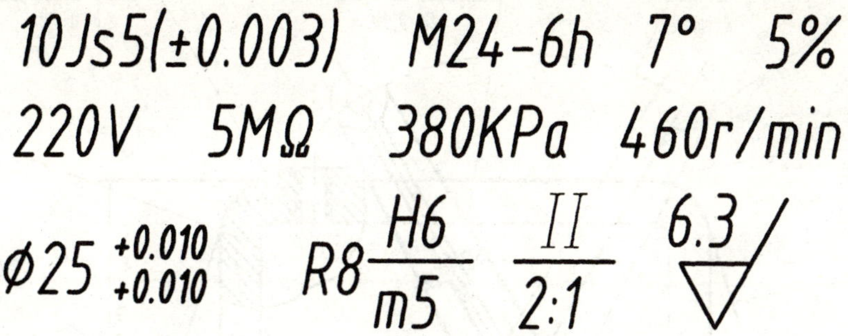

10Js5(±0.003) M24-6h 7° 5%

220V 5MΩ 380KPa 460r/min

$\phi 25^{+0.010}_{+0.010}$ $R8\frac{H6}{m5}$ $\frac{II}{2:1}$ 6.3

图 1-9 数字与字母组合

四、图线及其画法（GB/T 17450—1998《技术制图：图线》）

各种图形都是由不同的图线组成的，不同型式的图线有不同的含义，用以识别图样的结构特征。

1. 基本线型

国标规定基本线型见表 1-4。图 1-10 是各种图线的应用实例。

表 1-4 **基 本 线 型**

名 称	线 型	线宽	一 般 用 途
粗实线		d	可见轮廓线
细实线		$d/2$	尺寸线及尺寸界限 剖面线 重合断面的轮廓线
波浪线		$d/2$	断裂处的边界线 视图和剖视图的分界线
双折线	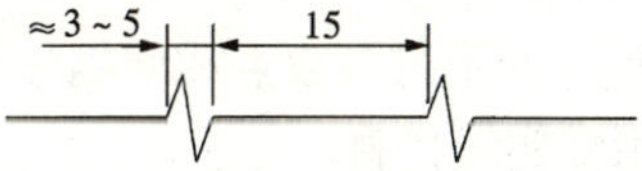 ≈3~5 15	$d/2$	断裂处的边界线
虚 线	 1 4	$d/2$	不可见轮廓线
细点画线	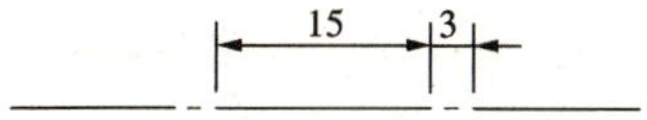 15 3	$d/2$	轴线 对称中心线 轨迹线
粗点画线		d	有特殊要求的线或表面的表示线
双点画线	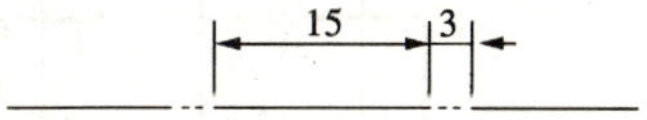 15 3	$d/2$	相邻辅助零件的轮廓线 极限位置的轮廓线

2. 图线的宽度

标准规定了九种图线宽度，所有线型的图线宽度 d 应按图样的类型和尺寸大小在下列

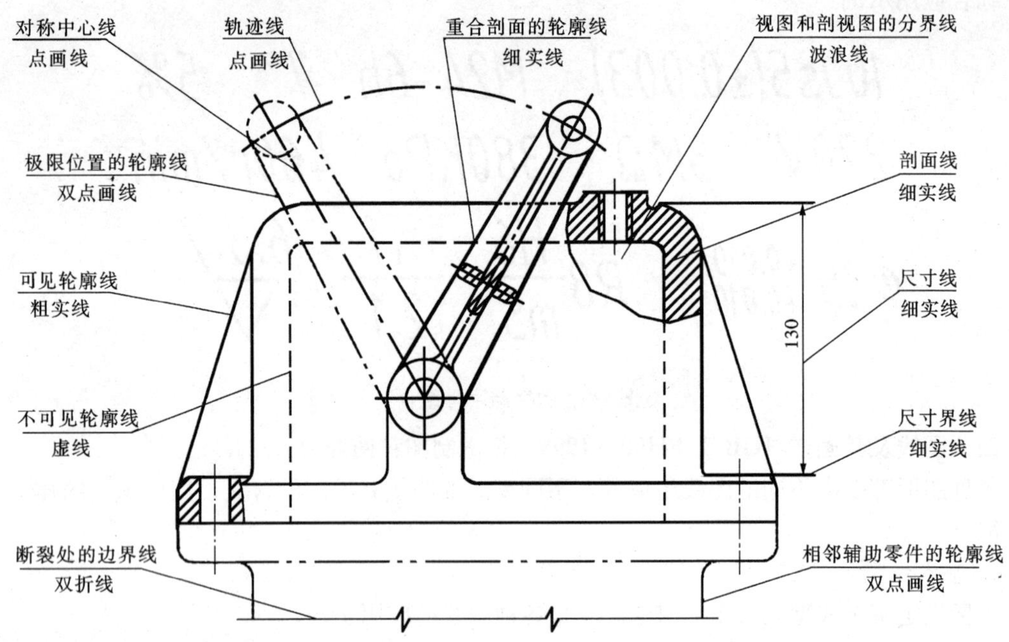

图 1-10 图线的应用实例

数系中选择：0.13、0.18、0.25、0.35、0.5、0.7、1、1.4、2mm。图线的宽度分粗、中、细三种，粗线、中粗线、细线的宽度比率为 4∶2∶1。一般粗线和中粗线适宜在 0.5～2mm 之间选取，应尽量保证在图样中不出现宽度小于 0.18mm 的图线。

3. 图线画法

（1）在同一张图样中，同类图线的宽度应一致。虚线、点画线、双点画线的线段长度和间隔应大致相等。

（2）两条平行线之间的最小间隙不得小于 0.7mm。

（3）绘制圆的中心线时，圆心应为线段的交点，而不得画成点或间隔。小圆（一般直径小于 12mm）的中心线、小图形的双点画线均可用细实线代替。

中心线的两端应超出所表示的相应轮廓线 3～5mm 左右。以上画法如图 1-11 所示。

（4）当虚线是粗实线的延长线时，虚线应留有空隙。虚线与图线相交时，应在线段处相交，如图 1-12 所示。

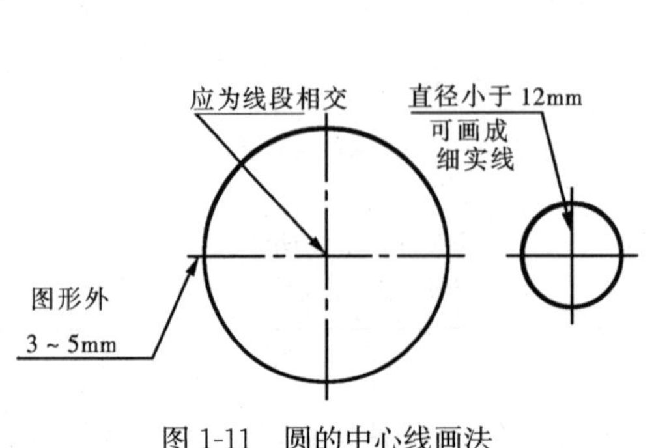

图 1-11 圆的中心线画法

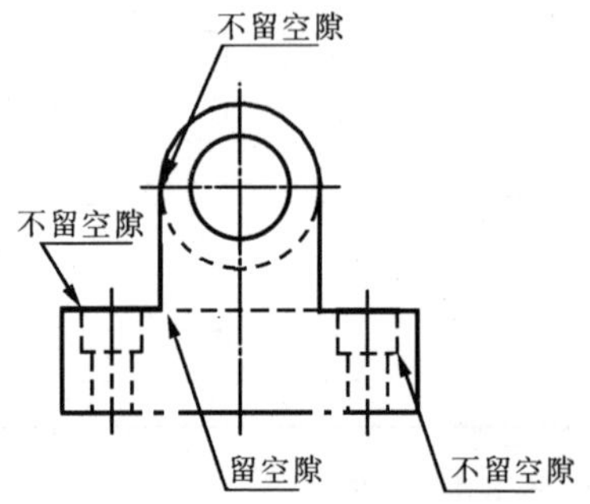

图 1-12 虚线连接处的画法

五、尺寸注法（GB 4458.4—1984、GB/T 16675.2—1996）

图样除了表达形体的形状外，还应标注尺寸，以确定其真实大小。

1. 基本规则

（1）机件的真实大小应以图样上所标注的尺寸数值为依据，与图形的大小及绘图的准确度无关。

（2）图样中（包括技术要求和其他说明）的尺寸，以 mm 为单位时，不需标注计量单位的代号或名称。如果要采用其他单位时，则必须注明相应的计量单位的代号或名称。

（3）图样中所标注的尺寸，为该图样所示机件的最后完工尺寸，否则应另加说明。

（4）机件的每一尺寸，一般只标注一次，并应标注在反映该结构最清晰的图形上。

2. 尺寸的组成及其注法

每个完整的尺寸，一般由尺寸界线、尺寸线、尺寸线终端和尺寸数字组成。尺寸标注的基本方法见表 1-5。

3. 尺寸标注时应注意的问题

标注尺寸是一项耐心细致的工作。尺寸在图样中的布置要正确、清晰、完整。另外还应注意以下问题。

表 1-5 尺寸注法

尺寸要素	图例	说明
尺寸界线	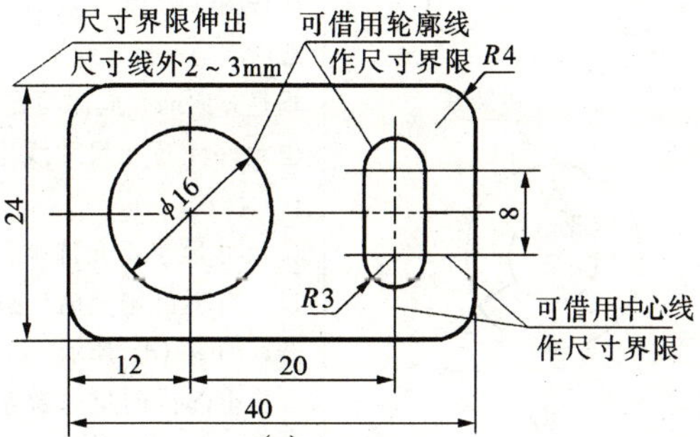 (a) 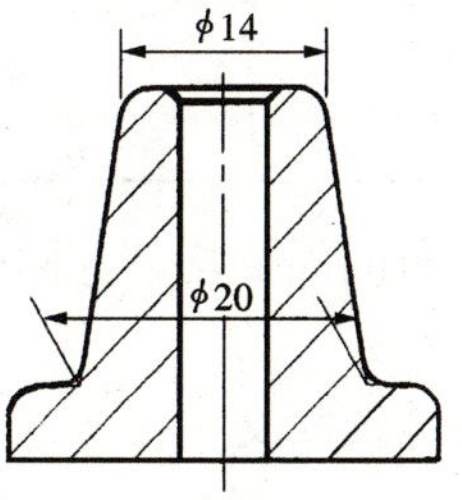 (b)	尺寸界线用细实线绘制，并应由图形的轮廓线、轴线或对称中心线处引出。必要时也可用轮廓线、轴线或对称中心线作尺寸界线，如图（a）所示。 尺寸界线一般应与尺寸线垂直并超过尺寸线（约 2～3mm）。特别需要时尺寸界线才允许倾斜，这种情况下尺寸界线与尺寸线尽可能画成 60°夹角，如图（b）所示

续表

尺寸要素	图例	说明
尺寸线终端	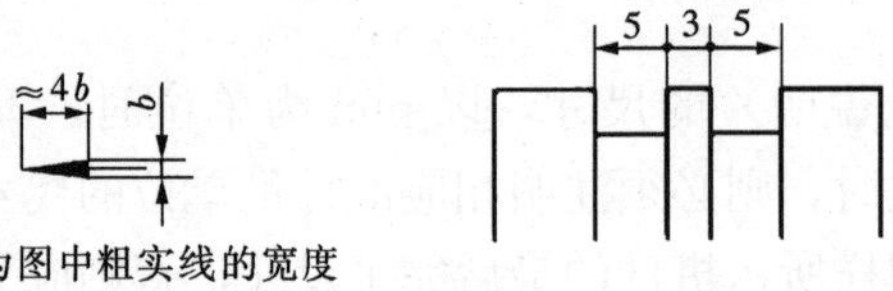 ≈4b b b 为图中粗实线的宽度 (a) 5 3 5 (b)	尺寸线终端有箭头和斜线两种形式，机械图一般用箭头形式。如图（a）所示。 当尺寸线太短没有足够的位置画箭头时，允许将箭头画在尺寸线外边；尺寸线终端采用箭头形式时，标注连续的小尺寸可用圆点代替箭头，如图（b）所示
尺寸线	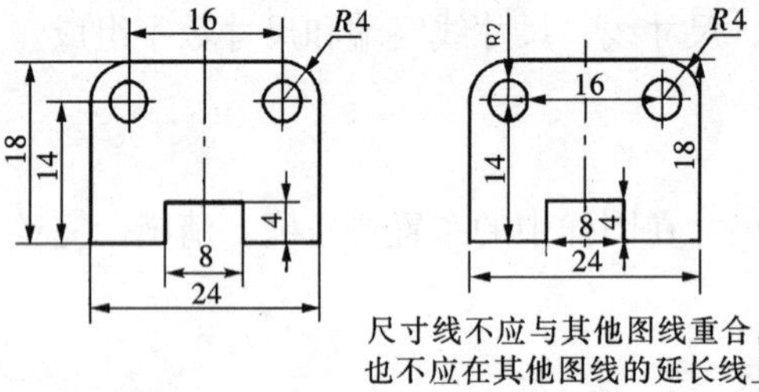 16 R4 18 14 4 8 24 (a) R7 R4 16 14 18 8 4 24 尺寸线不应与其他图线重合，也不应在其他图线的延长线上 (b)	尺寸线用细实线绘制。尺寸线不能用其他图线代替，一般也不得与其他图线重合或画在其他图线的延长线上。标注线性尺寸时，尺寸线必须与所标注的线段平行。 互相平行的尺寸线，小尺寸在里，大尺寸在外，依次排列整齐，如图（a）、（b）所示
尺寸数字	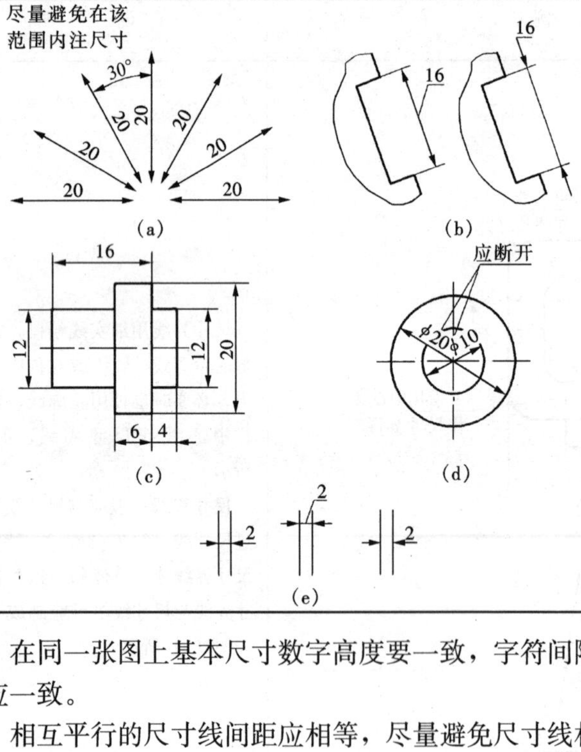 尽量避免在该范围内注尺寸 30° 20 20 20 20 20 20 20 (a) 16 16 (b) 16 12 12 20 6 4 (c) 应断开 φ20 φ10 (d) 2 2 2 (e)	线性尺寸的尺寸数字应按图（a）所示的方向填写，图示 30°范围内，应按图（b）形式标注。尺寸数字一般应注写在尺寸线上方，当尺寸线为垂直方向时，应注写在尺寸线左方，也允许注写在尺寸线中断处，如图（c）所示。 尺寸数字不允许被任何图线所通过。当不可避免时，必须将图线断开，如图（d）所示。 狭小部位的尺寸数字应按图（e）所示方式注写

（1）在同一张图上基本尺寸数字高度要一致，字符间隔要均匀。同一张图上尺寸线箭头的大小应一致。

（2）相互平行的尺寸线间距应相等，尽量避免尺寸线相交。

第二节 绘图工具及其使用

正确使用绘图工具对提高绘图速度和质量起着重要作用。因此，必须正确和熟练掌握它们的使用方法。

绘图工具包括：铅笔、图板、丁字尺、三角板、圆规、分规、比例尺和曲线板等。

一、铅笔

铅芯的软硬用 B 或 H 表示。B 前数字越大，表示铅芯越软，H 前数字越大，表示铅芯越硬。HB 表示铅芯软硬适中，画图时用 H 或 2H 铅笔画底稿，用 B 或 HB 铅笔加粗加深图线，用 HB 铅笔写字。铅笔修磨成圆锥形或矩形。如图 1-13（a）、（b）所示。

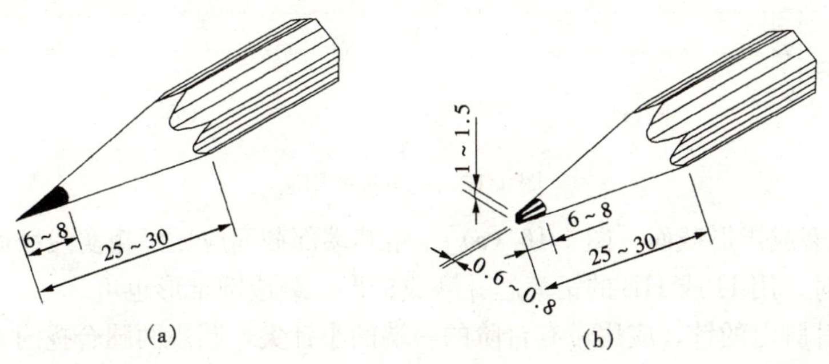

图 1-13　铅笔削法

（a）锥形；（b）矩形

二、图板和丁字尺

图板是铺放图纸的垫板，板面应平整光洁，左边是导向边。

丁字尺由尺头和尺身组成，主要用来绘制水平线，也可与三角板配合绘制垂直线及与水平方向成 30°、45°、60°的倾斜线，作图时应使尺头靠紧图板的左侧导边，上下移动丁字尺，沿工作边便可画出水平线，如图 1-14 所示。

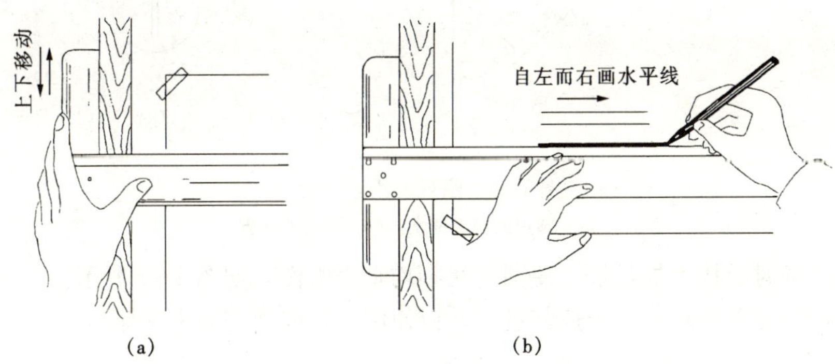

图 1-14　丁字尺的用法

三、三角板

一副三角板由两块组成，其中一块为两个角均为 45°的直角三角形，另一块为一个角是 30°、另一个角是 60°的直角三角形，它与丁字尺配合可画垂直线及 15°倍角的斜线，如图 1-15所示。

四、圆规和分规

圆规用来画圆及圆弧。使用圆规时，应注意下列几点。

（1）画粗实线圆时，为了与粗直线色泽一致，铅笔芯应比画粗直线的铅笔芯软一些，即

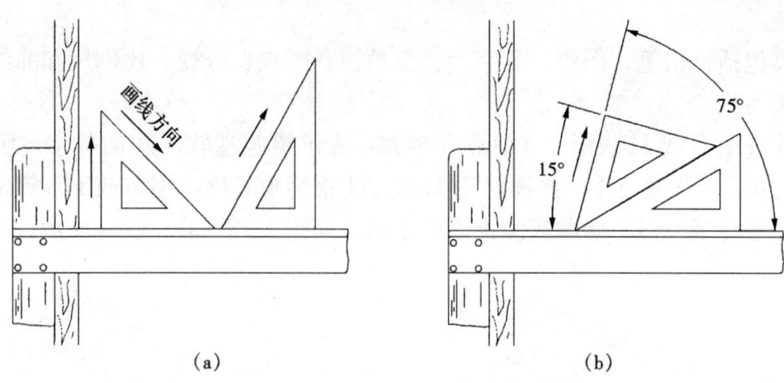

图 1-15　三角板的用法

一般用 2B，并磨成矩形截面［图 1-16（a)］。铅芯端部截面应比画粗实线截面稍细。

画细线圆时，用 H 或 HB 的铅笔芯并磨成铲形，磨成圆锥形也可。

（2）圆规针脚上的针，应用带有台阶的一端的小针尖，圆规两腿合拢时，针尖应调得比铅芯稍长一些，如图 1-16（b）所示。

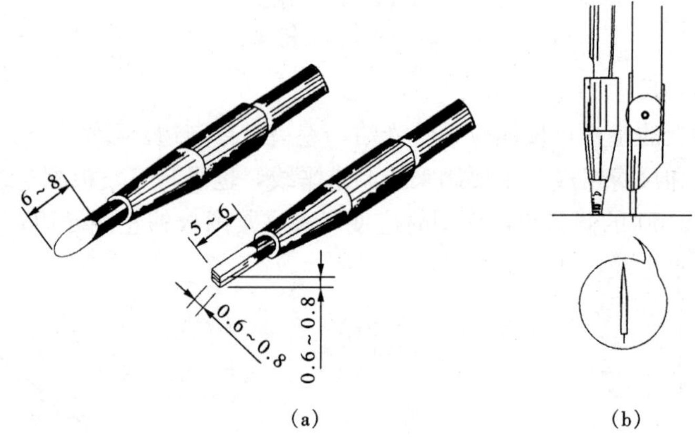

图 1-16　圆规的铅芯及针脚

（a）圆规的铅芯削发；（b）圆规的针脚

（3）画大圆时要接上加长杆，使圆规两脚均垂直纸面，如图 1-17 所示。

画圆时，应当着力均匀，匀速前进，并应使圆规稍向前进的方向倾斜。

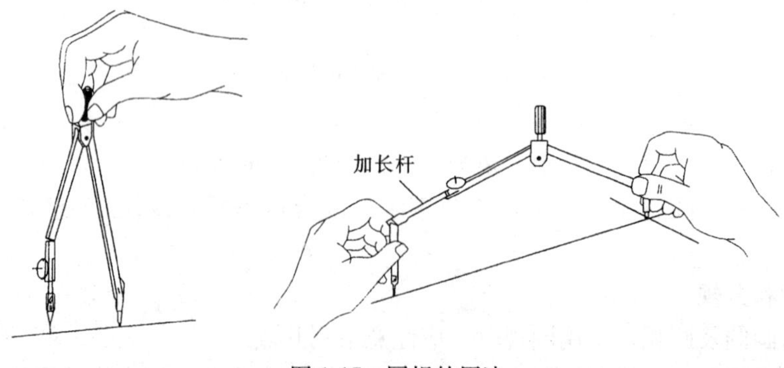

图 1-17　圆规的用法

分规用来截取某一定长的线段或等分线段，其用法见图 1-18。

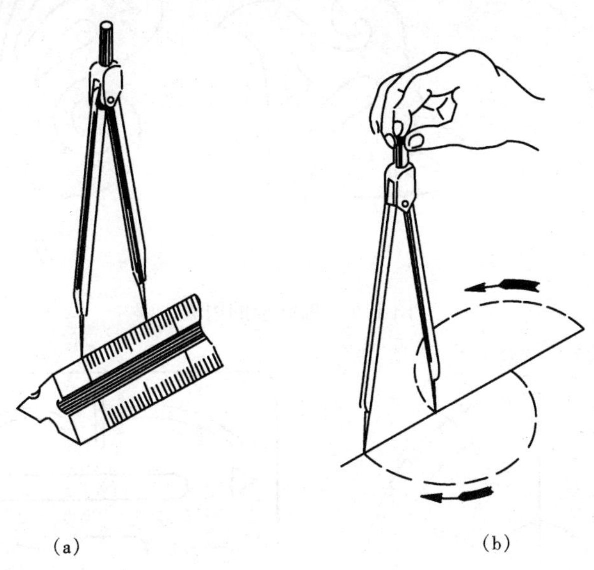

(a)　(b)

图 1-18　分规的用法

五、比例尺

比例尺又叫三棱尺，三个棱面上有 6 种不同比例的刻度，可按所需要的比例，直接在上面截取所需尺寸长度，而不必再行换算，如图 1-19 (a) 所示。

比例尺上标明了刻度的比例，但每一种刻度都可读出几种不同的比例。如标明为 1∶2 (有的比例尺标为 1∶200 或 1∶2000) 的刻度，当它的每一小格 (真实长度为 1mm) 代表 2mm 时，是 1∶2 的比例，若每一小格代表 20mm 时，就是 1∶20 的比例。同理，若每一小格代表0.2mm，则它的比例就是 5∶1，如图 1-19 (b) 所示。

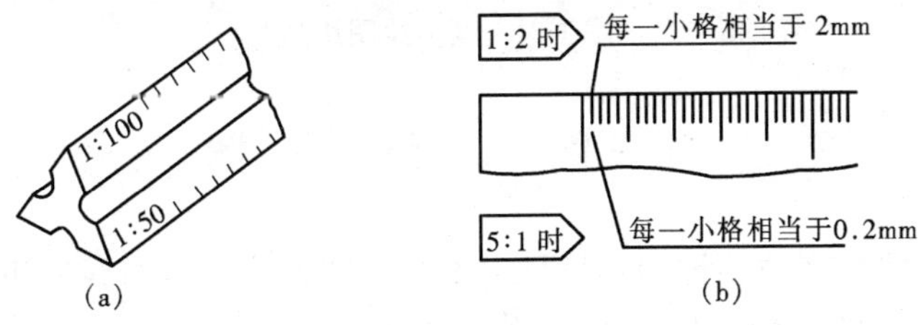

(a)　(b)

图 1-19　比例尺

六、曲线板

曲线板用来画非圆曲线。首先用铅笔徒手轻轻地将各点连成一条光滑曲线，选取曲线板上与所画曲线相吻合的一段，用铅笔沿曲线板边画出该段落的多一半，留下的少一半曲线不画。下一步仍只画前一段，留下后一段，如此重复直至画完，如图 1-20 所示。

七、其他

绘图时，除了上述工具外，还要准备一些其他用具。如铅笔刀、胶带纸、砂纸、毛刷、橡皮及擦图片等，这些用品见图 1-21。

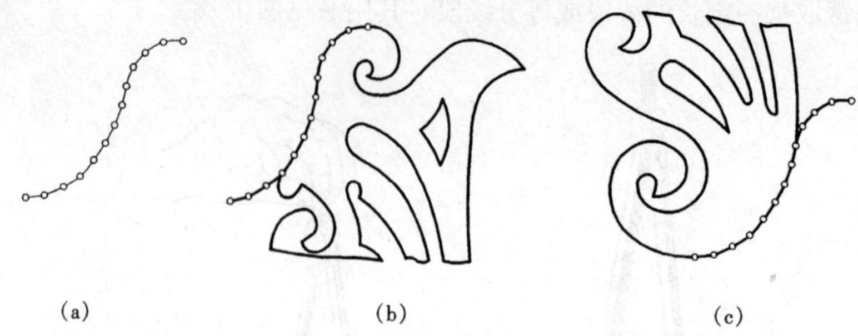

图 1-20　曲线板的用法

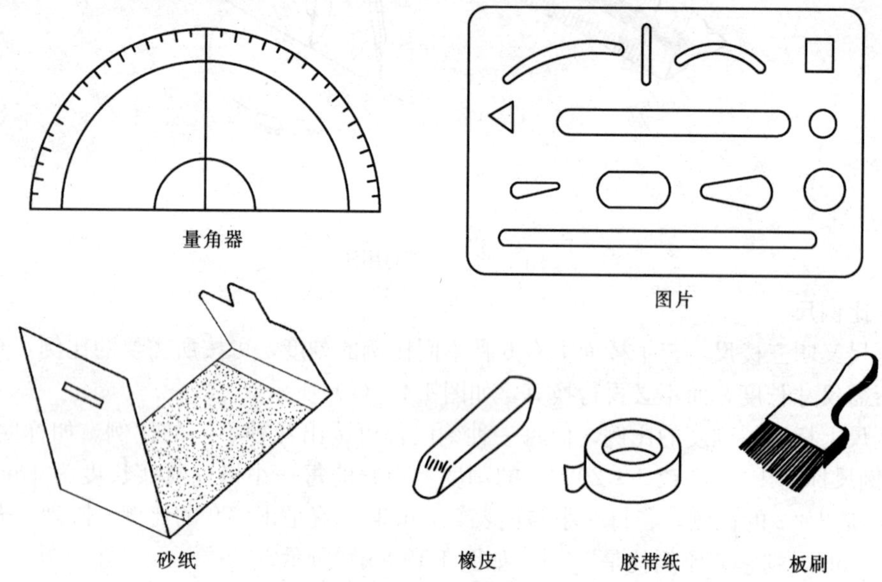

图 1-21　其他绘图用品

第三节　几　何　作　图

机器零件的形状是多种多样的，都是由直线、圆弧或其他曲线所组成的几何图形。因此，必须熟练掌握一些常用的几何图形的作图方法。

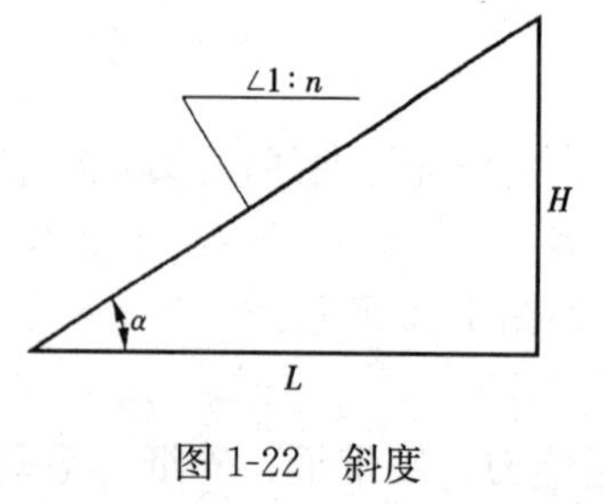

图 1-22　斜度

一、斜度和锥度的作图

1. 斜度

斜度是指直线或平面对另一直线或平面的倾斜程度，其大小一般是用两直线或平面间的夹角的正切来表示，如图 1-22 所示。

$$斜度=\tan\alpha=\frac{H}{L}$$

斜度在图样中常用 1∶n 的形式加以标注，并在 1∶n 前面写明斜度符号“∠”。斜度符号的画法如图 1-23 所示，符号斜线的方向应与斜度方向一致。

图 1-24 所示为过已知点作斜度的方法。

2. 锥度

锥度是指正圆锥的底圆直径与高度的比，如果是锥台，则是底圆直径和顶圆直径的差与高度之比（图 1-25），即

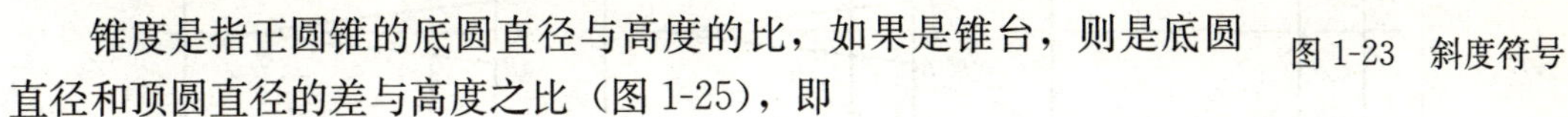

图 1-23 斜度符号

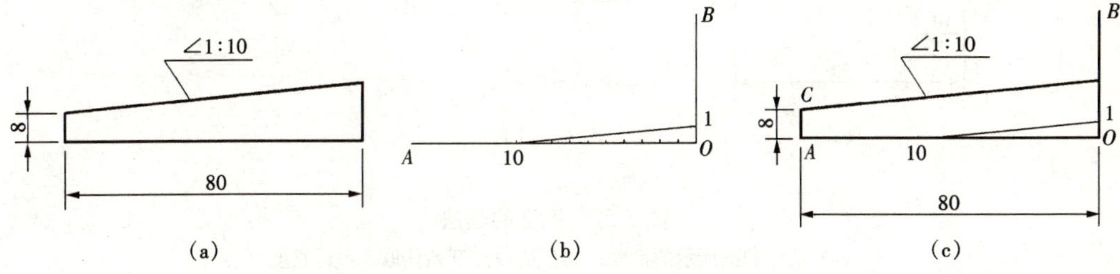

图 1-24 斜度的画法

(a) 求作如图所示的斜度；(b) 作 $OB \perp OA$，在 OA 上任取 10 单位长度，在 OB 上取 1 单位长度，连接 10 和 1 点，即为 1∶10 的斜度；(c) 过 C 点作线 10-1 的平行线，即完成作图

$$锥度=\frac{D}{L}=\frac{D-d}{l}=2\tan\alpha$$

锥度也写成 1∶n 的形式而加以标注，并在 1∶n 前面加注锥度符号“▷”。锥度符号的画法如图 1-26 所示，符号斜线的方向应与锥度方向一致。

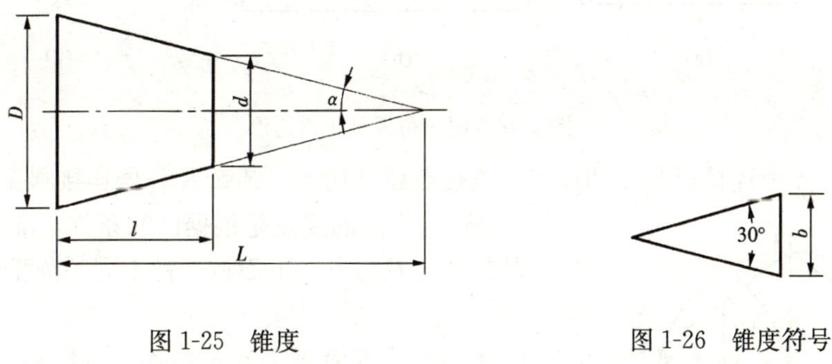

图 1-25 锥度　　图 1-26 锥度符号

图 1-27 所示是按已知尺寸作锥度的方法。

二、正多边形的作图

(1) 已知外接圆直径 D，用丁字尺和三角板画正六边形，如图 1-28 所示。

(2) 已知外接圆直径 D，作正五边形，如图 1-29 所示，作图步骤如下：

1) 作水平半径 OK 的中点 M；

2) 以 M 为圆心，MA 为半径作弧，交水平中心线于 N；

3) 以 AN 为边长，连接各等分点 B、C、D、E 即可作出圆内接正五边形。

三、圆弧连接的作图

绘制图样时，常会遇到用已知半径为 R 的圆弧光滑连接另外两个已知线段（直线或圆

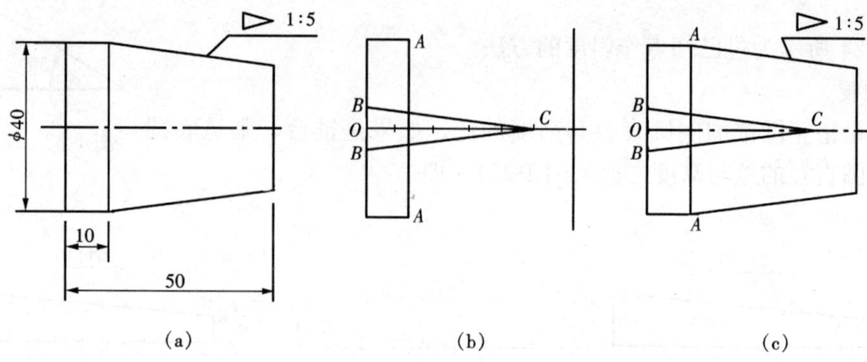

图 1-27 锥度的画法

(a) 求作如图所示的锥度；(b) 从 O 点开始任取 5 单位长度，得点 C，在左端面上取直径为 1 单位长度，得点 B 连 BC，即得锥度为 1∶5 的圆锥。同时画出 $\phi 40$ 高 10 的圆柱，得 AA 面；(c) 过 A 点作线 BC 的平行线，即完成作图

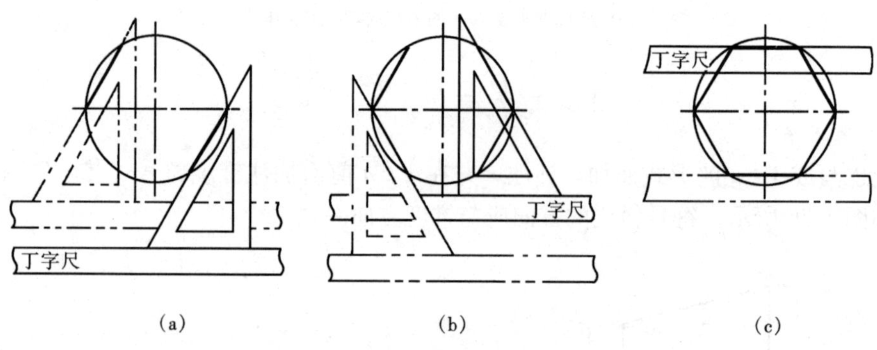

图 1-28 用三角板画正六边形

弧）的作图，光滑连接就是相切连接，连接点就是切点。圆弧 R 称做连接圆弧。

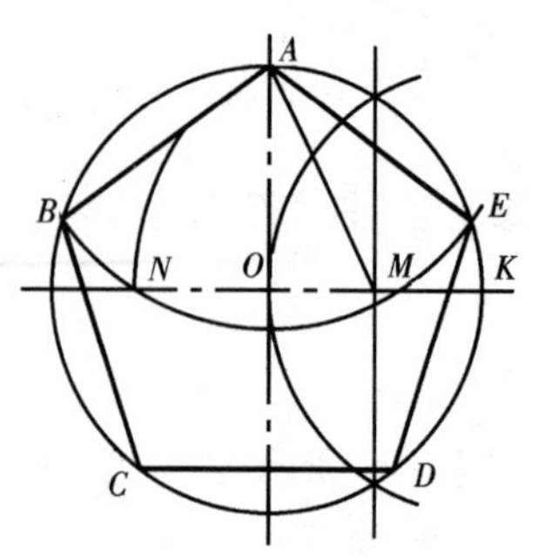

图 1-29 画正五边形

圆弧连接作图的要点是根据已知条件，准确地定出连接圆弧 R 的圆心及切点。下面按三种不同的圆弧连接情况加以叙述。

1. 用半径为 R 的圆弧连接两条已知直线

与已知直线相切的圆，其圆心的轨迹是与该直线平行的直线，两线的距离等于半径 R，如图 1-30 所示。

2. 用半径为 R 的连接弧连接两已知圆弧

半径为 R 的连接弧与半径为 R_1 的已知圆相切，其连接弧的圆心轨迹为已知圆的同心圆，其半径为 L。当两圆外切时，$L=R_1+R$；当两圆内切时，$L=R_1-R$。切点 K 是两圆的连心线与圆弧的交点。

（1）作半径为 R 的圆弧与已知半径为 R_1 的圆弧及半径为 R_2 的圆弧外切，如图 1-31 所示。

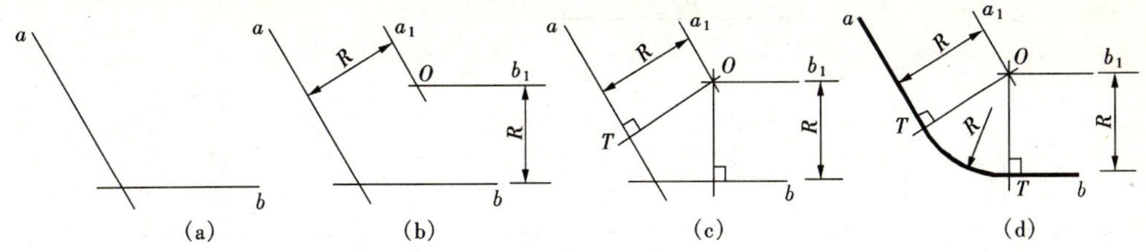

图 1-30 用圆弧连接两条已知直线

(a) 用已知半径为 R 的圆弧连接两条直线 a 及 b；(b) 作距离为 R 的 a_1 及 b_1 分别平行于 a 及 b，它们交于 O 点；(c) 自 O 作 OT 分别与两直线垂直，T 即切点；(d) 以 O 为圆心，R 为半径在两切点之间画圆弧

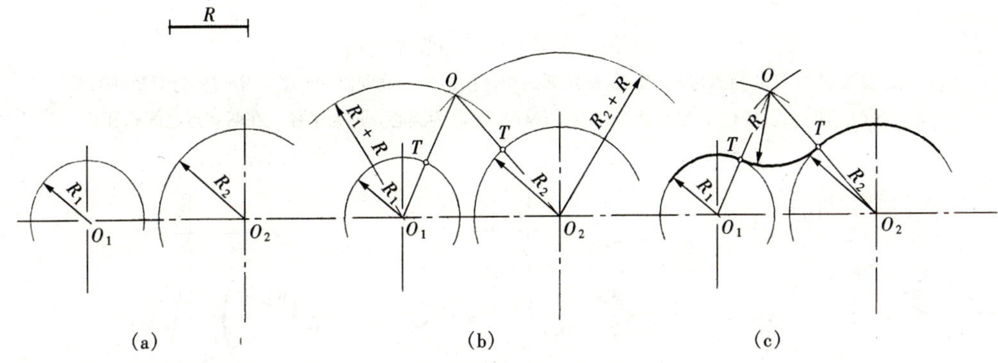

图 1-31 连接圆弧与两已知圆弧外切

(a) 用已知半径为 R 的圆弧与 R_1 及 R_2 两圆弧外切连接；(b) 分别以 R_1+R，R_2+R 为半径画圆弧，交于点 O，连接 OO_1、OO_2 定出两个切点 T；(c) 以 O 为圆心，R 为半径，在两切点之间画圆弧

(2) 作半径为 R 的连接圆弧，并与已知半径为 R_1 的圆弧及半径为 R_2 的圆弧内切，如图1-32所示。

(3) 作半径为 R 的连接圆弧，并与已知半径为 R_1 的圆弧外切，与已知半径为 R_2 的圆弧内切，如图 1-33 所示。

3. 用半径为 R 的连接圆弧连接一已知直线和一圆弧

这种连接是上述两种连接的结合，如图 1-34 所示。

四、椭圆的作图

椭圆是非圆曲线，常用同心圆法和四心圆法画椭圆。

(1) 椭圆的常用画法（同心圆法），见图 1-35。作图步骤如下：

1) 分别以椭圆长半轴及短半轴为半径画同心圆；

2) 由中心 O 引射线分别与两圆交于 l_1、l_2 两点；

3) 由 l_1 画垂直线，l_2 画水平线，它们的交点 l 即为椭圆上的点，其他各点作法相同；

4) 用曲线板光滑连接各点，即为所求椭圆。

(2) 椭圆的近似画法（四心圆法），见图 1-36。作图步骤如下：

1) 确定椭圆半轴 OA，OB；

2) 以 B 为圆心，A_1B 为半径画弧，与 AB 交于点 K；

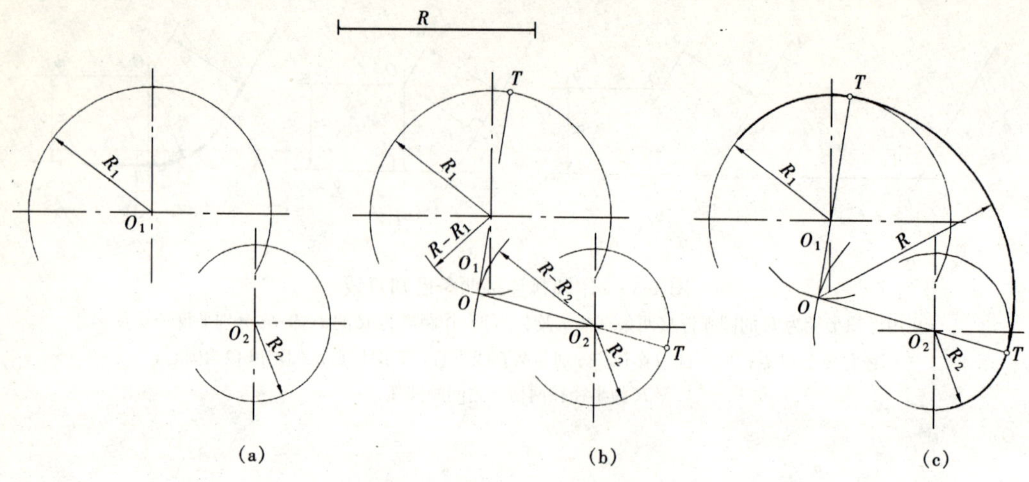

图 1-32　圆弧与两已知圆弧内切

(a) 用已知半径为 R 的圆弧与 R_1 及 R_2 两圆弧内切连接；(b) 分别以 $R-R_1$，$R-R_2$ 为半径画圆弧，交于点 O，连 OO_1，OO_2，定出两个切点 T；(c) 以 O 为圆心，R 为半径，在两切点之间画圆弧

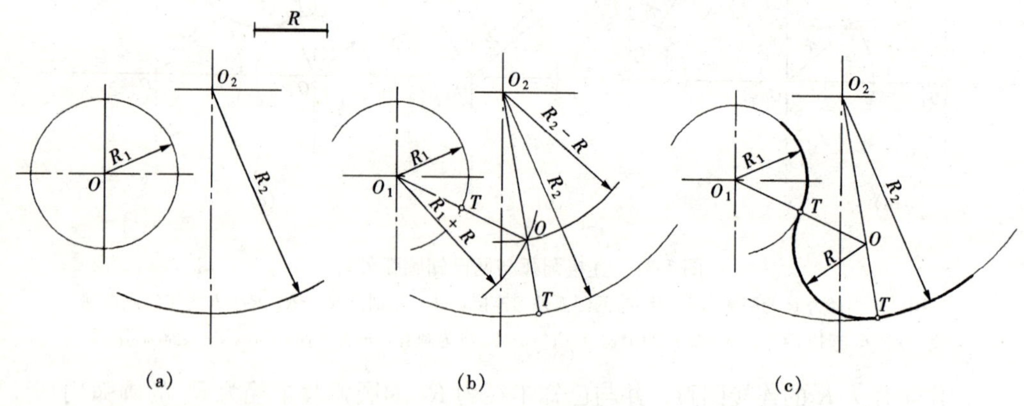

图 1-33　圆弧与两已知圆弧外切、内切

(a) 用已知半径为 R 的圆弧与 R_1 圆弧外切，与 R_2 圆弧内切连接；(b) 分别以 R_1+R，R_2-R 为半径画圆弧，交于点 O，连 OO_1，OO_2 定出两个切点 T；(c) 以 O 为圆心，R 为半径，在两切点之间画圆弧

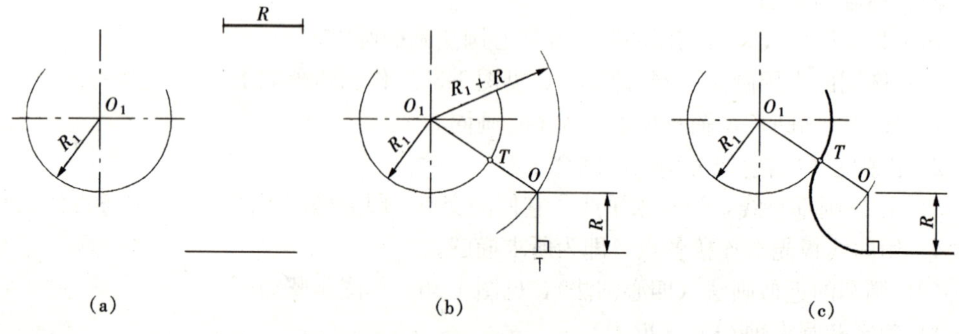

图 1-34　圆弧与已知圆弧和直线连接

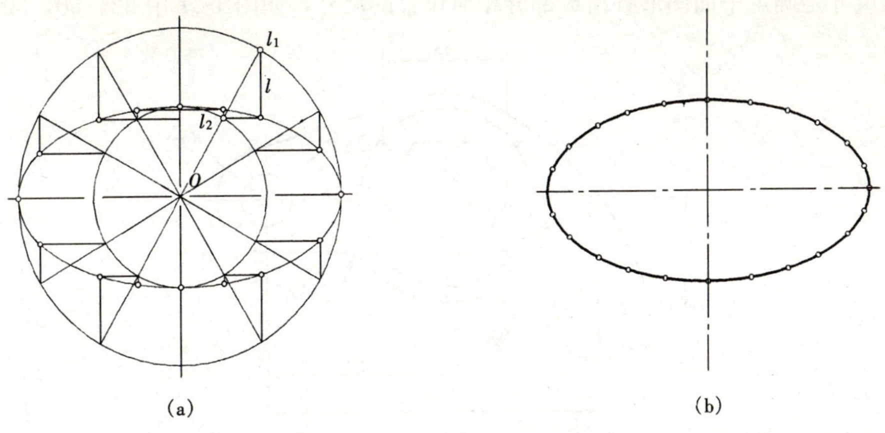

图 1-35　用同心圆法画椭圆

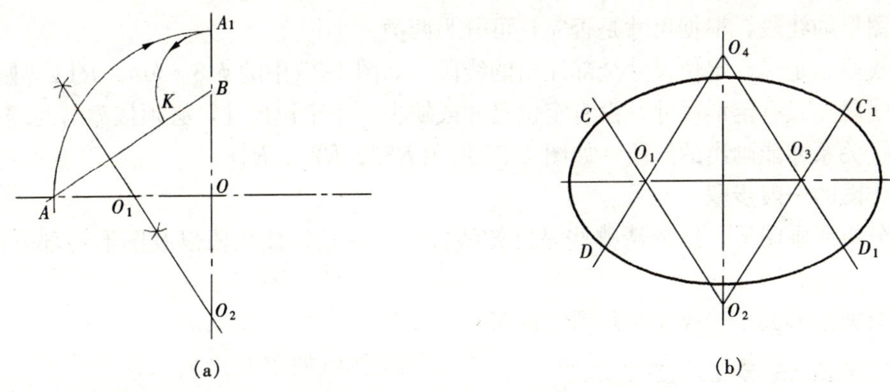

图 1-36　椭圆的近似画法

3）作 AK 的中垂线与椭圆的对称轴线交于 O_1O_2 两点，即为两圆心，对称求出另两圆心 O_3O_4；

4）分别以 O_2，O_4 为圆心，O_2B 为半径在 CC_1，DD_1 两点之间画弧，再以 O_1，O_3 为圆心，CO_1，C_1O_3 为半径在 CD，C_1D_1 之间画圆弧。

第四节　平面图形的分析及画法

一、平面图形的分析

平面图形是由若干段线段组成的，为了掌握平面图形的正确作图方法和步骤，画图前先要对平面图形进行分析，如图 1-37 所示。

1. 尺寸分析

平面图形的尺寸按其作用可分为定形尺寸和定位尺寸。

定形尺寸是确定平面图形各组成部分大小的尺寸，如图 1-37 中 33，$\phi48$，$2\times\phi14$，$R24$，$R14$，$R82$，$\phi56$ 等。

定位尺寸是确定平面图形各组成部分相对位置的尺寸，如图 1-37 中 92，50，30。

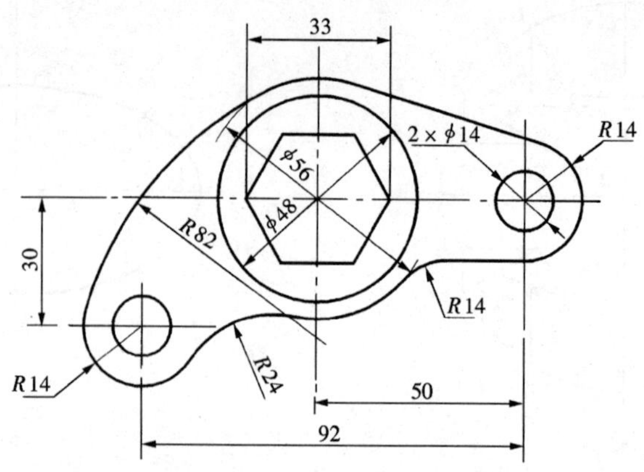

图 1-37　平面图形

2. 线段分析

平面图形的线段，根据尺寸是否完整可分为两类。

已知线段　定形、定位尺寸全部注出的线段。如图 1-37 中的 φ48、φ14、R14 等圆弧。

连接线段　只有定形尺寸，没有定位尺寸或缺少一个定位尺寸，必须依靠与两端相邻线段间的连接关系才能画出的线段。如图 1-37 所示 R82、R24、R14。

二、作图的一般步骤

（1）分析所画图形，以弄清哪些是已知线段，哪些是连接线段以及图形各部分的尺寸关系；

（2）根据图形大小选择比例及图纸幅面；

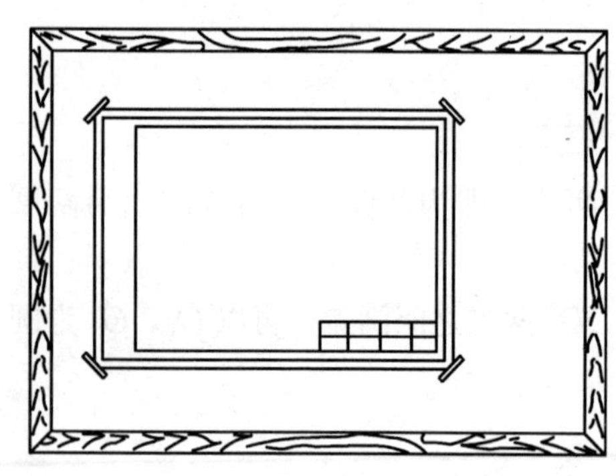

图 1-38　固定图纸

（3）固定图纸如图 1-38 所示；

（4）用较硬的铅笔画底稿，底图步骤见图 1-39（a）、（b）、（c）；

（5）标注尺寸。

（6）描深，见图 1-39（d）。

1）描深前应对底图进行一次检查和清理，擦去不需要的作图线；

2）先加深圆及圆弧；

3）用丁字尺和三角板按水平线、垂直线、斜线的顺序加深粗实线；

4）画中心线、剖面线；

5）绘制尺寸界线，尺寸线及箭头，填写尺寸数字；

6）填写标题栏。

三、徒手画图

徒手画的图又叫草图。它是以目测估计图形与实物的比例，不借助绘图工具（或部分使用绘图仪器）徒手绘制的图样。草图常用来表达设计意图。设计人员将设计构思先用草图表示，然后再用仪器画出正式工程图。另外，在机器测绘和设备零件维修中，也常用徒手

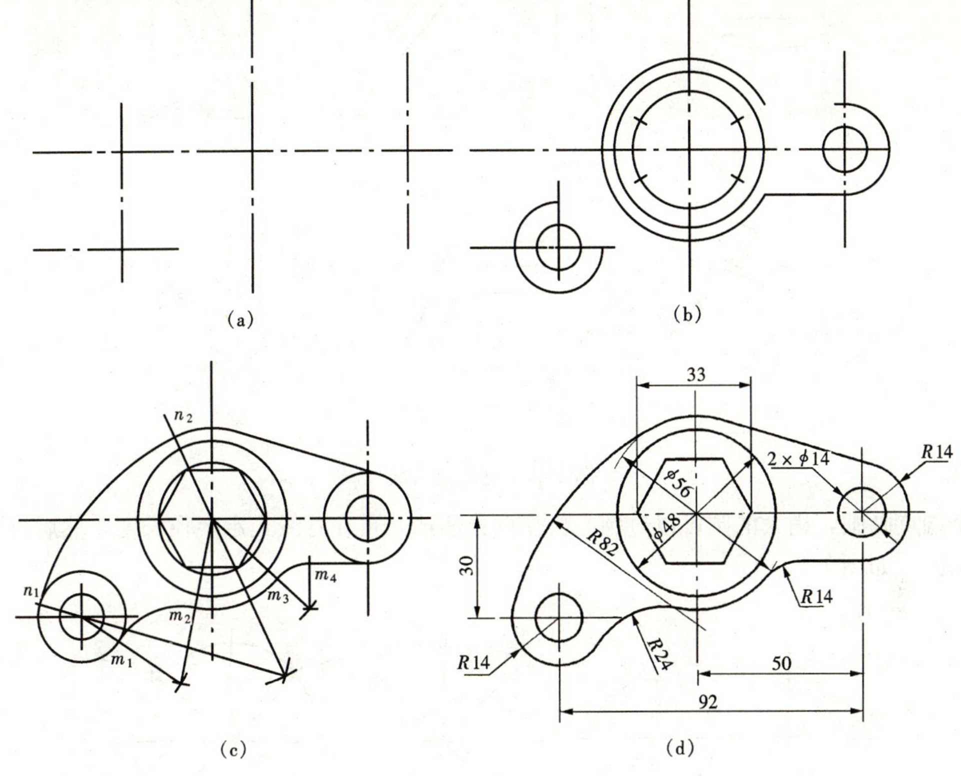

图 1-39　画图形
(a) 布置图形，定出图形各部分的基准线（轴线，对称线等）；
(b) 画已知线段；(c) 画中间线段，连接线段；(d) 描深

作图。

1. 画草图的要求

草图是表达和交流设计思想的一种手段，如果作图不准，将影响草图的效果。草图是徒手绘制的图，而不是潦草图。因此作图时要做到：线型分明，比例适当，不要求图形的几何精度。

2. 草图的绘制方法

绘制草图时应使用铅芯较软的铅笔（如 HB、B 或 2B）。铅笔的铅芯应磨削成圆锥形，粗细各一支，分别用于绘制粗、细线。

画草图时，可以用有方格的专用草图纸，或者在白纸下面垫一张有格子的纸，以便控制图线的平直和图形的大小。

(1) 直线的画法。画直线时，可先标出直线的两端点，在两点之间先画一些短线，再连成一条直线。运笔时手腕要灵活，目光应注视线段的终点，不可只盯着笔尖。

画水平线应自左至右画出；垂直线自上而下画出：斜线斜度较大时可自左向右下或自右向左下画出，斜度较小时可自左向右上画出，如图 1-40 所示。

(2) 圆的画法。画圆时，应先画中心线。较小的圆在中心线上定出半径的四个端点，过

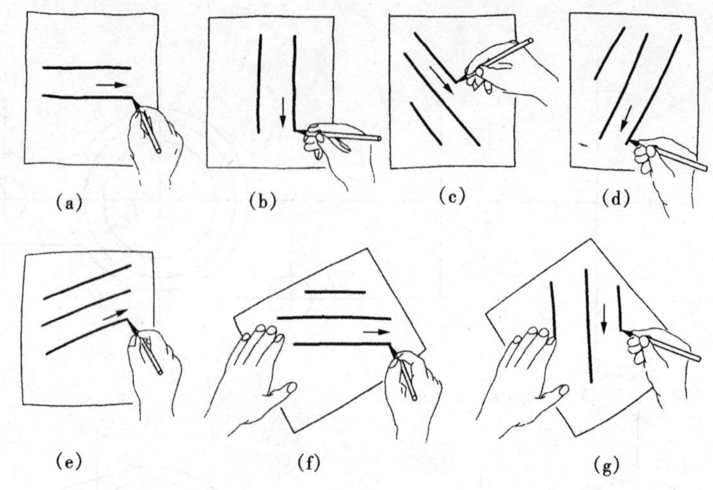

图 1-40 徒手画直线

这四个端点画圆，稍大的圆可以过圆心再作两条斜线，再在各线上定半径长度，然后过这八个点画圆，如图 1-41 所示。

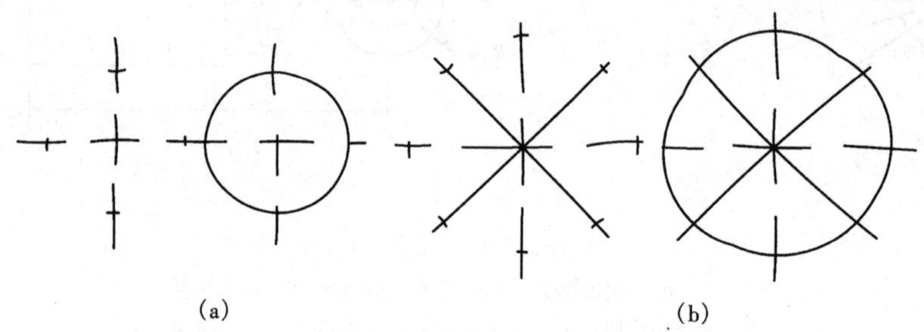

图 1-41 徒手画圆

(a) 画小圆；(b) 画稍大圆

第五节 计算机绘图软件 AutoCAD 2006 简介及其基本操作

计算机绘图是指应用绘图软件及计算机硬件（主机、图形输入及输出设备），实现图形显示、辅助绘图与设计的一项技术。

计算机绘图的基本过程是：应用输入设备进行图形输入；计算机主机进行图形处理；输出设备进行图形显示和绘图输出。

目前，在国内外工程上应用较为广泛的绘图软件是 Auto CAD，它是美国 Autodesk 公司开发的一个交互式图形软件系统。该系统自 1982 年问世以来，版本几经更新，功能不断增强，已成为目前最流行的图形软件之一，在机械、建筑、电子、石油、化工、冶金、地质、航空、纺织、商业等领域中得到了广泛的应用。本书主要介绍该公司于 2005 年最新推出的 Auto CAD 2006 的使用方法。

一、AutoCAD 2006 简介

AutoCAD 2006 扩展了 AutoCAD 以前版本的优势和特点，并且在用户界面、性能、操

作、用户定制、协同设计、图形管理、产品数据管理等方面得到了进一步加强，而且AutoCAD 2006简体中文版为中国的使用者提供了更高效、更直观的设计环境，并定制了与我国国标相符的样板图、字体、标注样式等，使得设计人员能更加得心应手地应用此软件。

1. AutoCAD 2006的启动

启动AutoCAD 2006主要可使用以下两种方法：一是通过双击桌面快捷图标来启动；二是通过Windows的“开始”/“程序”/“Autodesk”/“AutoCAD 2006-Simplified Chinese”/“AutoCAD 2006”来启动。

2. AutoCAD 2006的工作界面

启动AutoCAD 2006后将进入到如图1-42所示的工作界面。AutoCAD 2006的工作界面主要由标题栏、菜单栏、工具栏、绘图区、命令提示行、状态栏等组成。

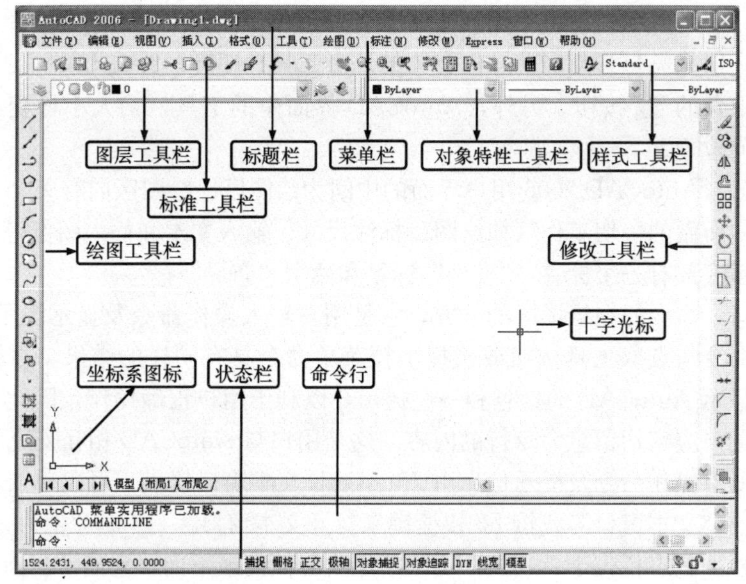

图1-42　AutoCAD 2006工作界面

（1）标题栏　AutoCAD 2006工作界面的顶部是标题栏，它显示应用程序的名称及当前图形的文件名称。

（2）菜单栏　标题栏下面是下拉菜单栏，AutoCAD默认有12个菜单项。下拉菜单用于发出命令或打开对话框。下拉菜单可以通过鼠标点取或通过Alt＋热键字母打开。

另外，用户还可以通过菜单栏中的“工具”/“自定义”/“界面”，对菜单进行自定义，增加或删除菜单以及菜单项。

（3）工具栏　工具栏实际上是以按钮的形式列出的各种操作命令的集合。对于大部分的命令，用户除了可以通过菜单执行以外，还可以通过工具栏执行。与执行菜单中的命令相比，工具栏具有更直接、更快捷的优点。有些按钮图标的右下角有一个黑色小三角，表示该按钮下面含有隐藏按钮。

当用户要执行某一按钮命令时，只需单击该按钮即可；对于含有隐藏按钮的按钮，则需要在相应的按钮上按住鼠标不放，这时会自动弹出隐藏的按钮，拖动鼠标到所需的按钮上再释放即可执行该按钮命令。

熟练使用工具按钮可以极大地提高用户的工作效率。AutoCAD 2006 提供了很多工具栏，默认显示的工具栏一般有“标准”、“图层”、“对象特性”、“绘图”、“修改”等常用工具栏。

“标准”工具栏位于下拉菜单栏下面，它包含了 AutoCAD 2006 的一些标准功能，其中一些是 Windows 用户非常熟悉的如“新建”、“打开”、“保存”、“打印”、“剪切”、“复制”、“粘贴”等，其余的如“平移”、“缩放”、“对象特性”、“设计中心”等则是 AutoCAD 命令。

“图层”及“对象特性”工具栏位于“标准”工具栏下面。它包含命令按钮和下拉式列表，用于图层的设置与管理以及提供对象的图层、线型、线宽、颜色等信息。

在 AutoCAD 2006 绘图区两侧，缺省有“绘图”工具栏和“修改”工具栏，包含了 AutoCAD 2006 最常用的绘图命令和图形编辑命令。

用户可以根据需要，单击下拉菜单“视图”/“工具栏”，在弹出的对话框中调出其他工具栏至屏幕上；也可以在任意一个工具按钮上右击，在弹出的快捷菜单中选择打开或关闭指定的工具栏。一般只需打开与当前操作有关的几个工具栏即可，要关闭某一工具栏，只需单击该工具栏右上角的 ☒ 按钮。另外，AutoCAD 界面中的工具栏均大小可变，并可用鼠标拖动至屏幕任何位置。

（4）绘图区　AutoCAD 2006 用户界面的中间为绘图区。绘图区内有一个十字光标及坐标系图标。用户所做的一切工作（如绘图、标注尺寸、输入文本和插入图像等）均在绘图区内进行。绘图区底部有三个标签：“模型”标签和两个“布局”标签。

（5）命令行　命令行在绘图区的下方，它是用户输入操作命令及显示提示信息的窗口。在命令行输入命令与点取工具按钮或选择下拉菜单命令具有同样的结果。在输入操作命令后，命令行将显示 AutoCAD 的信息和一些提示，以利于用户正确操作。因此，在命令输入和执行期间，用户应密切留意命令行的内容。这是用户与 AutoCAD 相互交流的地方。

命令行的所有操作命令及提示信息由 AutoCAD 文本窗口提供，可以单击下拉菜单“视图”/“显示”/“文本窗口”或按 F2 快捷键来打开文本窗口。

（6）状态栏。状态栏位于 AutoCAD 2006 用户界面的最下面。它显示当前光标的坐标值以及捕捉、栅格、正交、极轴、对象捕捉、对象追踪、DYN（动态输入）、线宽、作图空间等信息。单击相应的按钮，可以控制这些开关的打开与关闭。

在 AutoCAD 2006 中，用户可以方便地控制状态栏中显示的工具。在状态栏的空白处点击鼠标右键，在弹出的快捷菜单中可以选择在状态栏中显示或隐藏的工具。

3. AutoCAD 2006 的退出

可以通过以下三种方式退出 AutoCAD 2006 系统。

（1）菜单栏：单击下拉菜单“文件”/“退出”。

（2）图标按钮：单击屏幕窗口右上角的 ☒ 按钮。

（3）命令行：QUIT ↵或 EXIT ↵。

命令执行之后，如果所创建或打开的图形文件在退出 AutoCAD 之前已经进行过一次文件的保存操作，并且没有改动过图形，此时将直接退出 AutoCAD；如果所创建或打开的图形文件在退出 AutoCAD 之前没有进行过文件的保存操作，或者虽然进行过文件的保存操作，但后来又改动过图形，此时系统会提示是否对所绘图形或改动过的图形进行保存，然后退出。

4. AutoCAD 2006 常用功能键

AutoCAD 2006 提供了以下功能键来方便地调用一些常用功能：

F1——帮助；
F2——文本输入窗口开关；
F3——对象捕捉开关；
F4——数字化仪开关；
F5——在设置等轴测捕捉时，在等轴测平面上切换；
F6——坐标开关；
F7——栅格显示开关；
F8——正交开关；
F9——栅格捕捉开关；
F10——极轴捕捉开关；
F11——对象捕捉追踪开关；
F12——动态输入开关。

二、AutoCAD 2006 基本操作

AutoCAD 2006 是一款具有开放界面布局和面向用户自由创作的辅助设计软件。在进行设计时，用户可以对文件进行各种操作。同时，AutoCAD 提供了多种工具，这使得绘图和设计工作更加容易。

1. 图形文件的基本操作

AutoCAD 2006 图形文件的基本操作主要包括创建新图形文件、打开已有图形文件、保存图形文件、输出图形文件等内容。实际上，新建、打开和保存操作是学习所有软件的起点，下面分别加以介绍。

（1）新建图形文件（NEW）。绘制一幅新图形时，首先要创建新的图形文件并做好绘图前的准备工作。

首先启动 AutoCAD 2006，单击下拉菜单“文件”/“新建”或者单击“标准”工具栏中的按钮或者在命令行输入“NEW ↵”，弹出“选择样板”对话框，如图 1-43 所示。在其中可以选择基于何种样板来创建新图形，常用的有 acad 样板和 acadISO 样板。选择好样板后，单击[打开(O)]按钮，系统将打开一个基于样板的新文件。如果用户不希望基于任何样板创建新图形而准备从空白开始，可以单击[打开(O)][▾]按钮右侧的下三角打开其下拉菜单，然后选择英制或公制无样板打开。

（2）打开已有图形文件（OPEN）。如果用户要对已经存在的图形文件进行操作，必须先打开该图形文件。可以通过以下三种方式调用打开命令：

1）菜单栏：单击下拉菜单“文件”/“打开”。

2）图标按钮：单击“标准”工具栏中的按钮。

3）命令行：OPEN ↵。

命令执行后弹出“选择文件”对话框，如图 1-44 所示。选择一个或多个图形文件，然后单击[打开(O)][▾]按钮即可打开所选文件。

（3）保存图形文件（SAVE）。在绘图过程中要注意经常保存图形文件，以免由于程序异常中断或者断电等突发性事件而使大量工作成果丢失。

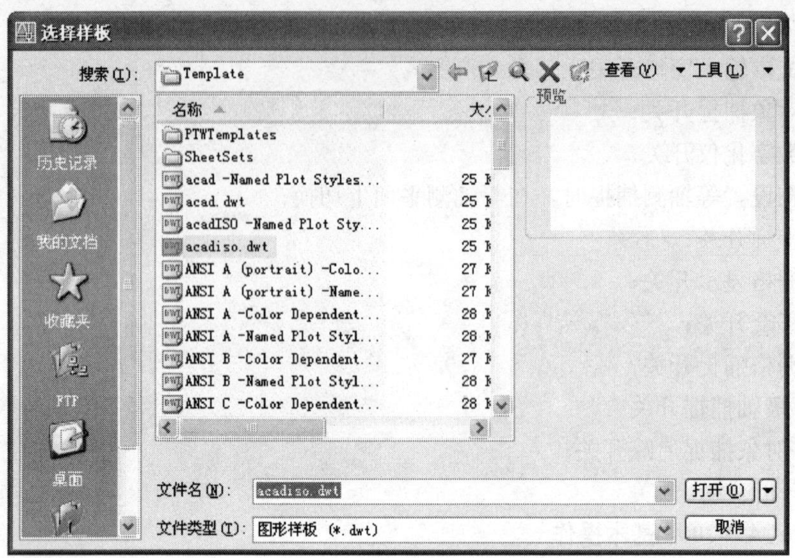

图 1-43 “选择样板”对话框

图 1-44 “选择文件”对话框

可以通过以下三种方式调用保存命令：

1）菜单栏：单击下拉菜单“文件”/“保存”。

2）图标按钮：单击“标准”工具栏中的 按钮。

3）命令行：SAVE ↵。

命令执行后，如果以前保存并命名了该图形，则 AutoCAD 自动按照以前定义好的路径和文件名保存所作的修改；如果是第一次保存图形，则弹出“图形另存为”对话框，如图 1-45 所示。在“保存于”下拉列表中为图形文件选择保存路径，在“文件名”文本框中为图形文件命名，单击 保存(S) 按钮，完成图形文件的保存。

如果用户想为当前图形文件保存一个副本，可以单击菜单栏中的“文件”/“另存为”，在打开的“图形另存为”对话框另外命名图形文件后保存。

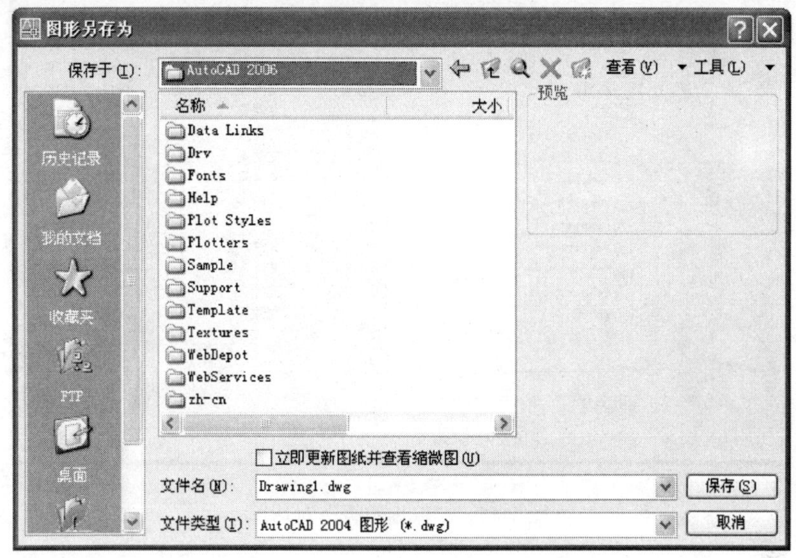

图 1-45　“图形另存为”对话框

（4）输出图形文件。图形的输出是绘图工作的重要组成部分。在 AutoCAD 2006 的图形文件中，数据的通用性大大增强，它不但可以和其他 Windows 程序之间进行数据交换，还能进行文件格式的转换，以方便相应的 Windows 应用程序使用。

用户可以参照以下方法将 AutoCAD 图形输出成各种格式的数据文件。

首先在绘图区选择要输出的图形，单击菜单栏中的“文件”/“输出”，弹出“输出数据”对话框，如图 1-46 所示。在“文件名”文本框中为输出后的文件命名，并在“文件类型”下拉列表框中选择要输出成的文件格式类型，单击 保存(S) 按钮完成图形的输出。

在 AutoCAD 2006 中，利用“输出数据”对话框可以将 AutoCAD 图形文件输出成下列格式的数据文件：

1）图元文件（*.wmf）。

2）ACIS（*.sat）。

3）平版印刷（*.sal）。

4）封装 ps（*.eps）。

5）DXX 提取（*.dxx）。

6）位图（*.bmp）。

7）3D Studio（*.3ds）。

8）块（*.dwg）。

2. 命令输入方法

AutoCAD 2006 中常用的命令输入方法是鼠标和键盘输入，一般在绘图时是结合两者进行的，用键盘输入命令和参数，用鼠标绘图和执行工具栏中的命令。

（1）命令的输入。AutoCAD 命令的输入方式主要有三种：图标按钮方式、菜单方式和

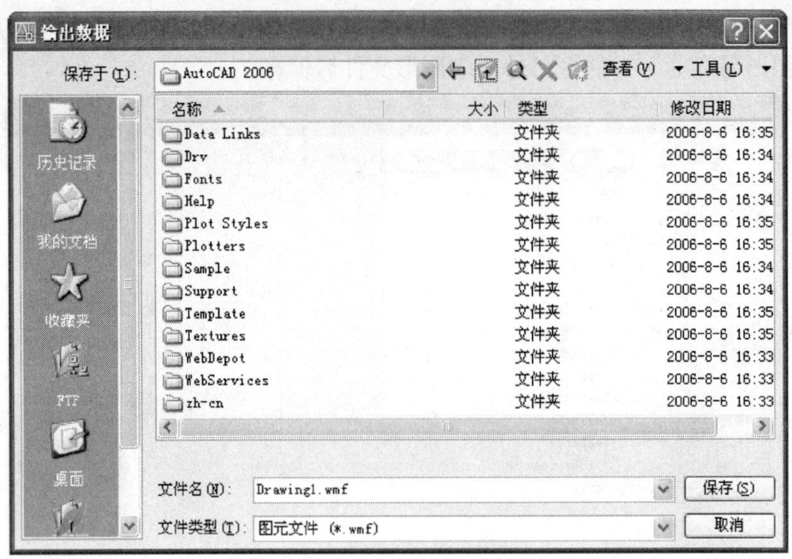

图 1-46 “输出数据”对话框

键盘输入方式。

1）图标按钮方式：AutoCAD 2006 的工具栏都是以各种图标按钮组成的，将鼠标移动到某一按钮上停留片刻，即提示该按钮的名称。单击工具栏上的相应按钮就能执行所代表的命令。这是一种常用、简便的输入命令方式。

2）菜单方式：菜单栏包括一系列的命令。将鼠标移至菜单栏，左右移动光标选择所需要的菜单项，单击该菜单项，在出现的下拉菜单中上下移动鼠标，单击选中所需的条目，以启动该命令。

3）键盘输入方式：当命令行出现“命令：”时，通过键盘输入 AutoCAD 命令，然后按下回车键，即可运行该命令。

（2）命令的重复、中止。

1）命令的重复：无论以上述哪种方式输入了最后一条命令，都可以在下一行“命令：”提示下，键入回车键或空格键重复该命令。

2）命令的中止：在执行命令的过程中，按下 ESC 键，可中止该命令的执行。

3）命令的撤销：在图形编辑过程中，可以利用 UNDO（U）命令或单击按钮，撤销一个或若干个命令。

3. 使用坐标系

在绘图过程中，AutoCAD 经常会要求用户输入点来确定所绘对象的位置、大小和方向。在要求输入点时，一种方法是通过单击鼠标拾取光标中心作为一个点的数据输入，另外一种方法是输入坐标值。使用坐标系输入点是最直接的精确定位点的方法。

（1）世界坐标系（WCS）和用户坐标系（UCS）。AutoCAD 有两个坐标系统：一个是固定坐标系，称为世界坐标系，简称 WCS；另一个是可移动坐标系，称为用户坐标系，简称 UCS。

在 WCS 中，X 轴的正方向水平向右，Y 轴的正方向垂直向上，Z 轴的正方向为垂直于 XY 平面向外，原点是图形左下角 X 轴和 Y 轴的交点（0，0）。

在 AutoCAD 中，用户可以使用 UCS 命令来创建用户坐标系。UCS 对于输入坐标、定义绘图平面和设置视图非常有用。创建三维对象时，可以重定位 UCS 来简化工作。

实际上所有的坐标输入都使用当前 UCS。

（2）使用坐标输入点。要使用 AutoCAD 坐标来定位点，则在命令提示输入点时，在命令行中输入坐标值，如果启用了状态栏中的“DYN”工具，则在光标附近的工具栏提示中输入坐标值。可以按照笛卡尔坐标或极坐标方式输入坐标值。

1）笛卡尔坐标（x，y，z）。笛卡尔坐标系有三个轴，即 X、Y 和 Z 轴。输入坐标值时，需要指示沿 X、Y 和 Z 轴相对于坐标系原点（0，0，0）的距离及其方向（正或负）。在二维绘图中，Z 坐标默认为 0 或采用当前默认高度设置，因此用户仅输入 X、Y 坐标值即可，即（x，y），实际输入时不加小括号。

2）极坐标（距离<角度）。极坐标使用距离和角度来定位点。输入时，需要指示该点与坐标系原点直线的距离以及直线与 X 轴的夹角。

UNITS 命令控制了单位的格式及角度的方向，系统默认的正角度方向是逆时针方向。

3）绝对坐标和相对坐标。使用笛卡尔坐标和极坐标，均可以基于原点（0，0）输入绝对坐标，或基于上一指定点输入相对坐标。

绝对坐标从 UCS 原点（0，0）开始测量。在“DYN”打开状态下的工具栏提示中输入绝对坐标时，需在坐标前面添加一个“#”前缀，笛卡尔坐标为（#x，y），极坐标为（#距离<角度）。但如果在命令提示行中输入绝对坐标时，则可以不使用“#”前缀。

相对坐标是基于上一输入点的坐标而言，要指定相对坐标，需在坐标前面添加一个“@”符号，即（@dx，dy）或（@与上一点距离<角度）。

【例 1-1】 用绝对笛卡尔坐标从（4，3）到点（10，8）绘制一直线，如图 1-47 所示。

命令：**LINE**↵　　　　（发出绘制直线命令）
指定第一点：4，3↵　　　　（命令行输入绝对笛卡尔坐标）
指定下一点或［放弃（U）］：10，8↵　　　　（命令行输入绝对笛卡尔坐标）
指定下一点或［放弃（U）］：↵　　　　（结束命令）

【例 1-2】 使用相对笛卡尔坐标绘制［例 1-1］的直线（图 1-47）。

命令：**LINE**↵
指定第一点：4，3↵　　　　（命令行输入绝对笛卡尔坐标）
指定下一点或［放弃（U）］：@6，5↵　　　　（命令行输入相对笛卡尔坐标）
指定下一点或［放弃（U）］：↵

【例 1-3】 使用绝对极坐标和相对极坐标绘制如图 1-48 所示的直线。

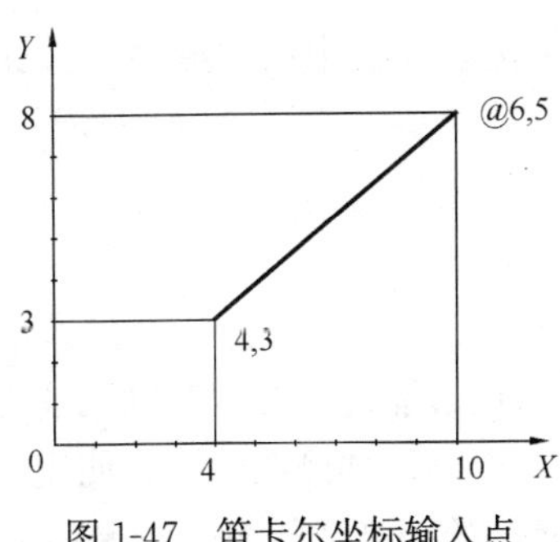

图 1-47 笛卡尔坐标输入点

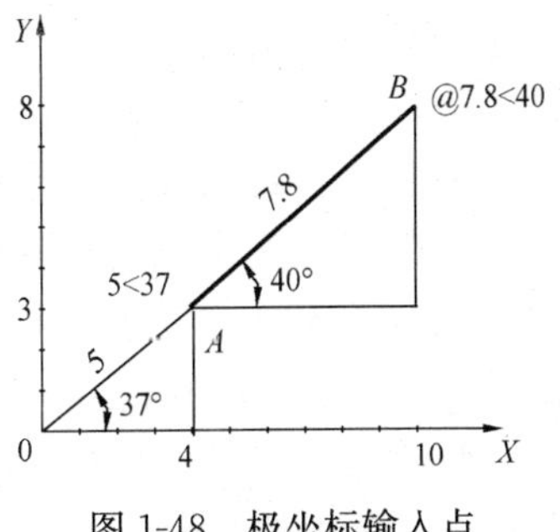

图 1-48 极坐标输入点

命令：**LINE**↵

指定第一点：5<37↵ （输入绝对极坐标指定点 A）

指定下一点或［放弃（U）］：@7.8<40↵（输入相对极坐标指定点 B，画出直线 AB）

指定下一点或［放弃（U）］：↵ （结束画线命令）

输入相对坐标的另一种方法是：通过移动光标指定方向，直接输入距离。此方法称为直接距离输入法。在［例 1-3］中，绘制 *AB* 直线时，先由点 *A* 移动光标使直线方向为 40°，然后在命令行输入“7.8↵”，得到同样结果。

（3）控制坐标显示。从键盘输入坐标值或使用定点设备指定点时，AutoCAD 2006 窗口状态栏的坐标显示区域显示当前光标位置的坐标值。有三种类型的坐标显示：静态显示、动态显示以及距离和角度显示。按 F6 功能键、Ctrl+D 键或单击坐标显示区域，可以在这三种方式间切换。

4. 辅助绘图工具的使用

在绘图过程中的某些情况下，使用坐标定位不是很方便，需要使用一些辅助绘图工具，系统提供了栅格、捕捉和正交等辅助绘图工具，恰当地运用这些工具，能够大大提高绘图效率。

（1）栅格与捕捉。栅格（GRID）是按照设置的间距显示在图形区域中的点，能提供直观的距离和位置的参照，类似于坐标纸中方格的作用。例如，如果将栅格的间距设置为“10”，在图形中就很容易找到坐标为（50，70）的位置。另外，栅格还显示出了当前图形界限的范围，因为栅格只在图形界限以内显示。

捕捉（SNAP）是使光标按照设置的间距移动。一般来说，栅格与捕捉的间距和角度都设置为相同的数值，打开捕捉功能之后，光标只能在栅格间距上精确移动，从而准确定位点。

可以通过以下三种方式对栅格与捕捉进行设置：

1）菜单栏：单击下拉菜单“工具”/“草图设置”。

2）右击状态栏上的“栅格”或“捕捉”按钮，在弹出的快捷菜单中选择“设置”。

3）命令行：DSETTINGS↵。

这时弹出“草图设置”对话框，如图 1-49 所示。该对话框的“捕捉和栅格”选项卡用来设置栅格和捕捉的类型与参数。

其各设置项意义如下：

✦ “启用捕捉”复选框：打开/关闭捕捉方式，等同于单击状态栏中的“捕捉”按钮或按功能键 F9。

✦ “启用栅格”复选框：打开/关闭栅格，等同于单击状态栏中的“栅格”按钮或按功能键 F7。

✦ “捕捉”区：用来改变捕捉间距、捕捉角度和捕捉基点。

✦ “栅格”区：用来改变栅格间距。

✦ “捕捉类型和样式”区：用来设置捕捉的模式，系统提供了两种捕捉模式供用户选择：“栅格捕捉”和“极轴捕捉”。栅格模式中又包含了“矩形捕捉”和“等轴测捕捉”两种方式。在二维绘图中常用的是矩形捕捉，等轴测捕捉只在绘制等轴测图时才会使用。如果选择极轴捕捉模式，则需要设置“极轴间距”，指定极轴捕捉的距离。极轴捕捉是一种相对捕

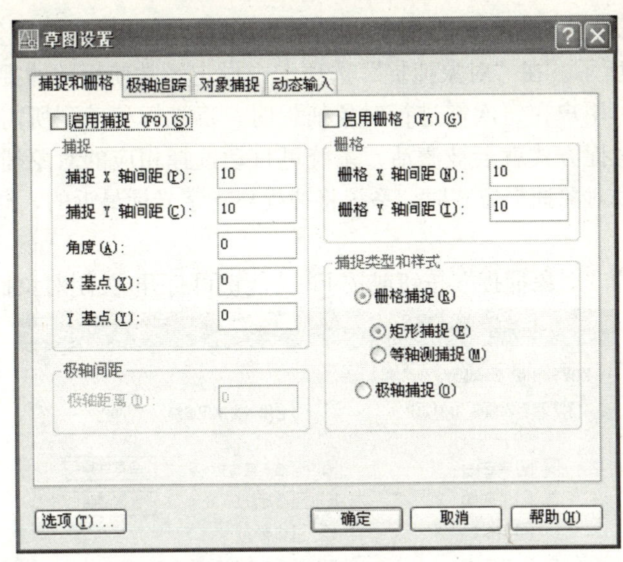

图 1-49　“草图设置”对话框

捉，即相对于上一点的捕捉。如果当前未执行绘图命令，光标能够在图形中自由移动，不受任何限制。当执行某一种绘图命令时，光标就只能在特定的极轴角度上，并且定位在距离为间距的倍数的点上。

在实际绘图中，一般只需要设置栅格和捕捉的间距，经常将两者的间距设置成相同的数值。间距设置得太大，起不到应有的辅助作用；设置得太小又会影响到绘图效率，具体数值由所绘图形大小来确定。

在某些特殊情况下，可以设置“捕捉”区中的“角度”选项，适应倾斜图形的绘制。

(2) 对象捕捉。对象捕捉是 AutoCAD 中进行精确绘图的工具之一，利用对象捕捉功能，可以十分方便地使用鼠标在屏幕上准确拾取所需的一些特征点（如圆心、切点、线段端点等）。对象捕捉有以下两种情况：

1）“临时”性对象捕捉。所谓“临时”性对象捕捉即是在需要进行对象捕捉时才打开捕捉模式，当前目标捕捉到之后系统就自动关闭对象捕捉模式。可以通过以下三种方式来调用“临时”性对象捕捉命令：

- 快捷菜单：Shift 键＋右键，从弹出的快捷菜单中选择所需的捕捉方式。
- 简捷命令：在命令行输入相应的对象捕捉方式的缩写，如“MID”、“END”等。
- 工具栏：调出“对象捕捉”工具栏，如图 1-50 所示，用户可以直接选择需要的捕捉方式。

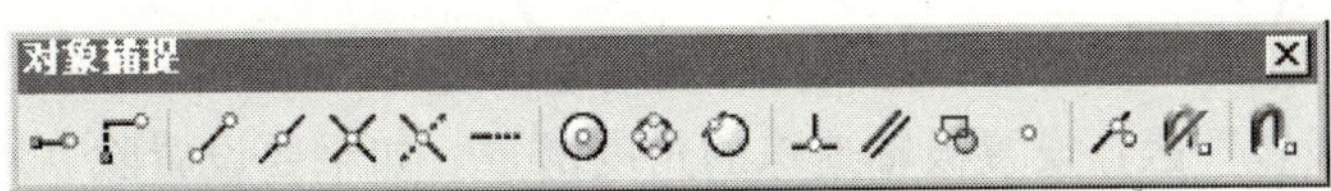

图 1-50　“对象捕捉”工具栏

2）“永久”性对象捕捉。所谓“永久”性对象捕捉即是在捕捉模式打开期间始终起作用。“永久”性对象捕捉用于用户经常使用的一些捕捉方式。单击图 1-50 所示“对象捕捉”工具栏中的最后一个按钮，或选择下拉菜单“工具”/“草图设置”，或右键点击状态栏中的

“对象捕捉”选择“设置”，或在命令行输入命令“DSETTINGS ↲”，都会弹出“草图设置”对话框，如图 1-51 所示。在“对象捕捉”选项卡中设定经常使用的捕捉方式。一旦选中某捕捉方式并运行后，用户在每次需进行对象捕捉时，将光标移动到所需要捕捉的目标点周围，所设定的对象捕捉方式就会被激活，系统可自动选择相应的对象捕捉模式来捕捉目标点。当同时使用多种对象捕捉方式时，系统将捕捉离十字光标最近的，同时又满足多种对象捕捉方式的一点。

单击状态栏中的“对象捕捉”按钮或按 F3 功能键可打开/关闭对象捕捉模式。

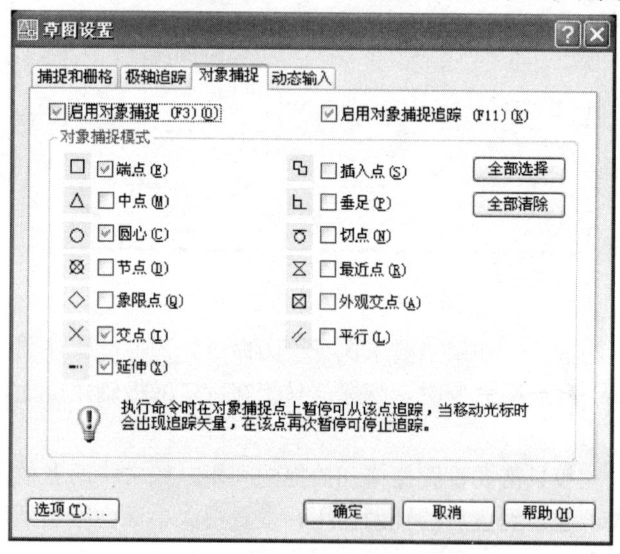

图 1-51 设置“永久”性对象捕捉

（3）自动追踪。自动追踪功能可以用指定的角度绘制对象，或者绘制与其他已有对象有特定关系的对象。打开自动追踪功能后，系统会在需要时显示出相应的辅助线和提示和帮助用户精确定位。

自动追踪有两种方式：极轴追踪和对象捕捉追踪。其中极轴追踪是系统按照事先设置好的角度增量来追踪所需点，在进行极轴追踪时不能打开正交模式；而对象捕捉追踪则是按照与对象捕捉目标的某种特定关系来追踪所需点，当然，在使用对象捕捉追踪之前必须打开对象捕捉模式。一般常将极轴追踪与对象捕捉追踪同时打开使用。

1）极轴追踪。右击状态栏中的“极轴”，在弹出的快捷菜单中选择“设置”，弹出“草图设置”对话框，如图 1-52 所示。选择“极轴追踪”选项卡，即可设置极轴追踪的参数。其各设置项意义如下：

✦ “启用极轴追踪”复选框：是否打开极轴追踪模式。

✦ “极轴角设置”区：设置极轴追踪的角度增量。如果要设置除“增量角”下拉列表内的特殊角度增量以外的其他角度增量，应先勾选“附加角”，然后单击“新建”按钮，再输入所需角度。

✦ “极轴角测量”区：选择“绝对”选项，表示以当前坐标系的 X 轴为测量角度的基准线；选择“相对上一段”选项，表示以最后画出的直线或捕捉到的直线为测量角度的基准线。

单击状态栏中“极轴”按钮或按F10功能键可打开/关闭极轴追踪功能。

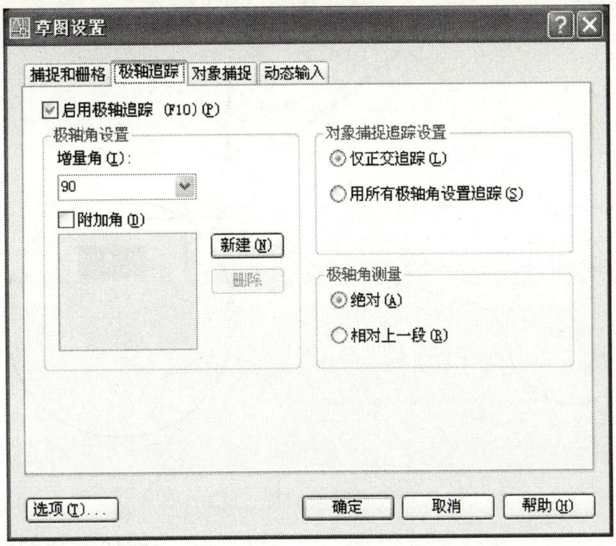

草图设置
捕捉和栅格　极轴追踪　对象捕捉　动态输入
☑启用极轴追踪（F10）(P)
极轴角设置
增量角(I)：
90
☐附加角(D)
新建(N)
删除
对象捕捉追踪设置
◉仅正交追踪(L)
○用所有极轴角设置追踪(S)
极轴角测量
◉绝对(A)
○相对上一段(R)
选项(T)...　确定　取消　帮助(H)

图1-52　设置极轴追踪

例如，要绘制长度为500单位，偏移X轴角度为30°的直线，可进行如下操作：

首先在图1-52中设置极轴增量角为“30”，并打开极轴追踪功能；然后调用LINE命令，在屏幕中任一位置指定直线的起点，接着将光标移到所需角度附近，当出现辅助线时，保持30°角度不变，光标沿辅助线方向移动，直到所需长度500时，单击鼠标绘出所需直线，如图1-53所示。也可以在指定直线方向后由键盘直接输入“500”。

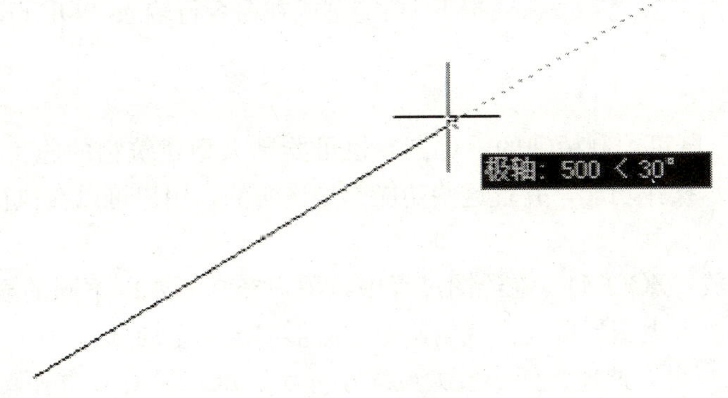

图1-53　极轴追踪示例

2）对象捕捉追踪。在图1-52所示“草图设置”/“极轴追踪”选项卡中的“对象捕捉追踪设置”区进行对象捕捉追踪功能的设置，选择“仅正交追踪”或“用所有极轴角设置追踪”按钮。

单击状态栏中的“对象追踪”按钮或按F11功能键可打开/关闭对象捕捉追踪功能。

例如，过圆O_1的圆心及正五边形的边CD的延长线与圆O_2的交点绘制一条直线，可进行如下操作：

首先在图1-51中设置对象捕捉模式为“圆心”、“交点”和“延伸”，并打开对象捕捉和对象捕捉追踪功能；然后调用LINE命令，捕捉圆O_1的圆心为直线的起点，接着追踪五边

形 CD 边延长线到与圆 O_2 的交点，单击鼠标绘出所需直线，如图 1-54 所示。

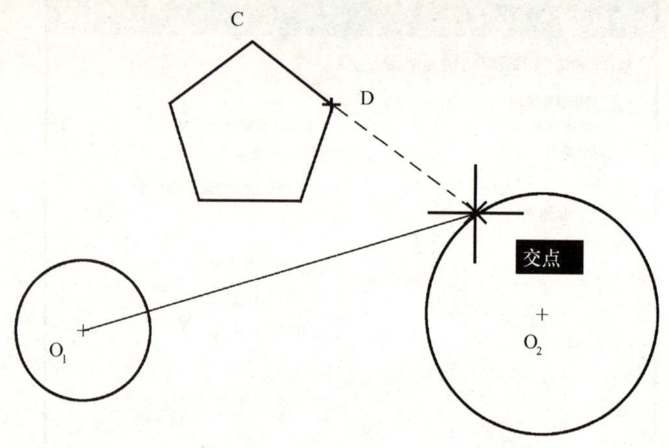

图 1-54 对象捕捉追踪示例

（4）动态输入（DYN）。动态输入是 AutoCAD 2006 新增加的功能。动态输入在光标附近提供了一个命令界面，以使用户专注于绘图区域。

单击状态栏上的“DYN”或按 F12 功能键可以打开/关闭动态输入。启用动态输入时，工具栏提示将在光标附近显示信息，该信息会随着光标的移动而动态更新。

（5）正交操作（ORTHO）。正交操作是 AutoCAD 中进行精确绘图的工具之一，利用正交操作功能，在二维绘图中可以十分方便地绘制水平线和垂直线。在绘制轴测图中，还可以绘制平行于 X、Y 或 Z 轴的线条。

单击状态栏中的“正交”按钮或按 F8 功能键或在命令行输入“ORTHO ↵”来打开/关闭正交操作

5. 图形显示操作

利用 AutoCAD 既可绘制精细的零件图，也可绘制大型建筑物的施工图。AutoCAD 提供了非常方便的显示操作功能，并且这些功能都是透明的，用户可以在执行其他命令的同时使用它们。

（1）图形的缩放（ZOOM）。在绘图过程中，用户经常需要以不同的显示比例来观察和绘制图形，有时需要放大图形以观察或精确绘制图形的某一个局部，有时需要缩小图形以观察整图，ZOOM 命令可方便地将图形放大或缩小显示。ZOOM 命令并不改变图形的实际尺寸，就如照相机的变焦镜头，它可对准图形的某部分，也可纵观全局。

ZOOM 命令可通过以下方式来调用：

✦ 下拉菜单：“视图”/“缩放”中的相应选项。

图 1-55 “缩放”工具栏

✦ 图标按钮：单击标准工具栏中的相应按钮或“缩放”工具栏（图 1-55）中相应按钮。

✦ 命令行：ZOOM ↵ 或 Z ↵。

✦ 直接利用鼠标滚轮进行缩放调整。

✦ 快捷菜单：没有选定对象时，在绘图区右击并选择“缩放”选项进行实时缩放

ZOOM 命令格式：

命令：**ZOOM** ↵

指定窗口的角点，输入比例因子（nX 或 nXP），或者

[全部(A)/中心(C)/动态(D)/范围(E)/上一个(P)/比例(S)/窗口(W)]/对象(O)] <实时>：

要选择某一选项，则输入相应选项括号内字母，然后回车；“<>”内为默认选项，直接回车响应。其中各选项意义如下：

✦ 全部（A）：用当前屏幕显示整个图形的内容，包括绘图极限以外的图形。该选项同“缩放”工具栏中的按钮。

✦ 中心（C）：以指定点为屏幕中心缩放，同时输入新的缩放倍数和高度值。该选项同“缩放”工具栏中的按钮。

✦ 动态（D）：通过向上或向下移动定点设备进行动态缩放，可以选择并不全部在当前显示之内的新的显示区域。该选项同“缩放”工具栏中的按钮。

✦ 范围（E）：将当前图形全部尽可能大地显示在屏幕上。该选项同“缩放”工具栏中的按钮。

✦ 上一个（P）：恢复上一次显示过的视图（最多可连续使用 10 次）。当在图形中进行局部特写时，可能经常需要将图形缩小以观察总体布局，使用该选项可以快速回到前一个视图。该选项同标准工具栏中的按钮。

✦ 比例（S）：允许用户输入一个缩放因子。有三种响应方式，若用户输入的是一个纯数据，如“3”，则系统执行绝对缩放功能，即显示原图的 3 倍；若输入的数据后带有 x，如“3x”，则执行相对当前视图缩放功能，即将当前图形缩放系数放大 3 倍；若输入的数据后带有 xp，如“3xp”，则执行相对当前图纸缩放功能，即将模型空间的图形以 3 倍的比例显示在图纸空间中。该选项同“缩放”工具栏中的按钮。

✦ 窗口（W）：窗选缩放图形。提示用户输入矩形窗口的两个对角点，确定要观察的区域。此时窗口中心成为新的显示中心，窗口内的图形被放大占满屏幕。一般用于显示图形中较小区域。该选项同“缩放”工具栏中的按钮。

✦ 对象（O）：尽可能大地显示一个或多个选定的对象并使其位于绘图区域的中心。该选项同“缩放”工具栏中的按钮。

✦ 实时：实时缩放，是 ZOOM 命令的缺省项。执行该项，光标变成放大镜图标。用户按住鼠标左键向上移动，图形放大；反之，按住鼠标左键向下移动，图形缩小。该选项同标准工具栏中的按钮。操作的退出可用 *ESC* 键或回车。若右击，则会弹出一光标菜单，用户可选择进一步的操作。

（2）图形的平移（PAN）。图形的移动是指在绘图过程中，在不改变缩放比例的条件下，通过拖动鼠标上下左右动态移动屏幕窗口，以便观察当前图形的其他区域。该操作不会改变图形的实际形状和位置，也不会改变图形的显示大小。

PAN 命令可通过以下方式来调用：

✦ 下拉菜单：“视图”/“平移”中的相应选项。

✦ 图标按钮：单击标准工具栏中按钮。

✦ 命令行：PAN↵或P↵。

✦ 快捷菜单：没有选定对象时，在绘图区右击并选择“平移”选项进行实时平移。

调用PAN命令后，光标变成手形图标，此时按下鼠标左键不放并拖动光标，窗口内的图形随光标在同一方向上移动，释放左键将中断此次平移操作。要结束PAN命令，可按ESC键或回车键，或者在右击快捷菜单中选择“退出”或其他操作。

6. 构造选择集

在AutoCAD中，选择操作是在对图形进行编辑或查询对象特性时所进行的一种常用的、使用频率极高的操作。在进行每一次编辑操作时都需要确定操作对象，系统在需要选择图形对象时会在命令行出现“选择对象:”的提示，这时光标变成小选择框。对象的选择称为构造选择集。为了快速而准确地选中欲编辑的图形元素，AutoCAD 2006提供了多种构造选择集的方式，下面介绍常用的几种。

(1) 直接拾取方式。这是最基本的选择方式。在“选择对象:”提示下，移动光标，让选择框叠在图形对象任一部分上，单击或按回车键，被选中的对象会以醒目方式（如改变颜色、线型或增亮）来显示，用户很容易看到选择结果。可连续选中的若干图形对象构成选择集。

(2) 窗口选择方式。窗口选择方式是通过确定选取图形对象范围的一种选取方法，有窗选和交叉窗选两种方式。窗选方式的选择条件是只有全部落在选择窗口以内的图形对象才会被选中；交叉窗选方式的选择条件是凡落在选择窗口以内的图形对象或与选择窗口边界相交或接触的图形对象都会被选中，该窗口的边界用虚线表示，而窗选方式的窗口边界用实线表示。其具体操作如下：

当命令行提示选择对象时，输入“W↵”以进行窗选，根据提示在屏幕上确定矩形选择窗口的第一角点，再确定矩形选择窗口的第二角点，则完全包含在窗口内的对象被选中。

当命令行提示选择对象时，输入“C↵”以进行交叉窗选，根据提示在屏幕上确定矩形选择窗口的第一角点，再确定矩形选择窗口的第二角点，则完全或部分包含在窗口中的对象被选中。

系统默认情况下，直接在屏幕上由左向右拉画窗口为窗选方式，由右向左拉画窗口为交叉窗选方式。

(3) 不规则窗口选择方式。要在不规则形状区域内选择对象，就应该将它们包含在一个不规则的多边形选择窗口内。

当命令行提示选择对象时，输入“WP↵”或者“WC↵”以进行多边形窗选或者交叉多边形窗选，多边形选择窗口只选中它完全包含的对象，而交叉多边形选择窗口则选中相交或包含在内的对象。可以通过指定若干点定义不规则多边形的区域来选择对象。

(4) 前一选择集方式。在“选择对象:”提示下，键入“P↵”，就进入该方式。它将最后一次用过的选择集作为当前选择集。

(5) 全部方式。在“选择对象:”提示下，键入“ALL↵”，就进入该方式。它选中全部（不包括冻结了的或锁定了的图层）图形对象。

(6) 栏选方式。栏选方式可以很容易地从复杂的图形中选择相邻的对象。选择栏是一段或多段直线，它穿过的所有对象均被选中。

在“选择对象:”提示下，键入“F↵”，就进入栏选方式。将光标移动到所要选择的对象处，单击绘制直线，使其穿过欲选对象，可以连续画出直线，直至回车完成选择，则所有被穿过的对象均被选中。

（7）快速选择方式。当需要选择大量特性相同的图形对象时，可以使用“快速选择”对话框，根据对象的特性、类型进行快速选择。

通过下拉菜单“工具”/“快速选择”命令或者在绘图区右击然后选择“快速选择”选项，都可以打开“快速选择”对话框。在此对话框中，可以设置用户自定义的选择条件，从而快速选择需要的一个或一组对象。

（8）从选择集中添加或清除对象。向选择集中添加对象十分简单：只需在选取一个对象之后保持其被选中的状态，再使用任何一种选择方法选取另外的对象，即可将该对象添加到选择集中。

从选择集中清除对象与添加对象的操作相似：只需在多个对象被选中的状态下，按下Shift键，然后使用任何一种选择方法选取要清除的对象，即可将该对象从选择集中清除。

按下ESC键可以取消全部被选中的对象。

第二章 点、直线和平面的投影

第一节 投影的基本知识

物体在光线的照射下，会在地面或墙面产生影子。人们将这种现象经过科学的抽象和提炼，逐步形成投影方法，如图 2-1 所示，S 为投影中心，A 为空间点，平面 P 为投影面，S 与 A 点的连线为投射线，SA 的延长线与平面 P 的交点 a，称为 A 点在平面 P 上的投影，用这种方法产生的图像称为投影法。投影法是在平面上表示空间形体的基本方法，它广泛应用于工程图样中。

投影法分为两大类，即中心投影法和平行投影法。

一、中心投影法

投射线从投影中心 S 发射，在投影面 P 上得到物体形状的投影方法称为中心投影法，如图 2-2 所示。

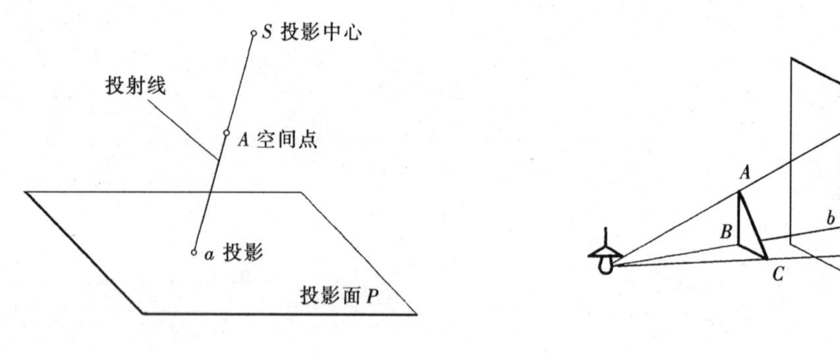

图 2-1 投影法　　图 2-2 中心投影法

二、平行投影法

当将投影中心 S 移至无限远处时，投影线可以看成是相互平行的，用这种投影法得到的图形称为平行投影法，如图 2-3 所示。

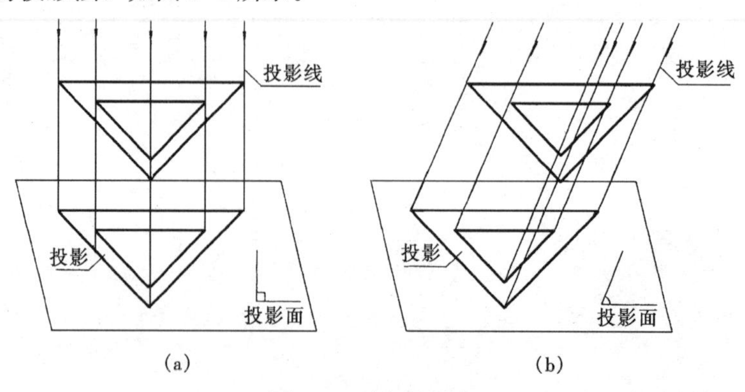

图 2-3 平行投影法

根据投射线与投影面所成角度的不同，平行投影法又分为正投影法和斜投影法。当投射线与投影面垂直时称为正投影法［图 2-3（a)］；当投射线与投影面倾斜时称为斜投影法［图 2-3（b)］。

第二节　点　的　投　影

一切几何形体都可看成是点、线、面的组合。点是最基本的几何元素，所以我们首先研究点的投影性质。

一、点的三面投影

1. 三投影面体系的建立

三投影面体系由三个相互垂直的投影面组成的，三个投影面分别为：正立投影面用 V 表示；水平投影面用 H 表示；侧立投影面用 W 表示。两投影面的交线称投影轴，V 面与 H 面交于 OX 轴，H 面与 W 面交于 OY 轴，V 面与 W 面交于 OZ 轴，三轴交于原点 O。

2. 点的三面投影

将空间点 A 置于三投影面体系中，分别向三个投影面投射，可以得到 A 点在三个投影面上的投影。空间点 A 在 V 面的投影称 A 的正面投影，用 a' 表示，在 H 面的投影称 A 的水平面投影，用 a 表示，在 W 面的投影称 A 的侧面投影，用 a'' 表示（规定空间点用大写字母表示，其投影用相应的小写字母表示)，如图 2-4（a）所示。

为了画图方便，可将相互垂直的三个投影面摊平在同一个平面上，即 V 面不动，H 面以 OX 为轴向下转 90°，与 V 面重合，W 面以 OZ 为轴向右转 90°，与 V 面重合（投影面边框可省略)。点的三面投影展开后，如图 2-4（b）所示。

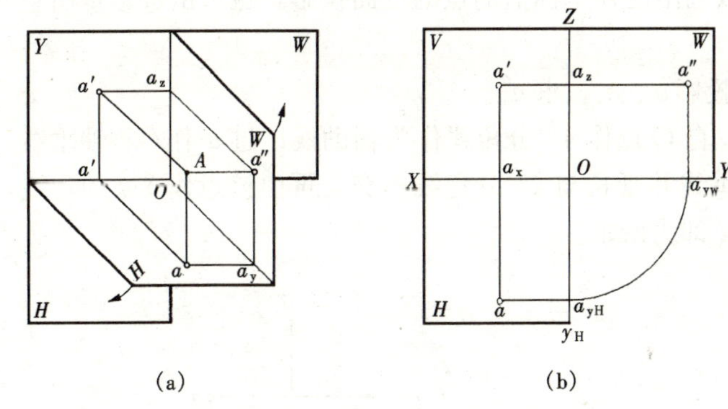

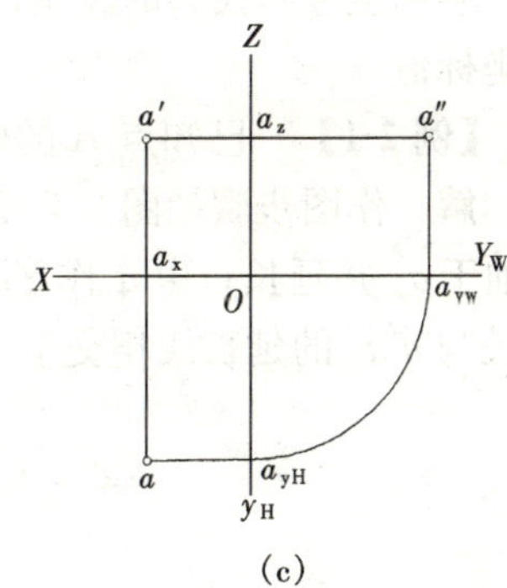

图 2-4　点的三面投影

从图 2-4 中可以看出点 A 在三投影面体系中的投影有以下特性：

(1) 正面投影 a' 和水平投影 a 的连线垂直于投影轴 OX；

(2) 正面投影 a' 和侧面投影 a'' 的连线垂直于投影轴 OZ；

(3) 水平投影 a 到 OX 轴的距离等于侧面投影 a'' 到 OZ 轴的距离，反映点到 V 面的距离；

(4) 正面投影 a' 到 OX 轴的距离等于侧面投影 a'' 到 OY_W 轴的距离，反映点到 H 面的距离；

(5) 正面投影 a' 到 OZ 轴的距离等于水平投影 a 到 OY_H 轴的距离，反映点到 W 面的距离。

二、点的坐标

三个投影轴可以作为一个空间坐标系的坐标轴。空间点的位置可用三个坐标值 x，y，z 表示，如图 2-5 所示。

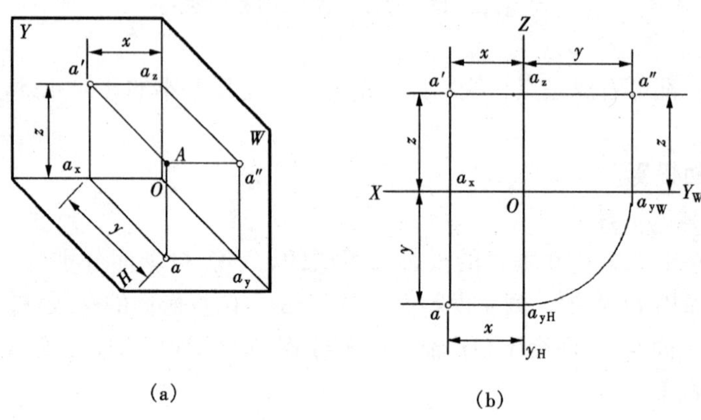

图 2-5　点的坐标

坐标值反映在点的三投影中，就是点的投影到投影轴的距离。图 2-5 为 A（x，y，z）的三投影图，从图 2-5 中可以看出：

$x=a'a_z=aa_{yH}$=空间点 A 到 W 面的距离；

$y=aa_x=a''a_z$=空间点 A 到 V 面的距离；

$z=a'a_x=a''a_{yW}$=空间点 A 到 H 面的距离。

利用坐标和投影的关系，可以画出已知坐标值的点的三面投影，也可由投影量出空间点的坐标值。

【例 2-1】　已知点 A 的两面投影 a、a'，求 a''。

解　作图步骤如图 2-6 所示。自 O 点作 45°分角线作为辅助线；过 a' 作 OZ 轴垂线，交 Z 轴于 a_z 并延长；由 a 作 Y_H 的垂线并延长与 45°分角线相交，再由该点作 Y_W 的垂线，并延长与 $a'a_z$ 的延长线相交于 a''，a''即为所求。

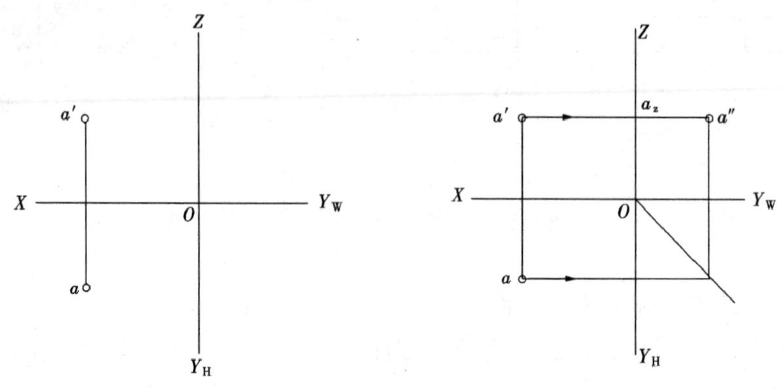

图 2-6　求点的第三面投影

【例 2-2】　已知点 A（15，10，20），求作点 A 的三面投影。

解　作图步骤如图 2-7 所示。

三、两点的相对位置

两点的相对位置是指空间两点之间上下，左右，前后的相对位置关系，如图 2-8 所示。

在判断两点的相对位置时，可根据正面投影或侧面投影判断上下；根据正面投影或水平投影判断左右；根据水平投影或侧面投影判断前后。

当空间两点处于同一投射线上时，它们在与该投射线垂直的投影面上的投影重合，这两点称为该投影面的重影点。如图 2-9 所示，C、D 两点的重影点中，距投影面较远的点 C 其投影为可见，距投影面较近的点 D 的投影为不可见，不可见投影点加括弧表示，即 (d')。

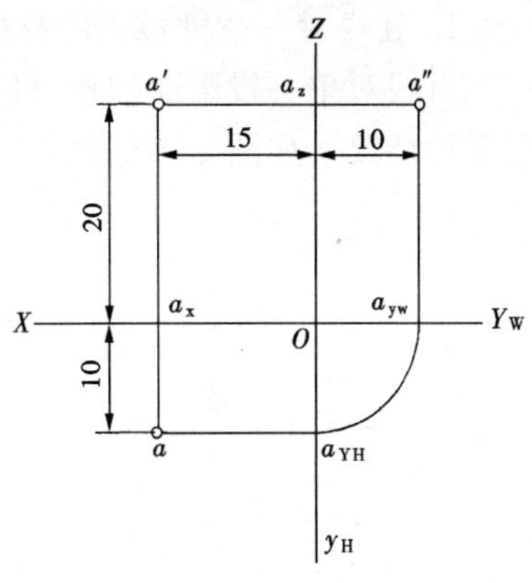

图 2-7　由点的坐标求三面投影

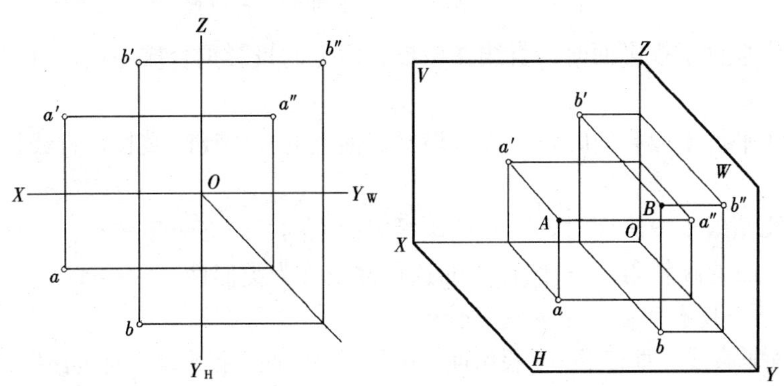

图 2-8　两点的相对位置

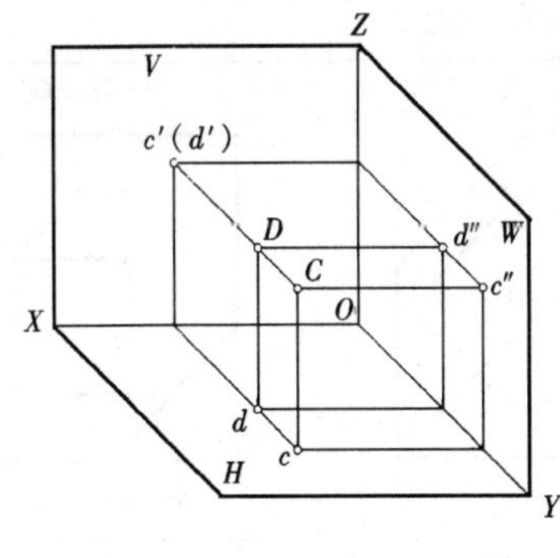

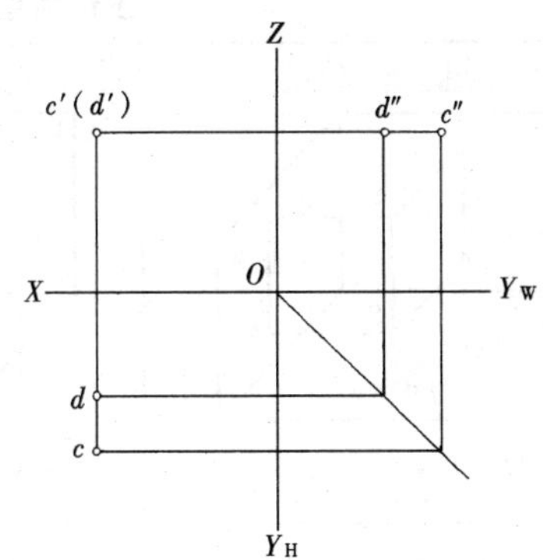

图 2-9　重影点

第三节　直线的投影

一、直线的投影特性

一条直线是由两点决定的，直线的投影可由该线上任意两点的投影所确定。如已知直线上两点（如两端点）的投影，将两点的同名投影用直线连接，就得到该直线的同名投影。

1. 直线对一个投影面的投影特性

直线对单一投影面的相对位置有垂直于投影面、平行于投影面和对投影面倾斜成某一角度三种情况，如图 2-10 所示。

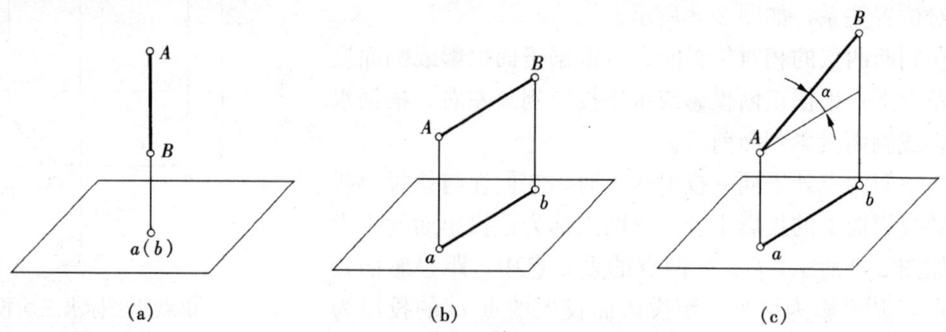

图 2-10 直线对一个投影面的三种位置

（1）当直线垂直于投影面时，直线在该投影面上的投影重合成一点，直线投影的这种性质称为积聚性。

（2）当直线平行于投影面时，直线在该投影面上的投影反映实长，直线投影的这种性质称为实形性。

（3）当直线倾斜于投影面时，直线在该投影面上的投影必短于实长。$ab=AB\cos\alpha$（α 为直线 AB 与投影面的倾斜角）。直线投影的这种性质称为类似性。

2. 直线在三个投影面体系中的投影特性

（1）投影面垂直线。垂直于一个投影面（平行于另外两个投影面）称为该投影面垂直线。垂直于 V 面时称为正垂线；垂直于 H 面时称为铅垂线；垂直于 W 面时称为侧垂线，见表 2-1。

表 2-1　　投影面垂直线的投影特性

名 称	铅 垂 线	正 垂 线	侧 垂 线
立体图	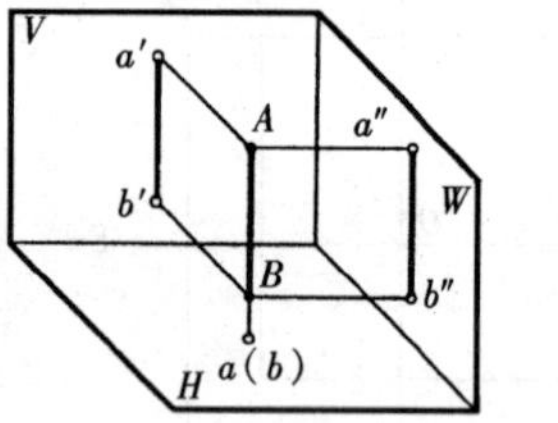 垂直于 H 面，平行于 V 面和 W 面	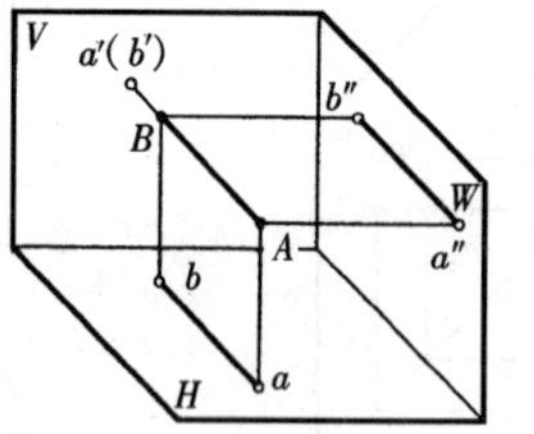 垂直于 V 面，平行于 H 面和 W 面	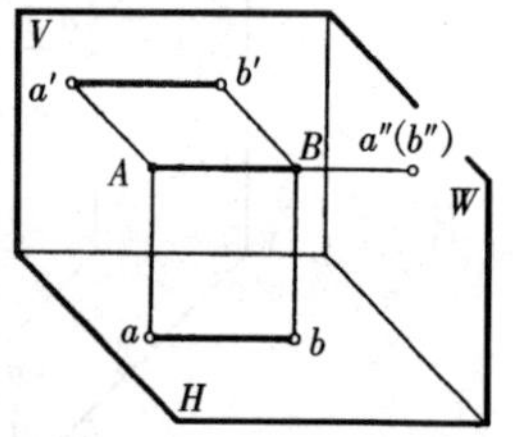 垂直于 W 面，平行于 V 面和 H 面
投影图	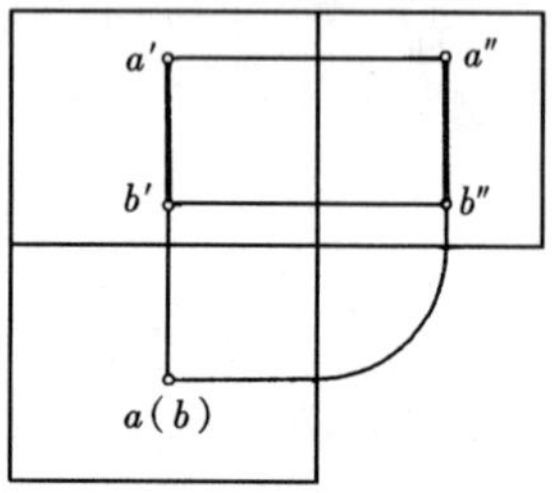	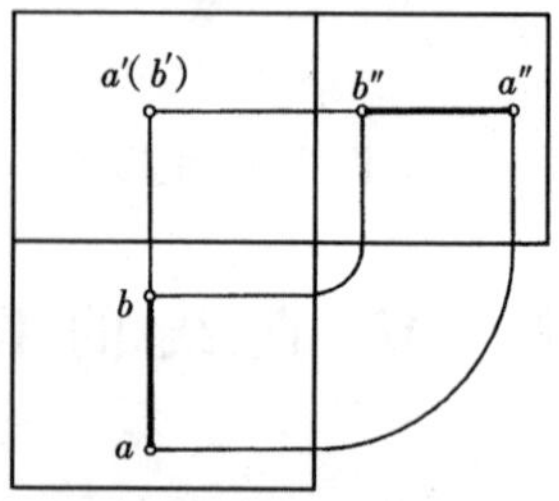	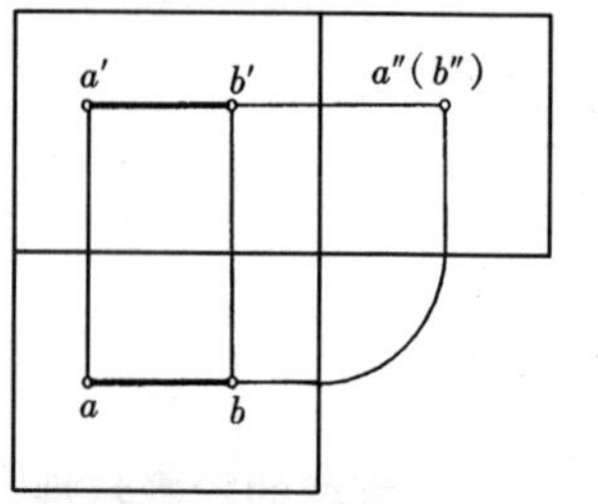
投影特性	1. 水平投影积聚成一点； 2. 其他两个投影反映实长，并均为铅直位置	1. 正面投影积聚成一点； 2. 其他两个投影反映实长。水平投影为铅直位置，侧面投影为水平位置	1. 侧面投影积聚成一点； 2. 其他两个投影反映实长，并均为水平位置

投影面垂直线的投影特性是：

1）在所垂直的投影面上，投影积聚成一点。

2）其他投影反映线段实长，且垂直于某一投影轴。

（2）投影面平行线。平行于一投影面而与其余两投影面倾斜的直线称为投影面的平行线。平行于 V 面时称为正平线；平行于 H 面时称为水平线；平行于 W 面时称为侧平线，见表 2-2。

表 2-2　投影面平行线的投影特性

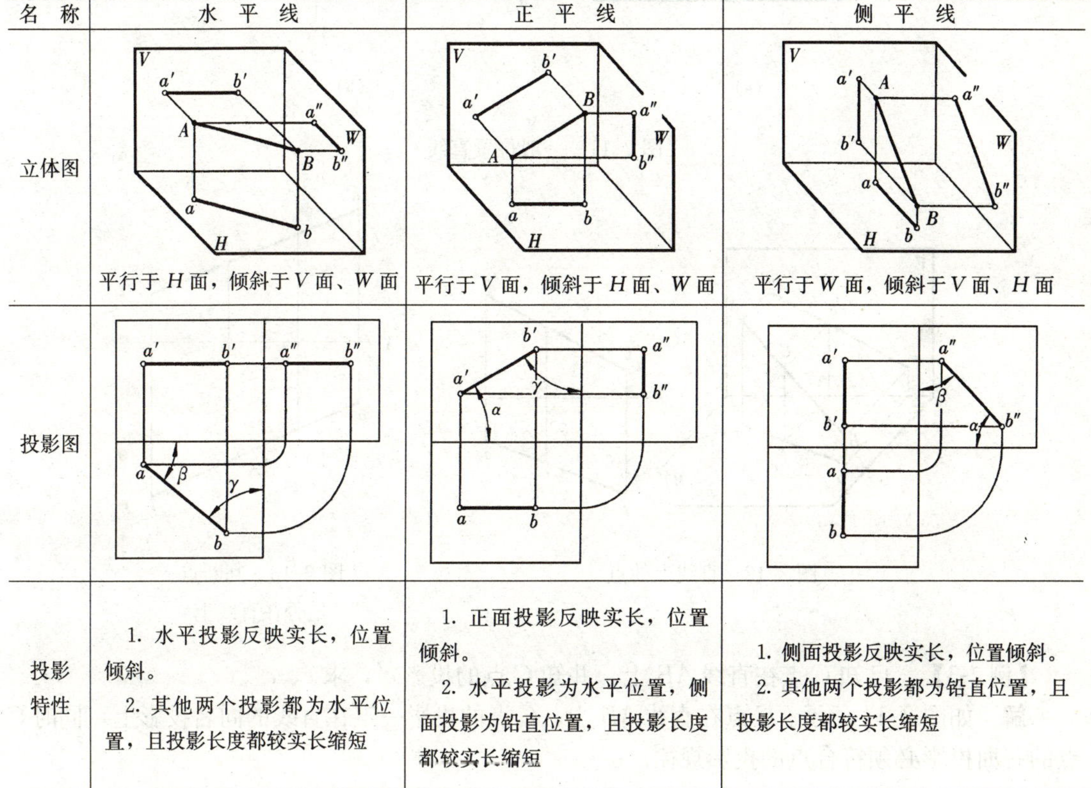

名　称	水　平　线	正　平　线	侧　平　线
立体图	平行于 H 面，倾斜于 V 面、W 面	平行于 V 面，倾斜于 H 面、W 面	平行于 W 面，倾斜于 V 面、H 面
投影图			
投影特性	1. 水平投影反映实长，位置倾斜。 2. 其他两个投影都为水平位置，且投影长度都较实长缩短	1. 正面投影反映实长，位置倾斜。 2. 水平投影为水平位置，侧面投影为铅直位置，且投影长度都较实长缩短	1. 侧面投影反映实长，位置倾斜。 2. 其他两个投影都为铅直位置，且投影长度都较实长缩短

投影面平行线的投影特性是：

1）在所平行的那个投影面上的投影反映实长，并在此投影面上反映直线与另两投影面倾角的实形。

2）在另两个投影面上的投影是缩短了的线段，并且平行于投影轴。

（3）一般位置直线。对三投影面都倾斜的直线称一般位置直线，如图2-11 所示。

一般位置直线的投影特性是：

1）三个投影都与投影轴倾斜，它们与投影轴的夹角不反映直线与投影面的倾角。

2）三个投影的长度都短于实长。

二、直线上的点

点在直线上，则点的投影在直线的同名投影上，并将线段的投影分割成和空间相同的比例。反之，若点的投影有一个不在直线的同名投影上，则该点必不在此直线上，如图2-12、图 2-13 所示。

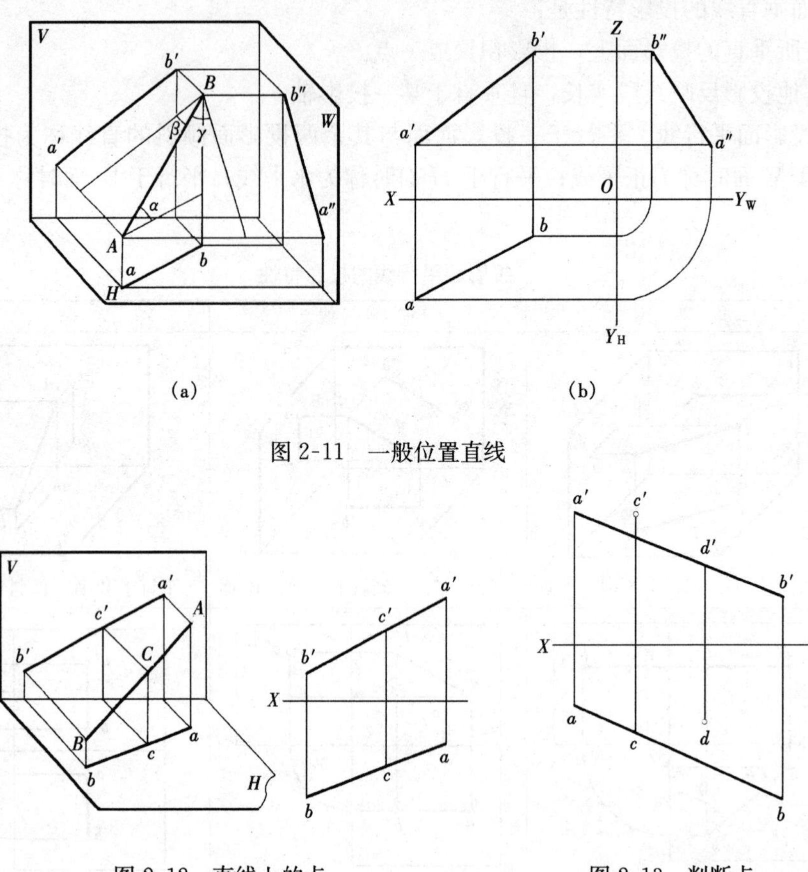

图 2-11　一般位置直线

图 2-12　直线上的点

图 2-13　判断点是否在直线上

【例 2-3】　已知 C 点在直线 AB 上，并知 C 点的投影 c'，求 c、c''。

解　如图 2-14 所示。C 点在直线 AB 上，C 点的投影一定在直线的同名投影上，同时 C 点的三面投影必须符合点的投影规律。

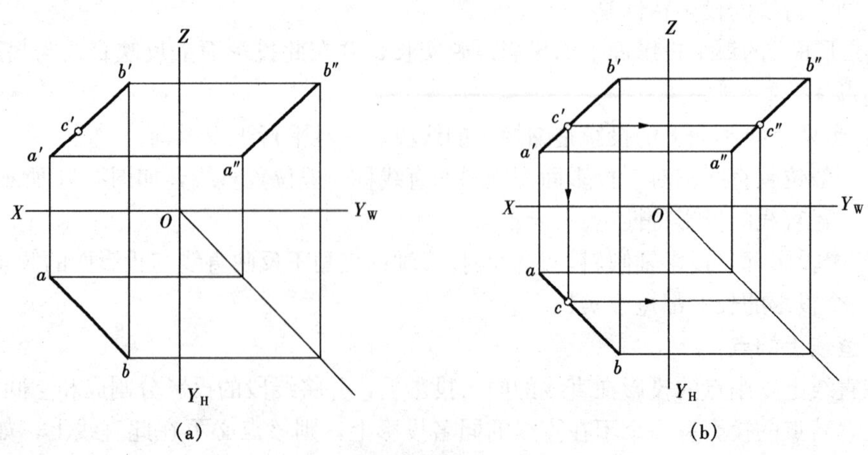

图 2-14　求直线上点的投影

三、两直线的相对位置

两条直线的相对位置有三种情况：平行、相交和交叉。下面分别讨论它们的投影特点。

（一）平行两直线

根据平行投影特性可知：空间两直线相互平行，则它们的同面投影也相互平行，且投影比等于空间比。

在图 2-15 中，直线 AB 和 CD 是一般位置直线，它们的水平投影和正面投影相互平行，即 $ab /\!/ cd$、$a'b' /\!/ c'd'$，可以判定它们在空间也相互平行，即 $AB /\!/ CD$。但也有例外，若两条直线均为某投影平行线时，若无直线所平行的投影面上的投影，仅根据另两投影的平行是不能确定它们在空间是否平行的。如图 2-16 所示，侧平线 AB 和 CD，虽然 $ab /\!/ cd$、$a'b' /\!/ c'd'$，但不能确定 AB 和 CD 是否平行。还需要画出它们的侧面投影，才可以得出结论。当 $a''b'' /\!/ c''d''$时，$AB /\!/ CD$。

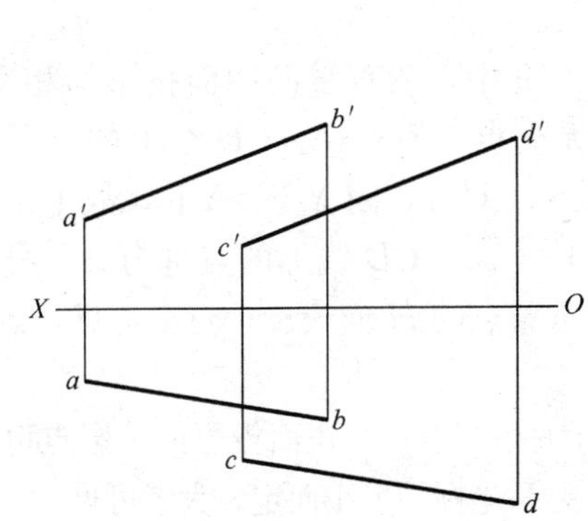

图 2-15　两一般位置直线平行

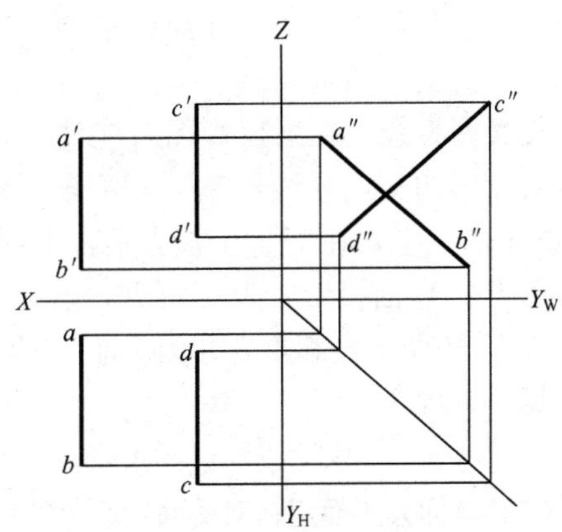

图 2-16　两侧平线不平行

（二）相交两直线

空间两直线相交，则它们的同面投影相交，且交点符合点的投影规律。

图 2-17 中，一般位置直线 AB 和 CD 相交于 K，因点 K 既属于 AB 又属于 CD，所以 k 既属于 ab 又属于 cd，即 k 为 ab 和 cd 的交点。同理，k'是 $a'b'$和 $c'd'$的交点，因为 k、k'为

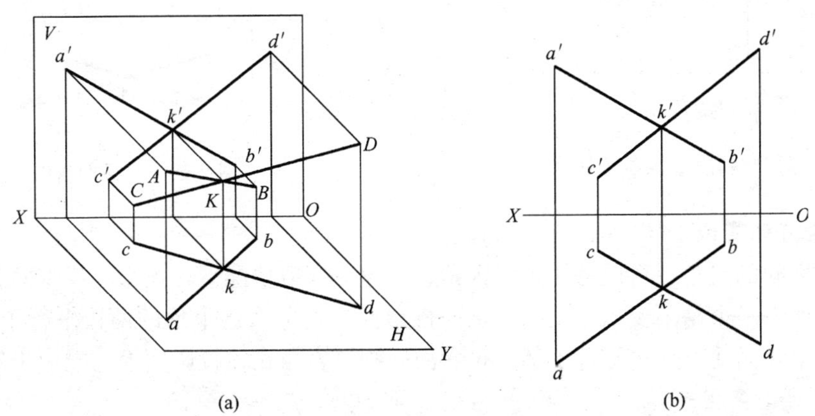

图 2-17　两一般位置直线相交

空间一点的两面投影，所以必有 $kk' \perp OX$ 轴。

在投影图中判断两直线是否相交。对于一般位置直线，只要根据两对同面投影判断即可，如图 2-17（b）所示，可判断 AB 和 CD 相交。但是当两直线中有一条直线是投影面平行线时，应利用直线在所平行的投影面内的投影来判断。在图 2-18 中，直线 AB 和侧平线 CD 的水平投影、正面投影均相交，但不能确定它们在空间是否相交，还需画出它们的侧面投影 $a''b''$、$c''d''$才能得出结论。从图中可知，正面投影的交点和侧面投影交点的连线不垂直于 OZ 轴，也就是交点不符合点的投影规律，所以直线 AB 与侧平线 CD 不相交。也可用点在直线上的投影特点判断，若 K 在 CD 上，AB 与 CD 相交，否则 AB 与 CD 不相交。

（三）交叉两直线

空间两直线既不平行也不相交，称为交叉两直线。

两交叉直线的三对同面投影不可能对对平行，至少有一对相交；如果两对或两对以上的同面投影相交，其交点不符合点在 H、V、W 投影体系中的投影规律，如图 2-16、图 2-18 所示，均为交叉两直线。

交叉两直线，在画投影图时应注意可见性，在图 2-19 中，两直线的同面投影均相交，但两对投影的交点连线不垂直 OX 轴，即说明两直线无交点、不相交。CD 线上的点Ⅱ和 AB 线上的点Ⅰ，在 V 面上投影重合于 $a'b'$ 和 $c'd'$ 的交点 1′（2′），因 YⅠ＞YⅡ，故Ⅰ、Ⅱ两重影点的 V 面投影，点 1′可见，点 2′不可见，写成 1′（2′）；CD 线上的点Ⅲ与 AB 线上的点Ⅳ在 H 面上投影重合，因 ZⅢ＞ZⅣ，故Ⅲ、Ⅳ两重影点的 H 面投影，点 3 可见，点 4 不可见，写成 3（4）。

由此可知，对水平投影上的重影点可见性，按 Z 坐标大小而定；对正面投影的重影点可见性，按 Y 坐标大小而定；对侧面投影上的重影点可见性，视 X 坐标的大小而定，大者可见。

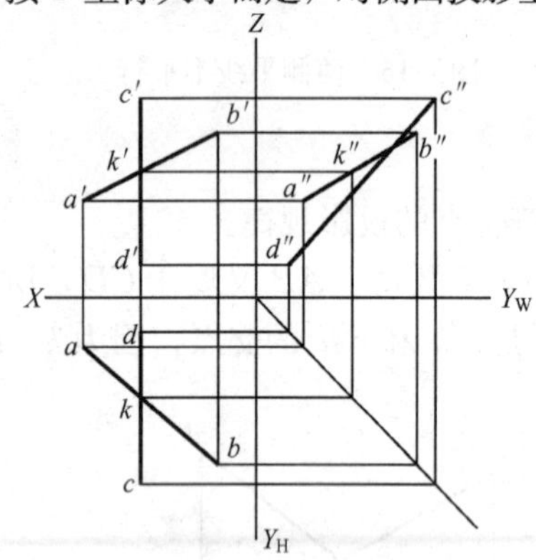

图 2-18 判断两直线是否相交

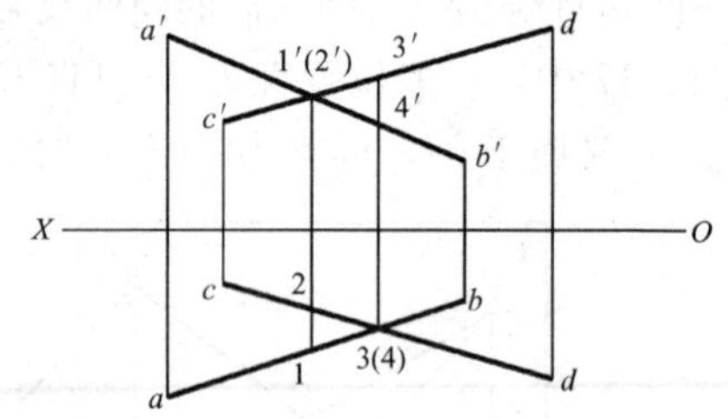

图 2-19 交叉两直线

（四）垂直两直线

两直线之间的夹角，可以是锐角、钝角、直角。一般情况下，投影不反映两直线夹角的真实大小，如果一个角不变形地反映在某一投影面上，那么这个角的两边平行于该投影面。但是对于直角，只要有一边平行于某一投影面，则该直角在该投影面上的投影仍然是直角。

1. 两直线垂直相交

在图 2-20（a）中，直线 AB 和 BC 的夹角 $\angle ABC = 90°$，其中一边 AB 是一条水平线，则 $\angle ABC$ 在水平投影面的投影 $\angle abc$ 仍然是直角。

已知：$AB \perp CD$，$AB//H$

求证：$\angle abc=90°$

证明：因为 $AB//H$，而 $Bb \perp H$

所以 $AB \perp Bb$

又 $AB \perp BC$

所以 $AB \perp$ 平面 $CBbc$

又因为 $ab//AB$

所以 $ab \perp$ 平面 $CBbc$

故 $ab \perp bc$，$\angle abc=90°$

图 2-20（b）中，$a'b'//OX$，所以 AB 是一条水平线，$\angle abc=90°$，空间 $\angle ABC=90°$。由此得出结论：两条互相垂直的直线，如果其中有一条是水平线，那么它们的水平投影必互相垂直。同理，两条互相垂直的直线，如果其中一条是正平线，那么它们的正面投影必相互垂直。

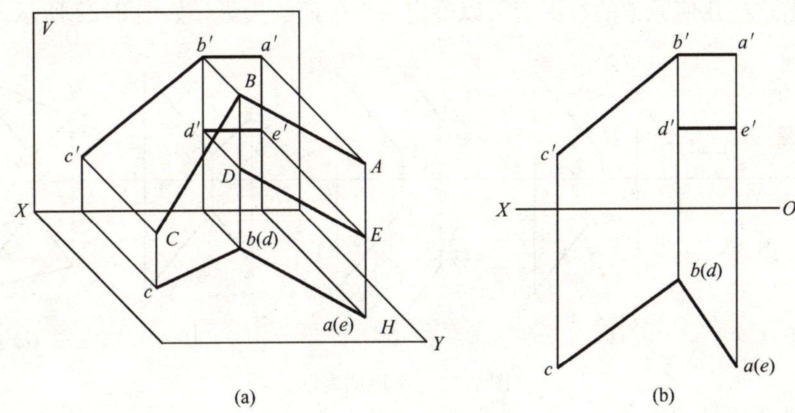

图 2-20　直角的投影

2. 两直线垂直交叉

在图 2-20（a）中，直线 DE 属于平面 $ABba$ 中的直线，$DE//AB$，所以 $DE//H$ 与 BC 垂直，$DE \perp$ 平面 $CBbc$，此时 $ed \perp cb$。图 2-20（b）中有交叉垂直两直线 ED 和 BC 的投影图。

因此，上述结论既适用于互相垂直的相交两直线，又适用于相互垂直的交叉两直线。

在图 2-21 中，相交两直线 AB 和 BC 及交叉两直线 EF 和 GH，由于它们的水平投影均垂直，而且其中 AB 和 EF 是水平线，所以它们在空间也是互相垂直的。

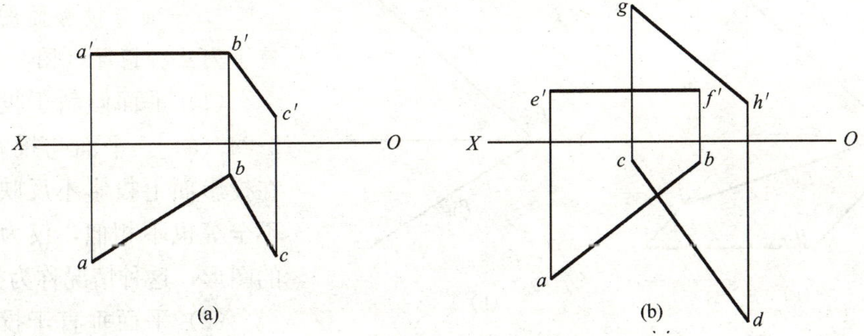

图 2-21　判断两直线是否垂直

第四节　平面的投影

一、平面的表示法

平面可以用几何元素的投影和迹线表示。

1. 用几何元素表示

平面可以由下列各种条件确定：

(1) 不在同一直线上的三点；

(2) 一直线和直线外的一点；

(3) 平行两直线；

(4) 相交两直线；

(5) 平面图形。

分别画出这些几何元素的投影就可以确定一个平面的投影，如图 2-22 所示。

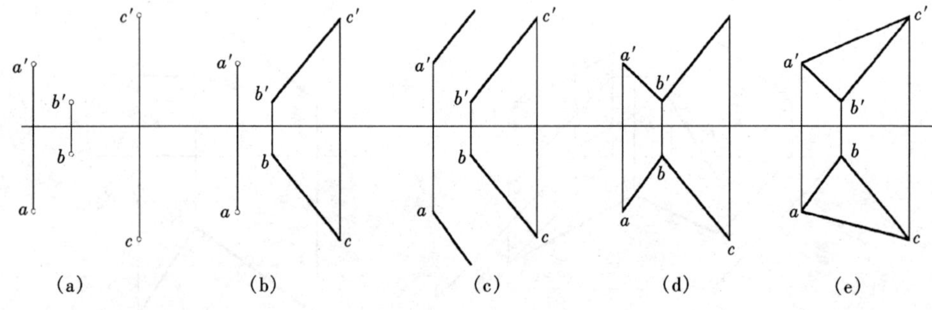

图 2-22　平面的表示

2. 用迹线表示的平面

平面与投影面的交线称为平面的迹线，如图 2-23 (a) 所示。平面 P 与 H 面的交线称为平面的水平迹线，用 P_H 标记；平面与 V 面的交线称为平面的正面迹线，用 P_V 标记。P_V 和 P_H 在 OX 轴上的交点 P_X，称为迹线的集合点。

因为 P_V 位于 V 面内，所以它的正面投影和它本身重合，它的水平投影和 OX 轴重合，为了简化起见，我们只标注迹线本身，而不再用符号标出它的各个投影，如图 2-23 (b) 所示。

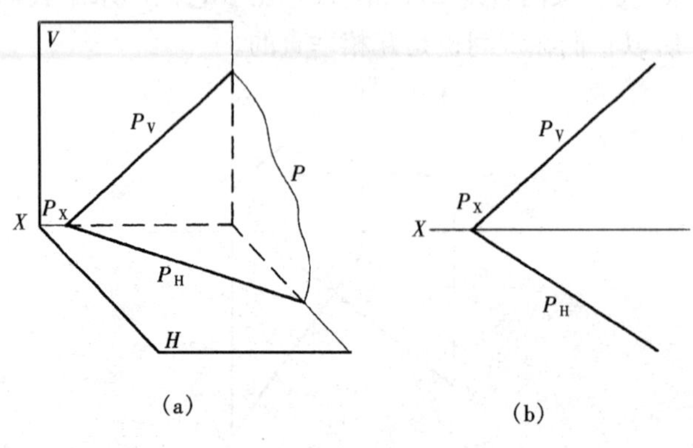

图 2-23　迹线表示平面

二、平面的投影特性

1. 平面与投影面的相对位置有下列三种情况（图 2-24）

(1) 平面倾斜于投影面［图 2-24 (a)］。平面与投影面倾斜，在投影面上投影不反映实形，既不全等也不相似，仅为边数相同的图形，这种情况称为类似性。

(2) 平面垂直于投影面［图 2-24 (b)］。平面上全部点和直线

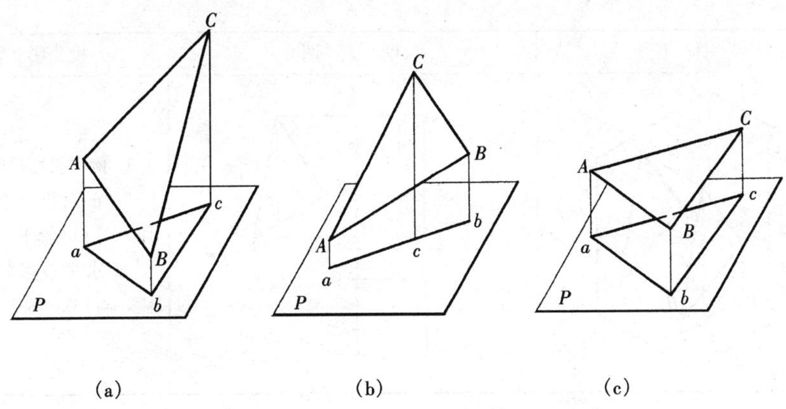

图 2-24　平面对一个投影面的三种位置

的投影都重叠在一条直线上，这种情况称为积聚性。

(3) 平面平行于投影面［图 2-24 (c)］。这时所得投影与空间平面全等，这种情况称为实形性。

2. 平面在三投影面体系中的投影

平面对于三投影面的位置也可分成三种：

(1) 投影面平行面。平行于一个投影面，同时垂直于另两投影面的平面。平行于 V 面称为正平面；平行于 H 面称为水平面；平行于 W 面称为侧平面，见表 2-3。

表 2-3　　投影面平行面的投影特性

名称	立体图	投影图	投影特征
水平面			1. 水平投影反映实形。 2. 正面投影积聚成一直线段，与 OX 轴平行。 3. 侧面投影积聚成一直线段，与 OY_W 轴平行
正平面			1. 正面投影反映实形。 2. 水平投影积聚成一直线段，与 OX 轴平行。 3. 侧面投影积聚成一直线段，与 OZ 轴平行

续表

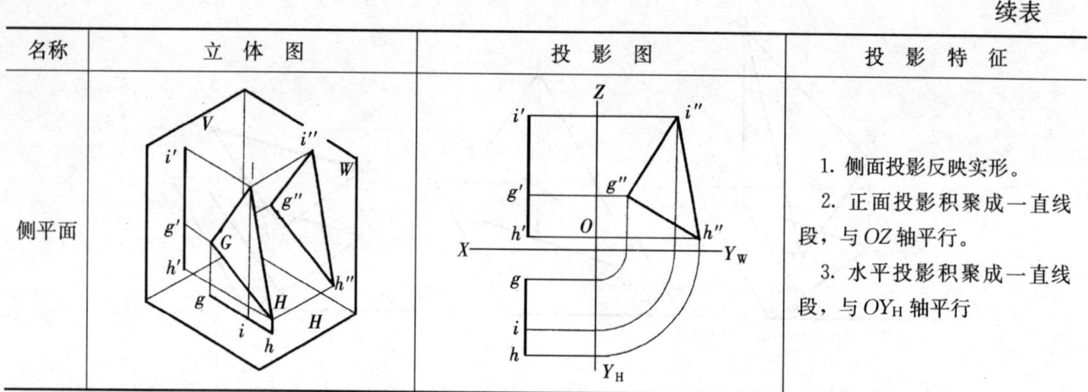

名称	立体图	投影图	投影特征
侧平面			1. 侧面投影反映实形。 2. 正面投影积聚成一直线段，与 OZ 轴平行。 3. 水平投影积聚成一直线段，与 OY_H 轴平行

投影面平行面的投影特性：

1）在所平行的那个投影面上的投影反映实形。

2）在另两投影面上的投影积聚成分别与两投影轴平行的直线。

（2）投影面垂直面。投影面的垂直面是垂直于一个投影面而与另外两投影面倾斜的平面。垂直于 V 面时称为正垂面；垂直于 H 面时称为铅垂面；垂直于 W 面时称为侧垂面，见表 2-4。

表 2-4　投影面垂直面的投影特性

名称	立体图	投影图	投影特征
铅垂面			1. 水平投影积聚成一直线段，它与 OX、OY 的夹角分别为 β、γ。 2. 正面投影和侧面投影为原形的类似形
正垂面			1. 正面投影积聚成一直线段，它与 OX、OZ 的夹角分别为 α、γ。 2. 水平投影和侧面投影为原形的类似形
侧垂面			1. 侧面投影积聚成一条直线，它与 OY、OZ 的夹角分别为 α、β。 2. 正面投影和水平投影为原形的类似形

投影面垂直面的投影特性：

1）在所垂直的投影面上的投影，积聚成一直线。直线与两投影轴的夹角反映平面与另两投影面的倾角。

2）在另外两个投影面上的投影有类似性（投影与实形边数相等，面积小于实形）。

(3) 一般位置平面。一般位置平面与三个投影面都是倾斜的，它在三个投影面上的投影都具有类似性，不反映平面对三个投影面的倾角，如图2-25所示。

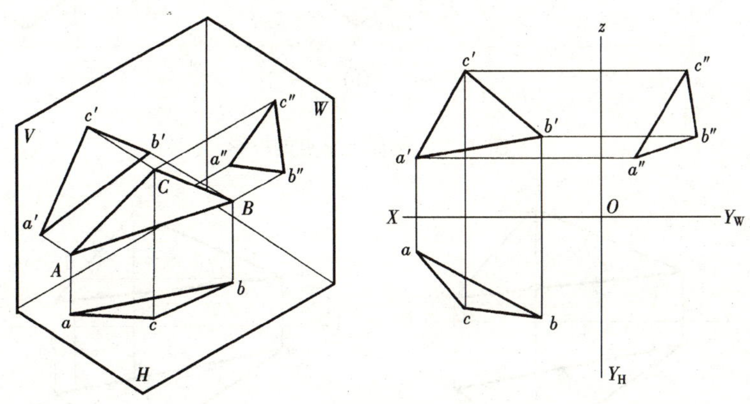

图 2-25 一般位置平面

三、平面上的直线和点

直线和点在平面上的几何条件是：

(1) 若一直线通过平面上的两点，则此直线必在该平面内。

(2) 若一直线通过平面上的一点，且平行于该平面上另一直线，则此直线必在该平面内。

(3) 若点在平面内的任一直线上，则点在平面上，如图 2-26 所示。

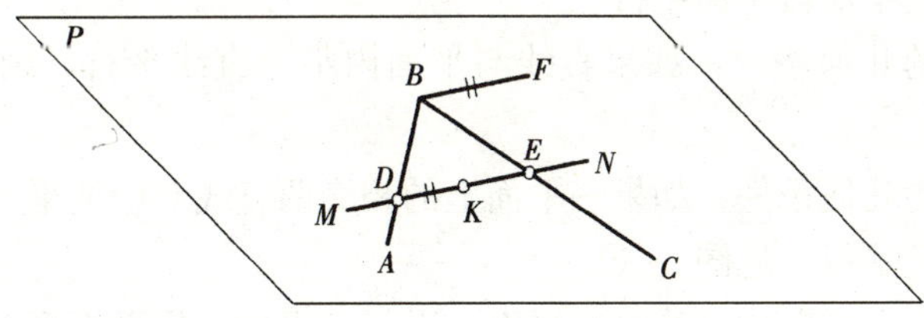

图 2-26 平面内的直线和点

【例 2-4】 已知 M 点在△ABC 上，并知 M 点的投影 m'，求 m、m''。

解 作图步骤如图2-27所示。过 m' 作直线 CD 的正面投影 $c'd'$，并求出其水平面投影 cd，在 cd 上求得 m。

【例 2-5】 已知△ABC，试在△ABC 上求一条水平线。

解 作图步骤如图 2-28 所示。在平面上过 A 点可以作无数条直线，其中必有一条水平线。该直线是平面上的特殊位置直线，不仅要符合平面上直线的投影特性，而且要符合投影面平行线的投影特性。过 a' 作 $a'd'$ // OX，交 $b'c'$ 于 d'，由 d' 求得 d，连 ad。$a'd'$、ad 即为所求。

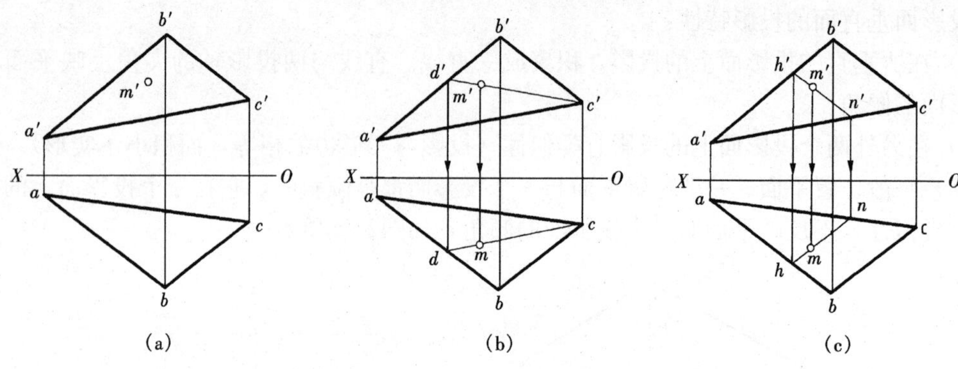

图 2-27 平面上求点的投影

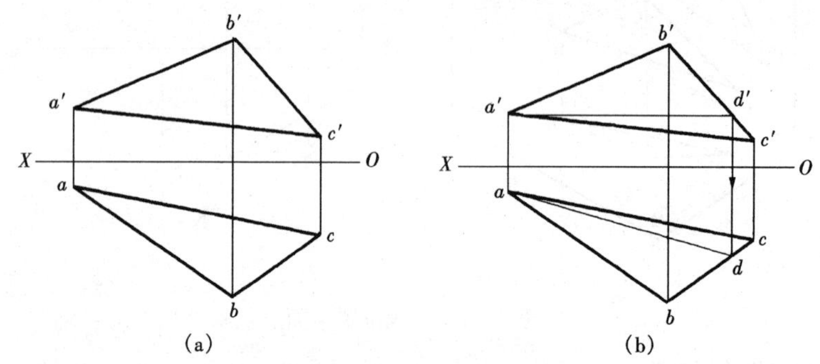

图 2-28 平面上的投影面平行线

第五节 直线与平面、平面与平面的相对位置

直线与平面、平面与平面的相对位置可分为平行和相交两类。

一、直线与平面、平面与平面平行

直线与平面平行的几何条件：如果直线与平面内某一直线平行，则此直线平行于该平面。见图 2-29。

平面与平面平行的几何条件：如果一平面上的相交两直线对应地平行于另一平面上的相交直线，则两平面相互平行。见图 2-30。

利用上述几何条件，可以作直线（或平面）平行于平面；作平面平行于直线；判断直线（或平面）与平面是否平行。

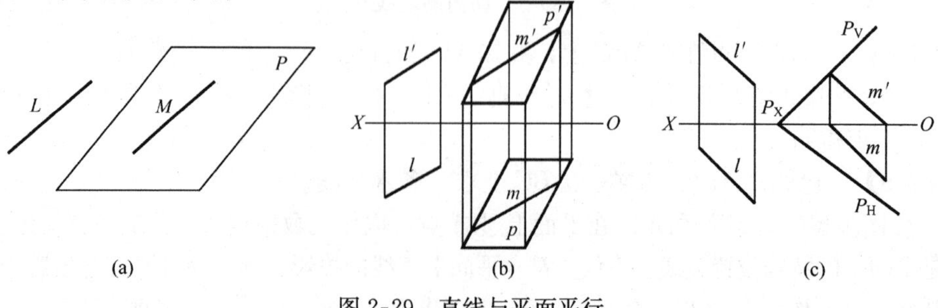

图 2-29 直线与平面平行

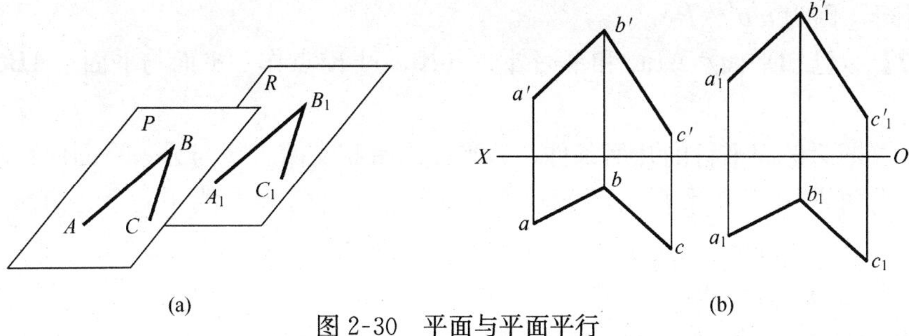

(a)　　(b)

图 2-30　平面与平面平行

【例 2-6】　已知平面△ABC 及平面外一点 K，过点 K 求作一直线平行于△ABC 和 H 面。见图 2-31（a）。

分析：满足条件的直线必是水平线，此直线又要与平面△ABC 平行，这就必须平行于△ABC 内的一条水平线。只要过 K 点作一直线与平面内的水平线平行即可。

作图步骤见图 2-31（b）。

（1）在平面△ABC 内任作一水平线 AD，其正面投影为 $a'd'$，水平投影为 ad；

（2）过 k' 作 $k'm' /\!/ a'd' /\!/ OX$ 轴，过 k 作 $km /\!/ ad$，则直线 KM 即为所求。

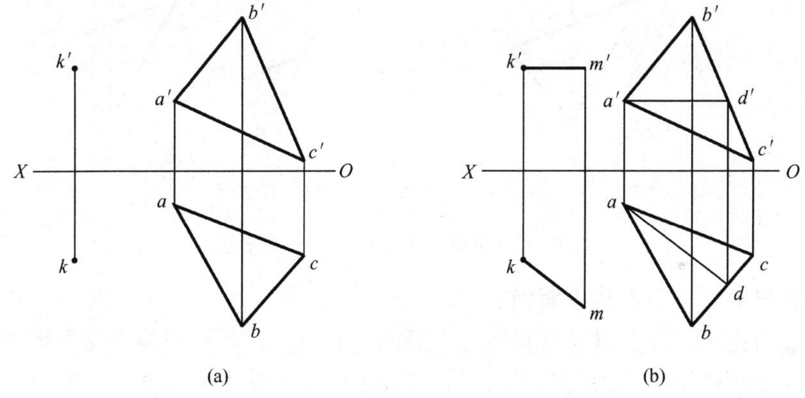

(a)　　(b)

图 2 31　过点作水平线与平面平行

直线与平面平行，当平面处于特殊位置（平面是投影面或平行面时），平面的某投影具有积聚性，则直线的投影与平面的同面积聚投影（或有积聚性的迹线）必然相互平行，图 2-32（a）所示为铅垂面 P 和直线 AB 平行，因为 $ab /\!/ P_{\mathrm{H}}$，图 2-32（b）所示为水平面 R 和

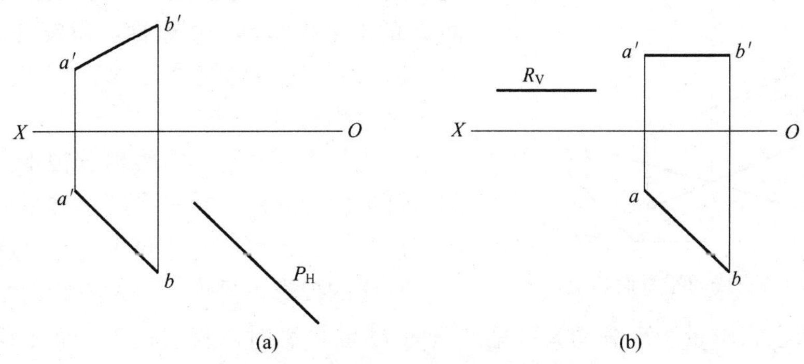

(a)　　(b)

图 2-32　直线与特殊位置平面平行

直线 AB 平行，因为 $a'b' /\!/ R_V$。

【例 2-7】 已知平面△ABC 和平面外一点 K，过 K 点作一平面与平面△ABC 平行。见图 2-33（a）。

分析：根据两平面平行的几何条件，若平面内有相交两直线与另一平面内对应的相交两直线平行，则两平面相互平行，因此只要过 K 点作出两条直线平行于△ABC 的两条边即可。

作图步骤见图 1-33（b）。

（1）过 k 作 $km /\!/ ab$、$kn /\!/ ac$；

（2）过 k' 作 $k'm' /\!/ a'b'$、$k'n' /\!/ a'c'$，则由 KM 和 KN 相交两直线所确定的平面平行于平面△ABC。

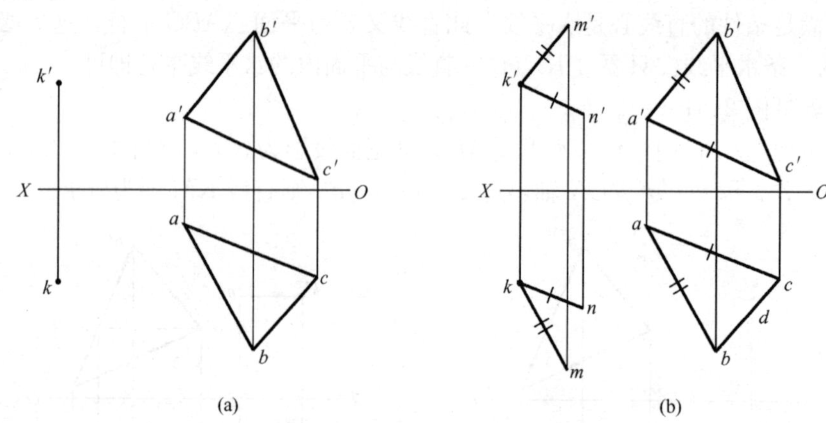

图 2-33 过点作平面与已知平面平行

二、直线与平面、平面与平面相交

直线与平面相交，其交点必是直线与平面的共有点，它既在直线上又在平面上；平面与平面相交，其交线必是两平面的共有线，它既在平面Ⅰ上又在平面Ⅱ上，因此可利用共有性求交点、交线。

本章我们只讨论特殊情况相交。特殊情况相交，是指参与相交的无论是直线还是平面，至少有一元素对投影面处于特殊位置，它在该投影面上的投影具有积聚性。

（一）直线与平面相交

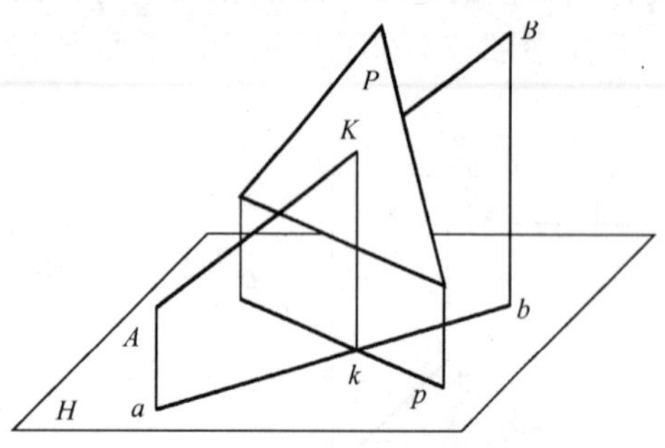

图 2-34 直线与铅垂面相交

图 2-34 所示为直线 AB 与铅垂面 P 相交。平面 P 的水平投影具有积聚性，积聚投影与直线的同面投影的交点即为交点的投影，而交点的另一投影必在该直线的另一投影上。

直线与平面相交，直线部分被平面遮挡，就有判断可见性的问题。在投影图上被平面挡住的线段画虚线，交点是可见与不可见的分界点。

直线的投影可见性，是对直线与平面某一投影的重影部分而言，不重影部分均为可见。当向 H 面投影时，直线位于平面上面的一段水平投影为可见；位于平面下面的一段，其水平投影与平面重影部分为不可见。当向 V 面投影时，直线位于平面前面的一段正面投影为可见；位于平面后面的一段，其正面投影与平面重影部分为不可见。判断水平投影重影部分的可见性，利用正面投影去分析它们的上下关系；判断正面投影重影部分的可见性，利用水平投影去分析它们的前后关系。图 2-34 中，因为平面 P 垂直于水平投影面，H 面投影不判断可见性。

【例 2-8】 求作直线 AB 与铅垂面 P 的交点，并判断可见性。见图 2-35（a）。

分析：因为平面 P 是铅垂面，其水平投影具有积聚性，所以交点 K 的水平投影 k 在 P_H 上，而交点 K 又在直线 AB 上，K 的水平投影 k 应在直线的同面投影上。因此直线 AB 的水平投影 ab 与平面的水平投影 P_H 的交点 k 便是交点 K 的水平投影。根据点在直线上的投影特点，可在 $a'b'$ 上求出 k'。

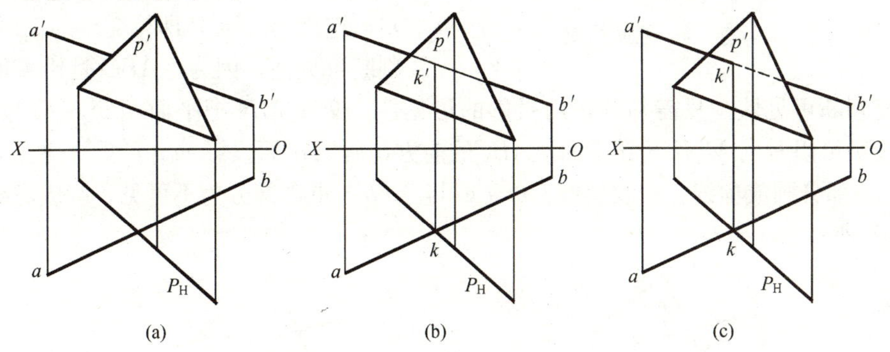

图 2-35　求作直线与铅垂面的交点

作图过程见图 2-35（b）、（c）。

（1）如图 2-35（b）所示，由 ab 与 P_H 的交点 k，向 OX 轴作垂线，与 $a'b'$ 交于 k'，则 k、k' 即为直线 AB 与铅垂面 P 的交点 K 的两面投影。

（2）判断可见性 如图 2-35（c）所示，从水平投影上可以看出，ak 在 P_H 面之前，所以其正面投影 $a'k'$ 为可见，$b'k'$ 与 p' 重影部分为不可见。因为平面 P 为铅垂面，所以直线的水平投影 ak 和 bk 均为可见。

【例 2-9】 求作铅垂线 MN 与△ABC 的交点，并判断可见性。见图 2-36（a）。

分析：直线 MN 是一条铅垂线，水平投影具有积聚性。因为交点具有共有性，所以交点的水平投影与铅垂线的水平投影重合。可用平面内取点求出交点的正面投影。作图步骤见图 2-36（b）、（c），这里不在赘述。

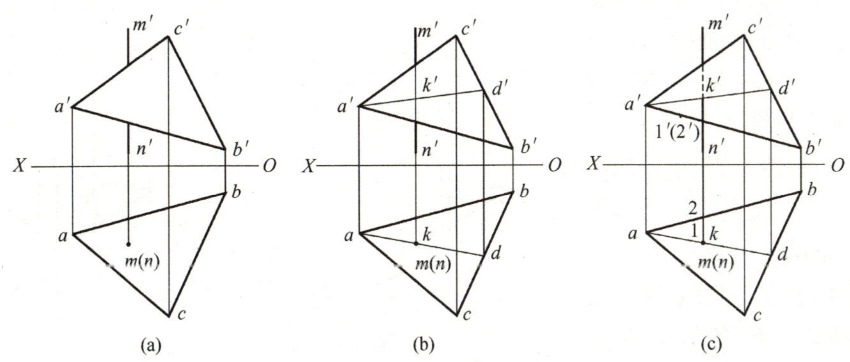

图 2-36　求作铅垂线与平面的交点

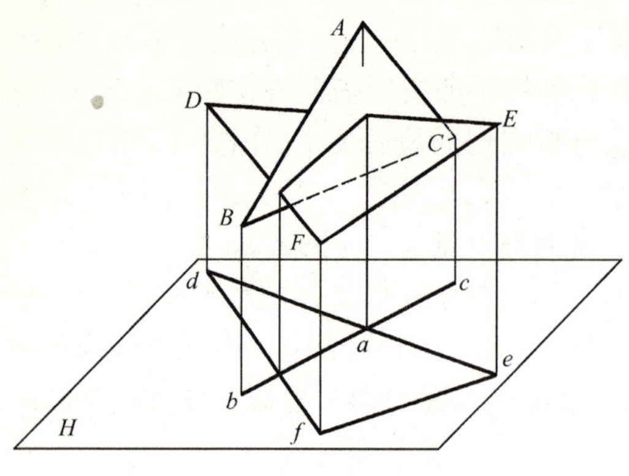

图 2-37　铅垂面与一般面相交

（二）平面与平面相交

图 2-37 中，$\triangle ABC$ 为铅垂面。求交线时，可用垂直面与一般位置直线相交求交点的方法，两次求得的交点连接起来即得交线，是前一问题的应用。

图 2-38（a）表示作铅垂面$\triangle ABC$ 和一般面$\triangle EFG$ 相交，交线 MN 水平投影与铅垂面有积聚性投影重合。M 在 GF 上，N 在 GE 上。由 mn 分别向 OX 轴作垂线与 $g'f'$ 和 $g'e'$ 相交于 m'、n'；连接 m'、n'，即得交线的正面投影。

判断可见性，因为$\triangle ABC$ 是铅垂面，水平投影不需判断可见性，只需判别正面投影的可见性。交线 MN 把平面$\triangle EFG$ 分为两部分，从水平投影可以看出 $MNEF$ 在平面$\triangle ABC$的前方，所以正面投影 $m'n'e'f'$ 可见，$a'c'$ 和 $b'c'$ 被其遮挡部分画成虚线；交线后面$\triangle m'n'g'$ 与$\triangle a'b'c'$ 重影部分为不可见，画成虚线，如图 2-38（b）所示。

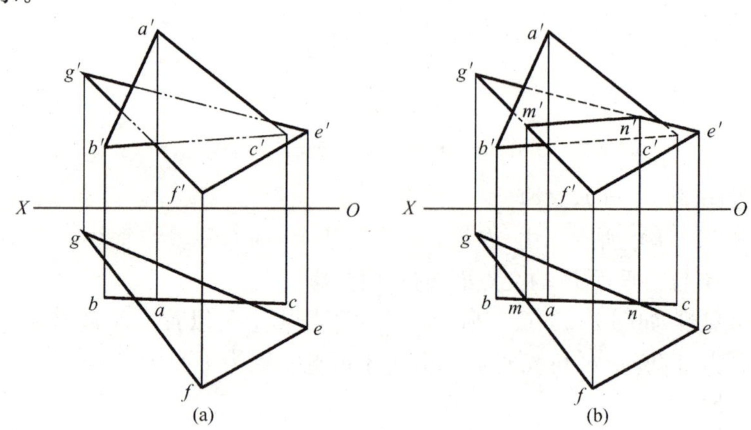

图 2-38　求铅垂面与一般面相交的交线

如果相交的两个平面均与某一投影面垂直，交线一定是其垂直的投影面垂直线。如图 2-39（a）所示水平面$\triangle ABC$ 和正垂面 P 相交，它们的正面投影均具有积聚性，而交线具有共有性，所以$\triangle a'b'c'$ 与 p' 的交点，即为交线的正面投影，故这两个平面的交线是一条正垂线。作图过程见图 2-39（b）。

判断可见性，因为$\triangle ABC$ 是水平面，P 是正垂面，所以 V 面投影不需判断可见性，判断 H 面投影可见性，交线 MN 把平面$\triangle ABC$ 和 P 各分为两部分，从正面投影可以看出，

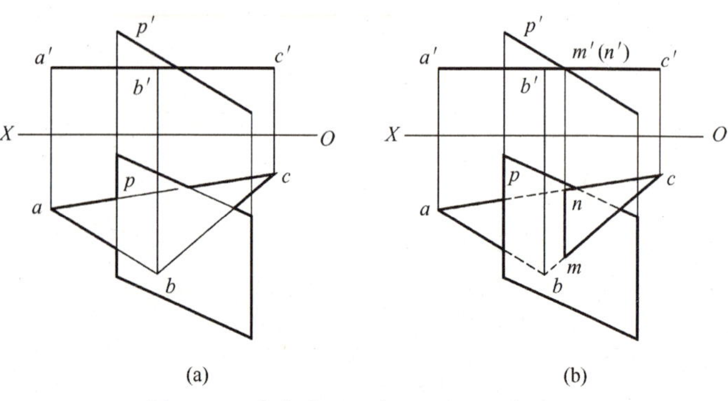

图 2-39　求作水平面与正垂面的交线

MNAB 在平面 *P* 的下方，*MNC* 在平面 *P* 的上方，所以 *mnc* 和 *P* 重影部分可见，其余部分为不可见。

三、直线与平面垂直

直线与平面垂直的几何条件是：直线与平面内两相交直线垂直，则此直线与该平面垂直。

当平面为投影面垂直面时，如果直线与该平面垂直，则直线必平行于该平面所垂直的投影面，并且直线在该投影面上的投影，也必然垂直平面的有积聚性的投影。如图 2-40 所示，平面 *P* 是一铅垂面，*KL* 垂直于平面 *P*，故 *KL* 必定是一水平线，$kl \perp H_p$。

P 面的水平投影具有积聚性。

【例 2-10】　如图 2-41 所示，求点 *D* 到正垂面△*ABC* 的距离。

解　求点到平面的距离，是从点向平面作垂线，点与垂足的距离就是点到平面的距离。

由 d' 作线 $d'e' \perp a'b'c'$，交点为 e'。由 d 作直线 // *OX* 轴，求出 e，故 $d'e'$ 即为点 *D* 到平面△*ABC* 的距离实长。

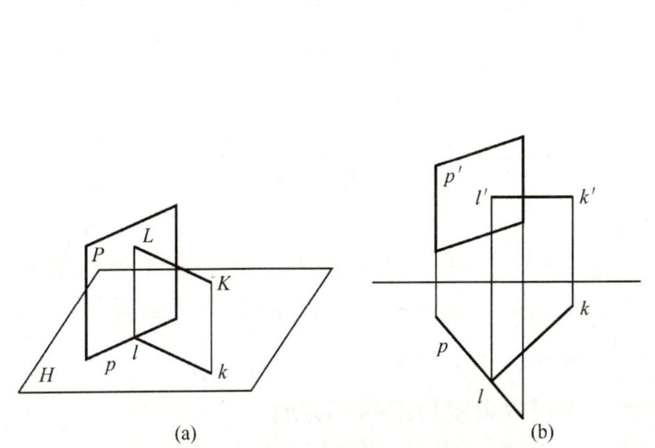

图 2-40　直线与投影面垂直面垂直

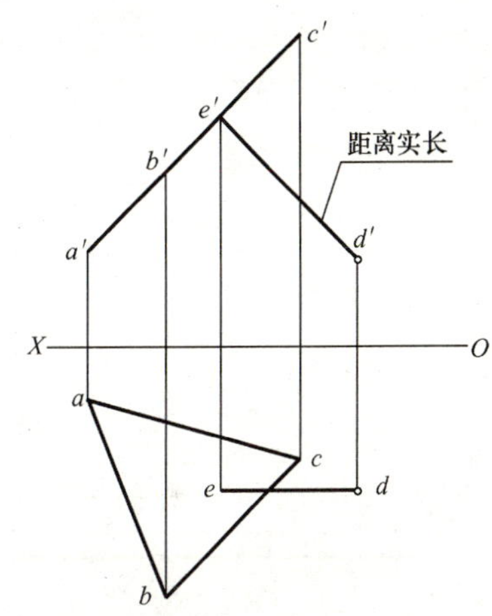

图 2-41　求点到平面的距离

第六节　AutoCAD 2006 绘图环境的设置及常用绘图命令

AutoCAD 2006 绘图流程为：建立一张新图或打开一张旧图→为新图设置绘图环境→绘图和修改→图形编辑→尺寸标注→注写文字说明→打印出图。

建立一张新图时，在开始绘图之前应设置绘图环境。可将一些常用的设置，如图层、标注样式、文字样式等内容设置在一图形样板文件中（即另存为 .DWT 文件），以后创建新图时，可在“选择样板”对话框（图 1-43）中来打开它，然后开始绘图。

注意：在模型空间始终用实际尺寸（1∶1 比例）绘图，图形完成后，打印输出时，可在图纸空间设置合适的打印比例。

作图时，应随时注意命令提示行，根据提示决定下一步的操作，这样可以有效地提高绘图效率和减少误操作。

具体各步骤操作及绘图实例在随后的章节中逐步介绍。

一、绘图环境的设置

用户在进行绘图操作时，需要先设置基本的绘图环境。如绘图单位的设置、图形界限的设置、图层的设置与管理等。另外，还需要为文字设置文字样式，为尺寸标注设置尺寸标注样式。为精确作图，应设置栅格捕捉和捕捉间距以及常用的对象捕捉和追踪方式。如果有必要，还可以对 AutoCAD 显示性能、对象选择模式以及默认保存文件的路径等工作环境进行设置。好的绘图环境及工作环境将使用户有效地提高工作效率。

1. 设置绘图单位和图形界限

利用 AutoCAD 2006 开始绘制一幅新图时，一般需要先确定所使用尺寸的单位和图幅的大小。

（1）设置绘图单位（UNITS）。在 AutoCAD 中，用户可以使用多种单位进行绘图，但是，对于系统而言，不管用户采用什么单位，它只以图形单位来计算绘图尺寸。

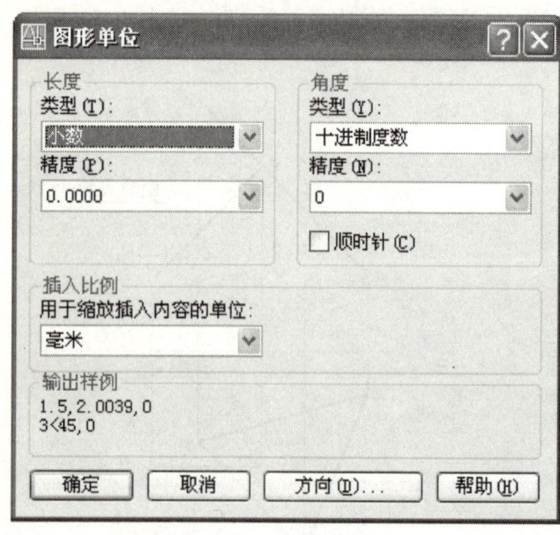

图 2-42 “图形单位”对话框

在下拉菜单“格式”中选择“单位”，或在命令行输入“UNITS ↵”，弹出“图形单位”对话框，如图 2-42 所示。

在“长度”选项组中选择长度单位的类型和精度（指小数保留位数）；在“角度”下拉列表框中选择角度单位的类型、精度及角度方向（AutoCAD 默认逆时针方向为正角度）；在“插入比例”下拉列表框中，选择外部插入块的单位计算；“输出样例”区显示了当前精度下的单位格式的样例；单击 方向(D)... 按钮，弹出“方向控制”对话框，在此对话框中可以设定角度的 0°方向。

（2）设置图形界限（LIMITS）。在绘图过程中，为避免所绘图形超出用户工作区域或图纸边界，需要设置图形界限。

单击下拉菜单“格式”/“图形界限”或在命令行输入“LIMITS ↵”，可以设置图形界限，格式如下：

命令：**LIMITS ↵**

重新设置模型空间界限：

指定左下角点或［开(ON)/关(OFF)］<0.00，0.00>：↵ （输入图形界限的左下角点坐标或者输入 ON/OFF 来打开/关闭图形界限。若直接回车，表示接受默认坐标(0，0)）

指定右上角点 <420.00，297.00>： （输入图形界限的右上角点坐标）

如果选择“on”打开图形界限后，用户将无法在图形界限以外的区域绘制图形。

设置好图形界限后，须执行 ZOOM 命令中的“ALL”选项以全部显示该工作区。

通常用户在绘图时以 1∶1 比例绘制，因此以略大于图形实际尺寸值作为绘图界限。

2. 设置图层

（1）图层的基本概念。图层是 AutoCAD 的一大特色。我们知道，工程图样中直线、圆、尺寸标注、文字、符号等图形元素均含有线型、线宽、颜色等属性信息。在计算机绘图中，用户应把属性相同的图形元素放在同一图层上，将不同属性的图形元素分别放置在不同的图层上，这样可以方便地通过控制图层的特性来编辑、显示和打印目标对象。

AutoCAD 对图层的层数不限，每一图层的图形元素的数量也不限。并且可以对各个图层指定相应的名称、线型、线宽、颜色、状态等属性信息，处于该层中的图形对象在默认状态下也将采用这些属性，当用户修改了图层特性后，该图层中的图形对象的属性也将发生变化。

例如，绘制一张建筑平面图时，可以设定墙体、门、窗、柱、楼梯、轴线、尺寸标注和文本等若干个图层，并为各层设置相应的线型、线宽、颜色等属性信息。

系统默认图层为 0 层，它是 AutoCAD 自定义的，该图层不能删除或更名，它含有与图形块有关的一些特殊变量。当用户没有设置其他图层时，图形对象就绘画在 0 层上；如果用户设置了新图层，同时将新层置为当前层，那么，图形对象就画在当前图层上，并且具有该层的属性。

(2) 设置图层（LAYER）。AutoCAD 通过图层特性管理器来控制图层。通过以下方式打开“图层特性管理器”对话框，如图 2-43 所示。

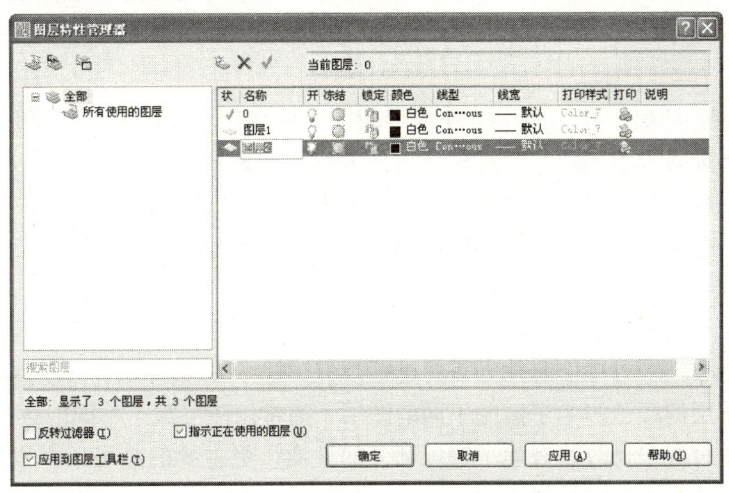

图 2-43　“图层特性管理器”对话框

✦ 下拉菜单：“格式”/“图层”。

✦ 图标按钮：单击“图层”工具栏中的按钮。

✦ 命令行：LAYER ↵。

在此对话框中可以创建图层、删除图层、设置当前层以及设置各图层的状态、颜色、线型、线宽等属性。

✦ 新建图层　在对话框中单击按钮，系统自动在图层列表框中建立一个新层，用户可以定义层名。如果不定义层名，则系统自动对层名命名为“图层 1”、“图层 2”……用户可以根据作图需要建立无限多个图层，并且可以对每个图层指定相应的名称、线型、颜色、线宽等。为便于管理图层，建议用户以图层的实际用途为依据对图层进行命名。

✦ 删除图层　如果要删除某个图层，可以在对话框中的图层列表中选择要删除的图层后单击 ✕ 按钮，然后再单击 应用(A) 按钮。注意：图层 0、当前图层、有图元的图层和依赖外部参照的图层都不能删除。

✦ 置为当前图层 如果要将某个图层设置为当前图层，可以在对话框中的图层列表中选择该图层，使其亮显后单击 ✓ 按钮即可。当前图层只能设置一层，它是用户当前进行工作的图层。

（3）设置图层的状态。在绘图过程中，可以通过设置图层的状态参数将需要操作的图层显示出来，关闭无关的图层，从而降低图形视觉上的复杂程度并提高显示性能。也可以锁定图层，防止意外修改该图层上的对象。图层主要有以下几种状态：

✦ 打开/关闭图层 在“图层特性管理器”对话框中，图层列表上端的“开”控制图层的开/关，设定图层上对象的可见性。单击灯泡图标可打开/关闭图层。在编辑时关闭一些与当前工作无关的图层，会给工作带来很大的方便。在绘图输出时，也可以关闭一些不希望此时输出的图形对象。

✦ 冻结/解冻图层 在“图层特性管理器”对话框中，图层列表上端的“冻结”控制图层的冻结/解冻，冻结的图标为雪花，解冻的图标为太阳。冻结图层的目的是将用户不想引用的图层冻结，使该层图形对象不显示、不打印、不重生成，免除对该层的刷新运算，提高工作效率。解冻冻结的图层时，AutoCAD 将重生成并显示该图层上的对象。注意：当前层不能冻结。

✦ 加锁/解锁图层 在“图层特性管理器”对话框中，图层列表上端的“锁定”设定图层的加锁（图标为关闭的锁）和解锁（图标为打开的锁）。图层被锁定后该图层的图形对象不能被选择或被编辑，但图形对象仍可见和引用。如果只想查看图层信息而不需要编辑图层中的对象，则将图层锁定。加锁层可作为当前层，可在上面增加新对象，可用目标捕捉方式捕捉该层的对象。

上述后三项在设置绘图环境时一般采用默认项，即图层为打开、解冻、解锁状态。通常在进行图形绘制和编辑等操作时根据需要进行改变。

（4）设置图层的颜色。为了区分不同的图层，通常给图层赋予不同的颜色。颜色不但可以使用户在绘图过程中比较直观地了解各部分的性质，更主要的是可以在以后输出图形时，通过不同颜色的控制来指定线的粗细。

在“图层特性管理器”对话框中，图层列表上端的“颜色”控制图层的颜色。在图层名称后的颜色初始名称上单击鼠标，即弹出“选择颜色”对话框，供用户选择颜色。

每一图层可以设置一种颜色。图层的颜色一般应采用《CAD 工程制图规则》（GB/T 18229—2000）提供的颜色：粗实线用白色；细实线、波浪线、双折线用绿色；虚线用黄色；细点画线用红色；粗点画线用棕色；双点画线用粉红色。

（5）设置图层的线型。绘图过程中，用户常常要使用不同的线型，AutoCAD 允许用户为每个图层分配一种线型。默认情况下，线型为 Continuous（实线），用户可以根据需要重新设置图层的线型。

在“图层特性管理器”对话框中，图层列表上端的“线型”控制图层的线型。在图层名称后的线型初始名称上单击鼠标，即弹出“选择线型”对话框，可供用户选择线型。

如果在“选择线型”对话框中没有用户所需的线型，可以单击该框中的 加载(L)... 按钮，弹出“加载或重载线型”对话框，如图 2-44 所示。用户可以在“可用线型”列表中选择要加载的线型，按下 Ctrl 键或 Shift 键可以一次加载多个线型，单击 确定 按钮后会将加载了的线型在“选择线型”对话框内列出。

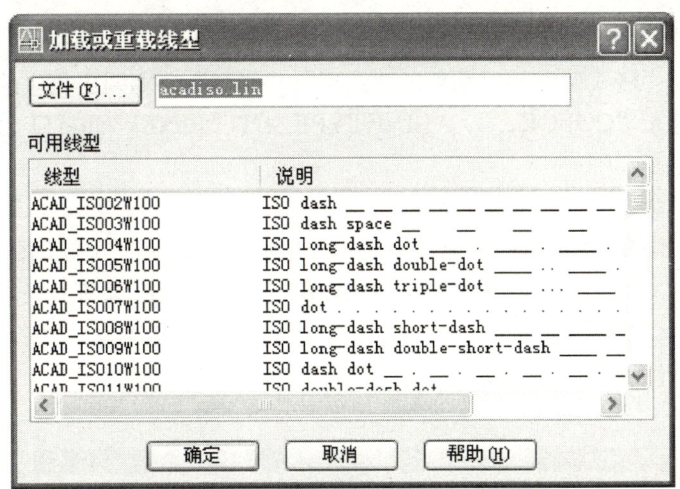

图 2-44 “加载或重载线型”对话框

为使虚线、点画线等非连续线型以合适的外观显示，需要调整线型比例因子。在 AutoCAD 2006 中，线型比例因子由系统变量 LTSCALE 和 CELTSCALE 控制。系统变量 LTSCALE 用于控制全局比例因子，修改该变量值后，将影响图形中全部对象的非连续线型的外观；而系统变量 CELTSCALE 则用于控制特定对象的比例因子，若修改该变量值，将会影响图形中新绘制对象的非连续线型的外观。

线型比例因子的默认值为 1。要修改线型比例因子，在命令行输入“LTSCALE ↵”或“CELTSCALE ↵”，根据提示输入新的值。

（6）设置图层的线宽。图线不但有不同的线型，还有粗、中、细之分，这就是图线的线宽。为每个图层的线条设置线宽，从而使图形中的线条在经过打印输出或向其他软件输出后，仍然各自保持固有的宽度。

在“图层特性管理器”对话框中，图层列表上端的“线宽”控制图层的线宽值。在图层名称后的线宽初始值上单击鼠标，即弹出“线宽”对话框，供用户选择线宽。

由于线宽属性属于打印设置，因此，默认情况下系统并不显示线宽的实际设置效果。如果需要在绘图区显示线宽，可以单击状态栏中的“线宽”按钮，或者单击菜单栏中的“格式”/“线宽”，在打开的“线宽设置”对话框中选中“显示线宽”复选框，如图 2-45 所示。同时，在此对话框中可以修改线宽的默认值及调整显示比例。另外，在状态栏中的“线宽”按钮上右击选择“设置”选项，同样可以打开“线宽设置”对话框。

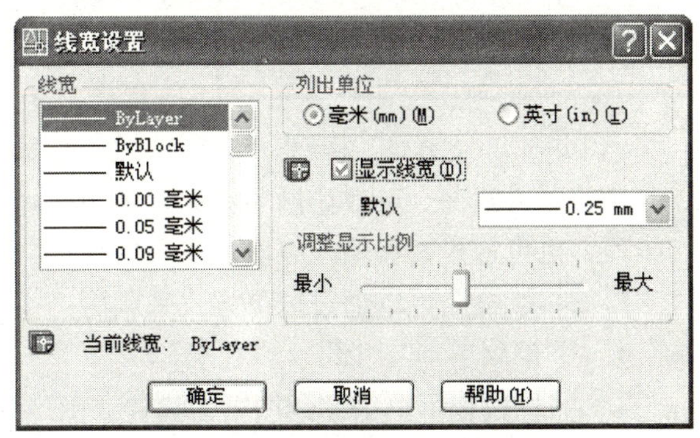

图 2-45 “线宽设置”对话框

设置好图层后，在“图层”工具栏的

下拉列表中增加了新创建的图层，单击某一图层则可将其置为当前层，在此层所绘制的图形对象就具有该层的属性，除非用户在绘图时另外设置颜色、线型、线宽，而不是“Bylayer”。

对于已命名图层，可以在“对象特性”工具栏中分别单独设置其颜色、线型、线宽；也可以通过下拉菜单“格式”中的“颜色”、“线型”、“线宽”分别调出相应的对话框来进行设置；或在命令行键入“COLOR ↵”、“LINETYPE ↵”、“LINEWEIGHT ↵”命令来实现图层的属性设置。

二、常用绘图命令

AutoCAD2006 提供了丰富的绘图命令，本节主要介绍有关二维绘图的一系列命令（如 POINT、LINE、CIRCLE、ARC、PLINE、MLINE、POLYGON 等）。这些命令的调用可以选择下拉菜单栏“绘图”中相应项，或单击“绘图”工具栏中相应图标按钮（如图 2-46 所示），或在命令行直接输入相应命令。

图 2-46 “绘图”工具栏

1. 绘制点命令（POINT）

（1）设置点样式（DDPTYPE）。绘制点命令可以在图中绘制一些控制点和参考点。点的类型有 20 种，其大小和形状可以通过下拉菜单栏“格式”/“点样式”或键入命令“DDPTYPE ↵”调出“点样式”对话框进行设置，如图 2-47 所示。

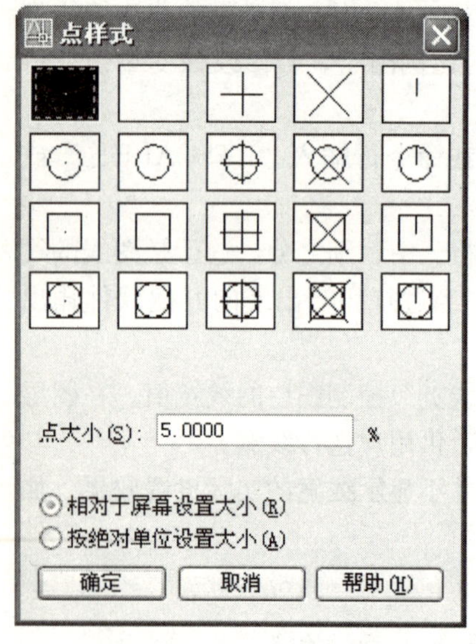

图 2-47 “点样式”对话框

（2）绘制点命令（POINT）。绘制点命令可以通过以下方式来调用：

✦ 下拉菜单：选择“绘图”/“点”命令中的单点、多点、定数等分、定距等分选项。

✦ 图标按钮：单击“绘图”工具栏（图 2-46）中的 · 按钮。

✦ 命令行：POINT ↵。

输入点可用鼠标拾取或键盘输入。

注意：绘制线段等分点时，点样式若选择小点样式和空白样式，该等分点将显示不出来，必须改选另外的点样式，才可显示线段上的等分点。

2. 绘制直线命令（LINE）

用绘制直线命令可以绘制一系列首尾相接的直线段，该命令既可通过拖动鼠标来任意绘制线段，也可通过键盘输入线段的端点坐标来精确绘制线段。

绘制直线命令可以通过以下方式来调用：

✦ 下拉菜单：“绘图”/“直线”。

✦ 图标按钮：单击“绘图”工具栏（图 2-46）中的 ╱ 按钮。

✦ 命令行：LINE ↵或 L ↵

【例 2-11】　画矩形，如图 2-48 所示。

图 2-48　LINE 命令画矩形

命令：**LINE** ↵　　(发出 LINE 命令)
指定第一点：80，80 ↵　　(键入绝对坐标定第一点)
指定下一点或 [放弃(U)]：@200，0 ↵　　(键入相对坐标定第二点)
指定下一点或 [放弃(U)]：@100<90 ↵　　(键入相对极坐标定第三点)
指定下一点或 [闭合(C)/放弃(U)]：@－200，0 ↵　　(键入相对坐标定第四点)
指定下一点或 [闭合(C)/放弃(U)]：C ↵　　(封闭图形并结束命令)

如果在“指定第一点：”提示下回车，则表示从上次最后绘制的线段端点处开始绘制新直线，如果最后绘画的是圆弧，则新画直线与之相切。

3. 绘制多段线命令（PLINE）

多段线命令用来绘制具有不同宽度、由直线或圆弧组成的连续图线，整条线作为单一对象使用。绘制多段线命令可以通过以下方式来调用：

✦ 下拉菜单：“绘图”/“多段线”。

✦ 图标按钮：单击“绘图”工具栏（图 2-46）中的 按钮。

✦ 命令行：PLINE ↵或 PL ↵。

PLINE 命令格式：

命令：**PLINE** ↵
指定起点：　　(绘图区单击指定一点)
当前线宽为 0.00
指定下一个点或 [圆弧(A)/半宽(H)/长度(L)/放弃(U)/宽度(W)]：(指定第二点)
指定下一点或 [圆弧(A)/闭合(C)/半宽(H)/长度(L)/放弃(U)/宽度(W)]：

其中各选项的含义如下：

✦ 指定下一点：指定多段线的下一端点位置（为缺省项）。

✦ 圆弧（A）：用于从直多段线切换到圆弧多段线并显示一些画圆弧的提示选项。

✦ 闭合（C）：从多段线的当前点画一直线或圆弧到多段线的起点，封闭整条多段线，并结束 PLINE 命令。

✦ 半宽（H）：设置多段线的一半宽度。

✦ 长度（L）：用于设定新多段线的长度，如果前一段是直线，则绘制一条与前面线段角度相同的线段，如前一段是圆弧，则新线段延长方向为端点处圆弧的切线方向。

✦ 放弃（U）：用于取消刚画的一段多段线，可顺序回溯。

✦ 宽度（W）：设定多段线线宽，其缺省值为 0，多段线的初始宽度和结束宽度可不同，而且可分段设置，非常灵活。

当用户选择圆弧（A）选项时，AutoCAD 提供众多的选项供用户选择。其提示为：

命令：**PLINE** ↵

指定起点：　　　　　　（绘图区单击指定一点）

当前线宽为 0.00

指定下一个点或［圆弧(A)/半宽(H)/长度(L)/放弃(U)/宽度(W)］：A ↵(选择画圆弧选项)

指定圆弧的端点或[角度(A)/圆心(CE)/方向(D)/半宽(H)/直线(L)/半径(R)/第二个点(S)/放弃(U)/宽度(W)]：

其中各选项的含义如下：

- ✦ 指定圆弧的端点：指定圆弧端点位置（为缺省项）。
- ✦ 角度（A）：提示用户给定夹角（系统默认逆时针为正）。
- ✦ 圆心（CE）：提示给定圆弧中心。
- ✦ 方向（D）：提示用户确定切线方向。
- ✦ 直线（L）：切换到直线模式。
- ✦ 半径（R）：提示输入圆弧半径。
- ✦ 第二个点（S）：选择三点圆弧中的第 2 点。

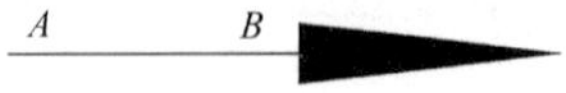

图 2-49　用 PLINE 命令绘制箭头

【例 2-12】　用 PLINE 命令绘制如图 2-49 所示的箭头。

操作如下：

命令：**PLINE** ↵　　　　（发出 PLINE 命令）

指定起点：　　　　（鼠标点取一点确定起点 A）

当前线宽为 0.00　　　　（提示当前多段线的宽度为 0）

指定下一个点或［圆弧(A)/半宽(H)/长度(L)/放弃(U)/宽度(W)］：(鼠标点取另一点 B)

指定下一点或［圆弧(A)/闭合(C)/半宽(H)/长度(L)/放弃(U)/宽度(W)］：W ↵(选择指定新的线宽)

指定起点宽度 <0.00>：4 ↵　　　　（指定箭头开始端线宽为 4）

指定端点宽度 <4.00>：0 ↵　　　　（指定箭头结束端线宽为 0）

指定下一点或［圆弧(A)/闭合(C)/半宽(H)/长度(L)/放弃(U)/宽度(W)］：18 ↵(指定箭头长度为 18)

指定下一点或［圆弧(A)/闭合(C)/半宽(H)/长度(L)/放弃(U)/宽度(W)］：↵(回车，结束命令)

在 AutoCAD 中，FILL 命令用于控制多段线（polyline）、多线（multilines）、填充直线（traces）、圆环（donut）和二维填充（solids）的填充状态。若 FILL 开关为 OFF，AutoCAD 仅显示填充对象的轮廓线，这样可以加快显示速度。用户要观察 FILL 开关改变后的效果，则必须对整个图形作重生成操作（即执行 REGEN 命令）。

如将 FILL 设为 OFF，则图 2-49 所示的箭头改变为如图 2-50 所示状态。

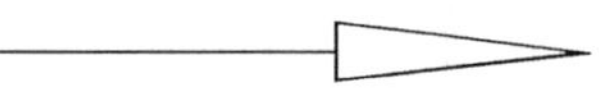

图 2-50　FILL 关闭时多段线效果

4. 绘制多线命令（MLINE）

多线由若干称为元素的平行线组成。每一元素由其到中心的距离或偏移来定义。用户可以创建和保存多线样式，或使用系统缺省样式。所绘制的多线是一个独立的图形对象。

绘制多线命令常用于绘制建筑工程图中的墙体、电子线路图等平行线对象。

（1）设置多线样式（MLSTYLE）。通过单击下拉菜单“格式”/“多线样式”或在命令行输入“MLSTYLE ↵”，弹出“多线样式”对话框，如图 2-51 所示。

在“多线样式”对话框中，“样式”列表框中提供了现有的多线样式名称（缺省为STANDARD）；单击“置为当前”按钮，可以将所选择的多线样式置为当前；单击“新建”按钮，可以创建新的多线样式；单击“修改”按钮，弹出“修改多线样式”对话框，如图2-52所示。其中“封口”区的“直线”、“外弧”、“内弧”用于控制多线端点的生成，“角度”编辑框可控制末端的倾斜角；其“填充”区决定是否填充多线区域及填充颜色；其“显示连接”复选框控制是否显示角点连接；在“元素”区用户可以设置多线线数，设定各线的偏移量、颜色及线型。

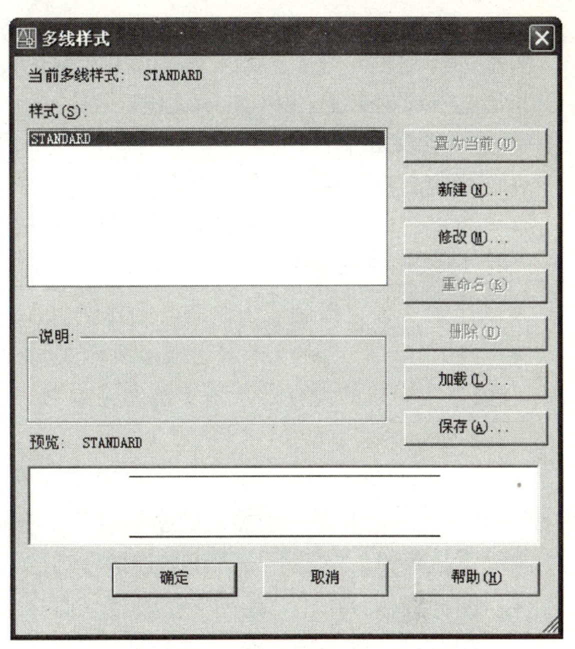

图2-51　“多线样式”对话框

单击“多线样式”对话框中的“保存”按钮，弹出一个保存文件的对话框，用于将已经设计好的多线样式进行保存，以便在设计其他图形时使用，否则创建的新样式仅能在本图形中使用；单击“加载”按钮，用户可以装入多线样式文件，将已定义的多线样式添加到当前图形的可利用样式列表中；单击“重命名”按钮可以重新命名已有多线样式的名称；单击“删除”按钮可以删除所选择的多线样式；“说明”区和“预览”区显示了当前样式的说明信息及预览画面。

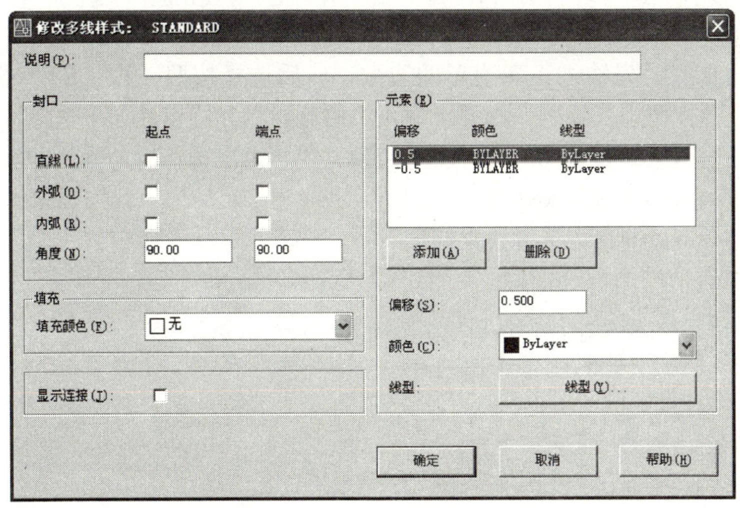

图2-52　“修改多线样式”对话框

（2）绘制多线命令（MLINE）。绘制多线命令可以通过以下方式来调用：

- ✦ 下拉菜单：“绘图”/“多线”。
- ✦ 命令行：MLINE↵或ML↵。

MLINE 命令格式：

命令：**MLINE** ↵

当前设置：对正 = 上，比例 = 20.00，样式 = STANDARD

指定起点或［对正(J)/比例(S)/样式(ST)］：

各选项含义如下：

✦ 指定起点：输入多线的起始点。

✦ 对正（J）：用于控制绘制多线时采用何种偏移（相对于光标所在位置或基准线）。它包括三种选择，即零偏移（Z）、上偏移（T）和下偏移（B）。

✦ 比例（S）：控制多线绘制时的比例。AutoCAD 用此比例系数乘以偏移得到新偏移。

✦ 样式（ST）：用于指定当前多线样式。

有关多线样式的设置及绘图实例参见本书第十章第七节绘制建筑图例题。

5. 绘制正多边形命令（POLYGON）

在 AutoCAD 中，用户可利用 POLYGON 命令绘制具有 3～1024 条等长边的正多边形，由此画出的正多边形是一个独立的图形对象。绘制正多边形命令可以通过以下方式来调用：

✦ 下拉菜单："绘图"／"正多边形"。

✦ 图标按钮：单击"绘图"工具栏（图 2-46）中的 按钮。

✦ 命令行：POLYGON ↵ 或 POL ↵。

POLYGON 命令格式：

命令：**POLYGON** ↵

输入边的数目＜4＞：↵　　（输入所绘正多边形的边数，此处默认四边形）

指定多边形的中心点或［边(E)］：　　（输入中心点或选择给定边长绘制正多边形，此处单击指定中心点）

输入选项［内接于圆(I)/外切于圆(C)］＜I＞：↵（选择内接于圆或外切于圆方式，此处默认内接于圆）

指定圆的半径：　　（键盘输入半径值或屏幕指定半径大小）

绘制正多边形时，先输入正多边形的边数，然后选择按照"边（E）"或按照"中心"来绘制。如果选择按照边长绘制，则要求输入边的起始点和终点；如果选择按照中心绘制多边形，则有内接于圆（I）或外切于圆（C）两种方式，再次选择后，输入圆的半径即可。

6. 绘制矩形命令（RECTANG）

绘制矩形命令可以通过以下方式来调用：

✦ 下拉菜单："绘图"/"矩形"。

✦ 图标按钮：单击"绘图"工具栏(图 2-46)中的 按钮。

✦ 命令行：RECTANG ↵ 或 REC ↵。

RECTANG 命令格式：

命令：**RECTANG** ↵

指定第一个角点或［倒角(C)/标高(E)/圆角(F)/厚度(T)/宽度(W)］：

指定另一个角点或［面积(A)/尺寸(D)/旋转(R)］：

用 RECTANG 命令绘制的矩形是一个独立的图形对象。用户在绘制矩形时仅需提供两个对角点即可，并可以通过相应选项来设置矩形的线宽、修改矩形的高度（距 *XY* 平面的高度，由"标高"设定）及矩形的厚度、绘制倒角或圆角矩形，还可以通过矩形面积来确定矩形，根据矩形的长度和宽度绘制矩形，绘制有旋转角度的矩形。

7. 绘制圆命令（CIRCLE）

绘制圆命令可以通过以下方式来调用：

✦ 下拉菜单："绘图"／"圆"，选取画圆方式。

✦ 图标按钮：单击"绘图"工具栏（图 2-46）中的 按钮。

✦ 命令行：CIRCLE ↵ 或 C ↵。

CIRCLE 命令格式：

命令：**CIRCLE** ↵。

指定圆的圆心或[三点(3P)/两点(2P)/相切、相切、半径(T)]：

画圆方式有六种，六种画圆方式举例如图 2-53 所示。

8. 绘制圆弧命令（ARC）

绘制圆弧命令可以通过以下方式来调用：

✦ 下拉菜单："绘图"／"圆弧"，选取画圆弧方式。

✦ 图标按钮：单击"绘图"工具栏（图 2-46）中的 按钮。

✦ 命令行：ARC ↵。

绘制圆弧方式有多种，如图 2-54 所示。默认方法是指定三点：起点、第二点和端点。也可以指定圆弧的起点、圆心、端点、角度、弦长、方向、半径等方法来画弧。其中"继续"选项绘制的圆弧将与最后一个创建的对象相切。

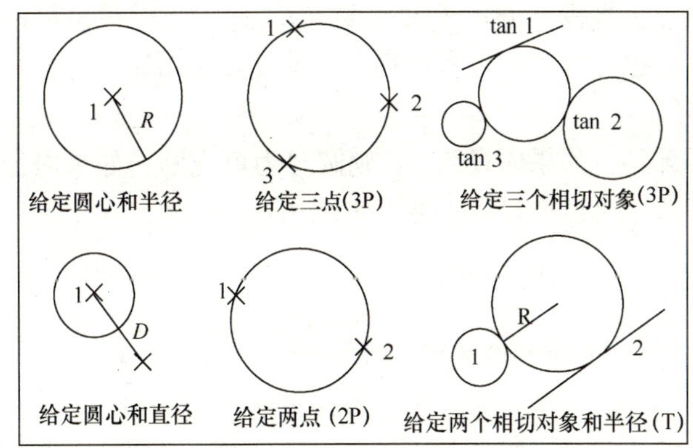

图 2-53　六种画圆方式

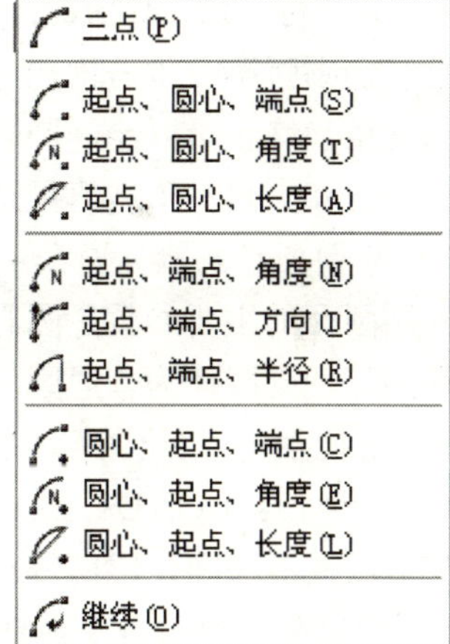

图 2-54　绘制圆弧的多种方式

默认情况下，绘制圆弧时按逆时针方向旋转。注意以下几点：

1）在给出圆心角条件下，圆心角为正值时，逆时针画弧；为负值时，顺时针画弧。

2）在给出弦长条件下（逆时针画弧），弦长为正值时，得到与给定弦长对应的小圆弧；弦长为负值时，得到与给定弦长对应的大圆弧。

3）在给出半径条件下（逆时针画弧），半径为正值时，得到起点与终点间的小圆弧；半径为负值时，得到起点与终点间的大圆弧。

9. 绘制椭圆、椭圆弧命令（ELLIPSE）

在 AutoCAD 中，绘制椭圆和椭圆弧命令均为 ELLIPSE，只是选项不同。要绘制椭圆弧，应首先绘制一母体椭圆，然后再给出绘制椭圆弧所要求的夹角或其他参数。

（1）绘制椭圆。绘制椭圆命令可以通过以下方式来调用：

✦ 下拉菜单：“绘图”/“椭圆”，选取画椭圆方式。

✦ 图标按钮：单击“绘图”工具栏（图 2-46）中的 ⬭ 按钮。

✦ 命令行：ELLIPSE ↵。

用户可以通过指定主轴的两个端点及副轴的半轴长度绘制椭圆；也可以选择以中心点方式绘制椭圆，该选项用于已知椭圆中心和轴端点的情况；也可以选择以旋转方式绘制椭圆，该方式用于已知两轴之一及旋转角度的情况，旋转角度指绕长轴旋转的角度，以此确定长轴与短轴的比值。旋转角度越大，长轴与短轴比值越高，旋转角度为 0°的椭圆即为圆。

ELLIPSE 命令格式如下：

命令：**ELLIPSE ↵**

指定椭圆的轴端点或［圆弧(A)/中心点(C)］：（此处单击指定椭圆主轴的一个端点）

指定轴的另一个端点：（此处单击指定椭圆主轴的另一个端点）

指定另一条半轴长度或［旋转(R)］：R ↵ （选择旋转方式）

指定绕长轴旋转的角度：45 ↵ （指定旋转角度画出椭圆）

（2）绘制椭圆弧。绘制椭圆弧命令可以通过以下方式来调用：

✦ 下拉菜单：“绘图”/“椭圆”/“圆弧”。

✦ 图标按钮：单击“绘图”工具栏（图 2-46）中的 ◠ 按钮。

✦ 命令行：ELLIPSE ↵/A ↵。

绘制椭圆弧第一步需构造母体椭圆，出现与绘制椭圆相同的选项和提示，然后询问椭圆弧的起始角和终止角以绘制椭圆弧（角顶点为椭圆圆心，长轴角度定义为 0°），用户也可以指定起始角和夹角。角度值可以键盘输入，也可以利用对象捕捉方式捕捉点来指定。

10. 绘制圆环或填充圆命令（DONUT）

控制圆环的主要参数是圆心、内径和外径。如果内径为 0，则圆环为填充圆；如果内径与外径相等，则圆环为普通圆。绘制圆环命令可以通过以下方式来调用：

✦ 下拉菜单：“绘图”/“圆环”。

✦ 命令行：DONUT ↵。

与多段线等相同，FILL 命令可以控制圆环或圆的填充可见性。

11. 绘制样条曲线命令（SPLINE）

样条曲线通常用于绘制建筑图中的地形地貌等。样条曲线是经过或接近一系列给定点的光滑曲线。主要由拟合点和控制点控制。其中拟合点由系统自动生成，控制点是在创建样条曲线时指定的，这些点主要用于编辑样条曲线。

绘制样条曲线命令可以通过以下方式来调用：

✦ 下拉菜单：“绘图”/“样条曲线”。

✦ 图标按钮：单击“绘图”工具栏（图 2-46）中的 ∿ 按钮。

✦ 命令行：SPLINE ↵或 SPL ↵。

SPLINE 命令格式：

命令：**SPLINE ↵**

指定第一个点或［对象(O)］： （指定第一个控制点）

指定下一点：　　　　　　　　　　　　　　（指定第二个控制点）

指定下一点或［闭合(C)/拟合公差(F)］＜起点切向＞：（指定下一个控制点）

指定下一点或［闭合(C)/拟合公差(F)］＜起点切向＞：↵（结束指定控制点）

指定起点切向：　　　　　　　　　　　　　（指定曲线起点切线方向）

指定端点切向：　　　　　　　　　　　　　（指定曲线终点切线方向）

在提示“指定第一个点或［对象（O)］：”时，输入“O↵”，然后选定样条曲线拟合的多段线并按回车键，则将选定的对象由多段线变为样条曲线。

注意：只有样条曲线拟合的多段线可以转换为样条曲线。

第三章　立体及其表面交线

第一节　立体的投影

立体是由面围成的。它可分为两类，即由平面包围而成的立体，称为平面立体；由曲面或曲面和平面包围而成的立体称为曲面立体。

一、平面立体的投影

工程中常用的平面立体是棱柱和棱锥。

1. 棱柱

棱柱是由一个顶面，一个底面和几个棱面组成。棱面与棱面的交线称为棱线，棱柱的棱线是相互平行的。按棱柱棱线数目可分为三棱柱、四棱柱、五棱柱、六棱柱等。

（1）棱柱的投影。如图 3-1（a）所示，正六棱柱的顶面和底面都是水平面，它们的边分别是四条水平线和两条侧垂线。棱面是四个铅垂面和两个正平面，棱线是六条铅垂线。

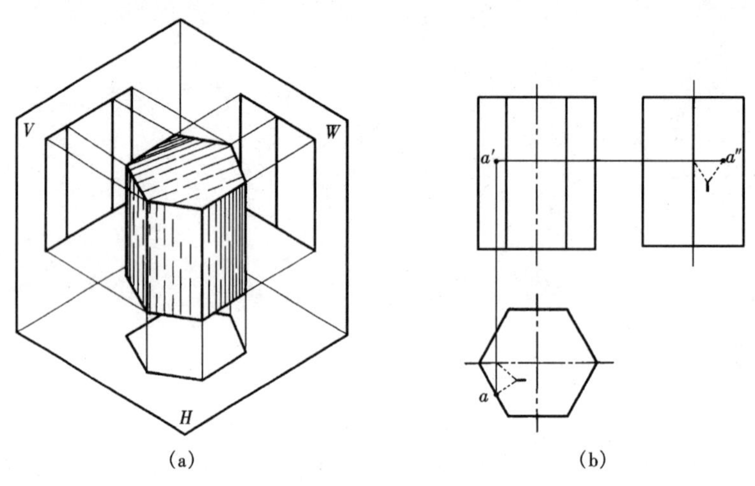

图 3-1　正立六棱柱的投影

图 3-1（b）是六棱柱的三面投影图。水平投影反映顶面和底面的实形，六个棱面的水平投影积聚在六边形的六条边上，六条侧棱的水平投影积聚在六边形的六个顶点上。另外两个投影图中，六棱柱顶面、底面、前后棱面积聚为直线段，四个铅垂棱面的投影为类似形，投影反映棱线的长度。

当投影图图形对称时，要画出中心对称线，中心线用点画线表示。画法如图 3-1（b）所示。

（2）在棱柱表面上取点。因为棱柱表面都是平面，所以在棱柱表面上取点与在平面上取点的方法相同，但要分清楚点所在的那个平面的投影位置。

如在图 3-1（b）中已知棱柱表面上一点 A 的正面投影 a'，求 a 和 a''。

因 a' 是可见的，所以点 a 一定在棱柱的左前棱面上，该棱面的水平投影积聚成一条线，它是六边形的一条边，a 就在此边上。再按投影关系，可得 a 点的侧面投影 a''。

2. 棱锥

棱锥有一个底面，且全部棱线交于锥顶。按棱锥棱线数的不同可分为三棱锥、四棱锥等。

（1）棱锥的投影。图 3-2（a）是一个正三棱锥的直观投影图。从图中可见，底面是水平面；左、右棱面是一般位置平面；后棱面是侧垂面。前棱线是侧平线，另两条棱线是一般位置直线。底面的正面投影和侧面投影有积聚性，水平投影反映三角形实形，投影不可见。三个棱面的水平投影都可见，左、右棱面的正面投影可见，左棱面的侧面投影可见，后棱面的正面投影不可见，左侧棱面的侧面投影可见，右侧棱面的侧面投影不可见。侧面投影有积聚性。根据以上分析，三棱锥的三面投影如图 3-2（b）所示。

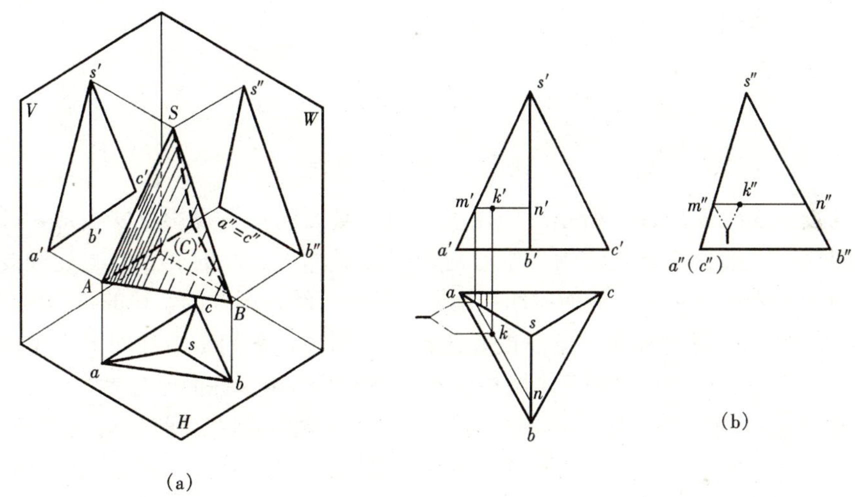

图 3-2　棱锥的投影

（2）在棱锥表面上取点。如图 3-2（b）所示，已知棱锥表面一点 K 的正面投影 k'，试求 K 点的水平和侧面投影。

由于 k' 可见，可以断定点 K 在 SAB 棱面上，在一般位置棱面上找点，应在此表面上过点的已知投影作一辅助直线，并作出辅助线的另外两个投影，然后在直线的投影上定出点的投影。

作图过程如图 3-2（b）所示。过 k' 在棱面 $s'a'b'$ 上作一水平线 $m'n'$（也可作其他形式辅助线）与 $s'a'$ 交于 m'，与 $s'b'$ 交于 n'。$m'n' /\!/ a'b'$，$mn /\!/ ab$。由 m' 在 sa 上求出 m，做 $mn /\!/ ab$，则 k 应在 mn 上。按投影关系求 k。同理可求出 k''。

二、曲面立体的投影

常见的曲面立体是回转体，工程中用的最多的是圆柱、圆锥和球。

1. 圆柱

圆柱是由圆柱面、顶面和底面组成。圆柱面可看成由直线绕与它相平行的轴线旋转而成。这条旋转的直线叫母线。圆柱面任一位置的母线称素线。

（1）圆柱的投影。如图 3-3（a）所示，这是一个轴线铅垂的圆柱体。圆柱面上的所有素线都是铅垂线，圆柱的顶面和底面是水平面。

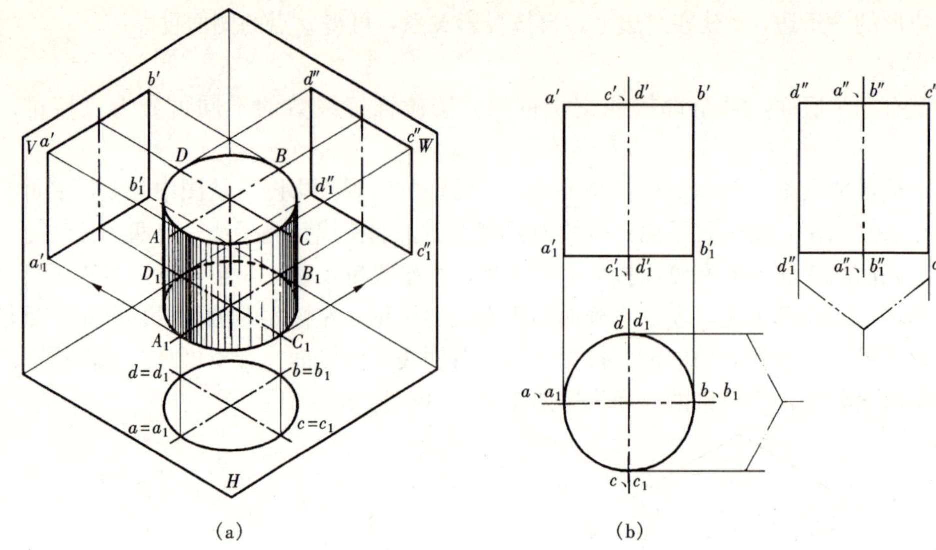

图 3-3 圆柱的投影

圆柱的投影如图 3-3（b）所示。圆柱的顶面和底面的水平投影反映实形，圆柱面的水平投影积聚成一个圆。用点画线画出中心对称线，对称中心线的交点是圆柱轴线的水平投影。圆柱顶面和底面的正面、侧面投影积聚成两条水平线，圆柱的素线的投影为铅垂线。正面投影的 $a'a'_1$ 和 $b'b'_1$ 是圆柱面对正面投影的转向轮廓线，它们是圆柱面上最左最右素线的正面投影，也是正面投影可见的前半圆柱面和不可见的后半圆柱面的分界线。侧面投影的 $c''c''_1$ 和 $d''d''_1$ 是圆柱面对侧面投影的转向轮廓线，它们是圆柱面上最前最后素线的侧面投影，也是侧面投影可见的左半圆柱面和不可见的右半圆柱面的分界线。这样圆柱的正面和侧面投影分别为一矩形。圆柱轴线的投影用点画线画出。

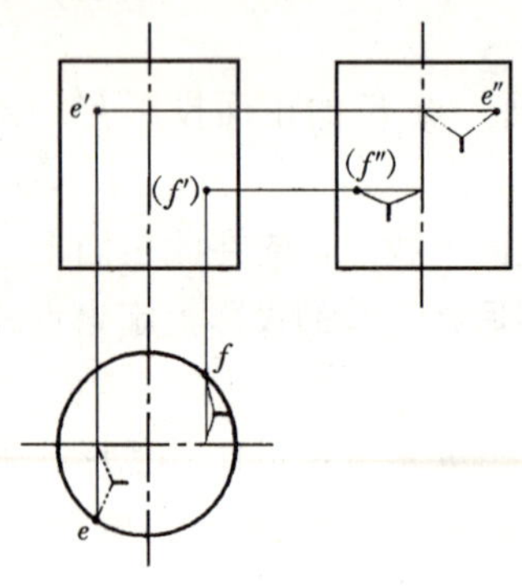

图 3-4 圆柱表面找点

（2）圆柱面上取点。如图 3-4 所示，已知圆柱面上的点 E 和 F 的正面投影 e' 和（f'）（f' 加括号表示不可见），求作它们的水平投影和侧面投影。

由于 e' 可见（f'）不可见，可知点 E 在前半个圆柱面上，而点 F 在后半个圆柱面上，则可由 e'（f'）引铅垂投影连线，在圆柱面有积聚性的水平投影上作出 e 和 f。

再由 e'（f'）引出水平投影连线，由 e，f 按投影关系可作出 e'' 和 f''，因为点 E 在左半圆柱面上，点 F 在右半圆柱面上，故 e'' 可见，f'' 不可见，记为（f''）。

2. 圆锥

圆锥由圆锥面和底面围成的。圆锥面由直线绕与它相交的轴线旋转而成，这条旋转的直线称母线，圆锥面上任一位置的母线称素线。

（1）圆锥的投影。如图 3-5 所示，当圆锥轴线为铅垂线时，圆锥底面的正面投影，侧面投影分别积聚成直线，水平投影反映实形，圆锥面的水平投影与底面水平投影相重合。用点画线画出轴线和中心线。正面投影的 $s'a'$ 和 $s'b'$ 是圆锥面对正面投影的转向轮廓线，它们是圆锥面上最左和最右素线的正面投影，也是正面投影可见的前半圆锥面与不可见的后半圆锥

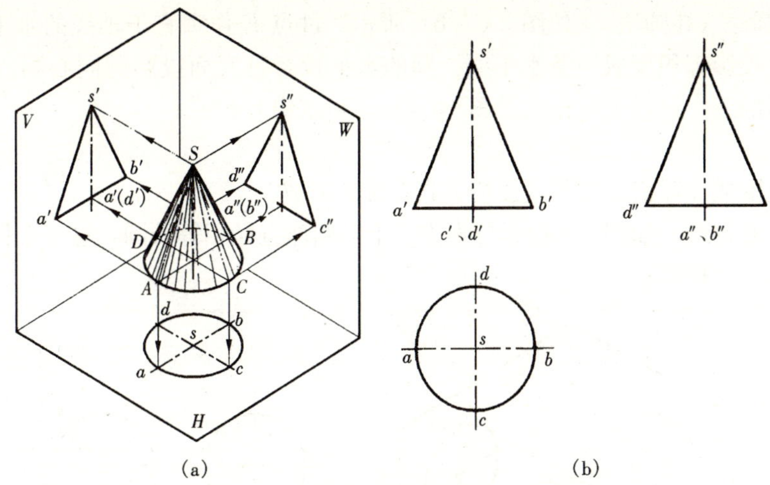

图 3-5　圆锥的投影

面的分界线。侧面投影的 $s''c''$ 和 $s''d''$ 是圆锥面对侧面投影的转向轮廓线，它们是圆锥面上最前最后素线的侧面投影，也是侧面投影可见的左半圆锥面与不可见的右半圆锥面的分界线。圆锥的正面和侧面投影分别为等腰三角形。

（2）锥面上取点。如图 3-6 所示，已知圆锥面上的一点 E 的正面投影 e'，求作它的水平投影 e 和侧面投影 e''。

由于圆锥面的三个投影都没有积聚性，需要在圆锥面上过点 E 作一条辅助线，并作出辅助线的三面投影，然后在辅助线的投影上确定点 E 的投影。为作图方便，应选取素线或垂直于轴线的圆作辅助线。现分述如下：

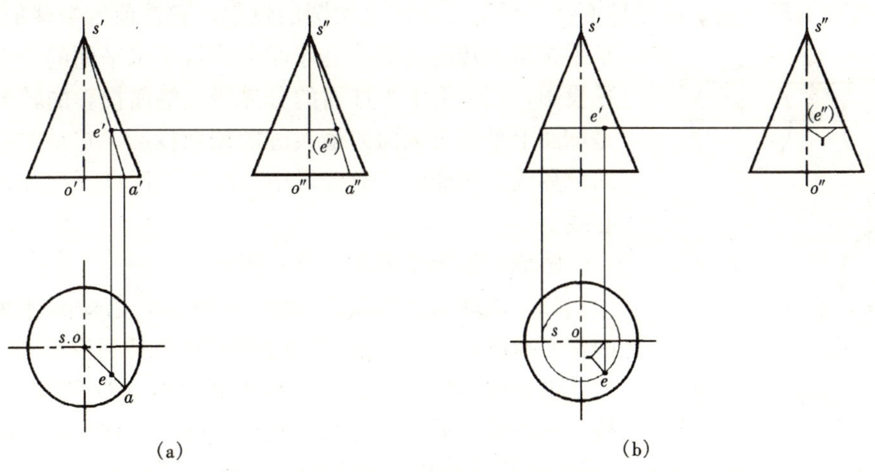

图 3-6　圆锥面点的投影

1）辅助直线法（素线法）。如图 3-6（a）所示，由于 e' 可见，所以在前半圆锥面上，连接 s'、e'，并延长交底圆于 a'。由 a' 引铅垂投影连线，在水平投影上交得 a。按投影关系在侧面投影上求得 a''。再由 e' 引铅垂和水平投影连线，在 sa 上作出 e，在 $s''a''$ 上作出 e''。

因为点 E 在前半个圆锥面上，所以 e 可见，又因为 E 点在右半个圆锥面上，所以 e'' 不可见，记为（e''）。

2）辅助圆法（纬圆法）。如图 3-6（b）所示，过点 E 作垂直于轴线的水平圆，此圆正面投影和侧面投影都积聚成一条水平线。圆的水平投影是底面投影的同心圆。点 E 三个投影分别在该圆的三个投影上。作法见图3-6（b），可求出 e 和 e''。

3. 圆球

球由球面围成。球面由圆母线围绕其直径旋转而成。

（1）圆球的投影。如图 3-7 投影分别为三个与圆球直径相等的圆，这三个圆是球面三个方向转向轮廓线的投影。

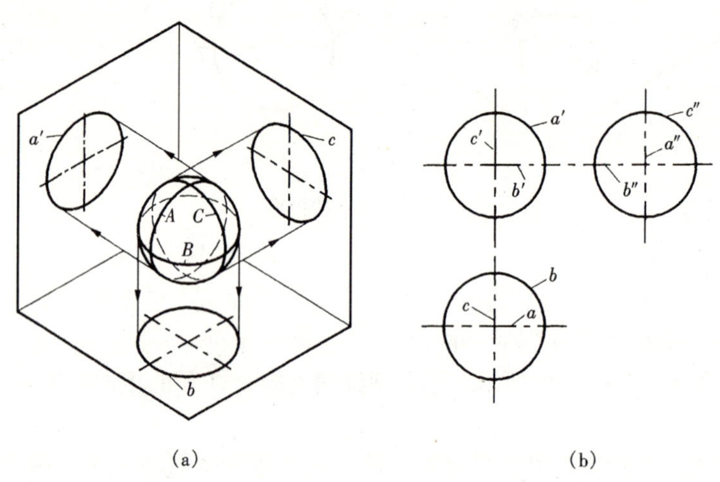

图 3-7 圆球的投影

正面投影的转向轮廓线是球面上平行与正面的最大圆的投影，它是前后半球的分界线。水平投影的转向轮廓线是球面上平行于水平面的最大圆的水平投影，它是上下半球面的分界线。侧面投影的转向轮廓线是球面上平行于侧面的最大圆的侧面投影，它是左右半球面的分界线。在球的三面投影中，应分别用点画线画出对称中心线。

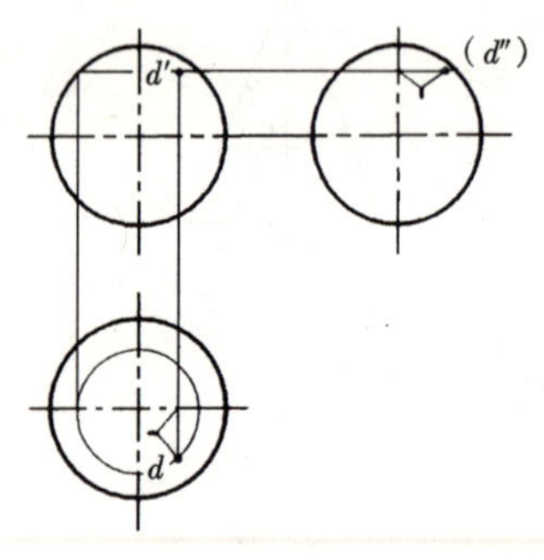

图 3-8 圆球面上点的投影

圆球的投影如图 3-7（b）所示。

（2）圆球面上找点。如图 3-8 所示，已知圆球面上点 D 的正面投影 d'，求作点 D 的水平投影和侧面投影。

由于球面的三个投影都没有积聚性，且母线不为直线，故只能用辅助圆法，过点 D 做水平圆。过 d' 作水平圆的正面投影，再作水平圆的侧面投影和反映水平圆真形的水平投影。因为 d' 可见，由 d' 引铅垂投影连线求出 d，再由 d' 引出水平投影连线，按投影关系求出 d''。因 D 点在圆球的上方、前方、右方，故 d 可见，d'' 不可见。

第二节 平面与立体相交

平面与立体表面的交线称为截交线。平面称为截平面，由截交线所围成的平面图形称为截断面。

一、平面与平面立体相交

平面立体的截交线是一个多边形，多边形的顶点是平面立体的棱线或底边与截平面的交点，多边形的边是截平面与平面立体表面的交线。

如图 3-9 所示，试求四棱锥被正垂面 P 截后的三面投影。

因截平面 P 与四棱锥四个棱面相交，所以截交线为四边形，它的四个顶点即为四棱锥的四条棱线与截平面 P 的交点。

因 P 平面是正垂面，所以截交线四边形的四个顶点 A、B、C、D 的正面投影 a'、b'、c'、d'重合在 P 平面有积聚性的投影上。由 a'、b'、c'、d'按投影关系可求出 a、b、c、d 和 a''、b''、c''、d''。将各顶点的投影依次连接起来，即得截交线投影。

【例 3-1】　如图 3-10 所示，试求正四棱锥被两平面截切后的三面投影。

解　四棱锥被两平面截切，可以逐个作出各个截平面与平面立体的截交线。截平面 P 为正垂面，它与四棱锥四个棱面的交线情况，与前面讲过的四棱锥被一个平面所截的情况相似；不再重复。截平面 Q 为水平面，与四棱锥底面平行，截交线同底面四边形的对应边相平行，利用平行线的投影特性很容易求得。其截交线正面投影和侧面投影都具有积聚性，水平投影则反映截交线的实形。应注意 P、Q 两平面相交处的交线，因此，P 平面和 Q 平面截出的截交线都为五边形。

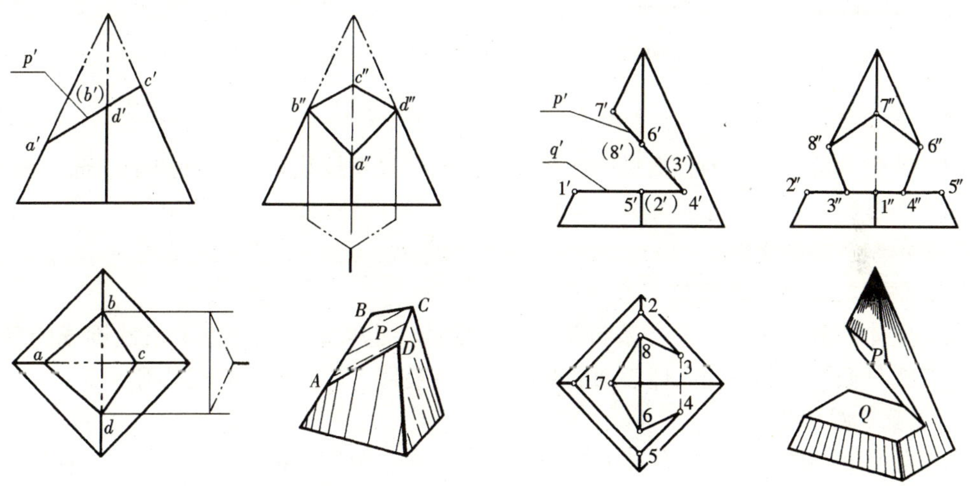

图 3-9　四棱锥被正垂面截切　　　图 3-10　四棱锥被两平面截切

【例 3-2】　已知六棱柱被两平面 P、Q 所截切，求截交后交线的各投影（图 3-11）。

分析： 由已知的正面投影可知，六棱柱被正垂面 P 及侧平面 Q 同时截切，因此，要分别求出 P 平面及 Q 平面与六棱柱的截交线。P 平面与六棱柱的六个侧棱面及 Q 面相交，其截断面的空间形状为平面七边形；Q 平面与六棱柱的顶面、两个侧棱面及 P 面相交，其截断面的空间形状为平面四边形。由于 P、Q 两平面的正面投影都有积聚性，故上述交线的正面投影分别重影在 P_V 及 Q_V 上。

其作图方法和步骤如下［见图 3-11（b）］。

（1）在正面投影上依次标出平面 P 与六棱柱的各棱面的交线 $1'2'$、$2'3'$、$3'4'$、$5'6'$、$6'7'$、$7'1'$。由于各棱面的水平投影都有积聚性，故 P 与六棱柱的截交线也积聚在棱面的水平投影上，可求出其水平投影 12、23、34、56、67、71。根据正面投影和水平投影，可求出各交线的侧面投影 1″2″、2″3″、3″4″、5″6″、6″7″、7″1″。P 平面与 Q 平面的交线为正垂线，其正面投影积聚为一个点即 P_V 与 Q_V 之交点，水平投影为 45。

（2）同理可求出 Q 平面与六棱柱的各投影的截交线。由于 Q 平面为侧平面，两个棱面为铅垂面，其交线为铅垂线，它们的水平投影分别积聚在 4、5；六棱柱的顶面为水平面，Q 平面与其交线为正垂线，其水平投影与 45 重合。据此 Q 与六棱柱交线的侧面投影如图 3-11（b）所示。

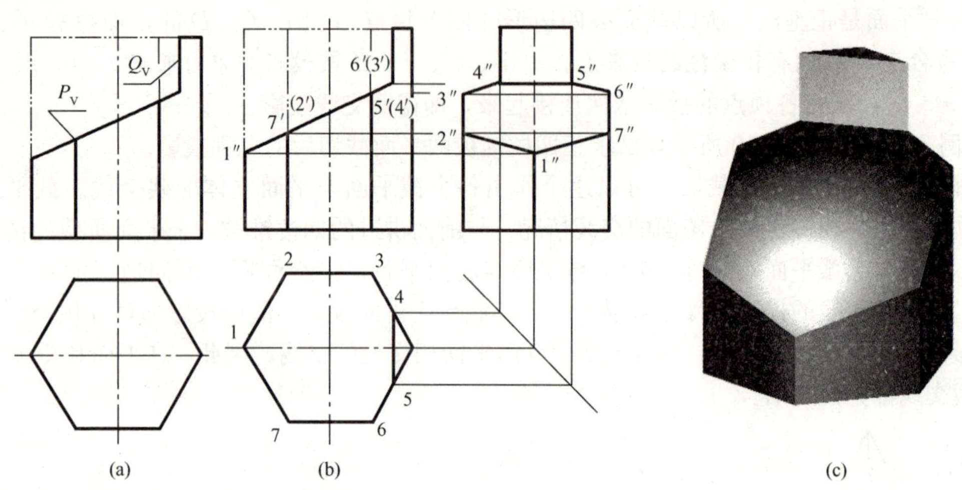

图 3-11　平面与六棱柱截交

（3）补全六棱柱棱线的各面投影，检查并描深。最左棱线，在 P 面以上的部分被截切，因此在侧面投影上棱线的这些部分不应再画出，而最左侧棱线由于不可见，在 1″ 以上应画虚线，表示左侧棱面投影。

二、平面与曲面立体相交

曲面立体的截交线通常是一条封闭的平面曲线，也可能是由曲线和直线围成的平面图形。截交线是截平面和曲面立体表面的共有线，截交线上的点也是它们共有的点。

1. 平面与圆柱相交

根据截平面与圆柱体轴线的相对位置不同，平面与圆柱面相交，截交线有三种情况，即圆、椭圆及两平行线，见表 3-1。

表 3-1　　平面与圆柱的交线

立体图	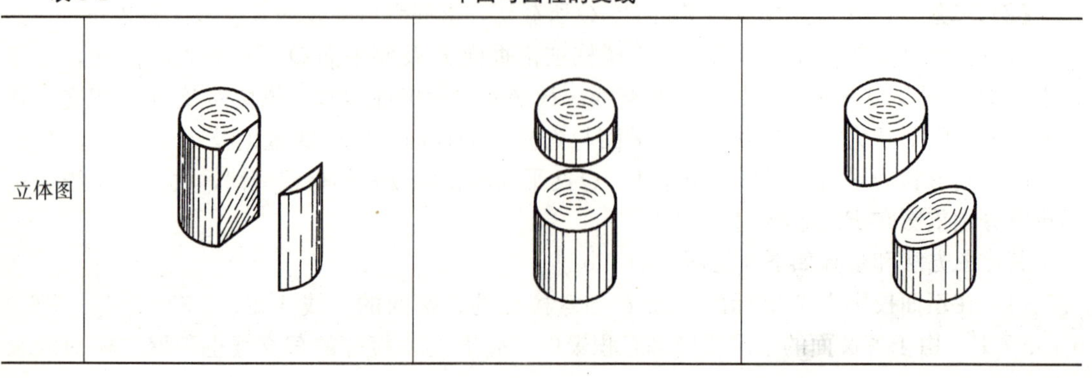		

续表

投影图	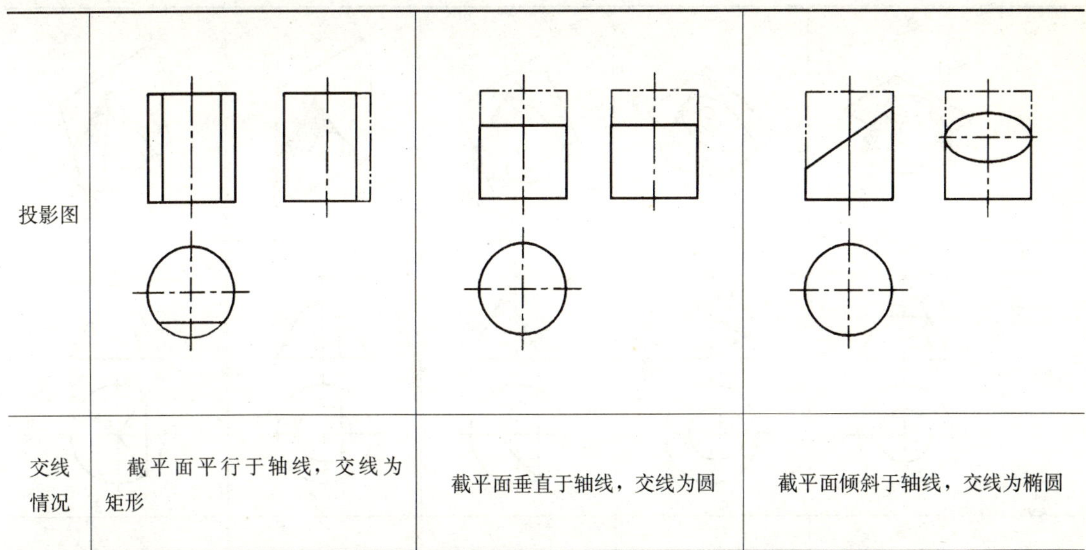		
交线情况	截平面平行于轴线，交线为矩形	截平面垂直于轴线，交线为圆	截平面倾斜于轴线，交线为椭圆

【例 3-3】 如图 3-12 所示，圆柱体被正垂面 P 所截，已知其正面投影和水平投影，求作侧面投影。

解 首先分析截交线情况。截平面 P 与圆柱轴线倾斜相交，所以截交线为一椭圆。因截平面 P 为一正垂面，所以截交线的正面投影积聚在 p' 上。同时，由于圆柱面的水平投影有积聚性，所以截交线的水平投影都积聚在圆上。由于平面 P 倾斜于 W 面，所以截交线的侧面投影为椭圆。

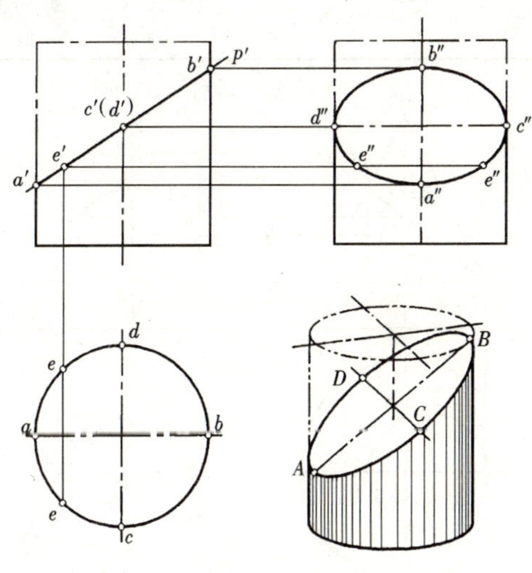

图 3-12　圆柱被正垂面截切

作图时可根据截交线的正面和水平投影，找出截交线上的一些特殊点，如最高点、最低点、最左点、最右点、最前点、最后点等，确定截交线的形状和范围。由图 3-12 可看出，椭圆长轴 AB 是截交线上最左、最右点，同时也是最低、最高点，短轴 CD 是截交线上最前、最后点。正面投影 $c'd'$ 重合，根据点的投影规律，可求出 a''，b''，c''，d''。

再求出一些中间点，如中间点 E，一般先确定出点 e' 的位置，然后按圆柱面找点的方法求 e 和 e''。适当的求出一些中间点，最后将侧面投影中所求的特殊点和中间点用光滑的线连接起来，并擦掉侧面投影中被截平面截去的投影，即得到截交线的侧面投影。

2. 平面与圆锥相交

根据截平面与圆锥体轴线的相对位置不同，平面与圆锥面相交，其截交线有五种，即圆、椭圆、抛物线、双曲线及两相交直线，见表 3-2。

表 3-2 **平面与圆锥面的交线**

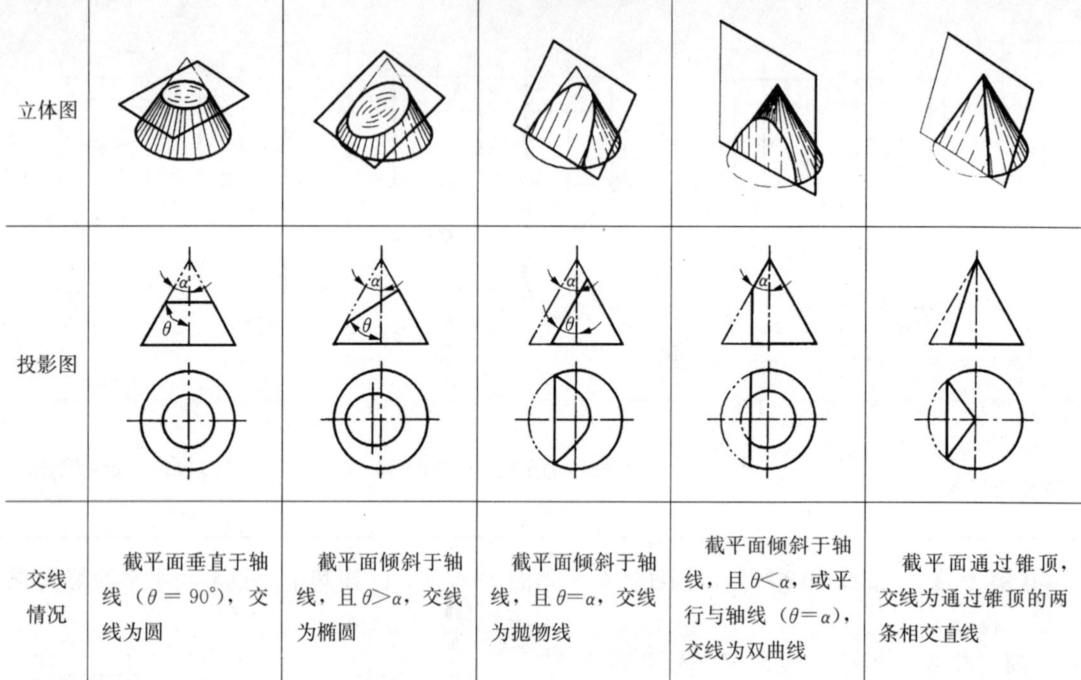

立体图					
投影图					
交线情况	截平面垂直于轴线（$\theta=90°$），交线为圆	截平面倾斜于轴线，且 $\theta>\alpha$，交线为椭圆	截平面倾斜于轴线，且 $\theta=\alpha$，交线为抛物线	截平面倾斜于轴线，且 $\theta<\alpha$，或平行与轴线（$\theta=\alpha$），交线为双曲线	截平面通过锥顶，交线为通过锥顶的两条相交直线

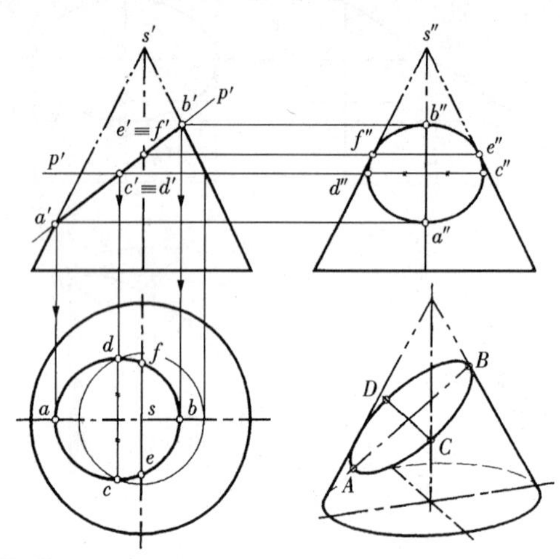

图 3-13 圆锥被正垂面截切

【例 3-4】 如图 3-13 所示，圆锥体被一正垂面 P 所截。已知正面投影，求作水平投影和侧面投影。

解 首先分析截交线情况，截平面 P 与圆锥轴线倾斜相交，而且夹角 $\theta>\alpha$，所以截交线是一椭圆。由于截平面 P 为一正垂面，所以截交线的正面投影积聚在 P' 平面上。截平面与 H、W 面都倾斜，所以截交线的水平投影和侧面投影仍为椭圆。

作图：先根据截交线的正面投影，找出截交线上的特殊点，由图 3-13 可看出，椭圆长轴 AB 是截交线上最左、最右点，同时也是最低、最高点，a'、b' 在正面投影转向轮廓线上，相应的水平投影为 a、b，侧面投影为 a''、b''。短轴 CD 是截交线上的最前、最后点。正面投影 c'、d' 重合，过 c'、d' 作一水平辅助圆，画出辅助圆水平投影，则 c、d 就位于此圆上。然后由 c'、d' 及 c、d 可求出 c''、d''。

再求出一些中间点，如 E、F。正面投影 e'、f' 在中心线上，侧面投影 e''、f'' 在侧面投影转向轮廓线上，由 e'、f' 和 e''、f'' 可求出 e、f。在侧面投影中擦去被平面截去的投影。

3. 平面与圆球相交

平面与圆球相交，截交线的形状是圆。截平面平行于投影面时，截交线在其所平行的投影面上投影反映实形，另外两个投影为长度等于直径的直线段。截平面垂直与投影面时，截交线在其所垂直的投影面上的投影为直线，长度等于截交线圆的直径，另外两个投影为椭圆。截平面倾斜于投影面时，截交线三个投影均为椭圆。

【例 3-5】　如图 3-14 所示，球被正垂面所截。已知正面投影，补全水平投影。

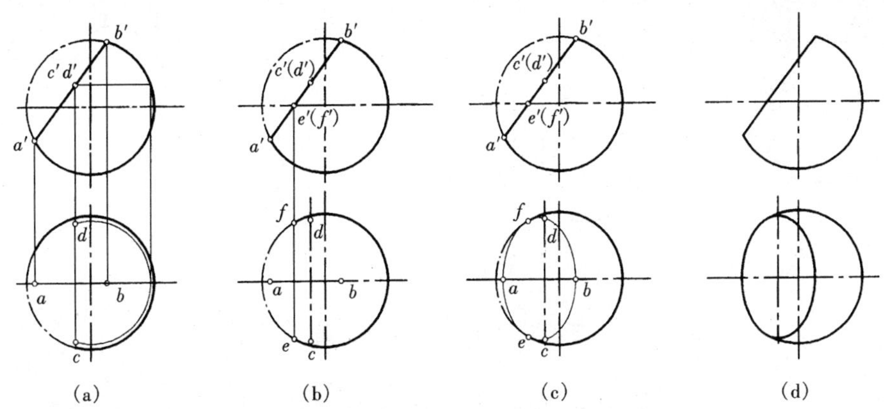

图 3-14　圆球被正垂面截切

解　首先分析截交线情况。截平面 P 是正垂面，截交线是圆。截交线圆的正面投影为直线，反映截交线圆直径的真长。截交线圆的水平投影为椭圆。

如图 3-14（a）所示，截交线圆上处于正平线位置的直径 AB 的正面投影 a'、b' 与截交线圆的正面投影重合，于是可定出 a'、b'，由 a'、b' 在球的前后对称面的水平投影上作出 a、b，取 a'、b' 的中点，就是截交线圆上处于正垂线位置的直径 CD 的投影 c'、d' 过 CD 在球面上作出水平辅助圆，可由 c'、d' 在辅助圆的水平投影上作出 c、d 即为截交线圆上的水平投影椭圆长轴的端点。

如图 3-14（b）所示，在截交线圆与球面的上下分界圆的正面投影相交处定出 e'、f'，由 e'、f' 在球面水平投影的转向轮廓线上作出 e、f。将 a、e、c、b、d、f 连成截交线水平投影，如图 3-14（c）所示。擦去水平投影中被截平面截去的投影，完成全图，如图 3-14（d）所示。

【例 3-6】　画出如图 3-15（a）所示立体的三面投影图。

分析：如图 3-15（a）所示，用垂直于轴线的水平面 P 和两个平行于轴线的侧平面 Q 切割圆筒，在圆筒的上部开出两个方槽，这两方槽前后、左右对称。水平面 P 和两个侧平面 Q 与圆筒内外表面都有交线，其中，平面 P 与圆筒的内外表面交线都为圆弧，平面 Q 与圆筒的交线都为直线。

切割体的作图方法一般是先画出完整圆柱体的三面投影图，然后作出切口方槽的投影。

其作图步骤如下：

1）作出开有方槽的实心圆柱的三面投影图，见图 3-15（b）。根据分析，在画出完整圆柱体的三面投影图后，先画反映方槽形状特征的 V 面投影，再作方槽的 H 面投影，然后由 V 面投影和 H 面投影作出 W 面投影。这里要注意的是，圆柱面对 W 面的转向线，在方槽范围内的一段已被切去。

2）加上同心圆孔后完成方槽的投影，见图 3-15（c）。用同样的方法作圆柱孔内表面交线的三面投影。要将这一步和上一步仔细对比，明确实心圆柱和空心圆柱上方开槽投影的异同。

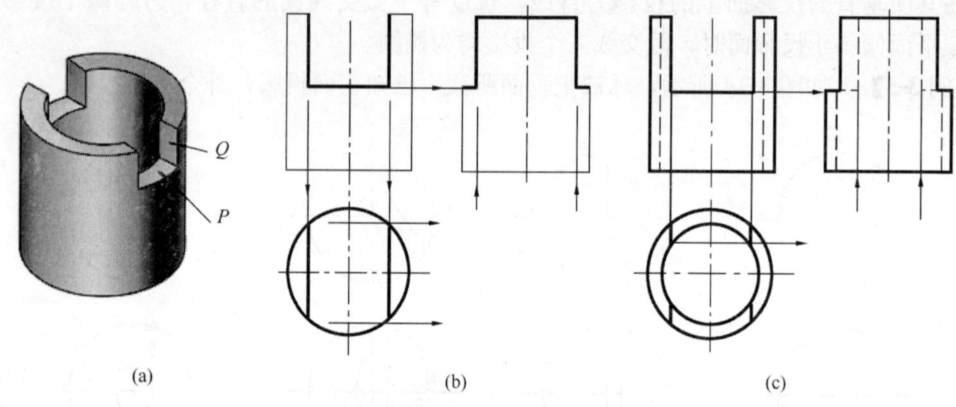

图 3-15　圆管上方开矩形槽

第三节　两回转体表面相交

两回转体相交，最常见的是圆柱体与圆柱体相交，圆柱体与圆锥体相交。它们的相贯线通常是封闭的空间曲线。特殊情况下相贯线为平面曲线。

相贯线是两回转体表面的共有线，相贯线上的点是两相贯体表面共有的点。

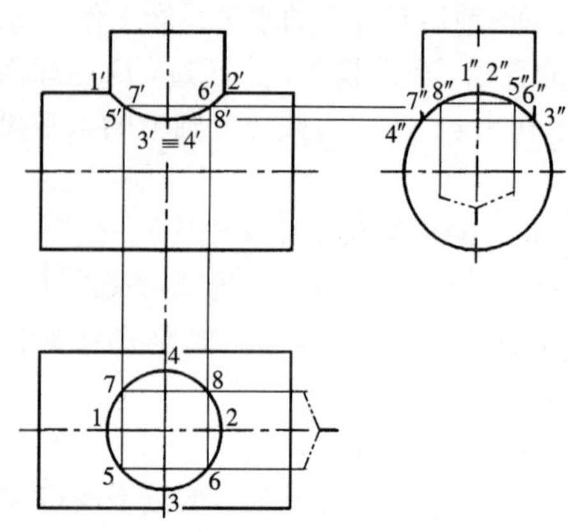

图 3-16　两圆柱相贯线的投影

利用积聚性的表面取点法和作辅助平面法，是求作相贯线的基本方法。下面以圆柱体与圆柱体正交，圆锥体与圆柱体正交的相贯线画法为例，分别加以介绍。

一、表面取点法

如图 3-16 所示，已知两圆柱的三面投影，求作它们的相贯线。

两圆柱的轴线垂直相交，前后左右均对称，小圆柱全部穿进大圆柱。因此，相贯线是一条闭合的空间曲线，并且也前后左右对称。

由于小圆柱面的水平投影积聚为圆，相贯线的水平投影与圆重合；同理，大圆柱的侧面投影积聚为圆，相贯线的侧面投影重合在小圆柱穿入大圆柱的一段圆弧上。因此，只需求出相贯线的正面投影。可采取在圆柱面上取点的方法，作出相贯线上的特殊点和一般点的投影，连成相贯线的投影。

如图 3-16 所示，先作出一些特殊点，根据水平投影 1、2、3、4 及侧面投影 1″、2″、3″、4″可求出正面投影 1′、2′、3′、4′；再适当求出相贯线上的一些中间点，在水平投影上取 5、6、7、8 点，可求出 5″、6″、7″、8″点，然后由 5、6、7、8 和 5″、6″、7″、8″求出 5′、6′、7′、8′点；最后将正面投影所求各点光滑连接起来，即得相贯线正面投影。

1. 两圆柱相贯线的变化趋势及简化画法

两圆柱因直径变化，其相贯线也发生相应变化，其变化趋势如图3-17（a）所示。相贯线投影具有以下变化规律。

（1）直径不相等的两圆柱正交相贯，相贯线在平行于两圆柱轴线的投影面上的投影是平面曲线，曲线的弯曲趋势总是弯向大圆柱轴线投影方向。

（2）直径相等的两圆柱正交相贯时，相贯线是两条平面曲线——垂直于两相交轴线所确定的平面的椭圆。

当对相贯线形状的准确度要求不高，在不致引起误解时，允许采用简化画法，其条件为：

①两圆柱轴线正交；②两圆柱直径不相等。

简化作图方法：以相贯两圆柱中较大圆柱的半径为半径，以圆弧代替相贯线，如图3-17（b）所示。

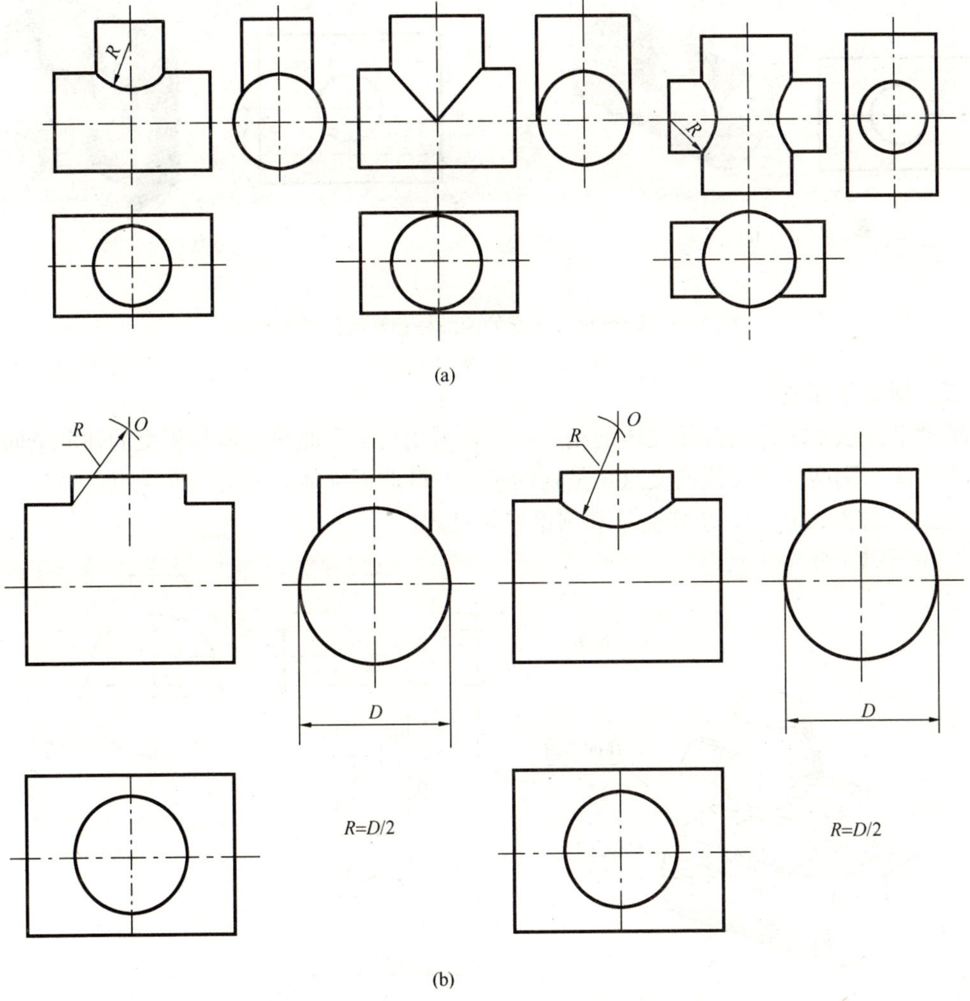

图 3-17　两正交圆柱相贯线的变化趋势及简化画法

（a）变化趋势；（b）简化画法

2. 两圆柱相交的三种形式

轴线垂直相交的圆柱是工程形体上最常见的，相贯线有以下三种基本形式。

（1）两外表面相贯（实实相贯），如图 3-16 所示；

（2）内表面与外表面相贯（虚实相贯），如图 3-18（a）所示；

（3）两内表面相贯（虚虚相贯），如图 3-18（b）所示；

从图 3-18 中可以看出，虽然它们的形式不同，但相贯线的形状和求相贯线的方法是一样的。

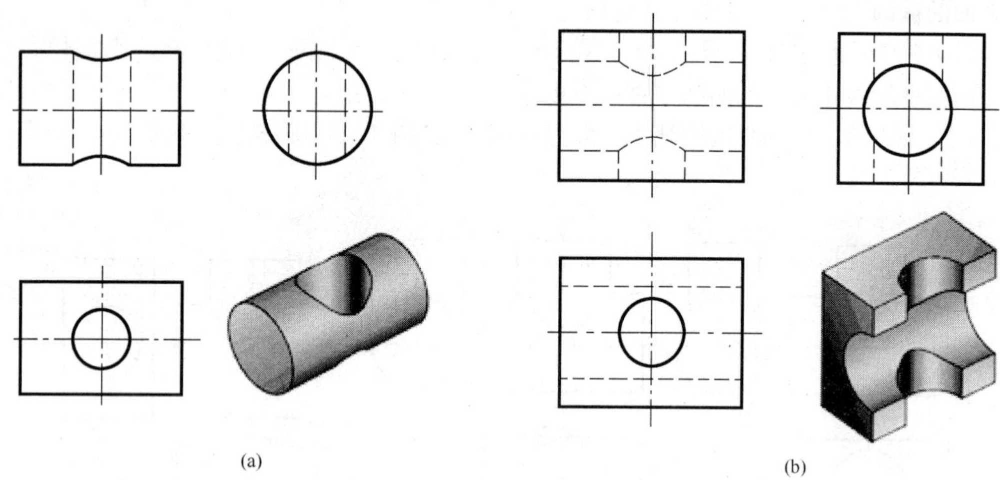

图 3-18 轴线垂直相交的两圆柱相贯线的基本形式

二、辅助平面法

辅助平面法是求作两曲面立体的相贯线时，可用与两个曲面立体都相交的辅助平面切割这两个立体，则两组截交线的交点，是辅助平面和两曲面立体表面的三面共点，即是相贯线上的点。如图 3-19 所示，求作圆柱和圆锥的相贯线。

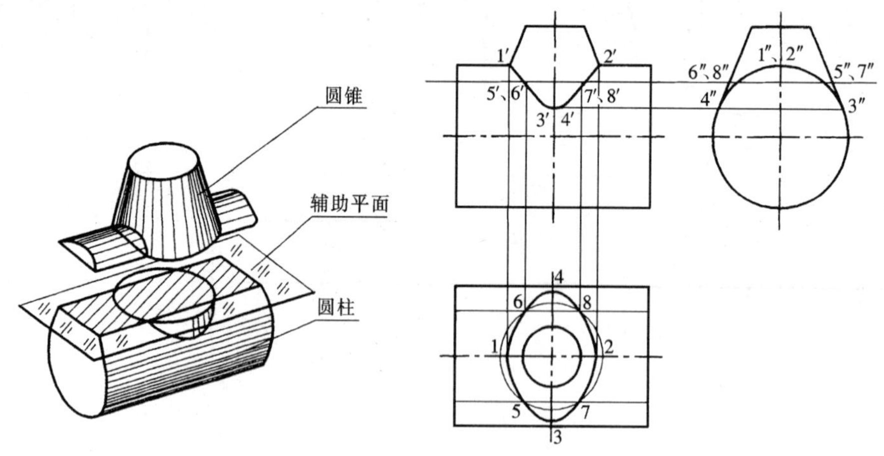

图 3-19 圆柱与圆锥正交相贯的投影

圆锥体与圆柱体垂直相交，相贯线为一封闭的空间曲线，由于圆柱面的轴线垂直于 W 面，圆柱面的侧面投影积聚成一个圆，相贯线的侧面投影与这个圆重合。而相贯线的正面投影和水平投影没有积聚性，可用辅助平面法求出。

为作图简化，辅助平面最好选择特殊位置平面。并使辅助平面与两曲面立体的截交线的投影最为简单，如截交线为直线或平行于投影面的圆。

如图 3-19 先求特殊点。由正面投影和侧面投影可知，1 点和 2 点是最高点，同时也是最左最右点。根据 1′、2′可求出水平投影。3 点和 4 点为最低点，也是最前和最后点，根据 3″、4″可求 3′、4′和 3、4。

再求中间点。用辅助平面可求适量的中间点，作水平辅助面 P，它与圆锥面的截交线是圆，与圆柱面的截交线为两平行直线，两平行直线与圆交于四点，即求得相贯线上点的水平投影 5、6、7、8，再在正面投影找出 5′、6′、7′、8′，然后将这些特殊点和中间点的正面投影及水平投影连接起来，即是相贯线的正面和水平面投影。

第四节 AutoCAD 2006 文本标注

在实际绘图时，经常需要为图形增加一些注释性的说明。在文本标注之前，需要设置文字样式。

一、设置文字样式（STYLE）

文字样式主要包括对字体、字高、宽度比例、倾斜角度等属性的设置。用户在一幅图形中可以定义多种文字样式。这样，用户在输入文字时可以选择所需的已设置的文字样式为当前文字样式。

设置文字样式的命令可以通过以下方式来调用：

- ✦ 下拉菜单：“格式”/“文字样式”。
- ✦ 图标按钮：单击“样式”工具栏中的A按钮。
- ✦ 命令行：STYLE ↵。

执行该命令后，弹出“文字样式”对话框，如图 3-20 所示。在此，用户既可使用已有文字样式，也可生成新文字样式。在“样式名”下拉列表中选择使用已有文字样式，AutoCAD 默认当前文字样式为 Standard；要生成新文字样式，单击“新建”按钮，打开“新建文字样式”对话框，在其中输入新建文字样式的名称，如果不输入文字样式名，AutoCAD 自动将文字样式命名为“样式 n”，其中 n 表示从 1 开始的数字。

“文字样式”对话框中其他常用按钮或选项的含义如下：

- ✦ “重命名”按钮：重命名文字样式。
- ✦ “删除”按钮：删除指定的文字样式。
- ✦ “字体名”下拉列表框：用于选定字体。只有那些已注册的 TrueType 字体和所有 AutoCAD 的编译型（. SHX）字体才会出现在该下拉框中。
- ✦ “使用大字体”复选框：如选中该复选框，则在其上的下拉列表框变为“SHX 字体”，该列表框中只列出 AutoCAD 特有的字体文件（. SHX）。同时，“字体样式”下拉列表框被激活。
- ✦ “高度”编辑框：用于设置文字的高度。如将其设置为 0，则用户在输入文本时将被提示指定文字高度。注意：如果希望将该文字样式用作尺寸标注文字样式，则高度值必须设置为 0，否则，用户在设置尺寸标注的文字样式时所设文本高度将不起作用。

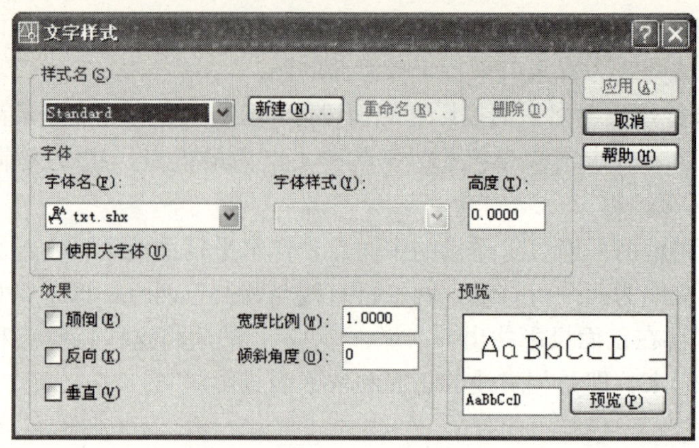

图 3-20 “文字样式”对话框

- “效果”选项区：该区域用于设置文字倾斜角度，文字的宽高比，文字的颠倒、反向和垂直变化等效果。颠倒和反向相当于使正常文字进行水平及垂直镜像；文字的倾斜角度范围为－85°～＋85°，向右倾斜时角度为正，反之角度为负。
- “预览”按钮：在预览窗口查看设置效果。
- “应用”按钮：将对文字样式所进行的设置应用于当前图形。

注意：当用户更改了文字样式的“颠倒”和“反向”等特性后，已使用该文字样式创建的文本将受其影响，而“宽度比例”、“倾斜角度”的设置仅对新输入的文字有影响。

二、文本输入

在 AutoCAD 中，文本的输入有两种方式：一种是单行文本输入，另一种是多行文本输入。

(1) 单行文本输入（TEXT）。单行文本输入（TEXT）命令可创建一行或多行文字，在每行结束处都需按回车键，系统不会自动换行。一次输入到屏幕上的每行文字都是独立的对象，用户可对其调整格式、重定位或修改其内容，但使用一种文字样式的文本其字体是唯一的。因此，单行文本主要用于标注一些不需要使用多种字体的简短内容。

可以通过以下方式来调用单行文本命令：

- 下拉菜单：“绘图”/“文字”/“单行文字”。
- 命令行：TEXT ↵、DTEXT ↵ 或 DT ↵。

TEXT 命令格式：

命令：**TEXT ↵**

当前文字样式：Standard 文字高度：2.5000

指定文字的起点或［对正(J)/样式(S)］：

其中“对正(J)”选项用于设置文本对齐方式，“样式(S)”选项用于设置文本样式名。当用户输入“J ↵”时，命令行提示：

［对齐(A)/调整(F)/中心(C)/中间(M)/右(R)/左上(TL)/中上(TC)/右上(TR)/左中(ML)/正中(MC)/右中(MR)/左下(BL)/中下(BC)/右下(BR)］：

在该选项中一共列出了 14 种文字对齐方式。

当用户输入“S ↵”时，命令行提示：

输入样式名或［?］＜Standard＞：? ↵

输入要列出的文字样式＜＊＞：

在第一行提示后输入现有文字样式为当前样式或输入“? ↵”以查看文字样式；在第二行提示后输入欲查看的文字样式名或直接回车查看所有文字样式。

在设置了文字的对齐方式和选用的文字样式后，命令行提示指定文字的起点，此时单击确定文字起点，然后系统会提示指定文字高度及文字的旋转角度，输入数值或回车接受默认值后，用户便可开始输入文字了。要输入另一行文字，可在行尾按回车键。如希望退出文字输入，可在新起一行时不输入任何内容按回车键。

注意：如果已在所使用的文字样式中将文字高度设置成固定值，则执行文本输入命令时，系统将不再提示指定文字高度。

(2) 多行文本输入（MTEXT）。多行文本输入（MTEXT）命令用于在图中动态地标注一段文本，且文本是通过对话框来完成输入的。多行文本即使使用同一种文字样式，用户也可为不同的段落选用不同的字体。多行文本是一个独立的图形对象。在 AutoCAD 2006 中，对输入的多行文本，可以执行 Word 的多项操作，如居中、左对齐、右对齐、编号等，并能在这些文字中间插入一些特殊符号。

MTEXT 命令可以通过以下方式来调用：

✦ 下拉菜单：“绘图”/“文字”/“多行文字”。

✦ 图标按钮：单击“绘图”工具栏（图 2-46）中的**A**按钮。

✦ 命令行：MTEXT ↵ 或 T ↵

MTEXT 命令格式：

命令：**MTEXT** ↵

当前文字样式：“Standard” 文字高度：2.5

指定第一角点：

指定对角点或［高度（H）/对正（J）/行距（L）/旋转（R）/样式（S）/宽度（W）］：

命令执行之后，系统提示用户在绘图区单击或键盘输入数据来确定文本框的两个角点，在指定了第一个对角点后，根据命令行提示项可以设置文字的高度、对齐方式、行间距、旋转及行宽。两对角点确定之后弹出多行文字编辑器，如图 3-21 所示。

图 3-21　多行文字编辑器

该编辑器由工具栏和一个带标尺的文本输入框组成，用户可以在输入框中输入文本内容，也可以利用工具栏设置文本的字体、大小、颜色等属性，还可以在标注文字中插入字段、符号、控制段落格式，导入文件以及为文字添加背景颜色。在文本输入框右击可以打开快捷菜单进行设置。

AutoCAD 2006 增强了文字编辑器的功能，不仅可以控制工具栏的显示，而且可以将多行文字编辑器设置成灰色背景。

（3）特殊符号的输入。在工程实际中，常常要在图中标注一些特殊符号。如钢筋的直径符号、间距符号、百分号等，这些符号有的不能直接从键盘输入。AutoCAD 中输入这些符号有两种方法：一种是利用 MTEXT 命令的多行文字编辑器工具栏中的@下拉框或快捷菜单中“符号”选项直接插入，另一种是通过 AutoCAD 提供的控制符来实现这些符号的加入。后一种方法常用于单行文本输入特殊符号。

表 3-3 列出了 AutoCAD 常用控制符。

表 3-3　AutoCAD 常用控制符

控 制 符	对应的特殊符号及其功能	控 制 符	对应的特殊符号及其功能
%%O	打开或关闭文本上划线	\U+2238	标注“≈”符号
%%U	打开或关闭文本下划线	\U+2220	标注角符号“∠”
%%D	标注度符号“°”	\U+2126	标注欧姆符号“Ω”
%%P	标注正负号“±”	\U+2260	标注不等符号“≠”
%%%	标注百分比符号“%”	\U+2082	标注下标 2 符号
%%C	标注直径符号“Φ”	\U+00B2	标注上标 2 符号

（4）文字的显示模式。QTEXT 命令用于控制文字的显示模式。该命令是一个透明命令。

QTEXT 命令格式：

命令：**QTEXT** ↵

输入模式［开(ON)/关(OFF)］<关>：

命令执行后，用户可以在“ON”选项和“OFF”选项中作选择。AutoCAD 默认显示方式为“OFF”，即所有文字实际显示。如果选择“ON”选项，在执行重生成操作时，AutoCAD 将把图形文件中的所有文字以矩形框代替，而不显示其具体内容。矩形框的大小、位置反映相应文字行的长度、字高及其所在的位置。这样，AutoCAD 不需对文字的笔画进行具体的计算与绘制，从而快速显示。

【例 3-7】 应用 AutoCAD 2006 图形软件绘制 A3 图框和标题栏。

设 A3 图框和标题栏如图 3-22 所示，作图步骤如下。

（1）设置绘图环境。

1）使用 LIMITS 命令设置绘图界限。

命令：**LIMITS** ↵

重新设置模型空间界限：

指定左下角点或［开（ON）/关（OFF）］<0.0000，0.0000>：↵(默认左下角点 0，0)

指定右上角点 <297.0000，210.0000>：420，297 ↵　　　　(设置右上角点坐标)

命令：**ZOOM** ↵　　　　(缩放命令)

指定窗口角点，输入比例因子（nX 或 nXP），或者［全部(A)/中心(C)/动态(D)/范围(E)/上一个(P)/比例(S)/窗口(W)］/对象(O)］<实时>：A ↵ (全部缩放)

2）使用 UNITS 命令设置绘图单位和精度。

命令：**UNITS** ↵

在弹出的“图形单位”对话框（图 2-42）中设置精度为 0.00，其他采用系统默认设置。

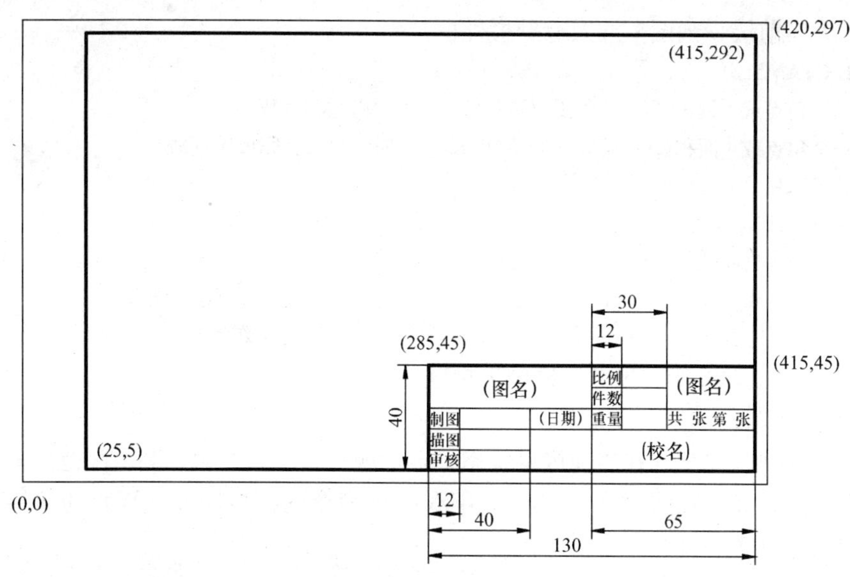

图 3-22　A3 图框

3）使用 LAYER 命令设置图层。

命令：**LAYER** ↵

在弹出的“图层特性管理器”对话框（图 2-43）中分别设置：

层 0：白色、实线、线宽缺省；

层 1：白色、粗实线、线宽 0.30mm；

层 2：绿色、细实线、线宽 0.13mm；

层 3：红色、中心线、线宽 0.13mm。

4）设置文字样式。

a. 中文文字样式的设置。

命令：**STYLE** ↵

在系统弹出的“文字样式”对话框（图 3-20）中，单击“新建”按钮创建新的文字样式，名称为“中文”；在“字体名”下拉列表中选取“宋体”；因为我国要求汉字的宽高比为 2/3，所以在“宽度比例”栏中赋值 0.7；单击“应用”按钮，则将新设置的中文文字样式应用于当前图形。

b. 西文文字样式的设置。

在“文字样式”对话框中，单击“新建”按钮再次创建新的文字样式，名称为“西文”；在“字体名”下拉列表中选取“isocp. shx”；因为字母或数字一般用斜体字，所以“倾斜角度”设为 15°；单击“应用”按钮，则可将设置的西文文字样式应用于当前图形。

（2）使用 RECTANG、LINE 命令绘制图框、标题栏。

首先设层 2 为当前层，画幅面线。

操作如下：

命令：**RECTANG** ↵

指定第一个角点或[倒角(C)/标高(E)/圆角(F)/厚度(T)/宽度(W)]：0，0 ↵

指定另一个角点或[面积(A)/尺寸(D)/旋转(R)]：420，297 ↵(完成图幅线)

设层 1 为当前层，画图框线及标题栏外框。

命令：**RECTANG** ↵

指定第一个角点或［倒角(C)/标高(E)/圆角(F)/厚度(T)/宽度(W)］：25，5 ↵

指定另一个角点或［面积(A)/尺寸(D)/旋转(R)］：415，292 ↵(完成图框线)

命令：LINE ↵

指定第一点：415，45 ↵

指定下一点或［放弃(U)］：@ −130，0 ↵

指定下一点或［放弃(U)］：@ 0，−40 ↵ （完成标题栏外框）

指定下一点或［闭合(C)/放弃(U)］：↵ （结束命令）

请读者参照图 3-22 所示尺寸继续画出标题栏。

（3）使用 TEXT 命令注写文字。

在标题栏内注写文字。在当前屏幕状态下，标题栏处于右下角，其空间范围较少，图形定位不易准确。因此，在注写文字前，可用 ZOOM 命令的窗口缩放（W）选项将标题栏局部放大，如图 3-23 所示。

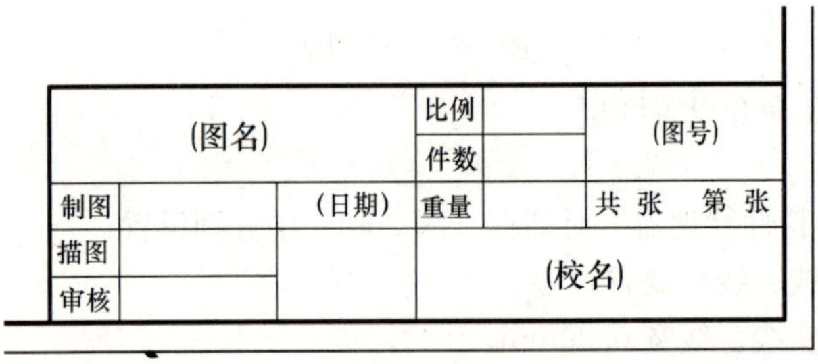

<table>
<tr><td colspan="3" rowspan="2">(图名)</td><td>比例</td><td></td><td rowspan="2">(图号)</td></tr>
<tr><td>件数</td><td></td></tr>
<tr><td>制图</td><td></td><td>(日期)</td><td>重量</td><td></td><td>共 张 第 张</td></tr>
<tr><td>描图</td><td></td><td rowspan="2"></td><td colspan="3" rowspan="2">(校名)</td></tr>
<tr><td>审核</td><td></td></tr>
</table>

图 3-23 标题栏中注写文本

设层 0 为当前层；将设置好的文字样式“中文”应用到当前图形；使用 TEXT（文本）命令参照图 3-23 向标题栏内注写文字。

操作如下：

命令：**TEXT** ↵ （调用单行文本命令）

当前文字样式：中文 当前文字高度：2.50（提示当前文字样式及文字高度）

指定文字的起点或［对正（J）/样式（S）］：(在需输入文本位置定位起点，此时应关闭对象捕捉功能)

指定高度 <2.50>：7 ↵ （设置文本高度，7 号字）

指定文字的旋转角度 <0>：↵ （文本旋转角度为不旋转）

然后，在光标处输入“(图名)↵”，再次回车结束文本输入。

命令：↵ （重复 TEXT 命令）

TEXT

当前文字样式：中文 当前文字高度：7.00

指定文字的起点或［对正(J)/样式(S)］： （在需输入“(校名)”位置定位起点）

指定高度 <7.00>：↵ （接受缺省高度）

指定文字的旋转角度 <0>：↵ （不旋转）

在光标处输入“(校名)↵”，再次回车结束文本输入。

同理，可输入标题栏内其他字号为 5 的文本(略)。

（4）将常用图框保存以备后用。

通过上述操作完成了 A3 图框的绘制，以文件名如“A3 图框”将其保存以备后用。同理读者可以将 A1、A2……图框绘制好，并以文件名“A1 图框”、“A2 图框”……将其保存以备后用。

在保存图形时，最好创建一个新文件夹，并为该文件夹命名为容易识别的名称，如“暖通专业 CAD 图”，以后绘制的图形文件都应存放在该文件夹内，以方便管理。

第四章　组　合　体

任何复杂的物体，从形体角度看，都可以看成是由一些基本形体(柱、锥、球等)组成的。由两个或两个以上的基本形体组成的物体称为组合体。

第一节　组合体的视图

一、三视图的形成及特性

如图 4-1(a)所示，将组合体置于三面投影体系中，分别向投影面投射。可见的轮廓线用粗实线画出，不可见的用虚线画出，这样就得到物体的三视图。

物体的正面投影称为主视图，水平投影称为俯视图，侧面投影称为左视图。

如图 4-1(b)所示，由投影面展开的三视图可以看出：主视图反映上下、左右方位关系，俯视图反映前后、左右方位关系，左视图反映上下、前后方位关系，因此三视图的特性为：主视图、俯视图长对正；主视图、左视图高平齐；俯视图、左视图宽相等。

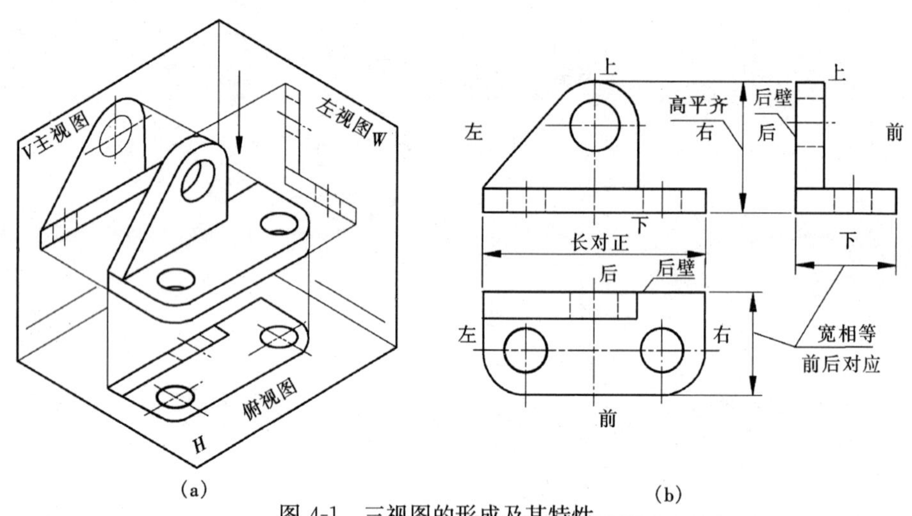

图 4-1　三视图的形成及其特性

二、组合体的形体分析

组合体的组合形式可分成叠加和切割两类。叠加包括叠合、相切和相交等情况。如图 4-2(a)所示的轴承座，是由几个基本体叠加而成的。图 4-2(b)所示镶块，是一个长方体经过若干次切割后形成的。

将组合体分解为若干基本体，分析这些基本体的形状和它们的相对位置，并得出组合体的完整形状，这种方法称为形体分析法。

三、组合体的组成形式

1. 叠加

(1) 叠合　叠合是指组合体由基本体堆叠而成。当两个基本体表面不平齐时，视图中两

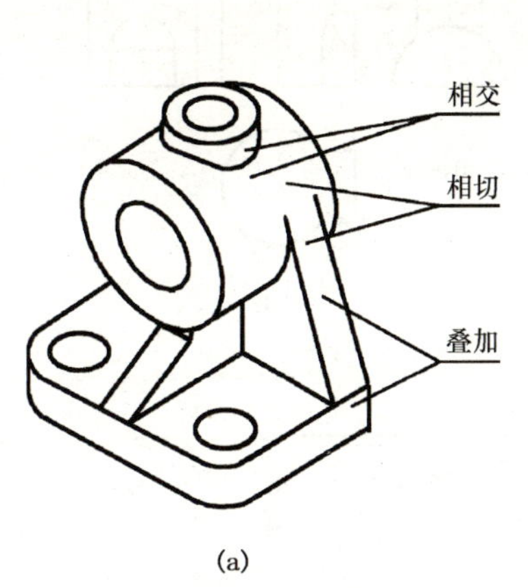

(a)

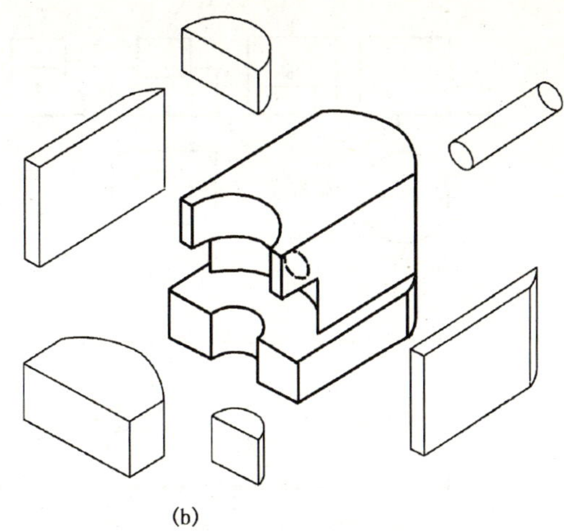
(b)

图 4-2　组合体的组成方式

个基本体之间有分界线，如图 4-3(a)所示；当两个基本体表面平齐时，它们之间没有分界线，在视图上不画出分界线，如图 4-3(b)、(c)所示。

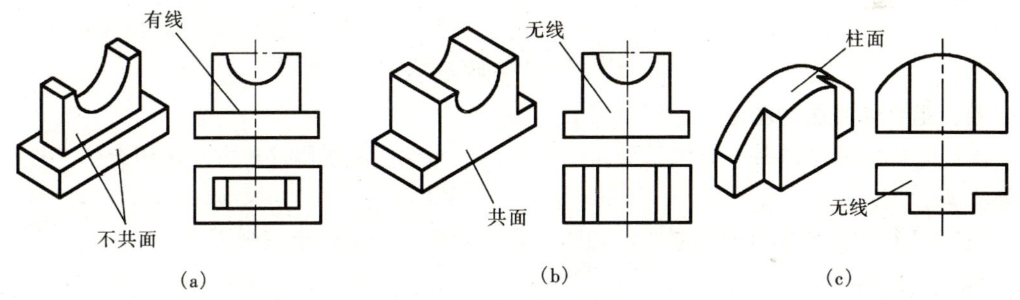

(a)　(b)　(c)

图 4-3　叠合的画法

(2) 相切　当两个基本体的连接表面(平面与曲面或曲面与曲面)光滑过渡时称相切。相切处不存在分界线，如图 4-4 所示。

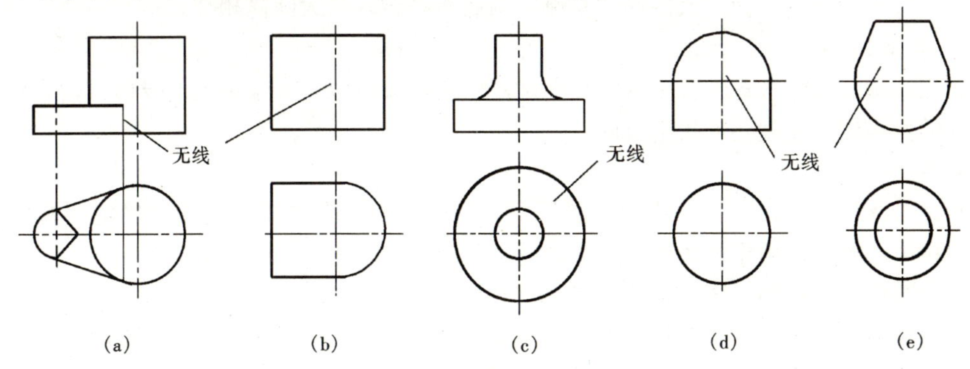

(a)　(b)　(c)　(d)　(e)

图 4-4　相切的画法

(3) 相交　当两基本体的表面相交时产生的交线，画图时应画出交线的投影，如图 4-5 所示。

2. 切割

基本体被切割后，会产生一个新的形体，如图 4-6 所示。

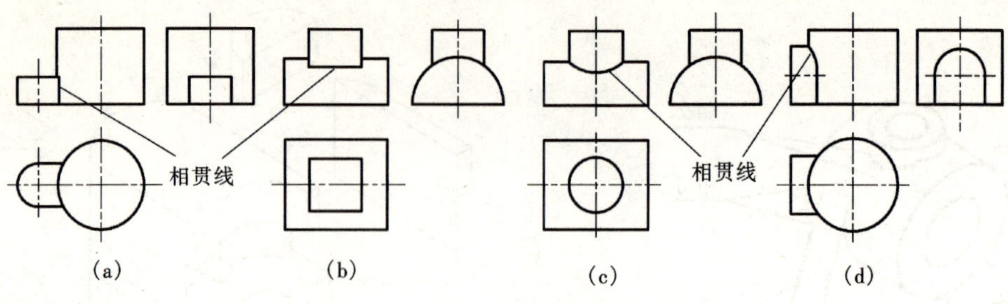

图 4-5　相交的画法

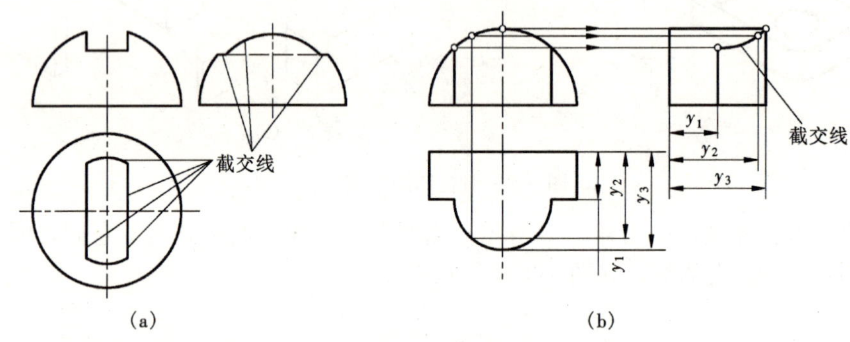

图 4-6　切割的画法

四、组合体视图的画法

画组合体三视图的基本方法是形体分析法，下面举例说明用这种方法画组合体三视图的具体步骤。

【例 4-1】　已知支座的轴测图，如图 4-7（a）所示，试画出三视图。

解　1. 形体分析

图 4-7（a）所示支座，是由直立大圆筒Ⅰ、底板Ⅱ、小圆筒Ⅲ及肋板Ⅳ等四个基本形体所组成，如图 4-7（b）所示。底板位于大筒的左侧，与大圆筒相切，底板的底面与大圆筒的底面共面。小圆筒位于大圆筒的前方偏上，与大圆筒正交相贯，同时它们的内孔也正交相贯。肋板位于底板的上面、大圆筒的左侧，与底板叠合，与大圆筒相交。

2. 选择主视图

画三视图之前应首先选择主视图，即确定组合体安放位置和主视图的投射方向，然后确定相应的俯视图，左视图的投射方向。

3. 画图

画组合体视图时，首先选择适当的比例，按图纸幅面布置视图位置，确定各视图的轴线，对称中心线或其他定位线的位置，如图 4-7（c）所示。

画大圆筒的三视图，图 4-7（d）所示。

画底板的三视图，图 4-7（e）所示。

画小圆筒的三视图，图 4-7（f）所示。

画肋板的三视图，图 4-7（g）所示。

最后校核、修正，加深图线，如图 4-7（h）所示。

4. 注意事项

(1) 为了保持三视图之间的“长对正，高平齐，宽相等”的投影关系，并提高画图速

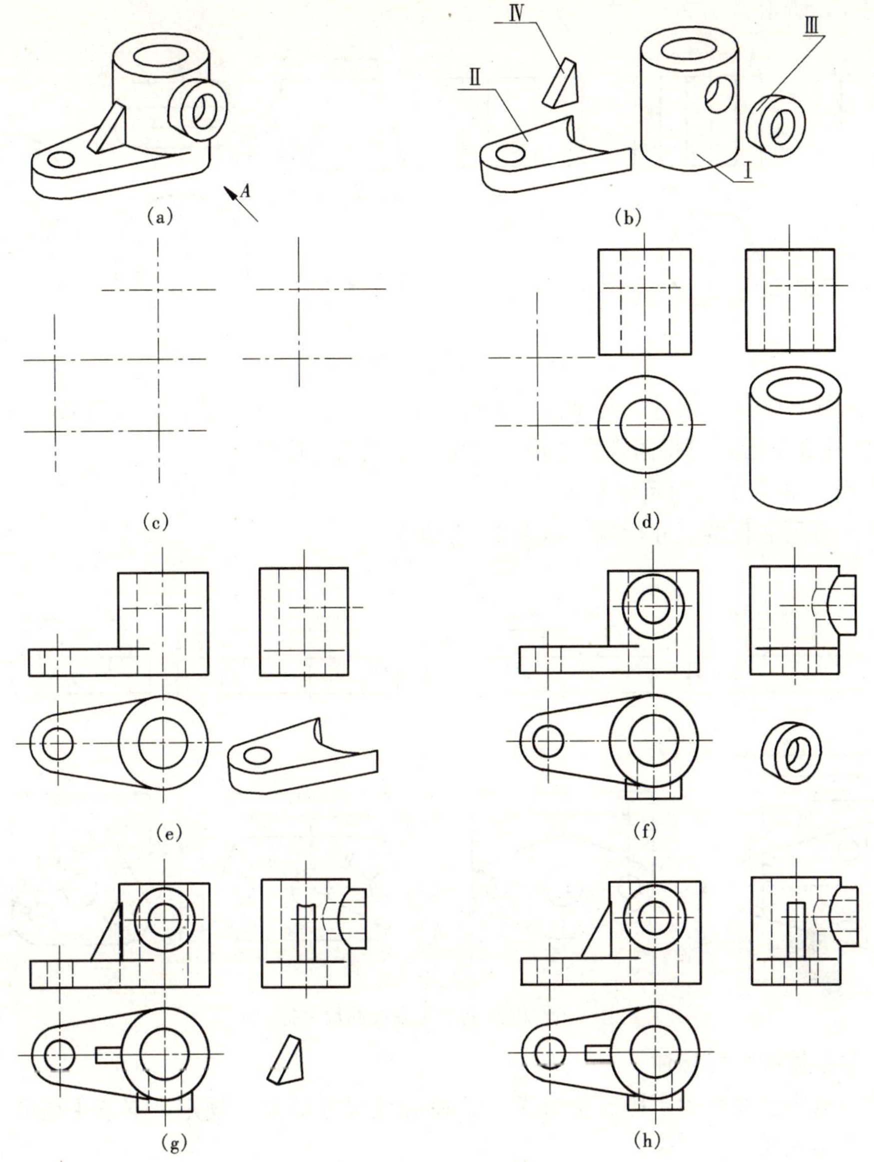

图 4-7 支座三视图的画法

度，应将各基本形体的三视图联系起来，同时作图。

(2) 在画基本体的三视图时，一般应先画反映实形的视图，而对于切口、槽等被切割部分的表面，则应从有积聚性的投影画起。

(3) 注意叠合、相切、相交、相贯时的画法。

第二节 组合体的尺寸标注

一、基本体的尺寸标注

1. 几何体的尺寸标注

标注几何体的尺寸，一般要注出长、宽、高三个方向的尺寸，常见的几种几何体的尺寸标注如图 4-8 所示。

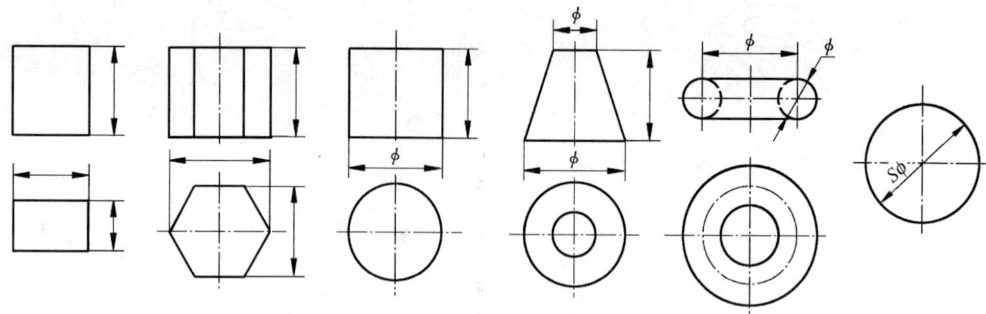

图 4-8 基本体的尺寸注法

对于回转体的直径尺寸，尽量注在不反映圆的视图上，便于看图，并可减少视图。如图 4-8 中的圆柱和圆台，可将俯视图省略，仅用一个视图表达即可。

2. 机件上常见底板的尺寸标注

机件上常见底板的尺寸标注，如图 4-9 所示。

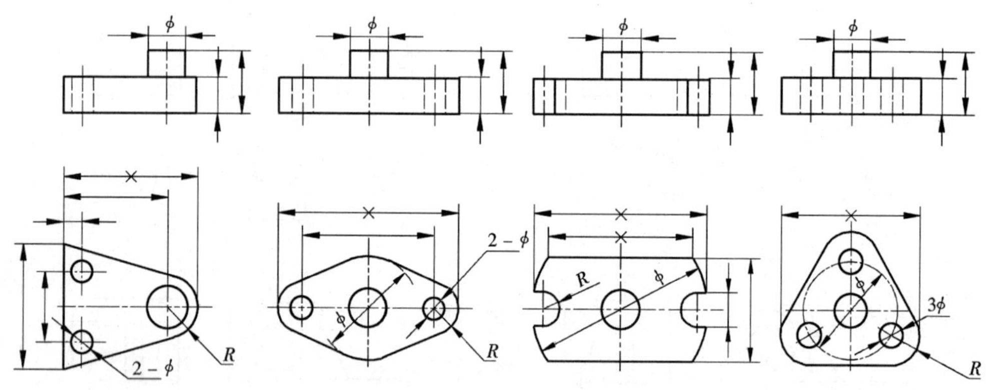

图 4-9 机件上常见底板的尺寸标注

二、组合体的尺寸标注

在第一章中已经介绍了国家标准关于正确标注尺寸的有关规定，本节主要介绍如何完整、清晰地标注尺寸。

1. 尺寸标注要完整

标注组合体尺寸的基本方法是形体分析法。

首先，逐个标出各个反映基本体形状和大小的定形尺寸，然后标注反映各基本体间相对位置的定位尺寸，最后标注组合体的整体尺寸（外形尺寸）。

【例 4-2】 已知支座的三视图，如图 4-7 所示，试标注其尺寸。

解 （1）形体分析。在标注组合体尺寸之前，首先要进行形体分析，明确组合体是由哪些基本体组成，以什么样的方式组合而成的，也就是要读懂三视图。想象出组合体的结构形状。支座的形体分析与在例 4-1 中分析相同，这里就不再重复。

（2）选择尺寸基准。在标注几何体的尺寸时，通常选取回转体的轴线，组合体的对称面，重要的端面，底面等作为尺寸基准。对于支座 ，可选用底板的底面为高度方向的尺寸基准；支座前后基本对称，可选用基本对称面为宽度方向的尺寸基准；大圆筒和小圆筒轴线所在的平面可作为长度方向的尺寸基准，见图 4-10。

(3) 逐个标出组成支座各基本体的尺寸。

1) 标注大圆筒尺寸，如图 4-11 (a) 所示；

2) 标注底板的尺寸，如图 4-11 (b) 所示；

3) 标注小圆筒尺寸，如图 4-11 (c) 所示；

4) 标注肋板的尺寸，如图 4-11 (d) 所示。

(4) 标出组合体的整体尺寸，并进行必要的尺寸调整。一般应直接标出组合体长，宽，高三个方向的总体尺寸，但当在某个方向上组合体的一端或两端为回转体时，则应该标出回转体的定

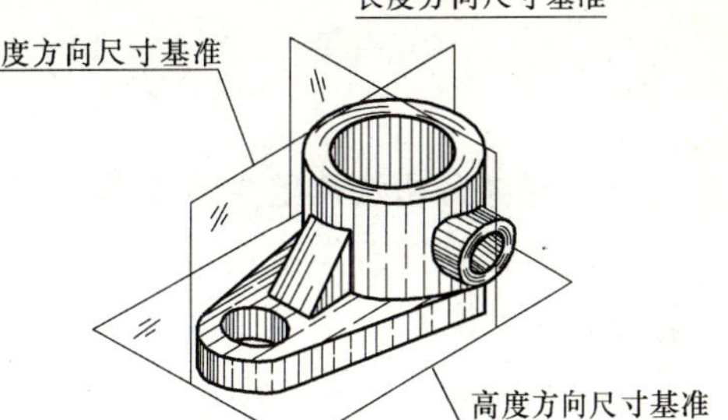

图 4-10 尺寸基准选择

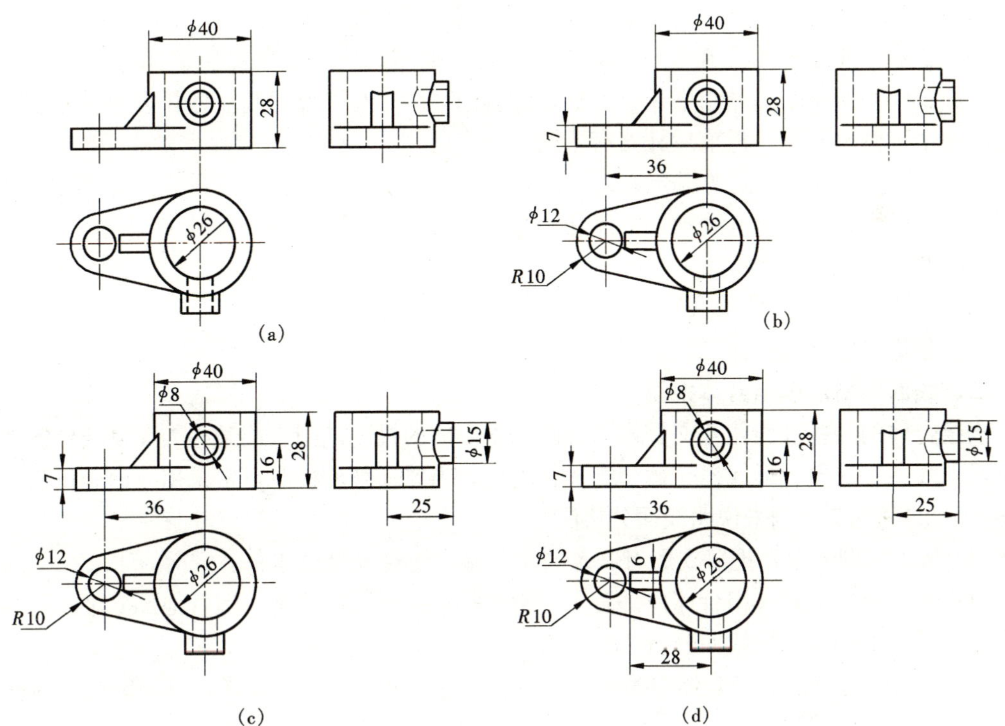

图 4-11 组合体尺寸标注

形尺寸和定位尺寸，如支座长度方向标出了定位尺寸 36 及定形尺寸 $R10$ 和 $\phi40$，通过计算可间接得到总体尺寸 66 ($36+10+40/2=66$)，而不是直接注出尺寸 66。同理，支座宽度方向应标出 25 和 $\phi40$。高度方向大圆筒的高度尺寸 28，同时又是形体的总高尺寸。

(5) 检查、修改、完成尺寸的标注。尺寸标注完以后，要进行仔细的检查和修改，去除多余的重复尺寸，补上遗漏尺寸，改正不符合国家标准规定的尺寸标注之处，做到正确无误。

2. 尺寸标注要清晰

为了使尺寸更加清晰、易读，尺寸的布置还应注意：属于同一形体的尺寸应尽量集中，并标注在该结构的附近，一般来说，尺寸应该在图形外面，但如果因此产生很长的尺寸界线，甚至使尺寸线和尺寸界线相互交叉而不清晰时，则应直接标注在图形的内部。

第三节 读组合体视图

一、形体分析法读组合体视图

读组合体视图首先要用形体分析法阅读，这是最基本也是最重要的读图方法，现以图4-12为例加以说明。

(1) 从主视图入手，把三个视图有联系地粗略看一遍，以对该组合体有一个概括的印象。

(2) 以特征明显、容易划分的视图为基础，结合其他视图把组合体视图分解为几部分，每一部分代表一个基本体。如图 4-12 (a) 所示，把组合体分成Ⅰ、Ⅱ、Ⅲ、Ⅳ四个部分。

(3) 先易后难的逐次找出每一个基本形体的三视图，从而想象出它们的形状如图 4-12 (b)、(c)、(d) 所示，Ⅰ是水平长方形板，上有两个阶梯孔，Ⅱ是竖立的长方形板，Ⅲ和Ⅳ是前后两个半圆形耳板，但前后孔略有不同。

(4) 分析各基本体之间的组合方式与相对位置。通过组合体的三视图的分析可确定，形体Ⅰ和Ⅱ是前面、后面对齐叠加；形体Ⅱ和Ⅲ是顶面、前面对齐叠加；形体Ⅱ和Ⅳ是顶面、后面对齐叠加。

(5) 综合想象组合体的形状。

综上分析，组合体整体形状如图 4-12 (e) 所示。

二、线面分析法读组合体视图

当组合体的某些表面相互交贯难以分清基本形体的投影范围，或某些表面复杂导致视图中出现斜线、特殊多边形线框、截交线和相贯线，需要仔细分析时，常采用线面分析法。现以图 4-13 的三视图为例来说明线面分析法。

(1) 从主视图入手，把三视图有联系的看一遍，使对该组合体有一概括的印象。

由本例三视图可知：组合体内部有一个阶梯孔，投影范围明确，但其他部分难以划分基本形体，因此下一步可用线面分析法深入阅读。

(2) 依次对应找出各组合体中尚未读懂的多边形线框的另两个投影，以判断这些线框所代表的表面的空间状况。

若一多边形线框在另两视图中投影均为类似形，则该面为投影面一般位置面；若一多边形线框在另两视图中，一投影为积聚性斜线，另一投影为类似形，则该面为投影面垂直面；若一多边形线框在另两视图中，投影均为积聚性直线，且不是斜线，则该面为投影平行面；此多边形线框即为其实形。

如主视图中多边形线框 a'，在俯视图中只能找到斜线 a 与之投影相对应，在左视图中则有类似形 a''与之相对应，则可确定 A 面为铅垂面。

又如俯视图中多边形线框 b，在主视图中只能找到斜线 b'与之投影相对应，在左视图中则有类似形 b''与之相对应，则可确定 B 面为正垂面。

依此类推，可逐步看懂组合体各表面形状。

(3) 比较相邻两线框的相对位置，逐步构思组合体。若一个线框表示的是一个表面，则两个封闭线框就表示两个表面。主视图中的两相邻线框应注意区分其在空间的前后关系；俯

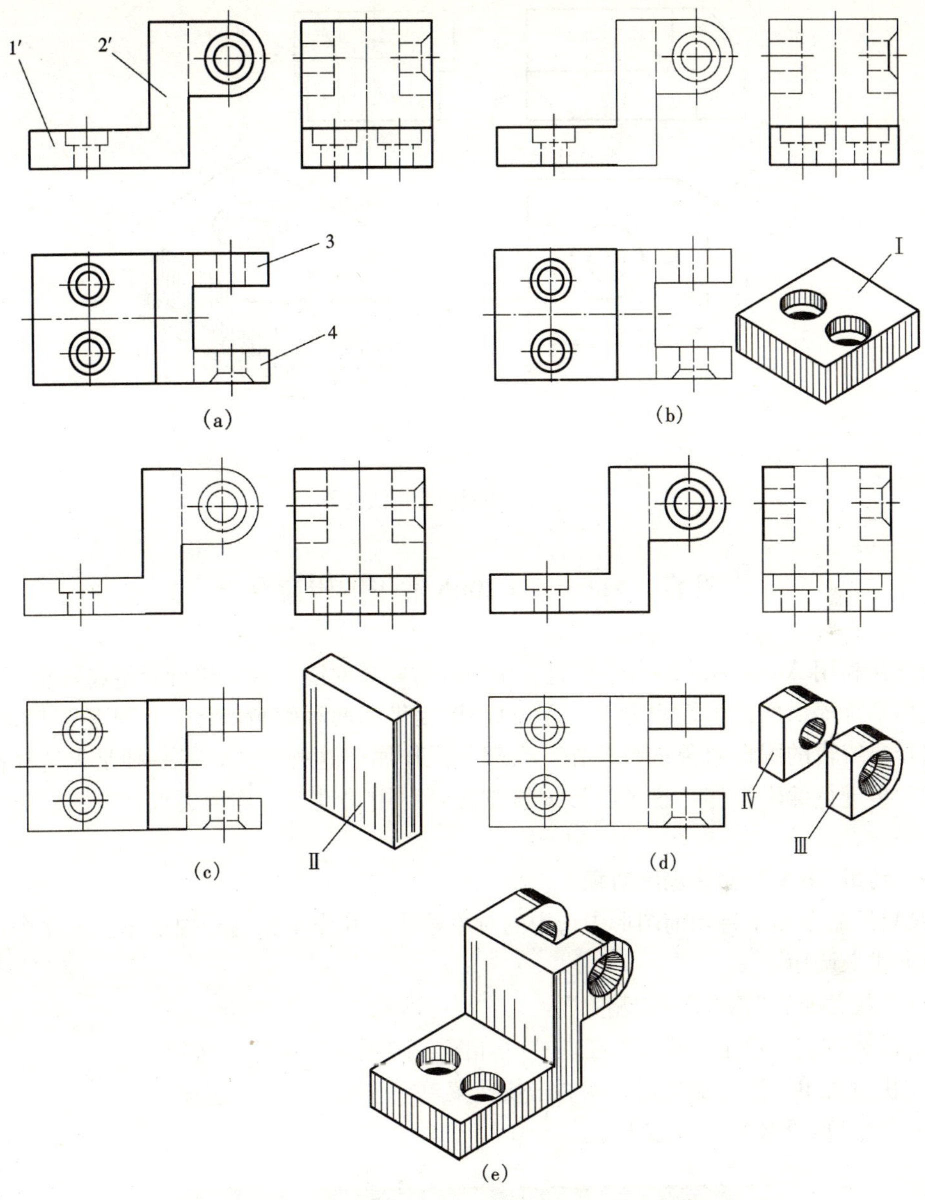

图 4-12　用形体分析法读图

视图中的两相邻线框应注意区分其空间的上下关系；左视图两相邻线框应注意区分其在空间的左右关系；相邻两线框还可能是空与实的相间，一个代表空的，一个代表实的，如俯视图中大小两圆组成的线框表示一个水平面，但小圆线框内却是空的，是一个通孔，没有平面，应注意鉴别。

如主视图中的线框 d' 和 e' 必有前后之分，对照俯、左视图可知，D 面和 E 面均为正平面，D 面在前，E 面在后。

(4) 综合想象组合体的整体形状。综合分析，组合体的整体形状如图 4-13 (b) 所示，它可看作为一个长方体经过多次切割而成。

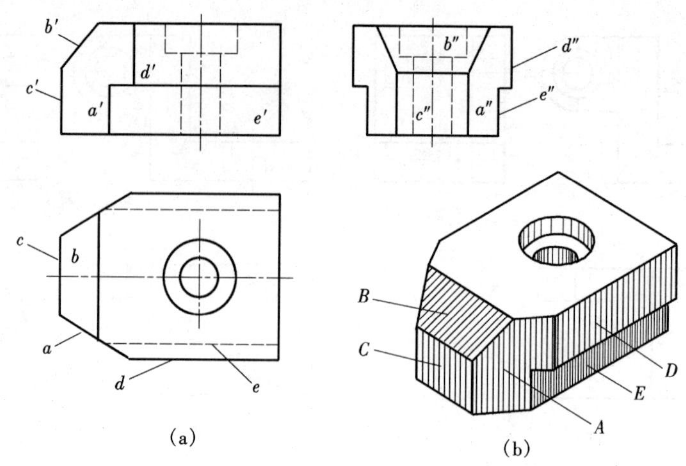

图 4-13　用线面分析法读图

第四节　AutoCAD 2006 常用编辑命令（一）

用户在利用 AutoCAD 2006 绘图过程中，经常需要对图形对象进行调整或修改，这时就需要使用系统提供的图形编辑命令。AutoCAD 提供了两种编辑顺序：一种是先启动命令，然后选择要编辑的图形对象进行操作，大部分操作属于这种方式；另一种是先选择图形对象，然后再进行编辑操作，这种图形编辑方法是利用关键点（称为夹点）对图形对象进行编辑。

一、利用 ERASE 命令删除对象

ERASE 命令用于将当前图形中选中的对象擦除，其作用相当于橡皮擦。该命令可以通过以下方式来调用：

✦ 下拉菜单：“修改”/“删除”。
✦ 图标按钮：单击“修改”工具栏（如图 4-14 所示）中的按钮。
✦ 快捷菜单：选定对象后，从右击快捷菜单中选择“删除”选项。
✦ 命令行：ERASE ↵ 或 E ↵。

图 4-14　“修改”工具栏

要恢复最后一次删除操作，可以使用 OOPS 命令。

注意：OOPS 命令只能恢复最后一次执行的删除操作，如果要连续向前恢复所作的操作，就要使用取消命令（UNDO）。

二、复制、镜像、偏移、阵列对象

有时为了提高绘图效率，可以在原有图形对象的基础上，进行复制、镜像、偏移、阵列操作，从而起到事半功倍的作用。

1. 利用 COPY 命令复制对象

COPY 命令用于复制二维或三维对象，一般用于需要绘制多个相同形状的图形操作中。COPY 命令可以通过以下方式来调用：

- ✦ 下拉菜单：“修改” / “复制”。
- ✦ 图标按钮：单击“修改”工具栏（图 4-14）中的按钮。
- ✦ 快捷菜单：选定对象后，从右击快捷菜单中选择“复制选择”选项。
- ✦ 命令行：COPY ↵ 或 CP ↵。

COPY 命令格式：

命令：**COPY** ↵
选择对象：找到 1 个　　（选择要复制的对象，系统提示已选中的对象个数）
选择对象：↵　　（继续选择或回车结束选择）
指定基点或[位移(D)] <位移>：　　（指定基点或指定位移）
指定第二个点或 <使用第一个点作为位移>：（指定第二点或直接回车以基点坐标作为位移）
指定第二个点或 [退出(E)/放弃(U)] <退出>：（继续指定点复制对象或回车退出命令）

如果指定了基点，再指定第二点，AutoCAD 将以基点与第二点之间的位移放置对象的一个副本。继续指定其他点，AutoCAD 将在相应位置放置对象的其他副本，直到按回车键结束该命令。

如果在出现“指定基点或[位移(D)]<位移>：”提示后，直接输入位移量并回车，AutoCAD 将会按给出的位移量来复制对象。

如果在复制过程中，想要撤销其中的某些复制操作，可以输入“U ↵”或直接按 Ctrl＋Z 键或者从右击快捷菜单中选择“放弃”选项。执行撤销操作后，可以继续进行复制原对象。

2. 利用 MIRROR 命令镜像对象

MIRROR 命令用于将对象进行镜像操作，常将对称图形绘制一半后用该命令绕镜像线进行镜像复制，以提高绘图速度。MIRROR 命令可以通过以下方式来调用：

- ✦ 下拉菜单：“修改”/“镜像”。
- ✦ 图标按钮：单击“修改”工具栏(图 4-14)中的按钮。
- ✦ 命令行：MIRROR ↵ 或 MI ↵。

注意：在对文字对象进行镜像时，系统变量 MIRRTEXT 用于控制文字对象的镜像特性。当 MIRRTEXT 的值为 1 时，AutoCAD 将文字对象同其他对象一样作镜像处理；当 MIRRTEXT 的值为 0，文字对象不作镜像处理。

【例 4-3】 将图 4-15(a)所示的图形进行镜像操作，结果如图 4-15(b)所示。

操作如下：

命令：**MIRRTEXT** ↵　　（本图中有文字对象，因此要修改系统变量 MIRRTEXT 的值）
输入 MIRRTEXT 的新值<1>：0 ↵　　（设置 MIRRTEXT 为关，即文字不作镜像处理）
命令：**MIRROR** ↵　　（调用 MIRROR 命令）
选择对象：指定对角点：找到 22 个　　（选择要镜像复制的对象，本例用窗选方式）
选择对象：↵　　（结束选择）
指定镜像线的第一点：<对象捕捉 开>　　（打开捕捉方式，拾取镜像线的第一点 A）
指定镜像线的第二点：　　（拾取镜像线的第二点 B）
要删除源对象吗？[是(Y)/否(N)] <N>：↵（保留原始对象，结果如图 4-15(b)所示）

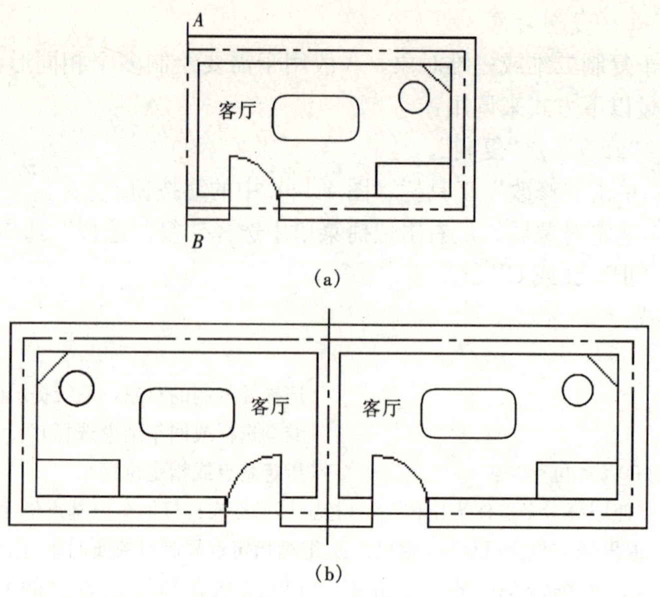

图 4-15 MIRROR 命令示例

3. 利用 OFFSET 命令偏移对象

OFFSET 命令用于创建通过指定点的新对象，或距对象有一定偏移距离的新对象，即进行平行相似的复制。该命令可以通过以下方式来调用：

✦ 下拉菜单："修改"/"偏移"。
✦ 图标按钮：单击"修改"工具栏(图 4-14)中的按钮。
✦ 命令行：OFFSET ↵ 或 O ↵。

【例 4-4】 使用 OFFSET 命令由图 4-16(a)所示图形，创建如图 4-16(b)所示图形。

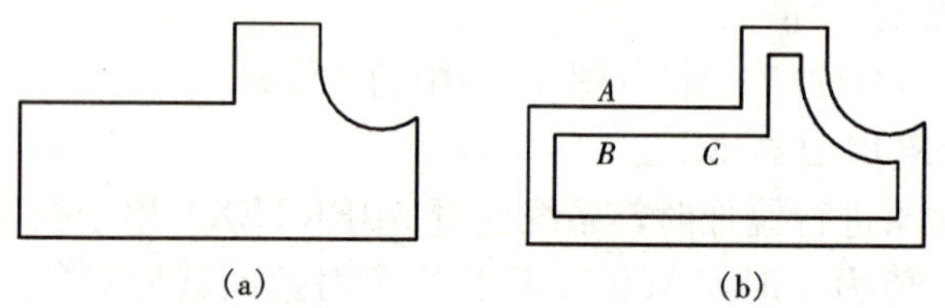

图 4-16 使用 OFFSET 命令偏移复制封闭对象

操作如下：

命令：**OFFSET ↵** （调用 OFFSET 命令）

当前设置：删除源＝否 图层＝源 OFFSETGAPTYPE＝0

指定偏移距离或［通过(T)/删除(E)/图层(L)］<通过>：

（拾取点 A 指定偏移距离的第一点，也可以给定一个距离值）

指定第二点： （拾取点 B 为偏移距离的第二点，则以 AB 距离为偏移距离）

选择要偏移的对象，或[退出(E)/放弃(U)]<退出>：(选择封闭多段线为原始对象)

指定要偏移的那一侧上的点，或［退出(E)/多个(M)/放弃(U)］<退出>：(指定偏移方向，向内或向外，本例向内侧拾取一点 C)

选择要偏移的对象或[退出(E)/放弃(U)] <退出>：↵(结束命令，结果如图 4-16(b)所示)

在 OFFSET 命令提示的附加选项中，可以进行撤销操作、自动删除原对象以及指定新的对象是在当前图形中创建还是与原对象相同的图层中创建。

利用可以偏移复制封闭或非封闭对象。该命令的缺点是，每次只能偏移复制一个对象。因此，首先将要偏移复制的对象转化为一条多段线（转化多段线方法见多段线编辑命令 PEDIT)，然后再进行偏移复制不失为一个好方法。

4. 利用 ARRAY 命令建立对象阵列

ARRAY 命令可以建立对象的矩形或环形阵列。如果用户在构造阵列时选择了多个对象，则系统在复制和排列过程中将把这些对象视为一个整体进行处理。ARRAY 命令可以通过以下方式来调用：

- 下拉菜单："修改" / "阵列"。
- 图标按钮：单击"修改"工具栏（图 4-14）中的按钮。
- 命令行：ARRAY ↵ 或 AR ↵。

执行命令后，系统弹出"阵列"对话框，如图 4-17 所示。在此对话框中选择阵列的类型及设置相应的参数。如果要创建矩形阵列，需要指定阵列的行数、列数、行偏移、列偏移、阵列角度等；如果要创建环形阵列，需要指定环形阵列的中心点、环形阵列的方法、项目总数、填充角度等。

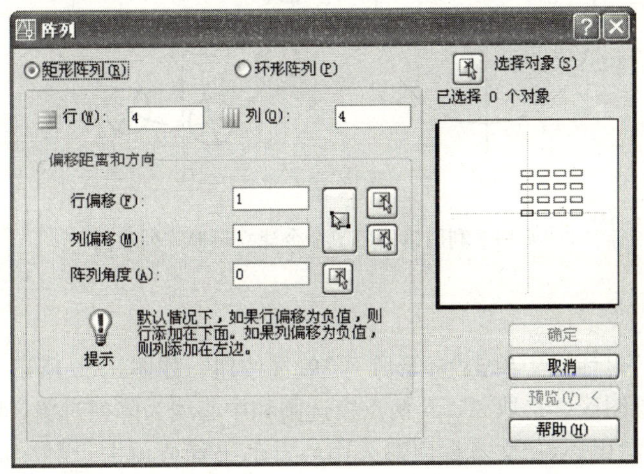

图 4-17　"阵列"对话框

【例 4-5】 利用 ARRAY 命令由图 4-18(a)所示图形建立矩形阵列为如图 4-18(b)所示图形。

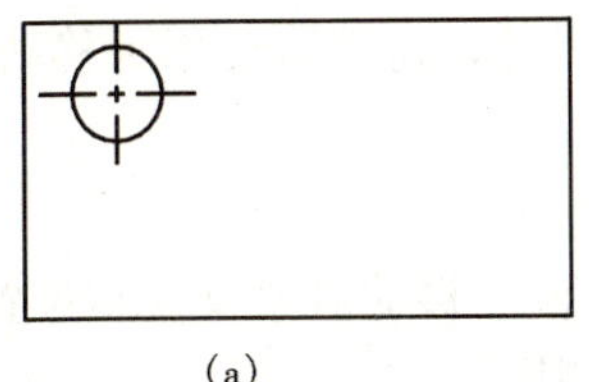
(a)

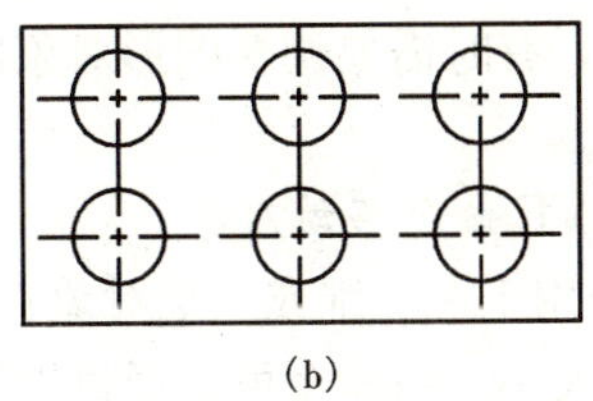
(b)

图 4-18　利用 ARRAY 命令建立矩形阵列示例

操作如下：

命令：**ARRAY** ↵

在弹出的“阵列”对话框中单击“矩形阵列”单选按钮，如图 4-17 所示。单击“选择对象”按钮，这时返回到绘图区选择所要阵列的对象，此时选择圆和中心线，回车或右击返回到“阵列”对话框；在“行”及“列”文本框内输入所要阵列的行数与列数，如行数“2”及列数“3”；接着在“行偏移”、“列偏移”文本框中输入具体数值，如行偏移“30”、列偏移“40”，此处也可以单击 按钮拾取两个偏移量，或分别单击 按钮来拾取行偏移、列偏移；在“阵列角度”文本框中输入阵列的旋转角度或者在绘图窗口指定角度，如“0”。设置好后单击“确定”按钮，结果如图 4-18(b)所示。之前还可以单击“预览”按钮预览阵列效果。

注意：如果输入行偏移的数值为负值，则阵列后的行将添加到原对象的下方；如果输入列偏移的数值为负值，则阵列后的列将在原对象的左侧。

【例 4-6】 利用 ARRAY 命令由图 4-19(a)所示图形建立环形阵列为如图 4-19(b)所示图形。

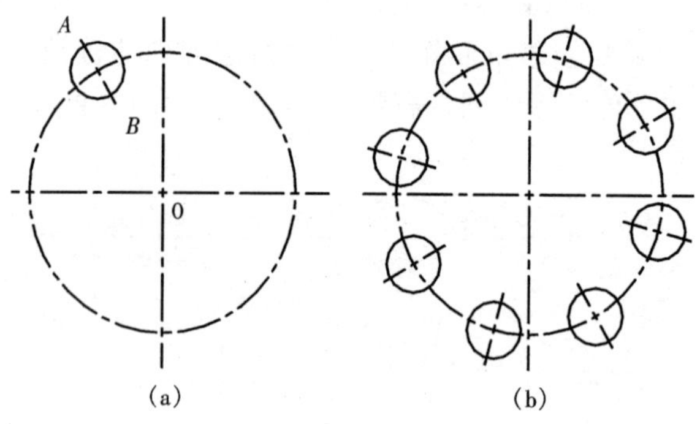

图 4-19 利用 ARRAY 命令建立环形阵列示例

操作如下：

命令：**ARRAY** ↵

在弹出的“阵列”对话框中单击“环形阵列”单选按钮，如图 4-20 所示。单击“选择对象”按钮，这时返回到绘图区，拾取 A、B 两点窗选圆和中心线为阵列对象，回车或右击后返回到“阵列”对话框；在“中心点”文本框内输入中心点的坐标或单击 按钮来拾取中心点 O；在“方法”下拉列表中选择环形阵列的方法为“项目总数和填充角度”；接着在“项目总数”文本框内输入所要阵列对象的个数“8”；在“填充角度”文本框内输入要在“360”度范围内进行阵列；勾选“复制时旋转项目”；单击“确定”按钮，结果如图 4-19(b)所示。

三、对象的移动、旋转、比例缩放和拉伸

绘图过程中，有时需要调整图形对象的位置及尺寸，这就需要用到移动、旋转、缩放、拉伸及拉长命令。

1. 利用 MOVE 命令移动对象

MOVE 命令用于对二维或三维对象进行重新定位。移动对象仅仅是位置平移，而不改变对象的方向和大小。该命令可以通过以下方式来调用：

✦ 下拉菜单：“修改” / “移动”。

✦ 图标按钮：单击“修改”工具栏（图 4-14）中的✥按钮。

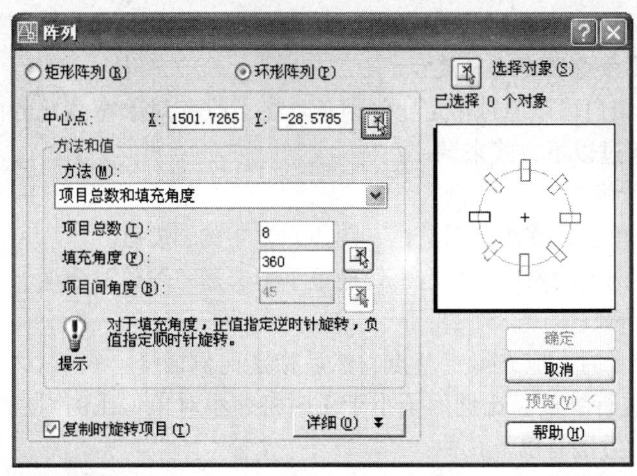

图 4-20 环形阵列对话框

✦ 快捷菜单：选定对象后，从右击快捷菜单中选择“移动”选项。

✦ 命令行：MOVE ↵ 或 M ↵。

MOVE 命令格式：

命令：**MOVE** ↵

选择对象：找到 1 个　　（选择要移动的对象，系统提示已选中的对象个数）

选择对象：↵　　（继续选择或回车结束选择）

指定基点或［位移（D）］＜位移＞：　（指定基点或指定位移）

指定第二个点或 ＜使用第一个点作为位移＞：（指定第二点或直接回车以基点坐标作为位移）

2. 利用 ROTATE 命令旋转对象

ROTATE 命令可以使用户精确地绕基点旋转一个或一组对象。该命令可以通过以下方式来调用：

✦ 下拉菜单：“修改”/“旋转”。

✦ 图标按钮：单击“修改”工具栏（图 4-14）中的○按钮。

✦ 快捷菜单：选定对象后，从右击快捷菜单中选择“旋转”选项。

✦ 命令行：ROTATE ↵ 或 RO ↵。

ROTATE 命令格式：

命令：**ROTATE** ↵

UCS 当前的正角方向：ANGDIR＝逆时针 ANGBASE＝0

选择对象：找到 1 个

选择对象：↵

指定基点：

指定旋转角度，或［复制（C）/参照（R）］＜0＞：

和 MOVE 命令一样，该命令也要求用户首先输入一个基点，然后输入要旋转的角度。其中，正角度值使对象按逆时针方向旋转，负角度值将使对象按顺时针方向旋转。也可以输入选项“R ↵”，指定一个参考角度后，再指定新旋转角度。

在 AutoCAD 2006 中，旋转对象的同时可以复制对象，在“指定旋转角度，或［复制(C)/参照(R)］＜0＞：”提示后输入“C ↵”，指定旋转角度或者使用参照角完成对象旋转，同时保留对象的副本。

3. 利用 SCALE 命令改变对象尺寸

SCALE 命令使用户可以通过指定比例因子，在不改变对象宽高比的前提下改变对象的尺寸。该命令可以通过以下方式来调用：

✦ 下拉菜单："修改"/"比例"。
✦ 图标按钮：单击"修改"工具栏（图 4-14）中的按钮。
✦ 快捷菜单：选定对象后，从右击快捷菜单中选择"缩放"选项。
✦ 命令行：SCALE ↵ 或 SC ↵。

执行 SCALE 命令时，应先指定基点，然后指定比例因子。AutoCAD 将对象根据该比例因子相对于基点进行缩放。比例因子小于 1 时将缩小对象，比例因子大于 1 时将放大对象。指定比例因子的方法有以下几种：

（1）通过指定长度作为比例因子。
（2）直接输入比例因子。
（3）通过指定参照长度和新长度指定比例因子。

【例 4-7】 利用 SCALE 命令由图 4-21(a)所示图形变换为图 4-21(b)所示图形。

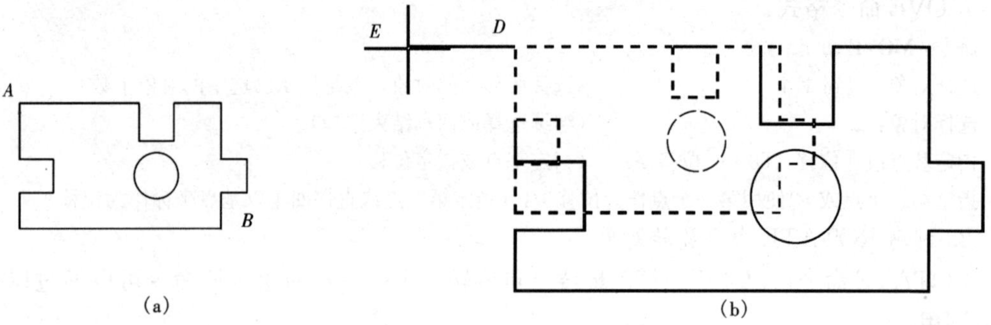

图 4-21 SCALE 命令应用示例

操作如下：

命令：**SCALE** ↵ （调用 SCALE 命令）
选择对象：指定对角点：找到 17 个 （由 A 到 B 窗选图形）
选择对象：↵ （结束选择）
指定基点： （拾取 D 为基点）
指定比例因子或［复制(C)/参照(R)］<1.00>：R ↵（选择参照选项）
指定参考长度 <1.00>：30 ↵ （设置参照长度为 30）
指定新的长度或［点(P)］<1.00>：（拾取 E，则利用 D、E 两点之间的长度与参考长度的比值定义比例因子，结果如图 4-21(b)所示）

4. 利用 STRETCH 命令拉伸对象

STRETCH 命令可以用于将图形中所选对象进行拉伸，即拉长或缩短所选对象，并改变它的形状。拉伸的结果依赖于所选取的对象的类型及所选取的方式。该命令可以拉伸直线、圆弧、多段线等。对可拉伸的对象而言，如果用户使用交叉窗口选择对象，则位于交叉窗口内的端点将会被移动，而位于窗口外的端点将保持不动；若所有端点和顶点都在窗口内则对象将被移动。对于点、圆、文本和块而言，当它们的主定义点位于窗口内时可移动，否则它们将不移动，这几类对象均不可拉伸。

STRETCH 命令可以通过以下方式来调用：

✦ 下拉菜单："修改" / "拉伸"。

✦ 图标按钮：单击"修改"工具栏（图 4-14）中的按钮。

✦ 命令行：STRETCH ↵。

【例 4-8】 利用 STRETCH 命令，使图 4-22(a)所示图形拉伸为图 4-22(b)所示图形。

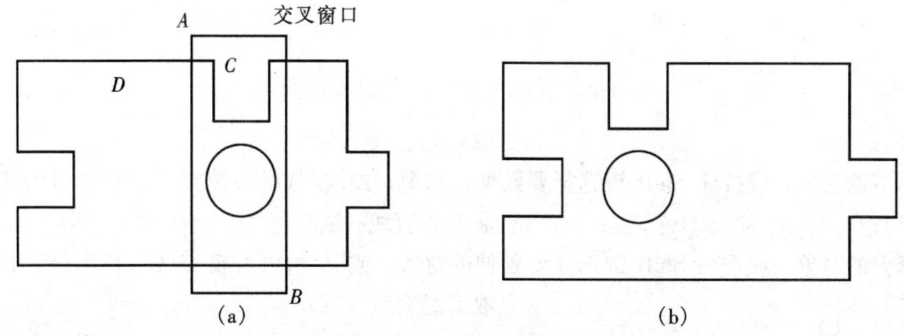

图 4-22 STRETCH 命令示例

操作如下：

命令：**STRETCH** ↵ (调用 STRETCH 命令)

以交叉窗口或交叉多边形选择要拉伸的对象…（提示用交叉窗口或交叉多边形来选择对象）

选择对象：C ↵ (选择交叉窗口方式)

指定第一个角点：指定对角点：找到 7 个(拾取 A、B 两点交叉窗选局部图形)

选择对象：↵ (结束选择)

指定基点或[位移(D)] <位移>：**end** 于(打开端点捕捉方式，拾取 C 为基点)

指定第二个点或 <使用第一个点作为位移>：<正交 开>(打开正交模式，拾取 D 为拉伸的第二点，结果如图 4-22(b)所示)

四、对象的修剪、延伸、打断、倒角和倒圆

1. 利用 TRIM 命令修剪对象

在绘图过程中，出现一些多余的边线时，可以使用 TRIM 命令将其修剪整齐。

TRIM 命令可以将直线、圆弧、圆、多段线、射线以及样条曲线等对象沿指定的剪切边界修剪掉一部分。该命令可以通过以下方式来调用：

✦ 下拉菜单："修改"/"修剪"。

✦ 图标按钮：单击"修改"工具栏(图 4-14)中的按钮。

✦ 命令行：TRIM ↵ 或 TR ↵。

【例 4-9】 利用 TRIM 命令由图 4-23（a）所示图形修剪为图 4-23（b）所示图形。

操作如下：

命令：**TRIM** ↵ (调用 TRIM 命令)

当前设置：投影＝UCS 边＝无 (提示当前投影模式为 UCS，剪切边不延伸)

选择剪切边 ... (提示选择充当剪切边的对象)

选择对象或 <全部选择>：指定对角点：找到 3 个(由 A 到 B 窗选左侧三条直线作为剪切边)

选择对象：↵ (结束剪切边选择)

选择要修剪的对象，或按住 Shift 键选择要延伸的对象，或[栏选(F)/窗交(C)/投影(P)/边(E)/删除

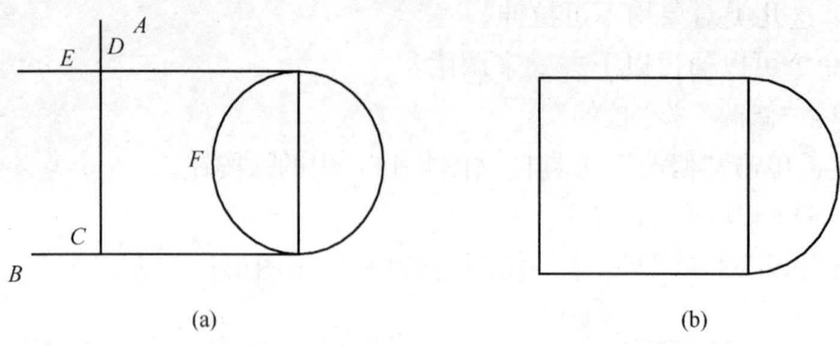

图 4-23 TRIM 命令修剪对象示例

(R)/放弃(U)]： （点取 C 处直线一端）

选择要修剪的对象，或按住 Shift 键选择要延伸的对象，或[栏选(F)/窗交(C)/投影(P)/边(E)/删除(R)/放弃(U)]： （点取 D 处直线一端）

选择要修剪的对象，或按住 Shift 键选择要延伸的对象，或[栏选(F)/窗交(C)/投影(P)/边(E)/删除(R)/放弃(U)]： （点取 E 处直线一端）

选择要修剪的对象，或按住 Shift 键选择要延伸的对象，或[栏选(F)/窗交(C)/投影(P)/边(E)/删除(R)/放弃(U)]： （点取 F 处圆弧）

选择要修剪的对象，或按住 Shift 键选择要延伸的对象，或[栏选(F)/窗交(C)/投影(P)/边(E)/删除(R)/放弃(U)]：↵ （结束修剪，结果如图 4-23(b)所示）

用户在使用 TRIM 命令时应注意：

(1) 在选择要修剪的对象时，拾取点所在端决定了对象哪个部分将被修剪掉。

(2) 剪切边和被修剪的对象必须相交，这种相交可以是直接相交，也可以延伸相交。如果两者没有直接相交，则应首先在“选择要修剪的对象……”提示后输入“E ↵”，将其设为 Extend（可延伸），然后才能继续修剪操作。

(3) 在上述提示后，可以输入“F ↵”栏选或“C ↵”窗交选择要修剪的对象，还可以输入“R ↵”删除对象或输入“U ↵”放弃上一步修剪操作。选项“投影（P）”用于指定投影模式，缺省为“UCS”。相关内容不再展开讨论。

(4) 选择要修剪的对象时，按住 Shift 键可以在“修剪”命令和“延伸”命令之间切换。

2. 利用 EXTEND 命令延伸对象

EXTEND 命令可使用户延伸所选取的直线、圆弧、椭圆弧和开口多段线等。该命令可以通过以下方式来调用：

- ✦ 下拉菜单：“修改” / “延伸”。
- ✦ 图标按钮：单击“修改”工具栏（图 4-14）中的--/按钮。
- ✦ 命令行：EXTEND ↵ 或 EX ↵。

EXTEND 命令的用法与 TRIM 命令类似，只是延伸对象需要选择边界边和要延伸的边。

【例 4-10】 用 EXTEND 命令将图 4-24(a)所示图形进行延伸，结果如图 4-24(b)所示。

操作如下：

命令：**EXTEND** ↵ （调用 EXTEND 命令）

当前设置：投影=UCS 边=无 （当前投影模式为 UCS，边界不延伸）

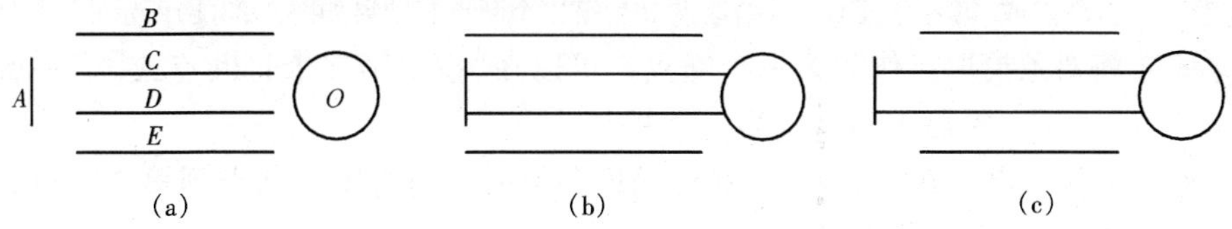

图 4-24 EXTEND 命令延伸对象示例

(a) 原对象；(b) 边界延伸；(c) 边界不延伸

选择边界的边 ...

选择对象或 <全部选择>：找到 1 个，总计 2 个(拾取圆 O 和直线 A 为边界边)

选择对象：↵ (结束边界选择)

选择要延伸的对象，或按住 Shift 键选择要修剪的对象，或[栏选(F)/窗交(C)/投影(P)/边(E)/放弃(U)]：(分别拾取直线 C、D 的左、右端；当拾取直线 B 的左端时，却延伸失败)

对象未与边相交 (提示失败的原因，此时结果如图 4-24(c)所示)

选择要延伸的对象，或按住 Shift 键选择要修剪的对象，或[栏选(F)/窗交(C)/投影(P)/边(E)/放弃(U)]：E ↵(修改边界模式)

输入隐含边延伸模式 [延伸(E)/不延伸(N)] <不延伸>：E ↵(选择延伸模式)

选择要延伸的对象，或按住 Shift 键选择要修剪的对象，或[栏选(F)/窗交(C)/投影(P)/边(E)/放弃(U)]：

(继续选择延伸对象，分别拾取直线 B、E 的左端)

选择要延伸的对象，或按住 Shift 键选择要修剪的对象，或[栏选(F)/窗交(C)/投影(P)/边(E)/放弃(U)]：↵(结束命令，结果如图 4-24(b)所示)

3. 使用 BREAK 命令打断对象

BREAK 命令可以将对象指定的两点间的部分删掉，或将一个对象打断成两个具有同一端点的对象。这些对象可以是直线、圆、圆弧、椭圆、多段线、样条曲线等。BREAK 命令可以通过以下方式来调用：

✦ 下拉菜单："修改"/"打断"。

✦ 图标按钮：单击"修改"工具栏(图 4-14)中的 按钮。

✦ 命令行：BREAK ↵或 BR ↵。

【例 4-11】 用 BREAK 命令将图 4-25(a)所示的圆弧打断为图 4-25(b)所示的形状。

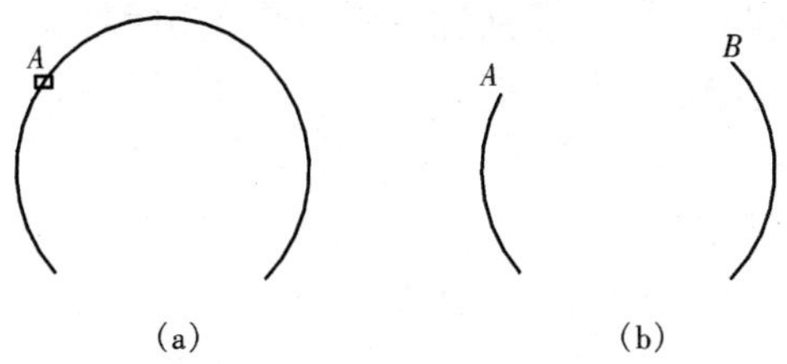

图 4-25 利用 BREAK 命令打断对象示例

(a)原对象；(b)打断对象

操作如下：

命令：**BREAK ↵** (调用 BREAK 命令)

选择对象： (拾取点 A 处圆弧为要打断的对象，且作为缺省情况下的第一个断点)

指定第二个打断点或[第一点(F)]：(拾取点 B 为第二个断点。结果如图 4-25(b)所示)

如果不想将对象拾取点作为第一个断点，可以在“指定第二个打断点或[第一点(F)]：”提示后，输入“F ↵”，然后重新指定第一个断点。

如果断开对象为圆，AutoCAD 将按照角度测量的正向将第一断点到第二断点之间的一段圆弧删掉，如图 4-26 所示。

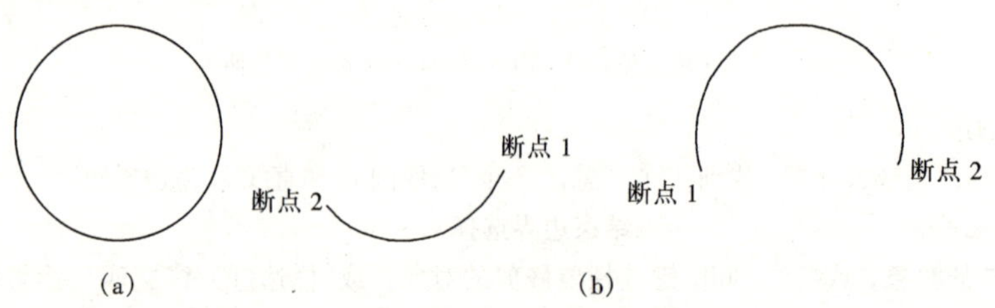

图 4-26 圆的断开

(a) 圆；(b) 不同位置的第一断点、第二断点及断开结果

在“指定第二个打断点”提示后，输入“@↵”，则表示第二个断点与第一个断点是同一位置点，即对象被打断于点。在 AutoCAD 2006 中，要对对象执行打断于点命令，可以单击“修改”工具栏(图 4-14)中的□按钮，然后选择要打断的对象，再选择打断点，则完成打断于点操作。打断于点的对象从外观上看不出什么差别，但在选取对象时，可以发现该对象已经被打断为两部分。

4. 使用 JOIN 命令合并对象

使用 JOIN 命令将相似的对象合并为一个对象。用户可以合并圆弧、椭圆弧、直线、多段线、样条曲线。

JOIN 命令可以通过以下方式来调用：

✦ 下拉菜单：“修改”/“合并”。

✦ 图标按钮：单击“修改”工具栏(图 4-14)中的 按钮。

✦ 命令行：JOIN ↵。

命令执行后，先选择要合并对象的源对象，然后选择要合并到源对象中的一个或多个对象。要合并的直线对象必须共线，圆弧(或椭圆弧)对象必须位于同一假想的圆(或椭圆)上。合并两条或多条圆弧(或椭圆弧)时，将从源对象开始沿逆时针方向合并，其中“闭合(L)”选项可将源圆弧(或椭圆弧)转换成圆(或椭圆)。

5. 利用 CHAMFER 命令修倒角

CHAMFER 命令用于在两个非平行的对象间加一倒角。如果两个对象不相交，该命令可用倒角来连接两个对象；当把倒角距离设为 0，该命令将不产生倒角，而是将两个对象修剪或拉伸至相交。倒角可由每条线段的距离或一条线段的距离和角度来确定。

CHAMFER 命令可以通过以下方式来调用：

✦ 下拉菜单：“修改”/“倒角”。

✦ 图标按钮：单击“修改”工具栏(图 4-14)中的 按钮。

✦ 命令行：CHAMFER ↵或 CHA ↵。

CHAMFER 命令格式：

命令：**CHAMFER** ↵。

（“修剪”模式）当前倒角距离 1 = 10.00，距离 2 = 10.00

选择第一条直线或［放弃(U)/多段线(P)/距离(D)/角度(A)/修剪(T)/方式(E)/多个(M)］：

其中各选项的含义如下：

- ✦ 多段线(P)：用于对多段线的所有顶点进行修倒角。
- ✦ 距离(D)：用于设置倒角的距离。
- ✦ 角度(A)：用于设置倒角的角度值。
- ✦ 修剪(T)：用于设置修剪模式，设定是否修剪两对象相交部分的线段。
- ✦ 方法(E)：用于设置是以距离还是以角度来作为倒角的缺省方式。
- ✦ 多个(M)：为多组对象的边倒角。

【例 4-12】 用 CHAMFER 命令将图 4-27(a)中的图形进行倒角，结果如图 4-27(b)所示。

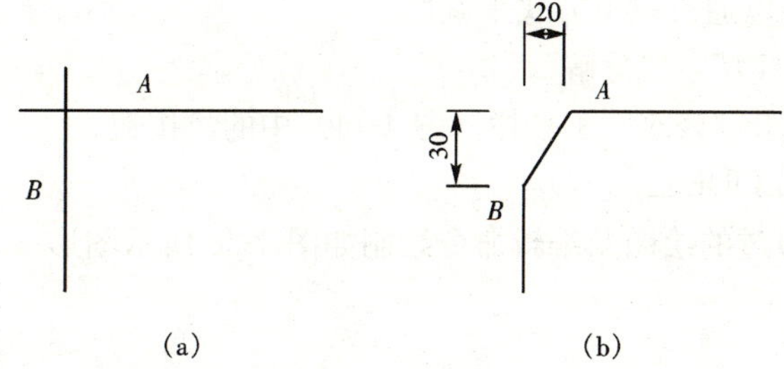

图 4-27　利用 CHAMFER 命令修倒角示例

操作如下：

命令：**CHAMFER** ↵　　　　　　　　（调用 CHAMFER 命令）

（“修剪”模式）当前倒角距离 1 = 10.00，距离 2 = 10.00（提示修剪模式及缺省的距离值）

选择第一条直线或［放弃（U）/多段线（P）/距离（D）/角度（A）/修剪（T）/方式（E）/多个(M)］：D ↵（设置倒角距离）

指定第一个倒角距离 ＜10.00＞：20 ↵（输入第一个倒角距离 20）

指定第二个倒角距离 ＜20.00＞：30 ↵（输入第二个倒角距离 30）

选择第一条直线或［放弃（U）/多段线（P）/距离（D）/角度（A）/修剪（T）/方式（E）/多个(M)］：（拾取 A 处直线为第一条线）

选择第二条直线，或按住 Shift 键选择要应用角点的直线：（拾取 B 处直线为第二条线，结果如图 4-27(b) 所示）

6. 利用 FILLET 命令修圆角

FILLET 命令的原理与 CHAMFER 命令基本相同，但是结果却不一样，该命令用来在两个对象间加上一段圆弧。如果两个对象不相交，该命令可用圆弧来连接两个对象；当把过渡圆弧半径设为 0，该命令将两个对象拉伸或修剪至相交。并且直线、构造线在相互平行时也可以进行圆角。

FILLET 命令可以通过以下方式来调用：

- ✦ 下拉菜单：“修改”/“圆角”。
- ✦ 图标按钮：单击“修改”工具栏（图 4-14）中的按钮。
- ✦ 命令行：FILLET ↵或 F ↵。

FILLET 命令格式：

命令：FILLET ↵

当前设置：模式 = 修剪，半径 = 10.00

选择第一个对象或[放弃（U）/多段线（P）/半径（R）/修剪（T）/多个（M）]：

选择第二个对象，或按住 Shift 键选择要应用角点的对象：

其中选项“半径（R）”用于确定过渡圆弧的半径。其他选项同 CHAMFER 命令。

五、分解对象命令（EXPLODE）

在 AutoCAD 中，矩形、多段线等对象是由多个对象组成的一个整体，如果需要对单个对象进行编辑，就要利用 EXPLODE 命令将其分解。被分解的各线段将丢失宽度和切线等信息。此外，EXPLODE 命令还可以分解多线、块、图案填充和尺寸标注等单一对象。分解标注或图案填充后，将失去其所有的关联性。如果分解使用属性的块，属性值将丢失，只剩下属性定义。

EXPLODE 命令可以通过以下方式来调用：

- ✦ 下拉菜单：“修改”/“分解”。
- ✦ 图标按钮：单击“修改”工具栏（图 4-14）中的 按钮。
- ✦ 命令行：EXPLODE ↵。

【例 4-13】 用学习过的绘图及编辑命令绘制如图 4-28 所示图形。

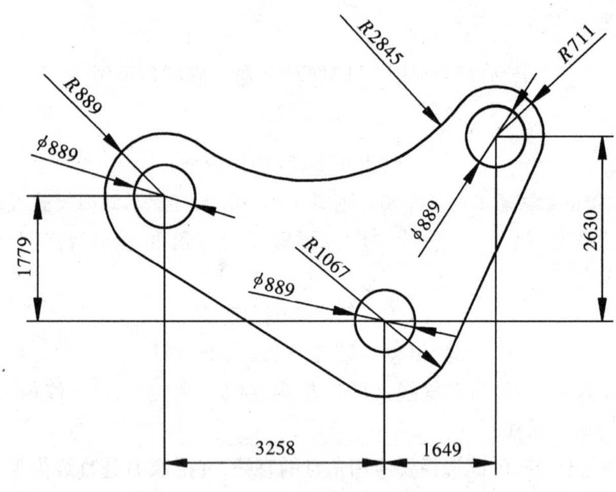

图 4-28 绘图实例

操作步骤如下：

（1）设置绘图环境。

1）设置图形界限。

命令：LIMITS ↵

设置左下角点(0，0)，右上角点(12000，9000)，然后用执行全部缩放(ZOOM/A)命令以全部显示工作区。

2）设置绘图单位和精度。

命令：UNITS ↵

在弹出的“图形单位”对话框中将绘图精度从四位改为二位。

3)设置图层。

命令：LAYER↵

在弹出的“图层特性管理器”对话框中分别设置粗实线、细实线、中心线等层。

(2)绘制图形。设粗实线层为当前层。

1)绘制三个小圆 O_1、O_2、O_3，如图 4-29 所示。

命令：CIRCLE↵

指定圆的圆心或［三点(3P)/两点(2P)/相切、相切、半径(T)］：(单击指定圆 O_1 圆心位置)

指定圆的半径或［直径(D)］：D↵ (选择指定直径画圆)

指定圆的直径：889↵ (给出直径)

命令：COPY↵ (准备复制圆 O_2、O_3)

选择对象：找到 1 个 (拾取圆 O_1)

选择对象：↵ (结束选择)

指定基点或［位移(D)］<位移>：<对象捕捉 开> (打开对象捕捉，拾取圆 O_1 圆心)

指定第二个点或<使用第一个点作为位移>：@－3258，1779↵(复制圆 O_2)

指定第二个点或［退出(E)/放弃(U)］<退出>：@1649，2630↵(复制圆 O_3)

指定第二个点或［退出(E)/放弃(U)］<退出>：↵(结束复制，结果如图 4-29 所示)

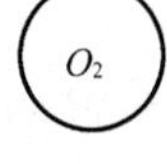

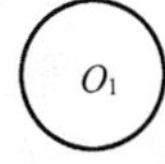

图 4-29 绘制三个小圆

2) 绘制三个大圆。分别以三个小圆的圆心为圆心，以 1067、889、711 为半径画三个大圆，注意打开对象捕捉，以捕捉圆心。

3) 绘制三个大圆的外公切线及外切圆，如图 4-30 所示。

命令：**LINE**↵

指定第一点：**TAN**↵ (临时捕捉切点)

到 (拾取 A 处大圆)

指定下一点或［放弃(U)］：_tan 到 (按下 Shift＋鼠标右键，选择“切点”，然后拾取 B 处大圆)

指定下一点或［放弃(U)］：↵ (结束画线)

命令：↵ (重复 LINE 命令)

LINE 指定第一点：_tan 到 (按下 Shift＋鼠标右键，选择“切点”，然后拾取 C 处大圆)

指定下一点或［放弃(U)］：_tan 到 (按下 Shift＋鼠标右键，选择“切点”，然后拾取 D 处大圆)

指定下一点或［放弃(U)］：↵ (结束画线)

命令：**CIRCLE**↵ (画公切圆)

指定圆的圆心或［三点(3P)/两点(2P)/相切、相切、半径(T)］：T↵(选择“相切、相切、半径”方式)

指定对象与圆的第一个切点：　　（拾取 E 处大圆）
指定对象与圆的第一个切点：　　（拾取 F 处大圆）
指定圆的半径<711.00>：2845 ↲　　（给出公切圆半径，结束画圆。结果如图 4-30 所示）

（3）编辑图形。利用 TRIM 命令修剪图形，对三个大圆和外公切圆进行修剪。

命令：**TRIM** ↲

选择两侧外公切线、外公切圆及上方两个大圆为剪切边，分别拾取外公切圆上半部、下方大圆上半部、左侧大圆右下部及右侧大圆左下部进行修剪，然后按下状态栏“线宽”按钮以显示线宽。结果如图 4-31 所示。

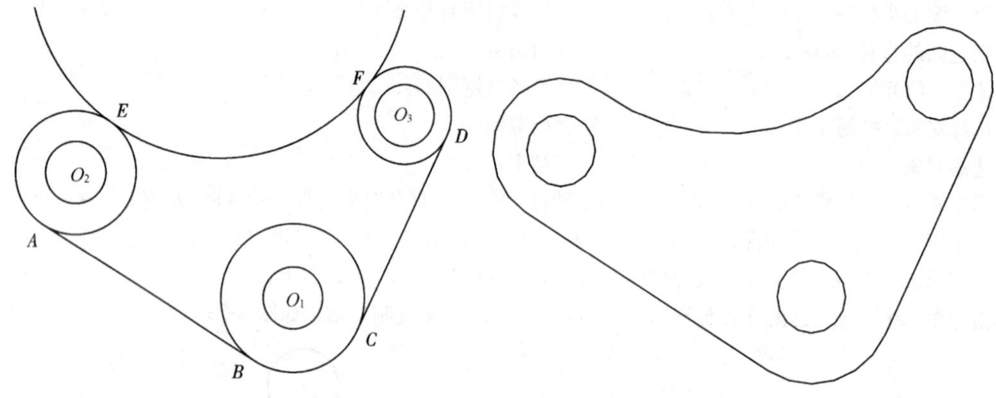

图 4-30　绘制外切线及外切圆　　图 4-31　完成图形

在绘图过程中，要注意运用图形编辑、目标捕捉等工具提高绘图效率和精度，保证各投影之间的定位准确性。

六、使用夹点自动编辑对象

用户在绘制图形时，对已经绘制的图形进行拉伸、移动、旋转、缩放以及镜像等编辑操作是必不可少的。执行这些操作既可通过 STRETCH、MOVE、ROTATE、SCALE、MIRROR 等命令，也可简单地利用对象上的夹点来进行。

夹点实际上是控制图形对象的特征点，不同对象特征点的位置和数量也不相同。如直线的特征点为两个端点和中点，而圆的特征点为四个象限点和圆心。

对象的夹点编辑功能以及夹点的显示外观可以通过下拉菜单“工具”/“选项”打开“选项”对话框，然后在“选择”选项卡进行设置。

要使用夹点功能编辑对象，首先选择要修改的对象，以显示对象的夹点。图形对象被选择后，其夹点就会带着小方框显示出来，默认情况下为蓝色。此时，如果拾取其中的某一夹点，该夹点就会带着鲜艳的颜色（红色）被激活，并作为一种编辑模式的基点。此时右击鼠标，将弹出夹点快捷菜单，供用户从中选择所需的选项进行操作，同时命令行有如下提示：

＊＊ 拉伸 ＊＊
指定拉伸点或 [基点(B)/复制(C)/放弃(U)/退出(X)]：

此时用户可通过输入不同的选项或按回车键在各编辑模式之间循环。

利用夹点对图形的自动编辑按照 STRETCH（拉伸）→MOVE（移动）→ROTATE（旋转）→SCALE（比例缩放）→MIRROR（镜像）五种不同的编辑命令顺序，自动地在命令行给出提示由用户选用。如果想跳过前面某几项编辑，用户只需用回车响应，直到合适的命令出现为止。

按下 Esc 键，可撤销激活点的显示；两次按下 Esc 键，可撤销夹点的显示。

1. 使用夹点拉伸对象

缺省情况下，激活夹点后，夹点操作模式为拉伸。可以通过将选定夹点移动到新位置来拉伸对象。而对于某些夹点，如文字、块参照、直线中点、圆心和点对象上的夹点等，移动夹点时是移动对象而不是拉伸对象。

使用夹点拉伸对象的步骤如下：

(1) 选择对象，使夹点显示出来。

(2) 通过选择一个夹点指定基点，此基点将被亮显。

(3) 指定拉伸对象的新位置。

指定基点后，命令行提示：

* * 拉伸 * *

指定拉伸点或[基点(B)/复制(C)/放弃(U)/退出(X)]：

其中"基点(B)"表示要重新指定拉伸基点；"复制(C)"表示要进行多次拉伸；"放弃(U)"表示取消上一次的操作；"退出(X)"表示要退出自动编辑。

【例 4-14】 拉伸如图 4-32(a)所示矩形为图 4-32(b)所示图形。

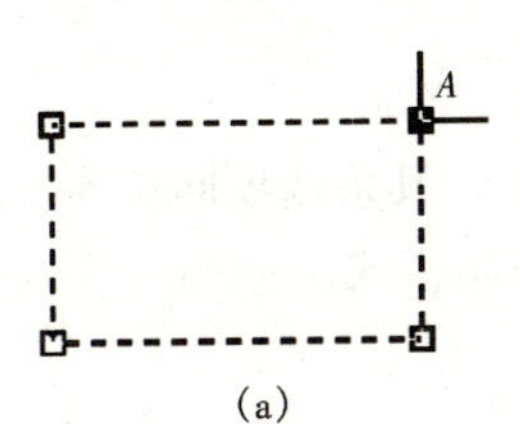

(a)

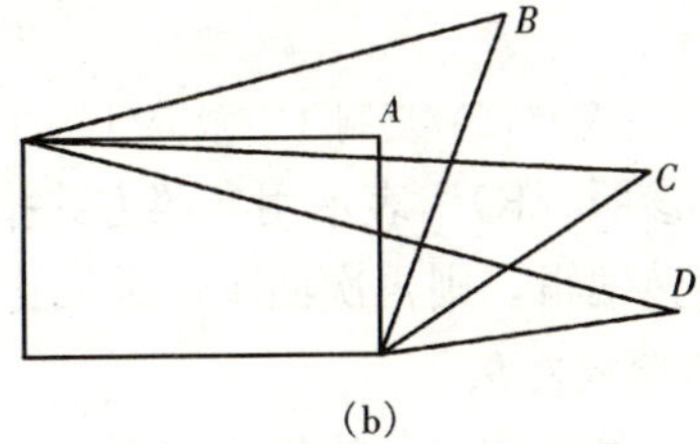

(b)

图 4-32　拉伸操作

首先选中矩形，然后指定夹点 A 为基点，此时 A 点变为红色，表明可对图形元素进行编辑操作。命令行提示及操作如下：

* * 拉伸 * *

指定拉伸点或[基点(B)/复制(C)/放弃(U)/退出(X)]：C↵(选择多次拉伸)

* * 拉伸（多重）* *

指定拉伸点或[基点(B)/复制(C)/放弃(U)/退出(X)]：(单击 B 点，则从点 A 拉伸至点 B)

* * 拉伸（多重）* *

指定拉伸点或[基点(B)/复制(C)/放弃(U)/退出(X)]：(单击 C 点，则从点 A 拉伸至点 C)

* * 拉伸（多重）* *

指定拉伸点或[基点(B)/复制(C)/放弃(U)/退出(X)]：(单击 D 点，则从点 A 拉伸至点 D)

* * 拉伸（多重）* *

指定拉伸点或[基点(B)/复制(C)/放弃(U)/退出(X)]：X↵(结束操作，结果如图 4-32 所示)

如果不作拉伸编辑，则用回车响应，进入移动编辑模式。

2. 使用夹点移动对象

移动对象仅仅是位置平移，而不改变对象的方向和大小。要精确地移动对象，应配合使用捕捉模式、坐标输入等。使用夹点移动对象的步骤如下：

(1) 选择对象，使夹点显示出来。

（2）选择一个夹点为基点，使之亮显。

（3）命令行输入“MO ↵”，或直接回车，或从右击快捷菜单中选择“移动”项，进入移动编辑模式。

（4）拖动基点至移动对象的新位置。

命令行提示：

* * 移动 * *

指定移动点或［基点(B)/复制(C)/放弃(U)/退出(X)］：

各选项含义同拉伸模式。如果不作移动编辑，则再次回车，进入旋转编辑模式。

3. 使用夹点旋转对象

使用夹点旋转对象的步骤如下：

（1）选择对象，使夹点显示出来。

（2）选择一个夹点为基点，使之亮显。

（3）命令行输入“RO ↵”，或直接回二次车，或从右击快捷菜单中选择“旋转”项，进入旋转编辑模式。

（4）鼠标拖动对象到合适位置并单击，或输入一个角度以将对象放置在一个新位置。

命令行提示：

* * 旋转 * *

指定旋转角度或［基点(B)/复制(C)/放弃(U)/参照(R)/退出(X)］：

其中选项“参照（R）”表示用参照方式指定旋转角；其余选项同拉伸模式。

如果不作旋转编辑，则再次回车，进入比例缩放编辑模式。

4. 使用夹点缩放对象

使用夹点按比例缩放对象的步骤如下：

（1）选择对象，使夹点显示出来。

（2）选择一个夹点为基点，使之亮显。

（3）命令行输入“SC ↵”，或直接按回车键循环切换，或从右击快捷菜单中选择“缩放”项，进入比例缩放编辑模式。

（4）输入一个数值将对象缩放到新的大小。

命令行提示：

* * 比例缩放 * *

指定比例因子或［基点(B)/复制(C)/放弃(U)/参照(R)/退出(X)］：

其中选项“参照（R）”表示用参照方式指定比例因子；其余选项同拉伸模式。

如果不作比例缩放编辑，则再次回车响应，进入镜像编辑模式。

5. 使用夹点创建镜像对象

使用夹点创建镜像对象的步骤如下：

（1）选择对象，使夹点显示出来。

（2）选择一个夹点为基点，使之亮显。

（3）命令行输入“MI ↵，或直接按回车键循环切换，或从右击快捷菜单中选择“镜像”项，进入镜像编辑模式。

（4）指定镜像对称轴的第二点，创建镜像对象，可以选择是否保留原图形。

命令行提示：

＊＊ 镜像 ＊＊

指定第二点或［基点(B)/复制(C)/放弃(U)/退出(X)］：

其中选项“复制（C)”表示多重镜像，保留原图形；其余选项同拉伸模式。

【例 4-15】 在图 4-33 中，通过镜像操作由半个图形创建完整图形，结果如图 4-33(b)所示。

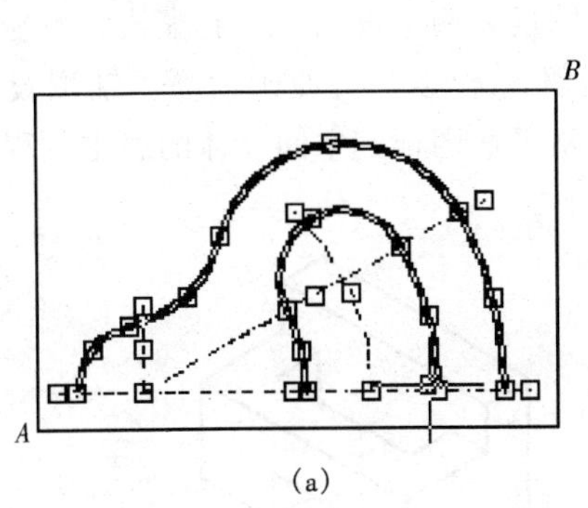

(a)

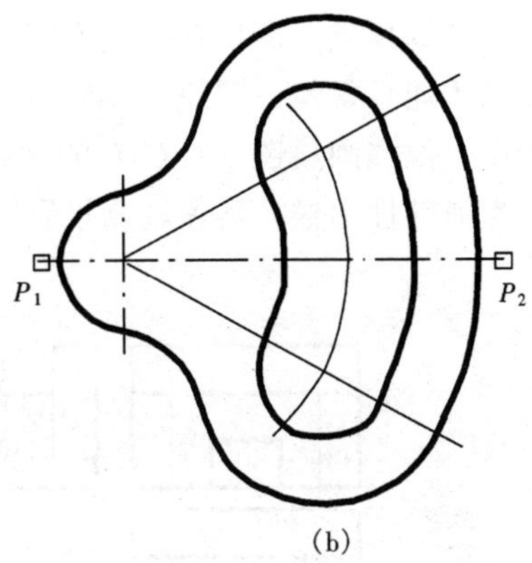

(b)

图 4-33 镜像操作

(a)用窗口方式拾取图形；(b)创建镜像对象

首先利用窗选方式拾取图形，如图 4-33(a)所示。由 A、B 形成的窗口内被选择图形的夹点显示出来，单击要编辑的夹点，此时夹点变为红色，表明可对图形元素进行编辑操作。命令行提示及后续操作如下：

＊＊ 拉伸 ＊＊

指定拉伸点或［基点(B)/复制(C)/放弃(U)/退出(X)］：**MI** ↵(进入镜像编辑模式)

＊＊ 镜像 ＊＊

指定第二点或［基点(B)/复制(C)/放弃(U)/退出(X)］：**C** ↵(选择多重镜像，保留原图形)

＊＊ 镜像（多重）＊＊

指定第二点或［基点(B)/复制(C)/放弃(U)/退出(X)］：**B** ↵(另选对称轴的基点)

指定基点： (指定对称轴的第一点 P_1)

＊＊ 镜像（多重）＊＊

指定第二点或［基点(B)/复制(C)/放弃(U)/退出(X)］：<正交 开>(打开正交模式，指定对称轴的第二点 P_2。打开正交模式有助于绘制一条水平的镜像线 P_1-P_2)

＊＊ 镜像（多重）＊＊

指定第二点或［基点(B)/复制(C)/放弃(U)/退出(X)］：**X** ↵(结束命令，结果如图 4-33(b)所示)

第五章 轴测投影图

前面讲述了正投影图能够比较全面的反映出空间物体的形状和大小，具有表达准确、唯一、作图简便的优点，所以在工程实际中被广泛应用。但是，这种图缺乏立体感，要有一定的读图知识才能看得懂。图 5-1（a）所示，每个视图反映两个度向，且有虚线，不易读懂其形状及特点，但如画成图 5-1（b）的轴测形式，立体感较强，很便于读懂。轴测投影图常被用来作为辅助性图样。学习轴测投影图也是培养从平面图样到空间立体的思维过程的很好训练方法。

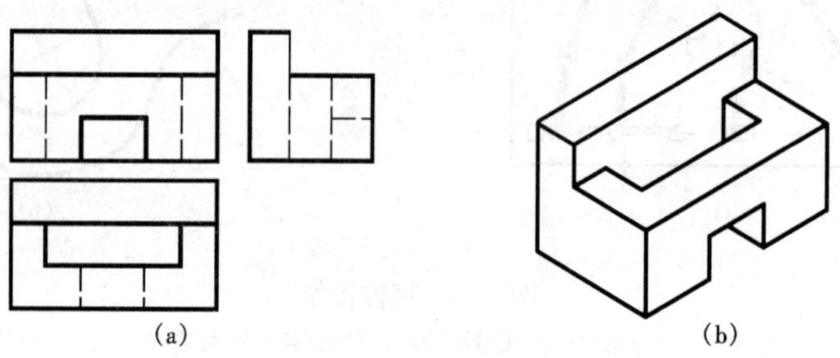

图 5-1 轴测投影
（a）正投影图；（b）轴测投影图

第一节 轴测图的基本概念

一、轴测投影图的形成

如图 5-2 所示，在形体上设立空间直角坐标系 OX、OY、OZ，将物体连同坐标系一起沿 S 方向（S 不平行任一坐标平面）平行投射到一个新投影面 P（或 Q）平面上，所得投影图称轴测投影图，简称为轴测图。当投射方向 S 与轴测投影面 P 垂直，将物体放斜，使物体上的三个坐标面和 P 面都斜交，这样所得的投影图称为正轴测投影图。如图 5-2（a）所示。若投射方向 S 与轴测投影面 P 倾斜时，这样所得的投影图称为斜轴测投影图，如图 5-2（b）所示。

二、轴测图的名称

（1）$P(Q)$平面——轴测投影面。

（2）S 方向——轴测投射方向。

（3）OX、OY、OZ——坐标轴。

（4）$O'X'$、$O'Y'$、$O'Z'$——轴测轴。

（5）$X'O'Y'$、$Y'O'Z'$、$X'O'Z'$——轴间角。

（6）轴测图上与轴测轴相平行的某线段长度与实际长度之比称为轴向伸缩系数。设 $O'A_1/OA=p$、$O'B_1/OB=q$、$O'C_1/OC=r$、则 p、q、r 分别为 OX、OY、OZ 轴的轴向伸缩

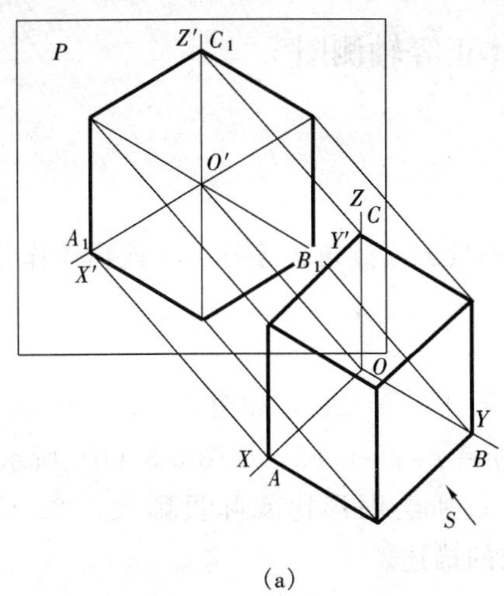

(a)

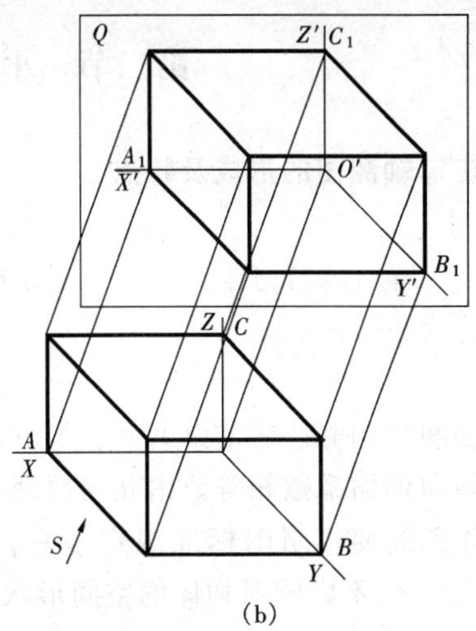

(b)

图 5-2　轴测图的产生

(a) 正轴测图；(b) 斜轴测图

系数。

三、轴测图的基本特性

1. 平行性

由于轴测图是采用平行投影法作图，故物体上平行的线段在轴测投影中仍平行；物体上平行坐标轴的线的轴测投影一定平行于相应的轴测轴。

2. 定比性

物体上平行坐标轴的线，与相应的轴测轴具有同样比例的轴向伸缩系数，不平行轴的线则定比性不成立。

3. 真实性

物体上平行轴测投影面的平面，在轴测投影中反映实形。

四、轴测图的分类

1. 按投射方向分类

(1) 正轴测。当 S 垂直 P，且坐标轴倾斜 P 时投影称为正轴测，如图 5-2 (a) 所示；

(2) 斜轴测。当 S 倾斜于 P，且有一坐标面平行 P 时投影称为斜轴测，如图 5-2 (b) 所示。当 XOZ 平行 P 时，称正面斜轴测；当 XOY 平行 P 时，称水平斜轴测。

2. 按轴向伸缩系数分类

当 $p=r=q$ 时，称为正（或斜）等测；当 $p=r\neq q$ 时，称为正（或斜）二测；当 $p\neq r\neq q$ 时，称为正（或斜）不等测。

五、轴测图的作图步骤

(1) 读懂投影图，了解形体的形成特点；

(2) 选择合适的轴测形式；

(3) 选择合适的作图方法；

(4) 按照基本特性作图。

第二节　平面形体正等轴测图

一、正等轴测图的形成及特点

1. 形成

如图 5-3 所示，当物体上的三个坐标轴与轴测投影面倾角相等时，将该物体作正投影所得轴测图称为正等测。

2. 特点

（1）轴间角相等。$\angle X'O'Y'=\angle Y'O'Z'=\angle Z'O'X'=120°$，如图 5-3（a）所示。

（2）轴向伸缩系数相等。由几何原理可知，$p=q=r=0.82$，如图 5-3（b）所示。

为了作图简便，制图标准规定 $p=q=r=1$，所绘图形比实际投影大 1.22 倍，如图 5-3（c)所示，但不影响对物体的空间形状和结构的描述。

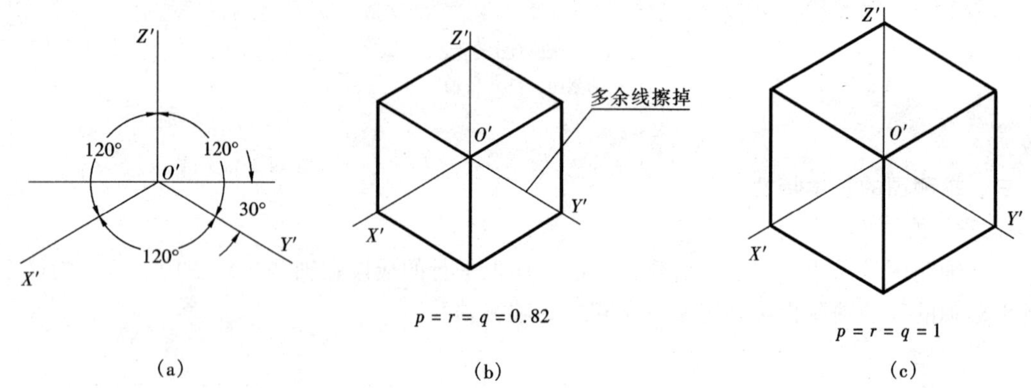

图 5-3　正轴测图的产生

（a）正轴测图；（b）正方体正轴测图；（c）轴测图放大 1.22 倍

二、作图时轴测轴的选择

我们一般将形体上的坐标轴原点定在形体的右、下、后方，投影如图 5-3（a）所示。这样作出图来如图 5-3（b）所示，最后要将轴测轴擦掉，很不方便。因此在作图时常将轴测轴简化成 5-4（a）、（b）所示的作图形式，作出图如图 5-4（c）、（d）所示比较简单。

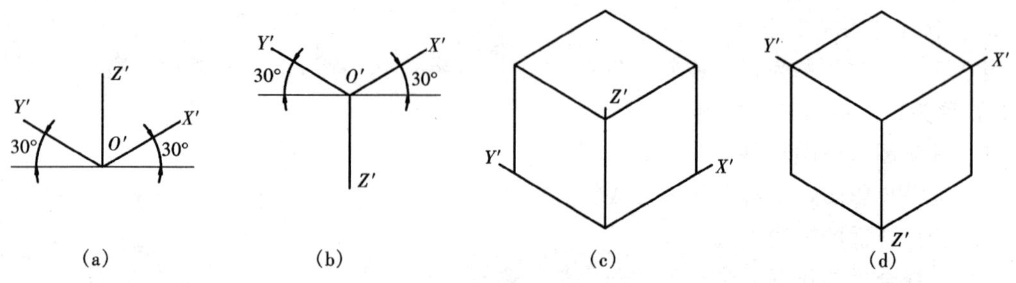

图 5-4　简化轴测轴

（a）简化轴测轴之一；（b）简化轴测轴之二；（c）简化轴测图作法之一；（d）简化轴测图作法之二

三、作图方法

轴测图的作图方法较多，下面介绍几种常用的作图方法。

1. 直接作图法

【例 5-1】 完成图 5-5（a）所示形体的轴测投影图。

解 从图 5-5（a）中可以看出，其水平投影反映主要特征。对于这一类形体，适合用直接作图法求作，其作图步骤如下：

（1）以该形体的左、前、上角为轴测投影原点画出轴测轴 X'和轴测轴 Y'，再根据平行性画顶面的轴测图，如图 5-5（b）所示；

（2）通过形体顶面各转折点向下画轴测轴 Z'的平行线，并截取高度尺寸，如图 5-5（c）所示；

（3）根据平行原理作可见的下底投影，如图 5-5（d）所示。

轴测图中一般只画可见轮廓线，必要时才画不可见轮廓线。

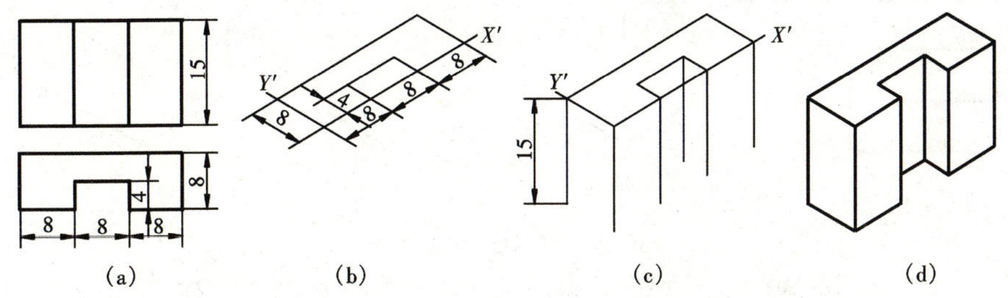

图 5-5 直接作图法作槽型形体轴测

（a）投影图；（b）水平投影轴测图；（c）作 Z 轴轴测；（d）完成轴测图

2. 叠加法

【例 5-2】 完成图 5-6（a）所示形体的轴测投影图。

解 从图 5-6（a）投影图中可以看出，这是由两个四棱柱上下叠加而形成的形体，对于这类形体，适合用叠加法求作，其作图步骤如下：

（1）先完成底部四棱柱的轴测投影，并在其上确定上部四棱柱的位置，如图 5-6（b）所示；

（2）截取上部四棱柱高度尺寸，如图 5-6（c）所示；

（3）直接作图法完成作图，如图 5-6（d）所示。

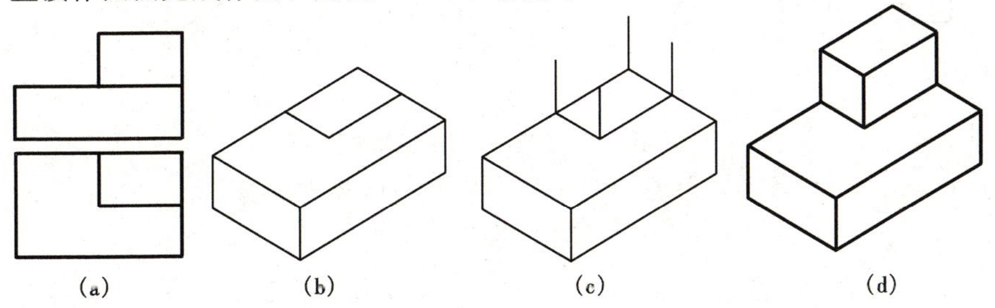

图 5-6 堆砌法作轴测图

（a）投影图；（b）作出叠加位置；（c）截取高度尺寸；（d）完成轴测图

3. 切割法

该方法适用于形体是由一个基本形体切割而成。

【例 5-3】 完成图 5-7 所示的形体的轴测投影图。

解 从图 5-7（a）投影图中可以看出，这是由一个长方体切去一个三棱柱和一个三棱锥所形成的形体，这种形体适合用切割法作图，其作图步骤如下：

（1）形体为由一基本形体切割而成，首先画出整体长方体轴测，并将各个投影贴画在对应的投影面上，如图 5-7（b）所示；

（2）切割掉三棱柱、三棱锥如图 5-7（c）所示；

（3）擦掉多余的作图线，完成作图。如图 5-7（d）所示。

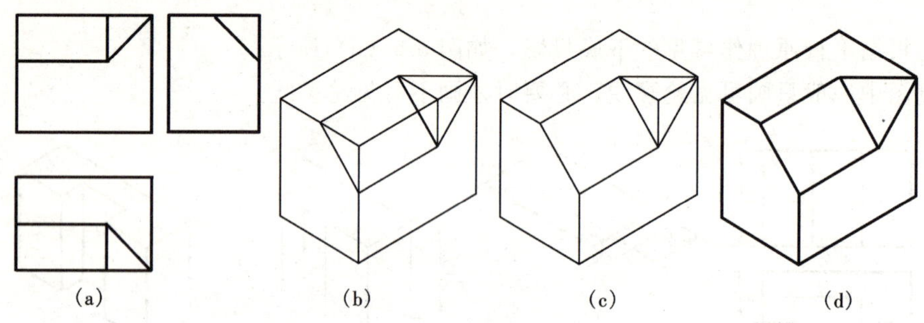

图 5-7 切割法作轴测图

（a）投影图；（b）画出各平面位置；（c）切割棱柱、棱锥；（d）完成轴测图

【例 5-4】 完成图 5-8（a）所示形体的轴测投影图。

解 作图方法步骤同［例 5-3］，只是侧投影不需再贴了。

根据构成棱柱体的特点，一个顶点至少三条棱线，缺少哪个轴线方向的棱线，就应补画哪个轴线方向的棱线，如图 5-8（b）所示，A 点有 X、Z 轴方向的棱线，缺 Y 方向的棱线，现补出 Y 轴方向的线如图 5-8 所示，同理切出其余顶点如图 5-8（c）所示。

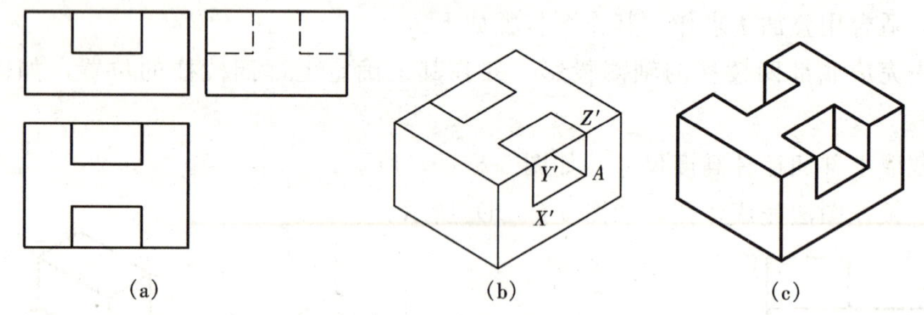

图 5-8 切割补线作轴测图

（a）投影图；（b）补画 A 点 Y 轴方向；（c）切割完成轴测图

4. 坐标法

绘制空间形体的轴测图的基本方法是坐标法。它根据形体表面上各顶点的坐标，分别画出这些顶点的轴测投影，然后顺序连接各顶点的轴测投影，就完成形体的轴测图。

【例 5-5】 完成图 5-9（a）所示形体的轴测投影图。

解 （1）五棱锥有 6 个顶点，可分别求出各个顶点轴测。再连线。首先求底面上平行 X

轴的 1、2、3、5 各点，再求 Y 轴上 4 点；如图 5-9（b）所示；

（2）确定 6 点，截取高度 $S6$ 为锥高，如图 5-9（b）所示；

（3）各顶点连线如图 5-9（c）所示。

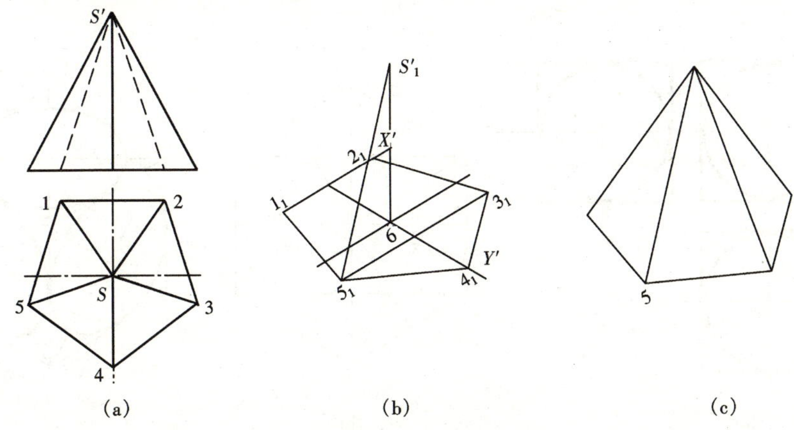

图 5-9　坐标法作轴测图

（a）投影图；（b）画五棱锥底面轴测；（c）完成轴测图

第三节　曲面形体正等轴测图

一、平行坐标面的圆的正等轴测图

平行于坐标面上的圆是倾斜轴测投影面的，所以投影是椭圆，绘制椭圆的方法很多，现介绍一种四心法作椭圆。

【例 5-6】　求图 5-10（a）所示水平面上圆的轴测投影图。

解　（1）当水平面上圆倾斜 P 时投影是椭圆。

1）作水平圆的外切正方形如图 5-10（a）所示；

2）作正方形的正等轴测为菱形如图 5-10（b）所示；

3）过菱形各边中点 A、B、C、D 作边的垂线交点为圆心 1、2……。即相邻两边中垂线交点是圆心。（作为特例，当菱形锐角为 60°时，交点在两纯角上）。

4）以 4 为圆心，$4B$ 为半径，画大弧 BC。

5）以 $A1$ 为半径，即圆心到垂足是半径，以 1 为圆心，画弧 AB。

（2）同样再作出其余弧线完成椭圆如图 5-10（c）所示。

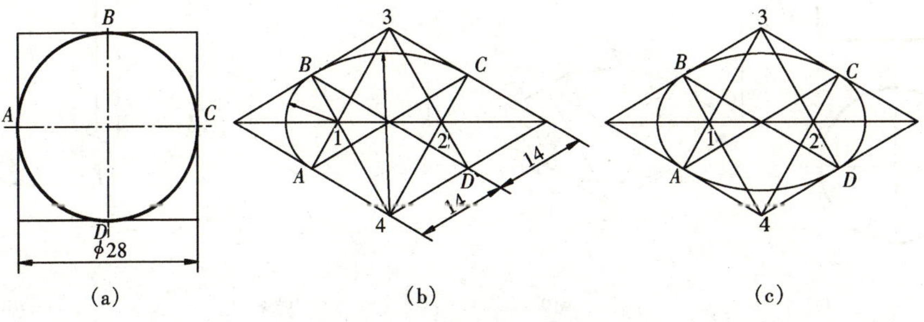

图 5-10　水平圆的正等轴测图

二、正方体上各面圆的轴测图

正方体上各面上圆的轴测投影均为椭圆，如图 5-11 所示。作图方法如图 5-11 所示，不再重述。正方体平面上圆的轴测投影是作曲面体轴测的基础，必须很好掌握。

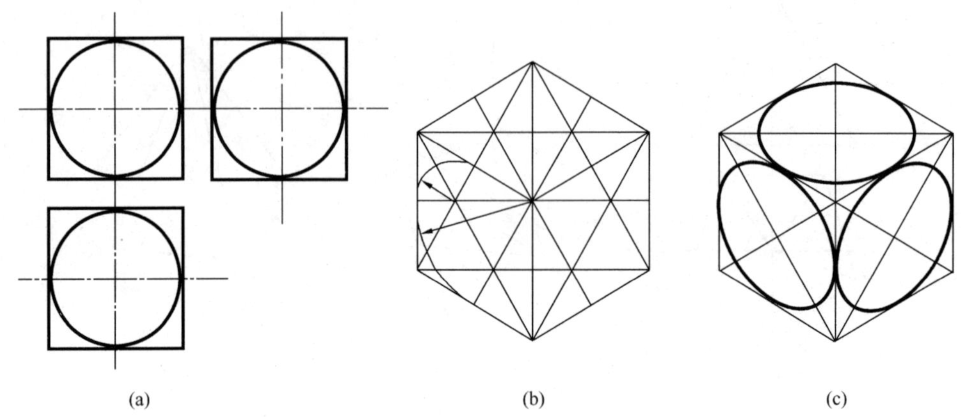

图 5-11 正方体上圆的正等轴测图

（a）投影图；（b）画出圆心位置、画弧；（c）完成轴测图

三、柱体的正等轴测

1. 竖直圆柱的轴测图

图 5-12（a）所示投影图为竖直圆柱，轴测投影如图 5-12（c）所示。其作图步骤如下：

（1）作出柱上、下表面圆的轴测投影如图 5-12（b）所示。

（2）作出外切轮廓线完成轴测如图 5-12（c）所示。

从上述作图过程可知，最后需要擦掉多余线，为作图简便，可采用移圆心的方法，介绍如下：

（1）完成圆柱上部圆轴测投影如图 5-12（b）所示；

（2）将圆心 1、2、3 分别下移柱的高度得新圆心 11、22、33；如图 5-12（d）所示；

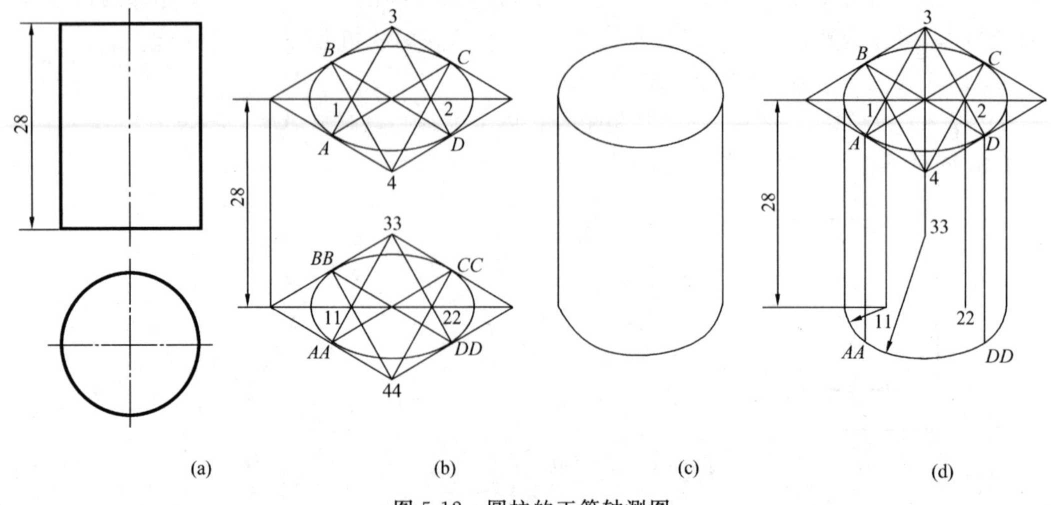

图 5-12 圆柱的正等轴测图

(3) 以新点 33 为圆心，原半径 3A 为半径作圆弧得 $\overset{\frown}{AADD}$；

(4) 同理可求其余各段弧完成作图。

2. 三个互相垂直圆柱的轴测图

当圆柱垂直于 V 面、W 面时的轴测画法如图 5-13 所示，采用图 5-11 所示的各个平面上轴测椭圆取移圆心的方法后画出。请读者自己完成。

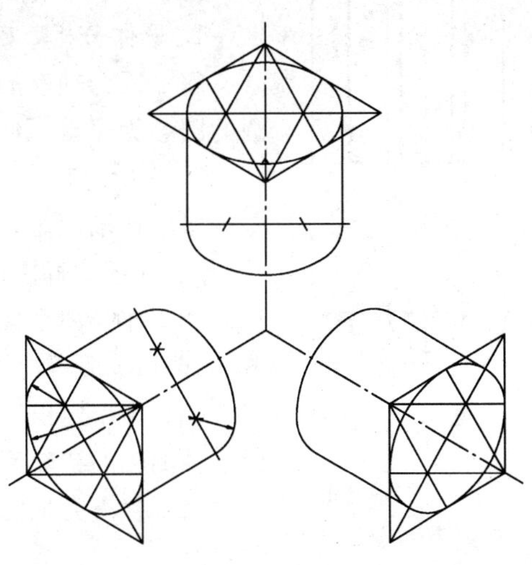

图 5-13 三个垂直圆柱的正等轴测图

四、圆角的正等轴测图画法

如图 5-11 所示的四心法近似画椭圆可以看出：菱形的钝角与大圆弧相对，锐角与小圆弧相对，菱形相邻两边中垂线的交点就是该圆弧的圆心。由此可得出圆角正等测图的近似画法。画圆角的正等测图时，只要在作圆角的边上量取圆角半径，自量得的点作边线的垂线，两垂线的交点即为圆心，圆心到垂足的距离即为半径，作图步骤如下：

(1) 如图 5-14 (a) 所示底板的主、俯视图，由此作长方体的正等测图，如图 5-14 (b) 所示；

(2) 沿角的两边量取圆角半径 R，得切点 1、2、3、4，分别作各切点所在边的垂线，得底板顶面圆角的圆心 O_1、O_2，如图 5-14 (c) 所示；

(3) 用移心法，得底板下面圆角的圆心及切点，如图 5-14 (d) 所示；

(4) 以 O_1、O_2、O_3、O_4 为圆心，画对应圆弧及右侧上下两圆弧的外公切线，如图 5-14 (e) 所示；

(5) 擦去多余的作图线，加深完成带圆角的长方形底板的正等测图，如图 5-14 (f) 所示。

同样方法可以完成其他类型半圆柱面、圆孔、半孔等圆柱体的轴测画法，不再详述。

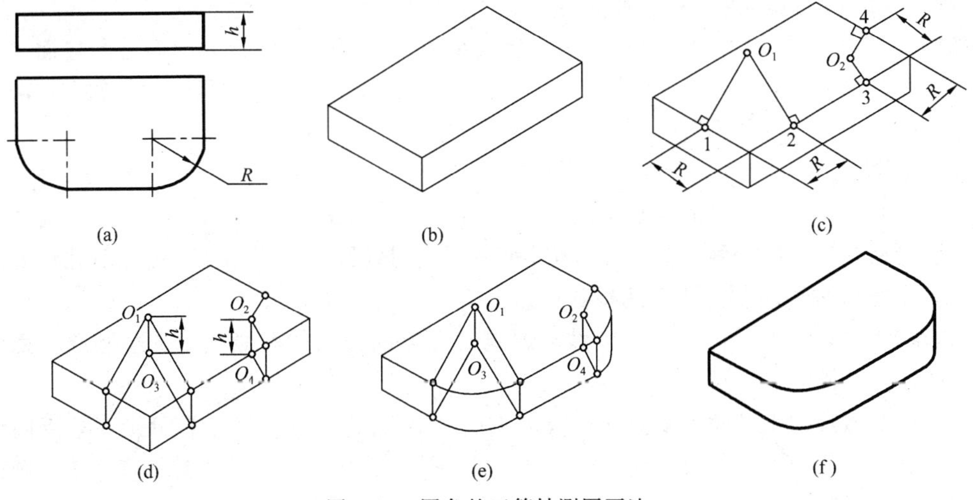

图 5-14 圆角的正等轴测图画法

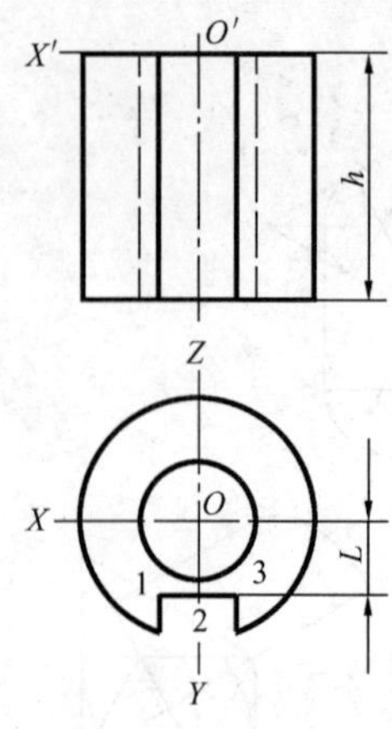

图 5-15 轴套的投影图

【例 5-7】 作出图 5-15 所示轴套的正等测。

1. 形体分析，确定坐标轴

解 因为轴套的轴线是铅垂线，顶圆和底圆都是水平圆，于是取顶圆的圆心为原点，如图 5-15 所示。

2. 作图过程

（1）作轴测轴，画出顶面的近似椭圆，再将连接圆弧的圆心下移 h，作底面近似椭圆的可见部分，如图 5-16（a）所示。

（2）作与两个椭圆相切的圆柱面轴测投影的转向轮廓线及轴孔。如图 5-16（b）所示。

（3）由 1 定出 2_1；由 2_1 确定 1_1、3_1；由 1_1、3_1 定 4_1、5_1。再作平行于轴测轴的诸轮廓线，画出键槽。如图 5-16（c）所示。

（4）检查并加深可见轮廓线，即为该轴套的正等测图，如图 5-16（d）所示。

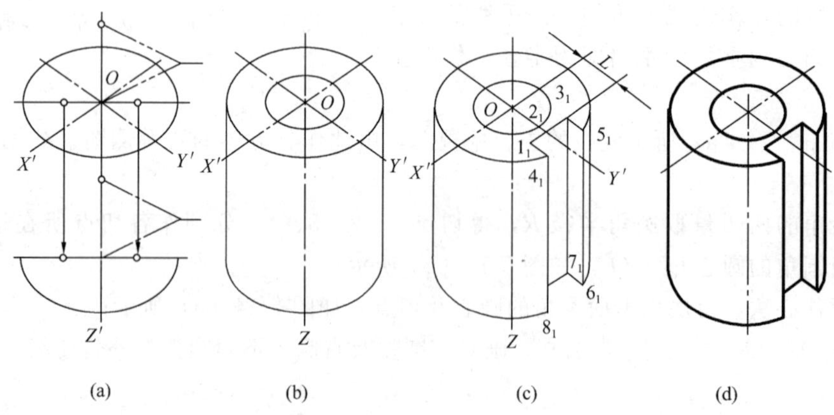

图 5-16 轴套正等测的作图步骤

【例 5-8】 作出投影图如图 5-17（a）所示组合体的正等测图。

解 1. 形体分析，确定坐标轴

如图 5-17（a）所示，组合体由上下两块板组成。上面一块竖板的顶面是圆柱面，两则的斜壁与圆柱面相切，中间有一圆柱通孔。底板是一带圆角的长方形板，底板的左右两边有圆柱通孔。

2. 作图过程

（1）作轴测轴，取底板底面的右后点为原点，确定如图 5-17 所示的坐标轴。画底板的轮廓；画竖板与底板的交线 $1_12_13_14_1$；确定竖板后孔口的圆心 B_1，由 B_1 确定前孔口的圆心 A_1，画出竖板圆柱面顶部的正等测椭圆，如图 5-17（b）所示。

（2）由 1_1、2_1、3_1、4_1 诸点作切线，再作右上方的公切线和竖板上的小圆孔，完成竖板的正等测，如图 5-17（c）所示。

（3）从底板顶面上圆角的切点作切线的垂线，交得圆心 C_1、D_1，再分别在切点间作圆弧，得底板底面圆角的正等测。同样的方法作底板底面圆角的正等测。然后作右边两圆弧的公切线，如图 5-17（d）所示。

(4) 确定底板顶面上两个圆孔的圆心，作出这两个孔的正等测近似椭圆，完成底板的正等测。如图 5-17 (e) 所示。

(5) 擦去作图线，加深，作图结果如图 5-17 (f) 所示。

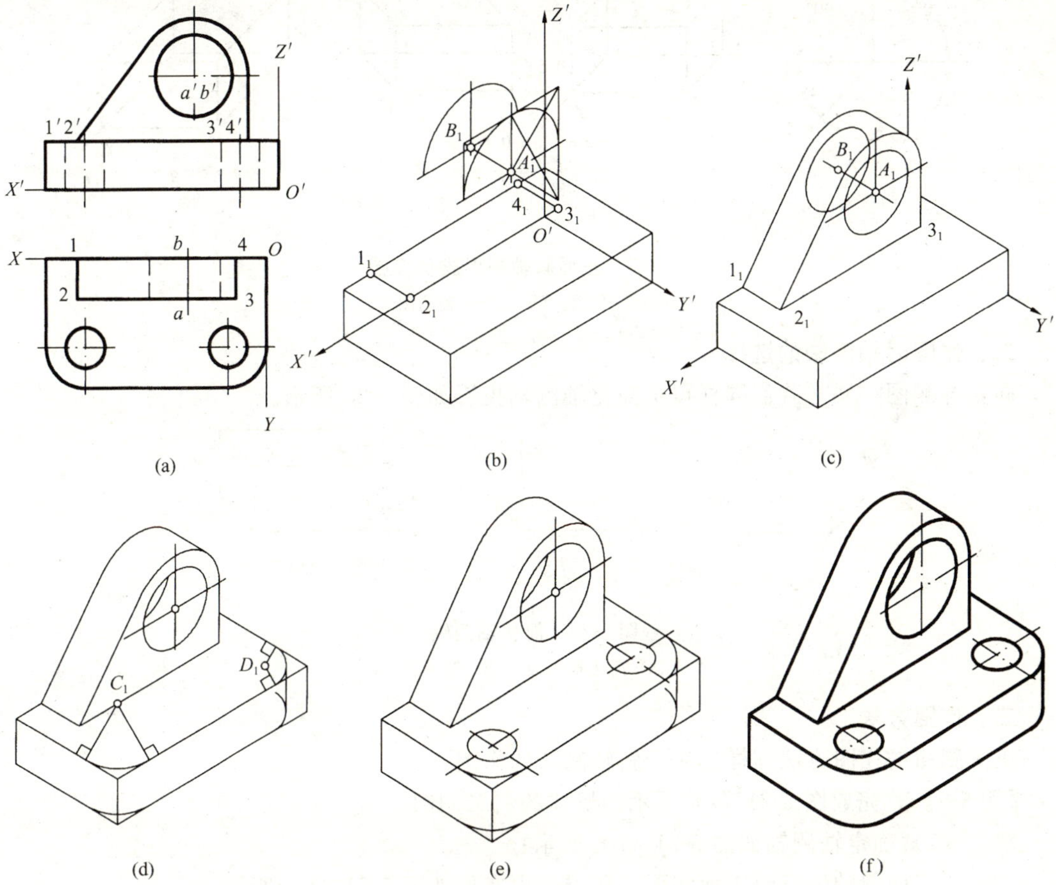

(a) (b) (c)

(d) (e) (f)

图 5-17 组合体的正等测图作图过程

第四节 斜 轴 测 图

一、正面斜轴测的形成及图示特点

1. 正面斜轴测的形成

前面讲了当一坐标平面平行 P 时为斜轴测投影，当 P 平行 V 面时，投影为正面斜轴测；当 P 平行 H 面时，投影为水平斜轴测。如图 5-18 所示。

如图 5-19 所示，XOZ 轴平行 P，S 斜倾斜 P 时，投影称为正面斜轴测。

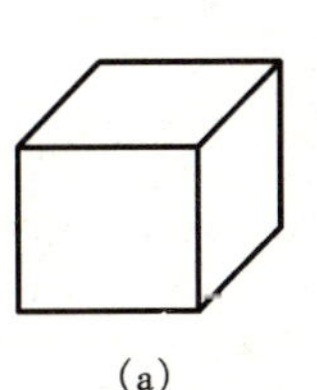

(a)

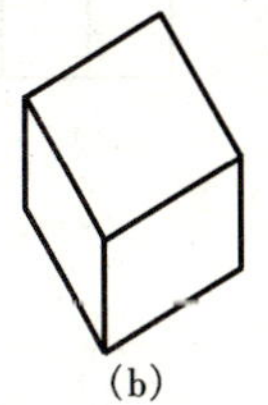

(b)

图 5-18 斜轴测图

(a) 正面斜轴测；(b) 水平斜轴测

2. 图示特点

因 OX、OZ 平行 P，投影为实长，OY 倾斜 P，因 S 方向不同，所以 OY 投影轴向伸缩系数和方向不定，通常采用如图 5-19（a）、（b）所示的投影坐标轴形式。当轴向变形系数 $p=r=1$，$q=0.5$ 时称为斜正面二测；当 $p=r=q=1$ 时，称为正面斜等测。

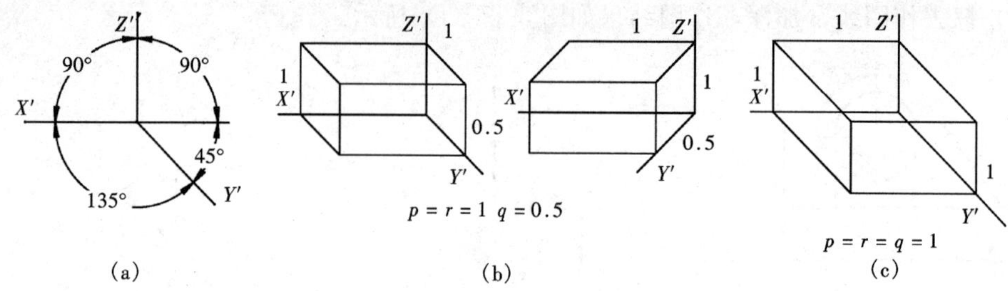

图 5-19 正面斜轴测形成及特点

（a）投影图；（b）、（c）轴测图

二、作图时轴测轴的选择

同正等测图一样，我们同样可选简化轴测轴投影如图 5-20 所示。

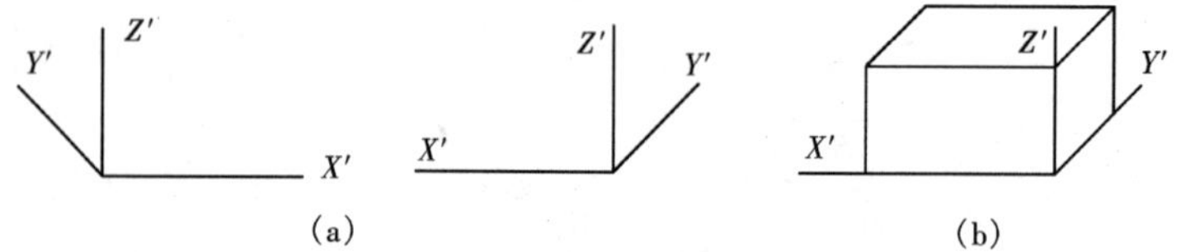

图 5-20 简化轴测轴

（a）简化轴测轴；（b）轴测图

三、作图方法

正等测图的作图方法同样适用于斜轴测图的作图。

【例 5-9】 完成图 5-21（a）所示的形体的斜二测图。

解 （1）确定轴测轴如图 5-21（b）所示；

（2）因正面斜轴测反映正面实形，所以画出实形如图 5-21（b）所示。

（3）直接作图法作出 Y 轴方向线，取 $q=0.5$，如图 5-21（c）所示；

（4）完成作图如图 5-21（d）所示。

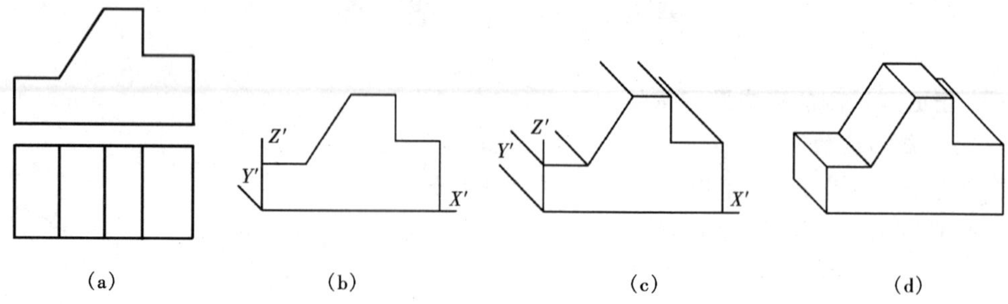

图 5-21 平面立体正面斜轴测图

（a）投影图；（b）画正立面轴测投影；（c）作 Y 轴轴测；（d）完成轴测图

四、曲面形体斜轴测图

因为正面斜轴测反映形体正面实形，所以用来画含有平行于 V 面的圆的曲面体非常方便。

【例 5-10】　求图 5-22（a）所示圆柱的轴测图

解　（1）过圆心画轴测轴，并作实形图；

（2）移圆心 1 至 2 为 0.5Y，作后部圆如图 5-22（b）所示；

（3）完成作图如图 5-22（c）所示。

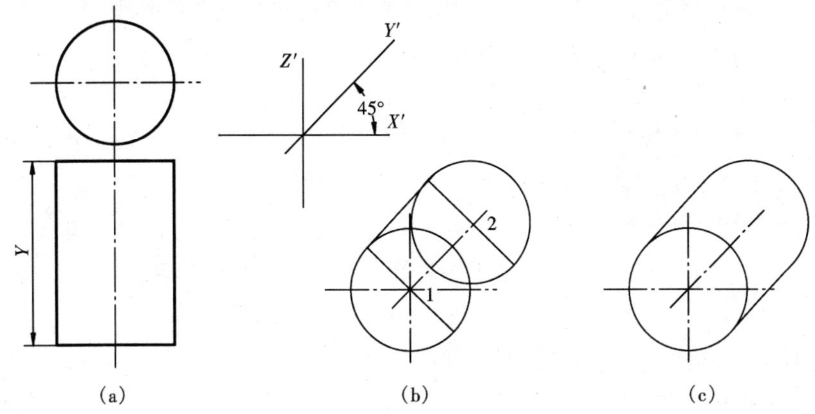

图 5-22　柱面立体正面斜轴测图

【例 5-11】　试采用正面斜二测画出图 5-23（a）所示形体的轴测图

解　由图 5-23（a）中所示的形体投影图可知，该形体所有的圆和圆弧都平行于正面，故采用正面斜二测较为方便，作图过程如图 5-23（b）、（c）所示。

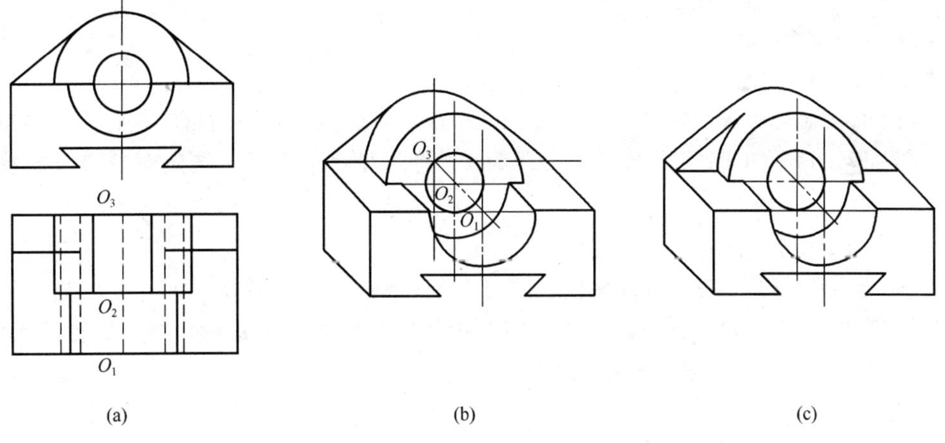

图 5-23　形体的正面斜二测图

第五节　AutoCAD 2006 常用编辑命令（二）

前面学习过的一些编辑命令有的同样适用于编辑一些复杂对象，这些复杂对象包括：多段线、多线、文本、图案填充、块属性等，但它们还有其专用的编辑命令。本节将分别介绍多段线、多线及文本的专用编辑命令。有关图案填充和块属性的定义和编辑在后续章节中将逐步介绍。

一、多段线编辑命令（PEDIT）

在 AutoCAD 中，PEDIT 命令用于编辑二维或三维多段线。可以通过闭合和打开多段线，以及移动、添加或删除单个顶点来编辑多段线。可以在任何两个顶点之间拉直多段线，也可以切换线型以便在每个顶点前或后显示虚线。可以为整个多段线设置统一的宽度，也可以分别控制各个线段的宽度。还可以通过多段线创建线性近似样条曲线。

PEDIT 命令可以通过以下方式来调用：

✦ 下拉菜单："修改"/"对象"/"多段线"

图 5-24　"修改 II"工具栏

✦ 图标按钮：单击如图 5-24 所示的"修改 II"工具栏中的按钮。

✦ 快捷菜单：选择要编辑的多段线，从右击快捷菜单中选择"编辑多段线"选项。

✦ 命令行：PEDIT ↵或 PE ↵

PEDIT 命令格式：

命令：**PEDIT** ↵（调用命令）

选择多段线或[多条(M)]：（选择多段线或直线、圆弧）

输入选项

[闭合(C)/合并(J)/宽度(W)/编辑顶点(E)/拟合(F)/样条曲线(S)/非曲线化(D)/线型生成(L)/放弃(U)]：

如果在"选择多段线或[多条(M)]："提示下，用户选择的不是多段线，而是一条直线或圆弧，则系统会出现如下提示：

选定的对象不是多段线

是否将其转换为多段线？<Y>

直接回车，则将所选对象转换为可编辑的单段二维多段线，然后继续执行多段线的编辑操作。如果 PEDITACCEPT 系统变量设置为 1，将不显示该提示，选定对象自动转换为多段线。

PEDIT 命令中各选项的含义如下：

✦ 闭合(C)/打开(O)：如果多段线是打开的，则提示为"闭合(C)"，此时选该选项将增加一段多段线并连接始末顶点以生成封闭多段线。如果多段线是封闭的，则提示为"打开(O)"，此选项将打开多段线。此时即使始末点看似封闭，但实际上已被打开。要重新封闭它，必须使用"C"选项。

✦ 合并(J)：只用于二维多段线，可把其他圆弧、直线、多段线连接到已有多段线上。连接端点必须精确重合。

✦ 宽度(W)：用于改变多段线的宽度，新宽度值输入后，整条多段线都用新的宽度重现。用户可用"编辑顶点(E)"各子选项编辑单段线宽。

✦ 编辑顶点(E)：提供一组子选项，使用户能编辑顶点及顶点相邻的多段线段。

✦ 拟合(F)：通过拟合各个多段线顶点以便生成一光滑拟合曲线。拟合后的曲线通过各顶点控制点。

✦ 样条曲线(S)：生成由多段线顶点控制的样条曲线，该曲线不一定通过控制点，但通过首尾两点。样条类型和分辨率由系统变量控制。

✦　非曲线化(D)：取消拟合或样条曲线，回到初始状态。

✦　线型生成(L)：如该选项为 ON 时，在多段线顶点处采用连续线型，否则在多段线顶点处采用点画线线型。

✦　放弃(U)：取消最后编辑功能。

执行"编辑顶点(E)"选项后，多段线当前顶点标记为 X，以表示该顶点正在被编辑。系统给出如下提示：

输入顶点编辑选项

[下一个(N)/上一个(P)/打断(B)/插入(I)/移动(M)/重生成(R)/拉直(S)/切向(T)/宽度(W)/退出(X)] <N>：

各子选项的含义如下：

✦　下一个(N)/上一个(P)：将标记 X 移到相应的顶点，缺省为"下一个(N)"。

✦　打断(B)：将多段线一分为二，或删除顶点处的一段多段线。

✦　插入(I)：在标记 X 的当前顶点的后面插入一新顶点。

✦　移动(M)：移动当前顶点到用户指定的位置。

✦　重生成(R)：重新生成图样以观察编辑效果，通常在使用了子选项"宽度(W)"后，重新显示一次。

✦　拉直(S)：删除所选两顶点间所有内顶点并用一直线段代替。

✦　切向(T)：当前编辑顶点指定切线方向，以便于曲线拟合时使用。

✦　宽度(W)：设置每一独立多段线的始末宽度。

✦　退出(X)：退出顶点编辑，返回 PEDIT 命令。

二、样条曲线编辑命令(SPLINEDIT)

SPLINEDIT 命令可以通过以下方式来调用：

✦　下拉菜单："修改"/"对象"/"样条曲线"。

✦　图标按钮：单击"修改 II"工具栏(图 5-24)中的按钮。

✦　快捷菜单：选择要编辑的样条曲线，从右击快捷菜单中选择"样条曲线"选项。

✦　命令行：SPLINEDIT ↵。

SPLINEDIT 命令格式：

命令：**SPLINEDIT ↵**(调用命令)

选择样条曲线：(选择要修改的样条曲线)

输入选项 [拟合数据(F)/闭合(C)/移动顶点(M)/精度(R)/反转(E)/放弃(U)]：

其中各选项含义如下：

✦　拟合数据(F)：编辑定义样条曲线的拟合点数据，包括修改公差。

✦　闭合(C)/打开(O)：将开放样条曲线修改为连续闭合的环，或将闭合样条曲线打开。打开后，起点和端点保持不变，但失去其切向连续性。

✦　移动顶点(M)：将拟合点移动到新位置。

✦　细化(R)：通过添加权值控制点并提高样条曲线阶数来修改样条曲线定义。

✦　反转(E)：反转样条曲线的方向。

✦　放弃(U)：取消上一次编辑操作。

样条曲线的公差表示样条曲线拟合所指定的拟合点集时的拟合精度。公差越小，样条曲线与拟合点越接近。

注意：SPLINEDIT 自动将样条多段线转换为样条曲线对象。即使选择样条多段线后立即退出 SPLINEDIT，也仍然会转换该样条多段线。

三、多线编辑命令(MLEDIT)

AutoCAD 中的 MLEDIT 命令提供了一系列编辑多线的工具。该命令可以通过以下方式来调用：

- ✦ 下拉菜单："修改"/"对象"/"多线"。
- ✦ 命令行：MLEDIT ↵。

执行该命令后，系统弹出"多线编辑工具"对话框，如图 5-25 所示。选择所需的交接样式后，在命令行出现如下提示：

选择第一条多线：(提示用户选择第一条多线)

选择第二条多线：(提示用户选择第二条多线)

选择第一条多线或[放弃(U)]：(继续处理另一交接处或回车退出命令)

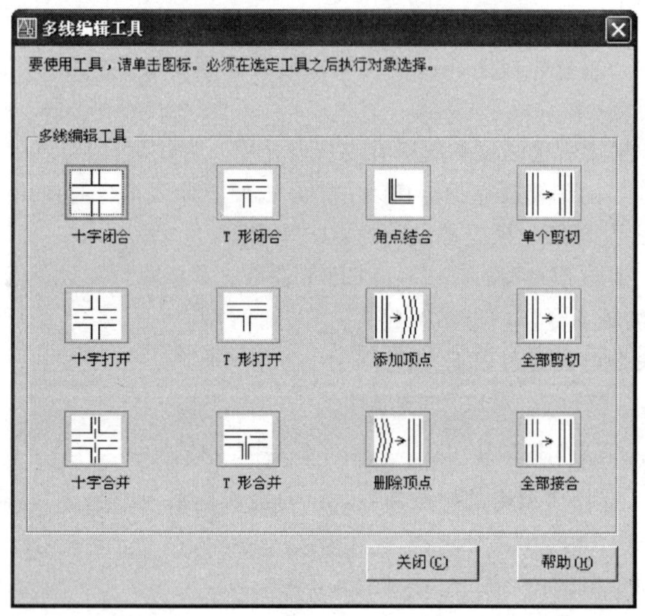

图 5-25 "多线编辑工具"对话框

由图 5-25 所示对话框可以看出，MLEDIT 提供了以下 12 种工具。

(1)十字型工具。第一列工具用于处理十字交叉的多线。"十字闭合"用于在两条多线之间创建闭合的十字交点；"十字打开"用于在两条多线之间创建打开的十字交点，打断将插入第一条多线的所有元素和第二条多线的外部元素；"十字合并"用于在两条多线之间创建合并的十字交点，选择多线的次序并不重要。

(2)T 字型工具。第二列工具用于处理 T 型相交的多线。"T 形闭合"用于在两条多线之间创建闭合的 T 形交点，将第一条多线修剪或延伸到与第二条多线的交点处；"T 形打开"用于在两条多线之间创建打开的 T 形交点，将第一条多线修剪或延伸到与第二条多线的交点处；"T 形合并"在两条多线之间创建合并的 T 形交点，将多线修剪或延伸到与另一条多线的交点处。

(3)“角点结合”工具。在多线之间创建角点结合，将多线修剪或延伸到它们的交点处，从而形成直角。用户选用此工具时，AutoCAD提示用户选取两条多线，用户只需在想保留的多线某部分上拾取点，AutoCAD就会将多线剪裁或延伸到它们的相交点。

(4)“添加顶点”工具和“删除顶点”工具。添加顶点工具可以为多线增加若干顶点，以便于处理(如对顶点的拉伸)。删除顶点工具则从由三个或更多顶点的多线上删除顶点。

(5)切断工具。第四列为切断工具，它们用于切断多线。“单个剪切”用于切断多线中的一条，只需拾取要切断的多线某一元素上的两点，则这两点中的连线即被删去；“全部剪切”用于创建穿过整条多线的可见打断；“全部接合”用于修复所选两点间的任何切断部分。

四、文本编辑

创建的文本可以进一步进行编辑。一般来说，文本编辑应涉及两个方面，即修改文本内容和文本特性(例如高度和旋转)，而字体的改变可通过前面介绍的修改文字样式来完成。

双击单行文本对象或执行DDEDIT命令将打开文本编辑框，如图5-26所示。此时文本编辑框亮显，跟随光标的插入点，可以在该文本框中直接添加、删除、修改内容。

单行文本，建筑制图与计算机绘图

图5-26 单行文本编辑框

双击多行文字对象或执行MTEDIT命令可以打开多行文本编辑器，如图5-27所示。在这里可以对文本内容及文本特性进行编辑。

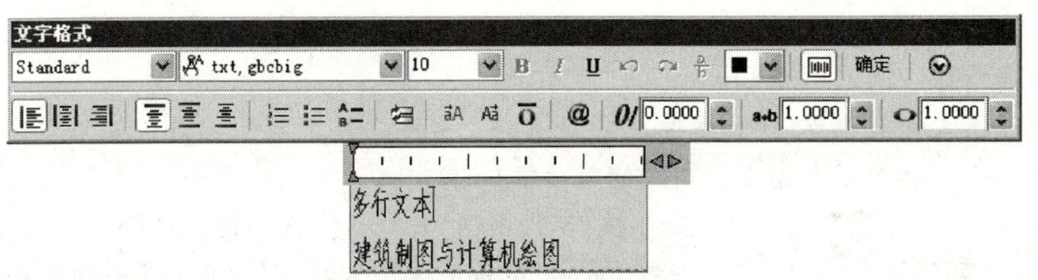

图5-27 多行文本编辑器

实际上，DDEDIT命令可以用于编辑单行文本、多行文本、尺寸标注文本、属性定义和特征控制框等。AutoCAD根据用户选择的文本类型显示相应的编辑方法。DDEDIT命令可通过以下方式来调用：

- 下拉菜单：“修改”/“对象”/“文字”/“编辑”。
- 图标按钮：单击“文字”工具栏中的 A/ 按钮。
- 定点设备：双击文字对象。
- 快捷菜单：选择要编辑的文字对象，从右击快捷菜单中选择“编辑”选项。
- 命令行：DDEDIT ↵。

执行命令后，系统提示：

选择注释对象或[放弃(U)]：

这时，当用户选择使用TEXT或DTEXT命令创建的文本对象时，系统将显示在位文本编辑框(图5-26)，用户可在此修改文本内容。

当用户选择使用MTEXT命令创建的文本对象或尺寸标注文本时，系统将显示多行文本的在位文本编辑器(图5-27)，用户可以在此修改文本内容及特性。

当用户选择使用 ATTDEF 命令创建的属性定义时，系统将显示“编辑属性定义”对话框。

当用户选择特征控制框时，系统则显示“形位公差”对话框。

当用户使用 DDEDIT 命令时，可一次编辑多处文本，直到按回车键结束该命令。

可见，要修改文本内容可以通过 DDEDIT 命令来完成。但除文本内容外，还要修改文字样式、方向、大小、对正等特性时，却需要使用 PROPERTIES(对象特性)命令，用户可以像修改其他对象特性一样使用 PROPERTIES 命令来编辑文本对象的特性。

五、对象特性

对于每个 AutoCAD 对象而言，它们都有一定的特性。比如直线有长度、端点，圆有圆心、半径等几何属性及每个对象都有的颜色、线型、线宽、所在层等对象属性，用户在工作时可能要经常修改或查看这些对象的几何属性和对象属性(统称对象特性)。这些特性独立于图形对象，因此可以对其进行单独编辑。

1. 使用 PROPERTIES 命令观察和修改对象特性

PROPERTIES 命令可以通过以下方式来调用：

✦　下拉菜单：“修改”/“特性”。

✦　下拉菜单：“工具”/“特性”。

✦　图标按钮：单击标准工具栏中的按钮。

✦　快捷菜单：选取对象后，从右击快捷菜单中选择“特性”选项。

✦　命令行：PROPERTIES ↵。

✦　双击大多数对象(块和属性、图案填充、文字、外部参照除外，如果双击这些对象中的任何一个，将显示专用于该对象的对话框)。

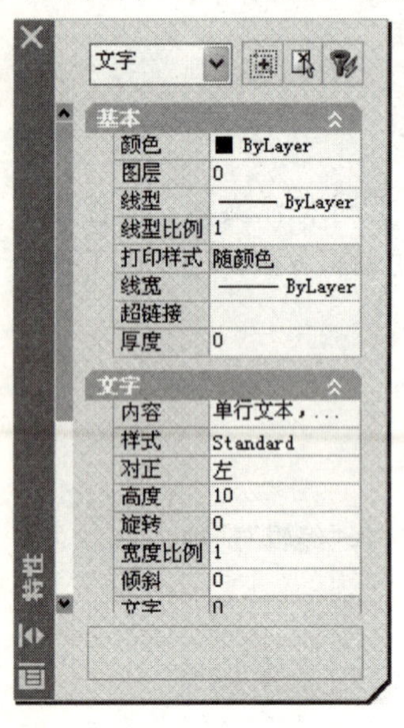

图 5-28　“特性”选项板

命令执行后，将打开“特性”选项板，如图 5-28 所示。

当选中一个对象或多个对象时，“特性”选项板中列出所选对象特性的当前值。如果只选择了一个对象，“特性”窗口将显示该对象的特性；当选中多个对象时，“特性”窗口将显示这些对象的公共特性。

打开“特性”选项板将不影响用户进行其他工作，也就是说，在打开“特性”选项板后，用户可随时在绘图窗口进行对象选择，“特性”窗口将随时反映所选对象的特性。在这里，用户可以方便地修改那些可以通过指定新值进行修改的特性。

在“特性”选项板中的“切换 PICKADD 系统变量的值”按钮用于修改 PICKADD 系统变量的值。当按钮图标变为时，可一次选择多个对象来修改其特性；当按钮变为 1 时，一次只能选择一个对象进行修改。

单击“特性”选项板中的按钮，用户可以创建快速选择集来查看或修改其特性。

PROPERTIES 命令经常用于修改文本对象以及尺寸标注对象中各组成要素的多种特性。

2. 匹配对象特性(MATCHPROP)

MATCHPROP 命令用于将某一图形对象的特性匹配给另一图形对象。这是一个使用非常方便的编辑工具，它对编辑同类对象非常有用。该命令可以通过以下方式来调用：

- ✦ 下拉菜单："修改"/"特性匹配"。
- ✦ 图标按钮：单击标准工具栏中的 按钮。
- ✦ 命令行：MATCHPROP ↵或 PAINTER ↵。

MATCHPROP 命令格式：

命令：**MATCHPROP ↵**

选择源对象：(选择要使用其特性的源对象)

当前活动设置：颜色 图层 线型 线型比例 线宽 厚度 打印样式 文字 标注 填充图案 多段线 视口 表格

选择目标对象或［设置(S)］：(选择要设置特性的目标对象或进行特性设置)

如果在提示"选择目标对象或［设置(S)］："下直接选择目标对象，则可将源对象的颜色、图层、线型、线型比例、线宽、厚度和打印样式等匹配给这些目标对象。如果在该提示下输入"S ↵"，这时将弹出"特性设置"对话框，如图 5-29 所示。在这里可以设置要匹配的选项。

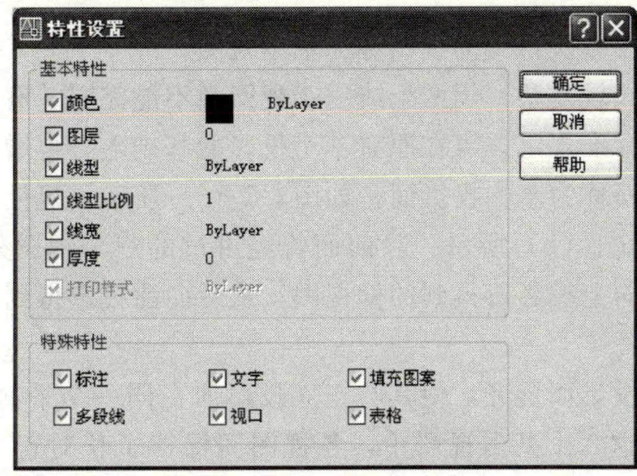

图 5-29 "特性设置"对话框

第六章　机　件　表　达

在生产实际中，许多机件内外形状结构都比较复杂，仅用前面所讲的三视图，是不能完整、清晰地表达出来。为满足生产的需要，国家标准《技术制图》规定了视图、剖视图、剖面图及简化画法和规定画法等其他常用表达方法，以满足零件内外形状结构表达的需要。这些画法每个工程技术人员都应严格遵守，并熟练掌握。

第一节　视　　图

一、基本视图

1. 基本视图的概念

机件向基本投影面投影所得到的视图称为基本视图。

当机件形状和结构比较复杂，用两个或三个视图尚不能完整、清晰地表达时，常需用到更多的视图。根据国家标准规定，可在原有三个投影的基础上，再增设三个投影面，组成一个六方体，这六个投影面称为基本投影面，如图 6-1（a）所示。机件向基本投影面投影，得到六个基本视图，如图 6-1（b）所示。除前面曾经讲过的三个视图外，还有从右向左投影所得到的右视图，从下向上投影所得到的仰视图，从后向前投影得到的后视图。

2. 基本视图的标注

将图 6-1（a）中的投影面展开，使其与正立投影面在同一个平面，各基本视图的关系，如图 6-1（b）所示。在这六个基本视图中，各视图间保持了长对正，高平齐，宽相等的投影关系。

各视图在同一张图之内按图 6-1（b）配置时，六个基本视图是按规定的位置布置，所以每个视图不需要标注视图名称。

各视图如果不按 6-1（b）配置视图时，如图 6-2 所示，应在视图上方标注视图的名称。在相应的视图附近用箭头指明投影方向，并标注同样的字母。

基本视图选用的数量与机件的复杂程度和结构形式有关，而基本视图的选用次序，一般是先选用主视图，其次是左、俯视图，只有在三个视图不能完整、清晰表达机件的形状结构时，再考虑选择其他视图。

二、向视图

将形体对某一基本投影面投射所得到的视图称为向视图。向视图是可自由配置的基本视图。若六个基本视图不按上述位置配置时，也可用向视图自由配置。即在向视图的上方用大写拉丁字母标注，同时在相应视图的附近用箭头指明投射方向，并标注相同的字母。如图 6-2 所示。

图 6-3 所示为阀体零件，如采用主、俯、左视图，因其左右两侧面形状不同，左视图中会出现许多虚线，影响图形的清晰程度。本例通过增加右视图，使左、右视图均省略虚线。为表达阀体内腔结构和各处孔的情况，主视图仍需画出虚线。

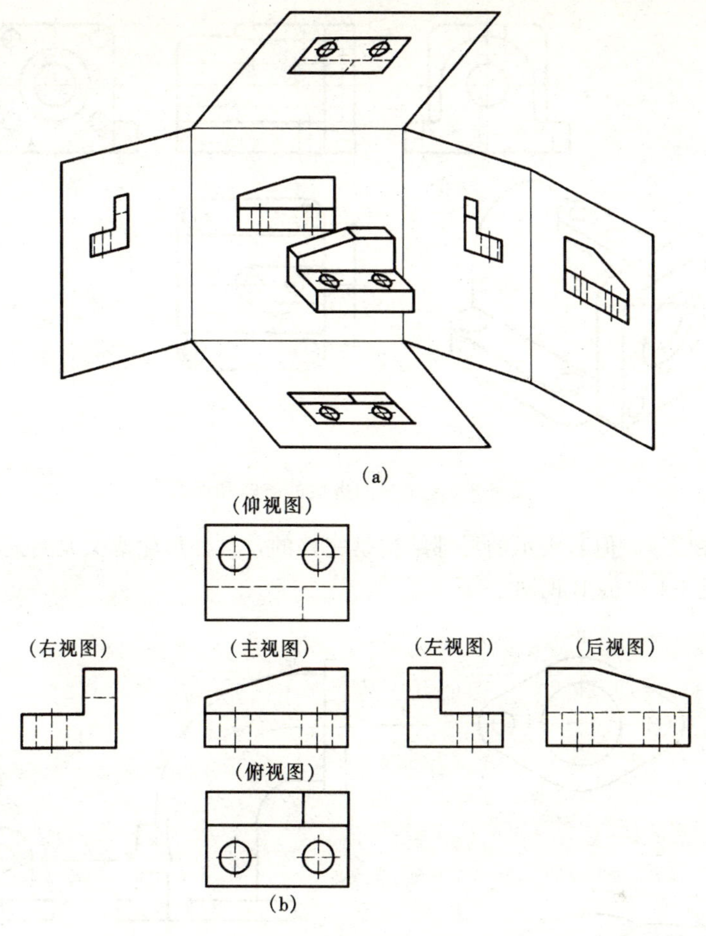

图 6-1　六个基本视图

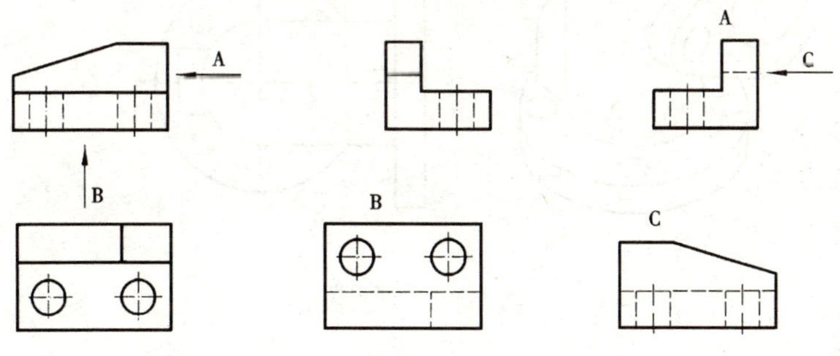

图 6-2　视图不按基本视图配置时的标注

三、局部视图

只将机件的某一部分向基本投影面投射，所得的视图称为局部视图。局部视图用于表达在其他视图中没有表达清楚的局部形状，如图 6-4 所示。局部视图可按基本视图的配置形式配置，此时可省略标注。如不按其基本视图配置，则用带字母的箭头指明投射方向，并在局部视图上方用相同字母注明视图的名称，如图 6-4 所示。局部视图的边界线用波浪线表示

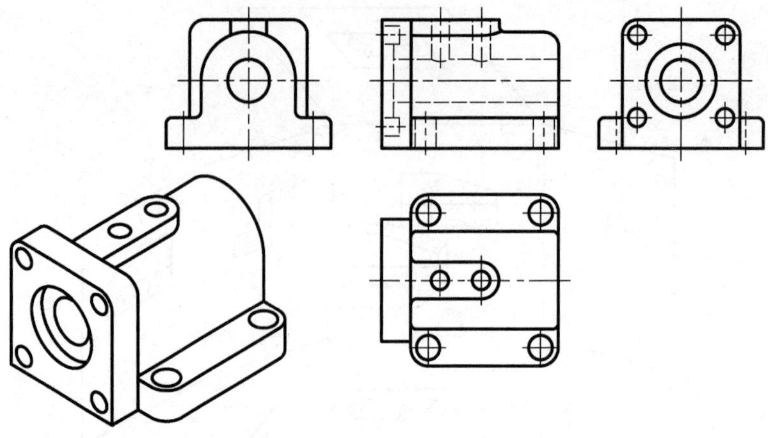

图 6-3 基本视图虚线的省略和保留

（图 6-4 中的 A 视图）。但若表示的局部结构是完整的，且外形轮廓又是封闭的，则波浪线可省略不画，如图 6-4 中的 B 视图。

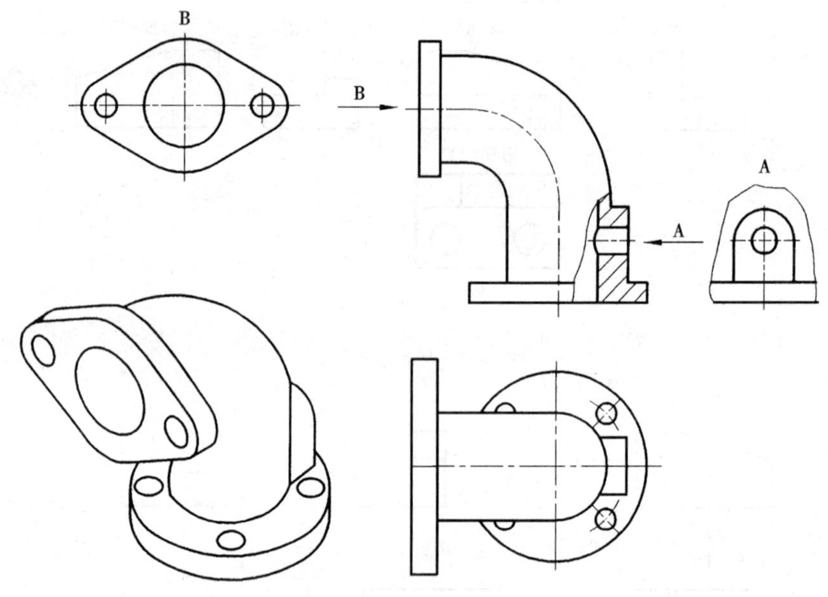

图 6-4 局部视图

四、斜视图

当机件的某部分为倾斜结构时，如图 6-5 中斜板部分，在基本视图上不能反映该部分的真实形状，这时可设立一个与倾斜部分平行的辅助投影面 P，且 P 平面垂直于 V 面，将倾斜部分向此投影面投射，则在辅助投影面上得到反映倾斜部分真实形状的图形称为斜视图，如图 6-5 所示。

画斜视图时，必须用大写字母及箭头指明投射方向，且在斜视图上方用相同字母注明视图的名称，如图 6-5（b）所示。斜视图通常只画出机件倾斜部分的局部形状，其余部分不必画出，可用波浪线表示其断裂边界。斜视图一般按投影关系配置，必要时允许将斜视图旋转配置。表示该视图名称的字母应靠近旋转符号的箭头端，如图 6-5（c）所示。

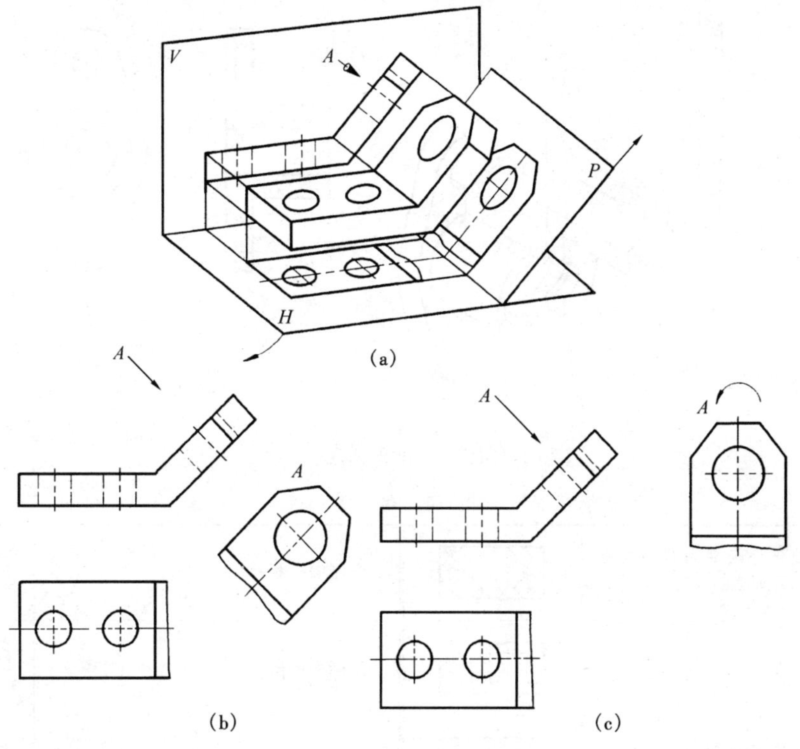

图 6-5 斜视图

第二节 剖 视 图

一、剖视图的概念和画法

当机件上存在复杂的内部结构形状时，需用虚线来表达不可见的结构，并且结构越复杂虚线越多。当视图中虚线过多，既影响读图，又不便于标注尺寸时，常常用剖视图来表达。剖视即假想用剖切面（平面或柱面）剖开机件，移去观察者和剖切面之间的部分，将其余部分向投影面投射，所得图形称为剖视图，简称剖视。

现以图 6-6 压盖剖视图为例，说明画剖视图的步骤：

(1) 确定剖切面的位置。选取平行于正面的对称面为剖切面。

(2) 画剖视图。如图 6-6（a）所示，将剖开的压盖移去前半部分，并将剖切面截切压盖所得断面以及压盖的后半部分向 V 面投射，画出如图 6-6（b）所示的剖视图。

(3) 画剖面符号。如图 6-6（b）所示，在剖切面截切压盖所得的断面上画剖面符号。假想剖切面与机件接触的部分，称为剖面。国标（GB4457．5—1984）中规定，在剖面图形上要画出剖面符号，不同的材料采用不同的剖面符号，各种材料的剖面符号见表 6-1。

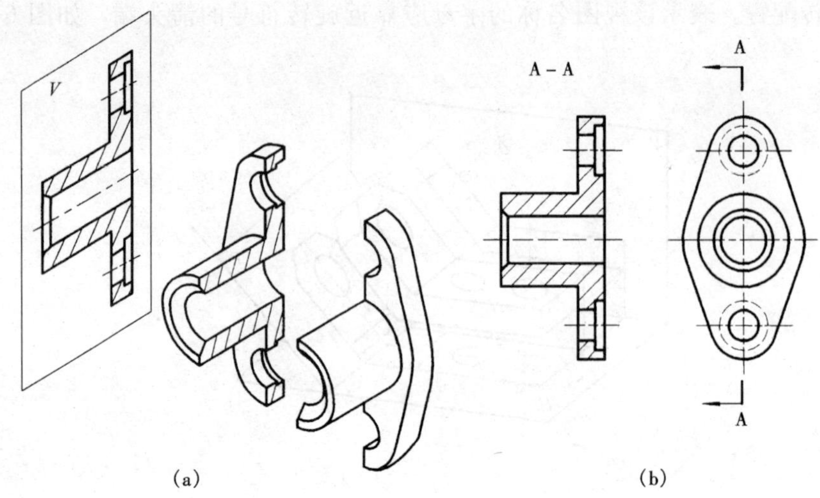

图 6-6　剖视概念

表 6-1　　剖　面　符　号

<table>
<tr><td colspan="2">金属材料（已有规定剖面符号者除外）</td><td></td><td>木制胶合板</td><td></td></tr>
<tr><td colspan="2">线圈、绕组元件</td><td></td><td>基础周围的泥土</td><td></td></tr>
<tr><td colspan="2">转子、电枢、变压器和电抗器等的迭钢片</td><td></td><td>混凝土</td><td></td></tr>
<tr><td colspan="2">非金属材料（已有规定剖面符号者除外）</td><td></td><td>钢筋混凝土</td><td></td></tr>
<tr><td colspan="2">型砂，填沙，粉末冶金，砂轮，陶瓷刀片，硬质合金刀片等</td><td></td><td>砖</td><td></td></tr>
<tr><td colspan="2">玻璃及供观察用的其他透明材料</td><td></td><td>格网（筛网，过滤网等）</td><td></td></tr>
<tr><td rowspan="2">木材</td><td>纵剖面</td><td></td><td rowspan="2">液体</td><td rowspan="2"></td></tr>
<tr><td>横剖面</td><td></td></tr>
</table>

其中规定金属材料的剖面符号是与水平方向成 45°且间隔均匀的细实线画出，左右倾斜均可，但同一金属零件在不同的视图中，剖面线的方向和间隔必须一致。当图形中的主要轮廓线与水平方向成 45°时，该图形的剖面线应画成与水平方向成 30°或 60°的平行线，倾斜的方向仍与其他图形的剖面线一致。

（4）画剖切符号、投影方向，并标注字母和剖视图的名称。在剖视图的上方用字母标出剖视图的名称“×-×”，在相应的视图上用剖切符号（线宽为 $1b$～$1.5b$ 的断开粗实线，尽可能不与图形的轮廓线相交）表示剖切位置。在剖切位置的起讫处用箭头画出投影方向，并标出同样的字母×，如图 6-6（b）所示，当剖视图按投影关系配置，中间又没有其他图形隔开时，可省略箭头，当单一剖切平面通过机件的对称面，且剖视图按投影关系配置，中间又没有其他图形隔开时，可省略标注［图 6-6（b）可省略标注］。

（5）剖视图是假想剖开机件后画出的，其他视图仍应完整地画出。

（6）在剖切面后面的可见部分需全部画出，不可见部分一般不应画出。

二、剖视图分类

根据剖切面剖开机件的方式不同，剖视图分为全剖视图、半剖视图、局部剖视图、斜剖视图、旋转剖视图和阶梯剖视图。

1. 全剖视图

用剖切面完全地剖开机件后得到的剖视图，称为全剖视图。

全剖视图用于表达内部结构复杂，外形相对简单的机件。

图 6-7（a）是泵盖的立体图，从图中可看出它的外形比较简单，内部结构比较复杂，前后对称，上下左右都不对称。假想用一个剖切平面沿泵盖的前后对称面将它完全剖开，移去前半部分，向正立投影面作投影，画出的剖视图就是泵盖的全剖视图，如图 6-7（b）中所示。

由于剖切平面与泵盖的对称平面重合，且视图按投影关系配置，中间又没有其他图形隔开，因此，在图 6-7（b）中可以省略标注。

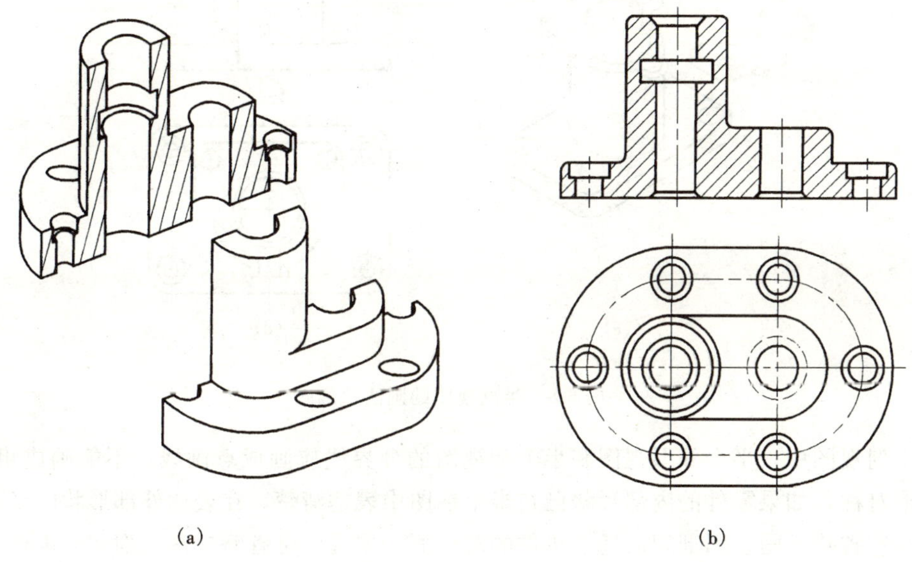

(a) (b)

图 6-7 全剖视图

2. 半剖视图

当机件具有对称面时，在垂直于对称平面的投影面上所得到的图形，可以以对称中心线为界，一半画成剖视，另一半画成视图，这种剖视图称为半剖视图。半剖视图适用于内、外结构形状都复杂，而图形又对称的机件。图 6-8 是支架的两视图，从图 6-8 中可知，该零件的内、外形状都比较复杂，但前后和左右都对称。为了清楚地表达这个支架，可用图 6-8（b）、（c）所示的剖切方法，将主视图和俯视图都画成半剖视图［图 6-8（d）］。从图 6-8（d）中可见，如果主视图采用全剖视图，则顶板下的凸台就不能表达出来；如果俯视图采用全剖视图，则长方顶板及其四个小孔也不能表达出来。

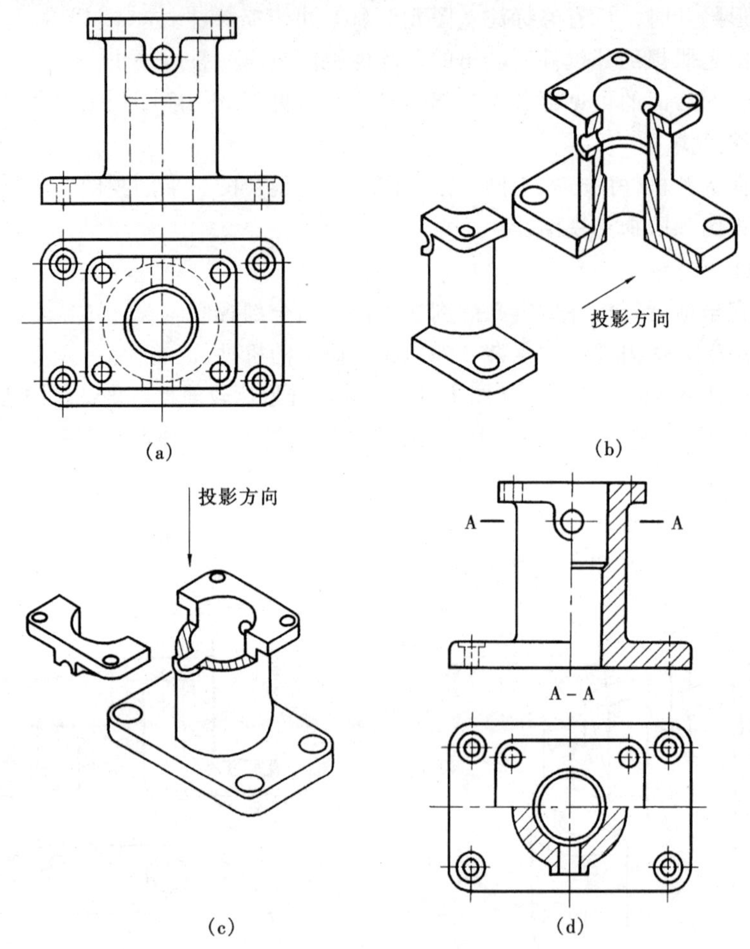

图 6-8 半剖视图的画法示例

在半剖视图中，半个外形视图和半个剖视图的分界线应画成点画线，不能画成粗实线。由于图形对称，如果零件的内部形状已在半个视图中表达清楚，在表达外部形状的半个视图中，虚线应省略不画。因剖切面通过机件的对称面，主视图可省略标注。剖切面未通过主要对称面，俯视图需要标注。

当机件的形状接近于对称，且不对称部分已另有图形表达清楚时，也可以画出半剖视。如图 6-9 所示带轮，由于带轮的上下不对称的局部只是在轴孔的键槽处，而轴孔的键槽已由 A 向局部视图表达清楚，所以也可将主视图画成半剖视图。

3. 局部剖视图

用剖切平面局部地剖开机件画出的视图，称为局部剖视图。局部剖视图用于表达内、外部结构形状都复杂，且机件在投影面上的投影不对称的机件。即在剖视图中既不宜采用全剖视图，也不宜采用半剖视图时，可采用局部剖视图表达。

图 6-10 为一箱体零件。根据对箱体零件的形体分析可以看出：顶部有一个矩形孔，底

部是一块具有四个安装孔的底板，左下面有一个轴承孔。从箱体零件所表达的两个视图可以看出：上下、左右、前后都不对称，且外形较复杂，它的两视图既不宜用全剖视图表达，也不能用半剖视图表达。为了使箱体的内部和外部都能表示清楚，以局部剖视图来表达这个箱体零件为宜。如图 6-10 所示的就是箱体所示的局部剖视图。

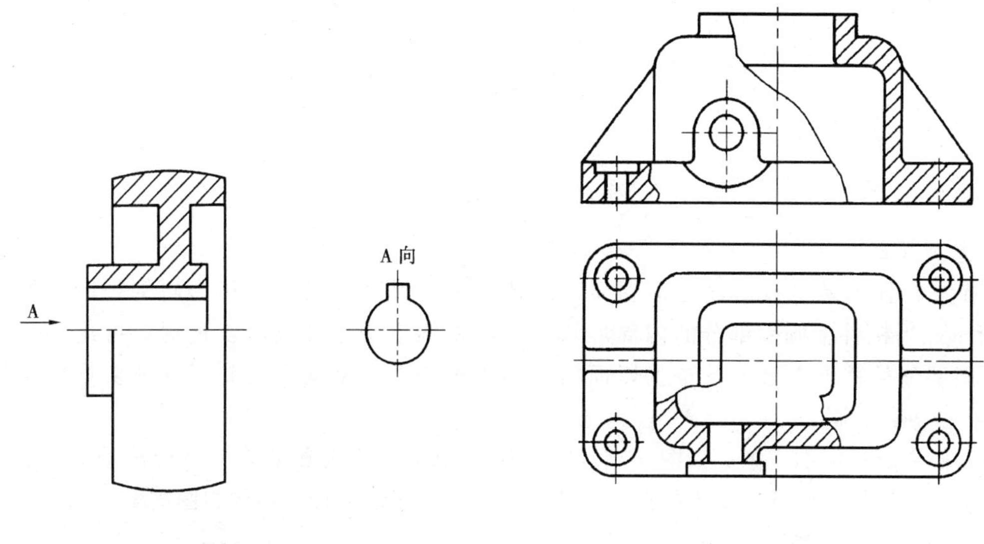

图 6-9 带轮

图 6-10 局部剖视图

当单一剖切平面的剖切位置明显时，可以省略局部剖视图的标注，如图 6-10 所示。

视图部分和剖视图部分用波浪线分界。波浪线可看作机件实体表面的断裂痕，画波浪线不应超出表示断裂机件的轮廓线，应画在机件的实体上，不可画在机件的中空处；波浪线不应与图样上其他图线重合，也不要画在其他图线的延长线上，如图 6-11 所示。

当被剖切结构为回转体时，允许将该结构的中心线作为局部视图与视图的分界线，如图 6-12 主视图中右边的局部视图。

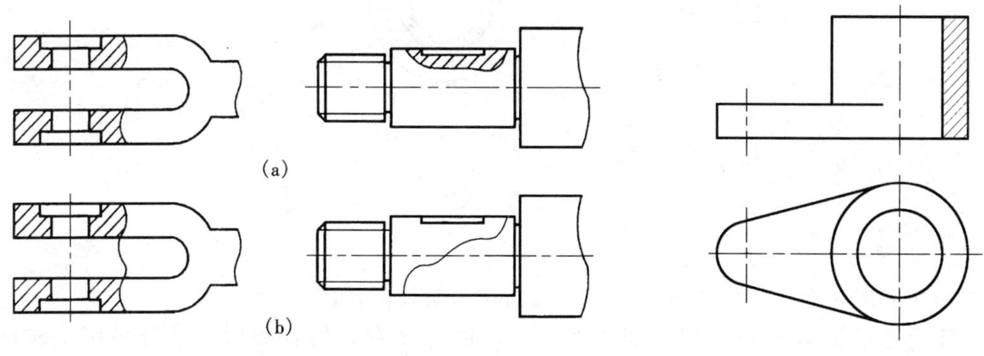

图 6-11 局部剖视图中波浪线的画法

(a) 正确；(b) 错误

图 6-12 允许中心线作为局部剖视图分界线的情况

当机件上的轮廓线与对称中心线重合不宜画成半剖视图时，可采用局部剖视图表达，如图 6-13 所示。

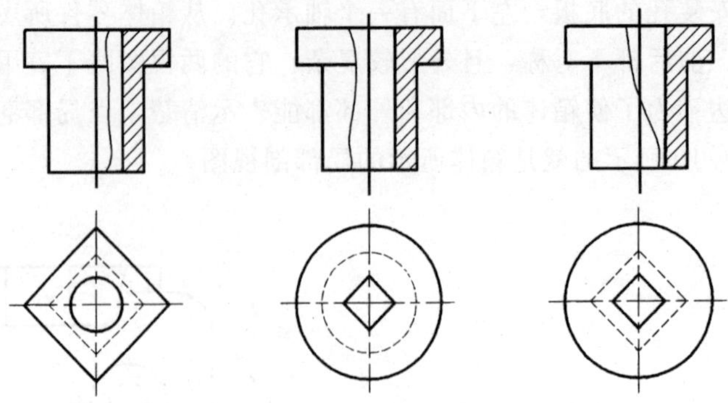

图 6-13 局部剖视图

4. 斜剖视图

用不平行任何基本投影面的剖切面，剖开机件所得到的剖视图称为斜剖视图，如图 6-14 所示，当机件上倾斜部分的内部形状在基本视图上都不能反映实形时，可用一个平行于倾斜部分且垂直于某一基本投影面的剖切平面剖切，剖切后得到了反映实形的斜剖视图。

画斜剖视图时，剖视图可如图 6-14（b）那样，按投影关系配置在与剖切符号相对应的位置，也可以将剖视图移于图纸的适当位置，还允许将图形旋转。斜剖视图需要标注。

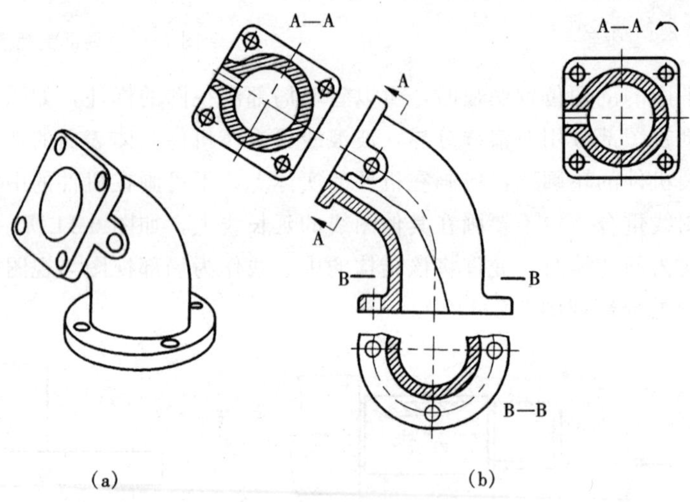

图 6-14 斜剖视图

5. 旋转剖视图

用两相交的剖切面剖切机件所得到的剖视图称为旋转剖视图。

当机件内部结构需要用两相交剖切面剖切，机件又有回转轴线时，适合采用旋转剖视图。

如图 6-15（a）所示。为了将泵盖的内部结构和各种孔的形状都表达清楚，采用了交线垂直于正面的两个剖切面剖开泵盖，将被倾斜剖切面剖开的结构及有关部分旋转到与相关的基本投影面平行，然后再进行投影，便得到图中的“A—A”全剖视图。

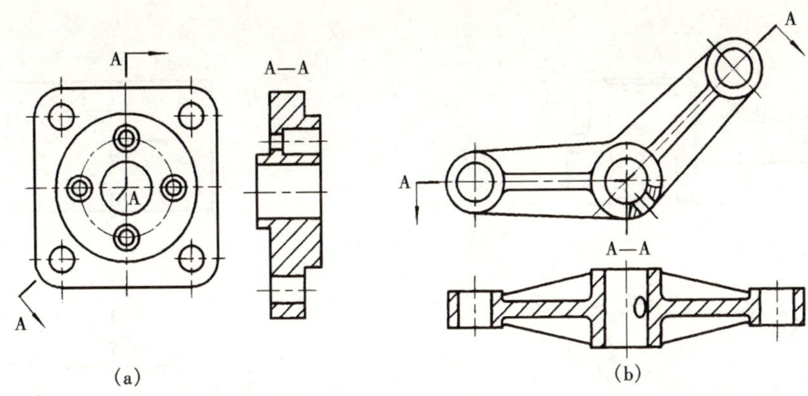

图 6-15 旋转剖视图

(a) 泵盖；(b) 摇杆

将剖切面剖开的结构旋转后进行投影，剖切面后的其他结构，一般仍按原来的位置投影，例如在图 6-15（b）中的油孔，就是仍按原来位置投影画出的。

画旋转剖时，应如图 6-15（a）所示，画出剖切符号，在剖切符号的起讫和转折处标注字母×，在剖切符号两端画表示剖切后的投影方向的箭头，并在剖视图上方用字母注明剖视图的名称×—×；但当转折处位置有限又不致引起误解时，也可如图 6-15（b）所示，允许省略标注转折处的字母。

6. 阶梯剖视图

用几个平行的剖切平面剖开机件所画出的剖视图，称为阶梯剖视图。

如图 6-16 所示，机件上有几个直径不等的孔，其轴线不在同一平面，所以要把这些孔的内部结构形状都表达出来，需要用两个相互平行的剖切面来剖切。

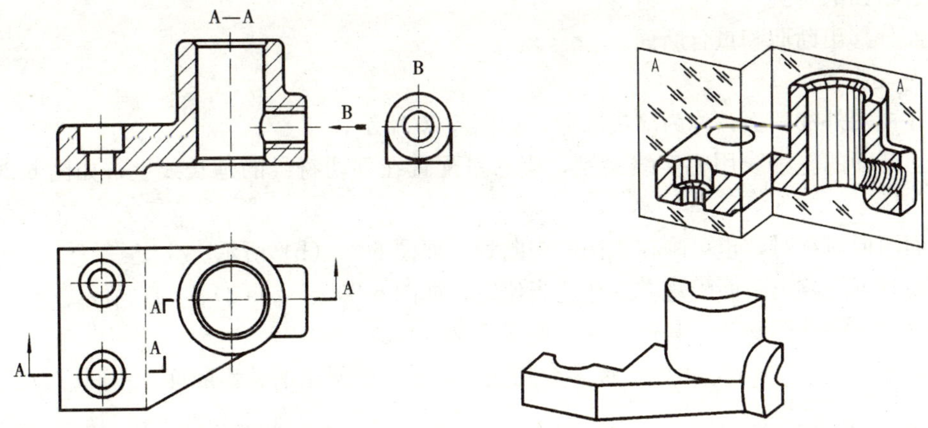

图 6-16 阶梯剖视图

用阶梯剖画出的剖视图，不应画出两个剖切面转折处的界线，如图 6-17 所示，同时剖切平面转折处也不应与图中的轮廓线重合，且在图形内不应出现不完整的要素，仅当两个要素在图形上具有公共对称中心线或轴线时，才允许以对称中心线或轴线为界线各画一半，如图 6-18 所示。

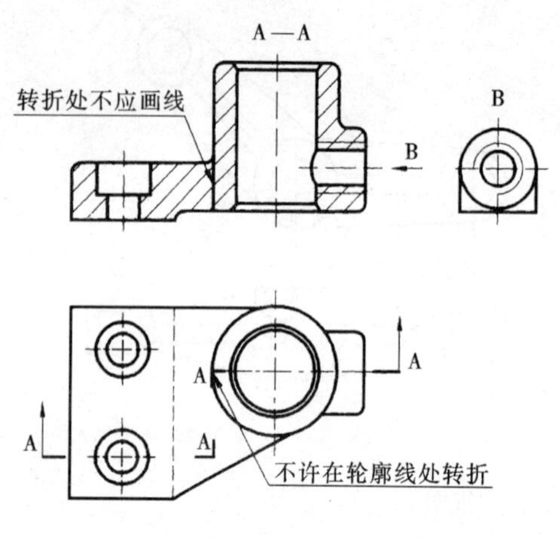

图 6-17 阶梯剖视图错误画法

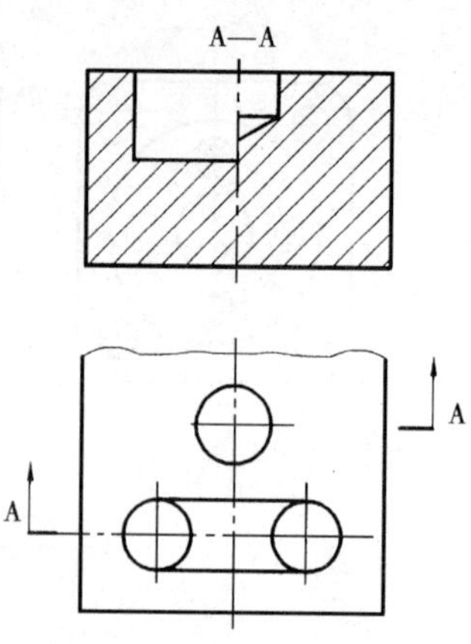

图 6-18 具有公共中心线或轴线时不完整要素画法

第三节 断 面 图

一、基本概念

假想用剖切面将机件的某处切断，仅画出断面的图形，这个图形称为断面图。

如图 6-19（a）、（b）所示，假想在键槽处用一个垂直于轴的剖切面将轴切断，画出它的断面图，并在断面图上要画出剖面符号。断面图与剖视图的区别是：断面图只表示机件的断面形状，而剖视图除了表达断面形状以外，还要画出机件留下部分的投影。如图 6-19（c）。

二、断面的种类

断面分移出断面和重合断面。

1. 移出断面

画在视图外的断面，称为移出断面，如图 6-20 所示。

移出断面的轮廓线用粗实线绘制，应尽量配置在剖切符号的延长线上，如图 6-20（a）所示。

断面图形对称时，也可画在视图的中断处，如图 6-20（b）所示。

必要时可将移出断面配置在其他适当位置，如图 6-20（c）、（d）、（e）所示。在不引起误解时，允许将图形旋转，其标注形式见图 6-20（f）。

如图 6-20（g）所示，由两个或多个相交剖切面剖切得出的移出断面，中间应断开。

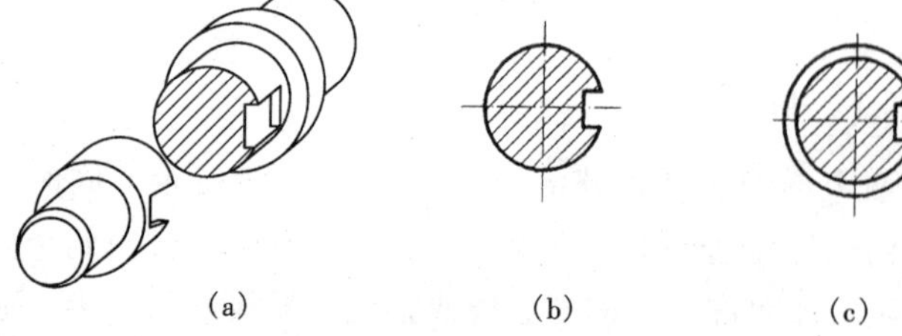

图 6-19 轴的断面图与剖视图的区别

如图 6-20（e）所示，当剖切平面通过回转面形成的孔或凹坑的轴线时，则这些结构应按剖视绘制。

如图 6-20（f）所示，当剖切平面通过非圆孔，会导致出现完全分开的两个断面时，则这些结构应

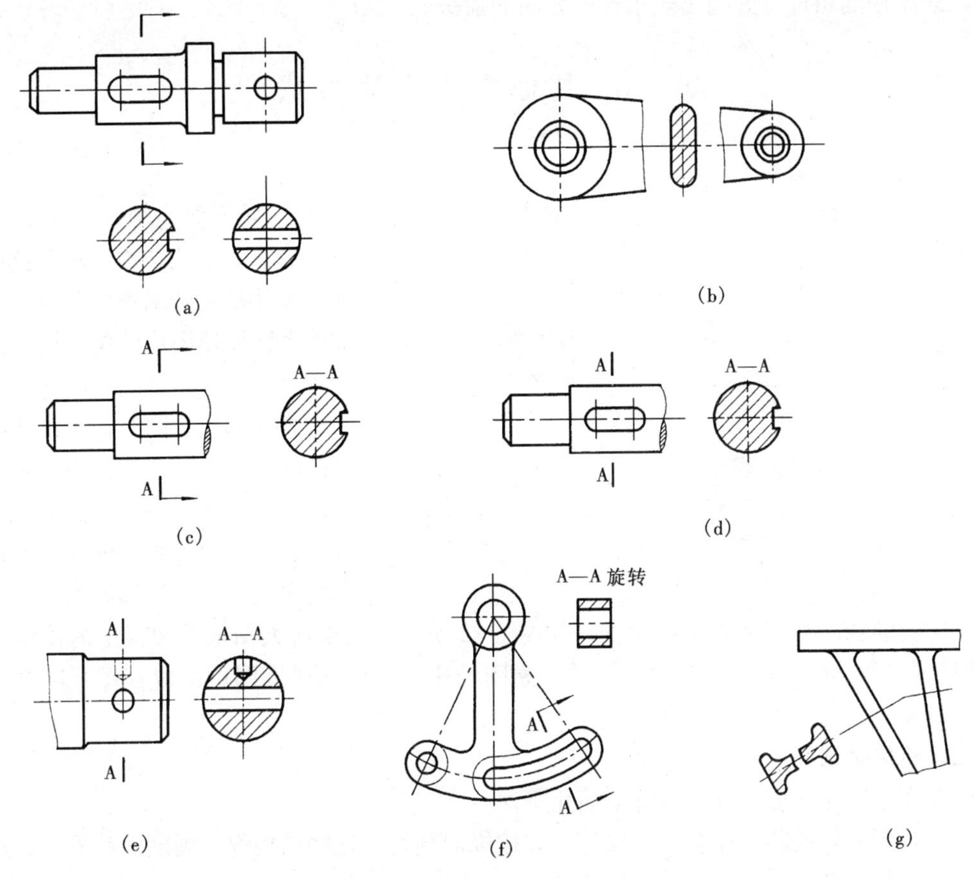

图 6-20 移出断面

按剖视绘制。

如图 6-20（c）、(f）所示，移出断面一般应标注，标注方法与剖视图基本一致，用剖切符号表示剖切位置。用箭头表示投影方向，并注上字母，在断面图上方用同样的字母标出相应的名称“×—×”。如图 6-20（a）所示，配置在剖切符号延长线上的不对称移出断面，可省略字母。如图 6-20（d)、(e）所示，不配置在剖切符号延长线上的对称移出断面，以及按投影关系配置的不对称移出断面，可省略箭头。如图 6-20（a)、(b)、(g）所示，配置在剖切符号延长线上的移出断面和配置在视图中断处的移出断面，都不必标出。

2. 重合断面

画在视图内的断面称为重合断面，重合断面的轮廓线用细实线绘制。当视图中的轮廓线与重合断面图形重叠时，视图中的轮廓线仍应连续画出，不可间断。如图 6-21（a)、(b)。对称的重合断面，不必标注；配置在剖切符号上的不对称重合断面，不必标注

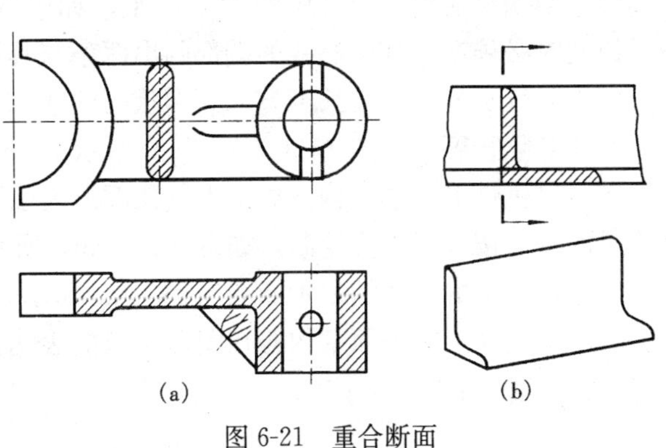

图 6-21 重合断面

字母，只需在剖切符号处画出表示投影方向的箭头。

第四节 其他常用表达方法

一、局部放大图

将机件的部分结构，用大于原图形的比例画出的图形，称为局部放大图。如图 6-22 中的Ⅰ、Ⅱ处形状结构较小，读图与标注尺寸都比较困难，此时采用局部放大图能使图形清楚，同时便于标注尺寸。

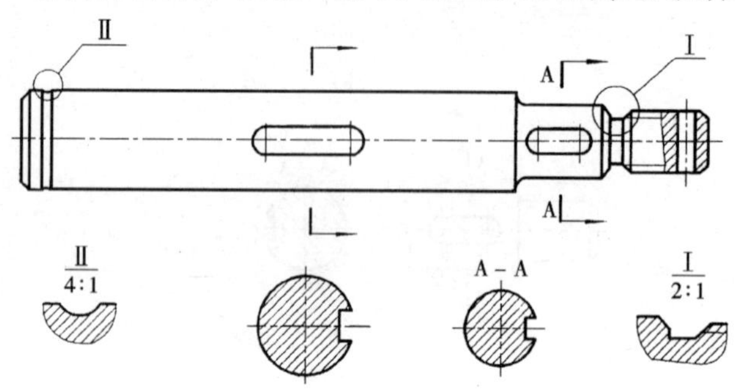

图 6-22 局部放大

画局部放大图时，用细实线圈出被放大部位，并在其附近画出局部放大图。当同一机件需多处放大时，必须用罗马数字依次标明被放大的部位，并在局部放大图的上方标注出相应的罗马数字和采用的比例，如图 6-22 所示。局部放大图采用和标出的比例应为放大图相对于物体的比例，而不是相对于原图的比例。局部放大图可画成视图、剖视、断面，它与被放大部分的表达方式无关。

二、简化画法

下面介绍国家标准所规定的部分简化画法。

（1）对于机件的肋、轮辐、薄壁等，如按纵向剖切，这些结构都不画剖面符号，并用粗实线将它与其相邻接部分分开，如图 6-23（a）中的左视图上肋板的画法。如果按横向剖切，则这些结构仍应画出剖面符号，如图 6-23（a）中俯视图上肋板的画法。同理，图 6-23（b）所示轮辐按 B—B 取旋转剖时，轮辐同样不画剖面符号。

（2）当机件具有均匀分布的肋、轮辐、孔等结构不处于剖切平面时，其剖视图应按图 6-23（b）、（c）、（d）画出，允许将这些结构旋转到平行于某投影面作图。

（3）当机件具有若干相同结构（孔、齿、槽等），并按一定规律分布时，只需画出几个完整结构，其余用细实线连接或画出中心线表明位置，但在图中必须注明该结构的总数，如图 6-23（f）、（g）所示。

（4）当图形对称时，可画略大于一半，如图 6-23（d）所示；也可只画一半或四分之一，但此时必须在对称中心线的端部画出两条与其垂直的平行细实线，如图 6-23（e）所示。

（5）对较长的零件沿长度方向其形状一致或按一定规律变化时，可以断开后缩短表示，但要标注实际长度，如图 6-23（j）、（k）所示。

（6）对机件上较小结构，如已由其他图形表示清楚，且不影响读图时，可采用简化或省略表示而不需按真实投影绘制，如图 6-23（m）所示。

（7）机件上的滚花的表示如图 6-23（h）所示，图上注明其具体要求。

（8）圆柱体上的平面结构若在图形中未能表达清楚，可按图 6-23（n）所示用平面符号（相交的两条细实线）表示。

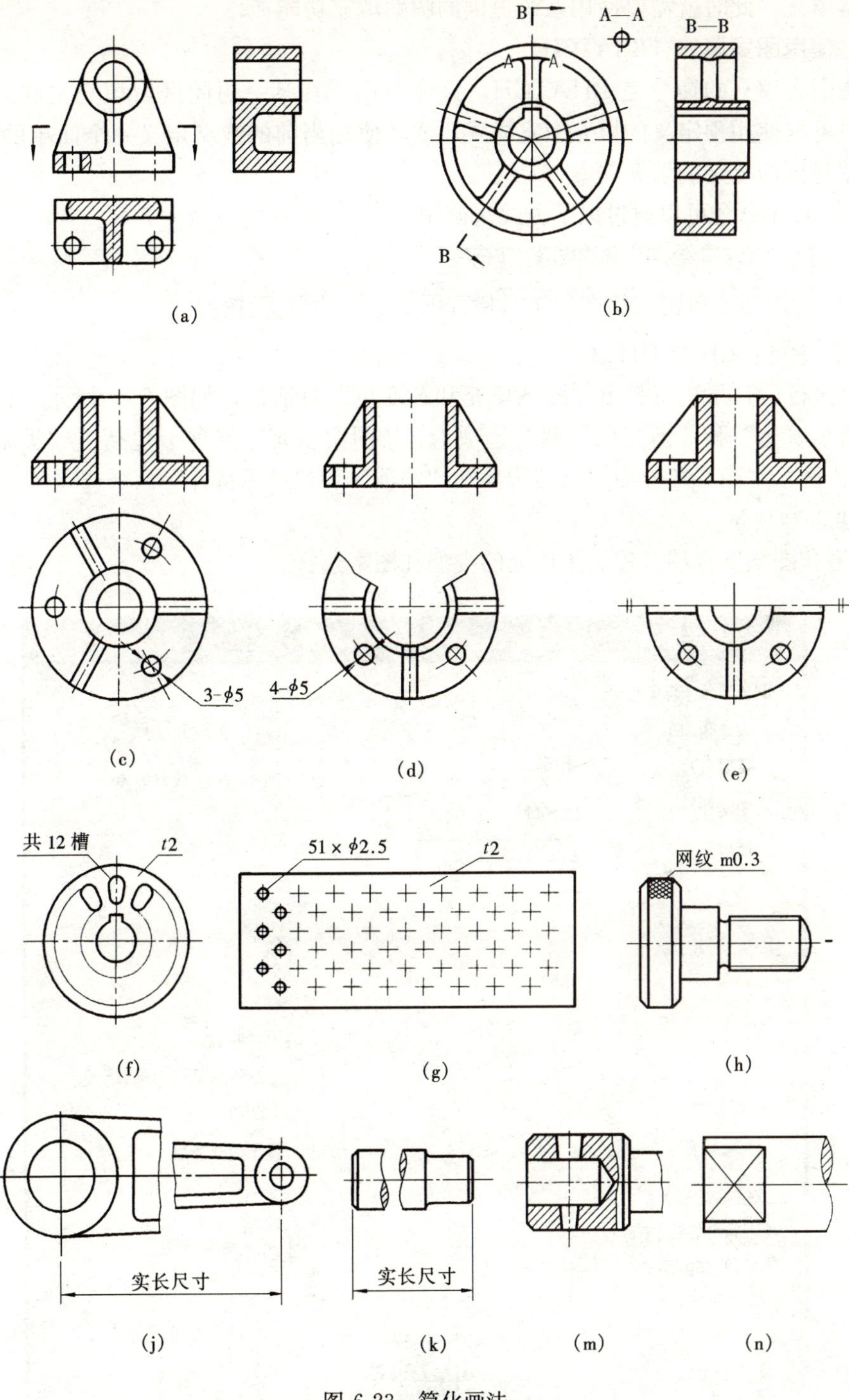

图 6-23　简化画法

第五节　AutoCAD 2006 图案填充功能

很多情况下，用户为了标识某一区域的意义或用途（如剖面、断面），通常需要将其以某种图案填充，此时就需要使用系统提供的图案填充功能了。

一、使用图案填充（BHATCH）

使用图案填充的命令是 BHATCH，该命令用于在某一封闭区域填充关联或非关联图案，用户可以使用预定义的填充图案样式，或者使用当前的线型定义一个简单的图案样式，还可以创建更加复杂的填充图案。

BHATCH 命令可以通过以下方式来调用：

- ✦ 下拉菜单：“绘图”/“图案填充”。
- ✦ 图标按钮：单击“绘图”工具栏（图 2-46）中的按钮。
- ✦ 命令行：BHATCH ↵。

命令执行后，系统将弹出“图案填充和渐变色”对话框，如图 6-24 所示。该对话框提供了“图案填充”和“渐变色”两个选项卡。“图案填充”选项卡包括了“类型和图案”、“角度和比例”、“图案填充原点”、“边界”、“选项”和“继承特性”六个选项区。

1. 类型和图案

“类型和图案”选项区控制了填充的类型和图案选择。

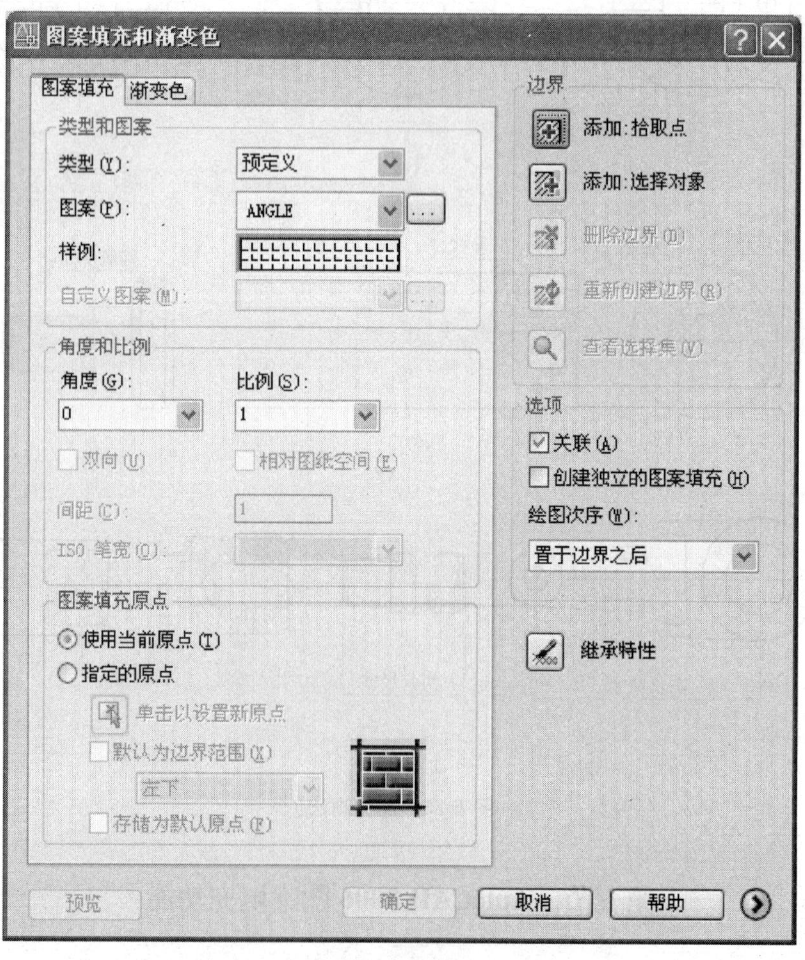

图 6-24　“图案填充和渐变色”对话框

✦ “类型”下拉列表：设定图案的类型，包括“预定义”、“用户定义”及“自定义”三种类型。其中“预定义”类型是指 AutoCAD 存储在 acad. pat 或 acadiso. pat 文件中的预先定义的图案样式；“用户定义”类型是基于图形中当前线型可由用户创建的直线图案；“自定义”类型提供的图案为来源于其他图案文件（不是 ACAD. PAT）的图案。

✦“图案”下拉列表：主要控制对填充图案的选择。下拉列表显示可用图案的名称，最近使用的图案列在最上面。单击右侧的[...]按钮，弹出“填充图案选项板”对话框，如图 6-25 所示。在该对话框中可直观地选用所需的图案。

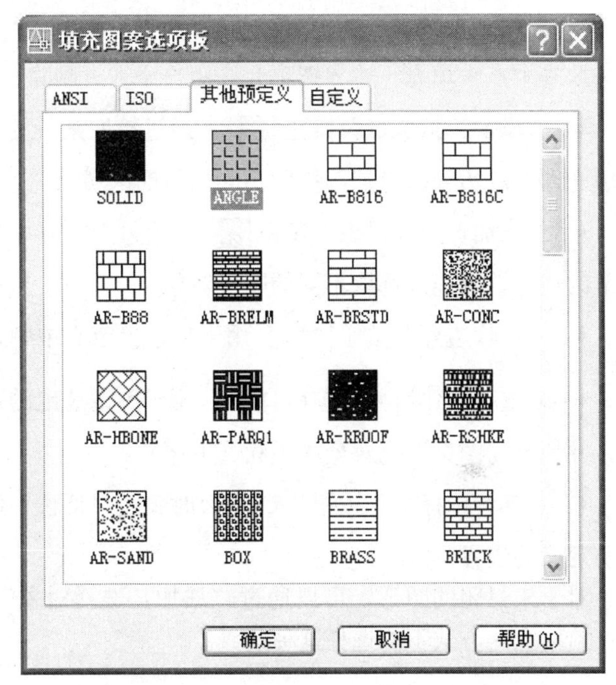

图 6-25 “填充图案选项板”对话框

✦ “样例”列表框：用于显示选定图案的预览。

✦ “自定义图案”下拉列表框：列出可用的自定义图案。

2. 角度和比例

“角度和比例”选项区主要控制填充图案的显示样式和缩放。

✦ “角度”编辑框：用于设置填充图案的角度。

✦ “比例”编辑框：用于设置填充图案的比例。

✦ “双向”复选框：主要控制当填充图案选择“用户定义”类型时，采用的当前线型的线条布置是单向还是双向。

✦ “相对图纸空间”复选框：用相对于图纸空间的单位缩放填充图案。该选项仅在图纸空间里显示为可用，使用它可以很容易地做到以适合于布局的比例显示填充图案。

✦ “间距”文本框：用于调整“用户定义”类型的图案间距。

✦ “ISO 笔宽”下拉列表框：用于设置 ISO 预定义图案的笔宽。

3. 图案填充原点

在创建填充图案时，图案的外观与 UCS 原点有关。在 AutoCAD2006 版本中，在创建和编辑填充图案时可以指定填充原点。可以使用当前的原点，通过单击一个点来设置新的原点，或利用边界的范围来确定。甚至可以指定这些选项中的一个来做为默认的行为用于以后的填充操作。

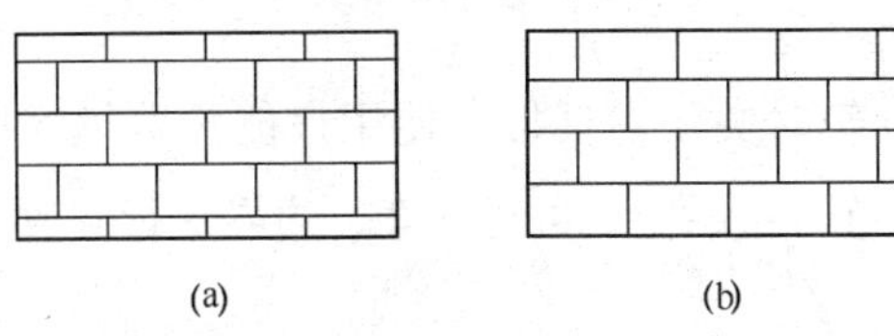

图 6-26 改变图案填充原点效果
(a) 默认图案填充原点；(b) 新的图案填充原点

默认情况下，填充图案始终相互对齐。但是有时用户可能需要移动图案填充的原点。例如，用砖形图案填充建筑立面图时，希望在填充区域的左下角以完整的砖块开始，如图6-26 所示。在这种情况下，需要在“图案填充原点”

选项区中重新设置图案填充原点。选择“指定的原点”单选框后，单击 按钮，用鼠标拾取新原点，或者选择“默认为边界范围”复选框，并在下拉菜单中选择所需点作为填充原点。另外，还可以选择“存储为默认原点”复选框，保存当前选择为默认原点。

4. 边界

“边界”选项区用于指定填充图案的边界。用户可以在范围不完全在当前屏幕中的区域中选取一个点来填充。边界选项允许用户添加、删除、重新创建边界以及查看当前边界。

✦ “添加：拾取点”按钮 ：通过拾取某一要填充图案区域的内部一点的方法来确定填充图案的边界。可连续拾取不同的图形区域。

✦ “添加：选择对象”按钮 ：通过选择要填充图案的图形对象的方法来确定填充图案的边界。可连续选取不同的图形对象。

✦ “删除边界”按钮 ：用于从边界定义中删除以前添加的任何边界对象。

✦ “重新创建边界”按钮 ：用于围绕选定的图案填充或填充对象创建多段线或面域，并使其与图案填充对象相关联（可选）。

✦ “查看选择集”按钮 ：暂时关闭对话框，使用当前的图案填充或填充设置显示当前定义的边界。

对于未封闭的图形，可以通过“添加：选择对象”方式选择边界，完成填充。但“添加：拾取点”方式不能选择这种边界。

5. 选项

“选项”选项区中用于控制填充图案的特性。

✦ “关联”复选框：用于控制填充图案与边界关联或非关联。关联图案填充随边界的更改自动更新；而非关联图案填充则不会随填充边界的更改而自动更新。

✦ “独立的图案填充”复选框：用于创建分离的填充图案。如果需要在图形中的多个区域使用相同的填充属性，一次将所有的区域都选中填充，可以出现多个填充对象，在不影响其他填充图案的情况下可以对某一填充图案进行修改和删除。这样一次操作等于以前版本中的多次操作。

✦ “绘图次序”下拉列表：主要为图案填充或填充指定绘图次序。图案填充可以放在所有其他对象之后、所有其他对象之前、图案填充边界之后或图案填充边界之前。

6. 继承特性

“继承特性”按钮 将已存在的关联图案的图案类型和特性设置为当前的图案和特性。但是，非关联图案和属性无法继承。

对话框中，按下 预览 按钮，AutoCAD 暂时关闭对话框，使用户能预览填充的结果。预览结束后，右击返回到“图案填充和渐变色”对话框，可对图案、边界进行修改。

7. 孤岛

在进行图案填充时，位于一个已定义好的填充区域内的封闭区域称为孤岛。在 AutoCAD 2006 中对于孤岛的设置，可以通过单击“图案填充和渐变色”对话框右下角的 按钮伸展该对话框访问高级选项。伸展后的对话框如图 6-27 所示。

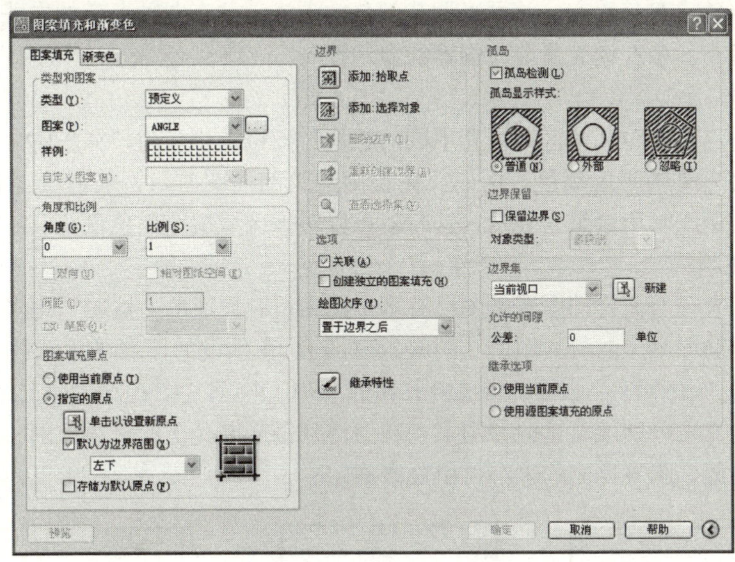

图 6-27 伸展后的“图案填充和渐变色”对话框

在伸展出的高级选项中包括孤岛、边界保留、边界集设置等。

✦ “孤岛”选项区用于选择孤岛检测样式。其中“孤岛检测”选项控制 BHATCH 命令对孤岛的填充方式。AutoCAD 提供了三种不同的填充方式：“普通”、“外部”和“忽略”。

✦ “边界保留”选项区可指定是否将边界保留为对象，并确定应用于这些对象的对象类型。其中“保留边界”复选框控制是否将填充边界以对象的形式保留；“对象类型”下拉列表控制新边界对象的类型（多段线或面域），此选项仅当选中“保留边界”时才可用。

✦ “边界集”选项区用于设置通过“添加：拾取点”定义图案填充区域时，BHATCH 命令是在所有图形元素上查找边界，还是在选定的图形元素上查找边界。用户可为其定义检查集，对于复杂图形可节省边界查找时间，从而加快 BHATCH 命令的执行。

✦ “允许的间隙”选项区用于设置将对象用作图案填充边界时可以忽略的最大间隙。默认值为 0，即指定对象必须封闭区域而没有间隙。按图形单位输入一个值（0～5000）以设置将对象用作图案填充边界时可以忽略的最大间隙。任何小于等于指定值的间隙都将被忽略，并将边界视为封闭。

在图案填充的操作中，除了通过对话框设置外，有部分功能还可以在确定填充边界后，在右击弹出的快捷菜单中选择相应的选项来完成。

二、使用渐变色填充（GRADIENT）

AutoCAD 2006 不仅提供了各种图案填充，还提供了渐变色填充。在制图中可以利用该填充方式加强方案图的表现效果。GRADIENT 命令可以通过以下方式来调用：

✦ 选择“图案填充和渐变色”对话框（图 6-24）中的“渐变色”选项卡。

✦ 下拉菜单：“绘图”/“渐变色”。

✦ 图标按钮：单击“绘图”工具栏（图 2-46）中的按钮。

✦ 命令行：GRADIENT ↵。

命令执行后，系统将弹出“图案填充和渐变色”对话框的“渐变色”选项卡。

可以选择单色或双色填充，并可以调节颜色的深浅，共有九种渐变的方式可供选择。

三、色块填充、多次填充及填充图案的显示控制

1. 色块填充

在绘图时，当需要对某些区域填充不同的色块时，可选用名为“SOLID”的图案进行填充，其填充色为当前层所用颜色。例如，在绘制建筑剖面图时，钢筋混凝土材料在断面较窄、不易画出图例线时用涂黑来表示，这时就可以对该区域填充黑色色块。

2. 多次填充

在绘图时，有时所需要的图案是由已有多个图案组合而成的，这时可用多次填充的方法获得。例如，钢筋混凝土的材料图例［图 6-28（a）］，在预设的图案中无法找到，但它是由已有的两个图案“ANSI31”［图 6-28（b）］和“AR-CONC”［图 6-28（c）］组成的。因此，可用两次填充的方法分别填充这两种图案，从而得到钢筋混凝土的材料图例。注意填充时应分别调整其比例值，图案比例的大小可由观察确定。

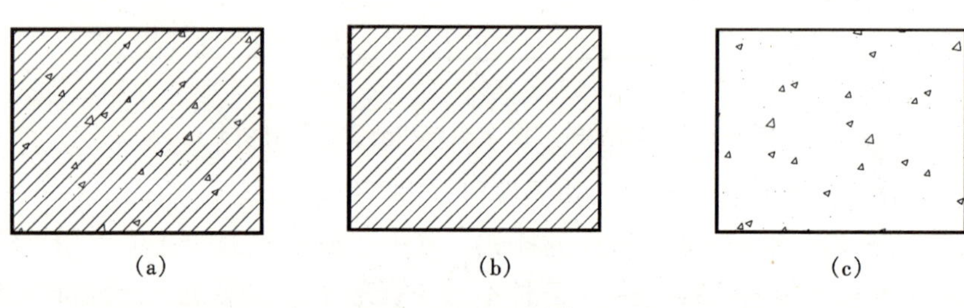

（a） （b） （c）

图 6-28 多次填充

（a）钢筋混凝土材料图例；（b）填充 ANSI31 图案；（c）填充 AR-CONC 图案

四、创建填充边界（BOUNDARY）

图案填充的边界除了由前面所述的定义方法外，还可以单独进行边界定义。创建填充边界命令为 BOUNDARY，该命令通过以下方式来调用：

- ✦ 下拉菜单：“绘图”/“边界”。
- ✦ 命令行：BOUNDARY ↵。

命令执行后，弹出“边界创建”对话框。该对话框与“图案填充和渐变色”对话框中的高级选项区域有相似之处，各个选项的含义和使用也是相同的。只是命令结束后，它只创建边界而不创建填充。

五、编辑图案填充（HATCHEDIT）

当用户填充完图案后，有时需要修改图案、图案边界或其关联性。利用图案编辑命令（HATCHEDIT）可以很方便地修改图案、比例、旋转角度和关联性等设置，而且还可以修改、删除及重新创建边界。HATCHEDIT 命令可以通过以下方式来调用：

- ✦ 下拉菜单：“修改”/“对象”/“图案填充”。
- ✦ 图标按钮：单击“修改 II”工具栏（图 5-21）中的按钮。
- ✦ 快捷菜单：选定图案填充对象后，从右击快捷菜单中选择“编辑图案填充”选项。
- ✦ 命令行：HATCHEDIT ↵。

命令执行后，系统将弹出“图案填充编辑”对话框，该对话框与“图案填充和渐变色”

对话框的内容相似，只是某些选项被禁止使用。

当然也可以用 PROPERTIES（对象特性）命令来修改填充图案的参数。

图案是一个单独对象。用户可以使用 EXPLODE 命令分解一个已存在的关联图案。分解后的图案不再是单一对象，而是一组组成图案的线。因此，也就无法使用 HATCHEDIT 命令来编辑它了。

【例 6-1】 用 AutoCAD 2006 绘制如图 6-29 所示棘轮视图。

作图步骤如下：

（1）设置绘图环境。

1）设置图形界限。用 LIMITS 命令设置图形界限，左下角点（0，0），右上角点（420，297），然后用 ZOOM 命令 ALL 选项显示全范围。

2）设定绘图单位及精度。用 UNITS 命令设置绘图精度为 0.00，其他取默认值。

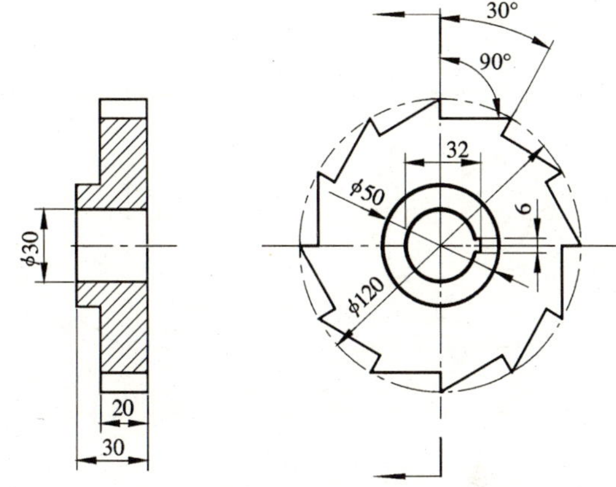

图 6-29 棘轮视图

3）设置图层。用 LAYER 命令建立粗实线、细实线、中心线、虚线层及尺寸标注层、图案层等，并选择相应的线型、线宽、颜色。

（2）开始画图。

1）画棘轮轮齿，如图 6-30 所示。设置中心线层为当前层，画直径为 120 的外圆及中心线。设置粗实线层为当前层，画一条与垂直方向成 30°的线，与圆交于一点，过交点作一水平线与垂直中心线相交，由此向上画垂直线与圆周相交。删除 30°斜线，结果如图 6-30（a）所示。

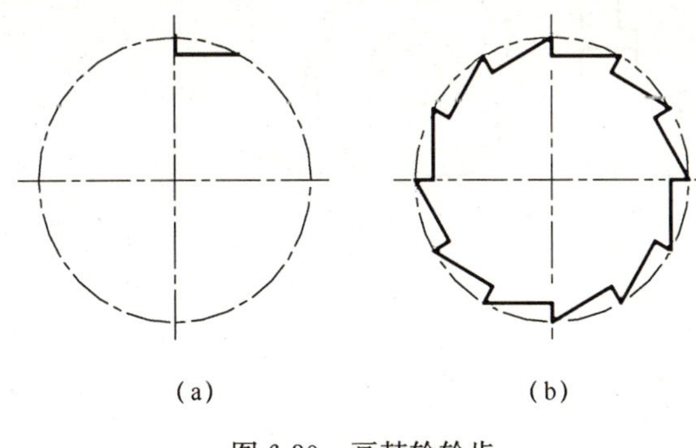

图 6-30 画棘轮轮齿

命令：**ARRAY** ↵

打开“阵列”对话框，点选“环形阵列”，“选择对象”选取轮齿的两条线段，捕捉圆心为“中心点”，输入“项目总数”12，“填充角度”360，勾选“复制时旋转项目”，单击“确定”，完成轮齿的阵列，结果如图 6-30（b）所示。

2）画键槽，如图 6-31 所示。画棘轮突出部分的同心圆，然后窗口放大棘轮中心部分(ZOOM/W)。

命令：**OFFSET** ↵ （偏移复制键槽的三条线）

当前设置：删除源＝否 图层＝源 OFFSETGAPTYPE＝0

指定偏移距离或[通过(T)/删除(E)/图层(L)]＜通过＞：3 ↵(输入上下偏移距离)

选择要偏移的对象，或[退出(E)/放弃(U)]＜退出＞：(选水平中心线)

指定要偏移的那一侧上的点，或[退出(E)/多个(M)/放弃(U)]＜退出＞：(向上点取一点)

选择要偏移的对象，或[退出(E)/放弃(U)]＜退出＞：(选水平中心线)
指定要偏移的那一侧上的点，或[退出(E)/多个(M)/放弃(U)]＜退出＞：(向下点取一点)
选择要偏移的对象，或[退出(E)/放弃(U)]＜退出＞：↵(退出)
命令：↵
OFFSET
当前设置：删除源＝否 图层＝源 OFFSETGAPTYPE＝0
指定偏移距离或［通过(T)/删除(E)/图层(L)］＜3.00＞：17 ↵(输入向右偏移距离)

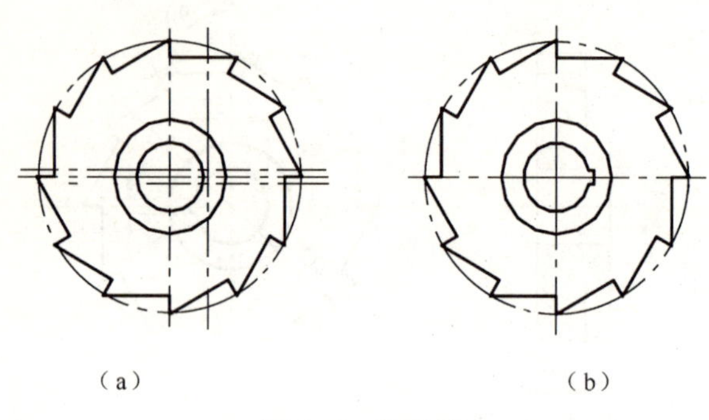

图 6-31　画键槽

选择要偏移的对象，或[退出(E)/放弃(U)]＜退出＞：(选垂直中心线)

指定要偏移的那一侧上的点，或[退出(E)/多个(M)/放弃(U)]＜退出＞：(向右点取一点)

选择要偏移的对象，或[退出(E)/放弃(U)]＜退出＞：↵ (完成偏移，结果如图6-31 (a) 所示)

选取刚复制的三条线，在右击弹出的快捷菜单中选择“特性”项，然后在“特性”选项板中将“图层”由中心线层修改为粗实线层。

执行 TRIM 命令，选择刚复制的三条线及最小圆为剪切边，修剪多余线段，结果如图 6-31 (b) 所示。

3) 画右视图。设置中心线层为当前层，作一条水平中心线。设置细实线层为当前层，利用 LINE 命令作出右视图上半部分直线，如图 6-32 (a) 所示。

利用 TRIM 命令修剪多余线，将所得图形由细实线层修改为粗实线层，结果如图 6-32 (b) 所示。

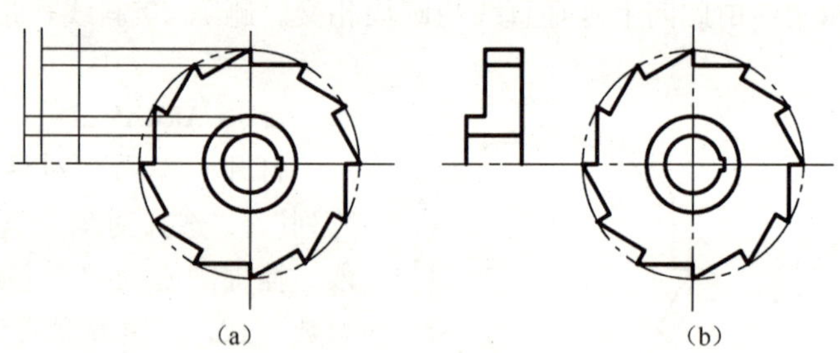

图 6-32　画右视图上半部分

命令：**MIRROR** ↵
选择对象：指定对角点：找到 7 个 (窗选右视图上半部分所有线)
选择对象：↵ (结束选择)
指定镜像线的第一点：指定镜像线的第二点：(捕捉中心线两端点)
要删除源对象吗？[是 (Y) /否 (N)] ＜N＞：↵ (保留源对象，结果如图 6-33 (a) 所示)

4) 填充图案。设置图案层为当前层。

命令：**BHATCH** ↵

打开“图案填充和渐变色”对话框，选择图案“ANSI31”，单击“添加：拾取点”，在图形中分别拾取图 6-33 (a) 中区域 A 和 B 中一点，回车返回到对话框，调整合适的比例，

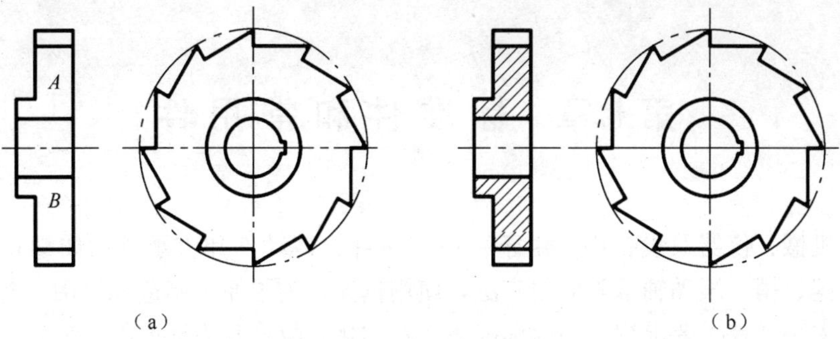

图 6-33 在右视图中画出剖面线

单击“预览”按钮，预览填充结果，单击左键返回到对话框，单击右键接受图案填充，结果如图 6-33（b）所示。

第七章 标准件和常用件

在各种机械、仪器及设备中，由于一些连接件、传动件和支承件，如螺钉、螺栓、螺母、垫圈、键、销、滚动轴承等应用广泛，使用量大，为了便于制造和使用，现已将其结构形式、尺寸大小及技术要求均已制成标准化、系列化，故称其为标准件；另有一些零件，如齿轮、弹簧等，虽然不属于标准件，但它们的某些结构和尺寸已部分标准化，它们和常用的标准件一起统称为常用件。国家标准已规定了它们的简化画法。

本章简要介绍一些连接件、传动件等的结构、规定画法及其标注。

第一节 螺纹及螺纹连接件

一、螺纹的形成和螺纹要素

1. 螺纹的形成

沿着圆柱体（或圆锥体）表面形成的具有规定牙型的连续凸起和沟槽的螺旋线称为螺纹；在圆柱（或圆锥）外表面上所形成的螺纹称为外螺纹；在圆柱（或圆锥）内表面上所形成的螺纹称为内螺纹，图 7-1 所示的是车削内、外螺纹的情形。

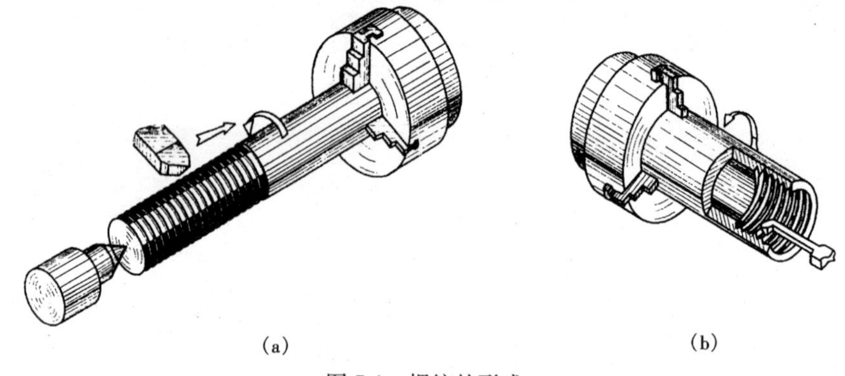

图 7-1 螺纹的形成

2. 螺纹的要素

(1) 牙型。在通过螺纹轴线的断面上，螺纹的轮廓形状称牙型。常见的螺纹牙型有三角形、梯形、锯齿形和方形，如图 7-2 所示。不同的螺纹牙型有不同的用途。三角形螺纹又称普通螺纹，普通螺纹和管螺纹主要起连接作用；梯形螺纹、锯齿型螺纹和方形螺纹主要用来传递动力或运动。

(2) 大径、小径和中径。与外螺纹牙顶或内螺纹牙底相切的假想圆柱面的直径称为大径，也称为公称直径，内外螺纹的大径分别以 D 和 d 表示；与外螺纹牙底或内螺纹牙顶相切的假想圆柱的直径称小径，内外螺纹的小径分别以 D_1 和 d_1 表示；中径为一假想圆柱的直径，该圆柱的母线通过牙型上沟槽和凸起宽度相等的地方，内外螺纹的中径分别用 D_2 和 d_2 表示，如图 7-3 所示。

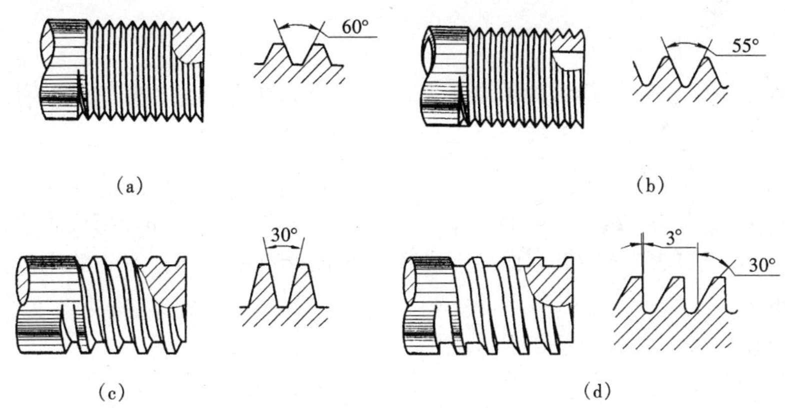

图 7-2 常用标准螺纹牙型

(a) 三角形螺纹；(b) 管螺纹；(c) 梯形螺纹；(d) 锯齿形螺纹

(3) 线数（俗称头数）n。在同一回转面上加工螺纹的数量称为线数，用 n 表示。螺纹有单线和多线之分。沿一条螺旋线所形成的螺纹称为单线螺纹；沿两条或两条以上，在轴向等距分布的螺旋线所形成的螺纹称为多线螺纹，如图 7-4 所示。

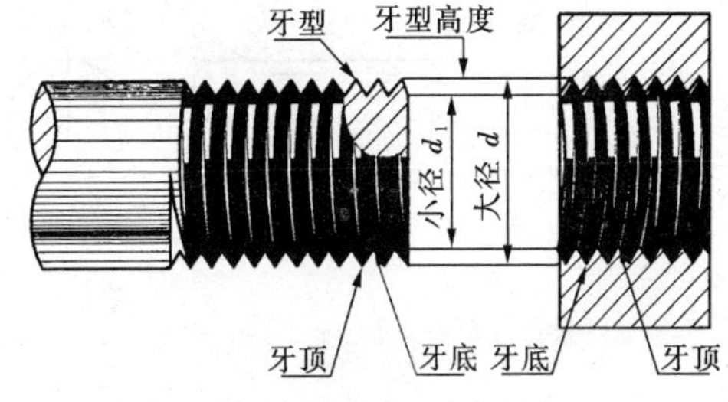

图 7-3 螺纹的要素

(4) 螺距(P)、导程(L)。相邻两牙在中径线上对应两点间的轴向距离称为螺距，以 P 表示；在同一条螺旋线上相邻两牙在中径线上对应两点间的轴向距离，称为导程，以 L 表示。

螺距、导程和线数三者之间的关系为：$L=nP$，如图 7-4 所示。

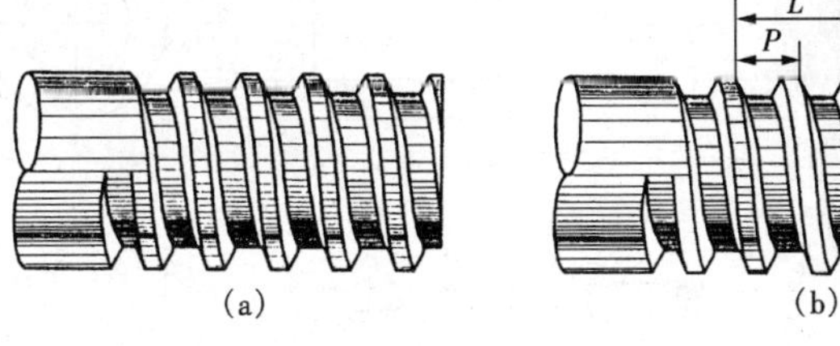

图 7-4 螺纹线数

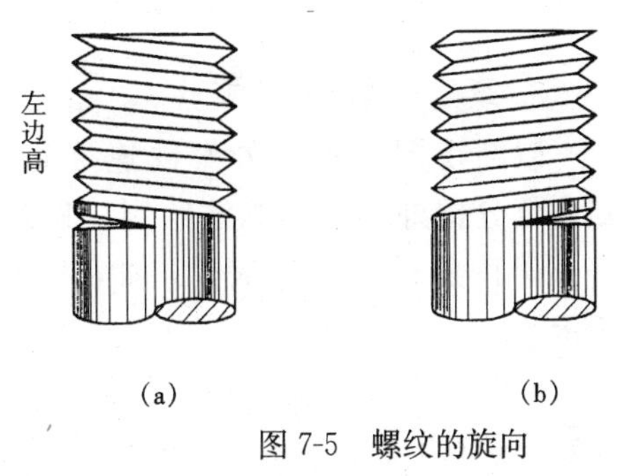

图 7-5 螺纹的旋向

(5) 旋向。螺纹的旋向分右旋和左旋，顺时针旋转时旋入的螺纹称为右旋螺纹；逆时针旋转时旋入的螺纹称为左旋螺纹，判断方法如图 7-5 所示。

常用的螺纹是右旋螺纹。在螺纹的要素中，牙型、大径和螺距是决定螺纹的最基本的要素，通常称为螺纹三要素。凡是这三项符合国家标准的称为标准螺纹；螺纹牙型符合标准，而大径或螺距不符合标准的称为特殊螺纹；若螺纹牙型也不符合标准的则称为非标准螺纹。

二、螺纹的规定画法

螺纹的真实投影比较复杂，为了便于制图，国家标准规定，不管螺纹的种类如何，螺纹的画法均按规定画法绘制。

1. 外螺纹和内螺纹的规定画法

螺纹的牙顶用粗实线表示，牙底用细实线表示，倒角或倒圆部分均应画出。在投影为圆的视图中，表示牙底的细实线圆只画约 3/4 圈，螺纹端部的倒角投影省略不画，螺纹终止线用粗实线表示。

（1）外螺纹的画法，如图 7-6 所示。

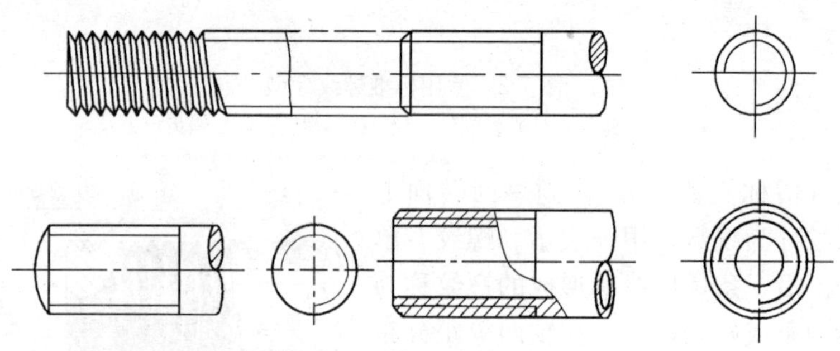

图 7-6　外螺纹的规定画法

（2）内螺纹的画法，如图 7-7 所示。

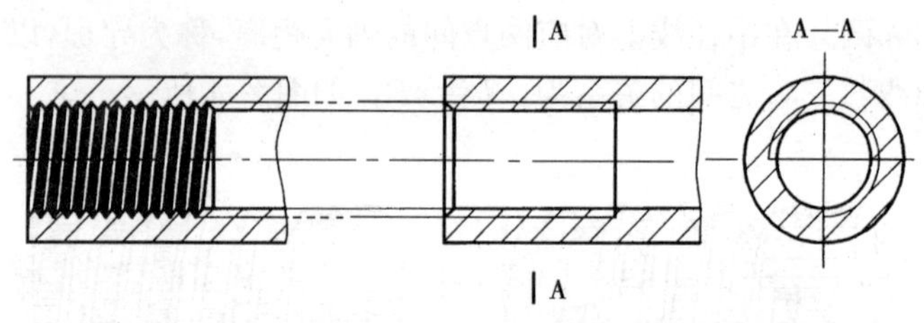

图 7-7　内螺纹的规定画法

2. 不可见螺纹的画法

不可见螺纹的所有图线按虚线绘制，如图 7-8 所示。

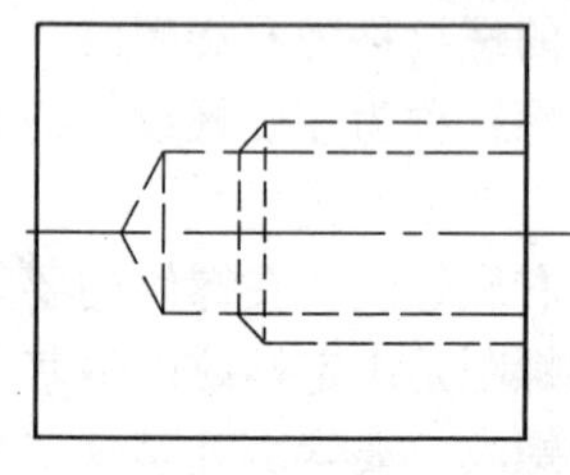

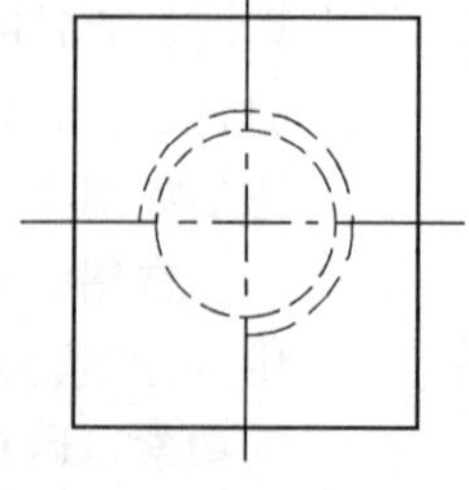

图 7-8　不可见螺纹的画法

3. 螺纹连接的规定画法

以剖视图表示内外螺纹连接时，旋合部分按外螺纹的画法绘制，其余部分仍按各自的画法表示，如图 7-9 所示。

绘图时应注意大、小径的粗细实线要分别对齐。

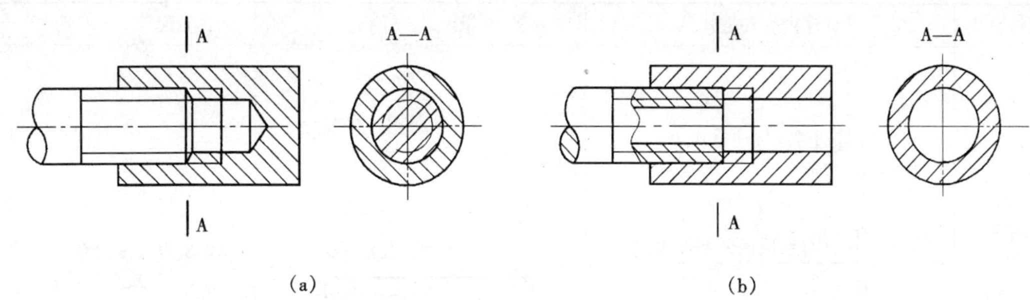

图 7-9 螺纹连接的画法

4. 螺纹牙型的画法

当需要表示螺纹牙型时，应用局部剖视或局部放大图表示几个牙型（图 7-10），绘制传动螺纹时，一般需要表示几个牙型。

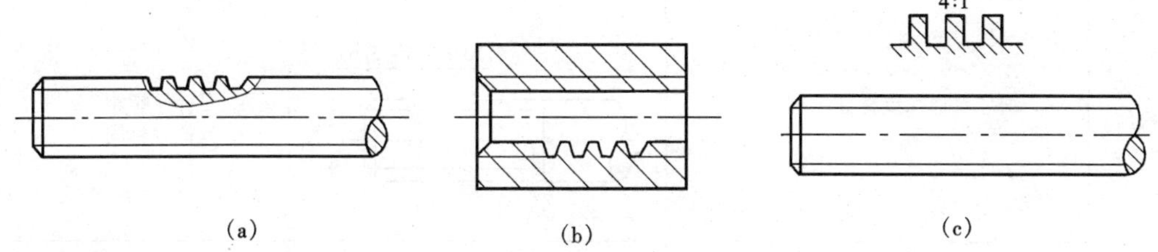

图 7-10 螺纹牙型的画法

三、螺纹的规定标注

虽然螺纹种类、牙型多样，但按其规定画法，在图示时是相同的，因此国家标准规定，应在图上注出标准螺纹的相应代号以区别不同类型和规格的螺纹。一般螺纹（管螺纹除外）标准的格式是：

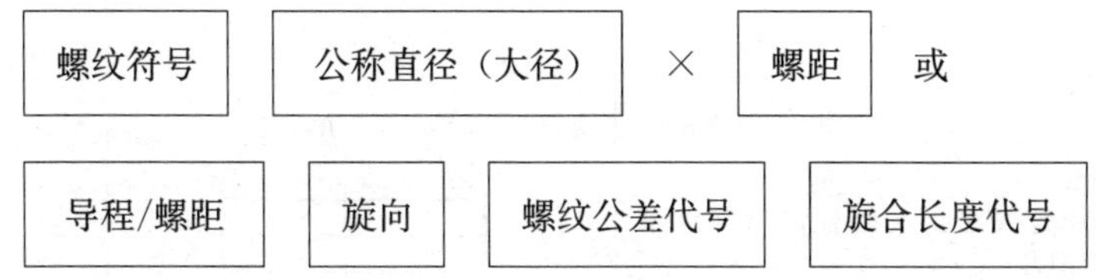

其中有些内容可以省略，如旋向为右旋，旋合长度为中等长度 N 时皆可省略不注。

四、常用螺纹紧固件的规定画法和标注

常用的螺纹紧固件有：螺栓、双头螺柱、螺钉、紧定螺钉、螺母和垫圈等。由于这类零件都已标准化了，为了作图方便，常将螺纹紧固件部分尺寸，按其与螺纹大径（d）所成的比例近似画出。

表 7-1 **常用标准螺纹的规定标注**

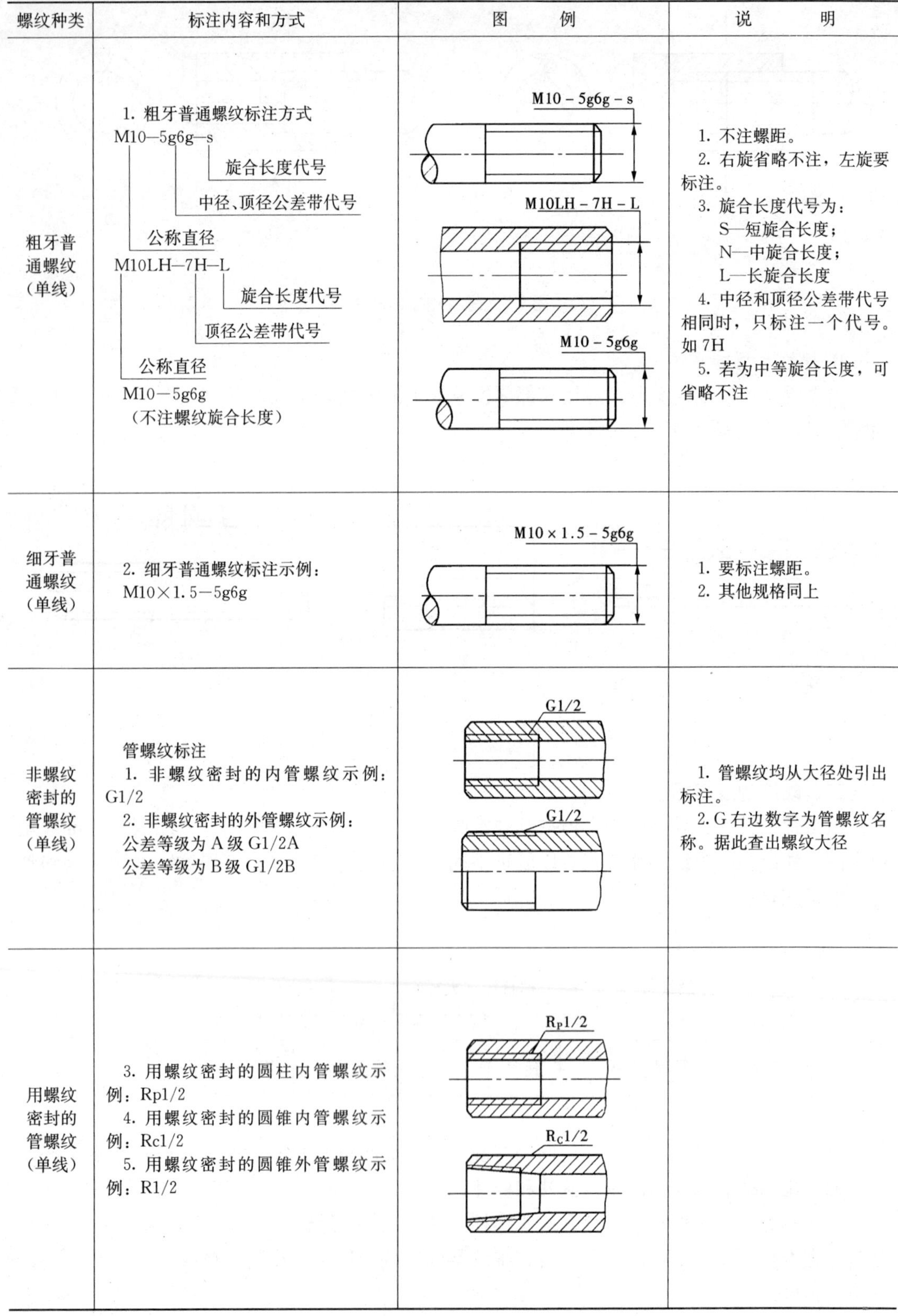

螺纹种类	标注内容和方式	图　　例	说　　明
粗牙普通螺纹（单线）	1. 粗牙普通螺纹标注方式 M10—5g6g—s 旋合长度代号 中径、顶径公差带代号 公称直径 M10LH—7H—L 旋合长度代号 顶径公差带代号 公称直径 M10－5g6g （不注螺纹旋合长度）	M10 - 5g6g - s M10LH - 7H - L M10 - 5g6g	1. 不注螺距。 2. 右旋省略不注，左旋要标注。 3. 旋合长度代号为： S—短旋合长度； N—中旋合长度； L—长旋合长度 4. 中径和顶径公差带代号相同时，只标注一个代号。如 7H 5. 若为中等旋合长度，可省略不注
细牙普通螺纹（单线）	2. 细牙普通螺纹标注示例： M10×1.5—5g6g	M10 × 1.5 - 5g6g	1. 要标注螺距。 2. 其他规格同上
非螺纹密封的管螺纹（单线）	管螺纹标注 1. 非螺纹密封的内管螺纹示例：G1/2 2. 非螺纹密封的外管螺纹示例： 公差等级为 A 级 G1/2A 公差等级为 B 级 G1/2B	G1/2 G1/2	1. 管螺纹均从大径处引出标注。 2. G 右边数字为管螺纹名称。据此查出螺纹大径
用螺纹密封的管螺纹（单线）	3. 用螺纹密封的圆柱内管螺纹示例：Rp1/2 4. 用螺纹密封的圆锥内管螺纹示例：Rc1/2 5. 用螺纹密封的圆锥外管螺纹示例：R1/2	R_P1/2 R_C1/2	

续表

螺纹种类	标注内容和方式	图例	说明
锯齿形螺纹（单线或多线）	锯齿形螺纹标注 1. 单线锯齿形螺纹标注示例： B40×7 螺距 公称直径 2. 多线锯齿形螺纹标注示例： B40×14 (P7)—7e 公差带代号 螺距 导程 公称直径	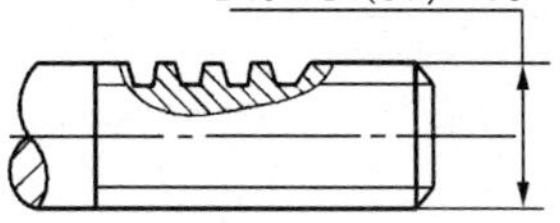 B40 × 14(P7) - 7e	1. 要标注螺距。 2. 多线的要标注导程
梯形螺纹（单线或多线）	梯形螺纹标注 1. 单线梯形螺纹标注示例： Tp40×7—7e 公差带代号 螺距 公称直径 2. 多线梯形螺纹标注示例： Tp40×14 (P7) LH—7C 公差带代号 左旋 螺距 导程 公称直径	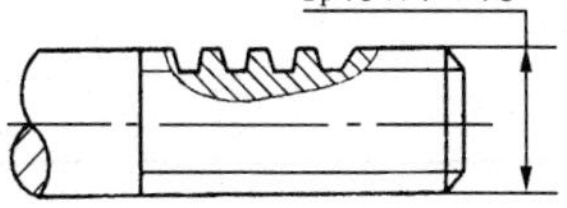 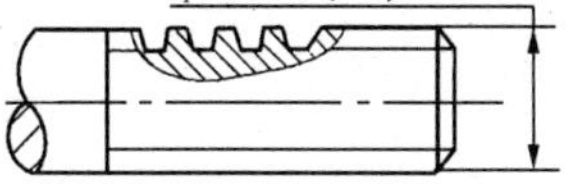 T_p40 × 7 - 7e T_p40 × 14(P7)LH - 7C	1. 要标注螺距。 2. 多线的要标注导程

1. 螺纹紧固件的画法

表 7-2 列出了常用螺纹紧固件的画法。

表 7-2　常用螺纹紧固件的画法

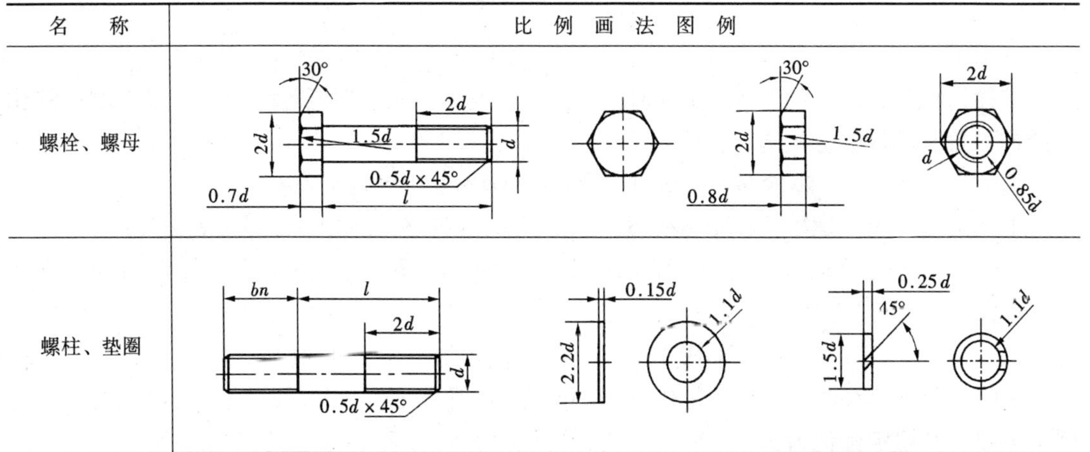

名称	比例画法图例
螺栓、螺母	
螺柱、垫圈	

续表

名　称	比 例 画 法 图 例
开槽圆柱头螺钉 紧定螺钉	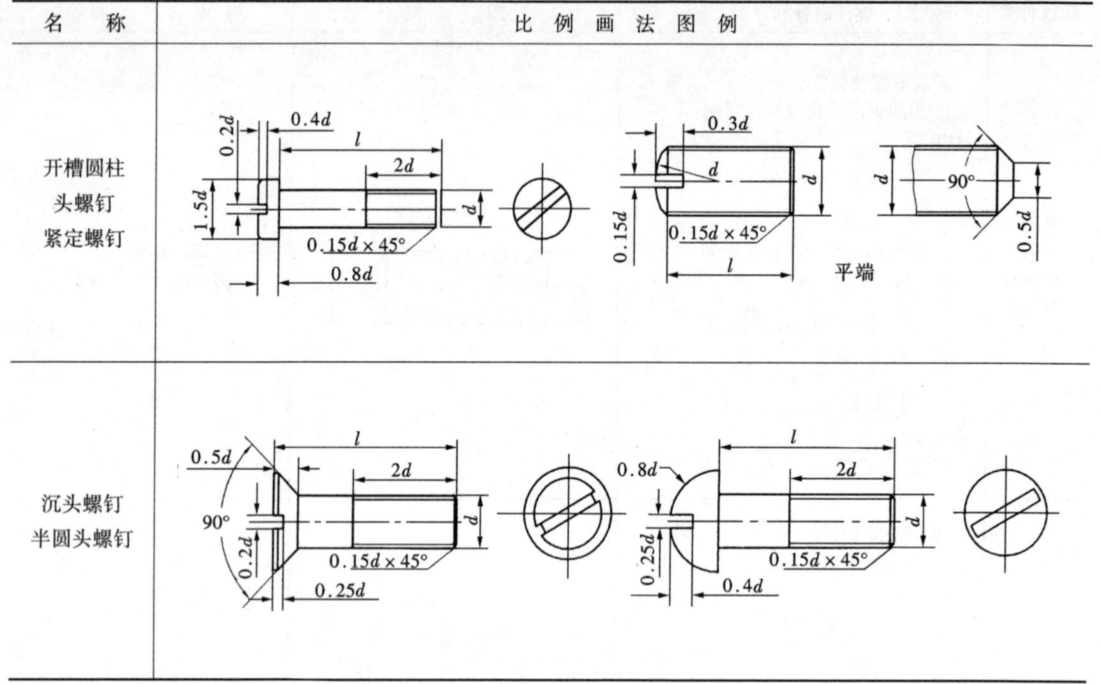
沉头螺钉 半圆头螺钉	

2. 螺纹紧固件的标记

螺纹紧固件的标记规定 GB/T1237—2000 规定了紧固件的标记方法。紧固件的完整标记如下：

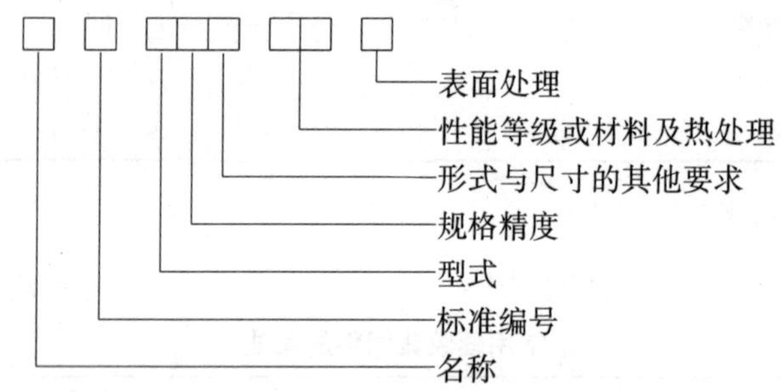

标记示例

螺栓：粗牙普通螺纹，大径 d=M12，公称长度 L=80，性能等级为 8.8 级，镀锌钝化 A 级的六角头螺栓的标记为：

螺栓 GB/T 5780—2000　M12×80−8.8−ZnD

上例可简化为：螺栓　GB5782−87−M12×80（省略了性能、等级、表面处理）

螺母：粗牙普通螺纹大径 D=12mm，性能等级为 8 级，不经表面处理，A 级的Ⅰ型六角螺母标记为：

螺母 GB/T 41—2000　M16

垫圈：公称直径为 16mm，材料为 65Mn，热处理强度 42～50HRC，表面氧化的标准型弹簧垫圈，其规定标记为：

垫圈 GB/T 97.1—2002

标记中有些内容允许简化，其原则是：

（1）名称和标准（指现行标准）年代号允许省略；

（2）当产品标准中只规定一种形式、精度、性能、等级或材料热处理以及表面处理时，这些内容允许省略；

（3）当产品标准中规定两种以上形式、精度、性能、等级或材料处理以及表面处理时，可规定省略一种。

3. 螺纹紧固件的连接画法

（1）螺栓连接画法。螺栓常用于不太厚的两个零件之间的连接，被连接件上钻有通孔，图 7-11 是螺栓连接图，其中图 7-11（a）是按比例画法画出的；图 7-11（b）为简化画法。根据规定，装配图中允许采用图 7-11（b）的简化画法。

绘制螺栓连接图时，需知道螺栓的形式、公称直径和被连接零件的厚度。从有关标准中查出螺栓、螺母、垫圈的有关尺寸，然后计算出螺栓的长度 l。

螺栓长度（l）≈被连接零件的总厚度（$\delta_1+\delta_2$）＋垫圈厚度（h）＋螺母厚度（m）＋螺栓伸出螺母的长度（0.3～0.4）d

根据上式算出的螺栓长度，再从相应的螺栓标准所规定的长度系列中选取接近的标准长度。

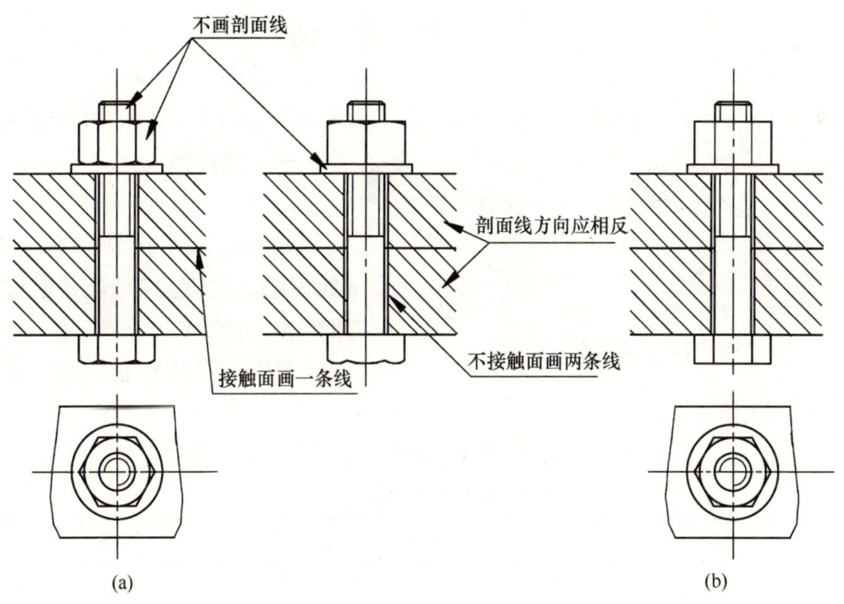

图 7-11 螺栓连接画法

（2）螺柱连接画法。螺柱连接常用在被连接的两个零件中有一个较厚或不允许钻成通孔而不便用螺栓连接的情况，或因拆卸频繁不宜用螺钉的场合。

绘制双头螺柱连接时，同样需先确定双头螺柱、螺母、垫圈的型式、尺寸，绘制时也可采用比例画法，如图 7-12 所示。

（3）螺钉连接画法。连接螺钉常用在受力不太大且不经常拆卸的地方，它不需用螺母，而是将螺钉直接拧入螺孔。图 7-13 所示为沉头螺钉和圆柱头螺钉的比例画法。

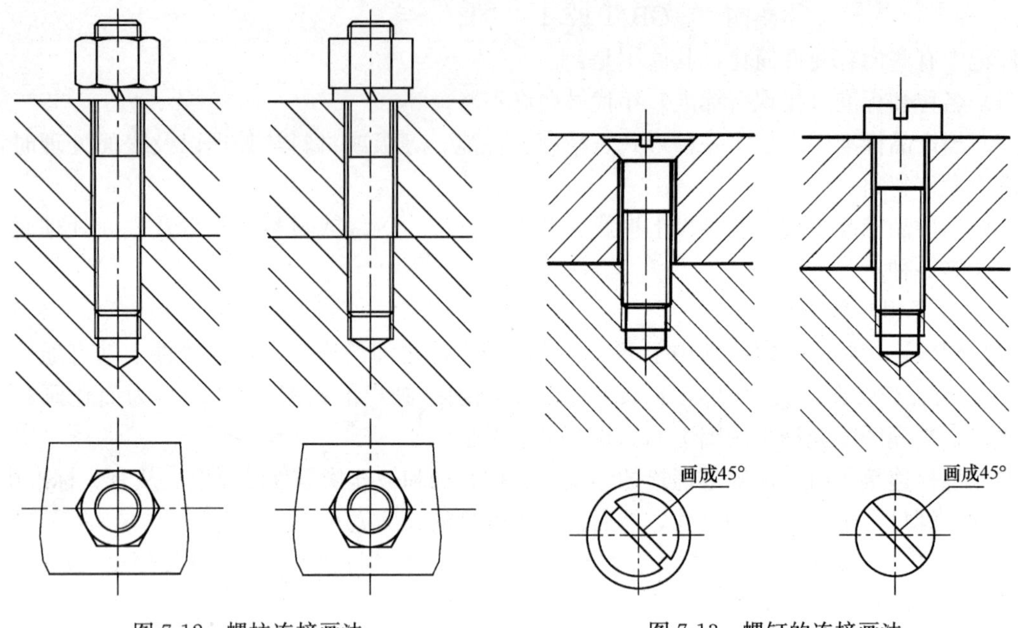

图 7-12　螺柱连接画法　　　　图 7-13　螺钉的连接画法

第二节　键　和　销

键和销都是标准件。它们的结构形式和尺寸，国家标准中都有规定，可查有关标准。

一、键连接

1. 键

键是用来连接轴与轴上的传动件（如齿轮、皮带轮等），并通过它来传递扭矩的一种零件。

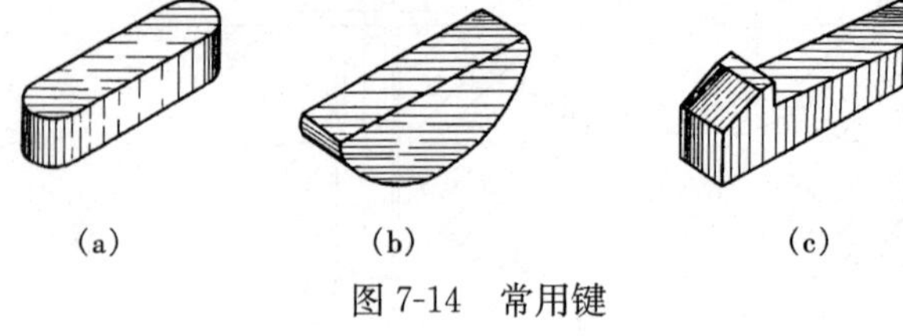

图 7-14　常用键

常用的键有普通平键、半圆键和钩头楔键，如图 7-14 所示。

每一种形式的键，都有一个标准号和规定的标记，见表 7-3 所示。

表 7-3　　**常用键的标记**

名　称	图　例	标　　记	含　　义
普通平键	L　h　b	键 10×36　GB/T 1096—1979	A 型普通键，宽 $b=10$，有效长度 $L=36$
半圆键	L　d　b	键 6×22　GB/T 1099.1—2003	半圆键，宽 $b=6$，直径 $d=22$

续表

名　称	图　　例	标　　记	含　　义
钩头锲键		键 10×40　GB/T 1565—2003	钩头锲键，宽 b=10，有效长度 L=40

选用时，根据传动情况确定键的形式，根据轴径查标准手册，选定键宽 b 和键高 h，再根据轮毂长度选定长度 L 的标准值。

2. 键连接的画法

普通平键和半圆键的侧面是工作面，在其连接画法中，键与键槽侧面不留间隙；键的顶面是非工作面，与轮毂键槽顶面应留有间隙。

轴和轮毂上的键槽是标准结构的要素，它的尺寸应根据轴径查阅相应的标准。

普通平键的连接画法如图 7-15（a）所示；

半圆键的连接画法如图 7-15（b）所示；

钩头楔键顶面有 1∶100 的斜度，连接时将键打入键槽。顶面和底面同为工作面，与槽底没有间隙，而键的两侧应留有间隙，如图 7-15（c）所示。

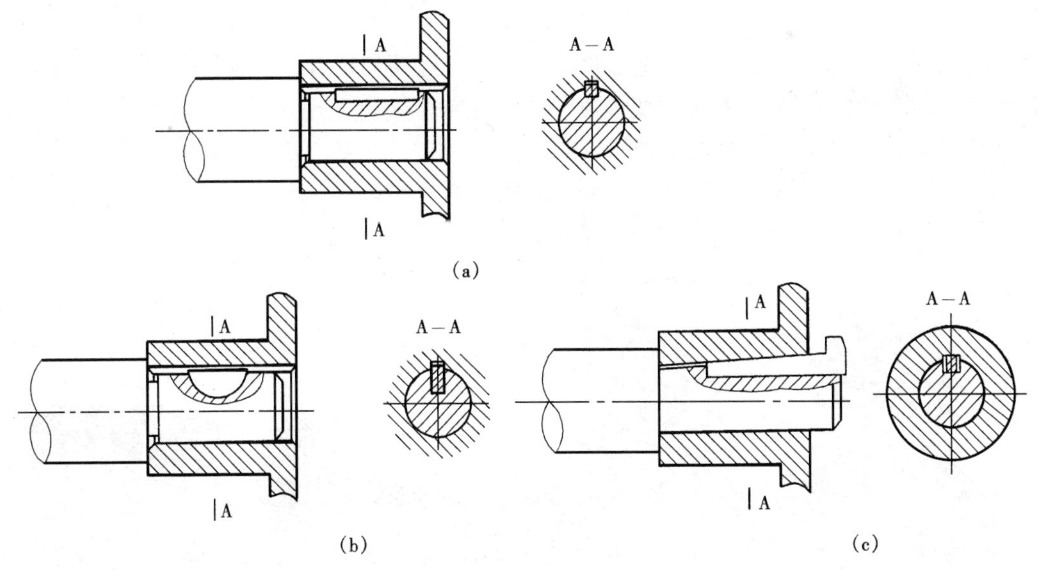

图 7-15　键的连接画法

二、销连接

销是标准件，通常用于零件之间的连接和定位。常用的有圆柱销、圆锥销和开口销，它们的标记见表 7-4。

表 7-4 **常用销的标记**

名　称	图　例	标　记	含　义
圆柱销		销 GB/T 119.1—2000　B6×32	圆柱销，B 型，公称直径 $d=6$，有效长度 $l=32$
圆锥销		销 GB/T 117—2000　A6×30	圆锥销，A 型，公称直径 $d=6$，有效长度 $l=30$
开口销		销 GB/T 91—2000　5×32	开口销，公称直径 $d=5$，有效长度 $l=32$

用销连接和定位的两个零件上的销孔，是一起加工的。在零件图上应当注写“装配时作”或“与××件配作”。销连接画法如图 7-16 所示。

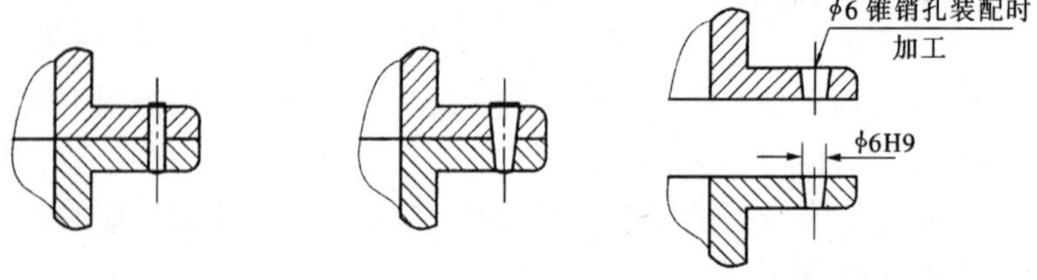

图 7-16　销连接的画法

第三节　齿　　轮

齿轮是机械传动中应用最广泛的零件，用来传递运动和动力。一般利用一对齿轮将一根轴的转动传递到另一根轴。并可改变转速和旋转方向。

根据传动的情况，齿轮可分为以下三类。

圆柱齿轮——用于两轴平行时的传动，见图 7-17（a）；

圆锥齿轮——用于两轴相交时的传动，见图 7-17（b）；

蜗轮蜗杆——用于两轴交叉时的传动，见图 7-17（c）；

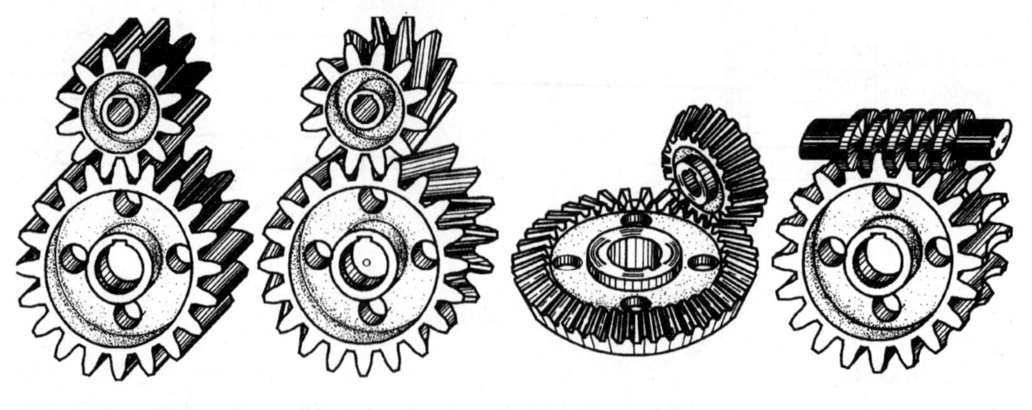

图 7-17　齿轮

圆柱齿轮齿部形状可分为直齿、斜齿和人字齿等。

本书介绍直齿圆柱齿轮的尺寸关系和规定画法。

一、直齿圆柱齿轮的几何要素

齿轮各部分名称和代号见图 7-18 所示。

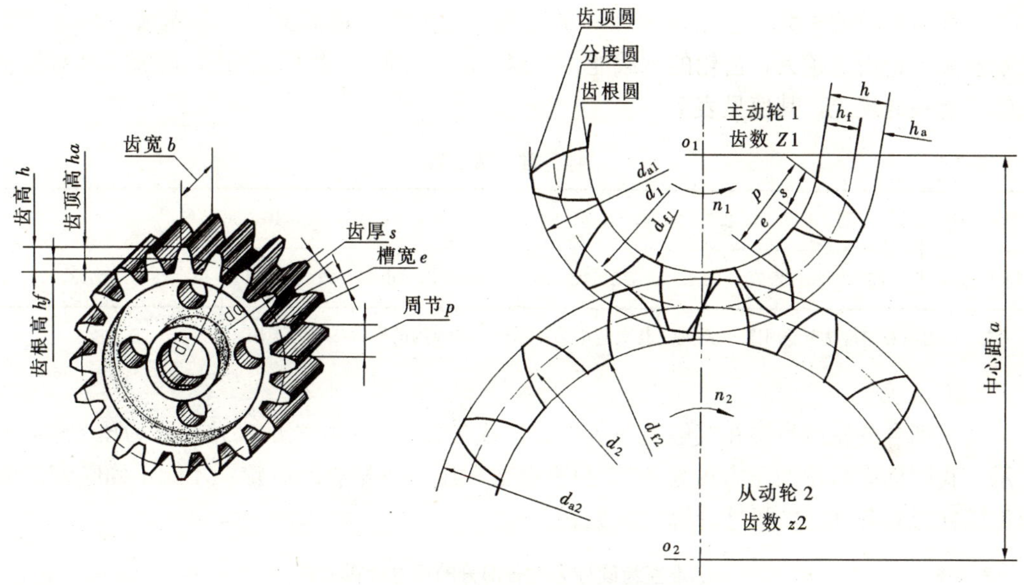

图 7-18 圆柱齿轮各部分名称和代号

1. 齿顶圆

通过齿轮轮齿顶部的圆称齿顶圆，其直径以 d_a 表示；

2. 齿根圆

通过轮齿根部的圆，称为齿根圆，其直径以 d_f 表示；

3. 分度圆

设计和加工计算时的基准圆，对标准齿轮来说是齿厚与齿间相等时所在位置的圆称分度圆，其直径以 d 表示；

4. 齿高

齿顶圆与齿根圆之间的径向距离称齿高，以 h 表示。分度圆将轮齿的高度分为两个不等的部分，齿顶圆与分度圆之间的径向距离称齿顶高，以 h_a 表示；分度圆与齿根圆之间的径向距离称齿根高，以 h_f 表示。全齿高是齿顶高与齿根高之和，即 $h=h_a+h_f$

5. 齿距

分度圆上相邻两齿对应点之间的弧长称齿距，以 p 表示。

6. 分度圆齿厚

轮齿在分度圆上的弧长称分度圆齿厚，以 e 表示。对标准齿轮来说，分度圆齿厚为齿距的一半，即 $e=\dfrac{p}{2}$。

7. 模数

模数是设计、制造齿轮的一个重要参数。如齿轮的齿数 z 已知，则分度圆的周长$=zp$，

而分度圆周长$=\pi d$，所以

$$\pi d=zp \qquad d=\frac{p}{\pi}z$$

令$\frac{p}{\pi}=m$　则　$d=mz$

m称为齿轮的模数，它是齿距和π的比值，在齿数一定情况下，m越大，其分度圆直径就越大，轮齿也越大，齿轮的承载能力也越大。为了便于设计和制造，国家标准对齿轮模数作了统一的规定，其值见表7-5。

表7-5　标准模数

第一系列	1，1.25，1.5，2，2.5，3，4，5，6，8，10，12，16，20，25，32，40，50
第二系列	1.75，2.25，2.75，(3.25)，3.5，(3.75)，4.5，5.5，(6.5)，7，9，(11)，14，18，22，28，36，45

注　选用模数时应优先选用第一系列；其次选用第二系列，括号内的模数尽可能不用。

8. 压力角

两相啮合的轮齿齿廓在接触点p处的公法线与分度圆公切线的夹角，称为压力角，用α表示。我国标准齿轮的压力角为20°，只有模数和压力角相等的齿轮，才能正确啮合。标准直齿圆柱齿轮各部分的尺寸计算公式见表7-6。

表7-6　标准直齿圆柱齿轮各部分的尺寸计算公式

名称	代号	公式	名称	代号	公式
齿顶高	h_a	$h_a=m$	齿根圆直径	d_f	$d_f=d-2h_f=m(z-2.5)$
齿根高	h_f	$h_f=1.25m$	齿距	p	$p=\pi z$
齿高	h	$h=h_a+h_f=2.25m$	齿厚	s	$s=p/2$
分度圆直径	d	$d=mz$	中心距	a	$a=(d_1+d_2)/2=m(z_1+z_2)/2$
齿顶圆直径	d_a	$d_a=d+2h_a=m(z+2)$			

二、圆柱齿轮的规定画法

国家标准对齿轮的画法做了统一的规定。单个圆柱齿轮的画法如图7-19所示。

（1）在端视图和非圆外形图中齿顶圆和齿顶线用粗实线绘制；齿根圆和齿根线用细实线绘制，也可省略不画；分度圆和分度线用点划线绘制；

（2）在齿轮的非圆投影上取剖视时，轮齿部分不画剖面线，齿根线用粗实线绘制；

（3）对于斜齿轮，在非圆外形图上用三条平行的细实线表示齿线方向。

三、齿轮啮合画法

两标准齿轮相互啮合时，分度圆处于相切的位置，此时分度圆又称节圆。画齿轮啮合时，必须注意啮合区的画法，如图7-20所示。

国家标准中对齿轮啮合画法规定如下：

（1）两个相互啮合的圆柱齿轮，在垂直于轴线的投影面的视图上节圆相切，齿顶圆在啮合区内均用粗实线画出或省略不画。齿根圆省略不画，如图7-20（a）中左视图和图7-20

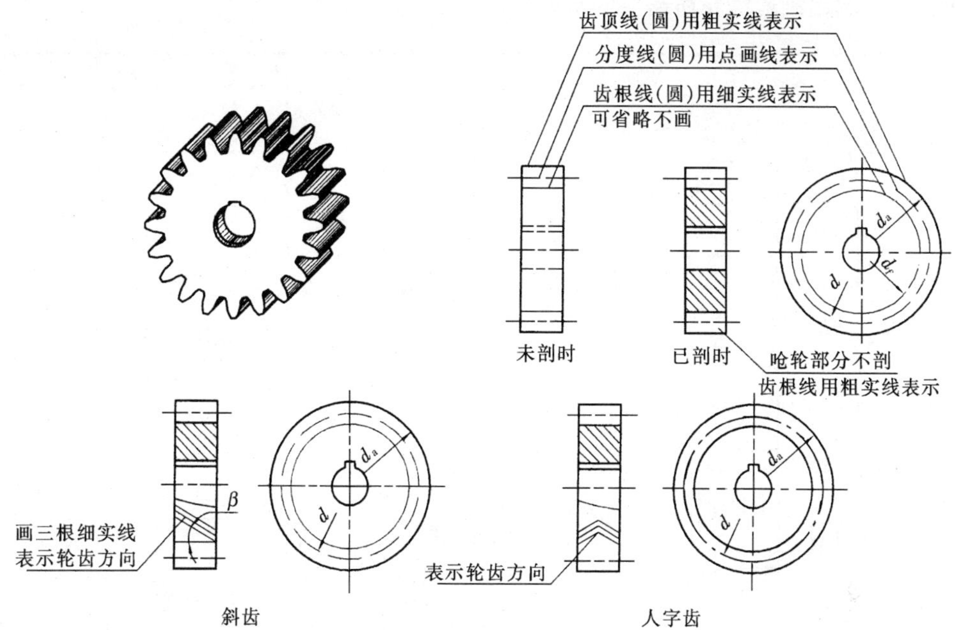

图 7-19　单个圆柱齿轮的画法

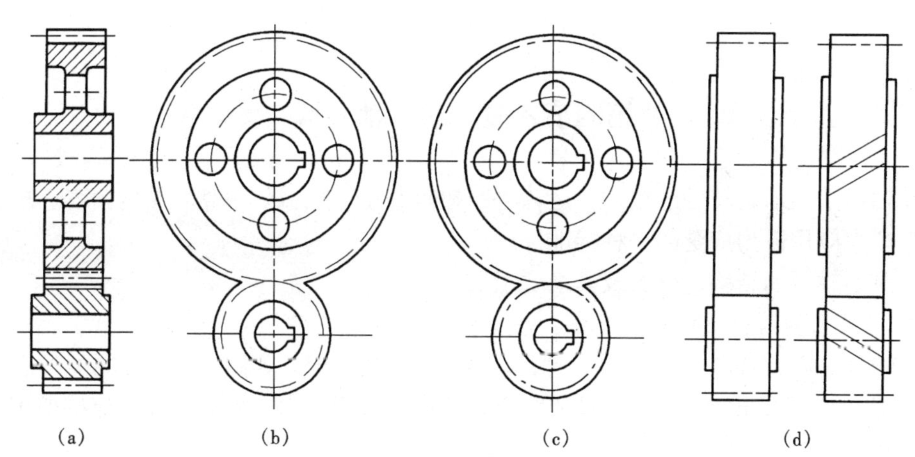

图 7-20　圆柱齿轮啮合画法

(a) 全剖和侧视图；(b) 侧视图的另一种画法；(c) 未剖（直齿）；(d) 未剖（斜齿）

(b) 所示；

(2) 在平行于轴线投影面的视图中，啮合区内的齿顶线不需画出，而节线用粗实线表示，如图 7-20 (c)、(d) 所示；

(3) 在平行于轴线的投影剖视图中，当剖切平面通过两啮合齿轮的轴线进行剖切时，在剖视图中，啮合区内两分度线重合，用细点划线画出，一个齿轮的轮齿用粗实线绘制，另一个齿轮的轮齿被遮住的部分用虚线绘制，也可省略不画，如图 7-20 (a) 中全剖视图所示。

图 7-21 是齿轮的零件图。画齿轮零件图时，不仅要表示出齿轮的形状、尺寸和技术要

求，而且要表示出制造齿轮所需要的基本参数。

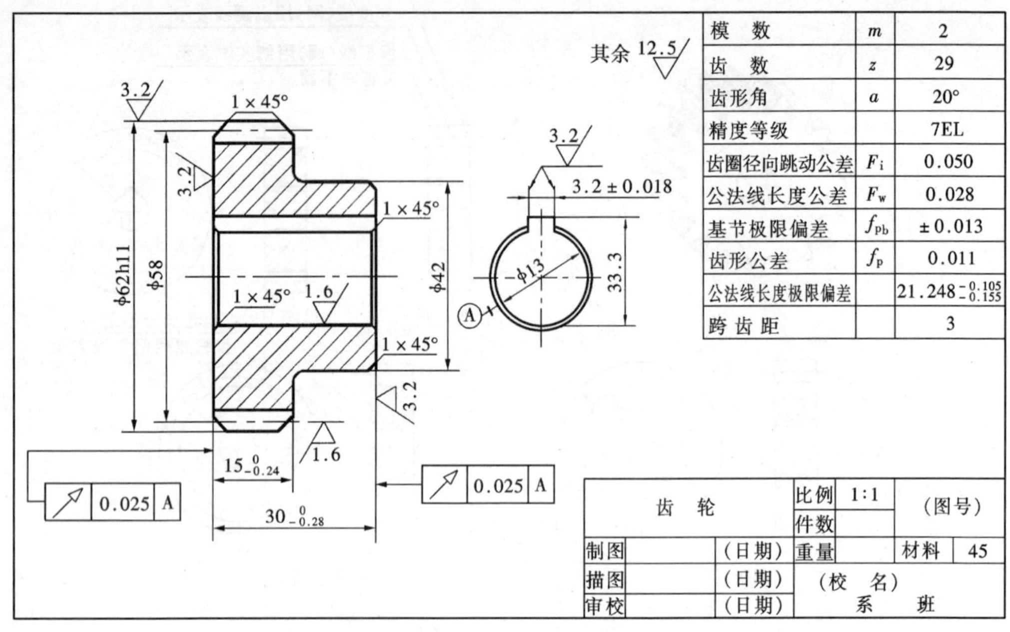

图 7-21 齿轮的零件图

第四节 滚 动 轴 承

滚动轴承是支承旋转轴的组件，运转时摩擦阻力小、机械效率高、结构紧凑、旋转精度高，是生产中应用极为广泛的一种标准件。

一、滚动轴承的结构、分类及其规定画法

1. 滚动轴承的结构

滚动轴承一般有外圈、内圈、一组滚动体和保持架组成，如图 7-22。外圈的外表面与机座的孔相配合，而内圈的内孔与轴径相配合，滚动体排列在内、外圈之间，保持架用来把滚动体隔离开。

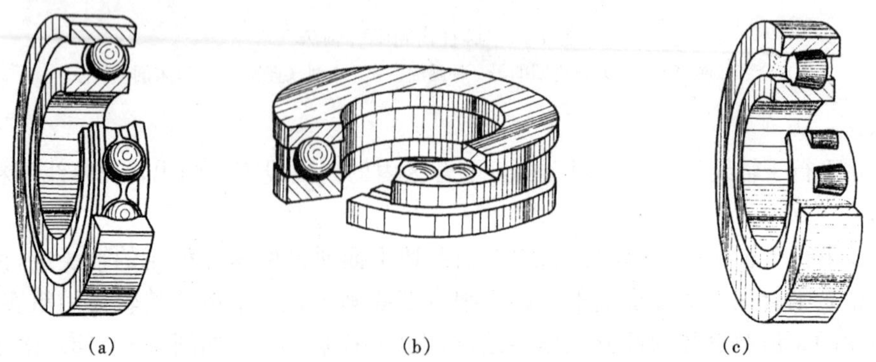

图 7-22 滚动轴承的结构

2. 滚动轴承的分类

轴承按其所能承受的负荷方向不同，分为：

(1) 向心轴承 主要用于承受径向负荷的滚动轴承，见图 7-22 (a)；

(2) 推力轴承 主要用于承受轴向负荷的滚动轴承，见图 7-22 (b)。

轴承按其滚动体的种类，分为：

(1) 球轴承 滚动体为球的滚动轴承，见图 7-22 (a)、(b)；

(2) 滚子轴承 滚动体为滚子的滚动轴承，见图 7-22 (c)。

3. 滚动轴承的规定画法

滚动轴承是标准件，因此一般不需画零件图，只需根据需要确定型号即可。当在装配图中需要较详细地表示滚动轴承的主要结构时，可采用规定画法；在装配图中只需简单地表达滚动轴承的主要结构时，可采用简化画法。

画滚动轴承时，先根据轴承代号由国家标准手册查出滚动轴承外径 D，内径 d 及宽度 B 等尺寸，然后按表 7-7 中图形、比例关系画出。

表 7-7 **常用滚动轴承的画法**

轴承名称和代号	立体图	主要数据	规定画法	特征画法
深沟球轴承 GB/T 276—1984 6000 型	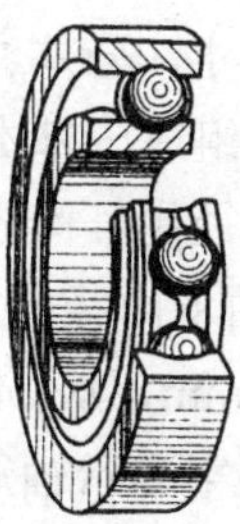	D d B	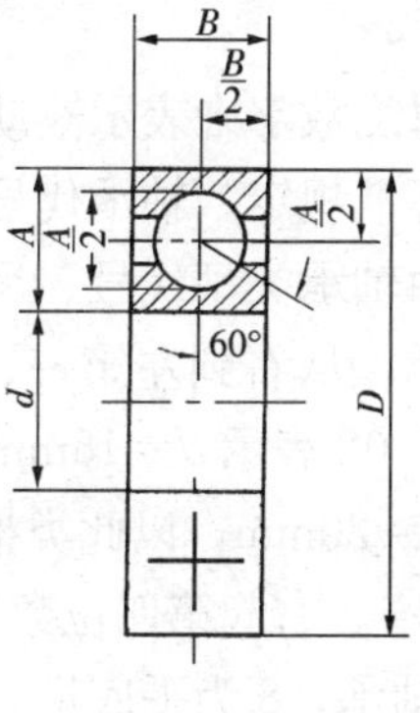 B, $\frac{B}{2}$, A, $\frac{A}{2}$, 60°, d, D	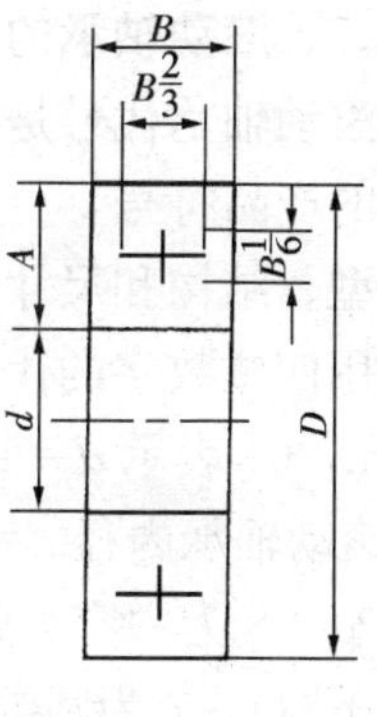 B, $B\frac{2}{3}$, $B\frac{1}{6}$, A, d, D
平底推力球轴承 GB/T 301—1995 51000 型	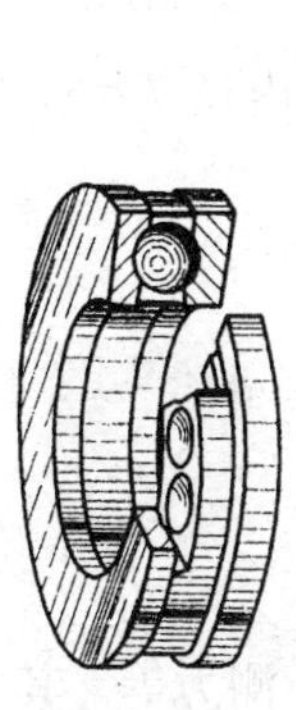	D d H	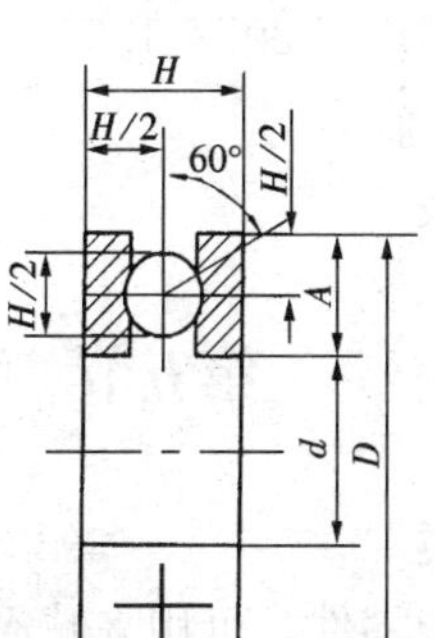 H, $H/2$, 60°, A, d, D	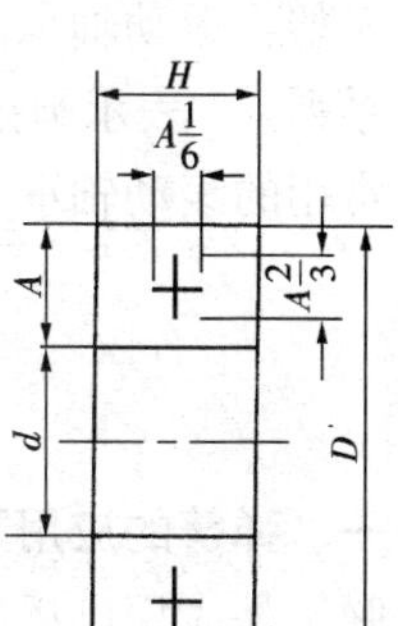 H, $A\frac{1}{6}$, $A\frac{2}{3}$, A, d, D

续表

轴承名称和代号	立体图	主要数据	规定画法	特征画法
圆锥滚子轴承 GB/T 297—1994 30000 型	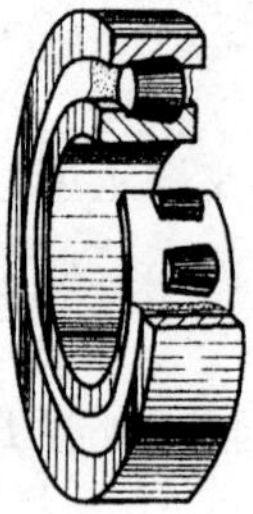	D d B T C	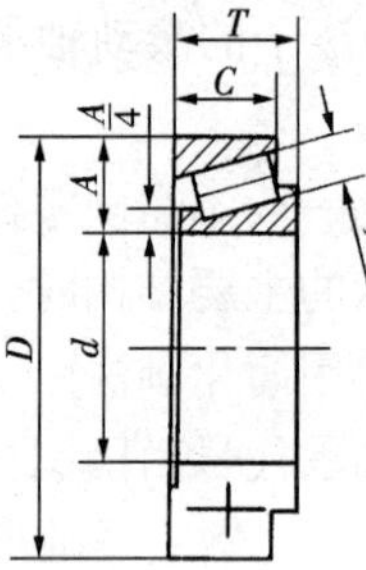	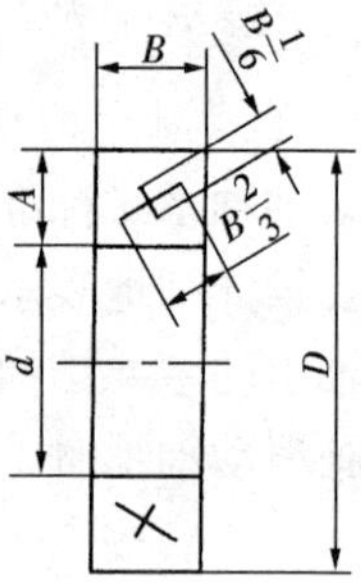

二、滚动轴承的代号

滚动轴承代号是用字母加数字来表示滚动轴承的结构、尺寸、公差、等级、技术性能等特征的产品符号，由国家标准规定。轴承代号主要由基本代号组成。基本代号表示轴承的基本类型、结构和尺寸，它由轴承类型代号、尺寸系列代号和内径代号构成。滚动轴承的类型号常用四位数字的代号表示，从右到左第一、二位数字表示轴承内径代号：如 00 表示 d=10mm，01 表示 d=12mm，02 表示 d=15mm，03 表示 d=17mm，从 04 始，以所示数乘以 5 得滚动轴承内径 d=4×5=20mm，以此类推。右起第三位数字表示轴承的尺寸系列，如 2 为轻窄、3 为中窄、4 为重窄。右起第四位数字为轴承的类型代号，如 0 为深沟球轴承（可省略不写），7 为圆锥滚子轴承，8 为平底推力球轴承。

如：滚动轴承 208GB/T 276—1994，该标记表示轴承内径，d=8×5=40mm，2 表示轻窄系列深沟球轴承。

又如：滚动轴承 7306GB/T 297—1994，该标记表示轴承内径 d=6×5=30mm，3 表示中窄系列，7 表示圆锥滚子轴承。

常用的滚动轴承见附表。

第五节　弹　　簧

一、弹簧的应用及分类

弹簧是应用广泛的储能零件，可用来减震、复位、夹紧、测力等。其主要特点是当外力去除后，能立即恢复原状。

弹簧的种类很多，常见的有圆柱螺旋弹簧（图 7-23）。根据受力情况，螺旋弹簧又可分为压力弹簧、拉力弹簧和扭力弹簧三种。

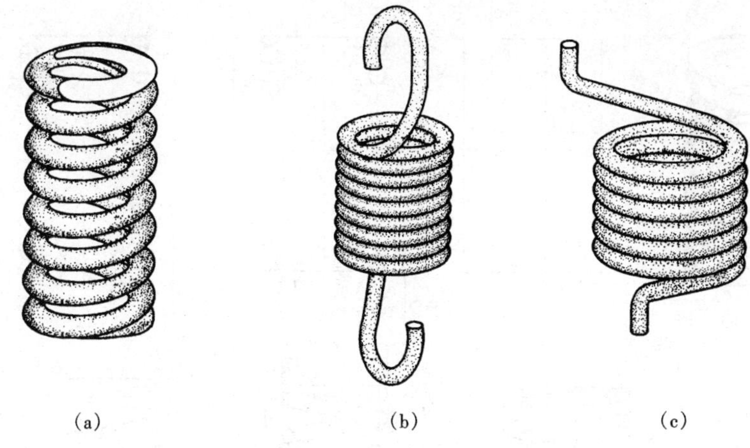

图 7-23　螺旋弹簧
(a) 压力弹簧；(b) 拉力弹簧；(c) 扭力弹簧

弹簧为常用件，其中弹簧中径和弹簧丝直径均已标准化。

二、圆柱螺旋压缩弹簧各部分的名称和尺寸关系（见图 7-24）

簧丝直径 d　制造弹簧的钢丝直径；

弹簧外径 D　弹簧的最大直径；

弹簧内径 D_1　弹簧的最小直径，$D_1=D-2d$；

弹簧中径 D_0　弹簧的平均直径，$D_0=(D_1+D)\div 2=D-d=D_1+d$；

弹簧节距 t　除支承圈外，相邻两圈对应点间的轴向距离；

有效圈数 n　除支承圈以外，保持弹簧等节距的圈数；

支承圈数 n_0　为使压缩弹簧支承平稳，制造时需将弹簧两端并紧磨平，这部分圈数仅起支承作用，故称支承圈。一般支承圈有 1.5 圈、2 圈、2.5 圈三种，其中较常见的是 2.5 圈；

总圈数为 n_1　有效圈数和支承圈数的总和；

自由高度 H_0　弹簧在无外力作用下的高度，$H_0=nt+(n_0-0.5)d$；

弹簧的展开长度 L　制造弹簧的钢丝长度，$L=n_1\sqrt{(\pi D_0)^2+t^2}$；

三、圆柱螺旋压缩弹簧的规定画法

螺旋弹簧的真实投影比较复杂，为了画图简便起见，国标中对它的画法作了如下规定：

1. 圆柱螺旋压缩弹簧的规定画法

如图 7-24（a）为直观图；图 7-24（e）为剖视图；图 7-24（f）为视图；图 7-24（g）为示意图。

（1）在平行于轴线的投影面上，圆柱螺旋弹簧各圈的轮廓线（即螺旋线）应画成直线；

（2）右旋弹簧必须画成右旋，左旋弹簧允许画成右旋或左旋，但一律要加注“左”字；

（3）螺旋压缩弹簧，如果要求两端并紧日磨平时，不论支承圈多少，均可按图 7 24 绘制；

（4）有效圈数在四圈以上的弹簧，允许两端只画 1～2 圈（不包括支承圈），中间各圈可省略不画，只画通过弹簧钢丝剖面中心的两条点画线，当中间各圈省略后，图形长度可适当缩短。

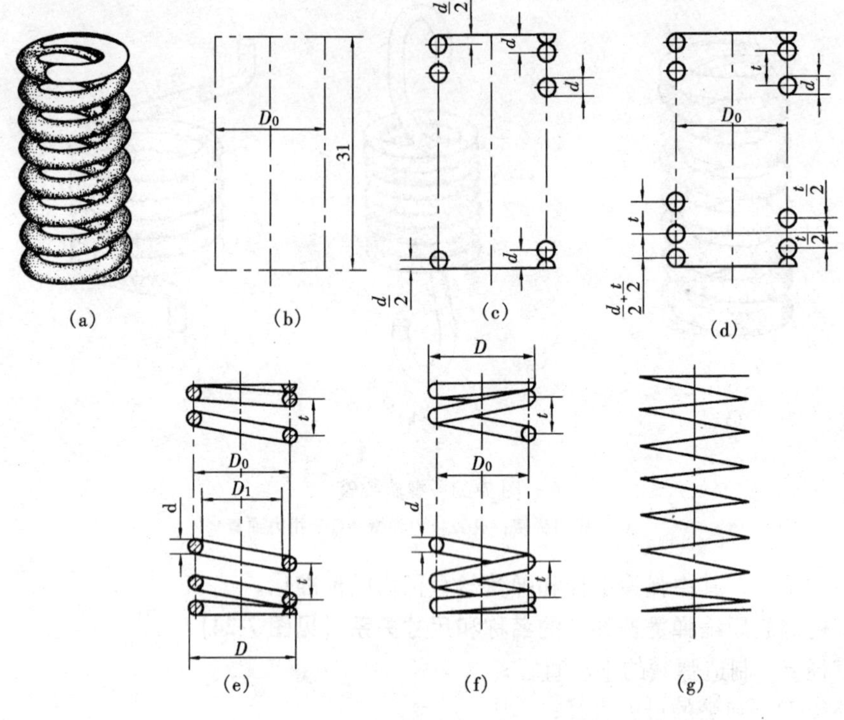

图 7-24 弹簧的画图步骤

弹簧的零件图见图 7-25，在弹簧的零件图中应注出弹簧的有关参数。

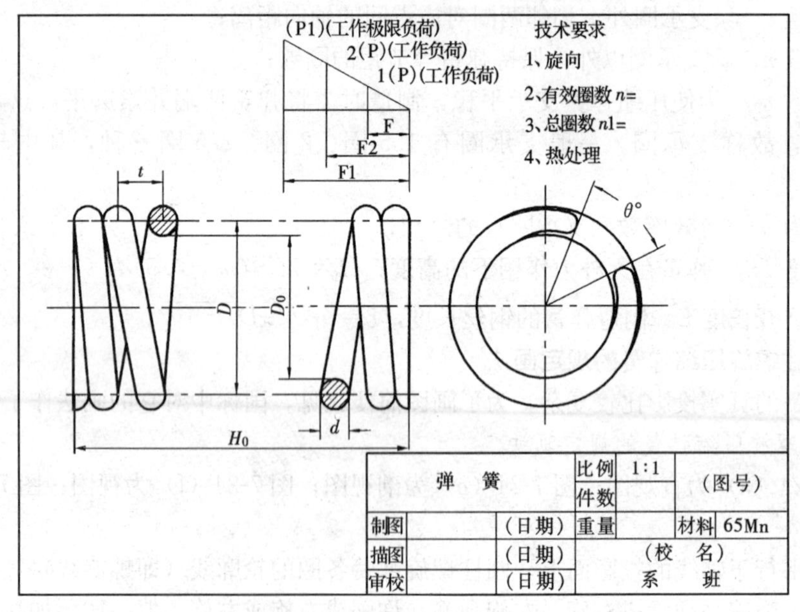

图 7-25 弹簧的零件图

2. 装配图中弹簧的规定画法

在装配图中，被弹簧挡住的结构一般不画出，可见部分应从弹簧的外轮廓线或从弹簧钢丝剖面的中心线画起，当弹簧被剖切时，弹簧钢丝直径在图形上等于或小于 2mm 时，其剖面可涂黑表示，弹簧钢丝直径或型材厚度在图形上等于或小于 2mm 的弹簧，允许采用示意画法，如图 7-26 所示。

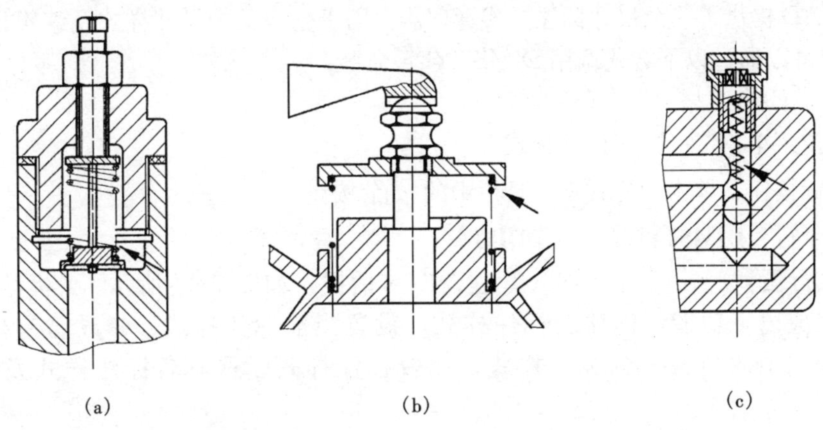

图 7-26　装配图中弹簧的画法

3. 圆柱压缩弹簧的作图步骤

已知圆柱螺旋压缩弹簧的弹簧丝直径 d，弹簧中径 D_0，节距 t，有效圈数 n，支承圆数 n_0，右旋，则弹簧的作图步骤如图 7-24 所示。

第六节　AutoCAD 2006 尺寸标注

AutoCAD 中的尺寸标注采用半自动方式，尺寸标注时可自动测量图形的数值，并按设定的尺寸样式进行标注。此外，AutoCAD 还提供了功能强大的尺寸编辑功能。

AutoCAD 提供了六种尺寸标注类型，包括：线性型尺寸标注、直径型尺寸标注、半径型尺寸标注、角度型尺寸标注、引线型尺寸标注、坐标型尺寸标注等。

AutoCAD 通常是以真实尺寸绘制图形，因此绘图时大部分尺寸都可按照给定的尺寸样式半自动标注，对于一些特殊的尺寸，可用尺寸编辑（DIMEDIT）命令和尺寸文字编辑（DIMTEDIT）命令进行修改。

一、尺寸标注的步骤

一般来讲，用户在对所建立的每个图形进行尺寸标注之前，均应有下面的几个步骤：

（1）建立尺寸标注图层（LAYER 命令）。为了便于将来控制尺寸标注对象的显示与隐藏，应为尺寸标注创建一个或多个独立的图层，使之与图形的其他信息分开。

（2）为尺寸标注文本建立专门的文字样式（STYLE 命令）。按照我国对工程制图中尺寸标注数字的要求，应将字体设为“isocp. shx”；“倾斜角度”为 15°；为了能在尺寸标注时随时修改标注文字的高度，应将文字高度设置为 0。

（3）建立尺寸标注样式（DIMSTYLE 命令）。在“标注样式管理器”对话框中设置尺寸线、尺寸界线、尺寸起止符号、比例因子、尺寸格式、标注文字、尺寸单位、尺寸精度等。

（4）保存所作设置，便于标注其他图形尺寸时调用。如用户可以建立机械制图用尺寸标注样式。

（5）进行尺寸标注。标注尺寸时，充分利用对象捕捉方式，以便快速拾取定义点。

二、设置尺寸标注样式（DIMSTYLE）

AutoCAD 提供了一个尺寸标注样式管理器，用于创建新的尺寸样式及编辑已有的尺寸样式。用户可以通过以下方式调用 DIMSTYLE 命令：

✦ 下拉菜单："格式"/"标注样式"。

✦ 下拉菜单："标注"/"标注样式"。

✦ 图标按钮：单击"样式"工具栏中的 按钮。

✦ 命令行：**DIMSTYLE** ↵ 或 **DDIM** ↵。

命令执行后，弹出"标注样式管理器"对话框，如图 7-27 所示。"标注样式管理器"可以完成以下功能：创建新标注样式、设置当前标注样式、修改已有标注样式、替代标注样式中的值、预览标注样式、比较标注样式、重命名标注样式及删除标注样式。

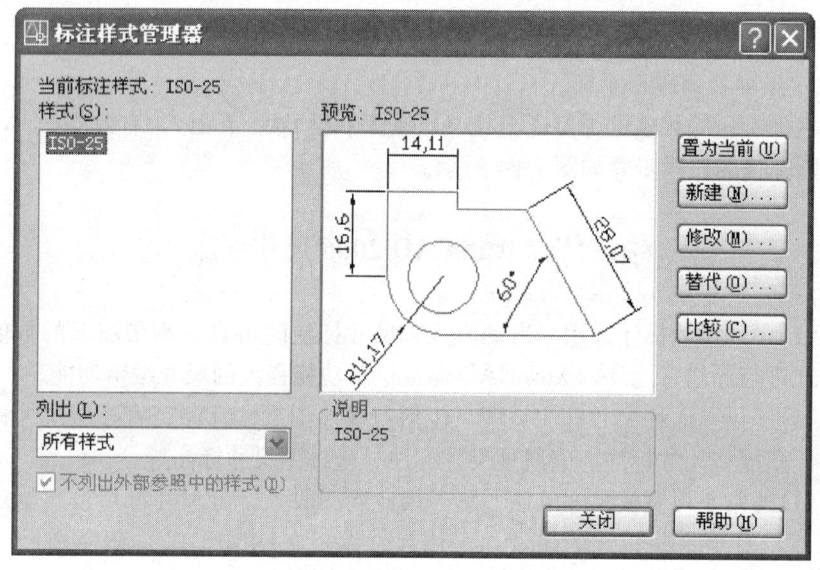

图 7-27 "标注样式管理器"对话框

AutoCAD 内部预设了不同的尺寸标注样式，以适应不同的使用要求。如果在绘制新图形时选择了公制单位，则预设的标注样式为 ISO-25，用户须对其适当修改后才能使用。修改后的尺寸标注样式存储在模板图中或存储在外部参照样式，绘制其他图形时可直接调用。

"标注样式管理器"对话框中各个区域和按钮的功能如下：

✦ "当前标注样式"区：用于显示 AutoCAD 当前正使用的标注样式。

✦ "样式"区：显示当前图形可供选择的所有标注样式，并突出显示当前标注样式。

✦ "预览"区：预览当前标注样式的形状。

✦ "列出"下拉列表：提供显示标注样式的选项。

✦ "说明"区：对当前尺寸标注样式的说明文字。

✦ "置为当前"按钮：将在"样式"区选定的标注样式设置为当前标注样式。

✦　“新建”按钮：用于创建新的标注样式。单击该按钮，弹出“创建新标注样式”对话框，如图 7-28 所示。在此，用户可以输入新样式名称（如“机械”）、选择新样式的基础样式、选择新样式的标注类型。单击“继续”按钮后，将打开“新建标注样式”对话框，如图 7-29 所示。

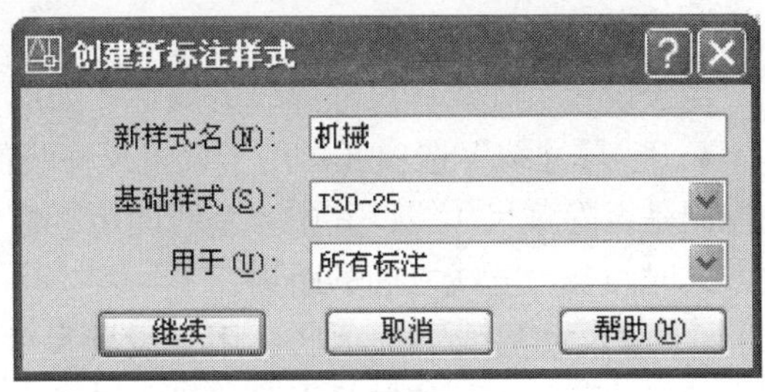

图 7-28　“创建新标注样式”对话框

✦　“修改”按钮：打开“修改标注样式”对话框，在此可以修改已创建的标注样式。

✦　“替代”按钮：打开“替代当前样式”对话框，在此可以设置标注样式的临时替代值。

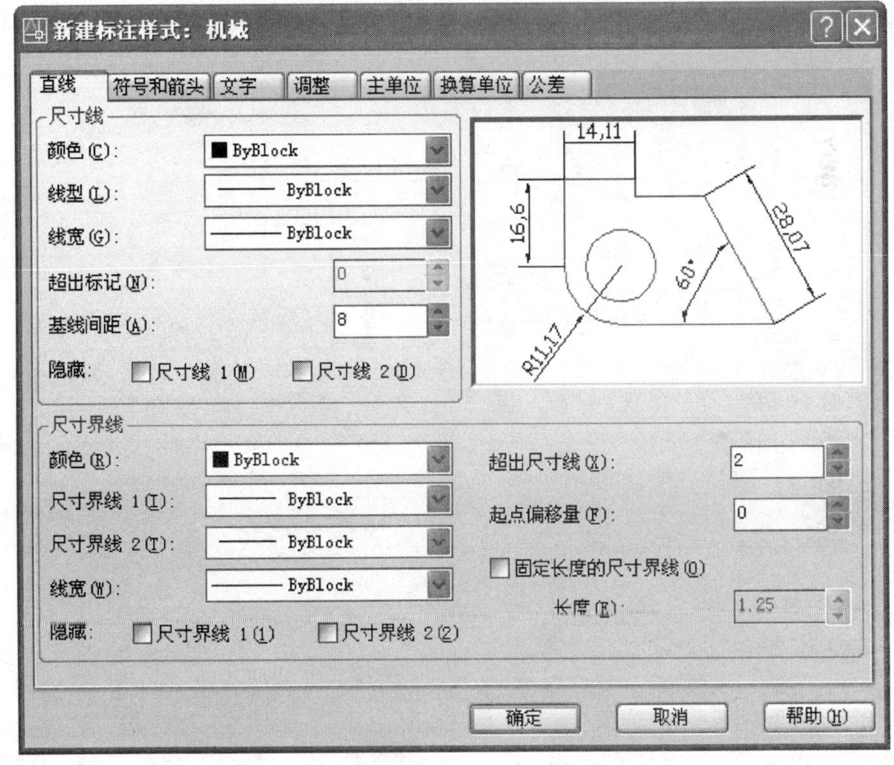

图 7-29　“新建标注样式”对话框的“直线”选项卡

✦　“比较”按钮：打开“比较标注样式”对话框，在此可以比较两种标注样式的特性或浏览一种标注样式的特性。

“新建标注样式”、“修改标注样式”和“替代当前样式”三个对话框的选项相同，均包括“直线”、“符号和箭头”、“文字”、“调整”、“主单位”、“换算单位”及“公差”七个选项卡。分别用于设置尺寸线、尺寸界线、箭头和圆心标记的格式和特性；设置标注文字的外观、位置和对齐方式；控制标注文字和尺寸的规则；设置标注特征比例；设置主标注单位、换算单位和角度标注单位的格式及精度；设置公差的格式和精度。

下面对各选项卡分别介绍，进行机械制图中常用的设置。

1. “直线”选项卡

用于设置尺寸线和尺寸界线的属性，如图 7-29 所示。

✦ “尺寸线”选项区：用于设置尺寸线的颜色、线型、线宽、超出标记、基线间距以及控制是否隐藏尺寸线。其中“基线间距”栏中设定数值为 8，该数值设定了在使用基线标注方式时两条尺寸线之间的距离。

✦ “尺寸界线”选项区：用于设置尺寸界线的颜色、线型、线宽、超出尺寸线的长度、起点偏移量以及控制是否隐藏尺寸界线。其中“超出尺寸线”栏中设定数值为 2，该数值用于控制尺寸界线相对尺寸线的超出量；“起点偏移量”栏中设定数值为 0，该数值用于控制尺寸界线相对于尺寸起点的偏移距离。

✦ 预览图像区：使用户在设置过程中即时观察尺寸标注的效果。

2. “符号和箭头”选项卡

用于设置箭头的格式和特性、圆心标记格式和大小、圆弧符号格式及半径折线符号格式，如图 7-30 所示。

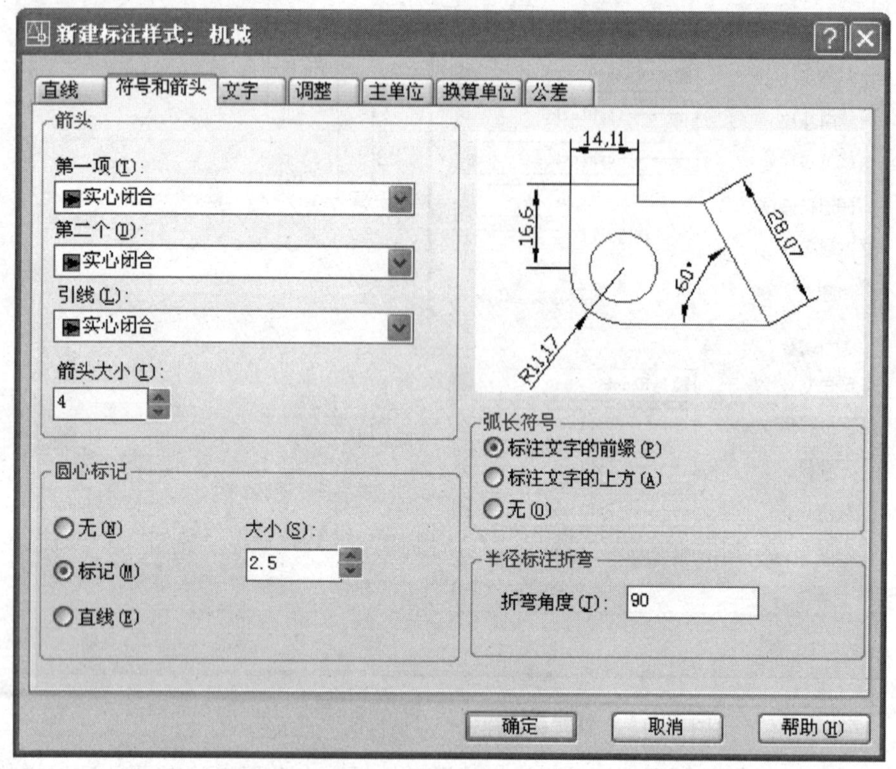

图 7-30　“新建标注样式”对话框的“符号和箭头”选项卡

✦ “箭头”选项区：用于选择尺寸起止符号的种类及定义其大小，包括尺寸线和引线（对应引线标注）的端部符号。其中，“第一项”和“第二个”均选择“实心闭合”；“箭头大小”栏中应设定数值为 4。

✦ “圆心标记”选项区：用于控制圆心标记的类型和大小。

✦ “弧长符号”选项区：用于控制圆弧符号相对标注文字的位置。

✦ “半径标注折弯”选项区：用于设置进行折弯标注时折弯线的折弯角度。

3. “文字”选项卡

用于设置标注尺寸文字的外观、位置和对齐方式，如图 7-31 所示。

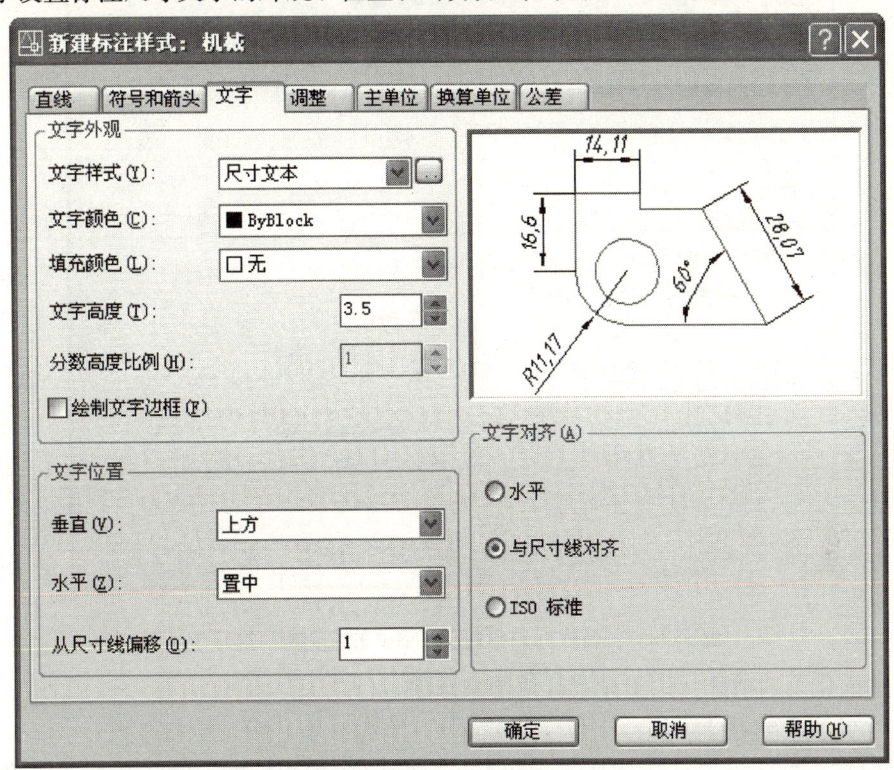

图 7-31　“新建标注样式”对话框的“文字”选项卡

✦ “文字外观”选项区：用于设置文字的样式、颜色、高度和分数高度比例，以及控制是否绘制文字边框。其中，“文字样式”下拉列表中选定用于尺寸标注的文字样式，如“尺寸文本”，或单击“文字样式”栏右边的 [...] 按钮，创建或修改尺寸标注文字的样式。“文字高度”编辑框用于设置标注文字的高度，设定数值为 3.5。注意，要使用该高度值，必须确保“文字样式”对话框中的文字高度设为 0，否则此处的设置将不起作用。“分数高度比例”用于设置标注分数和公差的文字高度。

✦ “文字位置”选项区：用于控制尺寸文字的垂直、水平位置以及距尺寸线的偏移量。

✦ “文字对齐”选项区：用于控制标注文字是保持水平还是与尺寸线平行。

4. “调整”选项卡

控制标注文字、箭头、引线和尺寸线的放置，如图 7-32 所示。

✦ “调整选项”选项区：根据尺寸界线之间的空间控制标注文字和箭头的放置，其默认设置为“文字或箭头（最佳效果）”。

✦ “文字位置”选项区：用于设置标注文字的位置。标注文字的默认位置是位于两尺寸界线之间，当文字无法放置在缺省位置时，可通过此处选择设置其放置位置。

✦ “标注特征比例”区：用于设置全局标注比例或图纸空间比例。其中“使用全局比例”用于设置尺寸元素的比例因子，使之与当前图形的出图比例因子相符。例如，绘图时按 1∶1 比例绘制的图形，准备按 1∶2 输出比例打印输出（图形比例因子为 2），可选择全局缩放方式。

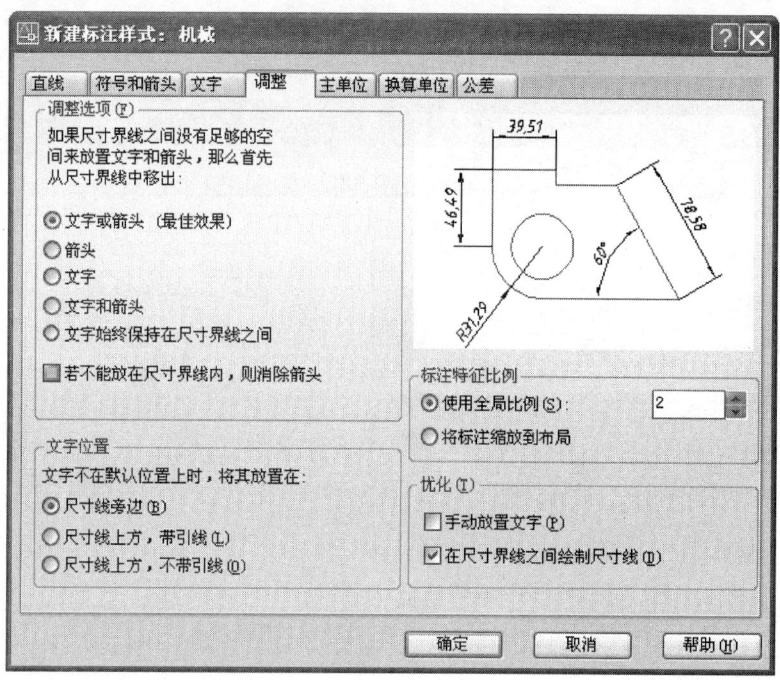

图 7-32　“新建标注样式”对话框的“调整”选项卡

✦　“优化”选项区：用于设置其他调整选项。

5. “主单位”选项卡

用于设置主标注单位（线性尺寸和角度尺寸）的格式和精度、标注文字的前缀和后缀等，如图 7-33 所示。

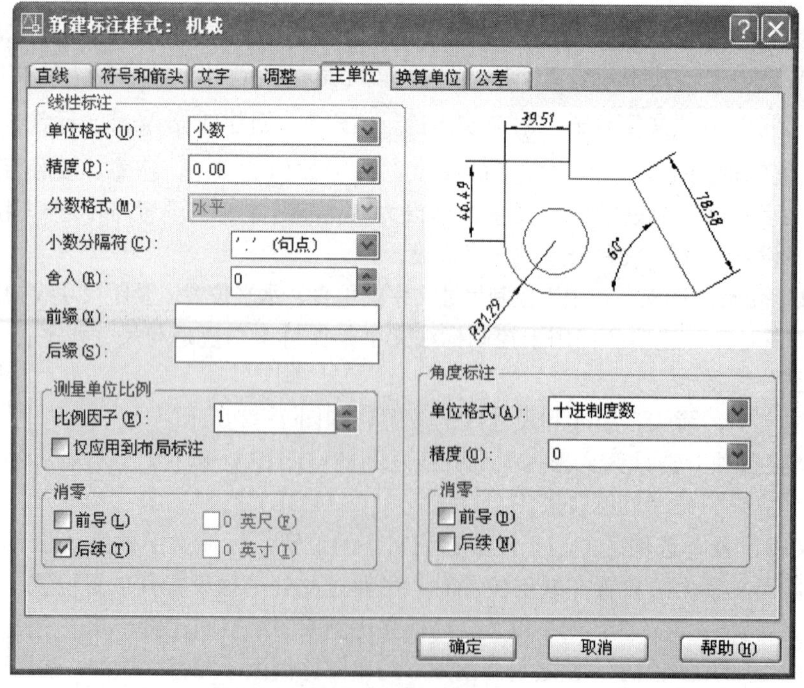

图 7-33　“新建标注样式”对话框的“主单位”选项卡

✦ “线性标注”选项区：用于设置线性标注的格式和精度。

✦ “测量单位比例”选项区：可设置比例因子以及控制该比例因子是否仅应用到布局标注。

✦ “消零”选项区：用于控制前导和后续零以及英尺和英寸里的 0 是否输出。

✦ “角度标注”区：用于设置角度标注的格式和精度。

6. “换算单位”选项卡

用于对换算单位进行设置，如图 7-34 所示。

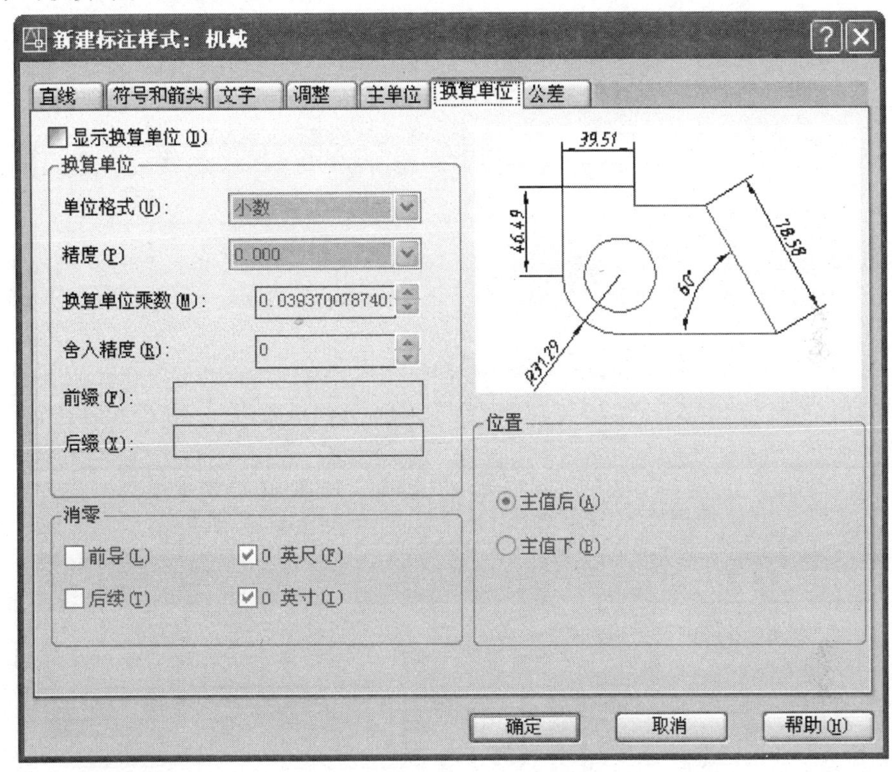

图 7-34 “新建标注样式”对话框的“换算单位”选项卡

✦ “显示换算单位”复选框：用于控制是否显示经过换算后标注文字的值。

✦ “换算单位”选项区：用来控制经过换算后的值。其中“换算单位乘数”编辑框用于指定主单位和换算单位之间的换算因子。

✦ “位置”选项区：用来控制换算单位相对于主单位的位置。

7. “公差”选项卡

用于控制标注文字中公差的格式，主要用于机械制图的公差标注，如图 7-35 所示。

✦ “公差格式”区：控制公差的格式。其中“方式”下拉列表框用于选择公差的方式；“上偏差”框用于设置最大公差值或上偏差值；“下偏差”框用于设置最小公差值或下偏差；“垂直位置”框用于控制对称公差和极限偏差文字的对齐方式。

✦ “换算单位公差”区：设置换算公差单位的精度和消零的规则。

完成各选项的设置，单击“确定”按钮，确认对标注样式的创建操作，系统返回到“标注样式管理器”对话框，如图 7-36 所示。此时在“样式”列表中增加了新的样式“机械”，

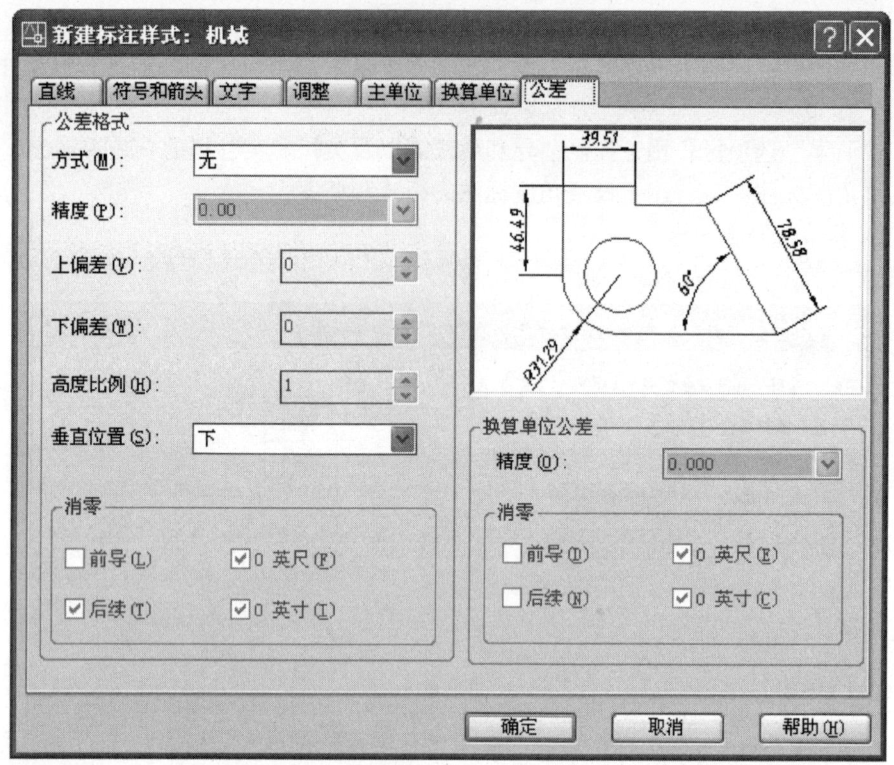

图 7-35　“新建标注样式”对话框的“公差”选项卡

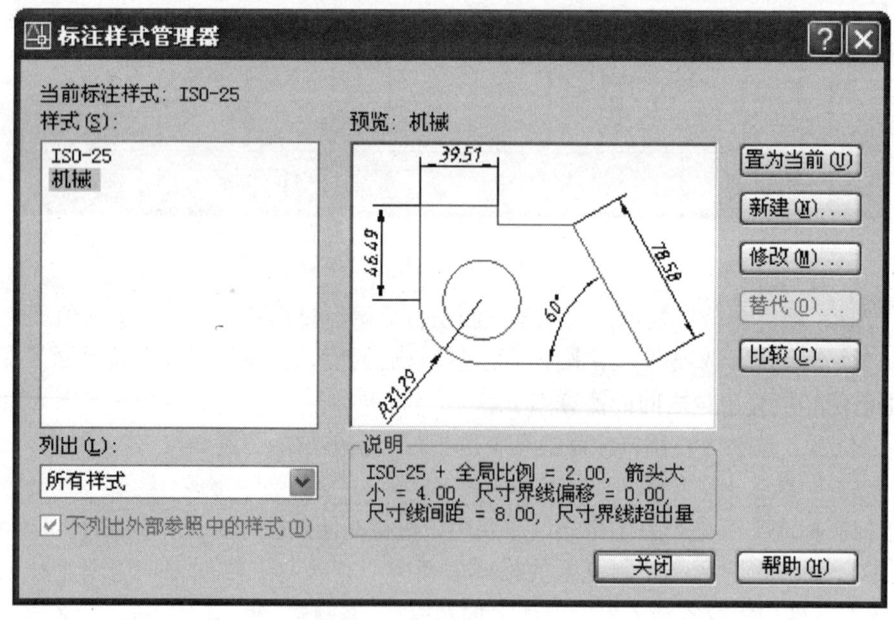

图 7-36　设置完成后的“标注样式管理器”对话框

同时在“预览”区和“说明”区显示新样式的标注形状和说明。单击“置为当前”按钮，然后单击“关闭”按钮，返回到作图状态。此时，当前的标注样式为列表框中被选中的样式。

如果当前的标注样式不理想，可以单击“修改”按钮打开“修改标注样式”对话框修改以前的设置。

实际绘图时，一般将一些常用的设置，如图层、尺寸标注样式、文字样式等内容保存为样板文件（.dwt）。在创建新图时，选择该样板文件，再进行一些具体的设置（如图形界限、绘图单位和精度、极轴、捕捉等），在此绘图环境下开始绘图。

8. 附加尺寸标注样式的设置

上述设置了尺寸标注样式，这种样式可用于所有类型的尺寸标注。但在实际绘图时，不同的尺寸类型采用的标注方式会有所不同。例如，在标注角度时，数字应水平书写；在建筑制图中，标注直径和半径时，尺寸起止符号不再是45°斜短线而应为箭头等。这时，可以采用设置附加尺寸标注样式的方法解决这一问题。

附加尺寸标注样式中设置的标注样式将替代基础样式中相应的标注样式，而附加尺寸标注样式中不具备的标注样式还将沿袭基础样式。因此，可以将尺寸标注中所有的共同特性通过基础样式来设置，而其他不同的标注类型（如建筑制图中的直径、半径、角度标注等）分别设置其专用的附加尺寸标注样式。

设置附加尺寸标注样式的步骤为：

（1）在“标注样式管理器”对话框中选择附加标注样式所依赖的样式名。如选择“机械”。

（2）单击“新建”按钮，打开“创建新标注样式”对话框，如图 7-37 所示。在“用于”下拉列表中选择欲建立附加尺寸标注的样式。此处选择“角度标注”，即建立附加在“机械”标注样式下，专用于标注角度型尺寸的标注样式。

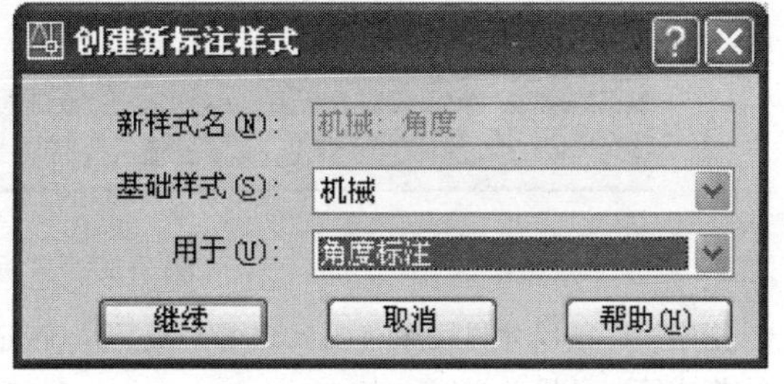

图 7-37　设置附加尺寸标注样式

（3）单击“继续”按钮打开“新建标注样式”对话框，在此完成角度标注所需的设置。例如，在“文字”选项卡的“文字对齐”区中选择“水平”方式，在“文字位置”区的“垂直”下拉列表选择“外部”。设置完成后，单击“确定”按钮，则建立了附加在“机械”标注样式下专用于标注角度型尺寸的标注样式，如图 7-38 所示。

三、各种尺寸标注方法

AutoCAD 提供了众多的尺寸标注命令，使用户可以对长度、半径、直径、角度、指引线、坐标等进行标注。其中长度型尺寸标注又包括了众多的类型，如水平标注、垂直标注、基线标注、连续标注等。

1. 线性标注（DIMLINEAR）

DIMLINEAR 命令可以使用户标注水平、垂直及旋转尺寸。该命令可以通过以下方式来调用：

- 下拉菜单：“标注”/“线性”。
- 图标按钮：单击图 7-39 所示的“标注”工具栏中的 [按钮图标] 按钮。
- 命令行：DIMLINEAR↵或 DIMLIN↵或 DLI↵。

DIMLINEAR 命令格式：

命令：**DIMLINEAR**↵

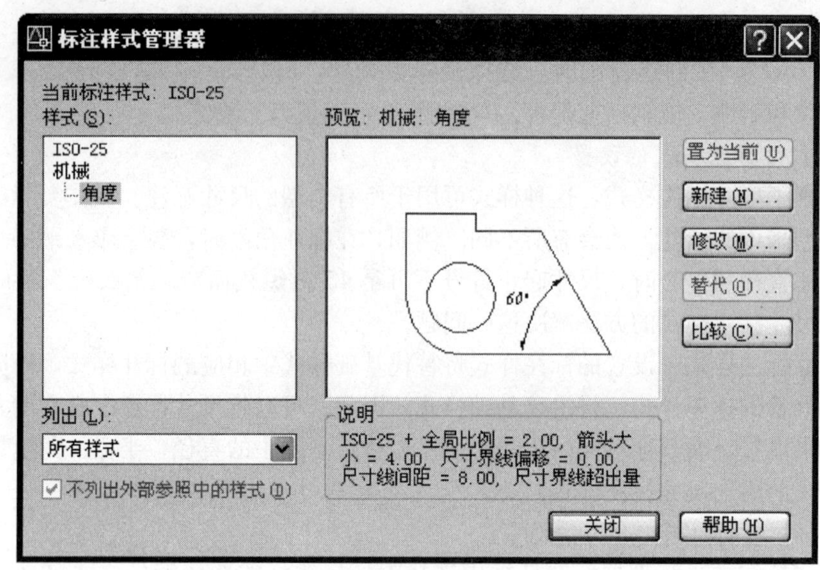

图 7-38 设置附加在“机械”标注样式下用于角度型尺寸的标注样式

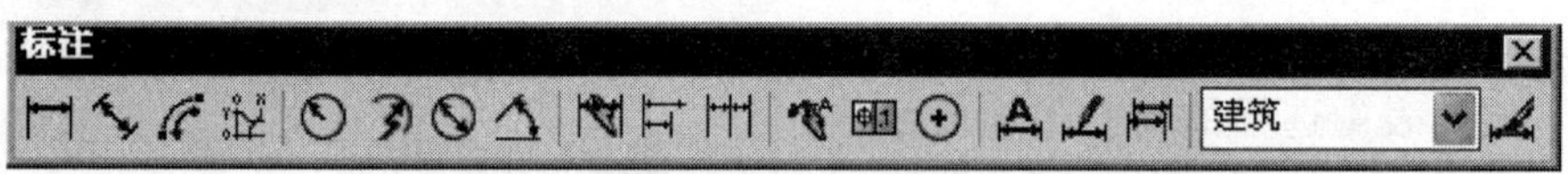

图 7-39 “标注”工具栏

指定第一条尺寸界线原点或 <选择对象>：（指定第一条尺寸界线起点）

指定第二条尺寸界线原点： （指定第二条尺寸界线起点）

指定尺寸线位置或[多行文字(M)/文字(T)/角度(A)/水平(H)/垂直(V)/旋转(R)]：（指定尺寸线位置或输入选项）

各选项的含义如下：

- ✦ “多行文字（M）”和“文字（T）”选项：用于修改系统自动测量的标注文字。
- ✦ “角度（A）”选项：用于修改标注文字的旋转角度。
- ✦ “水平（H）”选项：用于绘制水平方向的尺寸标注。
- ✦ “垂直（V）”选项：用于绘制垂直方向的尺寸标注。
- ✦ “旋转（R）”选项：用于绘制指定尺寸线旋转角度的尺寸标注。

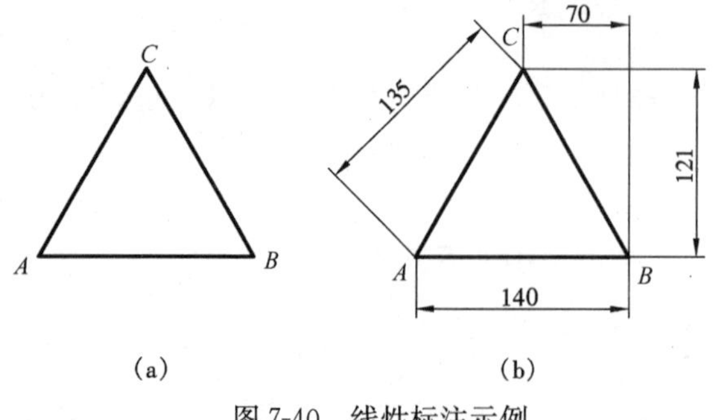

图 7-40 线性标注示例

执行了这些操作后，一条带标注文字的尺寸线即被放置在图形的指定位置。

【例 7-1】 利用线性标注命令对如图 7-40（a）所示图形进行标注，结果如图 7-40（b）所示。

操作如下：

将前述设置好的“机械”标注样式

置为当前。

命令：**DIMLINEAR ↵** （调用 DIMLINEAR 命令）

指定第一条尺寸界线原点或 ＜选择对象＞：＜**对象捕捉 开**＞（捕捉点 A）

指定第二条尺寸界线原点： （捕捉点 B）

指定尺寸线位置或[多行文字(M)/文字(T)/角度(A)/水平(H)/垂直(V)/旋转(R)]：(向下拉动光标确定水平标注的尺寸线位置)

标注文字 =140 （系统自动标注测量值）

命令：↵ （重复 DIMLINEAR 命令）

DIMLINEAR

指定第一条尺寸界线原点或 ＜选择对象＞：(捕捉 B 点)

指定第二条尺寸界线原点： (捕捉 C 点)

指定尺寸线位置或[多行文字(M)/文字(T)/角度(A)/水平(H)/垂直(V)/旋转(R)]：**H ↵**（选择水平标注）

指定尺寸线位置或[多行文字(M)/文字(T)/角度(A)]：(拉动光标确定尺寸线的位置)

标注文字 =70

命令：↵ （重复 DIMLINEAR 命令）

DIMLINEAR

指定第一条尺寸界线原点或 ＜选择对象＞：(捕捉 B 点)

指定第二条尺寸界线原点： (捕捉 C 点)

指定尺寸线位置或[多行文字(M)/文字(T)/角度(A)/水平(H)/垂直(V)/旋转(R)]：(向右拉动光标强制进行垂直标注，并确定尺寸线的位置)

标注文字 =121

命令：↵ （重复 DIMLINEAR 命令）

DIMLINEAR

指定第一条尺寸界线原点或 ＜选择对象＞：(捕捉 A 点)

指定第二条尺寸界线原点： (捕捉 C 点)

指定尺寸线位置或[多行文字(M)/文字(T)/角度(A)/水平(H)/垂直(V)/旋转(R)]：**R ↵**（选择旋转标注）

指定尺寸线的角度 <0>：**45 ↵** （设定尺寸线旋转角度）

指定尺寸线位置或[多行文字(M)/文字(T)/角度(A)/水平(H)/垂直(V)/旋转(R)]：(拉动光标确定尺寸线位置)

标注文字 =135

2. 对齐标注 (DIMALIGNED)

DIMALIGNED 命令用于标注一条与两个尺寸界线的起点对齐的尺寸线。该命令可以通过以下方式来调用：

✦ 下拉菜单："标注" / "对齐"。

✦ 图标按钮：单击"标注"工具栏（图 7-39）中的 按钮。

♦ 命令行：DIMALIGNED ↵ 或 DIMALI ↵ 或 DAL ↵ 。

【例 7-2】 利用 DIMALIGNED 命令完成如图 7-41 所示的尺寸标注。

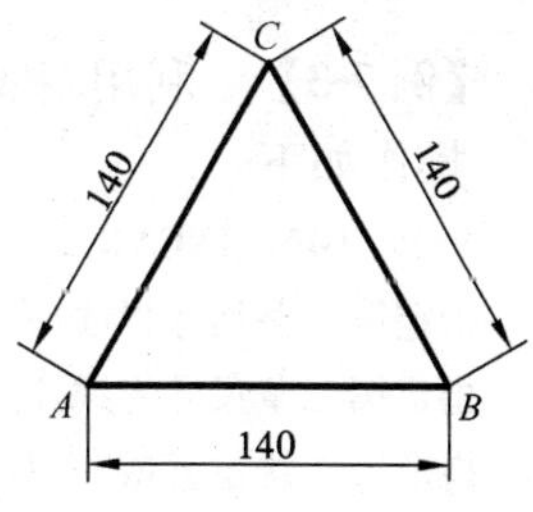

图 7-41 对齐标注示例

操作如下：

命令：**DIMALIGNED** ↵ （调用对齐标注命令）

指定第一条尺寸界线原点或 <选择对象>：（捕捉点 A）

指定第二条尺寸界线原点： （捕捉点 B）

指定尺寸线位置或[多行文字(M)/文字(T)/角度(A)]：（指定尺寸线位置）

标注文字 =140 （系统自动在与两个尺寸界线起点对齐的尺寸线上标出测量值）

命令：↵ （重复 DIMALIGNED 命令）

DIMALIGNED

指定第一条尺寸界线原点或 <选择对象>：↵（以选择对象方式对齐标注）

选择标注对象： （选取线段 BC 为标注对象）

指定尺寸线位置或[多行文字(M)/文字(T)/角度(A)]：（指定尺寸线位置）

标注文字 =140 （系统自动在与 BC 线平行的尺寸线上标出测量值）

命令：↵ （重复 DIMALIGNED 命令）

DIMALIGNED

指定第一条尺寸界线原点或 <选择对象>：↵

选择标注对象： （选取线段 AC 为标注对象）

指定尺寸线位置或[多行文字(M)/文字(T)/角度(A)]：**A** ↵（选择指定文字角度）

指定标注文字的角度：**60** ↵ （指定尺寸数字旋转角度）

指定尺寸线位置或[多行文字(M)/文字(T)/角度(A)]：（指定尺寸线位置）

标注文字 =140

注意：对齐标注与线性旋转标注不同，对齐标注将尺寸线与对象直线平行，或通过尺寸界限的两个起点来确定角度值，而旋转标注是根据指定的角度绘制尺寸标注。

3. 基线标注（DIMBASELINE）

DIMBASELINE 命令用于有一个共同标注基准点的线性尺寸或角度尺寸的标注，该命令可以通过以下方式来调用：

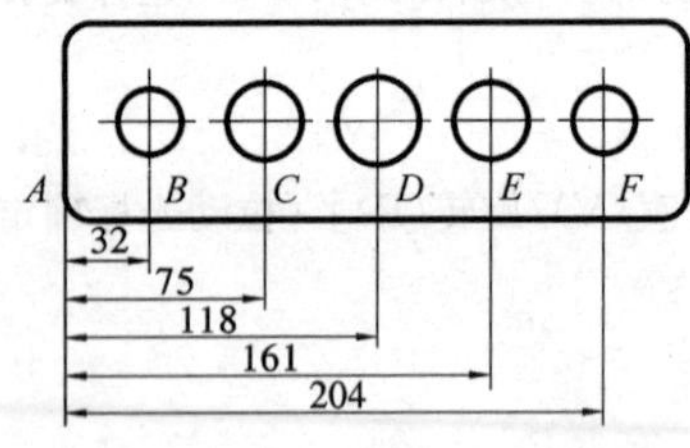

图 7-42 基线标注示例

✦ 下拉菜单："标注"/"基线"。

✦ 图标按钮：单击"标注"工具栏（图 7-39）中的 按钮。

✦ 命令行：DIMBASELINE ↵ 或 DIMBASE ↵ 或 DBA ↵。

在进行基线标注之前，必须先进行一次最基本的标注（线性标注、角度标注或坐标标注），因为下一次连续标注的起点将以上一次标注的第一点为基准。

【例 7-3】 利用基线标注命令完成如图 7-42 所示的尺寸标注。

操作如下：

命令：**DIMLINEAR** ↵ （先进行线性标注）

指定第一条尺寸界线原点或 <选择对象>：（捕捉点 A）

指定第二条尺寸界线原点： （捕捉点 B）

指定尺寸线位置或[多行文字(M)/文字(T)/角度(A)/水平(H)/垂直(V)/旋转(R)]：（指定尺寸线位置）

标注文字=32

命令：**DIMBASELINE**↵　　　（调用基线标注命令）

指定第二条尺寸界线原点或[放弃(U)/选择(S)]<选择>：(捕捉点 C)

标注文字 =75

指定第二条尺寸界线原点或[放弃(U)/选择(S)]<选择>：(捕捉点 D)

标注文字 =118

指定第二条尺寸界线原点或[放弃(U)/选择(S)]<选择>：(捕捉点 E)

标注文字 =161

指定第二条尺寸界线原点或[放弃(U)/选择(S)]<选择>：(捕捉点 F)

标注文字 =204

指定第二条尺寸界线原点或[放弃(U)/选择(S)]<选择>：↵(结束第一组基线标注)

选择基准标注：↵(结束基线标注，结果如图 7-44 所示)

基线标注中，两条平行的尺寸线间的距离是在设置尺寸标注样式时由“直线”选项卡的“基线间距”设定的，进行基线标注时，自动以此距离值放置尺寸线。

当命令行提示“指定第二条尺寸界线原点或［放弃（U）/选择（S）］<选择>：”时，直接回车或键入“S↵”，可以选择新的基准进行标注。

4. 连续标注（DIMCONTINUE）

DIMCONTINUE 命令用于在同一方向上连续地标注线性尺寸或角度尺寸。该命令可以通过以下方式来调用：

✦ 下拉菜单：“标注”/“连续”。

✦ 图标按钮：单击“标注”工具栏（图 7-39）中的 按钮。

✦ 命令行：DIMCONTINUE↵或 DIMCONT↵或 DCO↵。

在进行连续标注之前，必须先进行一次最基本的标注，连续标注的起点将以上一次标注的第二点为准。用户也可按回车键，然后选择一个尺寸并从该尺寸开始连续标注。

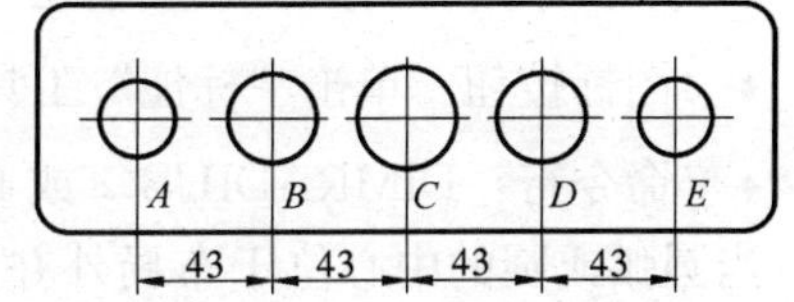

图 7-43　连续标注示例

【例 7-4】　利用连续标注命令完成如图 7 43 所示的尺寸标注。

操作如下：

命令：**DIMLINEAR**↵　　　（先进行线性标注）

指定第一条尺寸界线原点或 <选择对象>：(捕捉点 A)

指定第二条尺寸界线原点：　　　(捕捉点 B)

指定尺寸线位置或[多行文字(M)/文字(T)/角度(A)/水平(H)/垂直(V)/旋转(R)]：(指定尺寸线位置)

标注文字 =43

命令：**DIMCONTINUE**↵　　　（调用连续标注命令）

指定第二条尺寸界线原点或[放弃(U)/选择(S)]<选择>：(捕捉点 C)

标注文字 =43

指定第二条尺寸界线原点或[放弃(U)/选择(S)]<选择>：(捕捉点 D)

标注文字 =43

指定第二条尺寸界线原点或[放弃(U)/选择(S)]<选择>：(捕捉点 E)

标注文字 =43

指定第二条尺寸界线原点或[放弃(U)/选择(S)]<选择>：↵（结束第一组连续标注或选择下一组连续标注的新基准）

选择连续标注：↵　　（结束连续标注，结果如图 7-43 所示）

5. 弧长标注（DIMARC）

DIMARC 命令主要用于标注圆弧或多段线圆弧的弧线长度。这是 AutoCAD 2006 新增的功能之一。该命令可以通过以下方式来调用：

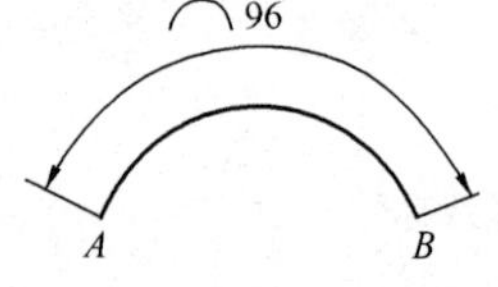

图 7-44　弧长标注示例

✦ 下拉菜单："标注" / "弧长"。

✦ 图标按钮：单击"标注"工具栏（图 7-39）中的按钮。

✦ 命令行：DIMARC ↵。

【例 7-5】 标注如图 7-44 所示圆弧的弧长。

操作如下：

命令：**DIMARC** ↵　　（调用弧长标注命令）

选择弧线段或多段线弧线段：　　（选择 AB 圆弧）

指定弧长标注位置或[多行文字(M)/文字(T)/角度(A)/部分(P)/引线(L)]：（指定尺寸线位置）

标注文字 = 96　　（系统自动测量标注弧长值）

弧长标注中，弧长符号的位置是在设置尺寸标注样式时由"符号和箭头"选项卡中的"弧长符号"选项组设定的。

6. 半径标注（DIMRADIUS）

DIMRADIUS 命令用于标注圆或圆弧的半径。该命令可以通过以下方式来调用：

✦ 下拉菜单："标注" / "半径"。

✦ 图标按钮：单击"标注"工具栏（图 7-39）中的按钮。

✦ 命令行：DIMRADIUS ↵ 或 DIMRAD ↵ 或 DRA ↵。

当圆弧或圆的中心位于布局外并且无法在其实际位置显示时，可以使用 DIMJOGGED 命令创建折弯半径标注，以更方便的位置指定标注的原点（这称为中心位置替代）。其中，折弯角度是在设置尺寸标注样式时由"符号和箭头"选项卡中的"半径标注折弯"设定的。

7. 直径标注（DIMDIAMETER）

DIMDIAMETER 命令用于标注圆或圆弧的直径。该命令可以通过以下方式来调用：

✦ 下拉菜单："标注" / "直径"。

✦ 图标按钮：单击"标注"工具栏（图 7-39）中的按钮。

✦ 命令行：DIMDIAMETER ↵ 或 DIMDIA ↵ 或 DDI ↵。

【例 7-6】 标注［例 4-13］中图形的尺寸，结果如图 4-28 所示。

命令：**DIMLINEAR** ↵　　（进行线性标注）

指定第一条尺寸界线原点或 <选择对象>：<**对象捕捉 开**>（捕捉左侧圆圆心）

指定第二条尺寸界线原点：　　（捕捉下面圆圆心）

指定尺寸线位置或[多行文字(M)/文字(T)/角度(A)/水平(H)/垂直(V)/旋转(R)]：（指定水平尺寸线位置）

标注文字 =3258

命令：**DIMCONTINUE** ↵ （进行连续标注）
指定第二条尺寸界线原点或[放弃(U)/选择(S)]<选择>：（捕捉右侧圆圆心）
标注文字 =1649
指定第二条尺寸界线原点或[放弃(U)/选择(S)]<选择>：↵
选择连续标注：↵ （结束连续标注命令）

重复进行线性标注，分别注出圆心间距 1779 和 2630。

命令：**DIMRADIUS** ↵ （进行半径标注）
选择圆弧或圆： （拾取外切圆弧）
标注文字 =2845
指定尺寸线位置或[多行文字(M)/文字(T)/角度(A)]：<**对象捕捉 关**>（指定尺寸线位置）

重复半径标注，分别注出左侧圆弧、下面圆弧和右侧圆弧的半径。

命令：**DIMDIAMETER** ↵ （进行直径标注）
选择圆弧或圆： （拾取左侧小圆）
标注文字 =889
指定尺寸线位置或[多行文字(M)/文字(T)/角度(A)]：（指定尺寸线位置）

重复直径标注，分别注出下面小圆和右侧小圆的直径。

8. 圆心标注（DIMCENTER）

DIMCENTER 命令用于标注圆或圆弧的圆心标记或中心线。该命令可以通过以下方式来调用：

- 下拉菜单："标注" / "圆心标记"。
- 图标按钮：单击"标注"工具栏（图 7-39）中的 按钮。
- 命令行：DIMCENTER ↵。

DIMCENTER 命令格式：

命令：**DIMCENTER** ↵
选择圆弧或圆：

选择圆弧或圆后，AutoCAD 根据用户的设置绘制圆心标记。圆心标记的类型和大小是在设置尺寸标注样式时由"符号和箭头"选项卡的"圆心标记"选项组设定的。

9. 角度标注（DIMANGULAR）

DIMANGULAR 命令用于标注圆、圆弧、两条直线或三个点之间的角度尺寸。该命令能够精确地生成并测量对象之间的夹角。如果用户拾取圆弧，则 DIMANGULAR 命令会直接对它进行标注；如果拾取圆，则该圆的圆心被置为顶点，拾取点被置为第一个端点，并提示用户给出第二个端点；如果拾取一条线段，则提示用户给出第二条线，并将它们的交点作为顶点；系统默认方式为使用三点指定角，先指定顶点，再指定另外两点作为尺寸界线。DIMANGULAR 命令可以通过以下方式来调用：

- 下拉菜单："标注" / "角度"。
- 图标按钮：单击"标注"工具栏（图 7-39）中的 按钮。
- 命令行：DIMANGULAR ↵ 或 DIMANG ↵ 或 DAN ↵。

注意：对于直径、半径和角度标注，如果手动输入尺寸文字（即不按测量值自动输入），输入直径符号时，应输入"%%c"代替符号"Φ"，输入角度符号时，应输入"%%d"代替符号"°"，半径符号则直接输入"R"。

【例 7-7】 注出如图 7-45 所示圆的直径 ϕ50 及两直线夹角 30°。

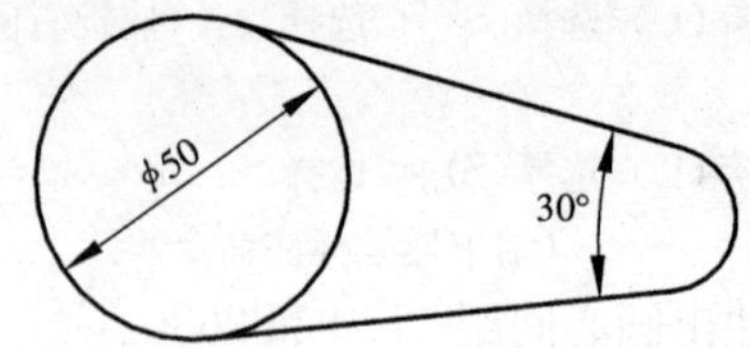

图 7-45 手动输入直径及角度尺寸文字

操作如下：

命令：**DIMDIAMETER** ↵　　　　（标注直径）
选择圆弧或圆：　　　　（拾取圆）
标注文字 ＝88　　　　（AutoCAD 自动测量所得到的数值）
指定尺寸线位置或[多行文字(M)/文字(T)/角度(A)]：**T** ↵（选择手动输入数值）
输入标注文字 ＜88＞：**%%C50** ↵　　　　（输入 ϕ50）
指定尺寸线位置或[多行文字(M)/文字(T)/角度(A)]：（指定尺寸线位置）
命令：**DIMANGULAR** ↵　　　　（标注角度）
选择圆弧、圆、直线或 ＜指定顶点＞：　　　　（选择上边公切线）
选择第二条直线：　　　　（选择下边公切线）
指定标注弧线位置或[多行文字(M)/文字(T)/角度(A)]：**T** ↵（选择手动输入数值）
输入标注文字 ＜21＞：**30%%D** ↵　　　　（输入 30°，缺省值为 AutoCAD 测量值）
指定标注弧线位置或[多行文字(M)/文字(T)/角度(A)]：（指定尺寸线位置）
标注文字 ＝21

10. 坐标标注（DIMORDINATE）

DIMORDINATE 命令用于标注相对于坐标原点的坐标。可以使用当前 UCS 的原点计算每个坐标，也可以在创建坐标标注之前，设置一个不同的原点。通常使 UCS 原点与基准相符。

DIMORDINATE 命令可以通过以下方式来调用：

✦ 下拉菜单："标注" / "坐标"。

✦ 图标按钮：单击"标注"工具栏（图 7-39）中的 按钮。

✦ 命令行：DIMORDINATE ↵。

DIMORDINATE 命令格式：

命令：**DIMORDINATE** ↵
指定点坐标：　　　　（指定需要标注的点）
指定引线端点或 [X 基准（X）/Y 基准（Y）/多行文字（M）/文字（T）/角度（A）]：

其中 X 基准坐标标注是沿 X 轴测量一个点与基准点的距离，Y 基准坐标标注是沿 Y 轴测量距离，且坐标标注的文字与坐标引线对齐。

11. 引线标注（LEADER）

绘制工程制图时，经常要用引线来指示一个特征，给出关于它的信息。如对施工、材料、结构等作出说明。与尺寸标注命令不同，引线并不测量距离。

LEADER 命令具有较强的功能，用户使用该命令时拥有多项选项，以便在引线末端给出信息。缺省注释为单行文本。但用户可以通过选项进入多行文本编辑，并可以指定引线的类型。

【例 7-8】　用引线注释如图 7-46 所示图形。

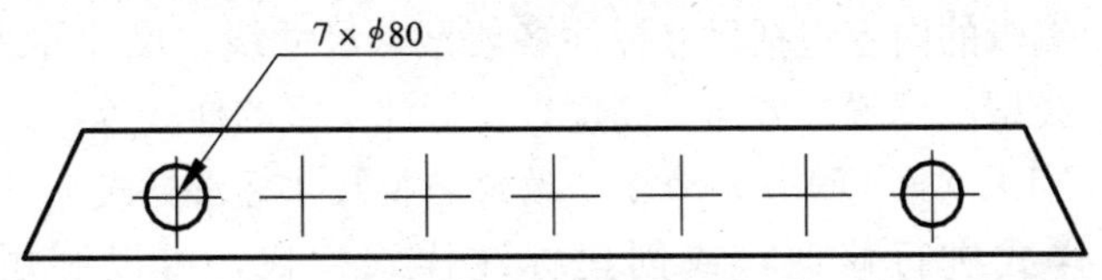

图 7-46　引线注释示例

操作如下：

命令：**LEADER** ↵

指定引线起点：＜对象捕捉开＞　　　　　　　（捕捉第一个圆的圆心）

指定下一点：　　　　　　　　　　　　　　　（给出引线末端）

指定下一点或[注释(A)/格式(F)/放弃(U)]＜注释＞：**F** ↵（选择 F 选项）

输入引线格式选项[样条曲线(S)/直线(ST)/箭头(A)/无(N)]＜退出＞：**ST** ↵（选择 ST 选项）

指定下一点或[注释(A)/格式(F)/放弃(U)]＜注释＞：↵（结束引线设置）

输入注释文字的第一行或＜选项＞：**7X %%C80** ↵（输入注释文字）

输入注释文字的下一行：↵　　　　　　　　　（结束注释，结果如图 7-46 所示）

注意：引线箭头的大小应在设置尺寸标注样式时的“符号和箭头”选项卡中的“箭头”区设置。

12. 对象的快速标注（QDIM）

使用 QDIM 命令快速地创建一系列标注。该命令可以一次性标注多个对象，它特别适合于创建系列基线或连续标注，或者为一系列圆或圆弧创建标注。

快速标注命令可以通过以下方式来调用：

✦ 下拉菜单：“标注” / “快速标注”。

✦ 图标按钮：单击“标注”工具栏（图 7-39）中的 按钮。

✦ 命令行：QDIM ↵。

QDIM 命令格式：

命令：**QDIM** ↵

关联标注优先级 = 端点

选择要标注的几何图形：找到 1 个　　　　（选择要标注的对象）

选择要标注的几何图形：↵　　　　　　　　（结束选择）

指定尺寸线位置或[连续(C)/并列(S)/基线(B)/坐标(O)/半径(R)/直径(D)/基准点(P)/编辑(E)/设置(T)]＜半径＞：

此时直接回车，AutoCAD 将按当前选项对对象进行快速标注；否则用户可以输入一个选项，完成标注。其中前六项表示要分别创建一系列的连续、并列、基线、坐标、半径、直径标注；“基准点（P)”项用于为基线和坐标标注设置新的基准点；“编辑（E)”项使用户从现有标注中添加或删除标注点；“设置（T)”项为指定尺寸界线原点设置默认对象捕捉。输入“T ↵”，将提示“关联标注优先级［端点（E）/交点（I)］＜端点＞:”，选择后，程序将返回到上一个提示。

四、尺寸标注的编辑

对于图中已标注的尺寸，可以进行编辑修改。除了前面介绍的 PROPERTIES（对象特性）命令外，AutoCAD 提供了 DIMEDIT（尺寸编辑）命令以及 DIMTEDIT（尺寸文本编辑）命令进行编辑，编辑的内容包括尺寸标注各要素（尺寸线、尺寸界线、尺寸起止符号、标注文字）的颜色、线型、位置、方向、高度以及标注文字的样式等。

1. 利用 DIMSTYLE（或 DDIM）命令修改或替换尺寸标注样式

要对当前标注样式进行修改，或创建标注样式替代，可以利用 DIMSTYLE（或 DDIM）命令打开“标注样式管理器”对话框，然后单击 修改(M)... 或 替代(O)... 按钮，打开“修改标注样式”或“替代当前样式”对话框。在该对话框中可以对尺寸标注样式进行设置。

2. 利用 DIMEDIT 命令编辑尺寸文字和尺寸界线

DIMEDIT 命令用于将尺寸文字替换成新的文字、调整尺寸文字到缺省位置、旋转尺寸文字以及修改尺寸界线相对于尺寸线的倾斜角度。该命令影响标注文字和尺寸界线。

DIMEDIT 命令可以通过以下方式来调用：

✦ 图标按钮：单击“标注”工具栏（图 7-39）中的 按钮。

✦ 命令行：DIMEDIT ↵。

DIMEDIT 命令格式：

命令：**DIMEDIT** ↵

输入标注编辑类型［默认（H）/新建（N）/旋转（R）/倾斜（O）］<默认>：

各选项的含义如下：

✦ 默认（H）：移动标注文字到默认位置，对应下拉菜单“标注”/“对齐文字”/“默认”。

✦ 新建（N）：使用多行文字编辑器修改标注文字。相当于使用 DDEDIT 命令编辑尺寸标注文本。

✦ 旋转（R）：旋转标注文字，对应下拉菜单“标注”/“对齐文字”/“角度”。

✦ 倾斜（O）：调整线性标注尺寸界线的倾斜角度，对应下拉菜单“标注”/“倾斜”。

3. 利用 DIMTEDIT 命令调整标注文本的位置

DIMTEDIT 命令用于沿尺寸线修改尺寸文字的位置。该命令可以通过以下方式来调用：

✦ 下拉菜单：“标注”/“对齐文字”/各选项。

✦ 图标按钮：单击“标注”工具栏（图 7-39）中的 按钮。

✦ 命令行：DIMTEDIT ↵。

DIMTEDIT 命令格式：

命令：**DIMTEDIT** ↵

选择标注：（选择要修改的尺寸标注对象）

指定标注文字的新位置或［左(L)/右(R)/中心(C)/默认(H)/角度(A)］：

另外，要更改尺寸标注文字的位置，也可以在选定要调整的尺寸标注对象后，从右击弹出的快捷菜单中选择“标注文字位置”中合适的选项。还可以通过移动夹点调整标注的位置。先选中要调整的标注，按住夹点直接拖动光标进行移动。

4. 利用 EXPLODE 命令分解尺寸对象

利用 EXPLODE 命令可将尺寸对象分解为文本、起止符号、尺寸线、尺寸界线等多个对象。尺寸标注被分解后，用户可以单独选择尺寸标注的文本、起止符号、尺寸线、尺寸界线等对象，并单独对其进行编辑。

【例 7-9】　标注［例 6-1］中棘轮尺寸，结果如图 6-29 所示。

首先创建附加有角度标注的尺寸标注样式。参见“机械”标注样式设置过程。

设置尺寸标注层为当前层，将建好的尺寸标注样式置为当前。注意根据出图比例设置全局比例因子。如图 6-29 出图比例为 1∶1，则全局比例因子为 1。

（1）标注主视图的尺寸。先用 ZOOM 命令将标注处局部放大。

命令：**DIMANGULAR** ↵

分别标注 90°和 30°角度。

命令：**DIMDIAMETER** ↵

分别标注 ϕ120、ϕ50 圆直径。

命令：**DIMLINEAR** ↵

分别标注垂直尺寸 6 和水平尺寸 32。

若对上述标注中尺寸文字的位置进行修改，可先选中要修改的尺寸对象，从右击弹出的快捷菜单中选择“标注文字位置”的相应选项进行修改。

（2）标注右视图的尺寸。

命令：**DIMLINEAR** ↵　　（标注垂直尺寸 ϕ30）

指定第一条尺寸界线原点或 <选择对象>：（捕捉圆柱孔下端点）

指定第二条尺寸界线原点：　　（捕捉圆柱孔上端点）

指定尺寸线位置或[多行文字(M)/文字(T)/角度(A)/水平(H)/垂直(V)/旋转(R)]：**T** ↵（手动输入文字）

输入标注文字 <30>：**%%C30** ↵

指定尺寸线位置或[多行文字(M)/文字(T)/角度(A)/水平(H)/垂直(V)/旋转(R)]：↵

重复 DIMLINEAR 命令，标注水平尺寸 20，接着利用 DIMBASELINE 基线标注命令标注水平尺寸 30。

第八章 零 件 图

第一节 零件图概述

任何机器或部件都是由若干个零件装配而成，表示零件结构、大小及技术要求的图样称为零件图，如图 8-1 所示就是一张表示轴的零件图。

一、零件图的内容

零件图要反映出设计者的意图，表达出机器（或部件）对零件的要求，同时应考虑结构的合理性和制造的可能性，它是制造和检验零件的依据。一张完整的零件图一般应包括以下四方面内容。

1. 一组图形

综合运用基本视图、剖视图、剖面图及其他表达方法，把零件的内、外形状和结构完整、正确、清晰地表达出来，视图应简单明了。

2. 零件尺寸

正确、完整、清晰、合理地标注出制造和检验零件时所必需的全部尺寸。

3. 技术要求

用规定的符号或文字说明零件在制造、检验、装配及调试过程中应达到的要求。如表面粗糙度、尺寸公差、形位公差和热处理等要求。

4. 标题栏

用来表示零件的名称、材料、数量、比例、图号、设计单位等内容。

二、零件图的视图选择和尺寸标注

1. 零件图的视图选择

为了将零件的结构形状表达正确、完整、清晰，并便于看图和画图，必须合理地选择视图方案。

零件图的视图选择，应在深入细致地分析零件结构形状特点的基础上，选择适当的表达方法，完整、清晰地表达出零件的全部内外结构和形状。视图的选择原则，首先选择主视图，然后适当选择其他视图，以补充主视图表达的不足，同时还要考虑易于看图和画图。

（1）主视图的选择。主视图是表达零件形状最重要的视图，选择得合理与否直接关系到零件形状是否表达清楚，影响到画图、看图是否方便，以及其他视图的选择。因此，在表达零件时，应该首先确定主视图，然后在确定其他视图。选择主视图时，应从投影方向和零件安放位置两方面考虑：

1）投射方向应能清楚地表达零件的形状特征。在选择主视图投射方向时，应使主视图反映出零件各组成部分的结构形状和相对位置。

2）安放位置应符合零件的加工位置或工作位置。

a. 加工位置。符合加工位置即主视图按照零件在机床上的主要加工位置画出。零件图是用来加工制造零件的，主视图所表达的零件位置，最好和该零件的主要加工位置一致。如回转体类零件轴、套、轮、盘等，大部分工序是在车床和磨床上进行加工的，为了使加工时

其余 25
长度方向尺寸基准C
径向尺寸基准
辅助基准 F
辅助基准 E
长度方向
辅助基准D
技术要求
1. 调质 200-250HBS
未注圆角 r1.5
轴
比例 1:1 (图号)
件数
制图 (日期) 重量 材料 45
描图 (日期) (校名)
审核 (日期) 系 班

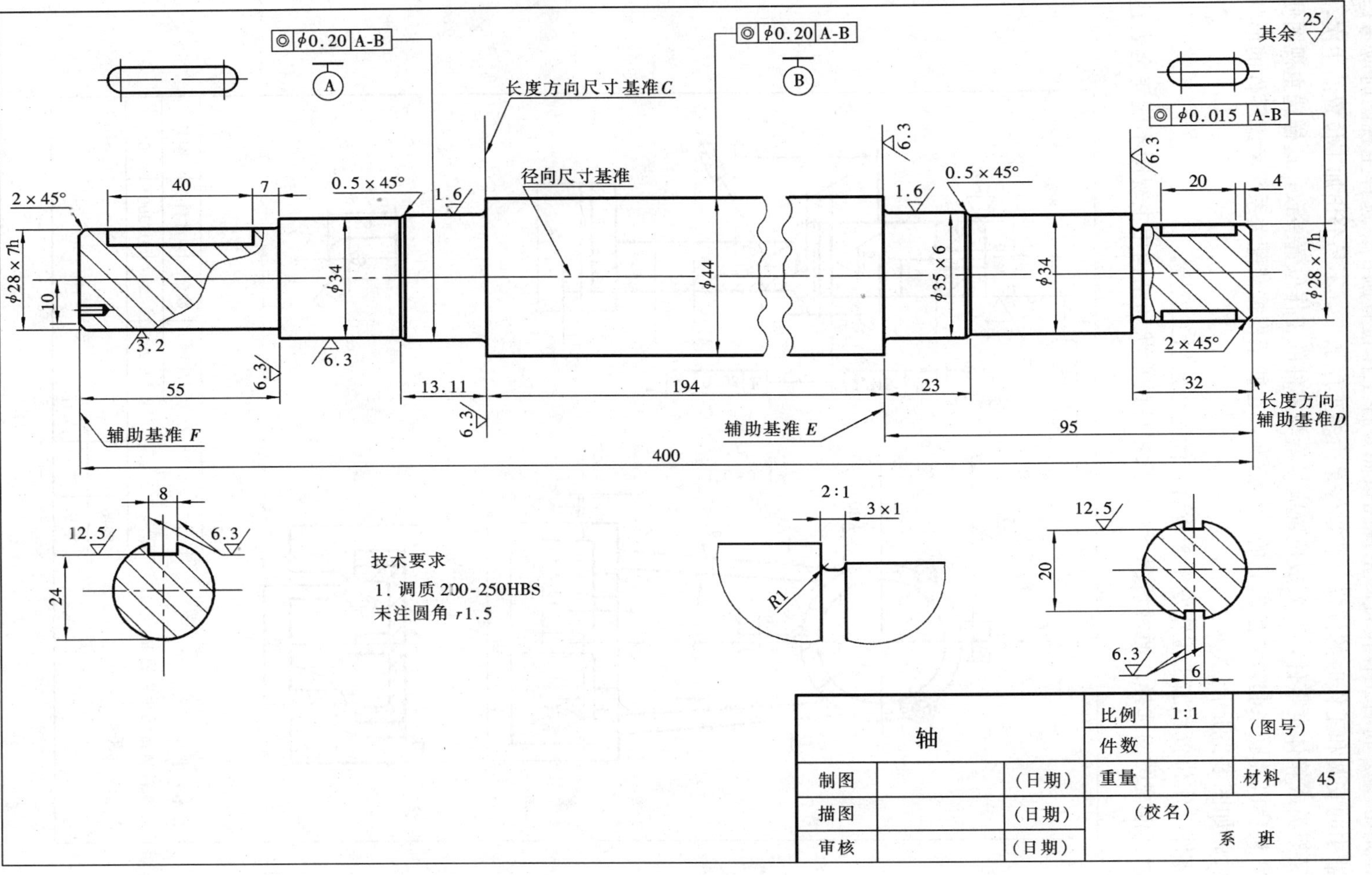

图 8-1 轴零件图

看图方便，应将主视图的主要轴线水平放置，如图 8-1 所示。

b. 工作位置。符合工作位置即主视图按照零件工作位置画出。选择主视图时应考虑零件在机器中的安装和工作时的位置。若零件是由多工序加工，不易分出加工位置的主次，如常见的叉架类或箱体类零件，其安放位置应尽量与零件的工作位置一致，这样选主视图便于把零件和整台机器联系起来，想象它的工作情况，也便于根据装配关系来考虑零件的形状与有关尺寸，如图 8-2 所示。

当零件工作位置和加工位置发生矛盾后，优先考虑加工位置。

(2) 其他视图的选择。通常情况下，如果零件的形状和结构用主视图不能完全表达清

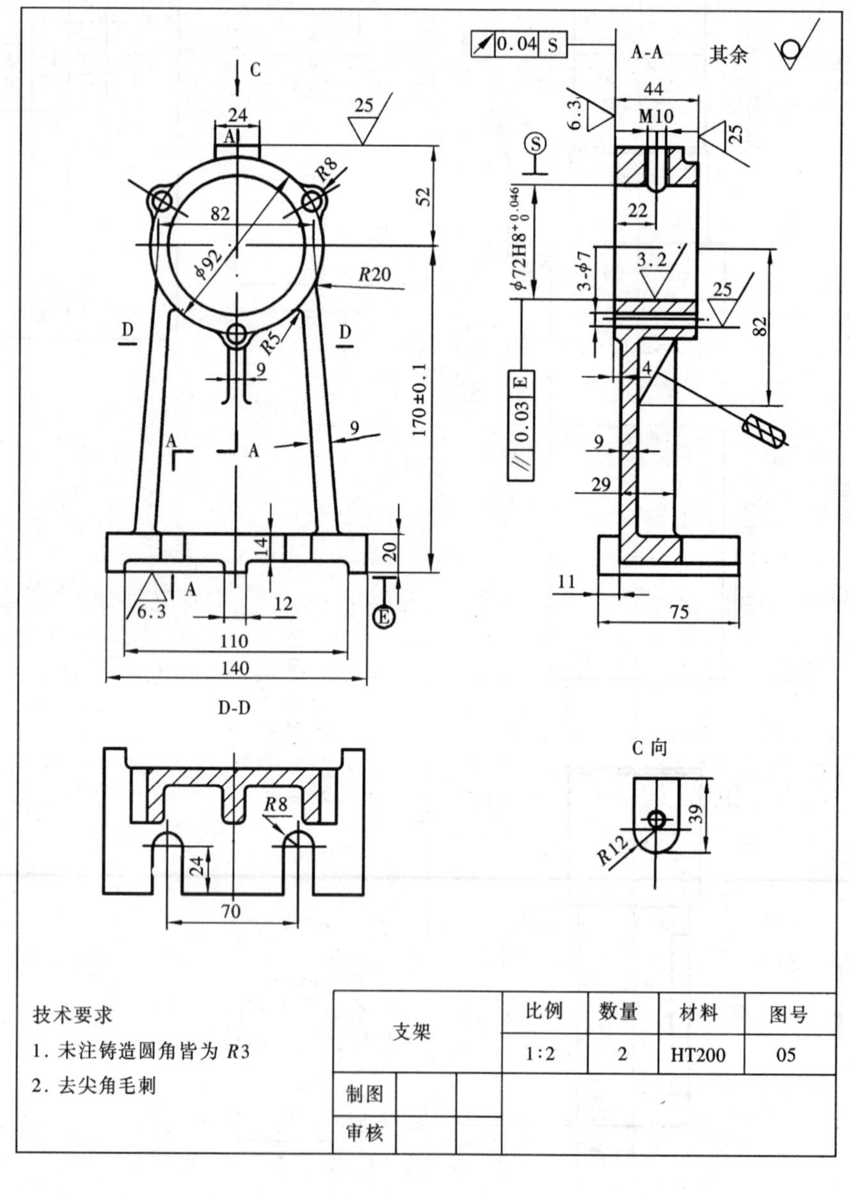

图 8-2 支架

楚，就需要配合其他视图。选择其他视图时，应以主视图为基础，根据零件的复杂程度和结构特点，把主视图上未表达清楚的形状、结构表达出来。其他视图的确定，应优先采用基本视图，并采取相应的剖视、剖面、局部视图、斜视图、局部放大等方法，使每一个视图都有一个表达重点，从而将该零件表达清楚，如图 8-1、图 8-2 所示。在完整、正确、清晰地表达零件的结构前提下，尽量减少视图的数量，以免重复、繁琐，导致主次不分。

2. 零件图的尺寸标注

零件图上标注的尺寸是加工和检验的重要依据。在零件图上标注尺寸，除了符合正确、完整、清晰的要求外，还要考虑其合理性，所谓合理性就是标注的尺寸既要符合功能设计要求，又要满足制造、加工、测量和检验的要求。标注尺寸时应注意以下几点：

(1) 合理选择尺寸基准。在选择尺寸基准时，首先要考虑功能设计要求，其次考虑便于加工和测量。基准分为设计基准和工艺基准两种。

1) 设计基准：用以确定零件在部件中的位置的面、线或点；

2) 工艺基准：用以确定零件在加工、测量和检验时确定零件结构位置的一些面、线或点。

选择基准时，应尽量使设计基准与工艺基准重合，这样既能满足设计要求，又能满足工艺要求。

标注尺寸时，面基准一般选零件的加工面，特别是最先加工的较大平面，如端面、底面、两零件的结合面、零件的对称面等；线基准一般选择回转结构的回旋轴线、对称中心线等。

(2) 重要尺寸应直接注出。重要尺寸应直接从设计基准标注，以便保证其精度要求，不致受累积误差的影响，如图 8-3 (a) 所示尺寸 A 必须从基准（底面）直接注出，而不能用标注 B 和 C 来代替，因为机件加工制造时，尺寸总有误差，如果注写成尺寸 B 和 C，由于每个尺寸都有误差，两个尺寸加在一起就会有积累误差，不能保证设计要求。同理，安装时为保证轴承上两个 $\phi6$ 孔与机座上的孔准确装配，两个 $\phi6$ 孔的定位尺寸应按图 8-3 (a) 所示直接注出中心距 D，而不用图 8-3 (b) 所示注出两个 E。

(3) 避免出现封闭的尺寸链。零件同一方向的尺寸首尾相接，形成封闭尺寸链。如图 8-4 中的阶梯轴，尺寸 A 为尺寸 B、C、D 之和，在加工时，尺寸 B、C、D 产生的误差，便会积累到尺寸 A 上，不能保证尺寸 A 的精度要求。所以当几个尺寸构成封闭的尺寸链时，

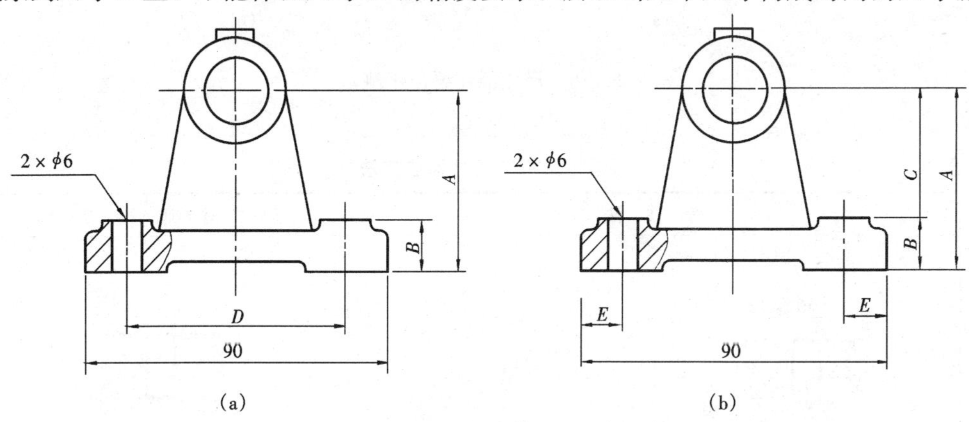

图 8-3　重要尺寸应直接标注

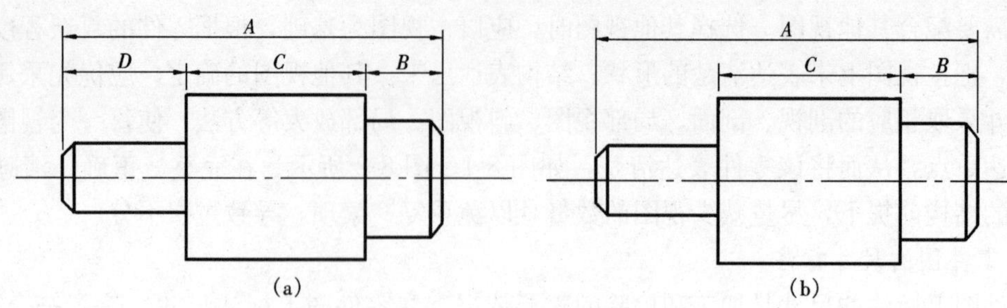

图 8-4 避免注成封闭的尺寸链

应选择一个不重要的尺寸空出不注，使所有的尺寸误差都积累在此处，以保证重要尺寸的精度，如图 8-4（b）所示。

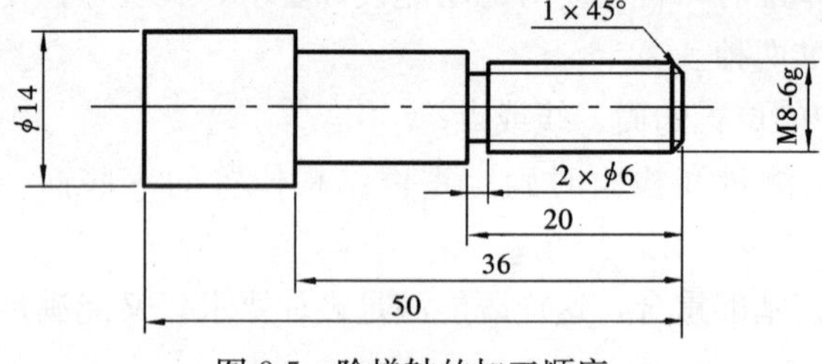

图 8-5 阶梯轴的加工顺序

（4）应尽量符合加工顺序。图8-5中的阶梯轴，尺寸按加工顺序标注，这对于加工过程中的看图和测量都很方便。

（5）尺寸标注要便于测量 。图8-6所示套筒中，尺寸 A 的测量不方便，若标注尺寸 B，就容易测量了。

（6）常见结构尺寸标注。零件上常有孔、倒角、倒圆、退刀槽、砂轮越程槽等结构，尺寸标注见表 8-1。

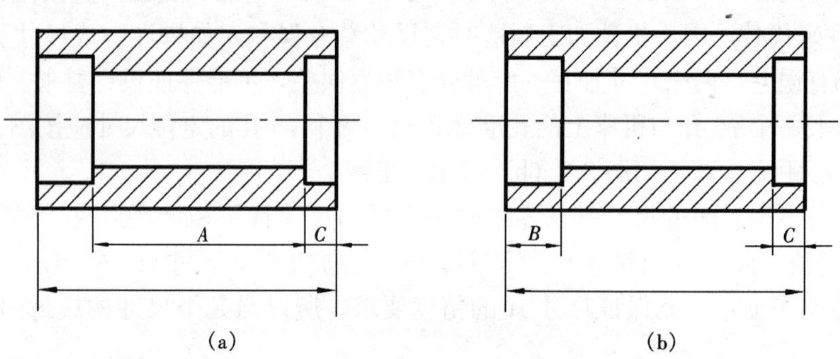

图 8-6 尺寸标注要便于测量

表 8-1 **常见结构的尺寸标注方法**

类型	旁注法		普通注法
光孔	4-φ6 深 12	4-φ6 深 12	4-φ6 12

续表

类型	旁　注　法		普　通　注　法
光孔	4-ϕ6H7 深 10 孔深 12	4-ϕ6H7 深 10 孔深 12	4-ϕ6H7 深 10 孔深12 10　12
螺孔	4-M6-7H	4-M6-7H	4-M6-7H
	4-M6-7H深 10	4-M6-7H深10	4-M6-7H 10
	4-M6-7H深10 孔深 12	4-ϕ6-7H深 10 孔深 12	4-M6-7H 10　12
沉孔	4-ϕ8 沉孔 ϕ13 × 90°	4-ϕ8 沉孔ϕ13深4	90° ϕ13 4-ϕ8
	4-ϕ8 沉孔ϕ13深4	4-ϕ8 沉孔ϕ13深4	ϕ13 4 4-ϕ8
	4-ϕ8 锪平 ϕ20	4-ϕ8 锪平 ϕ20	锪平 ϕ20 4-ϕ8
倒角注法	2 × 45°　2 × 45°　30°　2　C × 45°　60°　120°		

续表

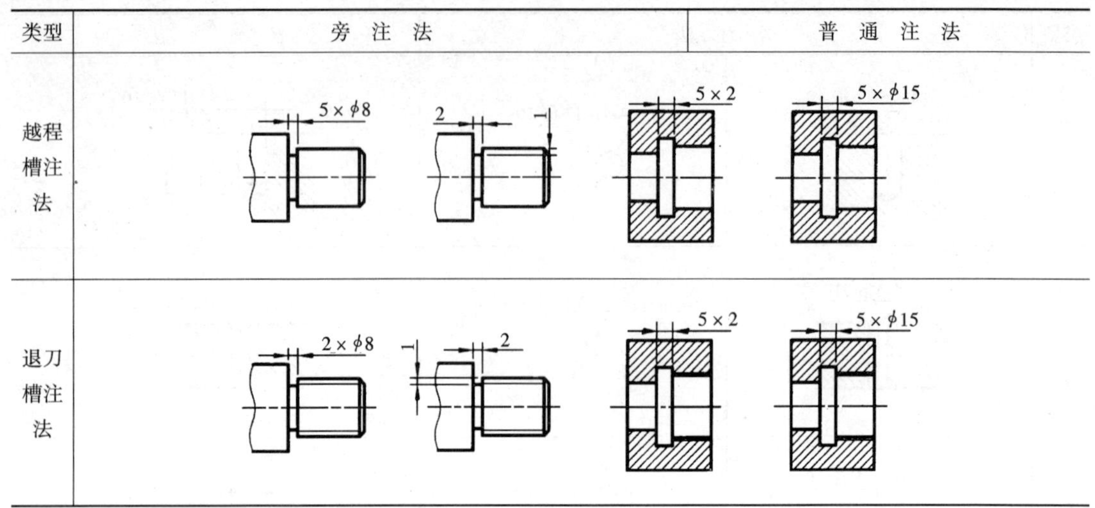

三、零件图上技术要求的注写

零件图上除了表达形状结构的图形和表达大小的尺寸外，还必须标注和说明制造零件时应达到的一些技术要求。技术要求主要有表面粗糙度、尺寸公差、形状和位置公差、材料、材料的热处理及表面处理、特殊加工要求及检验和实验的说明等。在这些内容中，一般采用规定的代号或符号标注在图样上，无规定符号可采用文字简单的注写在图纸的右下角。这里仅介绍表面粗糙度、尺寸公差、形状和位置公差的概念和标注。

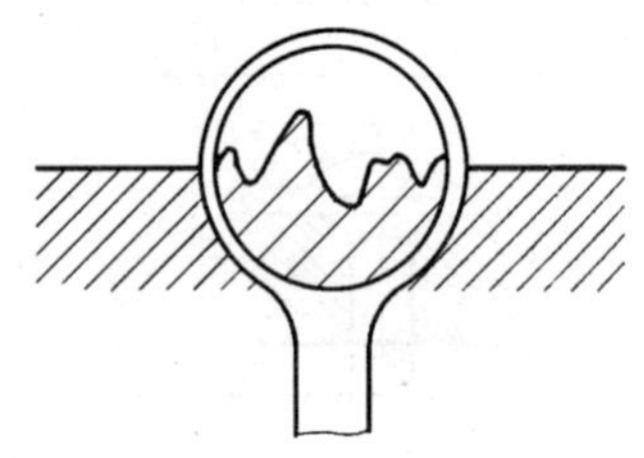
图 8-7　零件表面微观不平情况

1. 表面粗糙度

（1）表面粗糙度概述。表面粗糙度是指零件表面不光滑程度。经过加工的零件表面看起来很光滑，但在放大镜（或显微镜）下观察，可以看到不同程度的峰、谷及高、低不平的情况，如图 8-7 所示。这是因为，在加工零件表面时，由于受刀具和工件之间的运动、摩擦、机床的振动、工件变形等因素的影响，零件表面不会是绝对光滑和平整的。将这种零件加工表面上具有较小间距的峰和谷所组成的微观几何形状特征称为表面粗糙度。

表面粗糙度是衡量零件质量的重要标志之一，它对零件的配合、耐磨性、抗腐蚀性、抗疲劳程度、密封性和外观都有影响。表面粗糙度等级越高，表面越平坦。

（2）表面粗糙度符号及其标注。

1）表面粗糙度符号、意义及其画法见表 8-2 所示。

表 8-2　　表面粗糙度符号意义

代　号	意　义	代　号	意　义	代　号	意　义
3.2	用任何方法获得的表面，R_a 上的限值为 3.2μm	3.2	用不去除材料的方法获得的表面，R_a 的上限值为 3.2μm	R_y12.5	用去除材料方法获得的表面，R_y 的上限值为 3.2μm

续表

代　　号	意　　义	代　　号	意　　义	代　　号	意　　义
3.2	用去除材料方法获得的表面，R_a 的上限值为 3.2μm	3.2 1.6	用去除材料方法获得的表面，R_a 的上限值为 3.2μm，下限值为 1.6μm	3.2 R_y12.5	用去除材料方法获得的表面，R_a 的上限值为 3.2μm，R_y 的上限值为 12.5μm

2）表面粗糙度符号在图样上的标注方法。在图样上标注表面粗糙度的基本规则是：①在同一图样上，每一表面只标注一次符号、代号，并应标注在可见轮廓线、尺寸线、尺寸界线或它们的延长线上；②符号的尖端必须从材料外指向被标注表面。代号中数字及符号方向和大小应与尺寸数字的方向和大小相同。图 8-8 为表面粗糙度的数字及符号方向的注写。图 8-9 为表面粗糙度的标注示例。

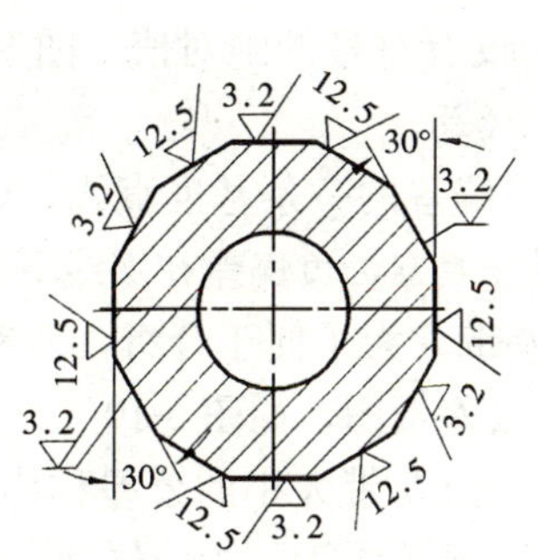

图 8-8　表面粗糙度的数字及符号方向的标注

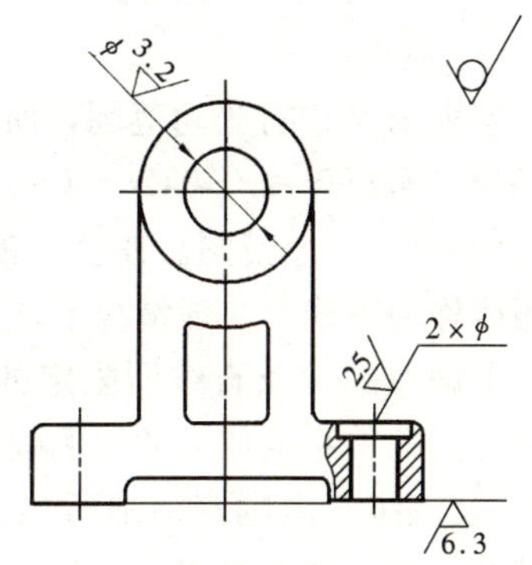

图 8-9　表面粗糙度的标注示例

2. 公差配合的概念及其标注

（1）公差的基本概念及术语。在零件的加工过程中，由于受机床、刀具、测量等因素的影响，很难把零件的尺寸加工的绝对准确。为了保证零件的互换性，应对零件的尺寸规定一个允许变动的范围。下面以图 8-10 为例说明尺寸公差的有关术语。

1）基本尺寸。根据零件的强度、结构及工艺要求确定的设计尺寸，如图中尺寸 ϕ36。

2）极限尺寸。以基本尺寸为基准，允许零件尺寸变动的两个界限值。两个界限值中较大的一个为最大极限尺寸，如图中 ϕ36.015；较小的一个为最小极限尺寸，如图中 ϕ35.990。

3）实际尺寸。通过测量所获得的尺寸。由于存在测量误差，实际尺寸并不是零件的真实尺寸。

4）尺寸偏差（简称偏差）。极限尺寸减去基本尺寸所得的代数差。尺寸偏差有上偏差、下偏差。

上偏差＝最大极限尺寸－基本尺寸

下偏差＝最小极限尺寸－基本尺寸

国家标准中规定孔的上偏差代号用 ES 表示，下偏差用 EI 表示；轴的上偏差代号用 es 表示，下偏差用 ei 表示。偏差可以同时为正，同时为负，或一正一负，或其中一个为零，但不能同时为零。图 8-10 中，es＝36.015－36＝＋0.015，ei＝35.990－36＝－0.010。

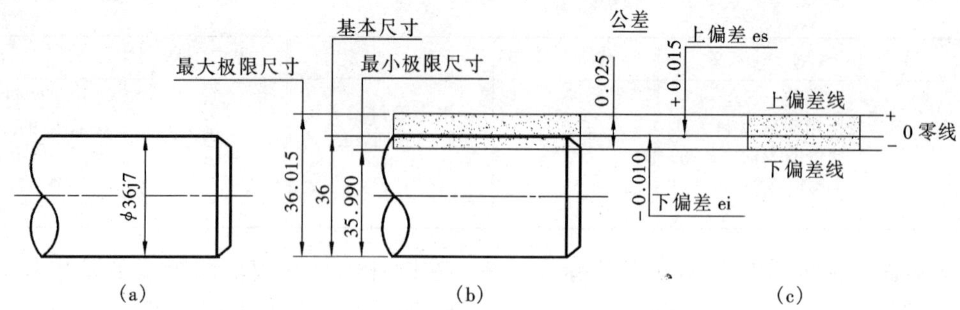

图 8-10 尺寸公差术语

(a) 零件图；(b) 术语解释；(c) 公差带图

5）尺寸公差（简称公差）。允许尺寸的变动量。尺寸公差 = 最大极限尺寸－最小尺寸极限 = 上偏差－下偏差

因为尺寸公差表示尺寸的变动范围，所以它是一个没有符号的绝对值。图 8-10 中，尺寸公差 = 36.015－35.990 = 0.015－（－0.010） = 0.025。

6）零线、公差带、公差带图。在公差带图中，确定偏差的一条基准直线，即表示基本尺寸或零偏差的线称为零线。一般情况下，正偏差在零线上方，负偏差在零线下方。表示公差大小的由上、下偏差的两条直线所限定的区域为公差带。为了便于分析，一般将基本尺寸、偏差、公差之间的关系按放大的比例画成简图成为公差带图，如图 8-10（c）所示。

7）标准公差及等级。由国家标准所列的，用以确定公差带大小的公差称为标准公差。它决定了公差带的大小。公差等级是用于确定尺寸精度高低的等级。常用标准公差分为 20 个等级，即 IT01，IT0，IT1，……IT18，IT 表示标准公差，数字表示精度等级。对于一定的基本尺寸，公差等级越高，标准公差越小，尺寸精度越高，其中 IT01 最高，依次递降，IT18 最低。标准公差数值由基本尺寸和公差等级确定，实际应用时，可查阅相关标准（见附表）。

8）基本偏差。用以确定公差带相对零线位置的偏差为基本偏差，它可以是上偏差或下偏差，一般为靠近零线的那个偏差。如图 8-10 中的下偏差是基本偏差。

国家标准根据不同的使用要求，对轴和孔分别规定了不同的基本偏差。基本偏差代号用拉丁字母表示，大写表示孔，小写代表轴。轴的基本偏差从 a～h 为上偏差，孔的基本偏差从 A～H 为下偏差，国家标准分别对孔和轴做出 28 个不同的基本偏差的规定，如图 8-11 所示。

9）公差带代号及标注。孔、轴的公差带代号用基本偏差代号和公差等级组成，如 F7、H7、S6 为孔的公差带代号；f 7、h7、s6 为轴的公差带代号。公差带代号的含义：

ϕ36	*G*	9
基本尺寸	孔的基本偏差代号	公差等级代号

当孔或轴的基本尺寸和公差等级确定后，可在附表（优先配合中孔的极限偏差）附表（优先配合中轴的极限偏差）中查得孔或轴上偏差和下偏差数值。如：ϕ30D9，查表得出其上偏差为＋117μm，下偏差为＋65μm。

（2）配合的基本概念。基本尺寸相同的相互结合的孔和轴公差带之间的关系称为配合。根据孔、轴配合松紧程度的不同，可将配合分为间隙配合、过盈配合和过渡配合三类。

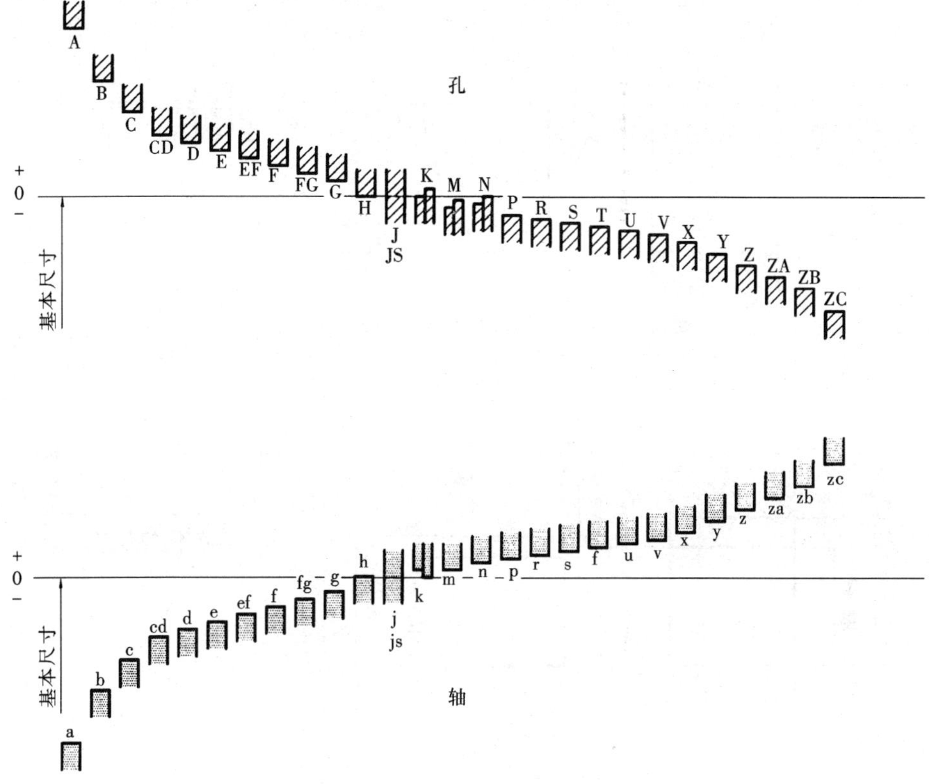

图 8-11 基本偏差系列

1）间隙配合。孔的尺寸减去相配合的轴的尺寸之差为正，如图 8-12 所示，此时配合具有间隙（包括最小间隙等于零），为间隙配合。孔的公差带在轴的公差带之上。

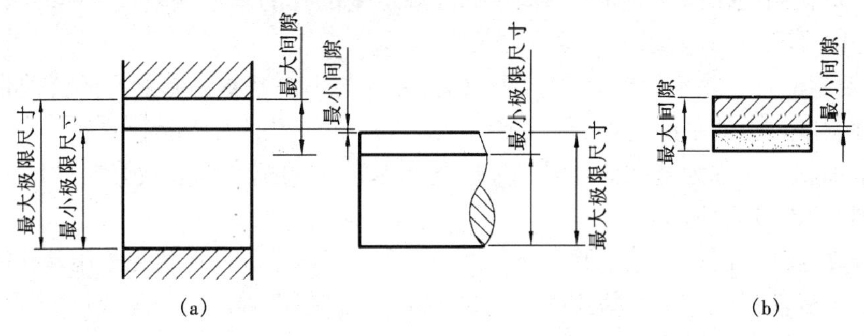

图 8-12 间隙配合

2）过盈配合。孔的尺寸减去相配合的轴的尺寸之差为负，如图 8-13 所示，此时，配合具有过盈（包括最小过盈等于零），为过盈配合。孔的公差带在轴的公差带之下。

3）过渡配合。可能具有间隙或过盈的配合。此时，孔的公差带与轴的公差带相互交叠，如图 8-14 所示。

4）配合基准制。由标准公差和基本偏差可以组成大量的孔、轴公差带，并形成各种情况的配合。为设计和制造方便以及减少选择配合的盲目性，国家标准中规定了两种配合制，即基孔制配合与基轴制配合。

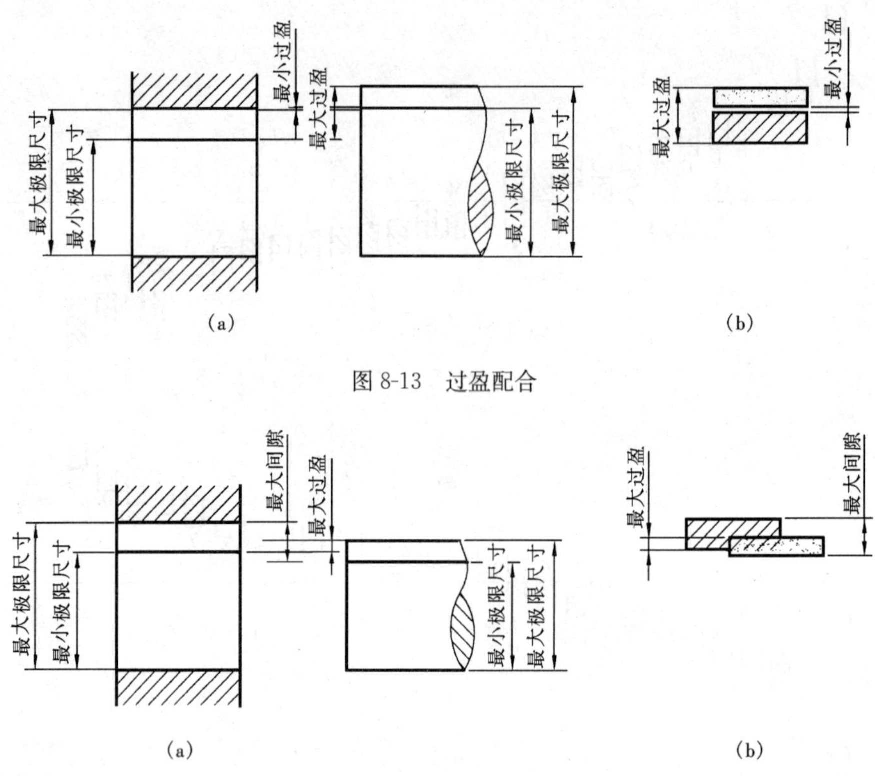

图 8-13　过盈配合

图 8-14　过渡配合

5）基孔制配合。基本偏差为一定的孔的公差带与不同基本偏差的轴的公差带形成各种配合的一种制度。也就是固定孔的公差带位置不变，改变轴的公差带位置而得到不同松紧程度的配合。基孔制的孔称为基准孔。国家标准规定基准孔的基本偏差代号是“H”，其下偏差为零，如图 8-15（a）所示。

6）基轴制配合。基本偏差为一定的轴的公差带与不同基本偏差的孔的公差带形成各种配合的一种制度。也就是固定轴的公差带位置不变，改变孔的公差带位置而得到不同松紧程度配合。基轴制的轴称为基准轴。国家标准规定基准轴的基本偏差代号是“h”，其上偏差为零，如图 8-15（b）所示。

考虑零件在加工制造过程中的方便、经济、合理等因素。一般优先采用基孔制。为了便于使用，国家标注规定了常用基孔制配合 59 种，基轴制 47 种，优先配合各 13 种，见附表。

（3）公差与配合在图样上的标注。

1）在装配图上的标注。在装配图中标注时，配合代号由孔、轴公差带代号组合写成分数形式来表示见图 8-16。分子为孔的公差带代号，分母为轴的公差带代号

$$基本尺寸=\frac{孔的公差带代号}{轴的公差带代号}$$

或

基本尺寸=孔的公差带代号/轴的公差带代号

2）公差在零件图上的标注。

在零件图上，尺寸公差的注法可用下列其中之一的形式，如图 8-17 所示。

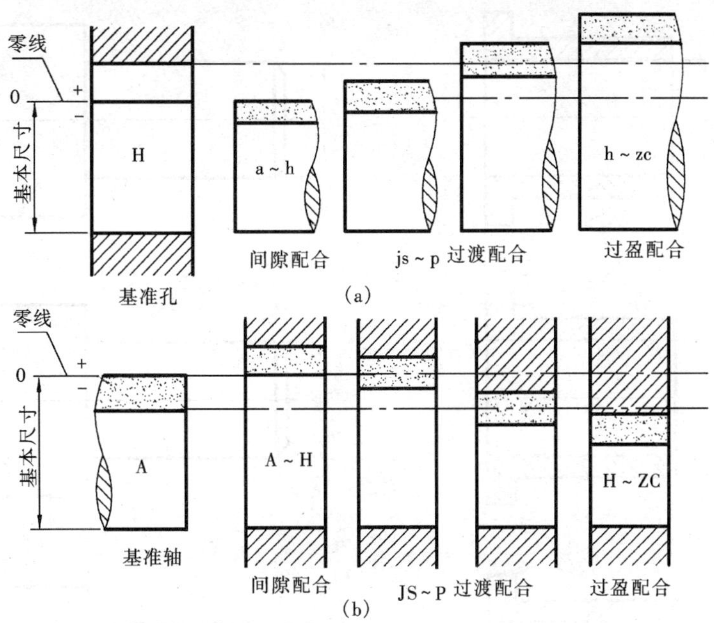

图 8-15 基准制

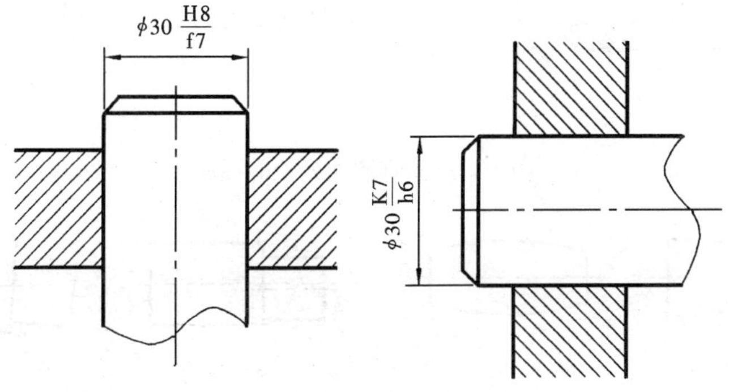

图 8-16 配合代号的注法

3. 形状和位置公差

如图 8-18（a）所示的圆柱体，在零件加工时，即使尺寸合格，也有可能出现一端粗一端细或中间细两端粗等情况，其截面也有可能不圆，这种现象属于形状误差。再如图 8-18（b）所示的阶梯轴，加工后可能出现各轴段不同轴线的情况，这种现象属于位置误差。由于形状和位置误差过大，会影响机器的工作性能。因此，对精度要求高的零件，除了应保证尺寸公差外，还应控制其形状和位置公差。形状和位置公差的代号及其标注如下。

（1）形位公差的代号。国家标准 GB/T 1182—1996 规定用代号来标注形位公差。在实际生产中，当无法用代号标注形位公差时，允许在技术要求中用文字说明。

形位公差代号包括形位公差各项目的符号（见表 8-3）、形位公差框格及指引线、形位公差数值和其他有关符号及基准符号（或代号），如图 8-19 所示。

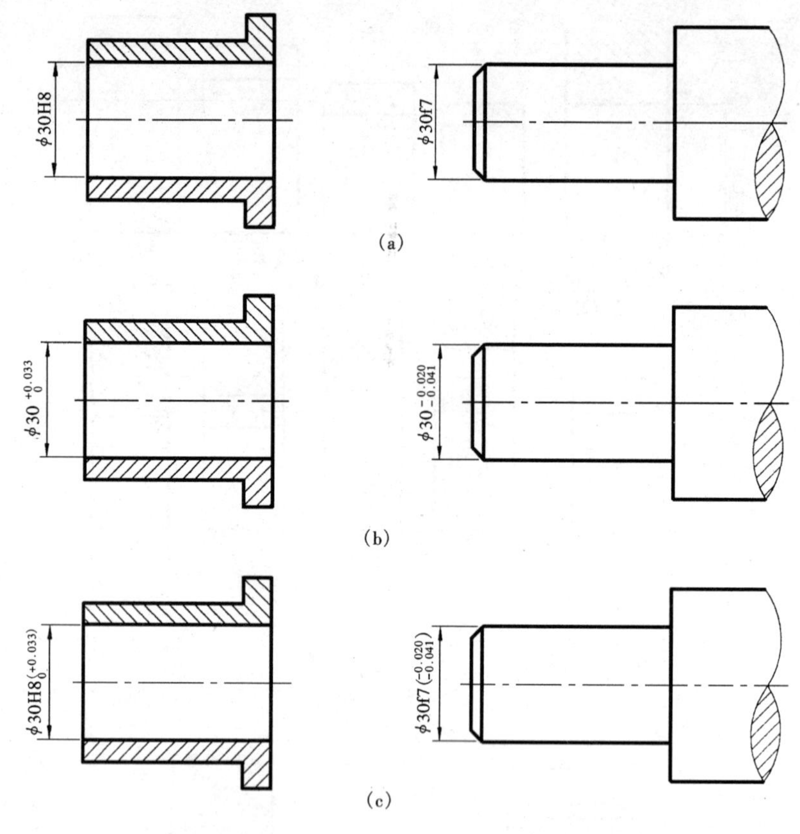

图 8-17　零件图上公差的标注

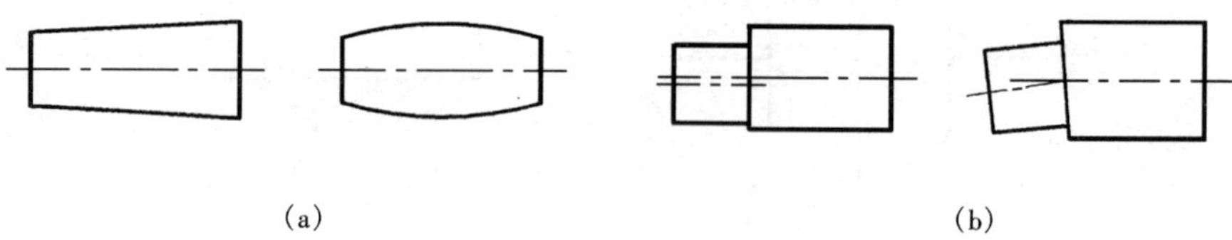

图 8-18　形状和位置公差
（a）形状误差；（b）位置误差

表 8-3　　**形位公差的项目和符号**

公　　差		特征项目	符　　号	有或无基准要求
形　状	形　状	直线度	—	无
		平面度	▱	无
		圆　度	○	无
		圆柱度	⌭	无

续表

公差		特征项目	符号	有或无基准要求
形状或位置	轮廓	线轮廓度	⌒	有或无
		面轮廓度	⌓	有或无
位置	定向	平行度	//	有
		垂直度	⊥	有
		倾斜度	∠	有
	定位	位置度	⌖	有或无
		同轴（同心）度	◎	有
		对称度	⌯	有
	跳动	圆跳动	↗	有
		全跳动	⌰	有

（2）形位公差的标注方法。国家标准中规定形状公差标注用带箭头的指引线将被测要素与公差框格一端相连，基准要素符号常见两种标注。具体标注方法如图 8-19、图 8-20 所示。

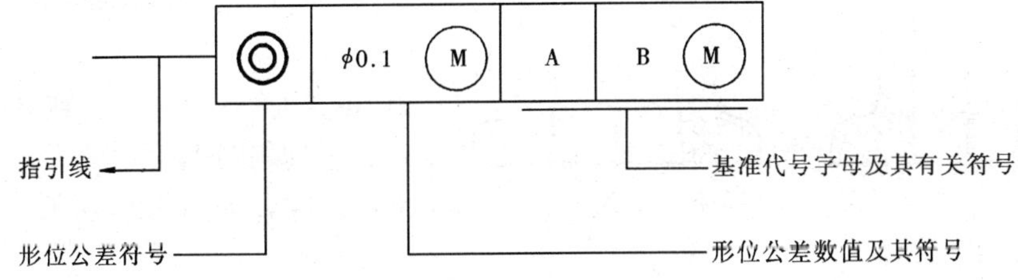

图 8-19　形位公差代号示例

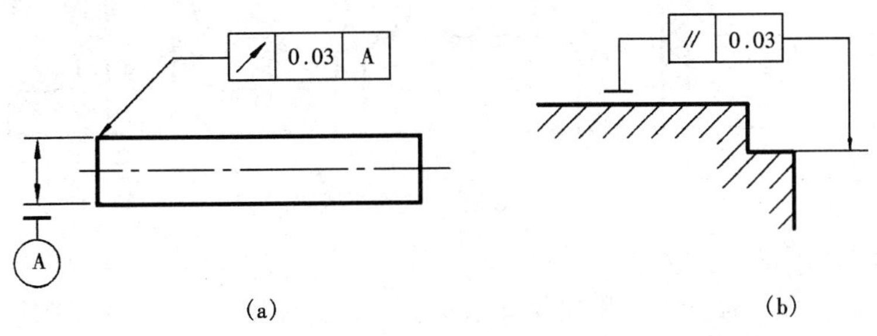

图 8-20　形位公差的标注

四、零件结构工艺性简介

零件的结构形状主要是根据它在机器中的作用而设计的，同时制造工艺对零件的结构也提出了要求。因此在设计零件时，应使零件的结构既要满足使用上的要求，同时还要便于制造和装配，适应加工工艺的要求，以提高产品质量，降低成本。

1. 铸造零件的工艺结构

把熔化的金属液体浇注到与零件毛坯形状相同的型腔内，经冷却凝固形成铸件。结构形状较复杂的零件毛坯多为铸件。

（1）铸造圆角。铸件表面转折处的圆角过渡为铸造圆角。铸造圆角可防止铸件浇注时转角处的落沙现象，避免金属冷却时产生缩孔和裂纹。圆角大小视零件壁厚而定，一般取壁厚的0.2～0.4。未经加工的铸件各表面都应画成圆角，加工过的表面则应画成尖角，如图8-21所示。

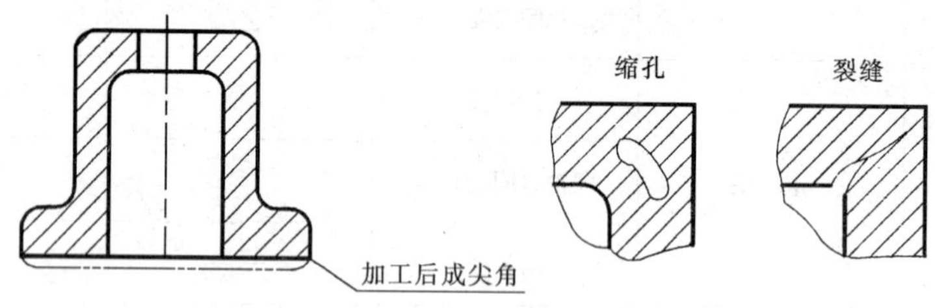

图 8-21　铸造圆角

（2）拔模斜度。铸造零件毛坯时，为了便于取模，一般沿模型拔模方向做成约 1∶20 的斜度，称为拔模斜度，因此在铸件上也有相应的拔模斜度。一般这种斜度在图上不画，也不标出，如图 8-22 所示。

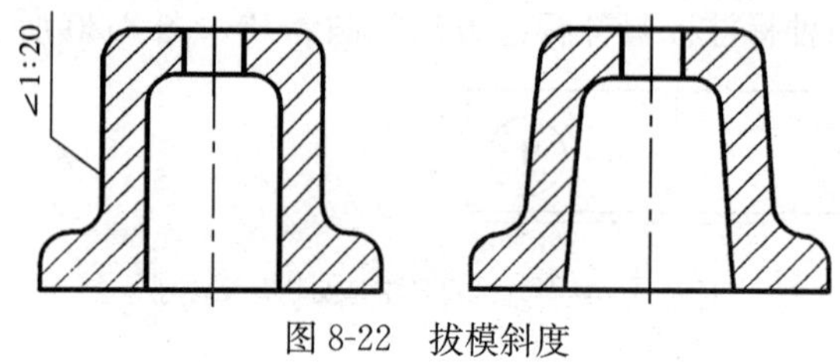

图 8-22　拔模斜度

（3）铸件壁厚。为保证铸件质量，铸造零件的壁厚应尽量均匀。当必须采用不同壁厚连接时，应采用逐渐过渡的方式，因为这样可避免或减少金属冷却速度不均匀时产生内应力，形成缩孔或裂纹现象，如图 8-23 所示。铸件的壁厚尺寸一般采用直接标出。

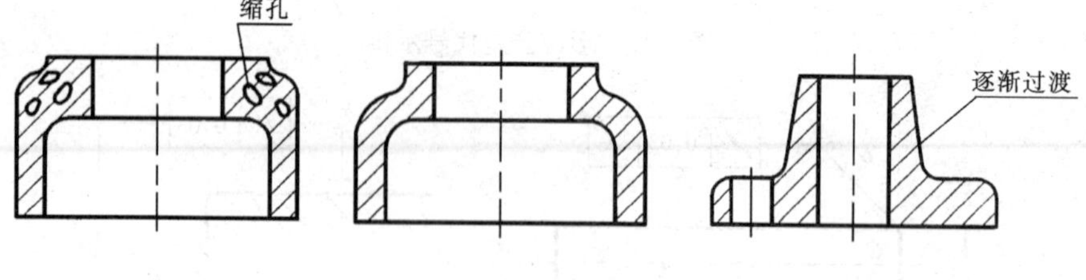

图 8-23　铸件壁厚

2. 机械加工常见工艺结构

（1）倒角和圆角。为了便于装配及操作安全，在孔和轴的端部，一般都应加工成倒角，如图 8-24 所示为倒角的画法及尺寸标注形式。阶梯的轴和孔，在轴肩处为避免应力集中而产生裂纹，应加工成圆角，如图 8-25 所示为圆角的画法及尺寸标注形式。

（2）退刀槽和砂轮越程槽。在切削加工零件时，为了便于退出刀具及保证装配时相关零件的接触面靠紧，在被加工表面台阶处应预先加工出退刀槽或砂轮越程槽。车削外圆时的退

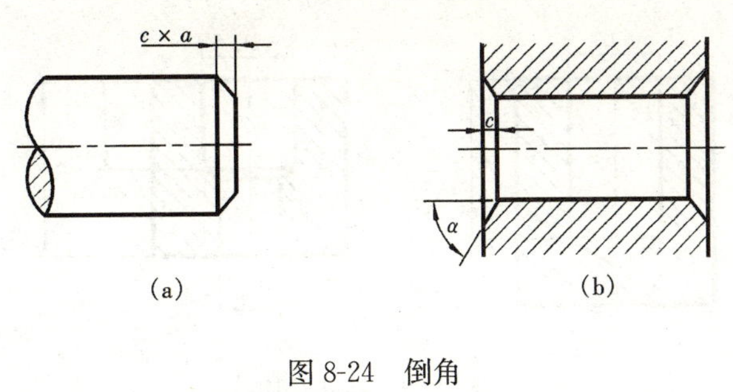

图 8-24　倒角

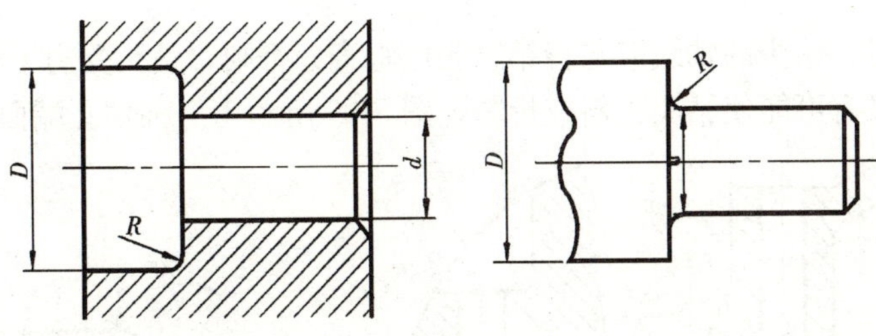

图 8-25　圆角

刀槽及其画法和尺寸标注，如图 8-26 所示。磨削外圆或外圆端面时的砂轮越程槽，其画法和尺寸标注如图 8-27 所示。

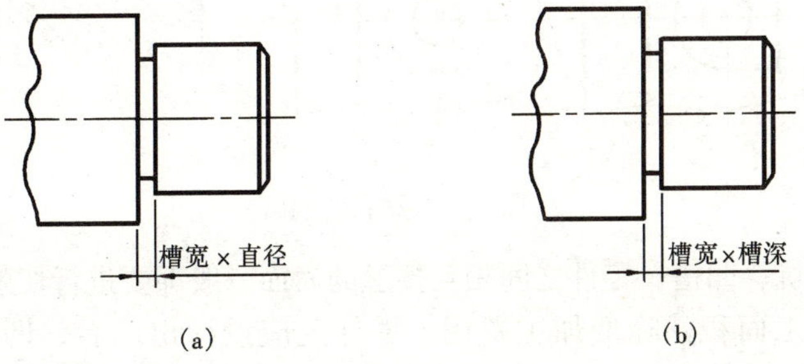

图 8-26　退刀槽

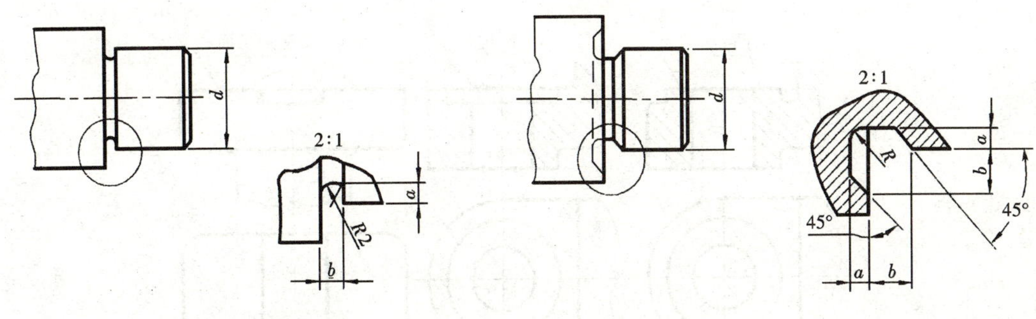

图 8-27　砂轮越程槽

(3) 钻孔结构。因钻头的顶角约为 120°，所以用钻头钻出的盲孔，在底部相应有一个 120°的锥角。在阶梯形钻孔的过渡处，也存在锥角 120°的圆台，其画法及尺寸标注如图 8-28 所示。

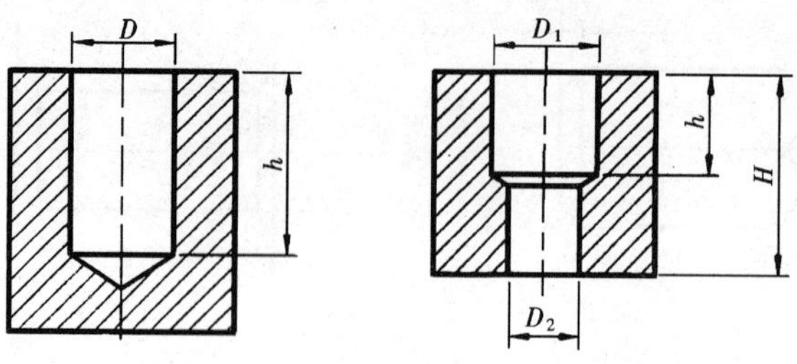

图 8-28　钻孔结构

用钻头钻孔时，钻头的轴线应与待钻物表面垂直，否则，钻头受力不均匀，会影响孔的加工精度；同时又有可能使钻头歪斜或折断，图 8-29 所示为三种钻孔端面的正确结构。

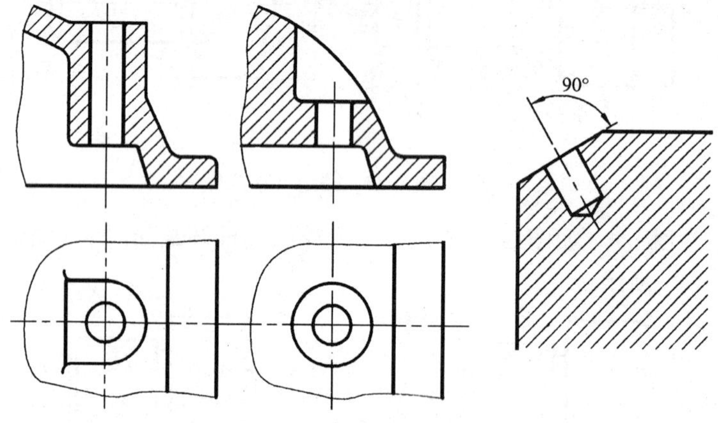

图 8-29　钻孔的端面

（4）凸台、凹坑、凹槽。零件之间相互接触的表面一般都要进行切削加工，为保证接触良好，减少切削加工面积，降低加工费用，零件上应设计出凸台、凹坑和凹槽结构，图 8-30（a）、（b）是螺栓连接的支撑面，为接触良好，做成凸台或凹坑的形式，图 8-30（c）是为了减少加工面积，而做成凹槽结构。

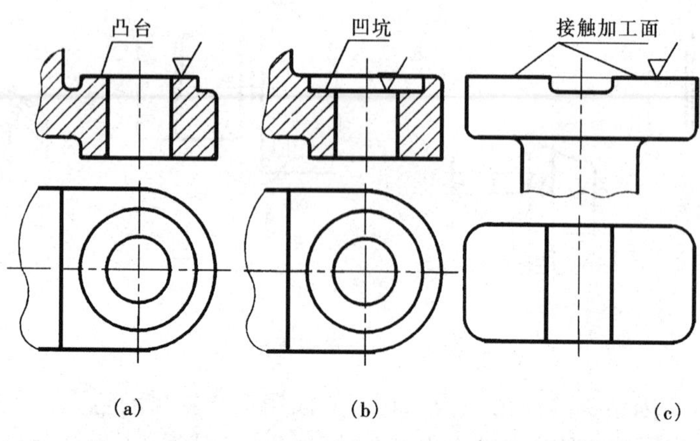

图 8-30　凸台、凹坑和凹槽

第二节　读　零　件　图

从事各种行业的技术人员，必须具备读零件图的能力。本节结合零件的结构分析、视图选择、尺寸标注和技术要求，举例说明阅读零件图的方法和步骤。

一、读零件图的方法和步骤

1. 读标题栏

了解零件的名称、材料、画图的比例，同时联系典型零件的分类，对这个零件有一个初步认识。

2. 分析视图、想象形状

读懂零件的内、外形状和结构；想象出零件的形状，是读零件图的重点。前面章节中所讲的组合体的读图方法，仍然适用于读零件图。从基本视图，根据投影关系读懂零件大体的

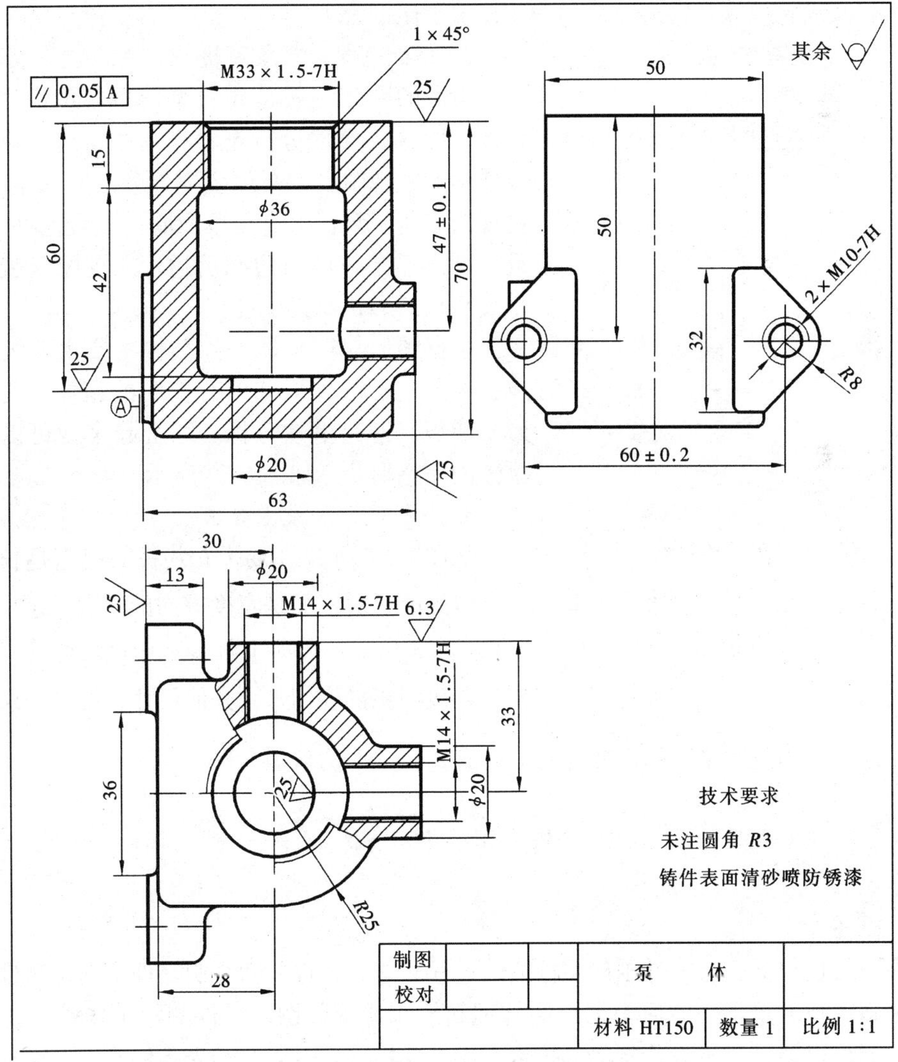

图 8-31　泵体零件图

内外形状，结合局部视图、斜视图以及剖面等表达方法，读清楚零件的局部结构。从设计或加工方面的要求，了解零件的一些结构的作用。

3. 分析尺寸和技术要求

了解零件的定形、定位及总体尺寸，以及注写尺寸时所用的尺寸基准。还要看懂技术要求，如表面粗糙度、公差与配合等内容。

4. 综合考虑

将读懂的零件的结构形状、尺寸标注和技术要求等内容综合起来，就能比较全面的读懂了这张零件图。

二、读图举例

下面以图 8-31 为例说明看零件图的方法和步骤。

1. 读标题栏

由标题栏中可知零件名称为泵体，属箱体类零件，选用的材料为 HT150，说明零件毛坯为铸体，其结构应满足铸造工艺的一些要求，比例为 1∶1。

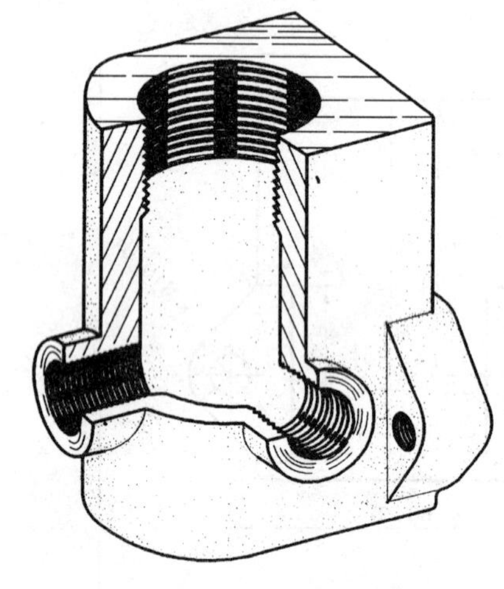

图 8-32 泵体轴测图

2. 分析视图，想象形状

看图的顺序一般是先看整体后看细部，先看主要部分后看次要部分；先看容易的，后看难的。该零件图的主视图表达泵体主要部分泵腔的结构特点；俯视图表达了泵臂上有与单向阀体相接的两个螺孔，且分别位于泵体的右边和后边；左视图上表达了两个安装板的形状及其位置。

根据图形特征泵体零件结构主要由两大部分组成：半圆柱形的外形和内有空腔的箱体；两块三角形安装板。通过上述分析，综合起来就可以想象出泵体的完整形状，如图 8-32 所示。

3. 分析尺寸和技术要求

从图 8-31 可知，泵体安装板的端面是长度方向的基准，泵体上端面是高度方向的基准，泵体的前后对称面是宽度方向的基准。进出油孔中心高 47±0.1，两安装板的中心距 60±0.2 是主要尺寸，在加工时必须保证这些要求。从图中技术要求可知，两螺孔端面等处要求较高，表面粗糙度 6.3▽、其他尺寸、技术要求，可自行分析。最后，通过归纳总结，才能对零件有比较全面的认识。

第三节 零件测绘

一、概述

零件测绘是根据已有零件画出零件图的过程，这一过程包括绘制零件草图、测量出零件的尺寸和确定技术要求，然后根据草图整理和绘制成零件图。零件测绘工作常常在现场进行，如在测绘机器、讨论设计方案、技术交流、现场参观时。由于受条件或时间限制，以草图来绘制，就会显得方便快捷。

二、零件测绘的种类

(1) 设计测绘——测绘为了设计。根据需要对原有设备的零件进行更新改造，这些测绘多是从设计新产品或更新原有产品的角度进行的。

(2) 机修测绘——测绘为了修配。零件损坏，又无图样和资料可查，需要对坏零件进行测绘。

(3) 仿制测绘——测绘为了仿制。为了学习先进技术，取长补短，常需要对先进的产品进行测绘，以制造出更好的产品。

仿造和修配测绘零件的工作常在现场进行。由于受条件的限制，一般先徒手绘制零件草图（即以目测比例、徒手绘制的零件图，徒手绘图的方法可参阅第一章），然后由零件草图整理成零件工作图（简称零件图）。

三、常用的测量工具及测量方法

测量尺寸是零件测绘过程中的一个必要的步骤。零件上全部尺寸的测量应集中进行，这样不但可以提高工作效率，还可以避免错误和遗漏。测量零件尺寸时，应根据零件尺寸的精确程度选用相应的量具。

1. 常用测量工具

在零件测绘中，常用的测量工具、量具有：直尺、内卡钳、外卡钳、游标卡尺、千分尺、角度规、螺纹规、圆弧规等。

对于精度要求不高的尺寸，一般用直尺、内外卡钳等即可。精确度要求较高的尺寸，一般用游标卡尺、千分尺等精确度较高的测量工具。特殊结构，一般要用特殊工具如螺纹规、圆弧规来测量。

2. 常用的测量方法

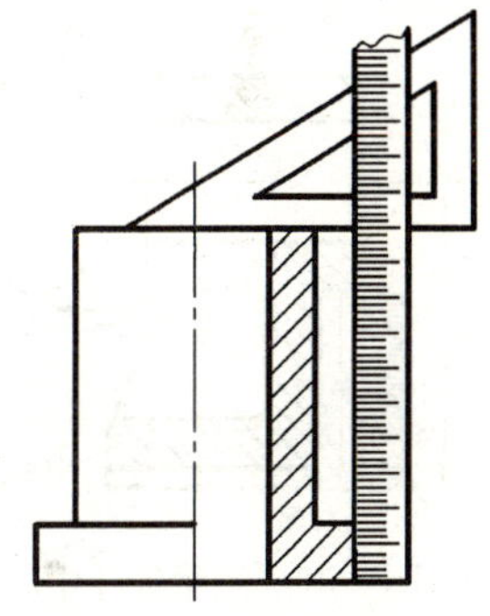

图 8-33　测量直线尺寸

测量直线尺寸一般可用直尺或游标卡尺直接量得尺寸，有时也可用三角板与直尺配合进行，如图 8-33 所示。

测量回转体的直径。测量外径和内径分别用外卡钳和内卡钳。测量时要把内、外卡钳上下，前后移动，量得的最大值为其内径或外径。一般也可用游标卡尺和千分尺直接测量，如图 8-34 所示。

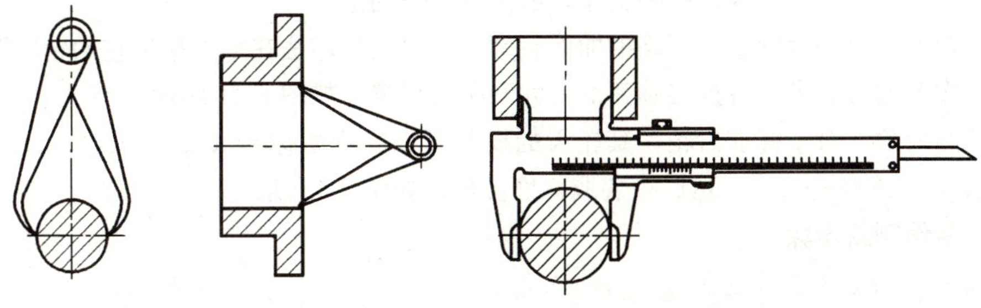

图 8-34　测量内外径

测量壁厚可用外卡钳直尺组合使用测量，如图 8-35 所示。

测量孔间距可用外卡钳，游标卡尺或直尺测量后，再进行计算，如图 8-36 所示。

测量轴孔中心高一般可用外卡钳及直尺或游标卡尺测量，如图 8-37 所示。

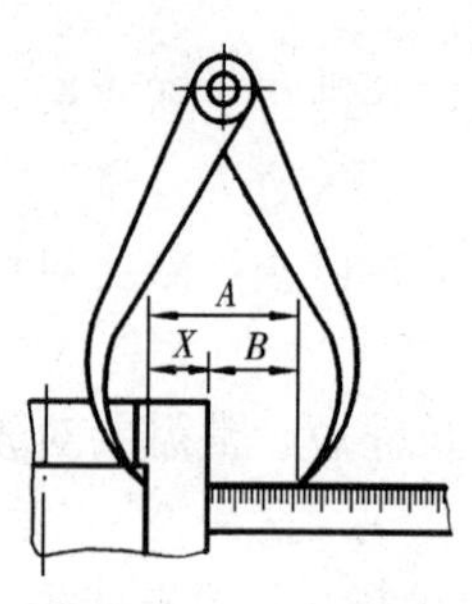

图 8-35 测量壁厚

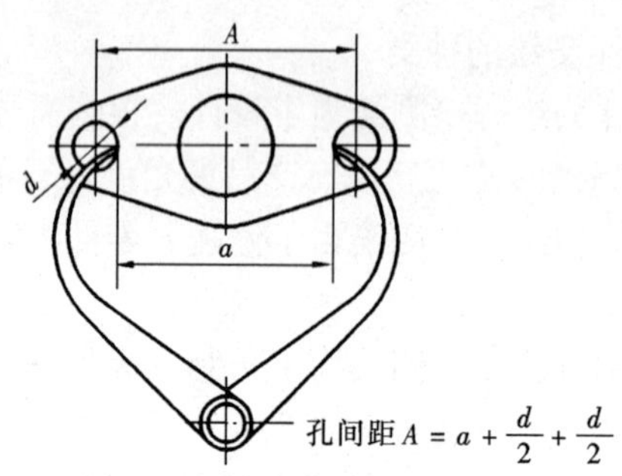

图 8-36 测量孔间距

测量圆角可直接用半径规测量。一套半径规有多片，一半是测量外圆，一半测量内圆。测量圆角时，只要在圆角规中找出与被测量部分完全吻合的一片，则片上的读数即为圆角半径的大小。铸造圆角一般目测估计其大小即可。若手头有工艺资料则应选取相应的数值而不必测量，如图 8-38 所示。

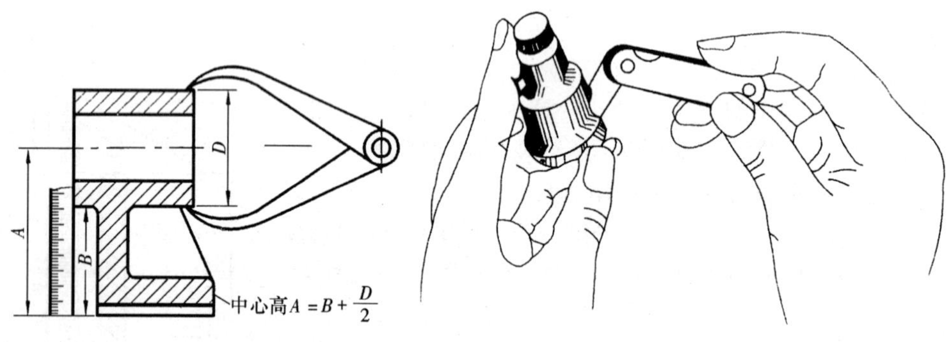

图 8-37 测量轴孔中心高

图 8-38 测量圆角

测量角度 可直接用角度规测量，如图 8-39 所示。

测量螺纹 测量螺纹要测出直径和螺距。对于外螺纹测大径和螺距，对于内螺纹测小径和螺距，然后查手册取标准值。螺距 t 的测量，可用螺纹规或直尺。螺纹规由一组钢片组成，每一钢片的螺距大小均不相同，测量时只要某一钢片上的牙型与被测量的螺纹牙型完全吻合，则钢片上的读数即为其螺距大小，如图 8-40 所示。

曲面轮廓 对精确度要求不高的曲面轮廓，可以用拓印法在纸上拓出它的轮廓形状，然后用几何作图的方法求出各连接圆弧的尺寸和中心位置，如图 8-41 所示。

齿轮的模数 对于标准齿轮，其轮齿的模数可以先用游标卡尺测得 d_a，再计算得到模数初始值[$m=d_a/(z+2)$]，然后查表取标准模数，如图 8-42 所示。

四、零件测绘步骤

1. 分析零件、确定表达方案

在零件测绘以前，必须对零件进行详细分析，分析的步骤及内容如下：

(1) 了解该零件的名称、用途、材料。

(2) 对该零件进行结构分析。分析零件结构功能时，应结合零件在机器上的安装、定位、运动方式进行。通过分析，还必须弄清楚零件上每一结构的功用，并确定为实现这一功能所采用的技术保证。

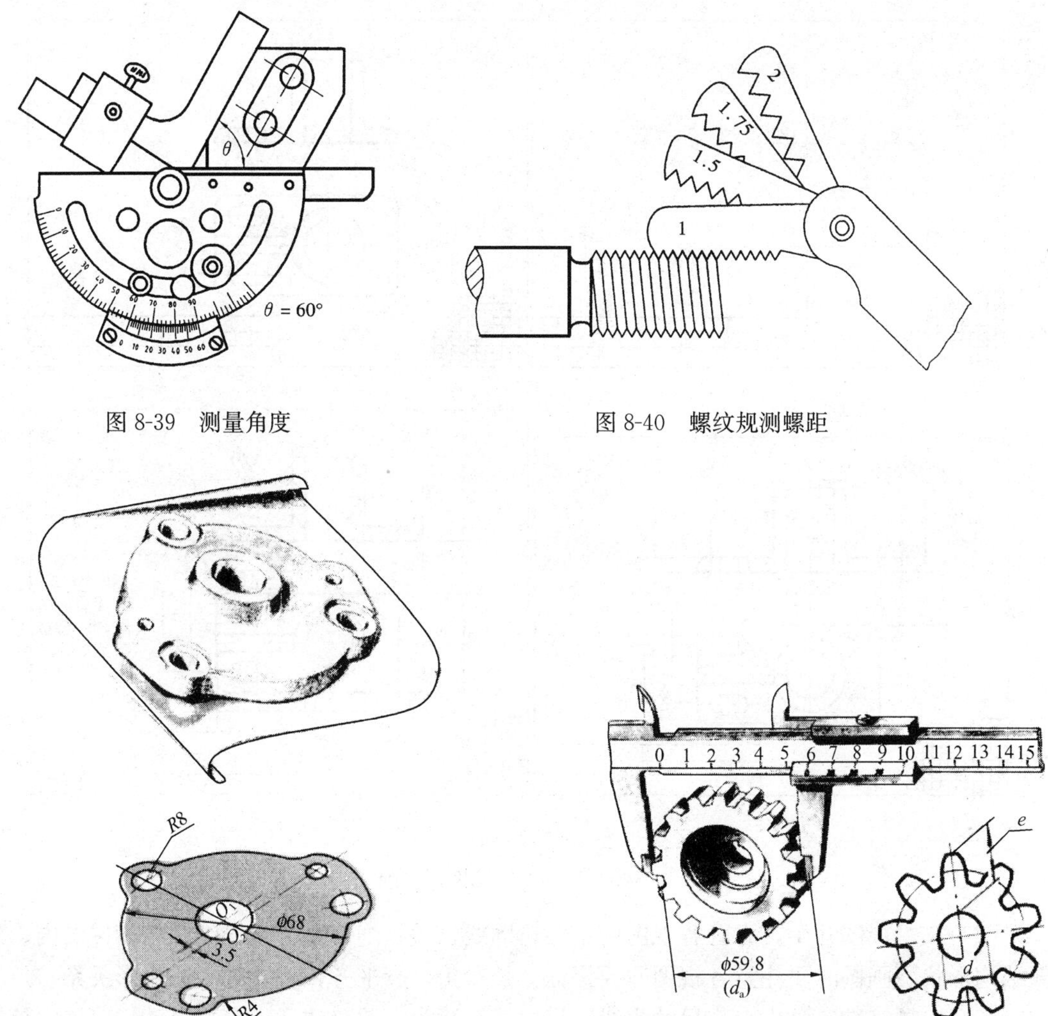

图 8-39　测量角度

图 8-40　螺纹规测螺距

图 8-41　拓印法测曲面轮廓

图 8-42　测量齿轮模数

（3）在通过上述分析的基础上，确定零件的表达方案，开始画零件草图。确定表达方案前，应根据零件的形状和结构特征分类，即轴套类、盘盖类、叉架类和箱体类四类型之一。然后根据每一类零件的结构特点选择适当的视图。主视图的选择一定要从投影方向和零件安放位置两方面考虑，再按零件的内外结构特点选用必要的其他视图，各视图的表达方法都应有一定的目的。视图表达方案要求正确、完整、清晰和简练。

2. 画零件草图

零件草图并不是“潦草的图”，它具有与零件工作图一样的全部内容，包括一组视图、完整的尺寸、技术要求和标题栏。它与手工尺规绘图的区别是：画图时目估比例，只用铅笔、橡皮，不使用尺规，徒手画出图形。它同样要求视图正确、表达清楚、线形分明、尺寸齐全、图面整齐、技术要求完全。画零件草图的步骤如下（见图 8-43）。

（1）在图纸上确定各个视图的位置，画出各视图的中心线、轴线、基准线。注意合理安排图幅，视图之间留有足够的余地以便标注尺寸，留出标题栏；

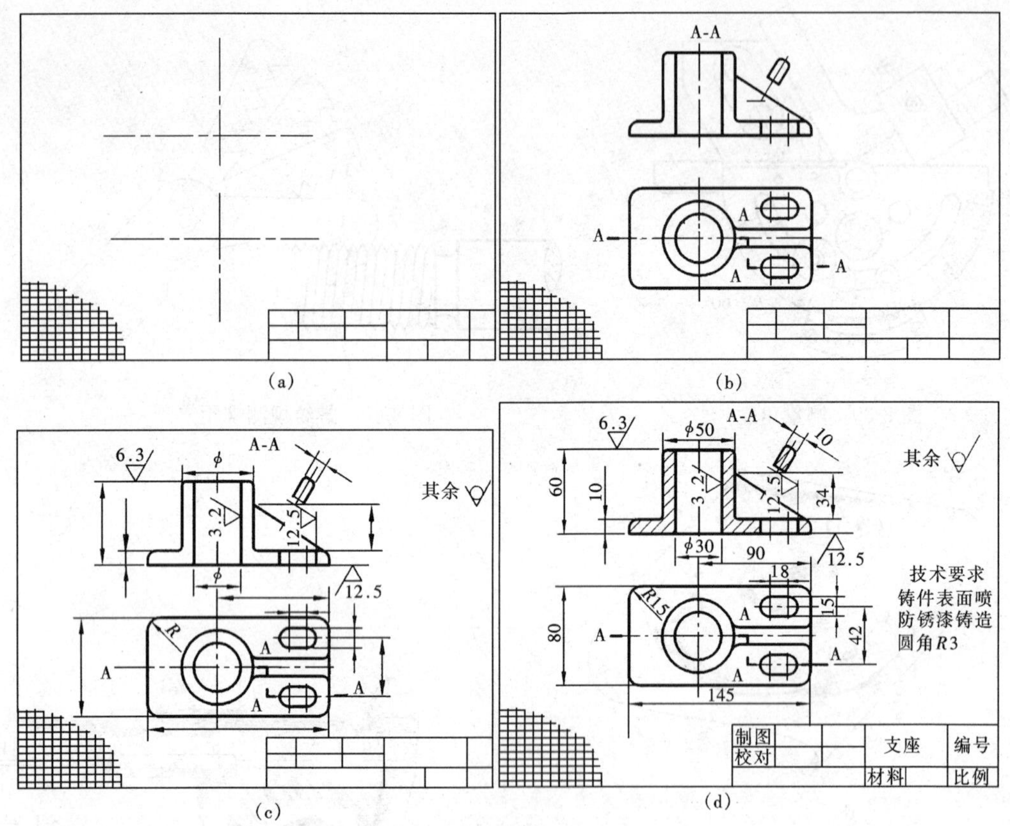

图 8-43　画零件草图的步骤

（2）从主视图开始，先画各视图的主要轮廓线，后画细部，并且详细画出零件的内、外部结构形状。画图时要注意各视图间要保证“长对正，高平齐，宽相等”的投影关系；

（3）选择基准，画出全部尺寸界线，尺寸线和箭头。此时注意，全部尺寸指能确定该零件形状、结构的所有定形尺寸、定位尺寸及总体尺寸。

（4）逐个量注尺寸，结合国家相关标准，确定数据。尺寸的标注与测量的结构有关：

a. 对于一般结构，即没有配合关系的结构，测量后采用“四舍五入”圆整的原则，圆整后的基本尺寸要符合国标规定；

b. 对于标准结构，如螺纹、倒角、倒圆、退刀槽、中心孔、键槽等，测最后应查表取标准值；

c. 对于配合结构，首先确定轴孔基本尺寸（基本尺寸相同），其次确定配合性质（根据拆卸时零件之间松紧程度，可初步判断出是有间隙的配合还是有过盈的配合），最后确定基准制（一般取基孔制，但也要看零件的作用来决定）及公差等级（在满足使用要求的前提下，尽量选择较低等级）。

此外，对于齿轮，应按齿轮的测量方法先确定其模数（模数查表取标准模数），然后按齿轮各部分计算公式计算各部分尺寸。

（5）确定技术要求。技术要求包括表面粗糙度、尺寸公差、形位公差及文字说明。零件各表面的粗糙度数值和其他技术要求，应根据零件的作用和装配要求来确定。通常可查阅有关手册或参考同类产品的图纸确定。

(6) 仔细检查草图后，描深并画剖面线，填写标题栏。

3. 画零件工作图

由于零件测绘往往在现场，时间不长，有些问题虽已表达清楚，尚不一定最完善，同时，零件草图一般不直接用于指导生产，因此，需要根据草图做进一步完善，画出零件工作图。画零件工作图之前应对零件草图进行复检，检查草图表达是否完整、清晰、简便；尺寸标注是否正确、合理、完整；技术要求是否完整、合理等，从而对草图进行修改、调整和补充，然后选择适当的比例和图幅，按草图画零件工作图。

4. 测绘注意事项

(1) 测量尺寸时，应正确选择测量基准，以减少测量误差。零件上磨损部位的尺寸，应参考其配合的零件的相关尺寸，或参考有关的技术资料予以确定。

(2) 零件间相配合结构的基本尺寸必须一致，并应精确测量，查阅有关手册，给出恰当的尺寸偏差。

(3) 零件上的非配合尺寸，如果测得为小数，则应圆整为整数标出。

(4) 零件上的截交线和相贯线，不能机械地照实物绘制。因为它们常常由于制造上的缺陷而被歪曲。画图时要分析弄清它们是怎样形成的，然后用学过的相应方法画出。

(5) 要重视零件上的一些细小结构，如倒角、圆角、凹坑、凸台和退刀槽、中心孔等。如是标准结构，在测得尺寸后，应参照相应的标准查出其标准值，注写在图纸上。

(6) 对于零件上的缺陷，如铸造缩孔、砂眼、加工的疵点、磨损等，不要在图上画出。

第四节 AutoCAD 2006 图块及其属性

块是一个或多个对象形成的对象集合，这个对象集合可看成是一个单一的对象。用户可以将一些相对固定而又经常使用的图形制作成块，存储在计算机中，需要时再将其调出插入到当前图形中。这样，不仅可以提高绘图的速度，而且可以提高绘图的准确性。用户可以对块执行移动、复制、比例缩放、镜像等操作，但是由于块被作为一个独立的图形对象，因此用户只能对整个块进行编辑，无法修改块中各组成对象。如果确实希望修改块中对象，可以用 EXPLODE 命令先将块分解为组成块的独立对象，然后再进行修改。修改结束后，再将这些对象重定义成块。AutoCAD 会自动根据块修改后的定义，更新该块的所有引用。因此，利用块还可以节省计算机存储空间，便于修改。例如，多张图同时引用同一块或一张图中多处引用同一块时，只需修改块文件，各处被引用的块即自动修改，免去逐处修改的麻烦。

另外，利用块的属性可使文字的处理变得更为灵活。例如，标题栏及图框是相对固定的图形，但其中的一些文字，如图名、比例、设计者等各张图可能都不同，可以利用块属性的概念进行修改，提高绘图的灵活性。

一、块的生成、存储和使用

引用块可以不必重复绘制同一对象或同一组对象，计算机仅需在创建块时，将图形对象的特性存储一次。在插入块时，根据需要可以改变块的比例和旋转角度。

1. 创建块（BLOCK）

创建块时，第一步是给块下定义。在块定义之前，必须先绘制组成块的对象，然后再通

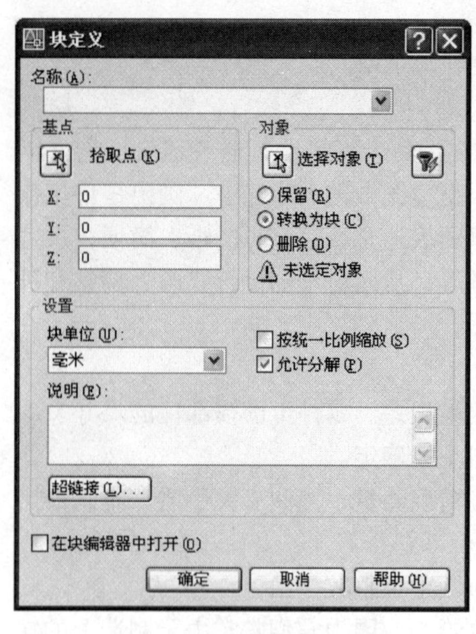

图 8-44 “块定义”对话框

过以下方式来调用创建块命令：

✦ 下拉菜单：“绘图”/“块”/“创建”。

✦ 图标按钮：单击“绘图”工具栏（图 2-46）中的按钮。

✦ 命令行：BLOCK↲或 BMAKE↲或 B↲。

命令执行后，系统将弹出“块定义”对话框，如图 8-44 所示。其中各选项的意义如下：

✦ “名称”列表框：输入要定义块的名称，单击右侧的下三角按钮，可以列出当前图形中所有块的名称。

✦ “基点”选项区：指定基点。可以输入基点的坐标，也可以单击“拾取点”按钮回到图形窗口，在图上直接拾取。一般选易于定位的点为基点。创建块时的基准点将成为以后插入块时的插入点，同时也是块被插入时旋转或缩放的基准点。

✦ “对象”选项区：用于确定如何定义块中的对象。其中“选择对象”按钮供用户选择组成块的对象。选择对象时，系统将临时关闭“块定义”对话框，完成对象选取后，重新回到该对话框，同时显示选定对象的数目和预览图像；单击按钮，系统将显示“快速选择”对话框，用户可以通过该对话框确定所选择对象的过滤条件；选中“保留”单选按钮，表示创建块以后，将选定的对象保留在图形中；选中“转换为块”单选按钮，表示创建块以后，将选定的对象转换为块；选中“删除”单选按钮，表示创建块以后，从图形中删除选定的对象。

✦ “设置”选项区：“块单位”下拉列表用于选择插入块时的缩放单位，一般选“毫米”；“按统一比例缩放”复选框用于指定是否阻止块参照不按统一比例缩放；“允许分解”复选框用于指定块参照是否可以被分解；“说明”文本框用于给块作出说明，可置空。“超链接”按钮，可以打开“插入超链接”对话框，可以将某个超链接与块定义相关联。

✦ “在块编辑器中打开”复选框：如果选中该复选框，则单击“确定”按钮后，可以在块编辑器中打开当前的块定义。

最后，单击“确定”按钮，便完成了创建块操作。

2. 重新定义块

“块定义”对话框中，如果给出的块的名称在当前图形中已经存在，AutoCAD 会询问是否重新定义块。

如果要重新定义块，则与该块重名的块将被重新定义。一旦重新生成图形，图形中的所有使用该名称的块都将被这个新定义的块替换。如果不重新定义块，那么 AutoCAD 将取消块定义，需在“块定义”对话框的“名称”列表框中重新定义一个不重名的名称，完成创建块操作。

3. 块的存储（WBLOCK）

当用户使用 BLOCK 命令定义一个块时，该块只是存放在当前图形文件中，只能被存储该块定义的图形文件引用。因此，为了能在其他文件中引用，应将某些经常调用的块单独存放在块文件中。WBLOCK 命令可使用户将块、对象选择集或一个完整的文件写入一个图形文件中，该图形文件便可被其他图形文件引用。

WBLOCK 命令可通过在命令行输入“WBLOCK ↵”或“W ↵”来调用，命令执行后，系统弹出“写块”对话框，如图 8-45 所示。该对话框类似“块定义”对话框，选项的含义如下：

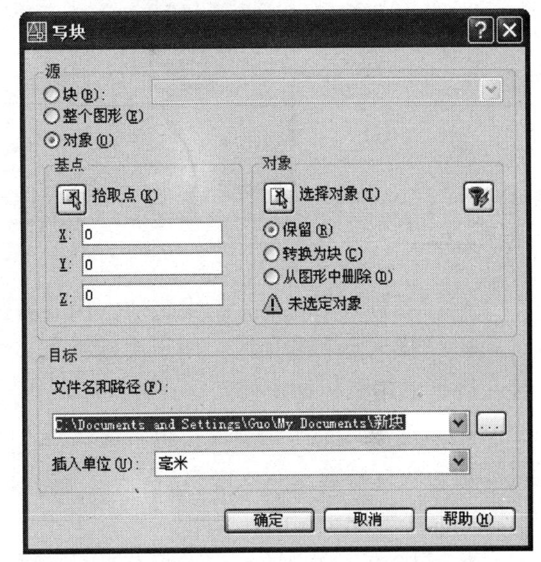

图 8-45 “写块”对话框

✦ “源”选项区：用户可选择写到图形文件的内容。其中选中“块”单选按钮，指明要存入图形文件的是块，此时用户可从列表中选择已定义的块的名称；选中“整个图形”单选按钮，将当前图形文件看作一个块存储；选中“对象”单选按钮，将选定对象存入文件，此时系统要求指定块的基点并选择块所包含的对象。

✦ “目标”选项区：用户可指定块文件的名称、存储块文件的路径和块文件插入其他图形时所使用的单位。

在绘制工程图时，常将一些常用而又相对独立的图形元素预先定义成块（如机械图中的表面粗糙度符号，建筑图中的门、窗图例，标高符号，轴线编号等），存储在独立的图形文件中，需要时插入到图形中。这样可以减少重复绘制同类图形，提高绘图的速度和质量。在建筑工程中，绘制结构施工图和设备施工图时，经常利用建筑施工图“修改”而得到，这也是块文件应用的例子。

4. 设置当前图形的插入基点（BASE）

BASE 命令通过改变系统变量 INSBASE 的值，改变当前图形的插入基点。

BASE 命令通过以下方式来调用：

✦ 下拉菜单：“绘图”/“块”/“基点”。

✦ 命令行：BASE ↵。

可以输入基点的坐标值或在屏幕上用鼠标指定基点。向其他图形插入当前图形或将当前图形作为其他图形的外部参照时，此基点将被用作插入基点。

5. 在图形中使用块

创建块或图形文件的目的是为了使用块，在使用过程中，这些块或图形文件均是作为单个的对象放置在图形中。

(1) 插入单个块（INSERT）。用户可以通过以下方式来调用插入单个块命令：

✦ 下拉菜单：“插入”/“块”。

✦ 图标按钮：单击“绘图”工具栏（图 2-46）中的 按钮。

✦ 命令行：INSERT ↵或 I ↵。

命令执行后，系统将打开“插入”对话框，如图 8-46 所示。其中各选项的意义如下：

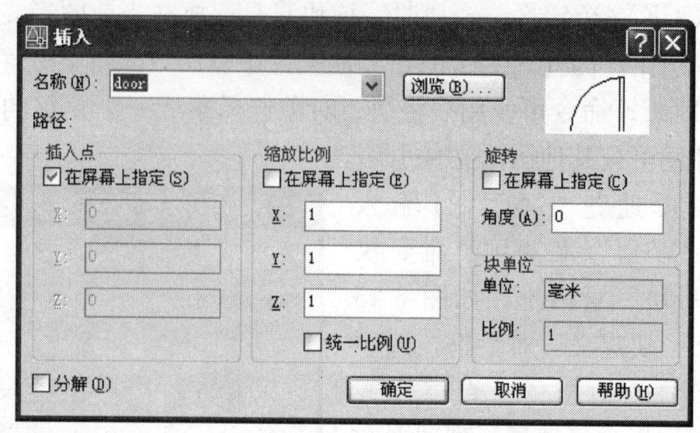

图 8-46 “插入”对话框

✦ “名称”列表框：指定要插入块的名称，或指定要作为块插入的图形文件名。

✦ “插入点”选项区：用于决定插入点的位置。选中“在屏幕上指定”复选框，可直接在屏幕上用鼠标指定插入点；否则，可直接输入插入点坐标。

✦ “缩放比例”选项区：指定块在插入时 X、Y、Z 方向的缩放比例。可在屏幕上使用鼠标指定或直接输入缩放比例；选中“统一比例”复选框，可等比缩放，即 X、Y、Z 三个方向上的比例因子相同。

✦ “旋转”选项区：指定插入块的旋转角度。

✦ “分解”复选框：决定插入块时是作为单个对象还是分成若干对象。如勾选该复选框，只能指定统一比例因子。

✦ “块单位”选项区：显示有关块单位的信息。

(2) 多重插入块（MINSERT）。在 AutoCAD 中，可以用 MINSERT 命令插入块，该命令类似于将阵列命令 ARRAY 和块插入命令 INSERT 组合起来，操作过程也类似这两个命令。但 ARRAY 命令产生的每个目标都是单一对象，而 MINSERT 产生的多个块则是一个整体。

二、块的属性及其应用

AutoCAD 允许为块附加一些关于该块的文本信息，从而增加块的通用性。这些附加的文本信息就被称为块的属性。如果块中文字的内容固定不变，可以直接用 TEXT 命令注写；但如果文字样式、字高、位置不变，但内容因不同图形而改变时，就可以定义为图块的属性。先使用 ATTDEF（属性定义）命令注写文字，然后再将它放到块中。这样每次插入块时，可输入不同的文字，提高了应用的灵活性。

要建立带有属性的块，应先绘制作为块元素的图形，然后定义块的属性，最后同时选中图形及属性，将其统一定义为块或保存为块文件。

1. 定义块属性（ATTDEF）

定义块属性的命令可以通过以下方式来调用：

✦ 下拉菜单：“绘图”/“块”/“定义属性”。

✦ 命令行：ATTDEF ↵。

命令执行后，系统将弹出“属性定义”对话框，如图 8-47 所示。其中各选项的意义如下：

✦ “模式”选项区：选中“不可见”复选框，则在插入块时，属性值不可见；选中“固定”复选框，则在定义属性时必须输入具体的属性值，在插入块时不会提示具体的属性值；选中“验证”复选框，则在插入块时检验输入的属性值；选中“预置”复选框，则在定义属性时指定的默认值将自动赋予该属性。

✦ “属性”选项区：“标记”编辑框用于给出属性的标识符；“提示”编辑框用于在插入一个带有属性定义的块参照时显示的提示信息；“值”编辑框用于给出属性缺省值。

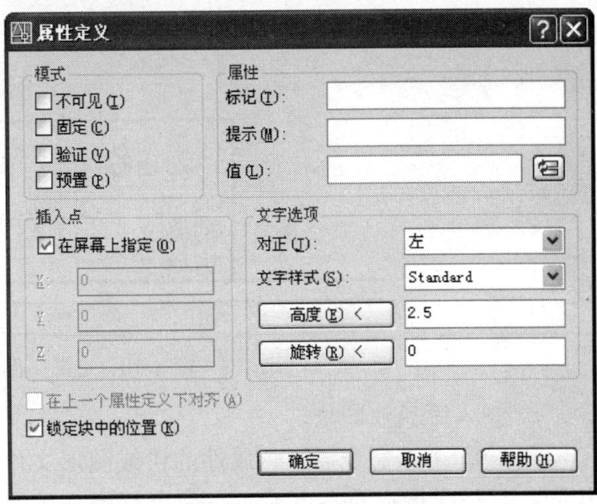

图 8-47 “属性定义”对话框

✦ “插入点”选项区：用于给出属性的插入点，可以在屏幕上指定或直接输入坐标值。

✦ “文字选项”选项区：用于设置属性文本的对齐、文字样式、字高及旋转角度。

✦ “在上一个属性定义下对齐”复选框：如果选中该复选框，则允许将属性标识直接置于上一个属性的下面。

✦ “锁定块中的位置”复选框：锁定块参照中属性的位置。

【例 8-1】 将［例 3-7］所绘制的 A3 图框及标题栏（图 3-22）定义为块并为其定义属性。

首先打开此文件，局部显示标题栏部分，将原来带括号的文字全部删除，因为这些内容不是固定不变的，所以需要定义属性。

（1）定义块属性。

命令：ATTDEF↵　　　　（打开“属性定义”对话框（图 8-48））

在“模式”选项组选中“验证”选项；在“属性”选项组中的“标记”框中输入“姓名”，“提示”框中输入“请输入制图者姓名”，“值”框中输入“王明”（缺省用户名）；在“文字选项”选项组中，“对正”框中选择“左”，“文字样式”选择已设置好的文字样式“中文”，“高度”框中输入文字高度为 5；在“指定插入点”选项组中选择“在屏幕上指定”复选框；其他选项取默认值。单击“确定”按钮，接着在绘图区域指定需输入制图者姓名的表格左下角为插入点。

命令：ATTDEF↵　　　　（继续定义其他属性）

在“标记”框中输入“姓名”，在“提示”框中输入“请输入描图者姓名”；“值”框可置空；选中“在上一个属性定义下对齐”复选框，则与上次定义的属性对齐。单击“确定”按钮。

同理，定义其他属性，如审核者姓名、制图日期、图名、图号、校名、比例值等。属性定义后，可通过夹点操作移动文字到满意位置。定义属性后标题栏显示如图 8-48 所示。

（2）定义并存储块。定义好属性后，调用 WBLOCK 命令，打开“写块”对话框（图 8-45），选择 A3 图框全部对象为块中的图形元素，拾取图框线左下角点为基点，然后选择存储路径及输入块名称（如“A3 块”）。最后单击“确定”按钮，则整个图形已被定义为块且存储起来。

图名
比例 比例值
件数
图号
制图 姓名 日期 重量 共 张 第 张
描图 姓名 日期
审核 姓名
校名及班级

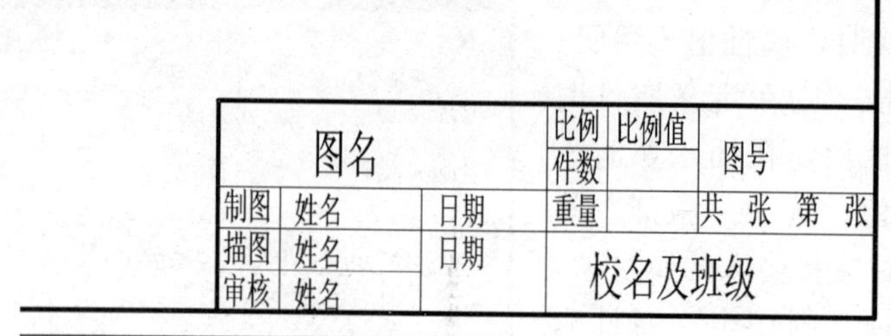

图 8-48 定义属性后的标题栏

2. 插入带属性的块

用 INSERT 命令插入带属性的块或图形文件时，其提示和插入一个不带属性的块完全相同，只是在指定插入点后，在命令行增加了属性输入提示，如“请输入制图者姓名〈王明〉:”、“请输入描图者姓名:”等提示。用户可在这些属性提示下输入属性值或接受默认值。

用户可使用系统变量 ATTDIA 控制 AutoCAD 在提示用户输入时，是在命令行显示属性提示（ATTDIA 的值为 0），还是在对话框中发出属性提示（ATTDIA 的值为 1）。

例如，若以对话框提示方式插入［例 8-1］定义的块，操作如下：

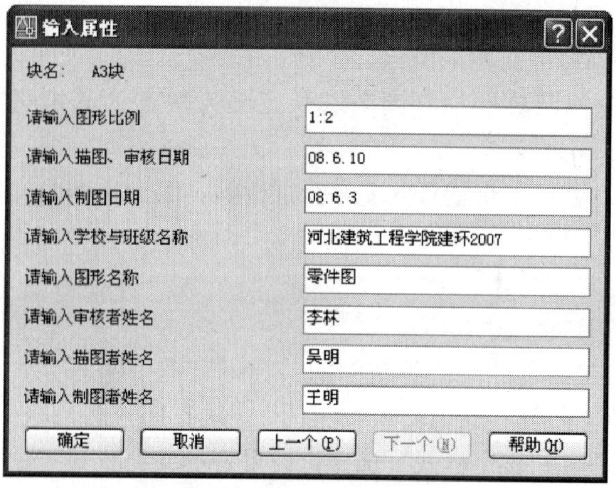

输入属性
块名: A3块
请输入图形比例 1:2
请输入描图、审核日期 08.6.10
请输入制图日期 08.6.3
请输入学校与班级名称 河北建筑工程学院建环2007
请输入图形名称 零件图
请输入审核者姓名 李林
请输入描图者姓名 吴明
请输入制图者姓名 王明
确定 取消 上一个(P) 下一个(N) 帮助(H)

图 8-49 “输入属性”对话框

命令：ATTDIA ↵

输入 ATTDIA 的新值〈0〉：1 ↵（修改变量值为 1）

命令：INSERT ↵ （打开插入对话框，在该对话框中选择已经定义的块名“A3 块”）

指定插入点或［基点(B)/比例(S)/X/Y/Z/旋转(R)/预览比例(PS)/PX/PY/PZ/预览旋转(PR)］：（指定插入点，打开如图 8-49 所示的“输入属性”对话框）

在该对话框中，输入所需的属性值，单击“确定”按钮，完成插入块操作。

注意：在插入带属性的块时，属性和块不能分解。若选中“插入”对话框中的“分解”选项，则在插入块时，将不再提示输入属性值。此时的属性值将被属性标记所代替。

3. 编辑块属性（EATTEDIT）

EATTEDIT 命令用于编辑块插入上的属性。该命令可以通过以下方式来调用：

- 下拉菜单：“修改”/“对象”/“属性”/“单个”。
- 图标按钮：单击“修改Ⅱ”工具栏（图 5-21）中的 按钮。
- 命令行：EATTEDIT ↵。

EATTEDIT 命令格式：

命令：EATTEDIT ↵。

选择块： （选择插入到图形中的块，如“A3 块”）

系统将弹出“增强属性编辑器”对话框，如图 8-50 所示。在此可以修改块的属性值、文字选项、属性所在图层及属性的颜色、线型和线宽等特性。单击“确定”按钮完成属性编辑。

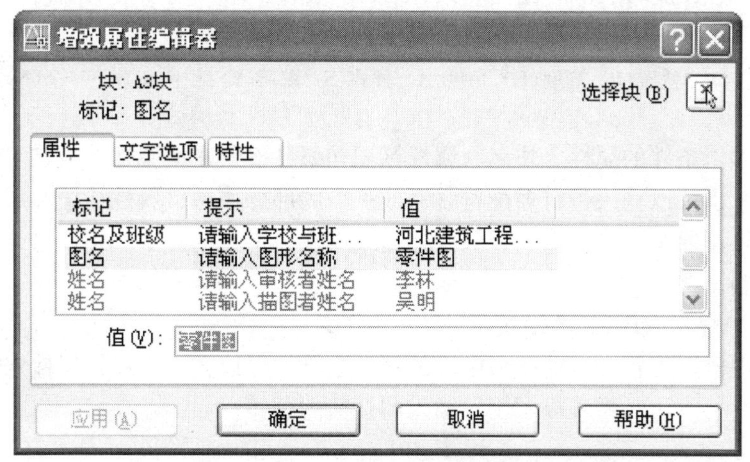

图 8-50 “增强属性编辑器”对话框

4. 编辑块属性的值（ATTEDIT）

ATTEDIT 命令用于编辑插入到图形中特定块的属性值。

ATTEDIT 命令格式：

命令：ATTEDIT ↵

选择块参照： （选择插入到图形中的块，如“A3 块”）

系统将弹出“编辑属性”对话框，该对话框与“输入属性”对话框（图 8-49）类似。在此对话框中可以修改所选择的属性值。

5. 编辑块的可变属性（－ATTEDIT）

－ATTEDIT 命令用于编辑独立于块的属性值和特性。例如，修改所选属性的值、属性文字的位置、高度、倾斜角度、样式、图层、颜色等。该命令可以通过以下方式来调用：

✦ 下拉菜单：“修改”/“对象”/“属性”/“全局”。

✦ 命令行：－ATTEDIT ↵。

－ATTEDIT 命令格式：

命令：－ATTEDIT ↵

是否一次编辑一个属性？[是（Y）/否（N）]〈Y〉：

如果用“Y”响应提示，那么 AutoCAD 允许一次编辑一个属性；如果用“N”响应提示，那么 AutoCAD 允许一次编辑多个属性。全局编辑属性只限于用一个字符串替换另一个字符串。如果一次编辑一个属性，可以编辑任何或所有属性。

例如，要修改“A3 块”中“校名”的字高，操作如下：

命令：－ATTEDIT ↵

是否一次编辑一个属性？[是（**Y**）/否（**N**）]〈**Y**〉：↵

输入块名定义〈＊〉：↵

输入属性标记定义〈＊〉：↵

输入属性值定义〈＊〉：↵

选择属性：找到 1 个 （选择校名属性值“河北建筑工程学院…”）

选择属性：↵

已选择 1 个属性.

输入选项［值(**V**)/位置(**P**)/高度(**H**)/角度(**A**)/样式(**S**)/图层(**L**)/颜色(**C**)/下一个(**N**)］〈下一个〉：**H**↵

指定新高度〈7〉：5↵　　　　（修改字高为 5）

输入选项［值(**V**)/位置(**P**)/高度(**H**)/角度(**A**)/样式(**S**)/图层(**L**)/颜色(**C**)/下一个(**N**)］〈下一个〉：↵（完成编辑）

对于符合编辑条件的属性、块名、属性标记和属性值与定义属性的指定名称、标记和属性值全部对应。也可以输入带有通配符（? 或 *）的部分块名、属性标记和属性值，以缩小选择范围。如果用回车键响应块名、属性标记或属性值定义的提示，则块名、属性标记或属性值将不受限制。

6. 块属性管理器（BATTMAN）

块属性管理器用于管理当前图形中块的属性定义。可以在块中编辑属性定义、从块中删除属性以及更改插入块时系统提示用户输入属性值的顺序。

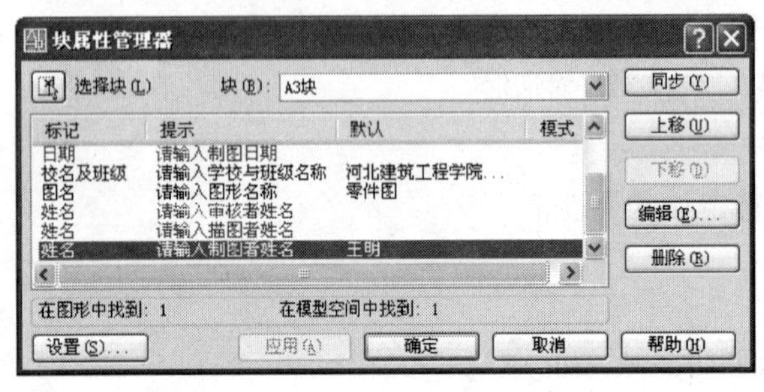

图 8-51　“块属性管理器”对话框

可以通过以下方式打开如图 8-51 所示的“块属性管理器”对话框：

✦ 下拉菜单：“修改”/“对象”/“属性”/“块属性管理器”。

✦ 图标按钮：单击“修改Ⅱ”工具栏（图 5-21）中的 按钮。

✦ 命令行：BATTMAN↵。

其中各选项的意义如下：

✦ 在属性列表中显示所选块中每个属性的特性，并提示在当前图形中选定块的实例数以及在当前空间中选定块的实例数。

✦ 单击“设置”按钮，打开“设置”对话框，如图 8-52 所示。从中可以自定义“块属性管理器”中属性信息的列出方式。

✦ 利用“块”下拉列表可以选择要编辑的块。

✦ 单击“同步”按钮，更新具有当前定义的属性特性的选定块的全部实例。

✦ 在属性列表中选择属性后，单击“上移”或“下移”按钮，可以移动属性在列表中的位置。

✦ 在属性列表中选择某属性后，单击“编辑”按钮，可以打开“编辑属性”对话框，如图 8-53 所示。在该对话框中，可以修改属性模式、标记、提示与默认值，属性的文字选项、属性所在图层以及属性的线型、颜色和线宽。

✦ 单击“删除”按钮，从块定义中删除选定的属性。

✦ 单击“应用”按钮，应用所做的更改，但不关闭对话框。单击“确定”按钮，关闭对话框，确定所作的修改。

三、实例

【例 8-2】　利用 AutoCAD 2006 绘图软件绘制如图 8-54 所示下轴瓦零件图。

绘制机械零件图要经过设置绘图环境→图形绘制及图形编辑→尺寸标注→注写技术要求→图形输出等几个步骤。

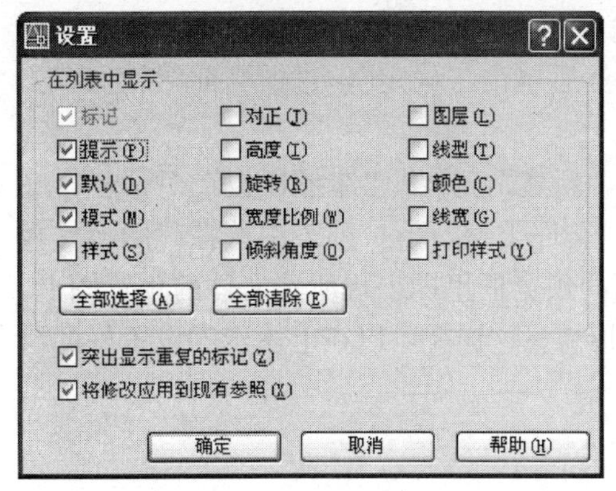

图 8-52　“设置”对话框

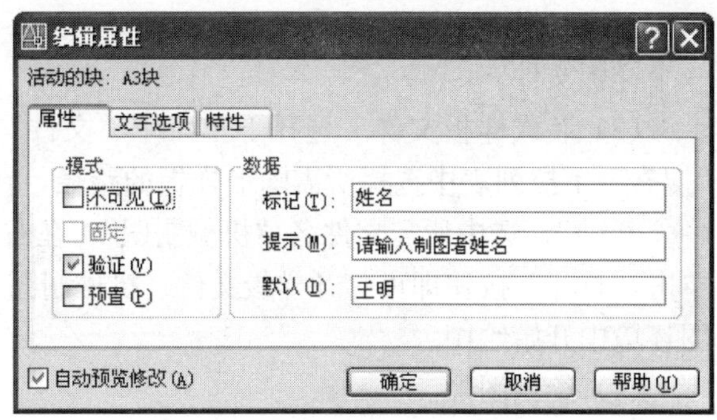

图 8-53　“编辑属性”对话框

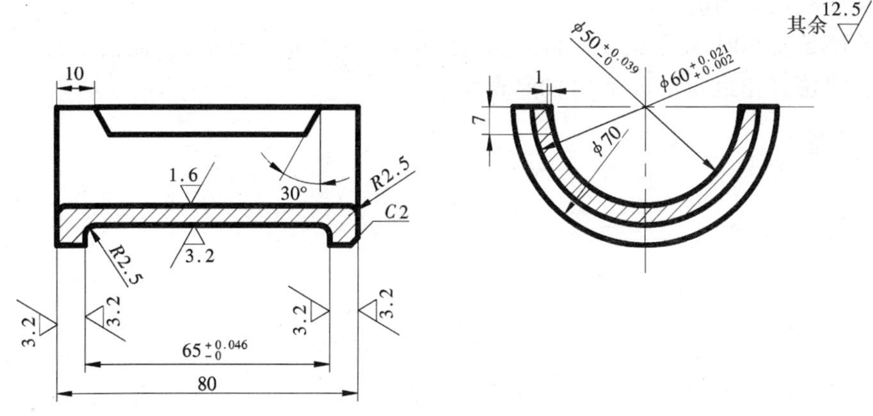

图 8-54　下轴瓦零件图

(1) 设置绘图环境。

1) 设置图形界限。调用 LIMITS 命令，设置左下角点（0，0），右上角点（420，297），然后用 ZOOM/ALL 命令使绘图界限充满显示区。

2) 设定绘图单位及精度。调用 UNITS 命令，设置绘图精度为 0.00，其他取默认值。

3) 设置图层。调用 LAYER 命令，建立粗实线、细实线、中心线、虚线层及尺寸标注层、图案层等，并选择相应的线型、线宽、颜色。

4) 设置文字样式。调用 STYLE 命令，设置中文、西文及尺寸文本等文字样式。

5) 设置尺寸标注样式。调用 DIMSTYLE 命令，设置适用于机械制图的尺寸标注样式，具体设置内容请参照第七章第六节“机械”标注样式设置过程。

按照下轴瓦零件的视图表达方案，以 1∶1 比例绘图，出图比例也为 1∶1，因此标注样式中全局比例因子应为 1。

(2) 创建样板文件。上述绘图环境是机械制图中常用的设置，因此需要将其保存为样板文件。以后绘制其他机械图时均可调用此样板文件为绘图环境，然后根据具体情况作适当修改（如图形界限、标注样式中的全局比例因子等）。

设置好上述绘图环境后，选择下拉菜单“文件”/“保存”，弹出“图形另存为”对话框，在“文件类型”下拉列表中选择“AutoCAD 图形样板（＊.dwt)”，缺省路径为 \

Acad2000\Template\，在“文件名”编辑框中输入文件名“机械制图”，单击“保存”按钮，弹出“样本说明”对话框，输入说明性文字，然后单击“确定”，这样当前图就保存为一个样板文件。

（3）装载样板文件。选择下拉菜单“文件”/“新建”，弹出“选择样板”对话框，在“搜索”下拉列表中选择所需图形样板的路径，在“文件类型”下拉列表中选择“图形样板(*.dwt)”，选中所需文件名“机械制图”，在右侧的预览框里即出现所选文件的预览图形。单击“打开”按钮即可打开样板文件“机械制图.dwt”。这样就可以在上述步骤设置好的绘图环境中开始绘图。

（4）绘制图形。

1）设置中心线层为当前层，画出视图的中心线。

2）画主体轮廓的正面投影，如图8-55（a）所示。

设置粗实线层为当前层。

调用LINE及OFFSET命令，画出下轴瓦ϕ50、ϕ60和ϕ70圆的正面投影轮廓线，棱角刮圆的正面投影，相距80、65、10的竖直线。

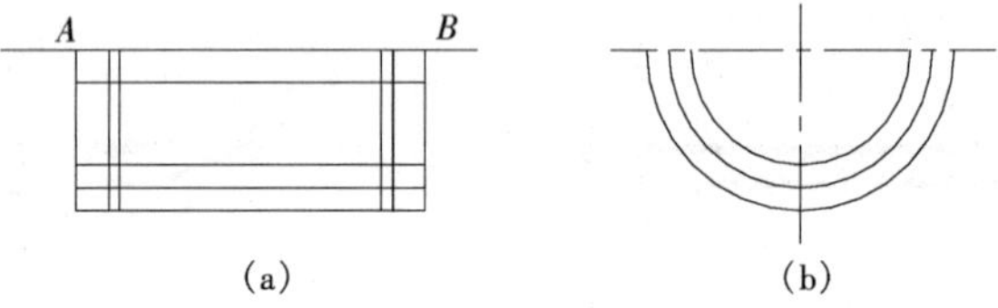

图8-55 画出主体轮廓线

3）画主体轮廓的侧面投影，如图8-55（b）所示。

调用ARC及OFFSET命令，画出下轴瓦ϕ50、ϕ60和ϕ70圆弧的侧面投影。

4）编辑图形，完成细部结构。应用BREAK、FILLET、CHAMFER、TRIM、ERASE等命令作出下轴瓦中棱角刮圆的正面投影和侧面投影及其余细部结构，结果如图8-56所示。

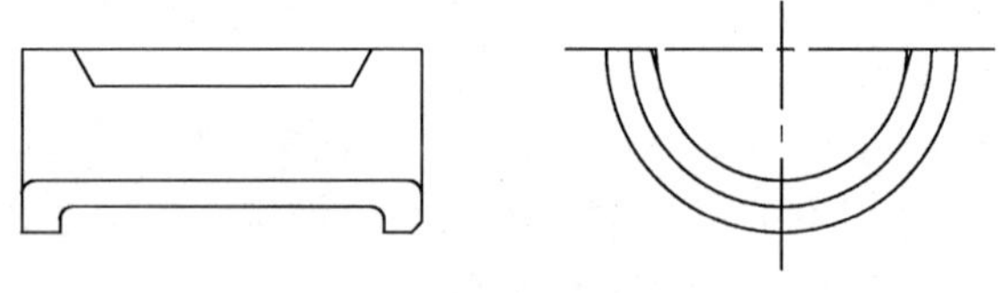

图8-56 画细部结构

5）图案填充，如图8-57所示。设置图案层为当前层。调用BHATCH命令，在下轴瓦的正面投影和侧面投影中进行图案填充。

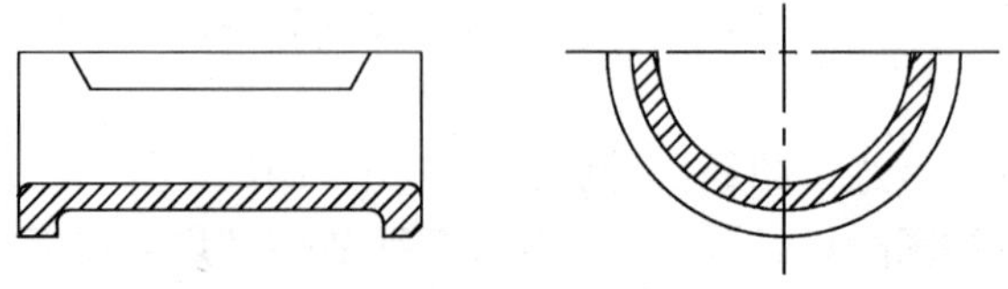

图8-57 图案填充

（5）标注尺寸。设置尺寸标注层为当前层。

1) 将标注样式“机械”置为当前。分别标注正面投影中的尺寸 80、10、$R2.5$、30°及侧面投影中的尺寸 7、1。

2) 标注倒角 $C2$ 和直径 $\phi70$。首先应为引线标注和直径标注设置替代样式以临时替代当前样式“机械”。为此，在“标注样式管理器”对话框中，选择“机械”标注样式，单击“替代”按钮，打开“替代当前样式：机械”对话框，选择“符号和箭头”选项卡，在“箭头”区的“第一项”选择“无”、“第二个”仍为“实心闭合”，“引线”选择“无”。修改完成后，标注 $C2$ 和 $\phi70$。

命令：LEADER ↵

指定引线起点：〈对象捕捉 开〉　　（指定标注 C2 的引出线的起点）

指定下一点：**〈正交 关〉**　　（指定引出斜线长度）

指定下一点或［注释（A）/格式（F）/放弃（U）］〈注释〉：**〈正交 开〉**（指定水平线长度）

指定下一点或［注释（A）/格式（F）/放弃（U）］<注释>：↵（结束引线）

输入注释文字的第一行或〈选项〉：**C2** ↵　　（输入注释文字）

输入注释文字的下一行：↵　　（结束注释）

命令：**DIMDIAMETER** ↵

选择圆弧或圆：　　（选择 $\phi70$ 圆弧）

标注文字＝70

指定尺寸线位置或［多行文字（**M**）/文字（**T**）/角度（**A**）］：（指定尺寸线位置，结束直径标注）

使用样式替代，无需更改当前标注样式便可临时更改标注系统变量。

注意：只能为当前样式创建标注样式替代，当其他标注样式被设置为当前样式后，用于替代的标注样式被自动删除。也可以在“<样式替代>”上右击，选择“重命名”，将其保存为新的标注样式。

3) 标注带有极限偏差的尺寸。对标注样式“机械”中的“〈样式替代〉”进行修改。单击“修改”按钮，在“替代当前样式：机械”对话框中的“公差”选项卡，设置“公差格式”区的“方式”为“极限偏差”；“精度”为 0.000；“上偏差”为 0.039；“下偏差”为 0；“高度比例”为 0.7；“垂直位置”为“下”。修改完成后，标注直径尺寸 $\phi50^{+0.039}_{0}$。

同理，标注直径尺寸 $\phi60^{+0.021}_{+0.002}$。

再次修改标注样式“机械”中的“〈样式替代〉”，将“符号和箭头”选项卡中“箭头”区的“第一项”和“第二个”均选“实心闭合”，并按上述设置公差格式后，标注线性尺寸 $65^{+0.046}_{0}$。

(6) 标注表面粗糙度等技术要求。利用图块属性定义来标注表面粗糙度。

1) 绘制粗糙度符号。设置 0 层为当前层。在图中任意位置画出表面粗糙度符号。

命令：POLYGON ↵

输入边的数目〈4〉：3 ↵

指定多边形的中心点或［边（E）］：E ↵

指定边的第一个端点：指定边的第二个端点：@-5.5，0 ↵（画等边三角形）

命令：LINE ↵

指定第一点：　　（捕捉三角形右上角点）

指定下一点或［放弃（U）］：〈正交 关〉@7<60 ↵

指定下一点或［放弃（U）］：↵

2) 定义属性。

命令：ATTDEF↵

在“属性定义”对话框中输入以下内容：

“标记”框中输入“粗糙度”；“提示”框中输入“请输入表面粗糙度值”；“值”框中输入“3.2”；“对正”框中选择“右”；“文字样式”选择已定义的样式如“尺寸文本”；“高度”输入“3.5”；其余按默认设置。单击“确定”按钮，在粗糙度符号上面右端指定一点为插入点。

3）定义并存储块。

命令：WBLOCK↵。

弹出“写块”对话框，选择粗糙度符号及属性为对象；选择粗糙度符号下顶点为基点；选择合适路径，并输入图块名“粗糙度”。

4）标注表面粗糙度。设置尺寸标注层为当前层。

命令：INSERT↵

在“插入”对话框中，单击“浏览”按钮，选择要插入的图块“粗糙度”，单击“确定”按钮，命令行提示及操作如下：

指定插入点或［基点（**B**）/比例（**S**）/**X**/**Y**/**Z**/旋转（**R**）/预览比例（**PS**）/**PX**/**PY**/**PZ**/预览旋转（**PR**）］：**R**↵

指定旋转角度：90↵

指定插入点：_nea 到（Shift＋鼠标右键从弹出菜单中选择“最近点”，拾取需标注粗糙度的表面）

输入属性值

请输入表面粗糙度值〈3.2〉：↵（接受默认值）

同理标注其他表面粗糙度，结果如图 8-54 所示。

注意，在插入图块时，要根据图形出图比例调整插入比例，如果输出比例为 1∶2，则在图块插入时要将其扩大一倍。

5）注写文字。

命令：**DTEXT**↵

当前文字样式：中文　当前文字高度：2.50

指定文字的起点或［对正（**J**）/样式（**S**）］：（在需输入文字的位置指定起点）

指定高度〈2.50〉：5↵

指定文字的旋转角度〈0〉：↵

注写文字“其余”。

同样，在进行文本标注时，为使出图文字大小符合标准，也需将文字高度进行调整，如出图比例为 1∶2，则文字高度要放大一倍。例如，希望出图文字为 5 号字，则在注写文字时输入的字高应为 10。

最后，检查无误后，以“下轴瓦”为文件名存盘。

第九章 装 配 图

第一节 装 配 图 概 述

装配图是用来表达机器或部件的工作原理，各部件之间以及各零件之间装配关系的图样，图 9-1 所示是球阀的装配图。

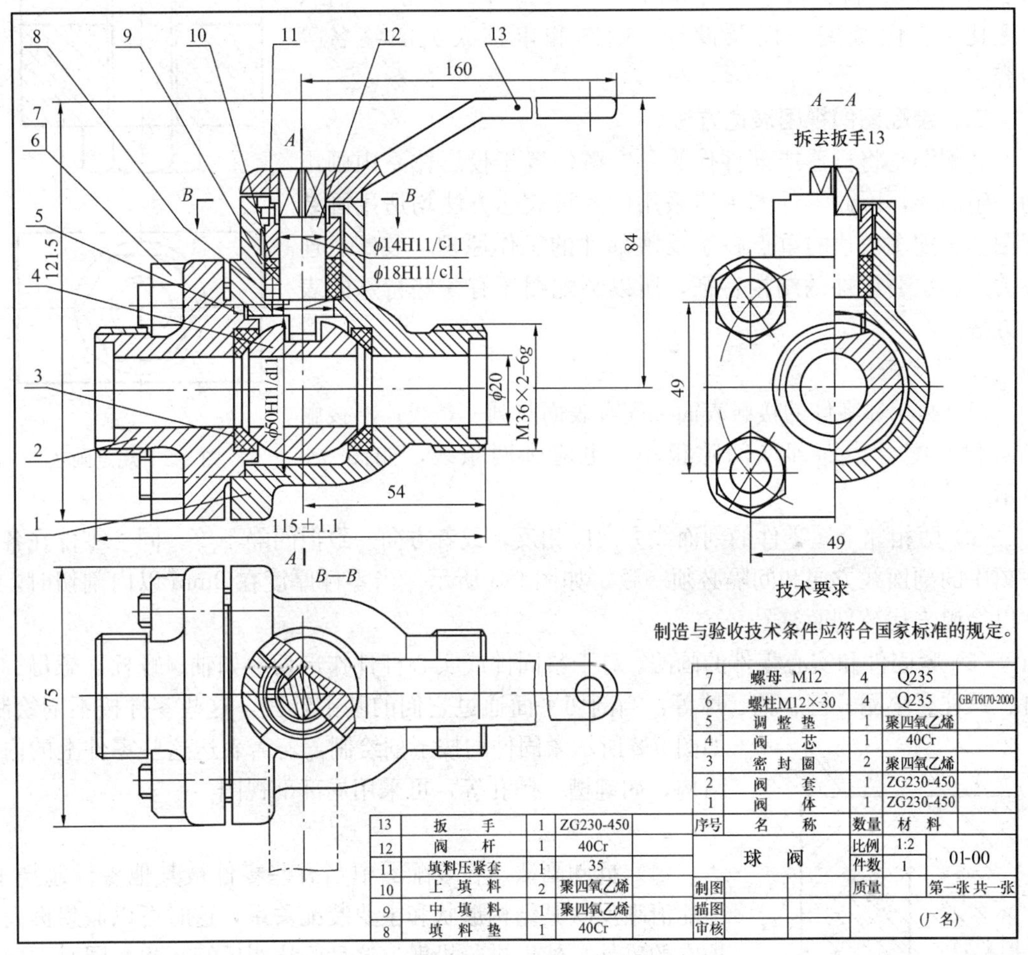

图 9-1 球阀的装配图

一、装配图的内容

一张完整的装配图应包括下列内容：

1. 一组图形

用以表达机器和部件的工作原理，各个零件的主要结构形状，各个零件间的相对位置和装配关系。

2. 必要的尺寸

装配图中应标注该装配体的规格尺寸、性能尺寸、配合尺寸、安装尺寸、总体尺寸和检验尺寸等必要的尺寸。

3. 技术要求

技术要求是用文字或规定的代号、符号说明在装配、调试、检验、搬运或使用时应达到的要求和注意事项。

4. 零部件序号、明细表和标题栏

为便于看装配图和生产管理，装配图中应对每个不同的零件编写序号，并在明细表中依次填写各零件的序号、名称、件数、材料以及备注等内容。标题栏应包含部件的名称、规格、绘图比例、图纸编号以及设计、制图和审核人员的签名等内容。

二、装配图的视图表达方法

装配图是将机器或部件作为一个整体置于投影体系内画出的一组图形，因此零件图中所采用的各种表达方法均适用画装配图。装配图表达的重点在于反映部件的工作原理，装配、连接关系和主要零件的结构特征，所以装配图还有一些特殊的表达方法。

1. 规定画法

(1) 两相邻零件的接触表面和配合表面只画一条线；不接触表面和非配合表面即使间隙很小，也应画两条线，如图 9-2 所示。

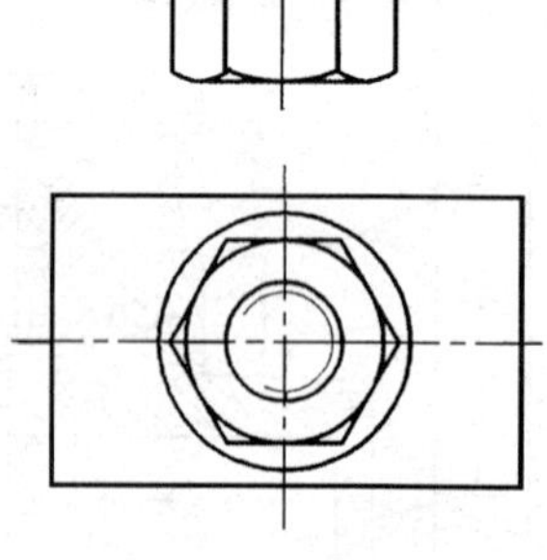

图 9-2 规定画法

(2) 两相邻金属零件的剖面线方向应相反，或者方向一致但间隔不等。同一零件在各个视图中的剖面线方向和间隔必须一致，如图 9-3 所示。当零件厚度在 2mm 以内剖切时，允许以涂黑来代替剖面符号。

(3) 紧固件和实心零件的画法。对于紧固件或实心杆件作剖切，如轴、螺栓、螺母、螺钉、螺柱、垫圈、键、销、球等，当剖切平面通过它们的基本轴线，这些零件按不剖绘制。如图 9-2 所示紧固件均按不剖绘制，若需表达这些零件上的内部结构，如键槽、销孔等，可采用局部剖视图。

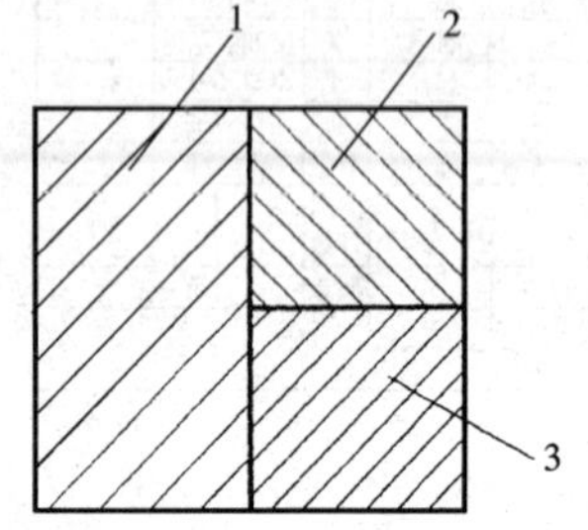

图 9-3 相邻零件的剖面线画法

2. 特殊画法

(1) 拆卸画法。在装配图中当有些零件被其他零件遮挡了，不能清晰反映其结构形状和主要装配关系，这时可以假想拆去遮挡它的零件，然后进行投射，这种画法叫拆卸画法，同时在画出的视图的上方应注明“拆去××等哪几个零件”。

(2) 沿结合面剖切画法。需要时可沿几个零件之间的结合面进行剖切，结合面处不画剖面符号，如图 9-19 中的左视图，就是沿 1 号零件泵盖和 8 号零件泵体的结合面剖切画出的。

(3) 假想画法。为了表达部件和相邻零件的位置关系和连接情况、运动零件的极限位置，可用双点划线简略画出其轮廓。

(4) 夸大画法。装配图中，对某些尺寸较小的零件或结构，按实际的尺寸和总体的比例无法清楚的表达，如薄垫片、细丝弹簧、微小间隙等结构，可用适当放大的比例画出。

(5) 简化画法。在装配图中，常见工艺结构，如圆角、倒角和退刀槽等可不画出。对若干相同的零件组，如螺栓连接组件等，可详细地画出一组或几组，其余只用中心线表示其位置。

(6) 单独表达零件。在装配图中，若某零（部）件需要特别表达清楚时，可单独画出它的视图来，在相应的图上标明该零（部）件的序号或名称，并指明其投射方向。

三、装配图的尺寸标注

由于装配图的表达重点不同于零件图，尺寸标注的要求也不同于零件图，因此装配图应标出下列几类尺寸。

1. 规格性能尺寸

规格性能尺寸是表示产品或部件的性能和规格的重要尺寸，是设计和使用的重要参数。图 9-1 所示球阀的公称直径尺寸是 $\phi20$。

2. 装配尺寸

机器或部件中重要零件间的极限配合尺寸，应标注其配合关系。如图 9-1 所示阀盖与阀体的配合关系 $\phi50H11/d11$，以及阀杆与密封套的配合 $\phi14H11/c11$。

3. 安装尺寸

部件用于安装定位的连接板的尺寸及其上的安装孔的定形尺寸和定位尺寸，如图 9-1 所示球阀与管道的连接尺寸 M36×2，54，84。

4. 外形尺寸

用以表示装配体外形最大轮廓的尺寸称为外形尺寸，它是用来确定包装、运输、安装及厂房设计的依据，如图 9-1 所示球阀的总长 115±1.1，总宽 75 及总高 121.5。

5. 其他重要尺寸

其他重要尺寸通常是指装配体在设计过程中经计算确定的，但又不包括在上述几类尺寸中的重要尺寸，或某些主要零件的重要尺寸，如图 9-19 所示的两孔中心距 45±0.016，它是在设计中经过计算确定的，这种尺寸在拆画零件图时不能改变。

必须指出：不是每一张装配图都具有上述尺寸，有时某些尺寸兼有几种意义。装配图的尺寸应根据装配图的作用，反映设计的意图。

四、装配图中零、部件序号和明细栏

1. 序号的标注

为了便于看图及图样管理，在装配图中需对每个零件标注序号或代号，并填写明细栏，标注序号应遵守下列几项规定。

(1) 在所要标注的零件投影上画一黑点，然后引出指引线（细实线），在引出的一端用细实线画一段横线或一个圆，序号填写在指引线的横线上或圆内，序号字体比尺寸数字大两号。在引出线的一端也可以不画横线或圆，直接注写出序号，如图 9-4 所示。

(2) 对于薄片类零件，其厚度在 2mm 以下是剖面涂黑，可以用箭头指向该零件，如图 9-5 所示。

(3) 一组连接件及装配关系清楚的零件组，可以采用公共指引线，如图 9-6 所示，它常

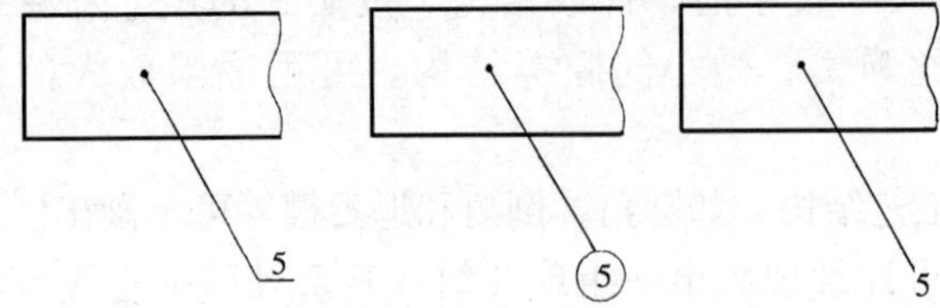

图 9-4 序号的一般注写形式

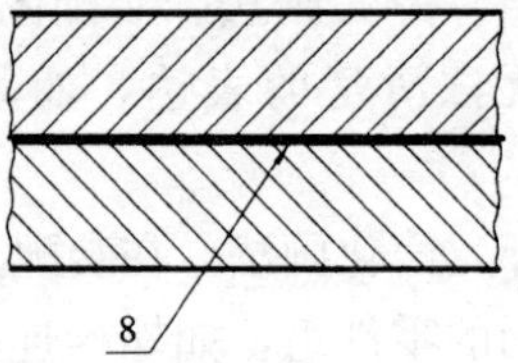

图 9-5 薄片类零件的注写形式

用于螺栓，螺母和垫圈零件组。

（4）相同的零件只编一个序号，其个数在明细栏中反映出来。

（5）指引线不要彼此相交，在通过有剖面线的区域时，要尽量避免与剖面线平行，必要时可画成折线，但只允许弯折一次，如图 9-7 所示。

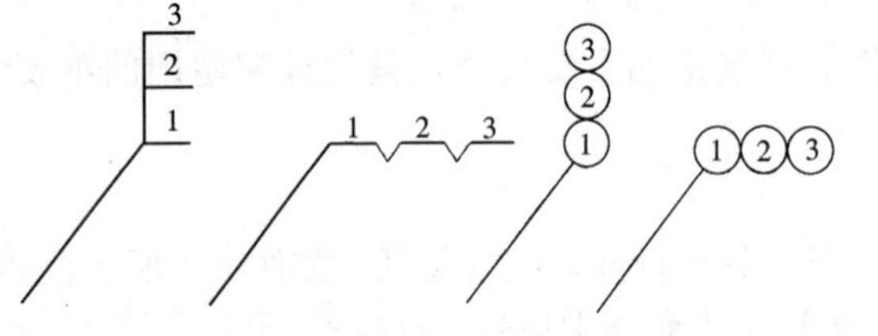

图 9-6 成组类零件的注写形式

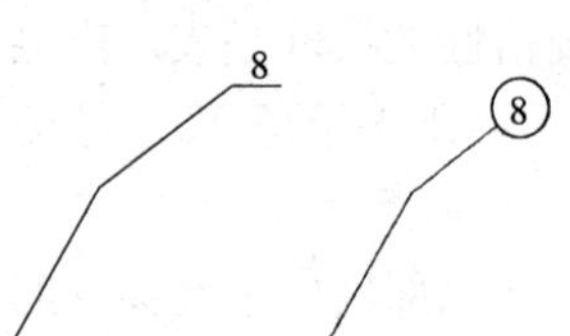

图 9-7 弯折指引线

（6）编号应按水平或垂直方向排列整齐，并按顺时针或逆时针方向顺序编号。

2. 明细栏

明细栏是装配图中全部零件目录，应将零件的序号、名称、数量、材料等填写在表格内。国家标准对明细栏格式及内容作了统一规定，如图 9-8 所示。

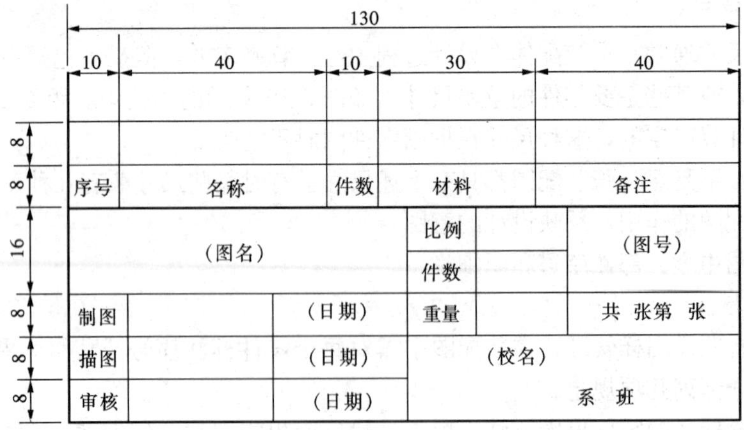

图 9-8 装配图的标题栏与明细栏

明细栏画在标题栏上方，外框为粗实线，内格为细实线，假如地方不够，也可在标题栏的左方再画一排，明细栏中零件序号编写顺序是从下往上，以便增加零件时，也可继续向上画。

五、装配结构合理性简介

绘制装配图时要充分考虑装配结构的合理性。

1. 两个零件接触面的数量

两个零件在同一方向一般只有一对接触面，如图 9-9 所示。

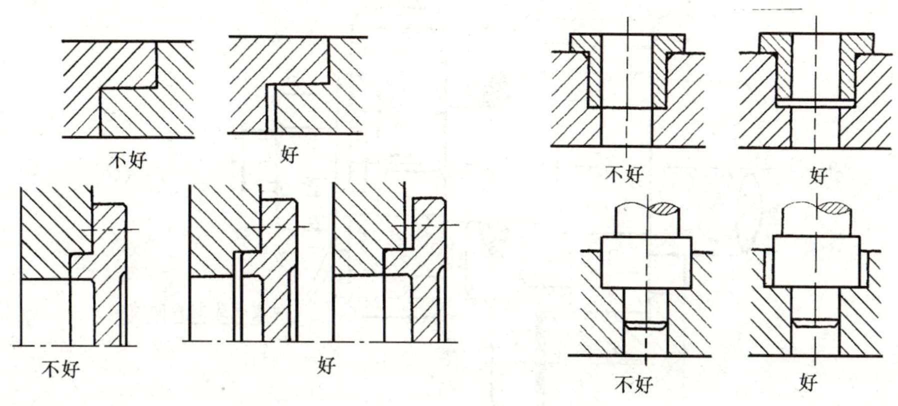

图 9-9 两零件接触面

2. 两零件接触处拐角的结构

为防止出现干涉，在拐角处要加工倒角或轴根要切槽，以保证两端面能紧密接触，如图 9-10 所示。

3. 密封装置的结构

为防止液体沿轴处间隙外流或外界灰尘进入，常设置密封结构。通常用浸油的石棉绳或橡胶做填料，拧紧压盖螺母，通过填料压盖即可将填料压紧，起到密封作用，如图 9-11 所示。

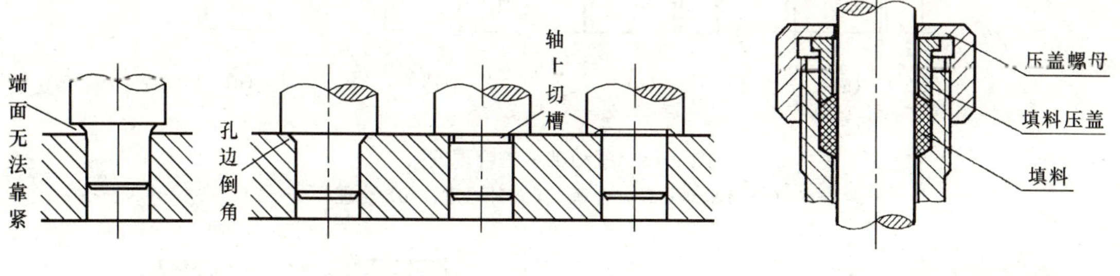

图 9-10 两零件接触面拐角处的结构

图 9-11 填料函密封装置

4. 零件在轴向的定位结构

为了防止轴向零件产生轴向移动，必须进行轴向定位。常用轴肩定位，用垫圈、螺母压紧。如图 9-12 所示。

5. 安装、维修、拆卸的结构

考虑到零件装、拆的方便，如图 9-13（b）、（d）所示，滚动轴承装在箱体轴承孔及轴上的结构是合理的，图 9-14、图 9-15 所示是安排螺钉位置时，应考虑扳手的活动和螺钉的安装空间。

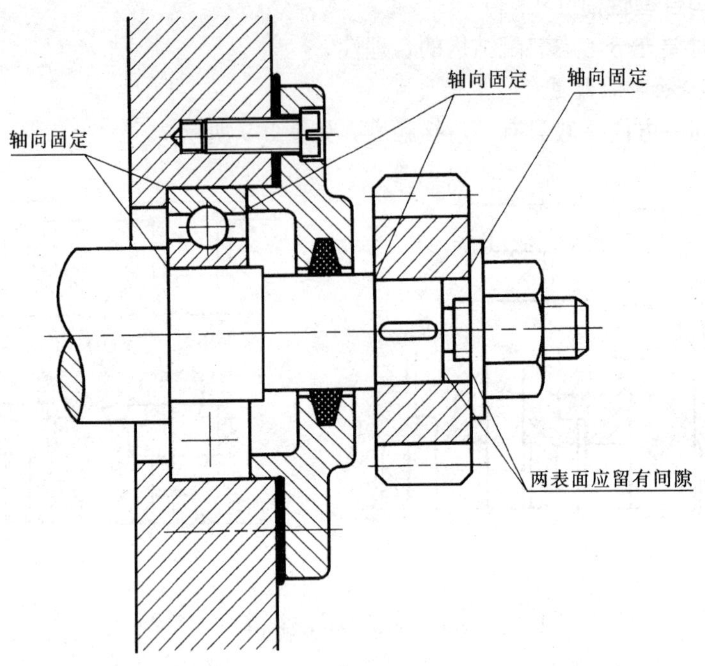

图 9-12 轴向的定位结构

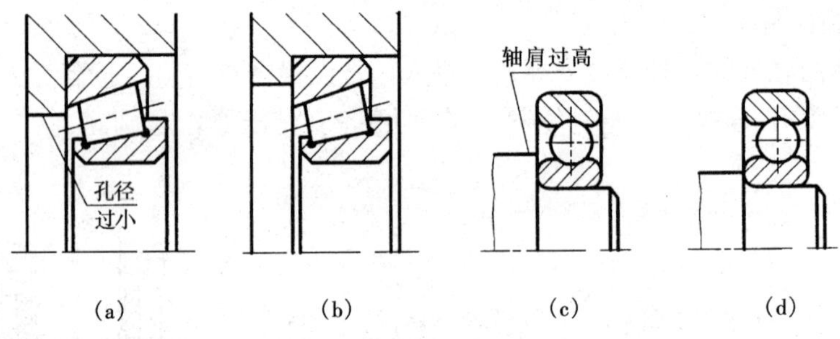

图 9-13 滚动轴承的合理安装

(a) 不合理；(b) 合理；(c) 不合理；(d) 合理

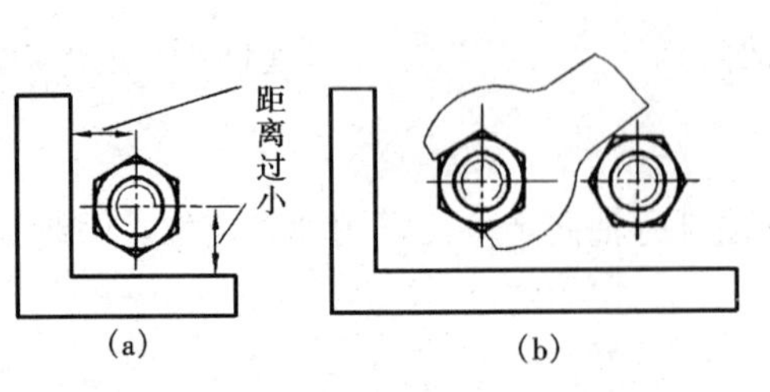

图 9-14 应考虑扳手的活动范围

(a) 不合理；(b) 合理

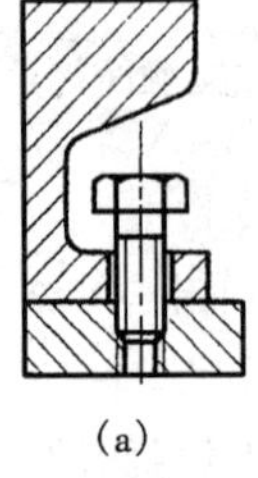
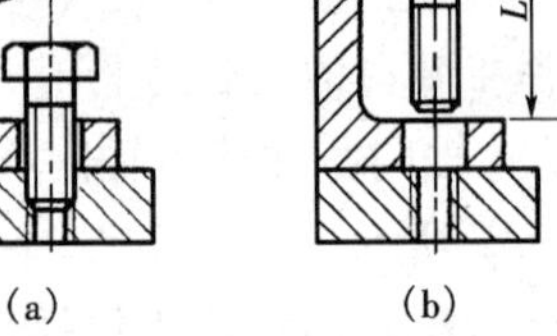

图 9-15 应考虑拧入螺钉所需要的空间

(a) 错误；(b) 正确

第二节　由零件图画装配图

部件由所属零件组成，根据各零件图和装配示意图可拼画出装配图。装配图的视图必须清楚地表达机器（或部件）的工作原理，各零件之间的相对位置和装配关系，以及尽可能表达出主要零件的基本形状。因此，在确定视图表达方案之前，要详细了解该机器或部件的工作情况和结构特征。在此基础上分析掌握各零件间的装配关系和它们相互间的作用，进而考虑选取何种表达方法。

下面以图 9-19 所示的齿轮油泵为例，讨论根据零件图绘制装配图的方法和步骤。

一、了解零件的装配关系和工作原理

画装配图之前，必须对所表达的部件的功用、工作原理、结构特点、零件之间的装配关系及技术条件等进行分析、了解，以便考虑视图表达方案。

齿轮泵是机器润滑系统的供油泵，用来将油液从低压区输送到高压区。如图 9-16 所示，它由泵体，左、右端盖，运动零件，密封件以及标准件等组成。主动轴 4、从动轴 2、齿轮 3、13 是油泵中的运动零件。主动轴 4 外伸，并装有齿轮 13，主动轴 4 与齿轮 13 靠平键连接。当齿轮 13 按顺时针方向（从左向右外观察）旋转，通过键 16，将扭矩传递给主动轴 4，经过齿轮啮合带动从动轴 2，从而使后者逆时针方向转动。泵体两侧各有一个管螺纹，一个吸油，一个压油。如图 9-17 所示，当主动轴旋转时，在吸油口处两啮合的齿轮逐渐脱开，齿间空腔逐渐增大，形成负压，于是油被吸进齿间，随着齿轮的旋转，油被带进压油口处，该处的两齿轮逐渐啮合，齿间空腔由大变小，油压逐渐增大，将油由压油口输入油管，送往各润滑管中。

泵体是齿轮油泵中的主要零件之一，它的空腔内容纳一对吸油和压油的齿轮。主动轴 4、从动轴 2 装在泵体中，支撑齿轮，且主动轴外伸，并装有齿轮 13，以支撑外来的运动和动力。左端盖 1 和右端盖 9 支撑这一对轴的旋转运动。泵体 8 与端盖 1、9 用六角螺栓 17 连

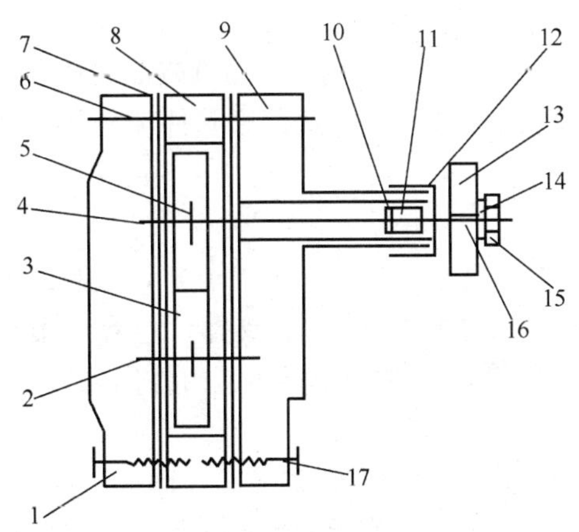

图 9-16　齿轮油泵装配示意图

1—左端盖；2—从动轴；3、13—齿轮；4—主动轴；5、6—圆柱销；7—垫片；8—泵体；9—右端盖；10—填料；11—填料压盖；12—大螺母；14—垫片；15—组合螺母；16—键；17—螺栓

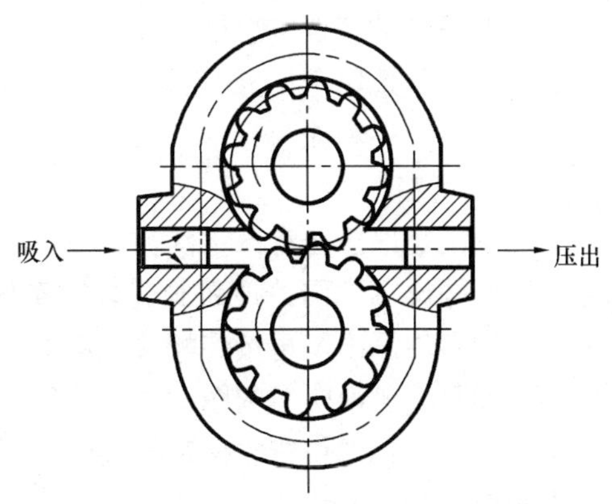

图 9-17　齿轮油泵的工作原理

接，用圆柱销 6 定位。为防止主动轴伸出端与右端盖漏油，用填料 10、填料压盖 11、大螺母 12 进行密封。泵体与两端盖间有垫片，既防止漏油，还可调整间隙。

二、确定表达方案

选择装配图的表达方案首先确定主视图，然后配合主视图选择其他视图。

1. 主视图的选择

主视图的选择一般应满足下列要求：

（1）主视图安放位置一般应与安装位置一致。当工作位置倾斜时，可将它摆正，使主要装配轴线、主要安装面处于特殊位置。

（2）主视图应当选用最能反映零件间的装配关系和部件工作原理的视图，并能表达主要零件的形状。其投射方向也应考虑兼顾其他视图的补充表达。

齿轮油泵装配图主视图安放位置采用安装面水平放置，即两齿轮轴水平放置。投射方向垂直于两齿轮轴的轴线平面。主视图采用全剖视图，充分表达了各个零件的装配关系、相互作用和密封件的防外泄功能，突出反映了一对齿轮的平行传动工作原理。

2. 其他视图的配置

其他视图的配置要根据装配件结构的具体情况，选用一定的视图来对装配图的装配关系、工作原理或局部结构进行补充表达，并保证每个视图都有明确的表达内容。

齿轮油泵装配图除主视图外，增加了一个左视图。左视图采用沿左端盖 1 与泵体 8 结合面剖切后移去了垫片 7 的半剖视图，清楚地反映油泵的外部形状，齿轮的啮合情况以及吸、压油的工作原理。再以局部剖视反映吸、压油口的情况。

3. 表达方案的分析比较

表达方案一般不是唯一的，应对不同的方案进行分析、比较和调整，使最终选定的方案既能满足上述要求，又便于绘图和看图。

三、画装配图

确定表达方案后，即可开始画装配图，一般作图步骤如下。

1. 确定图纸幅面与画图比例

根据部件的特点、总体尺寸的大小和视图数量，决定图的比例以及图纸幅面。在可能的情况下，尽量选取 1∶1 的比例。按视图配置各视图的位置，要注意留出零件编号、标注尺寸、绘制明细栏和注写技术要求的位置。

2. 画底稿

从画图顺序区分有以下两种方法：①从部件的核心零件开始，“由内向外”，按装配关系逐层展开画出零件图，最后画壳体、箱体等支撑、包容零件。②先将支撑、包容作用的壳体、箱体零件画出，再按装配关系逐层向内画出各零件，此种方法称为“由外向内”。下面以齿轮油泵为例说明装配图的作图步骤。

（1）布置视图位置。确定各视图的装配干线和主体零件的安装基准面在图面上的位置，首先画出这些中心线和端面线，如图 9-18（a）所示。图 9-19 所示的齿轮油泵，选前后对称面为宽度方向的基准面，泵体上与泵盖的结合面为长度方向的基准面。

（2）画泵体。画图时，先画主要零件泵体的轮廓线，两个视图要联系起来画，如图 9-18（b）所示。注意不要急于将该零件的内部轮廓全部画出，而只需确定装入其内部的零件的安装基准线，因为被安装在内部的零件遮挡的那部分是不必画出的，如主视图的主动轴、

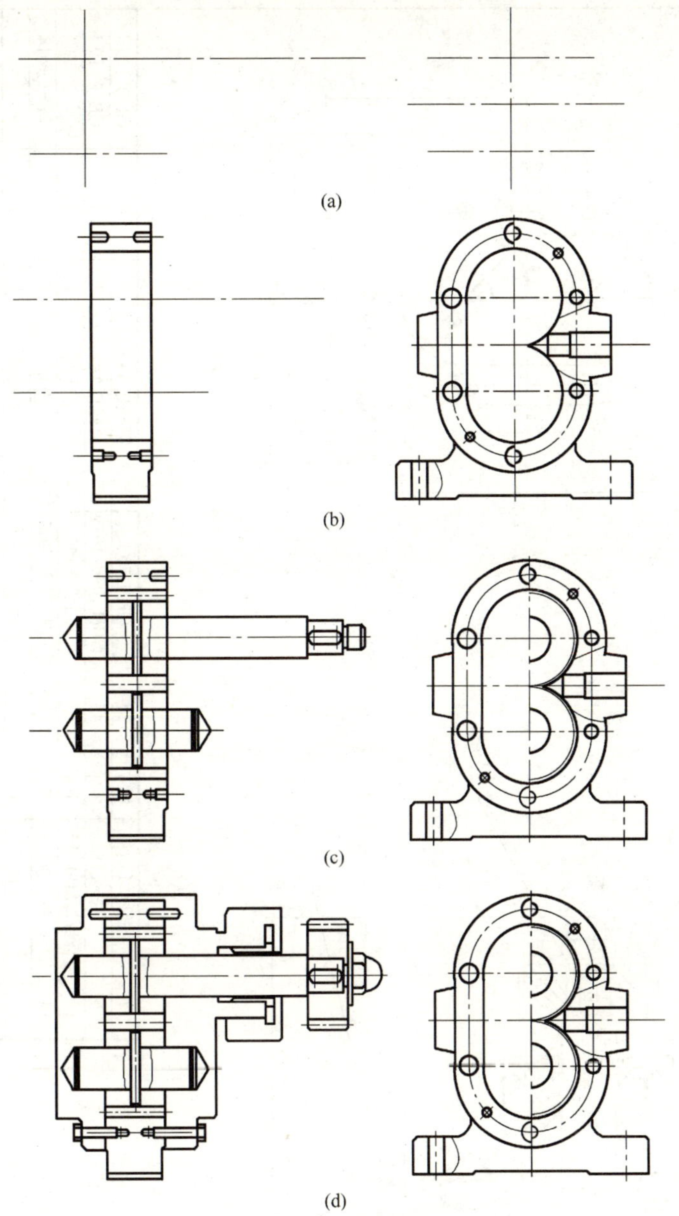

图 9-18　绘制齿轮油泵装配图

齿轮遮盖了泵体内型腔交线和出油口。

(3) 根据齿轮、轴与泵体的相对位置，画出齿轮 3、主动轴 4、从动轴 2 的视图，如图 9-18 (c) 所示。

(4) 画出其他零件，如图 9-18 (d) 所示。画各零件视图的过程中应按正确的顺序进行。

1) 对于剖视图应从内向外画，对于外形视图应从外向内画；

2) 对于某个零件的各个视图，最好几个视图结合起来画；

3) 对零件间具有前后、上下和左右层次的部件：对主视图，在画图的过程中应遵循从前向后的顺序画；对俯视图应从上向下画；对左视图应从左向右画。

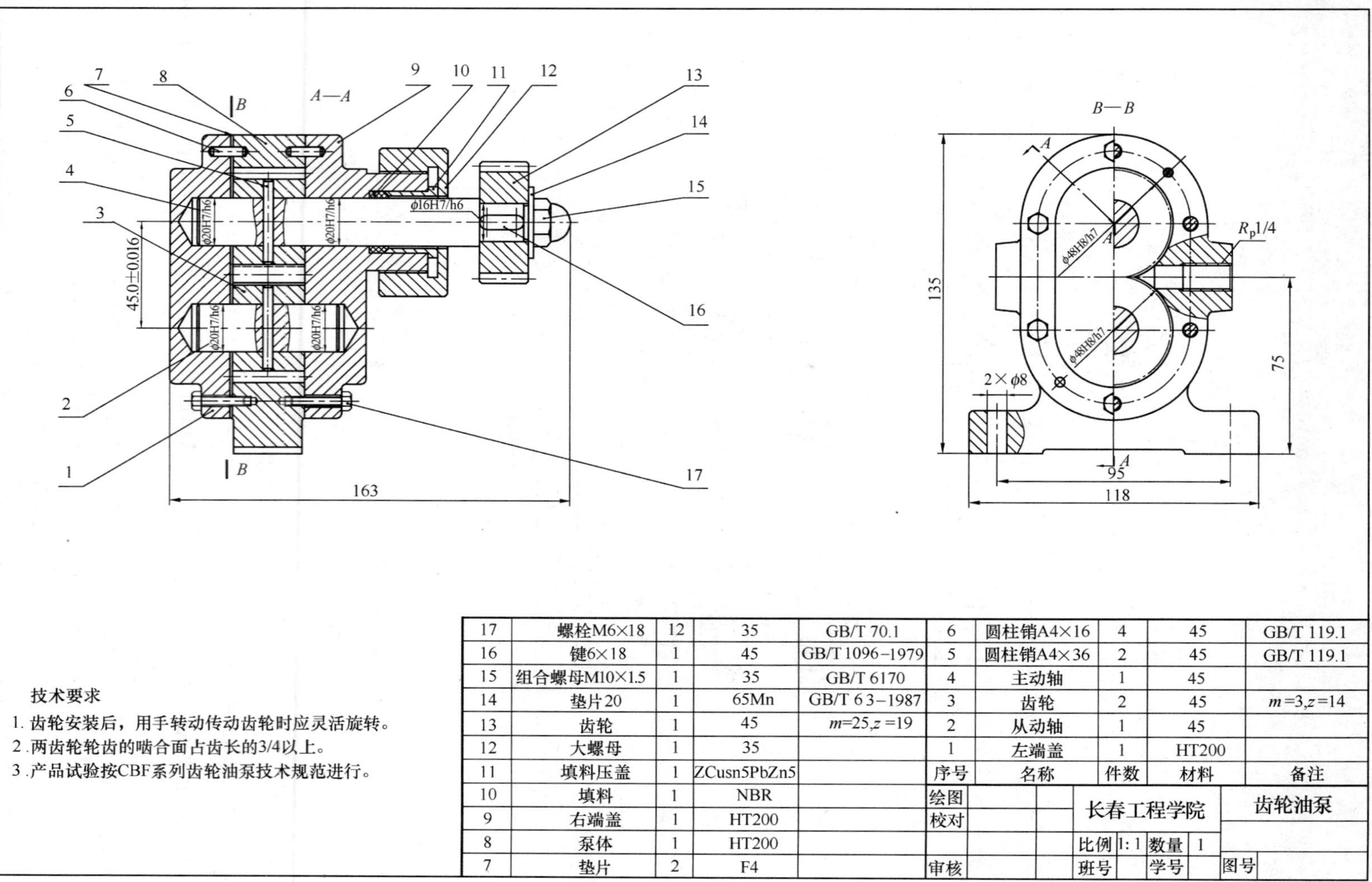

序号	名称	件数	材料	备注
17	螺栓M6×18	12	35	GB/T 70.1
16	键6×18	1	45	GB/T 1096-1979
15	组合螺母M10×1.5	1	35	GB/T 6170
14	垫片20	1	65Mn	GB/T 63-1987
13	齿轮	1	45	m=25,z=19
12	大螺母	1	35	
11	填料压盖	1	ZCusn5PbZn5	
10	填料	1	NBR	
9	右端盖	1	HT200	
8	泵体	1	HT200	
7	垫片	2	F4	
6	圆柱销A4×16	4	45	GB/T 119.1
5	圆柱销A4×36	2	45	GB/T 119.1
4	主动轴	1	45	
3	齿轮	2	45	m=3,z=14
2	从动轴	1	45	
1	左端盖	1	HT200	

图 9-19 齿轮油泵装配图

3. 检查加深图线，标注尺寸

完成各视图的底稿后，仔细检查有无遗漏，擦除废线；画剖面线、标注尺寸。画剖面线时要注意装配图中剖面线的规定画法。尺寸标注如图 9-19 所示。装配图标注五类尺寸：①规格性能尺寸，即进出口管螺纹尺寸 $R_p1/4$。②装配尺寸，即齿顶圆与泵体内腔的配合尺寸、左右端盖与轴的配合尺寸、齿轮与外伸轴的配合尺寸。③安装尺寸，即泵体底板上螺栓孔定形与定位尺寸。④外形尺寸，即齿轮油泵的总长、总高和总宽尺寸。⑤其他重要尺寸，即进出油口的管螺纹尺寸及轴线到泵体安装底板底面的中心高尺寸、主动轴的轴线到泵体安装底板底面的中心高尺寸、两传动齿轮中心距尺寸。

4. 编序号，填写标题栏、明细栏、技术要求等

完成装配图的全部内容，如图 9-19 所示。

第三节 读装配图

在实际工作中，经常要读装配图。例如在装配机器时，要按照装配图来装配零件和部件；在设计过程中，要按照装配图来进一步设计和绘制零件图；在技术交流时，则要参阅读装配图来了解零件、部件的具体结构等。

读装配图要达到以下目的。

（1）了解机器和部件的性能、功用和工作原理；

（2）弄清楚各个零件的作用和它们之间的相对位置、装配关系、连接和固定方式以及拆装顺序等；

（3）读懂各零件的主要结构形状。

现以图 9-20 的蝶阀为例，来说明读装配图的方法和步骤。

一、概括了解

（1）通过标题栏了解部件的名称、大致用途及绘图比例。

（2）从明细栏及零件编号了解零件的名称、数量及所在位置。

（3）分析视图的表达方案，了解各视图相互关系及表达意图。

图 9-20 的标题栏中说明该部件是蝶阀，功用是控制流体的流通与截断。共有 13 个零件，其中 6、8、9、11 号零件为标准件，其余为非标准件，图样比例为 1∶1。

部件采用了三个基本视图，主视图两处作局部剖切，一处表达铆钉，阀门和阀杆间的连接关系，另一处表达阀体间的连接定位方式和阀体与阀盖的主要结构形状。左视图通过阀杆的轴线剖切，画成全剖视图，它清楚地表达了部件的装配关系；俯视图沿齿杆轴线剖切，画成全剖视图，其重点表达了工作原理；对齿杆作局部剖切，表示螺钉与齿杆间的装配关系。

二、分析工作原理

根据装配图和明细栏所提供的基本信息，便能正确地分析装配关系和工作原理。如从蝶阀的名称可了解到部件的基本功用是控制流体的截断与流通，然后分析这些功能是通过哪些零件实现的。从配合尺寸了解配合的类型，从而确定零件间有无相对运动。从零件的基本功用了解其在部件完成功能中的作用。如齿轮的基本功用是传递动力，改变运动方向等。在此基础上分析出部件的工作原理。通过前面对各个零件结构形状和相对位置的概括了解，从图 9-20 中的主视图可知阀门处于开启状态，从阀体与阀杆间的配合尺寸 ϕ13H8/f8 以及阀杆与泵盖间的配

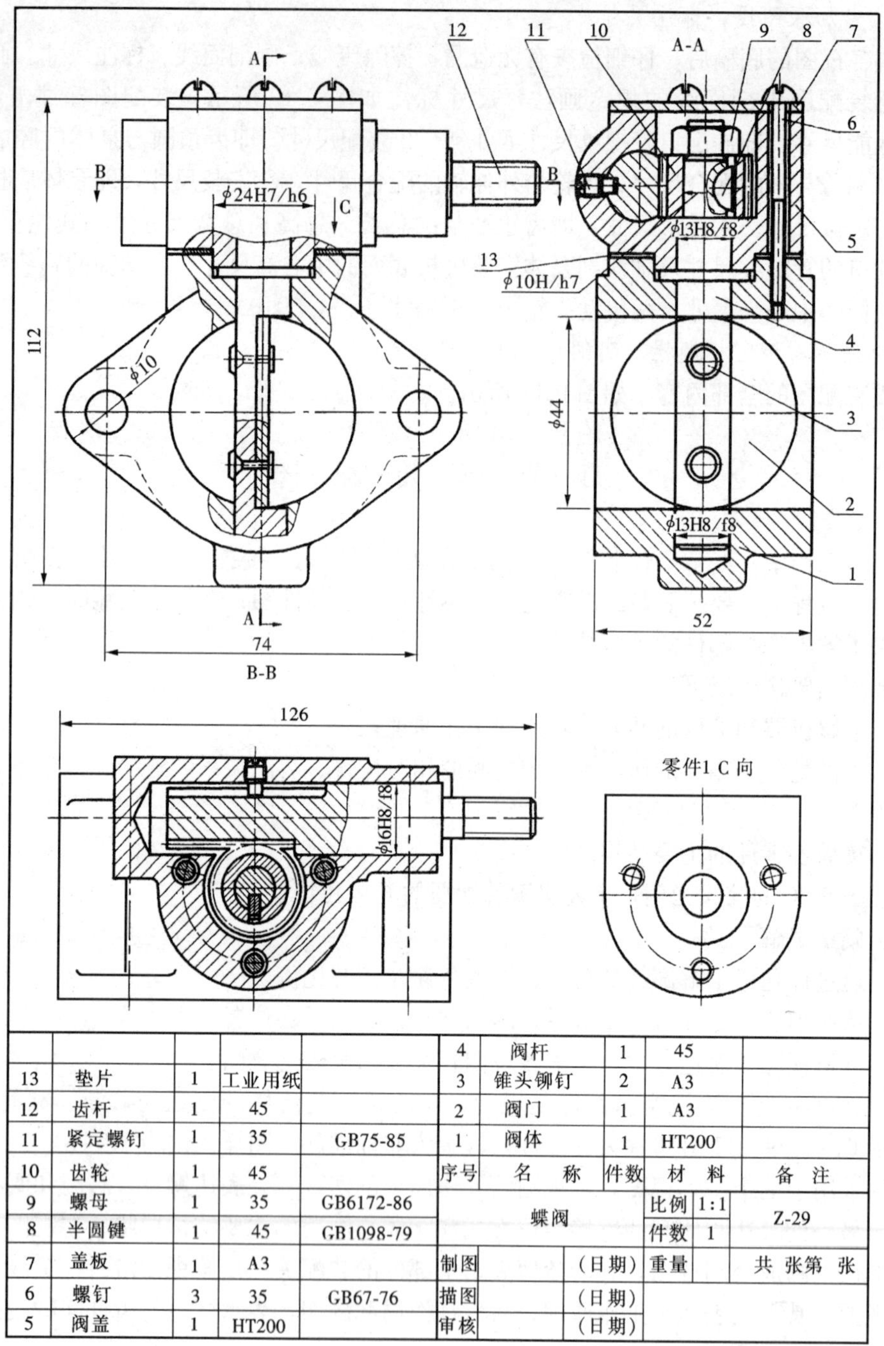

					4	阀杆	1	45	
13	垫片	1	工业用纸		3	锥头铆钉	2	A3	
12	齿杆	1	45		2	阀门	1	A3	
11	紧定螺钉	1	35	GB75-85	1	阀体	1	HT200	
10	齿轮	1	45		序号	名　称	件数	材　料	备　注
9	螺母	1	35	GB6172-86	蝶阀		比例	1:1	Z-29
8	半圆键	1	45	GB1098-79			件数	1	
7	盖板	1	A3		制图	（日期）	重量		共　张第　张
6	螺钉	3	35	GB67-76	描图	（日期）			
5	阀盖	1	HT200		审核	（日期）			

图 9-20　蝶阀装配图

合尺寸 ϕ13H8/f8，可以看出阀杆可以在泵体与泵盖内自由转动；齿轮通过半圆键与阀杆连接。从俯视图和左视图可以看出齿轮与齿杆啮合，拉动齿杆，通过齿轮与齿条机构的作用，带动阀杆与阀门的转动，阀门转过 90°即关闭管路，清楚地表达了蝶阀的工作原理。

三、分析零件间的装配关系

进一步分析装配干线中各零件的装配关系。如图 9-20 所示的蝶阀，从左视图和主视图可以看出 4 号零件阀杆下端插入 1 号零件泵体内；2 号零件阀门位于泵体流孔内，通过铆钉 3 固定在 4 号零件阀杆上；阀杆的上端从 5 号零件泵盖孔中穿出；泵盖通过下部凸台的侧面与纸片 13 相接触的密封面实现在泵体内的径向与轴向的定位；阀体通过台肩实现轴向定位，以便转动灵活；齿轮装在阀杆上，通过半圆键连接，轴向下部采用轴肩定位，则齿轮只能从上端装入，通过螺母与阀杆固定。从俯视图看：齿杆装在泵盖内，与齿轮啮合，螺钉 11 和齿杆上的槽限制齿杆在泵盖内转动，泵盖上部用盖板密封，用螺钉 6 固定，以防灰尘落入。从零件间的相互位置关系确定了蝶阀的装配干线各零件的装拆顺序。将各零件的编号按安装顺序表示为

1→4→2→3→13→5→12→11→10→9→7→6

四、分析零件，看懂零件的结构形状

要看懂零件的结构形状，首先要将零件分离出来，根据零件的序号在装配图中找到零件的位置，根据外形轮廓确定视图的范围，根据投影联系和剖面线的方向确定零件在装配图其他视图中的投影，正确分析局部的结构形状及其他零件间的关系，补充被其他零件遮挡的轮廓线，从而确定零件的主要结构形状。对于细小的难于确定的结构，可以从相邻零件的连接关系、定位方式等方面分析，从而确定出正确的形状。

以图 9-20 所示蝶阀装配图中的零件 1 阀体为例，介绍零件的分离与形状的确定方法。

首先根据零件 1 在明细栏中的序号，在左视图中找到零件的对应序号和指引线所指剖面线区域，确定阀体在装配图中的剖面线方向和间距及部分区域，通过 $\phi 44$ 可了解中部无剖面线区域为阀体通孔的投影，从而将上部剖面线区域与下部联系起来。根据外形轮廓线确定视图的范围，进一步确定阀体在左视图中的投影；根据主、左视图高平齐和主、俯视图长对正的投影联系，以及剖面线信息确定阀体在装配图中的主视图和俯视图中的投影，补充被其他零件遮挡的轮廓线，从而确定阀体的主要结构形状。分离出的阀体视图如图 9-21 所示。

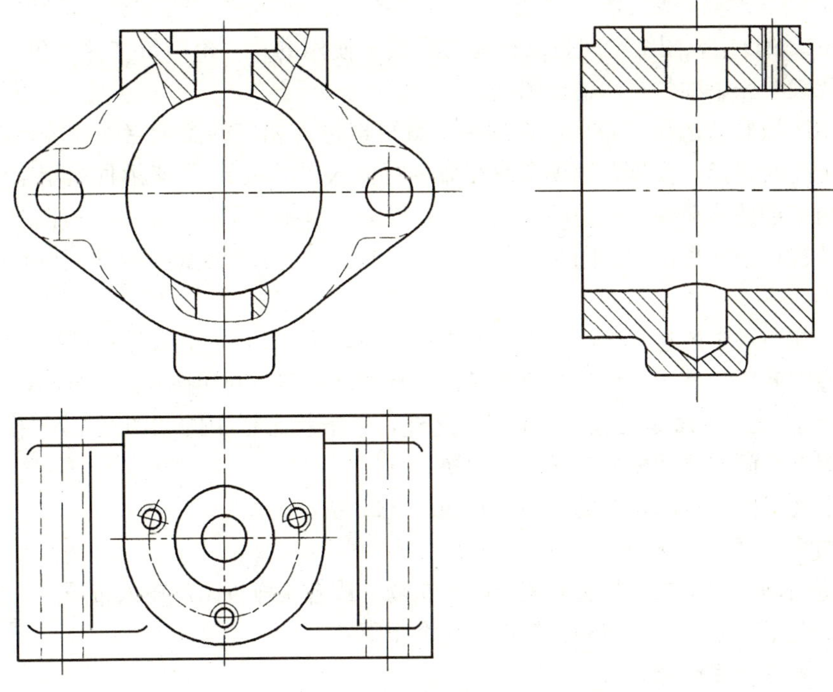

图 9-21　分离零件

第四节 AutoCAD 2006 图形输出

通过 AutoCAD 绘制的图形最终将通过绘图仪或打印机打印输出。AutoCAD 2006 为用户提供了完善的图形输出功能，可以通过页面设置来控制打印信息。

一、布局

AutoCAD 2006 窗口提供了两个并行的工作环境，即“模型”选项卡和“布局”选项卡。在“模型”选项卡上工作时，可获取无限的图形区域，可以绘制主题模型。在“布局”选项卡上，可以布置模型的多个“快照”。一个布局代表一张可以使用各种比例显示一个或多个模型视图的图纸。

布局是一种图纸空间环境，它模拟图纸页面，提供直观的打印设置。在布局中可以创建并放置视口对象，还可以添加标注、标题栏或其他几何图形。视口显示图形的模型空间对象，即在“模型”选项卡上创建的对象。每个视口都能以指定比例显示模型空间对象。可以在图形中创建多个布局以显示不同视图，每个布局可以包含不同的打印设置和图纸尺寸。默认情况下，新图形最开始有两个“布局”选项卡，“布局 1”和“布局 2”。如果使用样板图形，图形中的默认布局配置可能会有所不同。

1. 模型空间和图纸空间

AutoCAD 中的绘图环境分为模型空间和图纸空间。大多数的绘图和设计工作都是在模型空间中进行的；图纸空间主要用于完成打印或绘图输出的图纸最终布局。图纸空间是 AutoCAD非常重要的特色。它使用户在模型空间工作时可以始终按照 1∶1 比例绘图，而在输出时在图纸空间可以方便地插入图框及标题栏、设定不同的绘图比例、随意调整各视图的位置等。

在 AutoCAD 中，图纸空间是以布局的形式来使用的。一个图形文件可包含多个布局，每个布局代表一张单独的打印输出图纸。

在绘图区域底部选择“布局”选项卡，就可以进入相应的图纸空间环境；在图纸空间中，用户可随时选择“模型”选项卡或在命令行输入“MODEL”来返回模型空间。也可以在当前布局中创建浮动视口来访问模型空间，浮动视口相当于模型空间中的视图对象，用户可以在浮动视口中处理模型空间对象。在模型空间中的所有修改都将反映到所有图纸空间视口中。

用户可在布局中通过双击浮动视口或在命令行输入“MS”进入浮动模型空间，进入某一浮动模型空间后，其边界线变为粗实线；要从浮动模型空间切换到图纸空间，可在浮动视口外任意点双击或在命令行输入“PS”。此外，单击状态栏中的“图纸”/“模型”按钮，也可以在图纸空间与浮动模型空间之间切换。

模型空间、图纸空间及浮动模型空间如图 9-22 所示。

2. 创建打印布局的步骤

可以使用创建布局向导从头开始创建新布局，或者从样板图形输入布局。

一般情况下，创建打印布局包含以下几个步骤：

（1）在模型空间创建图形。

（2）配置打印设备。

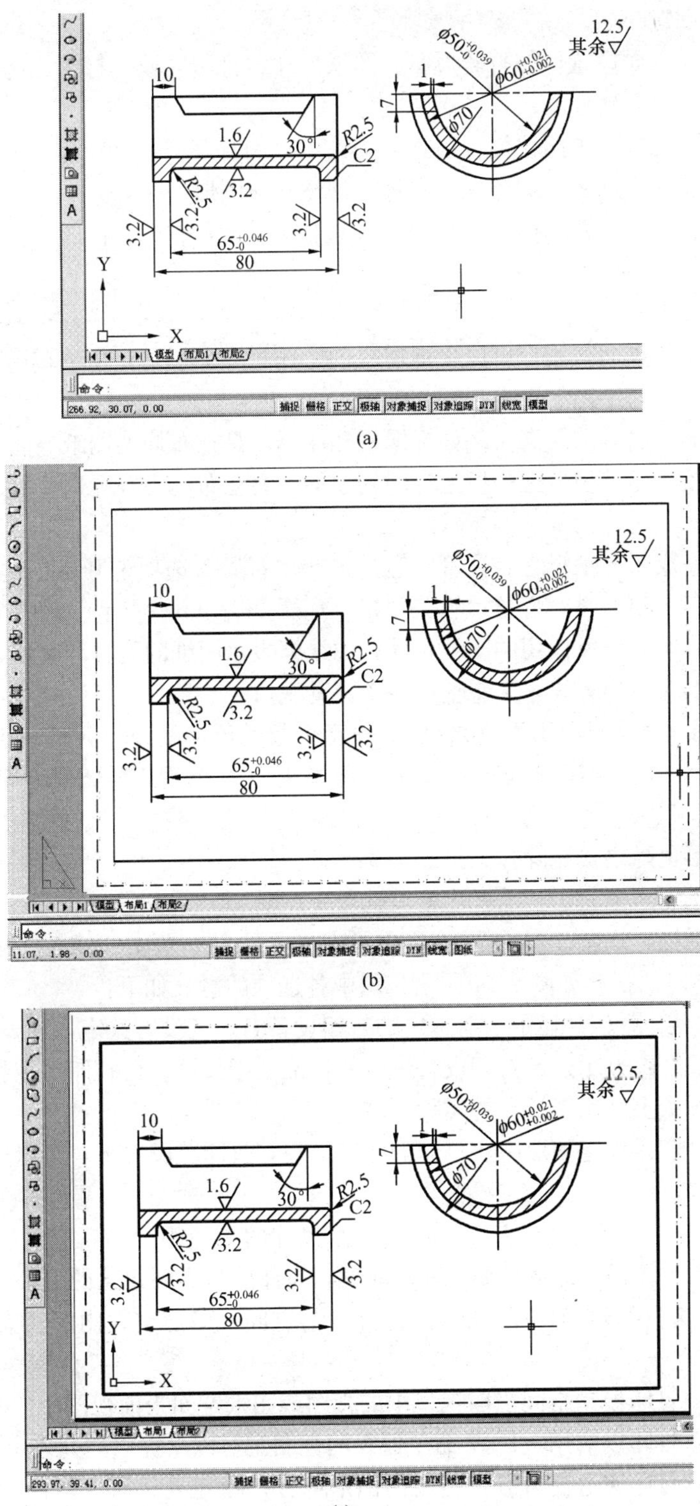

图 9-22 模型空间、图纸空间及浮动模型空间示例

(a) 模型空间；(b) 图纸空间；(c) 浮动模型空间

（3）激活或创建布局。

（4）指定布局页面设置，如打印设备、图纸尺寸、打印区域、打印比例和图形方向。

（5）在布局窗口创建浮动视口。

（6）设置浮动视口的视图比例。

（7）按照需要在布局中添加标注、注释或创建几何图形。

（8）将图框、标题栏图块插入到布局中（除非使用已具有标题栏的样板图形）。

（9）打印布局。

3. 设置布局

布局代表打印的页面。用户可以根据需要创建任意多个布局。每个布局都保存在自己的布局选项卡中，可以与不同的页面设置相关联。

只在打印页面上出现的元素（例如标题栏和注释）是在布局的图纸空间中绘制的。图形中的对象是在“模型”选项卡上的模型空间创建的。要在布局中查看这些对象，请创建布局视口。

在模型空间完成图形编辑之后，可以通过选择“布局”选项卡开始创建要打印的布局。首次选择“布局”选项卡时，将显示单一视口，如图 9-22（b）所示。其中带有边界的图纸表明当前配置的打印设备所使用的图纸尺寸，虚线框表示图纸的可打印区域，里面的实线框是浮动模型空间的窗口边界线，它包括了一个浮动视口。

在图纸空间中，可用 MVIEW 命令设定任意个数的浮动视口，并可自由设置每一视口的输出比例和显示内容，控制其图层显示。这些视口可以用 ERASE 命令删除，并可用 MOVE、STRETCH 命令改变其大小和位置（均应选择视口线操作）。删除浮动视口后，该窗口内的一切图形也随之被删除。

在“布局”选项卡上右击，从弹出的快捷菜单中选择“页面设置管理器”，打开“页面设置管理器”对话框，如图 9-23 所示。从中指定“布局 1”，单击“修改”按钮，显示“页面设置—布局 1”对话框，如图 9-24 所示。图中各选项的意义如下：

（1）“打印机/绘图仪”：显示当前选定的打印设备名。若没有选定，则显示“无”。

（2）“图纸尺寸”：显示选定打印设备可用的标准图纸尺寸。可打印区域将基于当前配置的图纸尺寸显示图纸上能用于打印的实际区域。

（3）“打印区域”：指定图形中要打印的区域。在“打印范围”下，可以选择要打印的图形区域，其中：

✦ “布局”：打印布局时，将打印指定图纸尺寸的页边距内的所有内容，其原点从布局中的（0，0）点计算得出；从模型空间打印时，打印图形界限定义的整个图形区域。

✦ “范围”：打印包含对象的图形的部分当前空间。当前空间内的所有几何图形都将被打印。

✦ “显示”：打印模型空间当前视口中的视图或图纸空间当前视图中的图形。

✦ “视图”：打印以前用 VIEW 命令保存的视图。可以从提供的列表中选择命名视图。

✦ “窗口”：打印通过窗口区域指定的图形部分。指定要打印区域的两个角点或输入坐标值。

（4）“打印偏移”：输入 X、Y 偏移量，以指定相对于图纸可打印区域左下角的偏移量；勾选“居中打印”复选框，系统可以自动计算输入的偏移值以便居中打印。

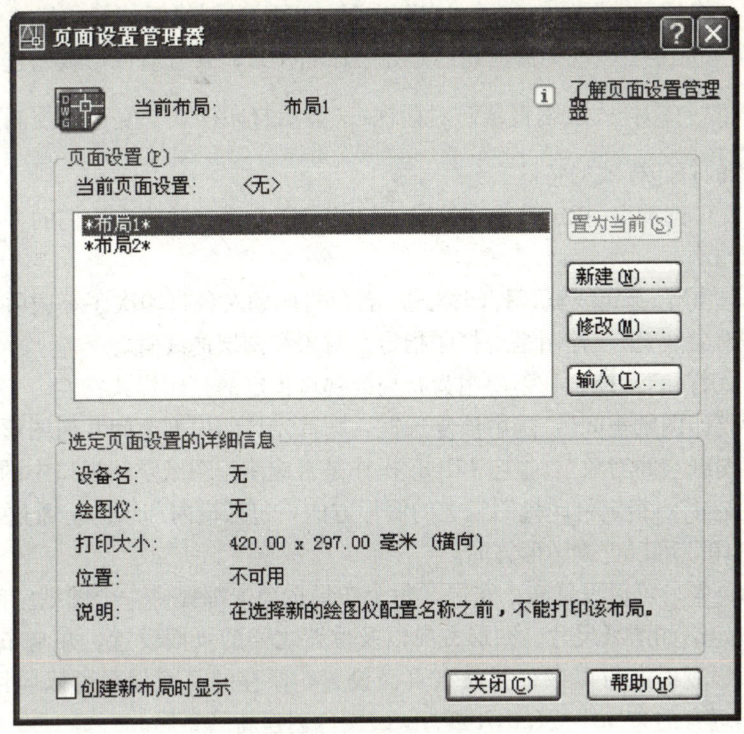

图 9-23 “页面设置管理器”对话框

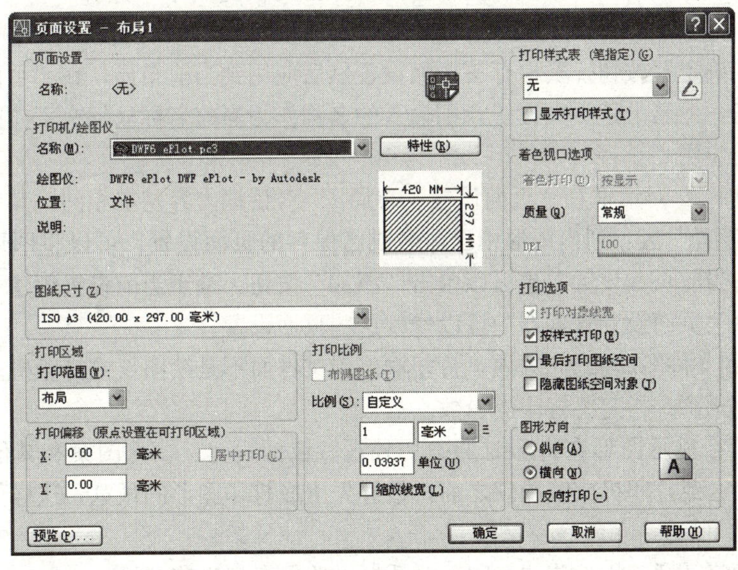

图 9-24 “页面设置—布局 1”对话框

(5)“打印比例”：控制图形单位对于打印单位的相对尺寸。勾选“缩放线宽”复选框表示要按打印比例缩放线宽。“布满图纸”即缩放打印图形以布满所选图纸尺寸，并显示自定义的缩放比例因子。

(6)“打印样式表（笔指定)”：设置、编辑打印样式表，或者创建新的打印样式表。如果选择“新建”，将显示“添加打印样式表”向导，可用来创建新的打印样式表，显示的向导取决于当前图形是处于颜色相关模式还是处于命名模式；要查看或修改所选打印样式，单击按钮打开“打印样式表编辑器”对话框；“显示打印样式”复选框控制是否在屏幕上显示指定给对象的打印样式的特性。

（7）“着色视口选项”：指定着色和渲染视口的打印方式，并确定它们的分辨率大小和每英寸点数（DPI）。

（8）“打印选项”：指定线宽、打印样式、着色打印和对象打印次序等选项。

- ✦ “打印对象线宽”：控制是否打印指定给对象和图层的线宽。
- ✦ “按样式打印”：控制是否使用为布局或视口指定的打印样式特性。
- ✦ “最后打印图纸空间”：选中该复选框，则首先打印模型空间几何图形。
- ✦ “隐藏图纸空间对象”：指定 HIDE 操作是否应用于图纸空间视口中的对象。

（9）“图形方向”：指定打印机图纸上的图形方向，包括横向和纵向。通过“横向”、“纵向”或“反向打印”可以更改图形方向。

在 AutoCAD 中，可以设置多个布局，每个布局选项卡都提供一个图纸空间，在其中可以创建视口并指定诸如图纸尺寸、图形方向以及位置之类的页面设置，并与布局一起保存。为布局指定页面设置时，可以保存并命名页面设置，保存的页面设置可以应用到其他布局中，也可以根据现有的布局样板(.dwt 或.dwg)文件创建新的布局。

二、图形输出

在“模型”或“布局 1”选项卡上右击，从弹出的快捷菜单中选择“打印”，打开“打印—布局 1”对话框，显示“页面设置—布局 1”对话框的设置。要使用指定的设置打印当前布局，单击“确定”按钮；要保存该页面设置然后应用到当前布局，在“页面设置”区单击“添加”按钮，命名上述页面设置，则输入的名称作为当前名称显示在下拉列表中，并可以被其他布局所应用。

“打印—布局 1”对话框和“页面设置—布局 1”对话框内容基本相同，其中：

（1）“页面设置”区：列出图形中已命名或已保存的页面设置，可以将图形中保存的命名页面设置作为当前页面设置，也可以单击“添加”按钮，基于当前设置创建一个新的命名页面设置。通过“页面设置管理器”可以修改这些页面设置。

（2）“打印到文件”：勾选此选项，打印输出到文件而不是绘图仪或打印机。

（3）“打印份数”：指定要打印的份数。

（4）“预览”：显示图形在打印时的确切外观，包括线宽、填充图案和其他打印样式选项。在将图形发送到打印机或绘图仪之前，最好先生成打印图形的预览，这样可以节约时间和材料。

（5）“应用到布局”：将当前“打印”对话框设置保存到当前布局。

如果在创建布局时没有指定“页面设置—布局”对话框中的所有设置，用户可以在打印之前设置页面。或者，在打印时替换页面设置。可以对当前打印任务临时使用新的页面设置，也可以保存新的页面设置。

【例 9-1】 为［例 8-2］中的下轴瓦视图设置打印布局。

按照创建打印布局的步骤，操作如下：

(1) 打开［例 8-2］中保存的名为“下轴瓦”的文件。

(2) 打开绘图仪或打印机，确认绘图仪或打印机已处于准备状态。

(3) 选择某个布局标签，右击，或从“文件”菜单中选择“页面设置管理器”，从中指定用于打印的布局名称，单击“修改”按钮，打开“页面设置”对话框（图 9-24）。

(4) 指定布局的页面设置。选择当前配置的打印机型号；选择图纸尺寸为“A3 (297×420)”，横向；选择打印区域为“布局”，打印比例选择“1∶1”，其余取默认。

(5) 创建浮动视口。缺省情况下，当创建新布局图时，系统将自动按所设页面创建一个浮动视口。但此时所创建的视口可能并不满足自己的要求，为此可以删除该浮动视口，然后创建新浮动视口。操作如下：

1) 用 ERASE 命令将预置的浮动视口删除。

2) 创建一个新图层并将其置为当前图层，新创建的浮动视口边界线将在该图层上。因为在输出图形时往往不希望打印视口边界线，到时可将该图层关闭。

3) 在图纸空间选择菜单“视图”/“视口”/“一个视口”或在命令行输入命令“VPORTS”，创建浮动视口。本例创建一个浮动视口。

这时可用鼠标在图纸适当位置选定两角点定出浮动视口的位置；若直接按回车键，则 AutoCAD 自动按最大位置安放视口。

(6) 设置浮动视口的比例。用 MVSETUP 命令调整浮动视口图形的比例。

命令：**MVSETUP** ↵

输入选项［对齐(A)/创建(C)/缩放视口(S)/选项(O)/标题栏(T)/放弃(U)］：**S** ↵(调整视口比例)

选择要缩放的视口...

选择对象：找到 1 个 (选择视口边界线)

选择对象：↵

设置图纸空间单位与模型空间单位的比例...

输入图纸空间单位的数目 <1.0>：↵

输入模型空间单位的数目 <1.0>：↵ (设定比例为 1∶1)

输入选项［对齐(A)/创建(C)/缩放视口(S)/选项(O)/标题栏(T)/放弃(U)］：↵ (结束命令)

也可以右击视口边界线，选择“特性”，从中选择“其他”选项中的“标准比例”来设定浮动视口的比例。

如果对视口内图形的位置不满意，可用 MS 命令激活浮动视口，进入浮动模型空间，用 PAN 命令平移图形。

(7) 插入图框、标题栏。将 0 层置为当前层。在图纸空间用 INSERT 命令插入前面绘制好的 A3 图框及标题栏图块。插入比例为 1∶1，根据提示输入制图者、描图者、审核者姓名、日期、校名、班级、比例、图名、图号等。

(8) 关闭视口边界线所在图层，选择下拉菜单“文件”/“打印”，进行打印输出。图 9-25 所示为打印预览图形。

如果图形不需要打印多个视口，也可以直接在模型空间输出图形。

在模型空间中执行打印命令，进行打印设置的过程与布局打印设置相类似。

如果在图纸空间执行打印命令，则当前布局的名称显示在“打印”对话框的标题栏，显示为“打印—布局名”；如果在模型空间执行打印命令，则标题栏显示为“打印—模型”。

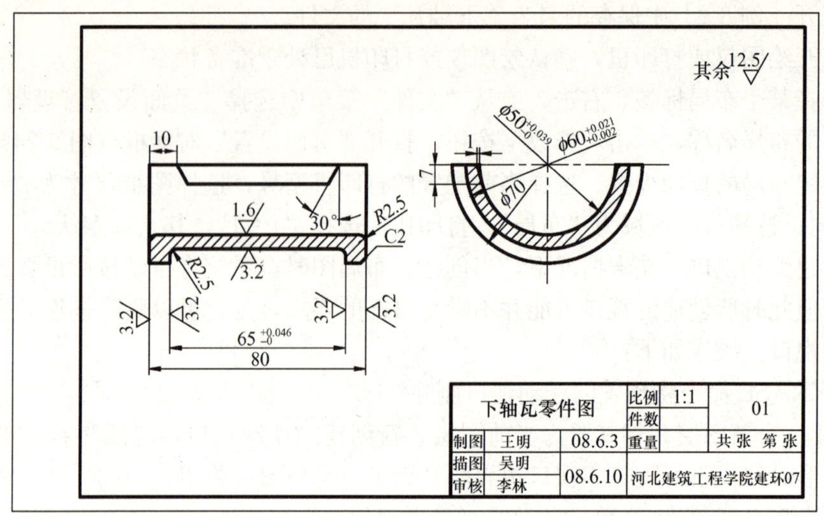

图 9-25 下轴瓦零件图打印预览

如果创建了命名页面设置，可以从“打印”对话框的“页面设置”名称下拉列表中选择一个命名页面设置，“打印”对话框中的设置将替换为已命名的页面设置。

三、实例——利用 AutoCAD 2006 绘图软件绘制机械装配图

应用绘图软件绘制机器和部件的装配图可以分为两种形式。第一种是经部件测绘后，已分别有了零件的草图及装配示意图，在此基础上绘制机器和部件的装配图；第二种是已经用计算机绘制了机器和部件的全部零件图，由这些零件图组拼成机器和部件的装配图。下面介绍第二种绘制机器和部件装配图的方法。

在机械工程中，标准件和常用件是使用得比较多的零件。应用绘图软件绘制机械装配图时，往往将它们做成图块，减少重复绘制同类图形，提高绘图的速度和质量。

【例 9-2】 假设已有微型千斤顶的全部零件图，试根据如图 9-26 所示的装配示意图，组拼微型千斤顶的装配图。

操作如下：

(1) 准备工作。按照微型千斤顶的装配示意图，考虑装配图的视图表达方案，标题栏、明细栏、零件序号等所占据的位置，图形出图比例及所选用的图纸幅面。

(2) 创建零件图块。微型千斤顶由四个零件组成。由计算机绘制的四张零件图分别为顶座、调整螺母、顶杆和紧定螺钉。四张零件图均用 1∶1 比例画出。假设四张零件图中图层设置（包括颜色、线型、线宽等）均相同。做如下绘图准备：

将各零件的尺寸、表面粗糙度、技术要求、图框等图层关闭，只将各零件的图形部分分别做成图块存盘，图形块名分别为“零件 1”、“零件 2”、“零件 3”和“零件 4”。

(3) 画装配图。先设置绘图环境，或调用已有模板为绘图环境。然后根据已知的装配示意图（图 9-26）进行图面布置，设置基点。

用 INSERT 命令先插入主要零件，其次按装配关系逐个插入其他零件。如在微型千斤顶装配图中，可以先插入顶座的图块“零件 1”，然后再插入顶杆的图块“零件 3”、调整螺母的图块“零件 2”和紧定螺钉的图块“零件 4”。

(4) 整理图形。当将几个零件图的图形按装配关系组拼在一起符合装配图的表达方案后，可将图块进行分解，转为图中的对象。用 ZOOM 命令分别将各连接部分放大，删除被挡住的轮廓线段，同时对整张装配图进行检查校核。

（5）标注装配图的尺寸及有关公差配合的尺寸。

（6）编写零件序号、填写明细栏、注写技术要求。

（7）经过最后校核，设置出图比例，创建布局，指定布局页面设置，在布局窗口创建浮动视口，并设置视图比例。

（8）插入图框及标题栏图块，保存文件或打印输出。由 AutoCAD 2006 绘图软件绘制的微型千斤顶的装配图如图 9-27 所示。

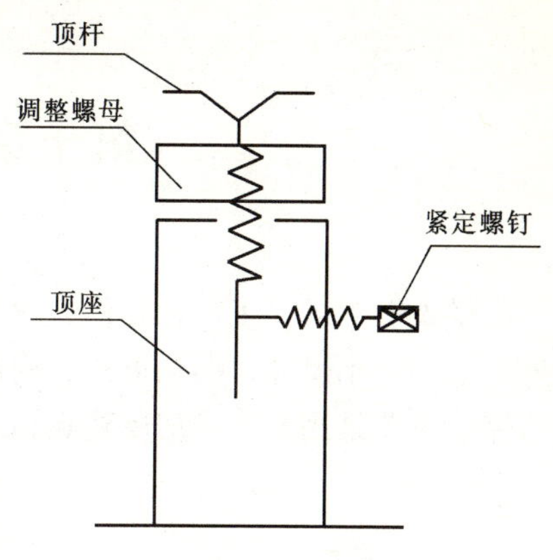

图 9-26　微型千斤顶的装配示意图

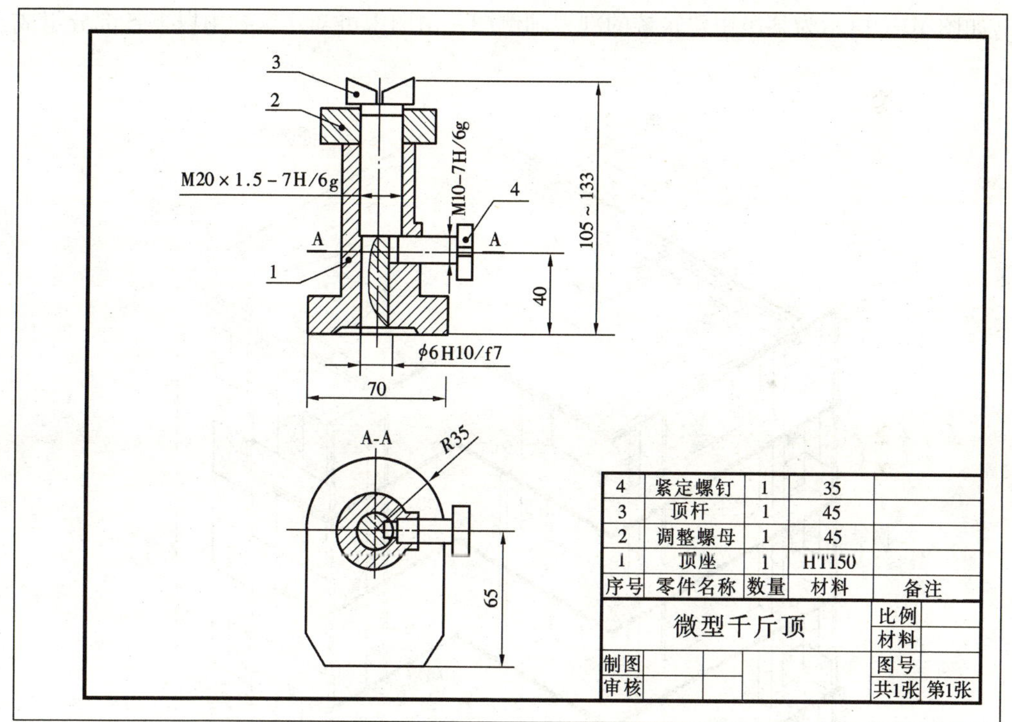

图 9-27　微型千斤顶装配图

第十章　建 筑 施 工 图

供人们生活、生产、工作、学习、娱乐的各类房屋一般称为建筑物，用来表达建筑物内外形状、大小尺寸、结构形式、构造作法、装饰材料、各类设备等的图样称为房屋建筑图。房屋建筑图是用来指导房屋建筑施工的依据，所以又称为施工图。

第一节　概　　述

一、房屋的各组成部分及其作用

如图 10-1 所示为某民用建筑楼的剖视轴侧图，由图中可知建筑物由以下各部分组成：

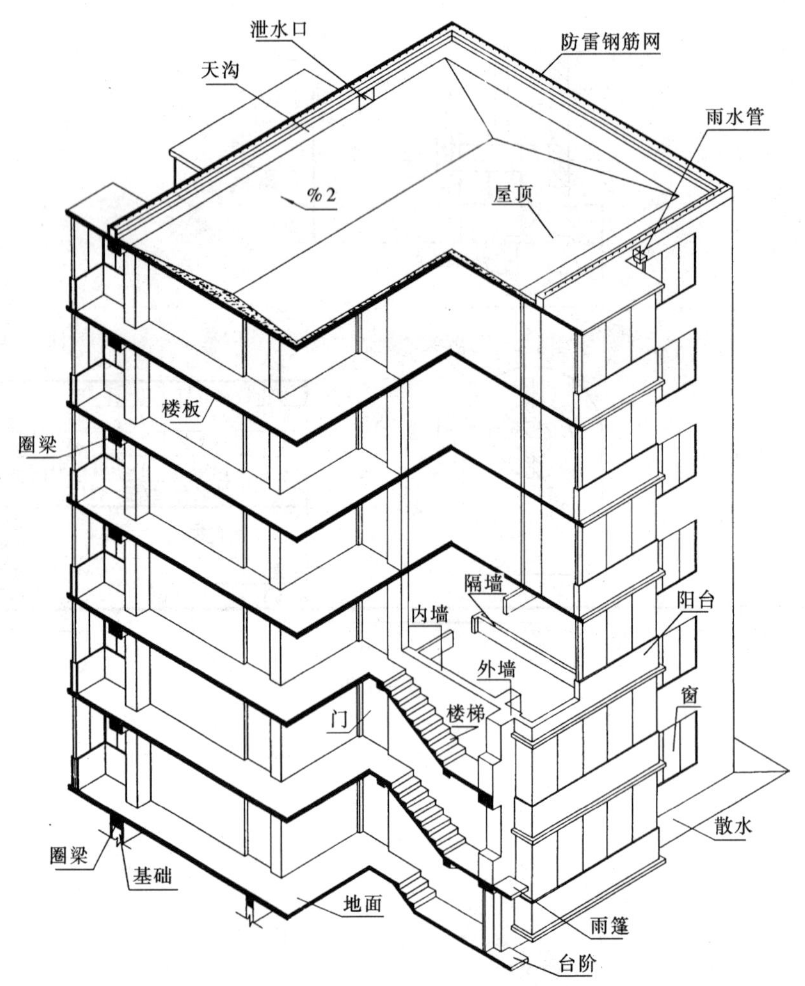

图 10-1　房屋的组成

1. 主要组成部分

(1) 基础：房屋墙、柱等室内地面以下的承重部分，承受上部传来的荷载并传给地基，起支撑房屋的作用。

(2) 墙体：承受上部墙体及楼板、梁等传来荷载并传给基础。内墙兼有分隔作用，外墙兼有维护作用。

(3) 楼（地）面：房屋中水平方向的承重构件，将荷载传给墙、柱等，同时起分层作用。

(4) 楼梯：房屋垂直方向的交通设施。

(5) 屋顶：房屋顶部的承重结构，起着承重、维护、隔热（保温）作用。

(6) 门：房屋中水平交通与隔断设施，也兼有采光、通风作用。

(7) 窗：房屋中采光、通风、维护作用。

2. 房屋中其他组成部分

(1) 散水（明沟）：排走雨水防止浸泡地基。

(2) 台阶：联系室内外垂直交通。

(3) 雨篷：防止雨水淋湿门。

(4) 阳台：储物、观光。

(5) 檐口：排放雨水。

(6) 女儿墙、天沟：有组织排水的雨水沟。

(7) 雨水管：有组织排水的设施。

(8) 上人孔：检查、维修时上房顶用。

其他还有消防梯、水箱间、电梯间等设施。

二、房屋施工图的分类

房屋施工图是建造房屋的技术依据。为了方便工程技术人员设计和施工应用，按图纸的内容、作用不同，将完整的一套施工图进行如下分类：

1. 图纸目录

图纸目录是整套施工图的首页，表明整个工程图样的张数、每张图样类别、内容及页码，供读图时查询用。图纸目录有时合并在建筑施工图中。

2. 设计总说明

设计总说明是说明本工程的设计依据、工程概况、建筑面积、相对标高与总图中的绝对标高的对应关系、建筑材料及装饰材料的规格做法、特殊施工要求、门窗统计表、工程图样中采用的标准图集代号等。设计说明有时合并在建筑施工图中。

3. 建筑施工图（简称建施）

建筑施工图包括总平面图（有时包括图纸目录和设计总说明）、平面图、立面图、剖面图和构造详图等。本章主要讲述建筑施工图的绘制和阅读方法。

4. 结构施工图（简称结施）

结构施工图包括结构平面布置图和结构构件详图，将在下一章讲述。

5. 装饰施工图（简称装施）

装饰施工图包括楼地面装饰平面图、天花平面图、装饰立面图、装饰详图和家具图。可参阅其他书籍。

6. 设备施工图（简称设施）

设备施工图包括给水排水施工图、采暖通风施工图、电气施工图、其他设备施工图等。将在后面各章陆续讲述。

三、建筑施工图简述

1. 建筑施工图的作用

建筑施工图是用来表达建筑物的总体布局、平面形状、内部各房间布置、细部构造、材料及做法、外部构造、各部尺寸、内外装修及有关技术要求的图样。它是指导施工和概预算的主要依据。

2. 建筑施工图的规定画法

建筑施工图是按照正投影原理，遵照国家颁布的《建筑制图标准》（GB/T 50104—2001)、《房屋建筑制图统一标准》(GB/T 50001—2001)、《总图制图标准》(GB/T 50103—2001）等国家标准绘制的。它有时也采用一些镜像投影图、轴侧投影图、透视投影图等作为辅助用图。

（1）图线。房屋建筑施工图中为了使所表达的图样层次分明，重点突出，采用不同形式的图线和图线的宽度。具体规定详见 GB/T 50104—2001，现将常用线型列表 10-1。

表 10-1 常 用 图 线

名称	线 型	线宽	用 途
粗实线	———————	b	1. 平、剖面图中被剖切的主要建筑构造（包括构配件）的轮廓线 2. 建筑立面图或室内立面图的外轮廓线 3. 建筑构造详图中被剖切的主要部分的轮廓线 4. 建筑构配件详图中的外轮廓线 5. 平、立、剖面图的剖切符号
中实线	———————	$0.5b$	1. 平、剖面图中被剖切的次要建筑构造（包括构配件）的轮廓线 2. 建筑平、立、剖面图中建筑构配件的轮廓线 3. 建筑构造详图及建筑构配件详图中的一般轮廓线
细实线	———————	$0.25b$	小于 $0.5b$ 的图形线、尺寸线、尺寸界限、图例线、索引符号线、标高符号、详图材料做法引出线等
中虚线	— — — — — — —	$0.5b$	1. 建筑构造详图及建筑构配件不可见的轮廓线 2. 平面图中的起重机（吊车）轮廓线 3. 拟扩建的建筑物轮廓线
细虚线	- - - - - - - - - -	$0.25b$	图例线、小于 $0.5b$ 的不可见轮廓线
粗单点长画线	—— · —— · ——	b	起重机（吊车）轨道线
细单点长画线	—— · —— · ——	$0.25b$	中心线、对称线、定位轴线
折断线	——⌇——	$0.25b$	不需要画全的断开界线
波浪线	～～～～	$0.25b$	不需要画全的断开界线、构造层次的断开线

注 地坪线的线宽可用 $1.4b$。

（2）比例。为了尽量使比例统一，国标对建筑施工图的比例作了规定，摘录见表10-2。

表 10-2　建筑制图可选比例

图　　名	比　　例
建筑物或构筑物的平、立、剖面图	1∶50、1∶100、1∶150、1∶200、1∶300
建筑物或构筑物的局部放大图	1∶10、1∶20、1∶25、1∶30、1∶50
配件及构造详图	1∶1、1∶2、1∶5、1∶10、1∶15、1∶20、1∶25、1∶30、1∶50

（3）定位轴线。

1）定位轴线是确定结构构件位置的线。例如墙、柱、梁或屋架等主要承重构件都需画出定位轴线。

2）定位轴线画法。定位轴线用细单点长画线绘制，端部加绘直径为 8～10mm 的细实线圆圈（详图中圆圈直径为 10mm），如图 10-2 所示。

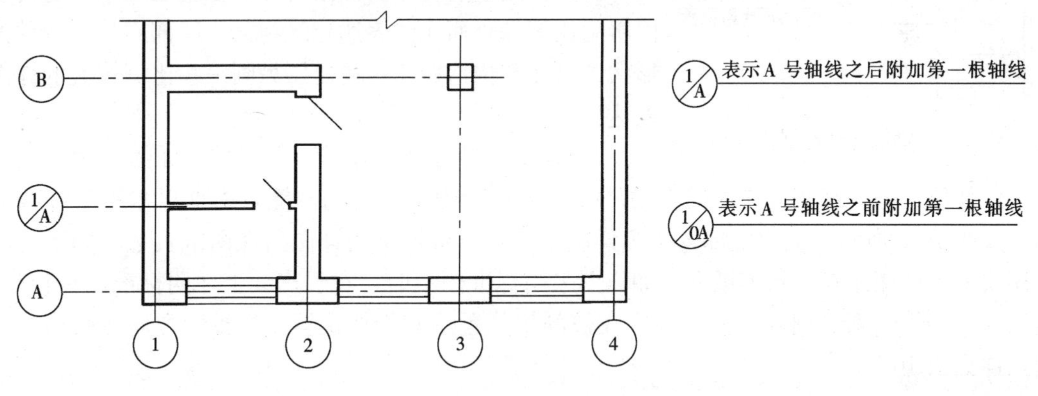

图 10-2　定位轴线

3）轴线编号。在平面图中定位轴线的编号应首先标注在图样的下方与左侧。定位轴线的编号在建筑纵向用阿拉伯数字从左至右依次编写；在建筑物横向用大写拉丁字母由下而上编写（I、O、Z 三个字母不得用于轴线编号）。对于次要构件可用附加轴线表示，详见图10-2。

（4）标高。标高是表示建筑物高度的一种尺寸形式。

1）标高符号的画法。建筑图样上的标高符号用细实线按图 10-3 所示进行绘制，数字标注在等腰三角形底边的延长线上，总平面图上的标高符号用涂黑的三角形表示。

2）绝对标高。绝对标高是以我国青岛附近的黄海平均海平面为零点测出的高度尺寸。

3）相对标高。相对标高是以建筑物首层室内主要地面为零点确定的高度尺寸。

4）建筑标高与结构标高。建筑标高是指包括抹灰粉刷层在内、装修完成的标高；结构标高是指不包括抹灰粉刷层的构件安装标高。（标准称毛面）如图 10-4 所示。

5）尺寸单位及标注形式。标高的尺寸单位为 m。标注到小数点后 3 位。（总平面图中标注到小数点后两位）。标高符号尖端指向被注处的高度，可向上或向下表示。相对标高零点处需加“±”号表示，比零点低的加“－”表示，高的不加“＋”号。在图样的同一位置表

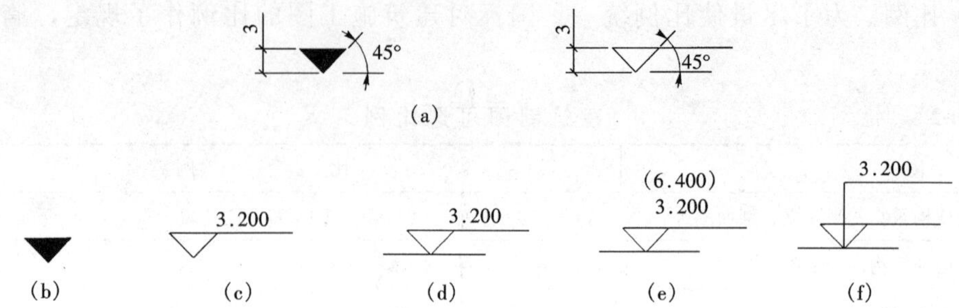

图 10-3 标高符号画法

（a）标高符号；（b）总平面图上的室外标高符号；（c）平面图上的标高符号；（d）立面图上的标高符号；（e）多层标注；（f）特殊标注

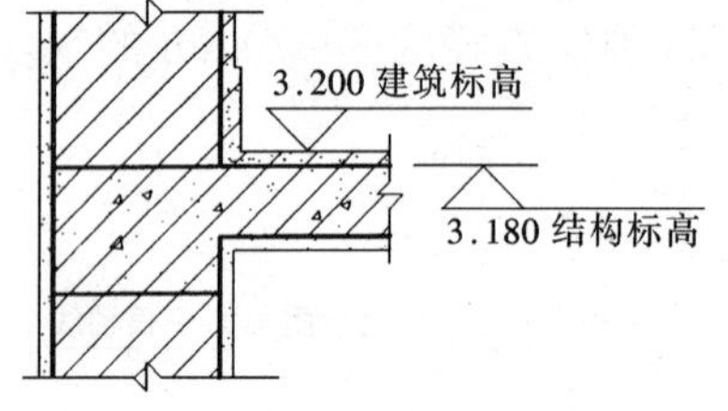

图 10-4 建筑标高与结构标高

示几不同标高时，数字可重复使用并加括号表示适用情况，如图 10-3 所示。

（5）详图索引符号及详图符号。在施工图中，有时会因所用比例较小而无法表达建筑物某一局部或某一构件的形状、尺寸及构造做法，而需要另画一些比例较大的详图表达。

1）详图索引符号。对于图中需另画详图表达的局部或构件部位，画一细实线作为引出线；端部接直径为 10mm 的圆圈，内部以水平直径线分隔，如图 10-5 所示。横线上部数字为详图编号，下部数字为详图所在图纸页数，如下部画一横线表示详图绘在本页图纸上。如详图采用标准图集时，在引出线上注明标准图集代号。若索引符号用于索引剖面详图时，应在被剖切位置绘制剖切位置线，投影方向在引出线一侧，详见图 10-5。

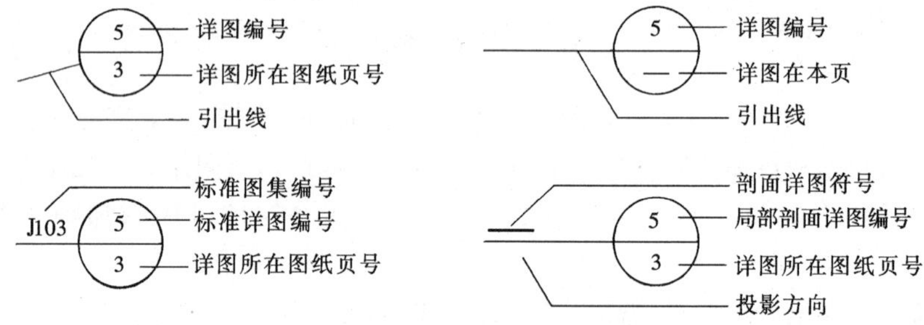

图 10-5 详图索引符号

2）详图符号。用来表示详图的编号和位置。详图符号是用一直径为 14mm 的粗实线圆圈表示。在圆圈内标注与索引符号相对应的详图编号。若详图从本页索引，可只注明编号，若从其他图页上引来尚需在圆内画一水平直径线，上部标注详图编号，下部标注被索引详图所在图纸页号，如图 10-6 所示。

图 10-6 详图符号

(6) 指北针。指北针是确定建筑物朝向的，用细实线绘制的直径为 24mm 的圆加一涂黑指针表示。指针尖为北向，尾部宽宜为直径的 1/8，指针头部应注“北”或“N”字，如图 10-7 所示。

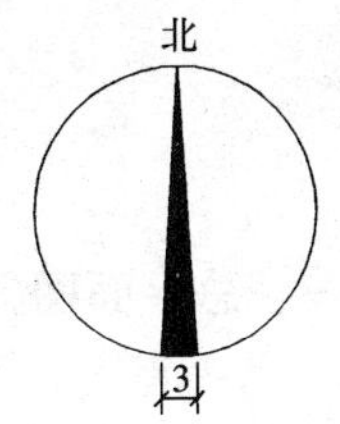

图 10-7 指北针

(7) 常用建筑材料图例，见表 10-3。在工程图样中，为简便统一绘制图样，国标规定常采用的一些图例、符号、代号等表示材料、构配件、绿化、道路、管线等。

表 10-3 **常用建筑材料图例**

名称	图例	说明
自然土壤		包括各种自然土壤
夯实土壤		
砂、灰土		靠近轮廓线绘较密的点
粉刷		本图例采用较稀的点
普通砖		包括实心砖、多孔砖、砌块等砌体。 断面较窄不易画图例线时，可涂红
饰面砖		包括地砖、马赛克、陶瓷锦砖、人造大理石等
混凝土		1. 本图例指能承重的混凝土和钢筋混凝土 2. 包括各种强度等级、骨料、添加剂的混凝土 3. 在剖面图上画出钢筋时，不画图例线 4. 断面图形小，不易画出图例时可涂黑
钢筋混凝土		
毛石		
木材		1. 上图为横断面，左上图为垫木、木砖、木龙骨 2. 下图为纵断面
金属		1. 包括各种金属 2. 图形小时，可涂黑
防水材料		构造层次多或比例较大时，采用上面图例

第二节 总平面图和施工总说明

一、总平面图的形成和用途

1. 总平面图的形成

将新建建筑物周边一定范围内的新建、拟建、原有、拆除的建筑物及其地形、地物等用水平投影的方法和相应的图例画出图样，即称为总平面图，如图 10-8、图 10-9 所示。

2. 总平面图的用途

总平面图表明了新建建筑物的平面形状、位置、朝向、外部尺寸、层数、标高和与周围环境的关系、施工定位尺寸，也是土方计算和水、暖、电等管线设计依据。

二、常用图例

总平面图中同样常用一些图例表示建筑物及绿化等见表 10-4。

表 10-4 总平面图常用图例

名称	图例	说明
新建建筑物	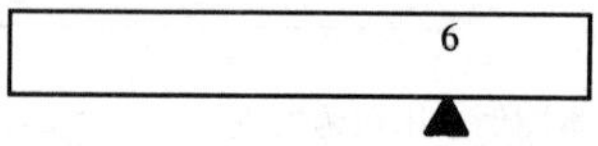 6 ▲	1. 需要时，可用▲表示出入口，可在图形内右上角用点数或数字表示层数 2. 建筑外型（一般以±0.00 高度处的外墙定位轴线或外墙图线为准）用粗实线表示。需要时，地面以上建筑用中粗实线表示，地面以下建筑用细虚线表示
原有的建筑物	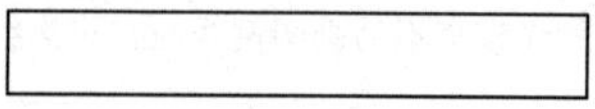	用细实线表示
计划扩建的预留地或建筑物		用中虚线绘制
拆除的建筑物	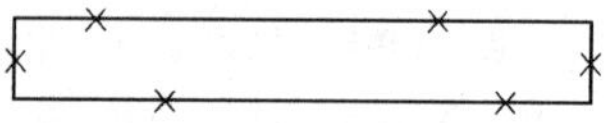	用细实线表示
围墙及大门	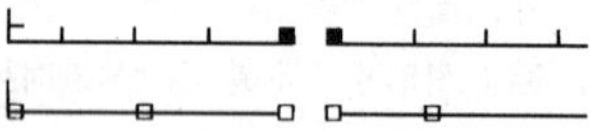	上图为实体性质的围墙，下图为通透性质的围墙，若仅表示围墙时不画大门
填挖边坡 护坡	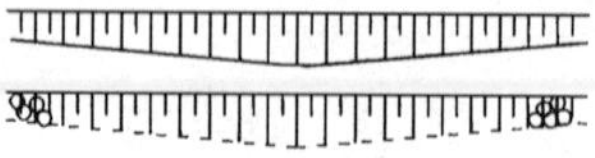	1. 边坡较长时，可在一端或两端局部表示 2. 下边线为虚线时表示填方
原有道路	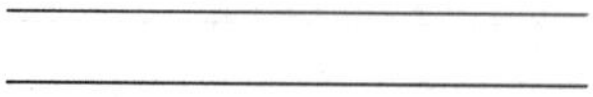	
计划扩建道路		
坐标	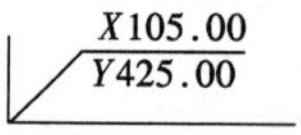 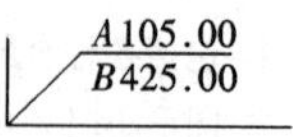 X105.00 / Y425.00　　A105.00 / B425.00	左图表示测量坐标 右图表示建筑坐标
绿化植物		

三、总平面图的图示内容

1. 图名

表明××工程总平面图。

2. 比例

因为总平面图需要显示的面积较大，只能用较小比例绘制。常用1∶500、1∶1000、1∶2000等绘制。

3. 基地范围内的总体布局

如红线范围、道路、绿化、新建建筑物形状、层数、原有建筑物、地物地形复杂时需要画出等高线。如图10-8、图10-9所示。

4. 新建建筑物定位

确定新建建筑物与周边地形、地物间的位置关系是总平面所要表达的首要内容之一，可以从以下三个方面表示：

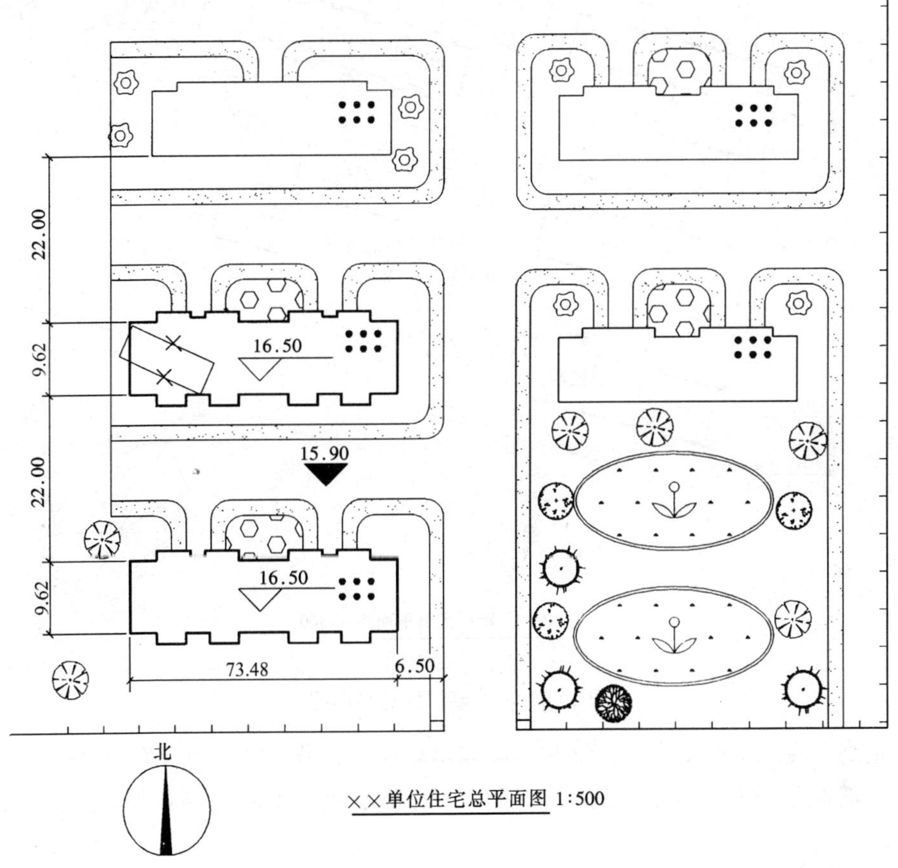

图10-8　××单位住宅总平面图

(1) 定向。在总平面图中，首先确定建筑物的朝向。朝向可用指北针（图10-8）或风向频率玫瑰图（图10-9）表示。风向频率玫瑰图是根据本地若干年平均风向统计值绘制而成，图中表示风向从外部吹向中心。实线为常年风向频率，虚线为6、7、8月份夏季风向频率。

（2）定位。

1）确定新建建筑物的平面尺寸。通常在总平面图上标注出新建建筑物的总长、总宽尺寸。单位为米。

2）确定新建建筑物的定位尺寸，通常有以下两种方法。

a. 按原有建筑物定位。当新建建筑物周围有其他参照物时，可确定新建建筑物与之相对位置关系而定位，如图 10-8 所示。

b. 按坐标定位。当新建建筑物地域较大且没有参照物时，可用坐标定位，如图 10-9 所示。

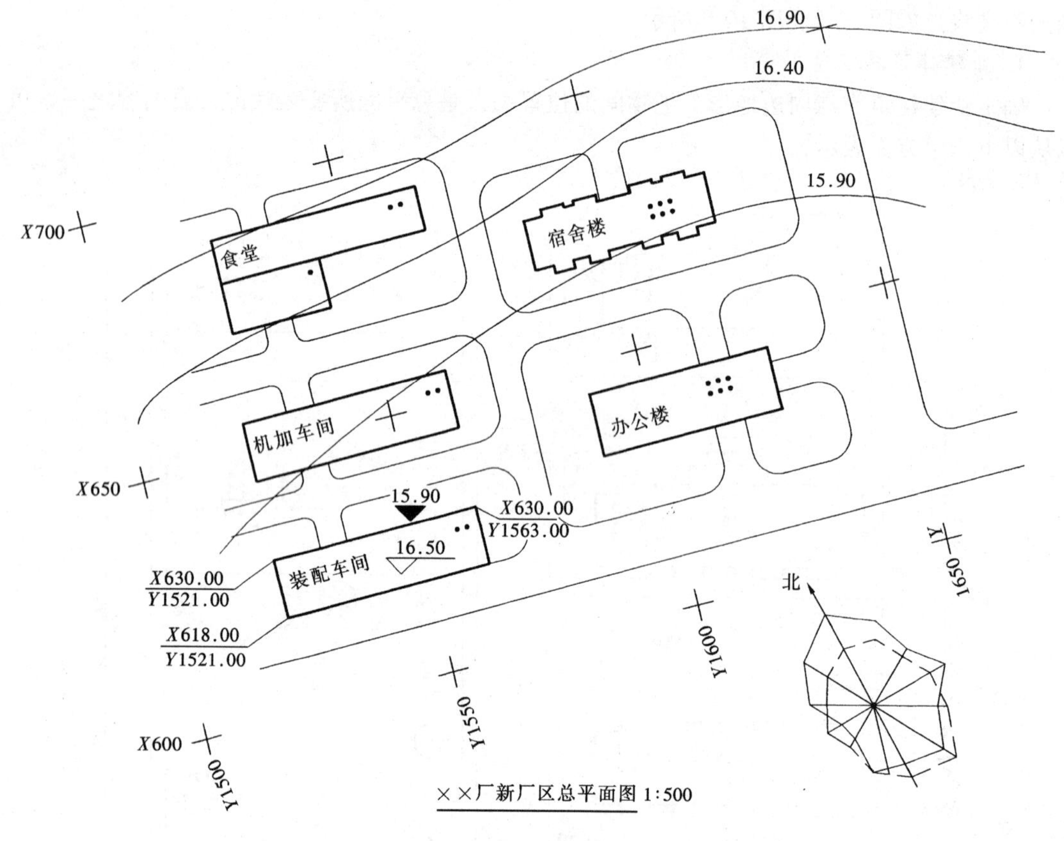

图 10-9 ××新厂区总平面图

（3）定高。在总平面图中，以绝对标高表示新建建筑物室内地面±0.00 处（习惯称为首层地面）的高度数值，单位为米。同时标明室外地面的绝对标高，如图 10-8、图 10-9 所示。

5. 补充图例或说明

有时需要单用一些补充图例或作文字说明以表达图样中的内容。

四、总平面图的识读

图 10-8，图 10-9 是总平面图的示例。识读如下：

图 10-8 所示为某单位住宅楼总平面图，比例 1∶500。从图中可以看到，该地域地势平缓，道路已修好。新建建筑物一式两栋，朝向正北、正南，长 73.48m，宽 9.62m。按原有

建筑物 22.00m 和道路边线 6.50m 定位。层高为六层。有一需拆除建筑物。室内±0.00 处地面绝对标高为 16.50m，室外绝对标高为 15.90m。东南侧有空地，种有针叶类、阔叶类树木及花坛。东侧南侧图示可见范围内设有围墙。

图 10-9 所示为××厂新建厂区工程总平面图，比例 1∶500。从图中可见，该厂区为一新建区域，新建建筑物有生产车间、食堂、办公楼及宿舍。工程按坐标定位，图中只标出装配车间坐标。朝向正南方，图中用风向玫瑰代替指北针。该区域在 X600－700；Y1500－1650 之间。其中装配车间为两层，坐标定位为西南角点 X618.00，Y1521.00；西北点，X630.00，Y1521.00；东北点 X630.00，Y1563.00m。可知厂房尺寸为 12.00m×42.00m。室内地面±0.000 处绝对标高为 16.50m，室外地面绝对标高为 15.90m。位于 15.90m 等高线以南，该地区常年主导风向为西北风和东南风。厂区主干道在东侧及南侧。

五、施工总说明

施工总说明和总平面图都是反映新建建筑物的总体施工要求和布局的。一般中小型建物施工总说明合并在建筑施工图中。

施工总说明一般包括设计依据、工程概况、结构形式、材料做法表、标准图集代号等。下面是某住宅施工总说明的部分内容。

某单位职工住宅施工总说明

一、设计依据

本住宅根据××单位委托，根据××批件设计。

二、放样

本住宅以原有建筑和道路为放样依据，按总平面图所示尺寸放样。

三、设计标高

本住宅室内地面标高±0.000 为绝对标高 16.500m。室内外高差为 0.600m。

四、墙身

本工程外墙南侧为 370mm 厚，另三侧为 490mm 厚，内墙 240mm 厚，隔墙 120mm 厚。采用强度等级 MU7.5 的机制砖和强度等级为 M5 的混合砂浆砌筑。

1. 外墙装饰

12mm 厚 1∶3 水泥砂浆打底，8mm 厚水泥浆粘贴面砖，水泥浆勾缝。

2. 内墙装饰粉刷

(1) 天棚，内墙面

10mm 厚 1∶0.3∶2.5 水泥石灰砂浆打底，刮大白二度。

(2) 踢脚线

120mm 高，25mm 厚，1∶3 水泥砂浆抹光。

(3) 地面、楼面、屋顶

按详图设计进行施工。地面有地漏的房间 1%找坡，坡向地漏。

(4) 卫生间、厨房的地面、墙面装饰同详图中阳台。

3. 门窗

门窗按标准图集 J××施工。

4. 注意事项

施工单位必须按图施工，按规范验收。若有不详、遗漏、与设计情况不符时，请施工单位与设计单位联系，妥善解决。

第三节 建筑平面图

一、建筑平面图的形成、用途及分类

1. 建筑平面图的形成

建筑平面图（屋顶平面图除外）是用一个假想的水平剖切平面，将建筑物沿窗台以上部位剖开整幢房屋，移去剖切平面以上部分，将余下的向水平方向作正投影，这时所得到的水平剖视图，习惯上称为建筑平面图，简称平面图。如图 10-10、图 10-11、图 10-12 等所示。

2. 建筑平面图的用途

建筑平面图主要用来表达建筑物的平面形状、房间布置、门窗洞口位置、各细部构造位置、设备、各部分尺寸等的平面布置图，是施工放线和施工预算的主要依据。

3. 建筑平面图的分类

一般建筑平面图与建筑物的层数有关。但若各层房间布置完全相同的多层或高层建筑物，可用如下几个平面图表达。

（1）底层平面图

底层平面图又称为一层平面图或首层平面图。它是施工图中应首先确定和绘制的第一张图。底层平面图一般是将剖切平面放在休息平台下皮处将建筑物剖开后形成的。且要尽量通过所有门窗洞口。对于不能通过的高窗、洞口等，图中可用虚线表示。

（2）中间标准层平面图

对于各层构造、做法完全相同的建筑物，（或主要房间布置、构造相同），不需每层都画出平面图，只画出一个代表性楼层平面图，并注明适用范围。如标准层平面图，二～五层平面图等表达即可满足施工要求。

（3）顶层平面图

对于各层房间布置完全相同的多层建筑物，也因楼梯的不同，须画出顶层平面图。

（4）局部平面图

对于用上述平面图不能表达清楚的局部平面（例如厨房、卫生间、楼梯间等）或有局部做法差异的平面，可用较大比例画出局部平面称为局部平面图。

（5）屋顶平面图

屋顶平面图是将房屋的顶部单独做水平投影所得到的平面图。主要用来表达屋顶各突出屋面的建筑物、分水线、天沟等的平面布置。

二、建筑平面图中常用图例及符号

由于建筑平面图一般比例较小，所以对于一些细部构造和构件，国标规定可以用一些图例和代号表示。下面将一些常用的图例和代号摘录为表 10-5。

表 10-5 **常用建筑构造及配件图例**

<table>
<tr><th>图名</th><th>图例</th><th>说明</th></tr>
<tr><td>楼梯</td><td> 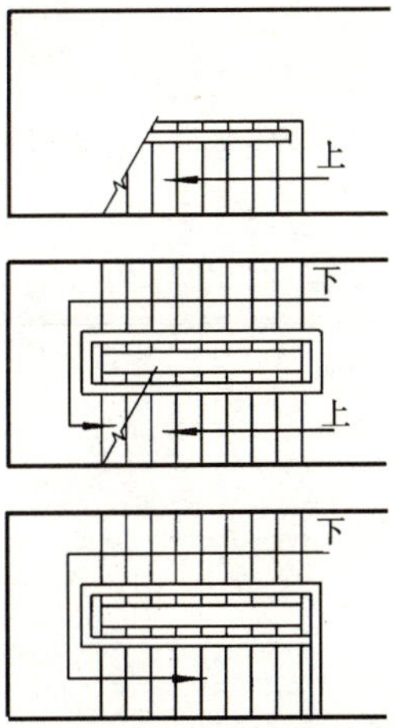</td><td>1. 上图为底层楼梯平面，中图为中间层楼梯平面，下图为顶层楼梯平面
2. 楼梯及栏杆扶手的形式和梯段踏步数应按实际情况绘制</td></tr>
<tr><td>单层
固定窗</td><td> 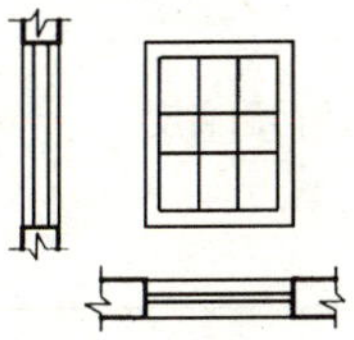</td><td rowspan="5">1. 窗的名称代号用C表示
2. 立面图中的斜线表示窗的开启方式，实线为外开，虚线为内开；开启方向线交角的一侧为安装合页的一侧，一般设计图中可不表示
3. 图例中，剖面图所示左为外，右为内，平面图所示下为外，上为内
4. 平面图和剖面图上的虚线仅说明开关方式，在设计图中不需表明
5. 窗的立面形式应按实际绘制
6. 小比例绘图时平、剖面的窗线可用单粗实线表示</td></tr>
<tr><td>单层
中旋窗</td><td> 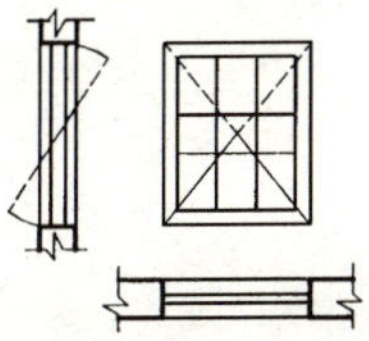</td></tr>
<tr><td>单层
外开窗</td><td> 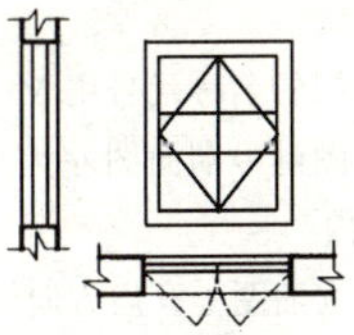</td></tr>
<tr><td>单层
内开窗</td><td> 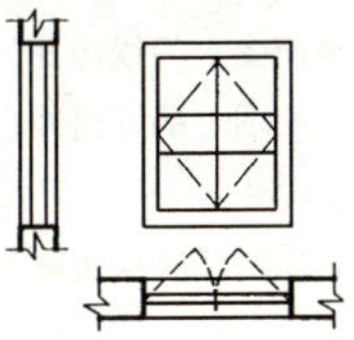</td></tr>
<tr><td>百叶窗</td><td> 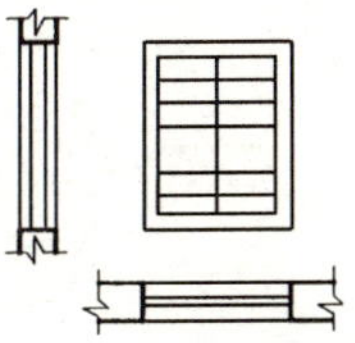</td></tr>
</table>

续表

图名	图例	说明
坡道	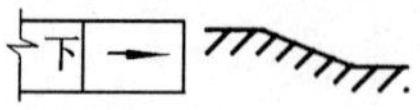 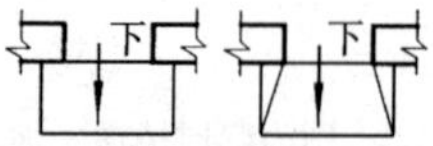	上图为长坡道，下图为门口坡道
烟道	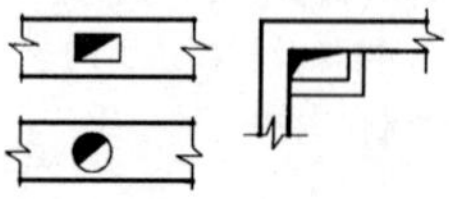	
通风道	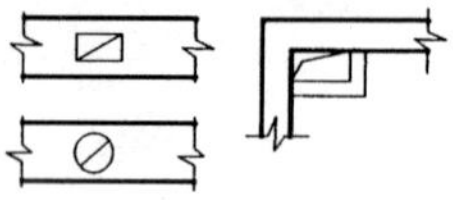	
空门洞	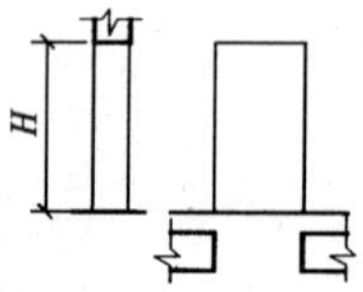	H 为门洞高度
单扇平开（包括单面弹簧）门	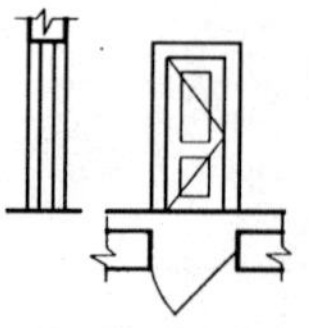	1. 门的名称代号用 M 表示 2. 图例中剖面图左为外，右为内，平面图下为外，上为内 3. 立面图上开启方向线交角的一侧为安装合页的一侧，实线为外开，虚线为内开 4. 平面图上门线应 90°或 45°开启，开启弧线宜绘出 5. 立面图上的开启线在一般设计图中可不表示，在详图及室内设计图上应表示 6. 立面形式应按实际情况绘制
双扇平开（包括单面弹簧）门	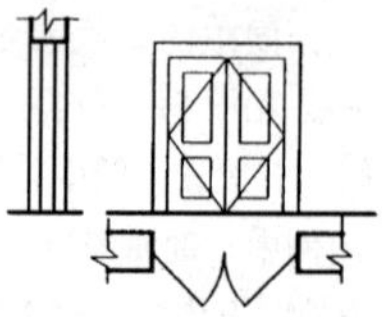	
单扇双面弹簧门	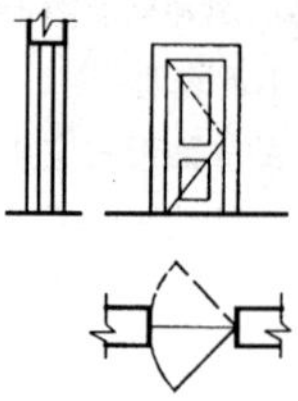	
双扇双面弹簧门	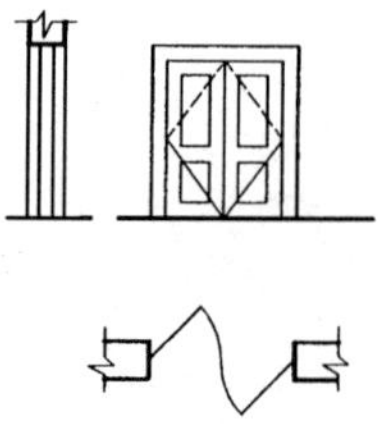	

三、平面图的图示内容

建筑平面图应明确表达以下内容，如图 10-10 所示。

1. 图名、比例

平面图上应明确标明平面图的图名和所用比例。

2. 纵向、横向的轴线及轴线编号

平面图上应按“国标”规定画出定位轴线并进行编号。

3. 建筑物的平面布置

按实际绘出内墙、外墙、隔墙、房间形状、大小和用途、阳台形状、大小等。

4. 门窗设置

平面图上绘出门、窗位置、类型及代号。

5. 楼（电）梯间

平面图上绘出楼（电）梯的位置、形状、尺寸、楼梯段数、走向及步数。

6. 内部设备

平面图上需绘出室内设备的位置、形状及尺寸。例如卫生器具、水池、橱柜、配电箱等各种设备。

7. 外部设施

平面图上还需表明建筑物的一些外部设备情况。

(1) 底层平面图要绘制台阶、散水、明沟、雨水管等设施。

(2) 二层要绘制雨篷。

8. 指北针、剖切符号

底层平面图上要绘制出表示建筑物朝向的指北针，且需与总平面图上一致。剖切位置、符号及编号，详图索引符号。

9. 尺寸标注

平面图上按投影及国标规定绘制了各种图线，只是表达了形状、位置等，各部尺寸还需明确标注出来。

(1) 标高尺寸。以米为单位标注室内各层各地面、休息平台等地面标高。

标注室外台阶、地坪的标高。

(2) 细部、定位、总尺寸。以 mm 为单位标注各尺寸。细部、定位、总尺寸一般按以下形式标注。

1) 内部一道半尺寸。

内部一道通长的尺寸标注出各房间的净尺寸，各墙厚度尺寸，参见图 10-10。

内部半道尺寸标注出各门、窗、洞口的位置及宽度尺寸。

2) 外部三道半尺寸。

第三道尺寸：细部尺寸——即门、窗、洞口等建筑构配件尺寸及位置尺寸。

第二道尺寸：定位尺寸——确定构配件位置尺寸。即轴线尺寸，标出开间、进深尺寸。

第一道尺寸：称总外包尺寸。标注出建筑物总长、总宽度尺寸。

外部的半道尺寸是标注室外台阶、花池、散水宽度、长度等。

上述构造做法尺寸为结构尺寸。即毛面尺寸。

（3）坡度尺寸。对于有坡度的配件，还需标注出坡比、坡向等要求。

10. 屋顶平面图

屋顶平面图一般内容有：女儿墙、屋檐、天沟、屋面坡度与分水线、变形缝、楼（电）梯间、水箱间、上人孔、天窗、消防梯、避雷针等设施。

四、建筑平面图的识读

1. 识读底层平面

识读步骤：

可按图 10-10 的内容为例，按本节三所述图示内容顺次读懂平面图的图示内容。

（1）图名、比例

由图 10-10 读得，该平面图是某单位宿舍楼的底层平面图，按 1∶100 的比例绘制。

（2）轴线及编号

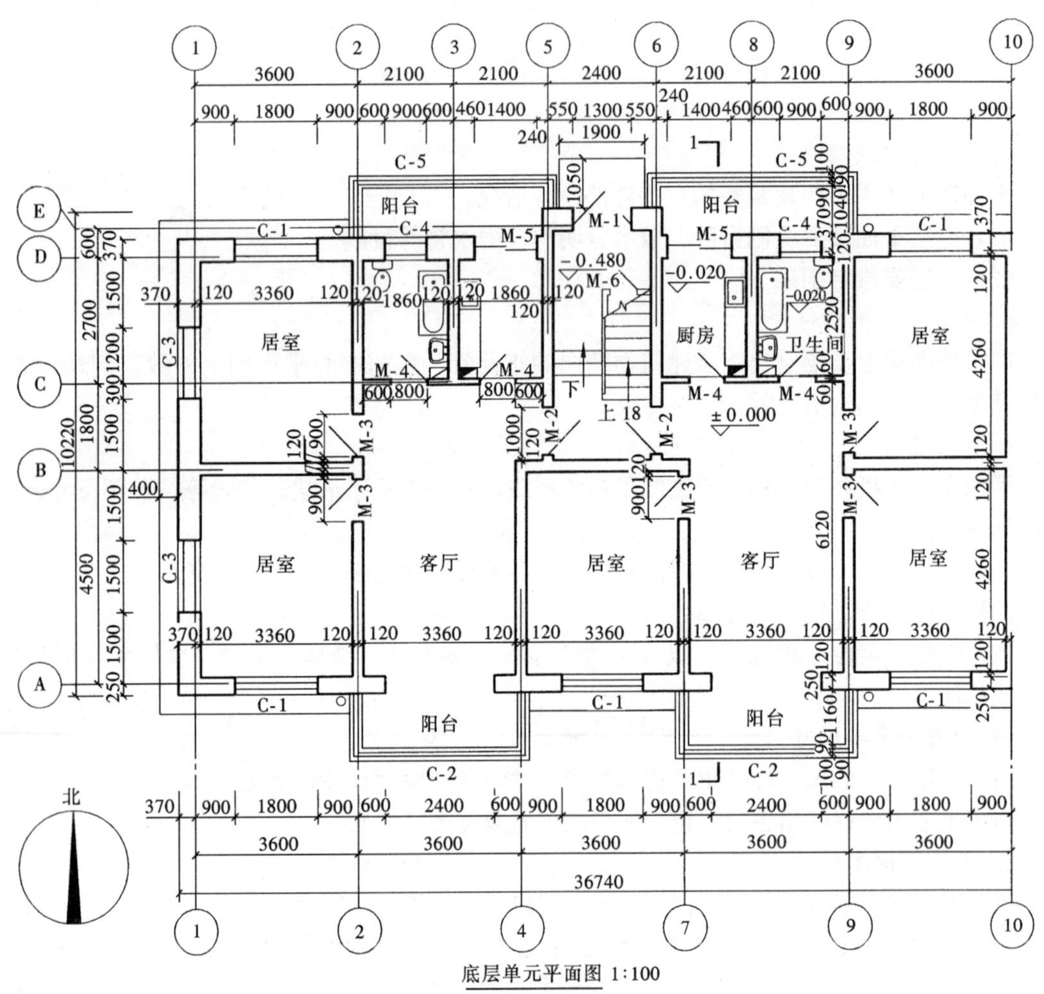

图 10-10　底层单元平面图

如图 10-10 所示的单元平面图。开间方向轴线编号①～⑩，进深方向定位轴Ⓐ～Ⓔ。

（3）建筑物平面布置

该住宅单元为一梯两户式。入口在Ⓔ轴上，⑤、⑥轴之间。入室右侧为两室一厅型，独用卫生间、厨房、有南北两阳台。入室左侧为三室一厅型，独用卫生间及厨房，有南北两处阳台。

（4）门窗位置

入室门为对开三七扇，代号 M-1。入户门为外开，代号 M-2。居室门为内开，代号 M-3，卫生间、厨房门为 M-4，厨房与阳台设拉门 M-5，楼梯下门为 M-6。

在Ⓐ轴上有阳台封闭窗 C-2、C-1，①轴上 C-3，Ⓓ轴上 C-1、C-4，阳台上窗 C-5。

（5）楼梯间

楼梯间设在Ⓑ、Ⓔ和⑤、⑥轴之间。楼梯形式为双跑，上 18 步。

（6）内部设备

卫生间有浴缸、坐便器、洗手盆、地漏等设备。厨房有水池、操作台、地漏等设备。在卫生间和厨房设有烟道和通风道。楼梯间有 3 步台阶到室内地面。

（7）外部设施

入口处有一台阶连接到室内。四周设有散水。外墙靠②、⑨轴线处有雨水管。

（8）指北针、剖切符号

在平面图的左下方有一指北针确定房屋朝向为坐北朝南。入口在北侧，客厅、主要居室在南侧。在⑦一⑧轴线之间有 1－1 剖面图的剖切位置符号，向左进行投射。

（9）各部位尺寸

1）标高尺寸。室内地面相对标高为±0.000。入口处标高为－0.480M。上述标高为建筑标高。

2）细部、定位、总尺寸。内部尺寸：

1 号轴线墙厚尺寸为 370mm＋120mm，墙厚 490mm。内墙厚 240mm，居室、客厅净宽 3360mm，厨房、卫生间净尺寸 1860mm。Ⓐ轴线墙尺寸 250mm＋120mm，墙厚 370mm。居室净尺寸为 4260mm。南阳台净宽 1160mm。室内各门安装于墙垛 120mm 处。M-2 宽 1000mm，M-3 宽 900mm，M-4 宽 800mm，M-5 宽 1400mm，M-6 见详图。

上述所有内部尺寸均为结构尺寸，不包括装饰层。

外部尺寸：建筑总宽 10.220M，总长 36.740M。居室、客厅开间尺寸 3600mm，厨房、卫生间开间 2100mm，楼梯间开间 2400mm。房屋进深尺寸 4500mm，厨房、卫生间进深尺寸 2700mm，阳台进深尺寸 1500mm。C-1 窗宽 1800mm，距轴线 900mm，C-3 窗宽 1500mm，距轴线 1500mm，C-4 窗宽 900mm，距轴线 600mm，M-1 宽 1300mm，距轴线 550mm。所有尺寸均为结构尺寸，不包括装饰层。外部半道尺寸有散水宽 400mm，台阶长 1900mm，宽 1050mm。

上述均为结构尺寸。

2. 识读其他楼层平面图

当各层房间布置完全相同时，其他层平面图与底层的不同之处主要有如下两点。

（1）楼梯平面图

由图 10-10、图 10-11、图 10-12 可知，楼梯的平面图是不相同的。

（2）重复的构配件

已在底层平面图中表达清楚的构配件，例如散水、台阶、指北针、剖切位置符号等不再重复绘制。

（3）本层投影的构配件

需绘出只有从本层投影直接得到的构配件。例如二层平面图要绘出雨篷，而三层以上则不需要绘制。（如图 10-11、图 10-12 所示）。

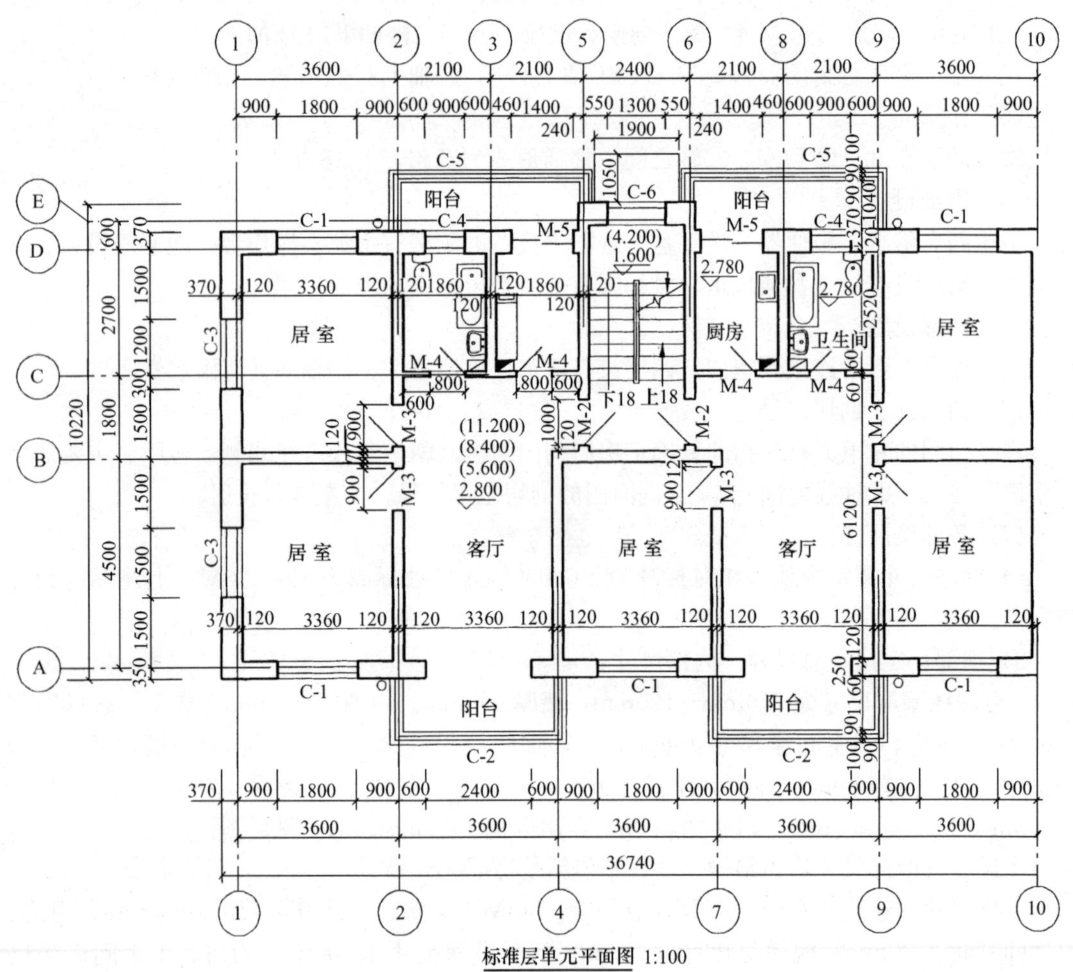

图 10-11 标准层单元平面图

3. 屋顶平面图

屋顶平面图本书不做详细介绍，如有需要，请参阅其他书籍。

4. 局部平面图

局部平面图是将局部平面用较大比例绘制，便于表达构配件和标注尺寸。

五、建筑平面图的画图步骤

绘制建筑平面图的一般步骤如下：

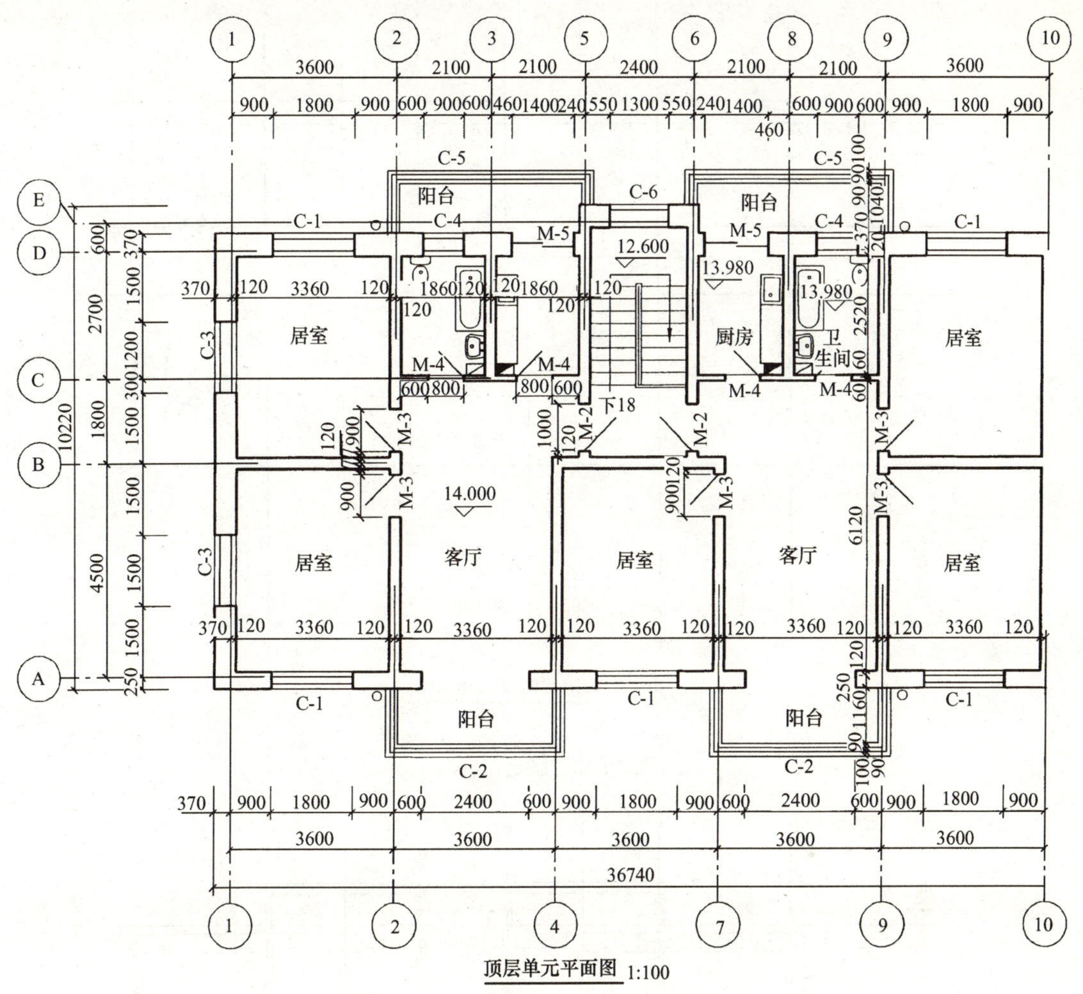

图 10-12 顶层单元平面图

(1) 确定绘图比例。按照所绘建筑物的大小，从表 10-2 中选用合适的比例，进而确定采用图幅。

(2) 确定画图位置。图幅确定后，根据所画图样大小、数量确定每幅图在图纸上所占大小位置。

(3) 画定位轴线。按比例绘制定位轴线，如图 10-13 所示。

(4) 画墙厚线。以轴线为基准，将每条轴线所确定的墙（柱）厚度一次性画出，如图 10-14 所示。

(5) 画门窗洞口。在已经画出墙厚的底图上，按细部尺寸画出门窗洞口，如图 10-14 所示。

(6) 画出其他构配件细部。画出其他细部的构配件，如台阶、楼梯、散水、卫生设备等，如图 10-15 所示。

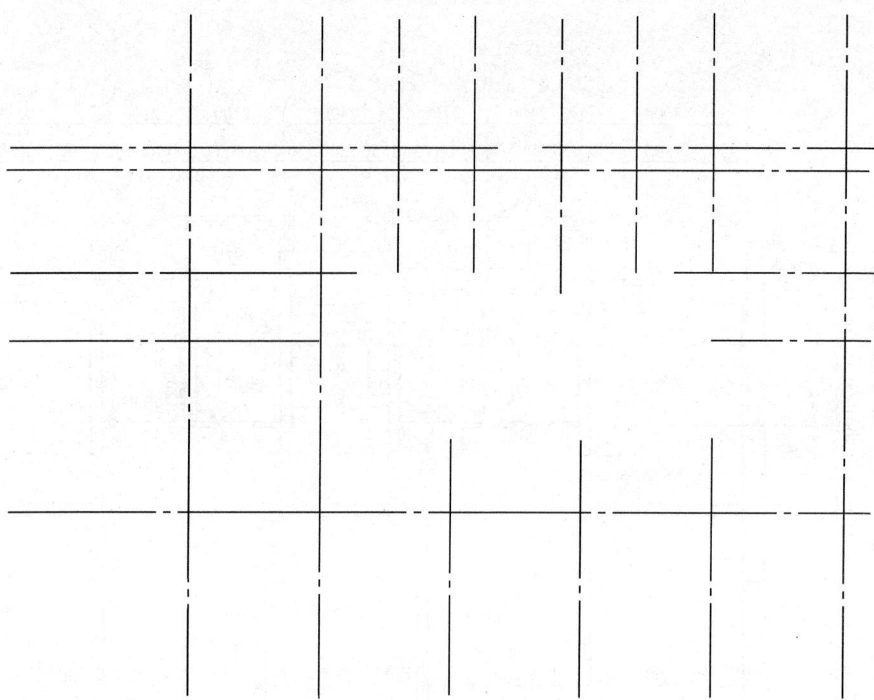

图 10-13　画定位轴线

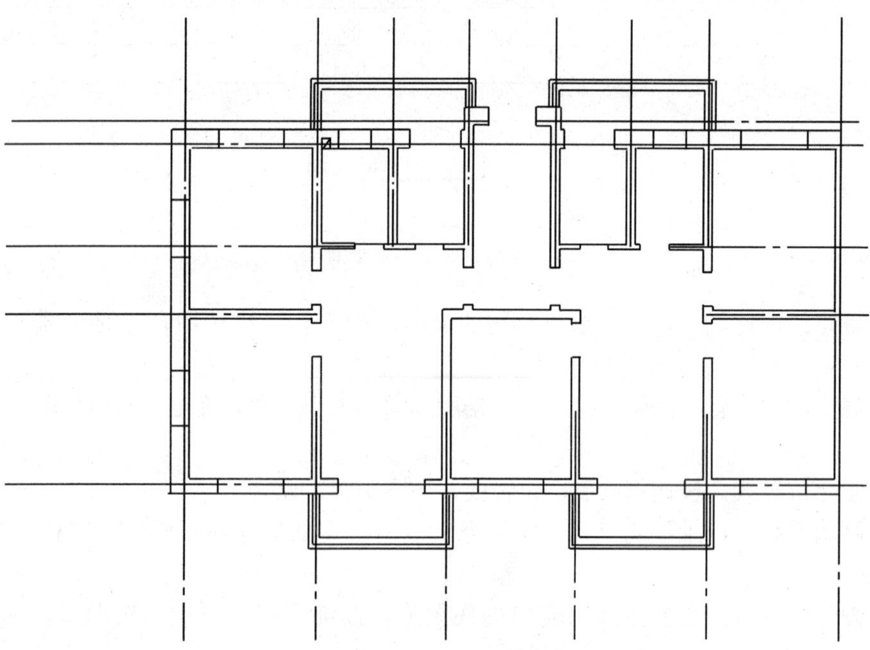

图 10-14　画出墙柱厚度、门窗洞口

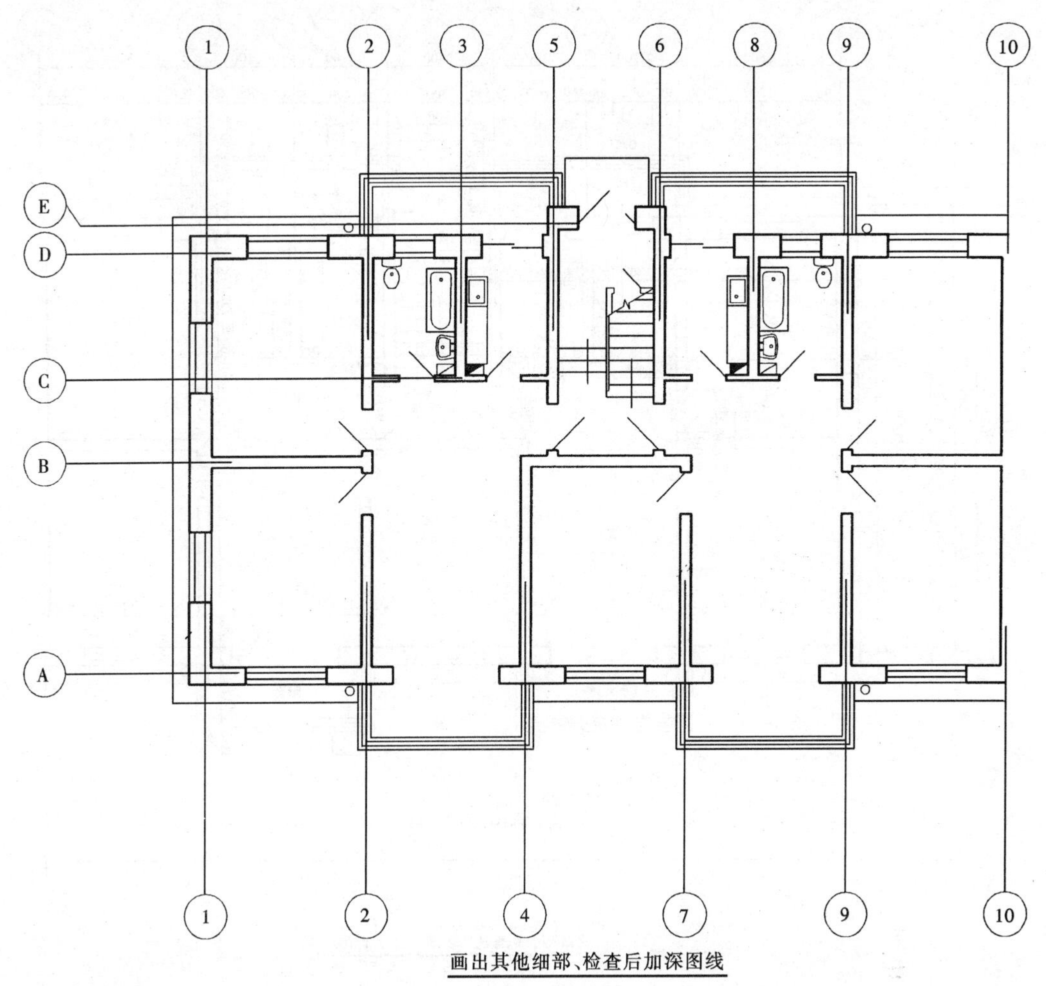

图 10-15　画出其他细部、加深图线

(7) 检查。将完成的底图进行一次检查，擦除多余的线和改正错误。

(8) 加深加粗图线。由于底图线全部是很轻、很细的细实线，需要按国标规定的图线形式和粗度加深、加粗图线，如图 10-16 所示。

(9) 标注尺寸。在已加深好的图上画出尺寸线、尺寸界线和尺寸起止线，并按建筑物实际尺寸标出各部尺寸。如图 10-16 所示。

(10) 注写文字及其他图例。在标注完尺寸的图样上注写文字表明房间名称、门窗代号、编号等。

画出其他的图例及符号。例如指北针、剖面符号、详图索引符号等。最后完成全图，如图 10-10 所示。

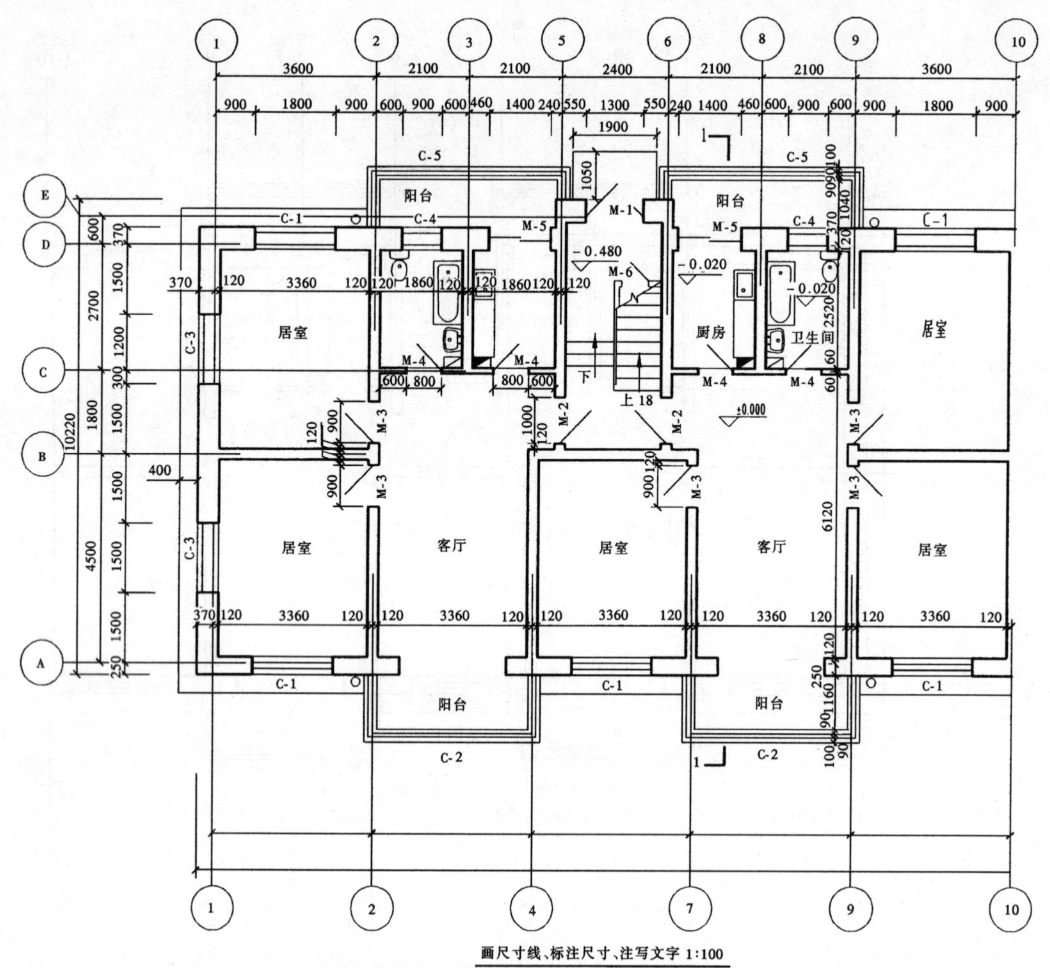

图 10-16　画尺寸线、标注尺寸、注写文字

第四节　建筑立面图

一、建筑立面图的形成、命名及作用

1. 建筑立面图的形成

将建筑物的各个立面向立面所平行的平面做正投影，所得的图称为立面图。立面图只画立面外轮廓及各构配件可见轮廓的投影。按投影原理，立面图上应将立面所看到的细部全部表达出来。但由于比例较小，可将门窗扇、阳台、檐口等构造细部做法用图例或详图表示。而在立面上只画轮廓线或画一两个作代表。对于折线或曲线型立面，可展开绘制，并注明展开。

2. 立面图的命名

（1）按定位轴线两端编号命名。根据立面两端的定位轴线的编号进行命名。如图 10-17 所示。图名为⑲—①立面图。

（2）按建筑物的朝向命名。也可根据建筑物的朝向对立面进行命名。这时建筑物的朝向都比较正。如图10-17所示立面在建筑物北面，即朝向北，也可命名为北立面。同理，可有南立面、东立面、西立面图等。

（3）以建筑物主要入口命名。通常规定建筑物主要入口所在面为正立面，将该面所做投影图为正立面图。同时规定，当观察者面对主要入口站立时，从后向前的立面为背立面，从左向右的称左侧立面，从右向左的称右侧立面。当建筑物主要立面和主要入口不在同一立面上时，这种命名方式会产生矛盾，所以一般不再采用。

3. 立面图的作用

一座建筑物是否美观，主要取决于它在立面上的艺术处理，包括立面造型、装修是否优美两方面。在设计阶段，立面图主要用来研究这种艺术处理的。在施工阶段，主要表达建筑物外型、外貌、立面材料及装饰做法的。

二、建筑立面图的图示内容

如图10-17、图10-18所示，建筑立面图应包含以下内容。

1. 图名、比例

采用前述的命名方式对立面进行命名，一个单位工程只能用一种方式命名，注明比例。

2. 轴线

建筑立面图如图10-17、图10-18所示，只画出建筑物两端外墙的定位轴线。

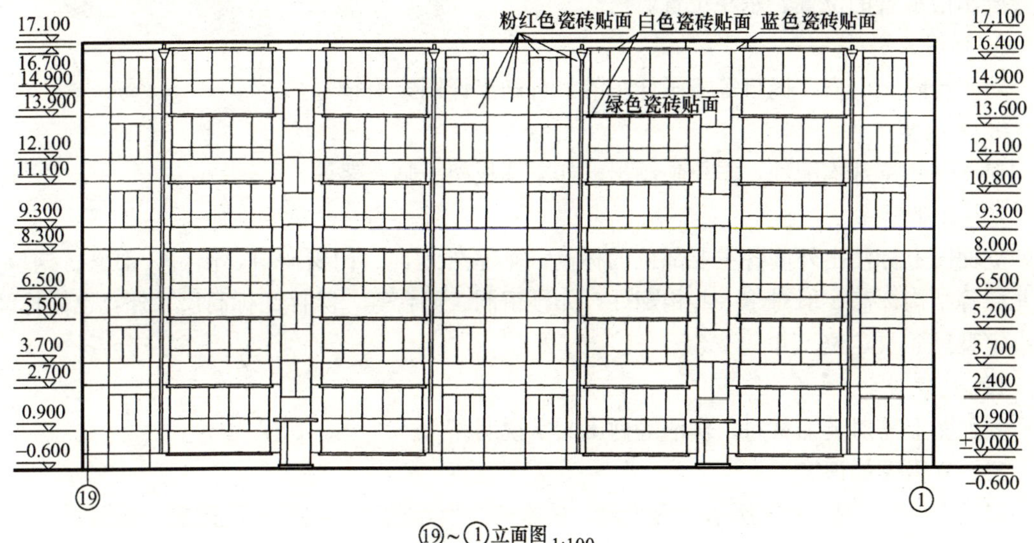

图10-17 ⑲～①立面图

3. 地面线

立面图上需画一粗线表示室外地面线。

4. 门窗形式、开启方向

立面图上需表明门窗的形状及开启方向（也可在图集中采用标准做法）。

5. 台阶、勒角、花池、阳台、雨篷、檐口

一般立面图上只画出台阶、勒角、花池、阳台、雨篷、檐口等的轮廓线。

6. 装饰分格线

立面图上需表明墙面装饰的分格线。

图 10-18 ①～⑲立面图

7. 雨水管、水斗

画出雨水管的位置、水斗位置。

8. 详图索引

对于台阶、门窗、檐口等需画详图的，可画出详图索引符号。

9. 其他构配件

对于一些特殊构配件，需单独画出。如空调板架、晒衣架等。

10. 尺寸标注

立面图上标注出外墙各主要部位的标高。如室外地面、门窗洞口、阳台、雨篷、檐口、女儿墙等结构标高。但对于一些构配件，如预留洞、阳台等，除标注标高尺寸外，也需标注大小定型尺寸及定位尺寸。

11. 文字说明

立面图上需对装饰材料、作法等做出文字说明。

三、立面图的识读

以图 10-17、图 10-18 所示内容为例，按本节二所示的图示内容顺次读懂立面图。

1. 图名、比例

图 10-17、图 10-18 为两立面图。图名为 ⑲ ～①、①～ ⑲ ，比例为 1∶100。

2. 轴线

两端轴线分别为①、⑲ 。

3. 门窗形式

门为防盗门、预购件。窗为推拉窗，详细作法见标准图集。

4. 阳台、雨篷、台阶、勒脚、花台等

两立面图上均设有封闭阳台。图 10-18 立面入口门上方为雨篷，入口处有一步台阶。

5. 装饰方格

立面图上按门、窗、雨篷等轮廓线设置装饰方格线。

6. 雨水管、水斗

图中靠阳台角处设有雨水管、水斗，四处。

7. 尺寸标注

标注出各部位标高尺寸。室外地坪标高为－0.600M。女儿墙顶标高为17.100M。C－2高1800mm。(2.700－0.900＝1.800)。距室内地面高900mm，C－1高1500mm，距室内地面高900mm。室内外高差600mm。

8. 文字说明

从图中可知，立面全部由外墙瓷砖贴面装饰而成。女儿墙以蓝色贴面；各墙面贴粉红色，阳台为绿色，阳台悬挑檐为白色。

四、立面图的画图步骤

立面图的画图步骤与平面图的顺次类同，一般画图步骤如下。

1. 比例

一般选取与平面图相同的比例。

2. 轴线与室外地坪线

按平面图上的对应位置画出两端轴线及室外地坪线。如图10-17所示。

3. 画高度线

画出门、窗、阳台、雨篷、檐口等部位高度线。

4. 画宽度线

画出门、窗、阳台、雨篷、檐口等部位宽度线。

5. 其他细部

画出台阶、窗台、勒角等其他细部构配件的轮廓线。

6. 检查加深图线

检查后按规定的线形加深图线。

7. 其他图例、符号

画出需要表达的图例符号等。

8. 尺寸标注

按要求标注标高尺寸和局部构造尺寸。

9. 文字说明

文字说明墙面装饰材料及做法等。

第五节 建筑剖面图

一、建筑剖面图的形成及作用

1. 建筑剖面图的形成

建筑剖面图是假想用一个垂直于横向或纵向轴线的垂直平面，将建筑物沿某部位剖开，移丌观察者与剖切平面之间的部分，余下的做正投影所得的视图称剖面图。

2. 建筑剖面图的用途

建筑剖面图主要用于反映建筑物的分层情况、层高、门窗洞口高度及各部分垂直尺寸。简要的结构形式和构造做法、材料等情况。

建筑剖面图与平面图、立面图相互配合，构成建筑物的主体情况，所以是建筑施工图的主要图样。

一般民用建筑物剖切平面选用横向剖切，选择在能反映建筑物全貌、构造特性以及有代表性构造做法等处，并在底层平面图中标注剖切位置符号及编号，如图 10-19 所示的 1—1 剖面图即在图 10-10 底层平面图中注明了。

一般剖面图只用一个即可表达清楚，有时建筑物复杂时可用一个剖切楼梯的剖面图、一个剖切房间处的剖面图共同表达。

二、剖面图的图示内容

如图 10-19 所示，剖面图一般应包含以下内容。

1. 图名、比例

在剖面图上需注明对应平面图上所注的图名。剖面图上注明本图所用比例。

2. 定位轴线

剖面图上要绘制剖切到和未剖切到的墙、柱的定位轴线。

3. 剖切到的构配件

剖面图上要绘制剖切到的构配件以表明其竖向的结构形式及内部构造。例如室内外地面、楼地面及散水、屋顶及其檐口、剖到的内墙、外墙、柱及其构造、门、窗等，剖到的各种梁、板、雨篷、阳台、楼梯等。剖面图中一般不画基础部分。

4. 未剖切到的构配件

剖面图中要绘制未剖切到的构配件的投影。例如看到的墙、柱、门、窗、梁、阳台、楼梯段、装饰线等。

5. 尺寸标注

(1) 标高尺寸

在室内外地面、各层楼地面、台阶、楼梯平台、檐口、女儿墙顶等处标注建筑标高；在门窗洞口等处标注结构标高。

(2) 竖向构造尺寸

标注外墙的洞口尺寸、层高尺寸、总高尺寸三道。标注有局部的半道尺；内部标注门窗洞口、其他构配件高度尺寸。

(3) 平面尺寸

标注各轴线间的平面尺寸。

6. 其他图例、符号、文字说明

对于因比例较小不能表达的部分，可用图例表示。例如钢筋混凝土可涂黑。详图索引符号等。对于一些材料及作法，可用文字加以说明。

三、剖面图的识读

本节以图 10-19 为例，讲述剖面图的读识方法。

1. 图名、比例

图名为 1—1 剖面图，对照图 10-10 底层平面，可知从⑦—⑧轴线间剖开，向左投影。

2. 定位轴线

剖到纵向墙为Ⓐ轴、Ⓒ、Ⓓ轴线。

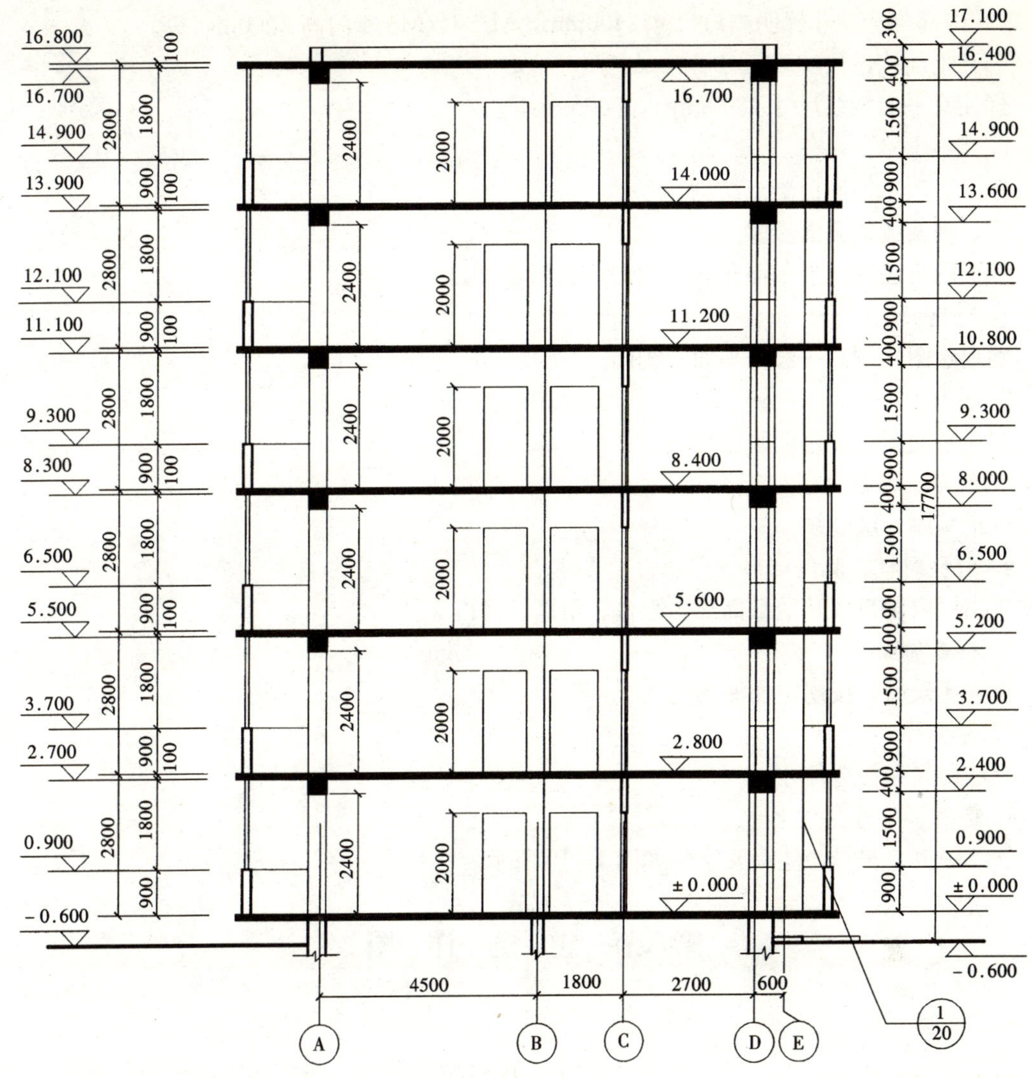

1—1 剖面图 1:100

图 10-19　1—1 剖面

3. 剖到的构配件

剖到有Ⓐ轴、阳台构造作法、Ⓓ轴洞口作法。

楼地面、屋顶、楼板、过梁、上部女儿墙等构造作法。

4. 尺寸

(1) 标高尺寸

图中标注了各层层高的构造标高，如±0.000，2.800m 等，女儿墙构造标高 17.100m 等；标注有各洞口结构标高如 0.900m，2.700m，2.400m 等。

(2) 竖向构造尺寸

1) 外部构造尺寸

总高尺寸为 17700mm，门洞高 2400mm，C—3、C—5 窗高 1800mm，楼层高 2800mm 等。各楼板、阳台板厚度尺寸 100mm 等。

2）内部构造尺寸标明洞口尺寸 2400mm，M－3、M－4 门高 2000mm 等。

（3）平面构造尺寸

标注有平面轴线尺寸 1800mm，4500mm 等。

5. 其他图例

用涂黑表示钢筋混凝土结构。

四、剖面图的画图步骤

剖面图画法对应于平面图和立面图，画图步骤如下：

1. 比例

确定绘图比例。一般与平面图相同。

2. 轴线

对应平面图，按比例画出轴线。

3. 墙厚、层高

画出墙厚、层高线。

4. 门窗洞口、其他细部

画出门窗洞口及其他细部。如阳台、雨篷、檐口等。

5. 检查加深

检查无误后，按规定加深图线。

6. 标注尺寸

标注标高和构造尺寸。

7. 图例、符号、文字

加绘图例、符号、注写文字，如图 10-19 所示。

第六节 建筑详图

一、概述

由于平面、立面、剖面图一般采用 1∶100 比例绘制的。因此建筑中许多细部构造和构配件很难表达清楚，需另绘较大比例的图样，将这部分节点的形状、大小、构造、材料、尺寸用较大比例全部详细表达出来，这种图样称之为详图，也称为大样图或节点图。是平、立、剖面图的补充图样。

建筑详图可以是平、立剖面图中某一局部的放大图样，也可以是某一部分的剖视放大图样。

常用的详图有三种：楼梯详图、平面局部详图、外墙剖面详图。

二、外墙剖面详图

1. 形成

外墙剖面详图是将外墙沿某处剖开后投影所形成的。

一般外墙剖面详图用较大比例绘制。经常采用从剖面图上檐口、女儿墙节点、窗台、过梁、阳台节点、地面、散水、明沟节点处索引过来的详图。如图 10-20 就是从图 10-19 处索引后折断表达的。

2. 图示内容及规定画法

一般剖面图只是表明了建筑物上各层、洞口等大尺寸，对于详细构造作法需用详图表示。

所以详图应全面表达建筑物的详细构造、大小、尺寸、材料及作法等。主要有以下内容：

（1）图名、比例。详图中需注明名称、所用比例。

（2）轴线。详图中所表示的轴线位置及编号应与其他图上一致。也可以同时标注几个轴线编号表示该墙节点详图的适用情况，如图 10-20 所示。

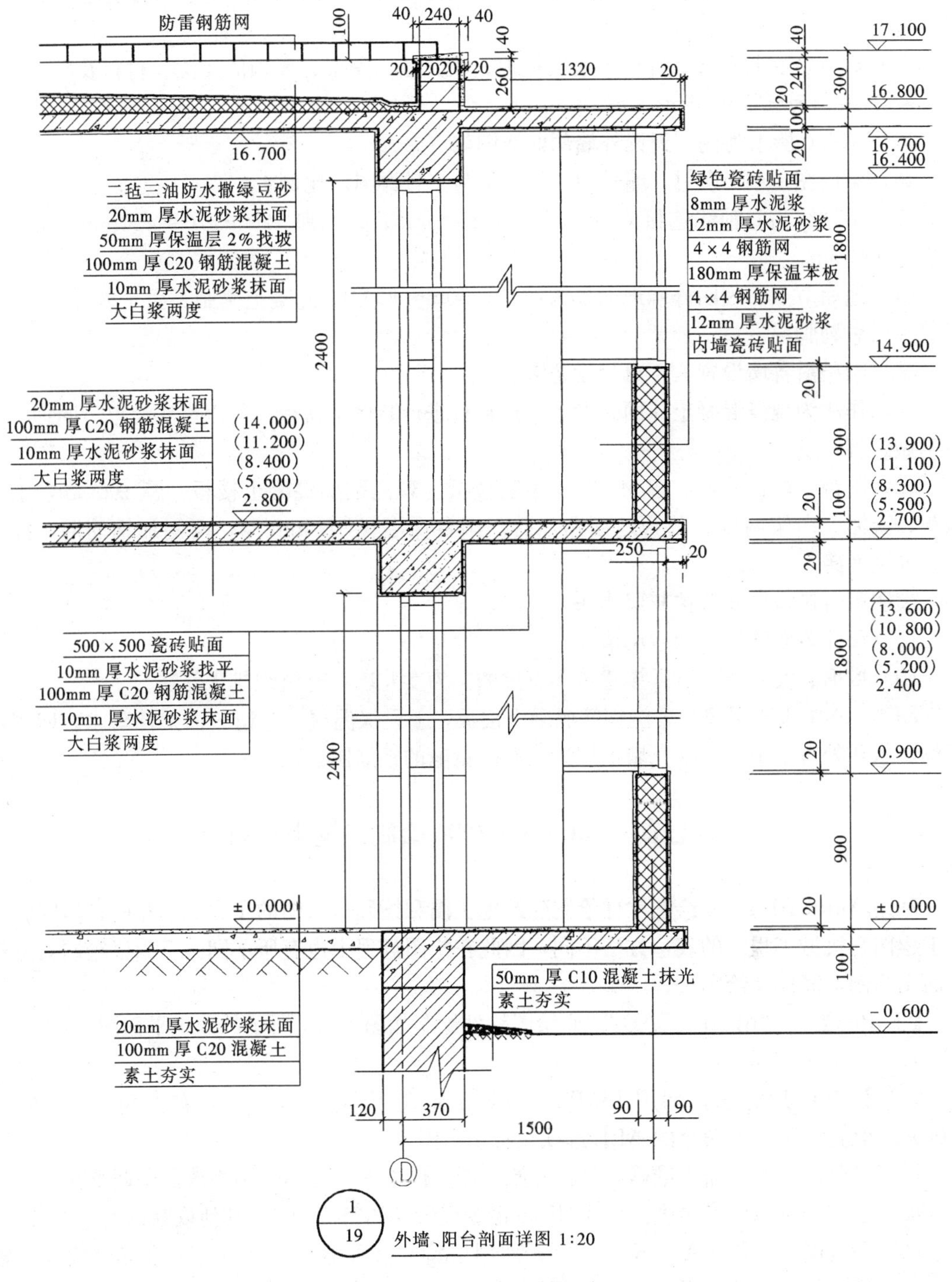

图 10-20 外墙、阳台剖面详图

（3）折断符号。由于外墙详图是由多个节点构成的，用折断符号折断后相同的节点只画一个，用标高表明适用情况，如图 10-20 所示。

（4）地面节点详图。表明室外地坪、散水（明沟）、防潮层、室内地面、踢脚板、窗台的构造作法、材料、尺寸。

（5）窗台、过梁、阳台节点详图。表明楼面、窗台、过梁、阳台等处的构造作法、材料、尺寸。

（6）檐口、女儿墙节点详图。表明挑檐、女儿墙、圈梁、屋顶的作法、材料及尺寸。

3. 外墙剖面详图的识读

以图 10-20 所示为例，识读外墙剖面详图如下。

该详图由图 10-19 索引，编号为 1 号，称为 1 号详图，比例 1∶20。

该详图轴线为Ⓓ轴线连接阳台，尺寸为 1500mm。外墙厚 120＋370＝490mm。阳台保温板厚 180mm。

（1）地面节点。表明外墙地面处为散水，50mm 厚 C10 混凝土捣制。由于外墙面贴面，所以不另做勒脚层。

基础圈梁沿各墙设置，不再另设防潮层。

地面作法为现浇混凝土抹面。考虑住户自行进行装修木地板，所以作法简单。同理，内墙不做踢脚。

（2）阳台、窗台节点。图 10-20 中表明楼板为现浇钢筋混凝土楼板，厚 100mm，上下抹灰，天棚大白浆两度。阳台地面贴面砖。阳台保温板 180mm 厚，两侧加钢筋网，抹砂浆。外贴面砖。

表明阳台挑板尺寸及抹灰层作法。

标高尺寸表明该节点的适用情况。

（3）挑檐、女儿墙节点。该建筑不设挑檐，为女儿墙，有组织排水作法。

图 10-20 中表明屋顶为现浇钢筋混凝土楼板，上设保温层，二毡三油柔性防水。四周设天沟，水斗处有泄水口。女儿墙上周边设有防雷电的钢筋网。

第七节　AutoCAD 2006 绘制建筑施工图

利用 AutoCAD 2006 绘图软件绘制建筑施工图和绘制机械图的步骤大致相同，但因为建筑工程图与机械工程图的表达方法不同，因此在绘图过程中也有所不同。下面以绘制某建筑平面图为例，简述其绘图过程。

【例 10-1】　利用 AutoCAD 2006 绘图软件绘制如图 10-21 所示的建筑平面图。

1. 设置绘图环境

（1）设置图形界限。调用 LIMITS 命令设定左下角为（0，0），右上角为（11000，7000）。然后用 ZOOM 命令的 ALL 选项显示全范围。

图形界限的设置无需太准确，仅在开始绘图时作参考，可随时用缩放命令调整其大小。

（2）设定绘图单位及精度。用 UNITS 命令设置绘图精度为 0。其他取默认值。

（3）设置图层。用 LAYER 命令打开“图层特性管理器”对话框，分别建立墙体、轴线、门、窗、柱、楼梯、尺寸标注、文本、符号、辅助线、其他图层等，并为各层设置相应

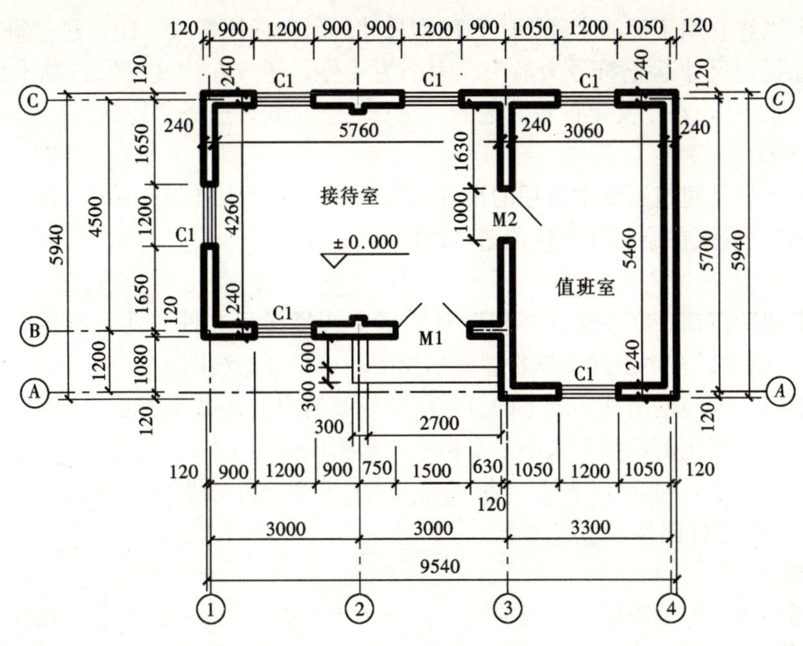

图 10-21 建筑平面图

的颜色、线型和线宽。

(4) 设置文字样式。利用 STYLE 命令打开“文字样式”对话框，设置中文、西文文字样式。字体、字宽等的设置请参考前面相关内容。

(5) 设置尺寸标注样式。用 DIMSTYLE 命令打开“标注样式管理器”对话框，创建标注样式，名为“建筑”。按照建筑制图尺寸标注标准设置相关项。与机械制图标注样式不同的设置有：

✦ “直线”选项卡中，“超出尺寸线”栏中设定数值为 2；“起点偏移量”栏中设定数值为 3。

✦ “符号和箭头”选项卡中，“第一项”和“第二个”均选择“建筑标记”，即尺寸起止符号为粗短斜线；“箭头大小”栏中应设定数值为 2.5。

✦ “调整”选项卡中，本例中，绘图时按 1∶1 比例绘制建筑物，打印输出时按1∶100 的比例输出，故设定全局比例因子为 100。

✦ “主单位”选项卡中，设置“精度”为 0，即整数。

其他设置项同机械制图标注样式。

另外，由于建筑制图在标注直径和半径时，采用箭头作为尺寸起止符号，标注角度时，尺寸数字应水平书写，所以还需要建立附加尺寸标注样式。操作如下：

首先在“标注样式管理器”对话框中，选择“新建”按钮，然后在弹出的“创建新标注样式”对话框中，选择“基础样式”为刚创建的名为“建筑”的标注样式，在“用于”框中选择“直径标注”，单击“继续”按钮，则打开“新建标注样式：建筑：直径”对话框，在“符号和箭头”选项卡的“箭头”区设置“第一项”和“第二个”均为“实心闭合”，并将“箭头大小”设为 4，最后单击“确定”按钮，则建立了附加在“建筑”标注样式下专用于标注直径型尺寸的标注样式。

同理，可以建立用于标注半径型、角度型尺寸的附加标注样式。注意建立附加角度型标注样式时，除设定尺寸起止符号为箭头、大小为4外，还应在“文字”选项卡的“文字对齐”区勾选“水平”，在“文字位置”区的“垂直”下拉列表选择“外部”。

2. 保存样板

上述绘图环境是建筑制图中常用的设置，因此将其保存为样板文件（.dwt），取文件名为“建筑制图”。以便在绘制其他建筑图时调用。

3. 装载样板文件

单击“新建”按钮，在“选择样板”对话框中选择样板文件“建筑制图.dwt”，单击“打开”按钮，则可以在由上述步骤设置好的绘图环境中开始绘图。

实际绘图时，为使输出到图纸上的符号（如标高符号、轴线编号圆等）、文字高度等符合标准，应根据出图比例调整其大小。本例中，出图比例为1∶100，如果希望出图文字为5号字，则需输入的字高为500。而尺寸标注样式可按正常大小设置，然后统一用全局比例因子（本例为100）进行调整。

4. 绘制图形

（1）绘制轴线。将轴线层置为当前层。打开正交模式画出最左边的竖直轴线和最下边的水平轴线。再用OFFSET命令按轴线间的距离在竖直和水平方向画出所有轴线，最后用TRIM命令将轴线修剪到所需长度，修剪时可画一水平或垂直辅助线作修剪边界线。

用LTSCALE命令设定合适的线型比例（如100），使点画线显示合适形状。

命令：LTSCALE↵

输入新线型比例因子 <1.00>：100↵

正在重生成模型。

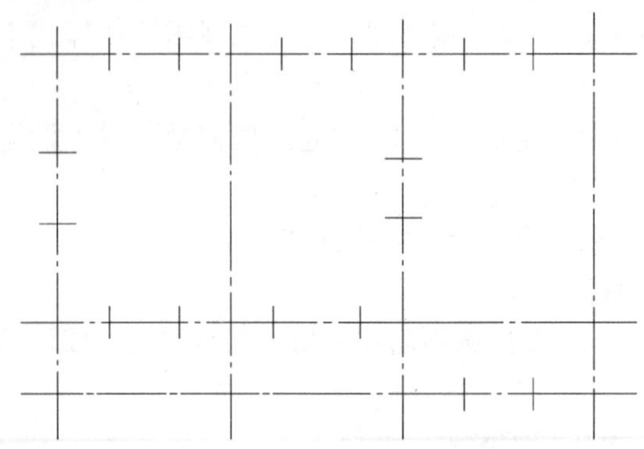

图10-22 绘制轴线及门窗边线

（2）绘制门、窗边线。将辅助线层置为当前层。画出所有门窗边线，如图10-22所示。这样在画墙线时可将墙线画至门、窗边线与轴线的相交处，免去打断墙线的麻烦。

（3）绘制墙线。首先设置多线样式。用MLSTYLE命令打开“多线样式”对话框，在该对话框中按下“修改”按钮，在“封口”区勾选“直线”的“起点”和“端点”项，这样设定可使墙线端部闭合。

将墙体层置为当前图层。

捕捉轴线交点，多次使用MLINE命令画出墙线，如图10-23所示，其中一些设置如下：

命令：MLINE↵

当前设置：对正 = 上，比例 = 20.00，样式 = STANDARD

指定起点或[对正(J)/比例(S)/样式(ST)]：J↵（修改对正类型）

输入对正类型[上(T)/无(Z)/下(B)] <上>：Z↵（偏移量为0，使墙的中线和轴线重合）

当前设置：对正 = 无，比例 = 20.00，样式 = STANDARD

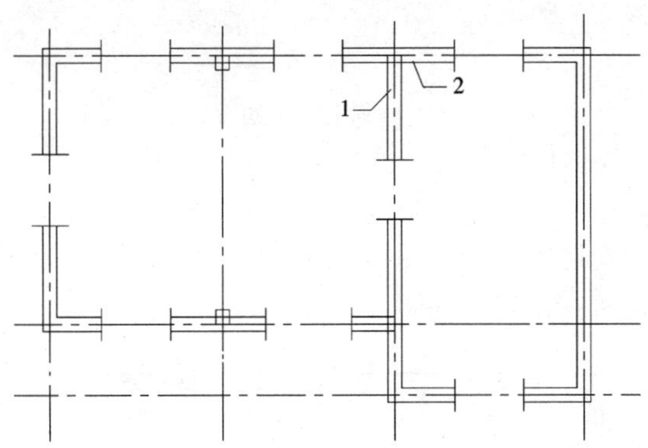

图 10-23 绘制墙线

指定起点或 [对正(J)/比例(S)/样式(ST)]：S↵(调整两线之间的宽度)

输入多线比例 <20.00>：240 ↵ (设定墙宽为 240)

当前设置：对正 = 无，比例 = 240.00，样式 = STANDARD

指定起点或 [对正(J)/比例(S)/样式(ST)]：<对象捕捉 开>(捕捉轴线交点为第一点)

指定下一点： (依次给出墙线各点，或回车结束命令)

(4) 编辑墙线的交接处。关闭辅助线层，使辅助线不显示。调用 MLEDIT 命令打开“多线编辑工具”对话框，选择“T 形打开”工具，在命令行出现如下提示：

选择第一条多线： (选择希望切断的墙线为第一条多线，如图 10-23 所示墙线 1)

选择第二条多线： (选择第二条多线，如图 10-23 所示墙线 2)

选择第一条多线 或 [放弃(U)]：↵ (结束命令，或继续编辑另一交接处)

多线编辑完成后的墙线如图 10-24 所示。

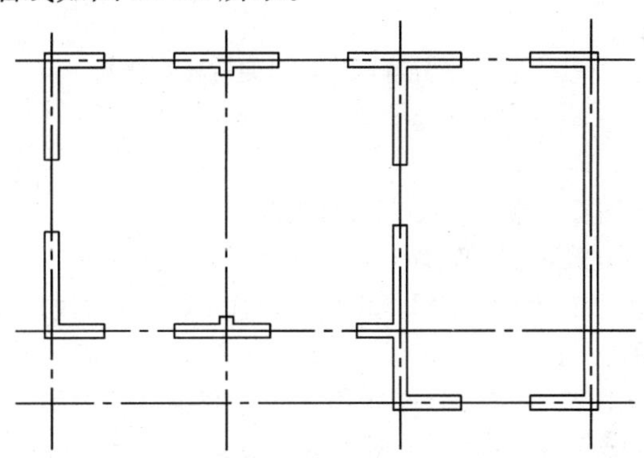

图 10-24 多线编辑完成后的墙线

(5) 绘制门开启线。将门层置为当前图层，按照图 10-21 所示绘制门开启线。

命令：LINE↵

指定第一点： (捕捉 M1 左端点)

指定下一点或 [放弃(U)]：@750<45↵

指定下一点或 [放弃(U)]：↵

命令：↵

LINE 指定第一点： (捕捉 M1 右端点)

指定下一点或 [放弃(U)]：@750<135↵

指定下一点或［放弃(U)］：↵

命令：↵

LINE 指定第一点： （捕捉 M2 上端点）

指定下一点或［放弃(U)］：@1000<－45 ↵

指定下一点或［放弃(U)］：↵ （完成门开启线，如图 10-25 所示）

（6）绘制窗图例。将窗层置为当前图层。在屏幕任意位置绘制窗图例。然后利用 COPY 命令将其复制到图中窗户所在位置。如图 10-25 所示。

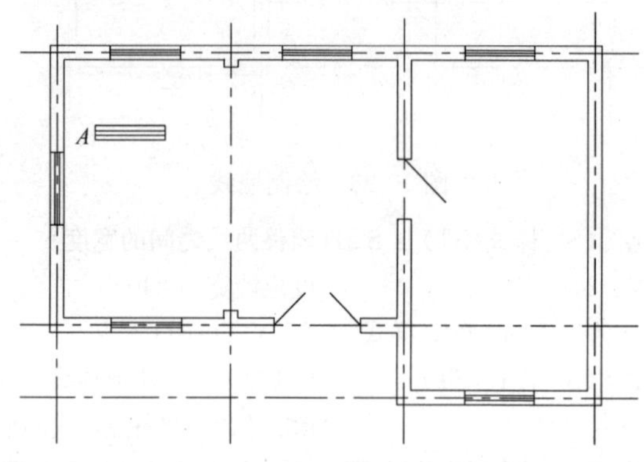

图 10-25 绘制门开启线和窗户图例

命令：RECTANG ↵

指定第一个角点或［倒角(C)/标高(E)/圆角(F)/厚度(T)/宽度(W)］：（在图中任意位置拾取一点，如图 10-25 所示点 A）

指定另一个角点或［面积(A)/尺寸(D)/旋转(R)］：@1200，240 ↵

命令：EXPLODE ↵

选择对象：找到 1 个 （分解矩形，以便偏移直线）

选择对象：↵

命令：OFFSET ↵

当前设置：删除源＝否 图层＝源 OFFSETGAPTYPE＝0

指定偏移距离或［通过(T)/删除(E)/图层(L)］<通过>：80 ↵

选择要偏移的对象或［退出(E)/放弃(U)］<退出>：（选择矩形上边线）

指定要偏移的那一侧上的点，或［退出(E)/多个(M)/放弃(U)］<退出>：（单击，向下偏移）

选择要偏移的对象或［退出(E)/放弃(U)］<退出>：（选择矩形下边线）

指定要偏移的那一侧上的点，或［退出(E)/多个(M)/放弃(U)］<退出>：（单击，向上偏移）

选择要偏移的对象或［退出(E)/放弃(U)］<退出>：↵

命令：COPY ↵

选择对象：指定对角点：找到 6 个 （窗选 A 处窗图例）

选择对象：↵

指定基点或［位移(D)］<位移>：<对象捕捉 开> （捕捉左下角点为基点）

指定第二个点或 <使用第一个点作为位移>： （复制到图中窗户位置）

……

指定第二个点或［退出(E)/放弃(U)］<退出>：↵ （复制完毕，共 5 处）

命令：ROTATE ↵ （旋转 A 处窗图例）

UCS 当前的正角方向：ANGDIR＝逆时针 ANGBASE＝0

选择对象：指定对角点：找到 6 个　　　　　　　　　　(窗选 A 处窗图例)
选择对象：↵
指定基点：　　　　　　　　　　　　　　　　　　　　(捕捉一个角点)
指定旋转角度，或［复制(C)/参照(R)＜0＞：90 ↵(旋转 90°)
命令：MOVE ↵　　　　　　　　　　　　　　　　　　(移动旋转后的窗图例)
选择对象：指定对角点：找到 6 个　　　　　　　　　　(窗选旋转后的窗图例)
选择对象：↵
指定基点或［位移(D)］＜位移＞：　　　　　　　　　　(捕捉一个角点)
指定第二个点或 ＜使用第一个点作为位移＞：　　　　　(移动到左墙窗户位置)

(7) 将其他层置为当前层。画出细部构造，如 M1 前的台阶。删除图中多余图线，如图 10-26 所示。

5. 标注尺寸

将尺寸标注层置为当前层。将尺寸标注样式“建筑”置为当前。按照图 10-21 所示分别标注各道尺寸。请读者完成。结果如图 10-26 所示。

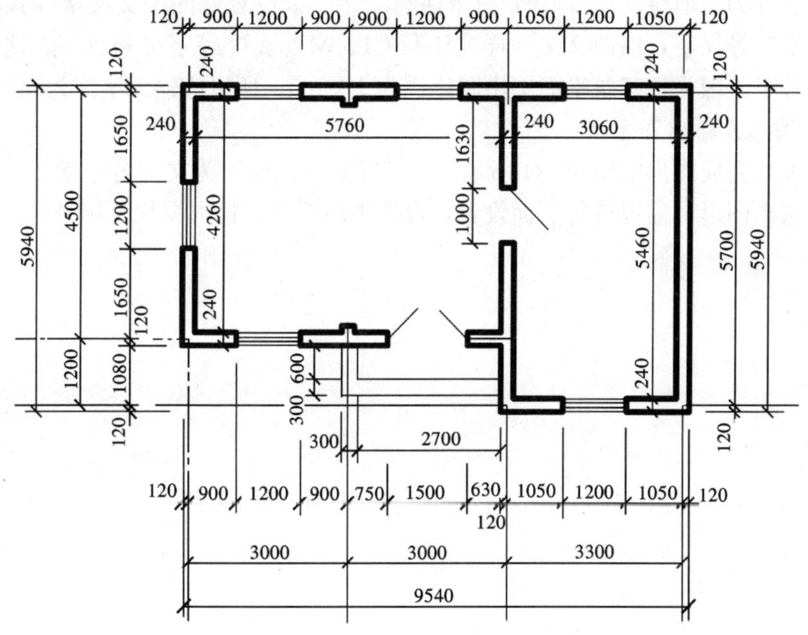

图 10-26　完成细部构造，进行尺寸标注

6. 注写轴线编号和标高符号

(1) 将 0 层置为当前层。绘制轴线编号圆，并为轴线编号定义属性，保存为块。操作如下：

1) 在图中任意位置画出直径为 8mm 的圆，用 ZOOM 命令窗口放大。

2) 调用 ATTDEF 命令，打开“属性定义”对话框，定义属性。设置如下：

在“模式”选项组选中“验证”选项；在“标记”框中输入“1”，“提示”框中输入“请输入轴线编号”，“值”框置空；在“对正”框中选择“中心”，“文字样式”选择已设置好的西文文字样式，“高度”框中输入“5”；选择“在屏幕上指定”复选框；其他选项取默认值。单击“确定”按钮，接着在绘图区域选择圆心为插入点。

3）调用 WBLOCK 命令，打开“写块”对话框，定义块文件。选择圆和数字为块中的图形对象；捕捉圆周最高点（Shift+右键，弹出光标菜单，从中选择“象限点”）为插入基点；选择存储路径，块名为“水平轴线编号”。

同理，捕捉圆周最右点为插入基点，以“垂直轴线编号”为名再定义一个块。

（2）将符号层置为当前层。多次调用 INSERT 命令，打开“插入”对话框。单击“浏览”按钮，分别选择“水平轴线编号”或“垂直轴线编号”块；勾选“缩放比例”区的“统一比例”复选框，输入比例系数“100”；插入点分别选择各条轴线的下端点或左端点。当命令行出现“请输入轴线编号”的提示时，输入相应的轴线编号。分别标注出图 10-21 所示图形下方和左侧的轴线编号。最后利用 COPY 命令复制出图形右侧的轴线编号。

同理，可定义标高符号为带有属性的块，插入到建筑平面图中。请读者完成。

注意，在插入块时，要根据图形出图比例调整插入比例，如果输出比例为 1∶100，则在插入块时要将其扩大到 100 倍。

7. 注写文字

将文本层置为当前层。用 TEXT 命令注写文字。以设置好的中文文字样式注写“接待室”、“值班室”等汉字，以西文文字样式注写 C1、M1、M2 等字母和数字。这些文字出图时均应为 5 号字。因为该建筑平面图出图比例为 1∶100，所以应输入字高为 500。

8. 保存图形或输出图形

检查整理，完成图形如图 10-21 所示。以“建筑平面图”为文件名存盘。

如果要输出图形，需要进行页面设置，设置视口比例，插入图框及标题栏。

第十一章　结构施工图

第一节　概　　述

通过上一章介绍，我们已知房屋施工图分为建筑施工图、结构施工图、设备施工图和装饰施工图四大类。本章专门介绍结构施工图的形成与组成，结构施工图的作用与内容，常用构件代号及材料符号，结构施工图的表达方法及阅读。

一、结构施工图的作用

1. 结构和构件

通常把房屋中除承受自重外还要承受其他荷载的结构称为结构部分或构件。例如基础、楼板、楼盖、楼梯、梁、柱等（承重墙体虽属结构设计但用建筑施工图表达）。

2. 民用建筑房屋常用结构形式

民用建筑房屋常用结构形式较多，按所用承重材料一般分为以下几种情况：

（1）混合结构——建筑物承重部分由不同的材料构成，一般基础采用毛石砌筑，墙体用砖砌筑，楼板、屋面、梁等用钢筋混凝土材料筑成。

（2）钢筋混凝土结构——所有承重构件全部采用钢筋混凝土材料构成。

（3）钢结构——所有承重构件全部采用钢材构成。

此外，还有木结构、砖石结构等。

3. 结构施工图的作用

在建筑物的设计过程中，除进行建筑设计并绘出施工图外，还要对建筑物进行结构造型设计和构件布置，并进行计算，进而确定建筑物各承重构件（如基础、梁、板、柱等）的材料、形状、大小、尺寸和构造形式等。将上述设计结果按国家《建筑结构制图标准》（GB/T 50105—2001）绘成图样，这些图样称结构施工图。

结构施工图与建筑施工图一样，是施工的主要依据，用于指导施工放线、基础砌筑、支模板、配置钢筋、浇筑混凝土、结构安装等。结构施工图也是计算工程量，编制施工预算和施工进度表进行施工组织的依据。

二、结构施工图的组成

结构施工图必须满足结构、构件施工要求，包括以下内容。

1. 结构设计说明书

它一般以文字说明并辅以图表等形式出现的。包括结构构件设计依据，结构的选定形式，选用材料的类型、规格、强度等级，选用标准图和通用图集代号及对施工的特殊要求等。

2. 结构平面图

通常包含以下内容。

（1）基础平面布置图；

（2）设备基础平面图；

（3）楼层结构构件平面布置图；

（4）屋面结构构件平面布置图。

3. 结构构件详图

（1）基础详图；

（2）梁、板、柱等构件详图；

（3）楼梯结构详图；

（4）屋架结构详图；

（5）其他结构构件详图。

三、常用结构材料简介

1. 砖

砖的种类较多、建筑上多采用的是以粘土为主要材料烧结而成的实心红砖。其规格为240mm×115mm×53mm。按其抗压强度大小（N/mm^2）分为MU30、MU25、MU20、MU15、MU10、MU7.5这6个强度等级。它常用于砌筑墙体等部分。

2. 石材

天然石料具有较高的抗压强度，且抗腐蚀性较好，广泛用于基础、挡土墙、涵洞等工程。

3. 木材

木材曾在建筑结构中作为主要结构材料，如木屋架、木梁、木柱等，其优点很多，主要有轻质高强，弹性、韧性好，抗击冲击和振动，易于加工等。木材分针叶类和阔叶类。近年由于钢筋混凝土的广泛应用和木材资源的减少，已很少采用。

4. 钢材

建筑用钢材一般分为型钢和径钢。钢材具有较高的抗拉、抗压强度；良好的塑性和韧性，抗冲击，可加工。广泛应用于建筑工程上。

（1）型钢

轧钢厂按标准规格型号轧制而成，主要用于钢结构。常用型钢类别及标注方法列表11-1。

（2）径钢

一般把圆形钢材称为径钢。通常把6mm以下的称为钢丝、40mm以下的称为钢筋。径钢因化学成分、力学性能等不同，将强度等级分为Ⅰ～Ⅴ五级。Ⅰ级钢为光圆钢筋，强度较低，Ⅱ～Ⅳ级为含有合金制成的螺纹钢和人字纹钢，表示方法及强度见表11-2。

表11-1　　常用型钢的标注方法

名　称	截面代号	标注方法	备　　注
等边角钢	∟	∟ $b \times t$	b—边宽 t—厚度
不等边角钢	B ∟	∟ $B \times b \times t$	B—长肢宽；b—短肢宽 t—厚度

续表

名　称	截面代号	标注方法	备　注
工字钢		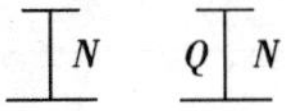 N　Q N	N—工字钢的型号 Q—轻型
槽　钢	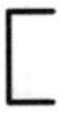	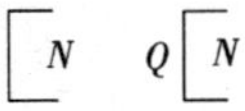 N　Q N	N—槽钢的型号 Q—轻型
方　钢	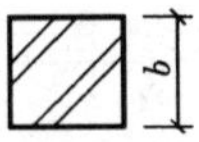 b	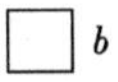 b	
扁　钢	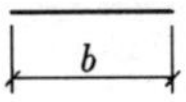 b	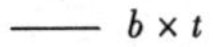 —— b × t	

表 11-2　　钢筋种类和级别及代号

级　别	符　号	材料及表明形状	直径 d（mm）	强度标准值（N/mm²）
HPB235 级	Φ	Q235，光圆钢筋	8～20	235
HRB335 级	Φ	20MnSi，带肋钢筋	6～50	335
HRB400 级	Φ	25MnSiV 等，带肋钢筋	6～50	400
RRB400 级	Φ^R	k20MnSi，热处理钢筋	6～40	400

5．混凝土

混凝土是由水泥、砂、石子、水及其他外加材料按适当比例配制、搅拌，再经装模、养护、硬化后而形成的人工石材。混凝土种类繁多，用途广泛，在建筑结构中被大量使用。混凝土抗压强度较高，以立体抗压强度表示，可分为 12 级，即 C7.5、C10、C15、C20、C25、C30、C35、C40、C45、C50、C55、C60。其中 C 表示混凝土，C 后面的数字表示立方体抗压强度标准值。例如 C20 表示立方体抗压强度≥20MPa，保证率为 95%。

不同的工程部位采用强度等级不同的混凝土。一般 C7.5～C15 用于垫层、基础工程或大体积混凝土；C15～C25 多用于普通钢筋混凝土（梁、板、柱、屋架等），C20～C30 多用于大跨度结构及预制构件；C30 以上用于预应力钢筋混凝土及特种结构。

第二节　钢筋混凝土构件施工图

钢筋混凝土构件是指结构中经常采用的钢筋混凝土制成的梁、板、柱等构件。因施工方法不同分为预制构件（工厂预制、现场安装）和现浇构件（现场支模浇筑）。另外，预制构件承载前已对构件的受拉筋施加应力的称预应力构件。

一、常用结构构件代号

在结构施工图中，为了简明的表明构件的名称种类、国家《建筑结构制图标准》（GB/T 50105—2001）规定，对于梁、板、柱等钢筋混凝土构件可用代号表示，见表 11-3，当采用缩写代号与上述表中不同时，需在图纸中用文字说明。例如 TL—挑梁。

表 11-3 常用构件代号

序号	名　称	代号	序号	名　称	代号	序号	名　称	代号
1	板	B	15	吊车梁	DL	29	基础	J
2	屋面板	WB	16	圈　梁	QL	30	设备基础	SJ
3	空心板	KB	17	过　梁	GL	31	桩	ZH
4	槽形板	CB	18	连系梁	LL	32	柱间支撑	ZC
5	折板	ZB	19	基础梁	JL	33	垂直支撑	CC
6	密肋板	MB	20	楼梯梁	TL	34	水平支撑	SC
7	楼梯板	TB	21	檩　条	LT	35	梯	T
8	盖板或沟盖板	GB	22	屋　架	WJ	36	雨　篷	YP
9	挡雨板或檐口板	YB	23	托　架	TJ	37	阳　台	YT
10	吊车安全走道板	DB	24	天窗架	CJ	38	梁　垫	LD
11	墙　板	QB	25	框　架	KJ	39	预埋件	M
12	天沟板	TGB	26	刚　架	GJ	40	天窗端壁	TD
13	梁	L	27	支　架	ZJ	41	钢筋网	W
14	屋面梁	WL	28	柱	Z	42	钢筋骨架	G

二、钢筋混凝土构件中的钢筋

1. 钢筋的种类、级别和代号

钢筋混凝土构件中常用的钢筋有热扎普通低碳钢和普通低合金钢，表面轧有花纹、热处理钢丝、冷拉钢筋、冷拔钢丝等，详见表 11-2。

2. 钢筋的作用和分类

在钢筋混凝土构件中的钢筋，按其所起的作用可分为如下几类：

（1）受力钢筋。承受拉、压应力的钢筋，如图 11-1 所示的钢筋。受力筋一般直径较大，强度高。在梁、板等构件中有时将部分受力筋弯起称弯起筋。

（2）箍筋。在梁、柱等构件中固定受力筋而形成骨架的钢筋。其直径较小，强度较低。箍筋也承受部分剪力和拉力，如图 11-1 所示。

（3）架立筋。梁内固定箍筋的钢筋，其直径较小，强度较低，如图 11-1 所示。

（4）分布筋。板类构件中固定受力筋的钢筋。直径较小，强度较低，并起将荷载分布给受力筋的作用，如图 11-1 所示。

（5）负筋。现浇板边缘处或连续梁、板负弯矩处放置的钢筋，如图 11-1 所示。

（6）其他钢筋。钢筋混凝土构件中有时因吊装设有吊筋和其他构件连接而设的拉接筋等，如图 11-1 所示。

3. 光面钢筋的弯钩

为使钢筋和混凝土共同工作，钢筋混凝土构件必须具有足够的粘结力，而光面钢筋机械啮合作用较差，所以在其端部设有弯钩，以增强锚固作用。常用弯钩形式如图 11-2 所示。

4. 钢筋的保护层

钢筋混凝土构件中的钢筋不能外露，以保证粘结力和防止锈蚀，规范规定要有一定厚度

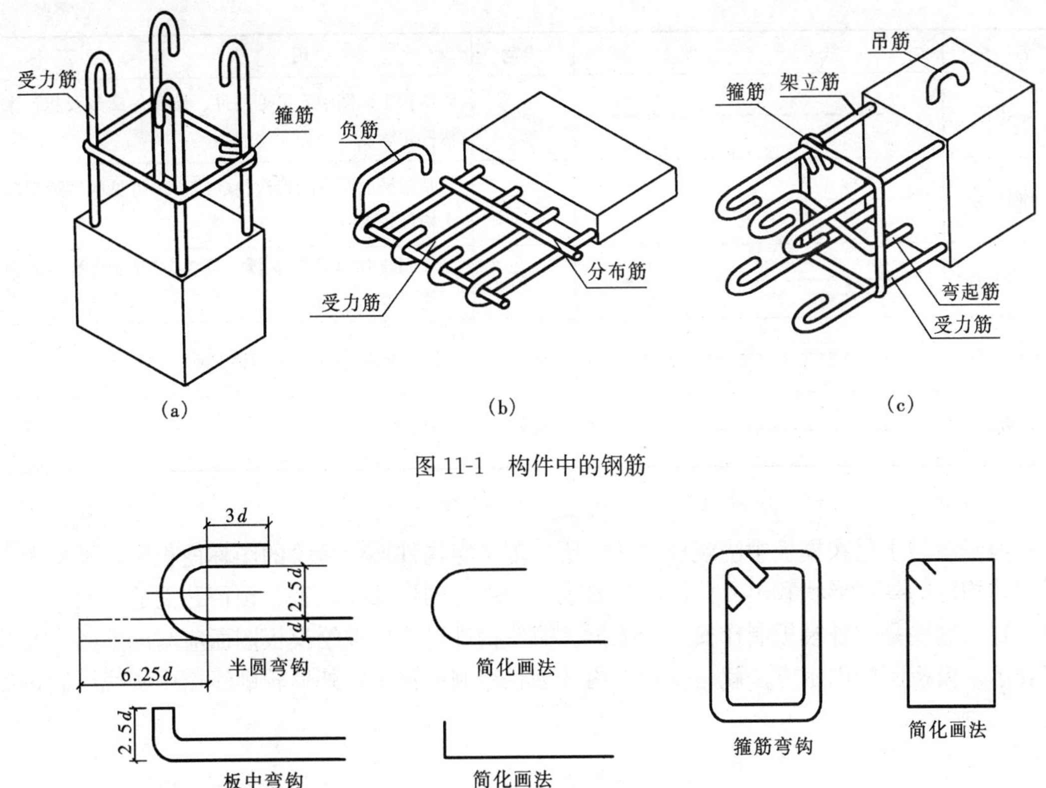

图 11-1 构件中的钢筋

图 11-2 弯钩的形式

的混凝土作为保护层。一般梁中保护层厚度为 25mm，板中钢筋保护层厚度 10mm。详见《钢筋混凝土设计规范》。

三、钢筋混凝土构件的图示内容及图示方法

钢筋混凝土构件图由模板图、配筋图、预埋件详图和钢筋用量表等组成。它们除了要符合投影原埋外，还要根据国家颁布的建筑、结构制图标准的有关规定，采用表 11 4 所列的线型标准。

表 11-4 **常用结构施工图图线**

名称	线型	线宽	用途
粗实线	————	b	螺栓、主钢筋线、结构平面图中的单线结构构件线、钢、木支撑线图名下横线、剖切线
中实线	————	$0.5b$	结构平面图中及详图中剖到或可见墙身轮廓线、基础轮廓线、钢、木结构轮廓线、箍筋线、板钢筋线
细实线	————	$0.25b$	可见钢筋混凝土构件的轮廓线、尺寸线、标注引出线，标高符号，索引符号
粗虚线	— — — — — —	b	不可见的钢筋、螺栓线、结构平面布置图中不可见的单线结构构件线及钢、木支撑线

续表

名 称	线 型	线宽	用 途
中虚线	- - - - - - - -	0.5b	结构平面图中不可见构件、墙身轮廓线及钢、木构件轮廓线
细虚线	- - - - - - - -	0.25b	基础平面图中的管沟轮廓线、不可见的钢筋混凝土构件轮廓线
粗点画线	—·—·—·—	b	柱间支撑、垂直支撑、设备基础轴线图中的中心线
细点画线	—·—·—·—	0.25b	定位轴线、对称线、中心线
折断线	——\/——	0.25b	断开界限

1. 模板图

由于混凝土是在模板中浇筑成型的，所以把确定构件形状所绘的图称模板图。模板图主要表达构件的外部形状和尺寸，同时需要表明预埋件的形状、位置、预留孔洞的形状、尺寸和位置，这些是构件模板制作安装的依据。简单构件可不单独绘模板图而应与配筋图合并绘制表示。模板图的图示方法就是按构件内外形状绘制的视图，外形轮廓线用中实线绘制，如图 11-3 所示。

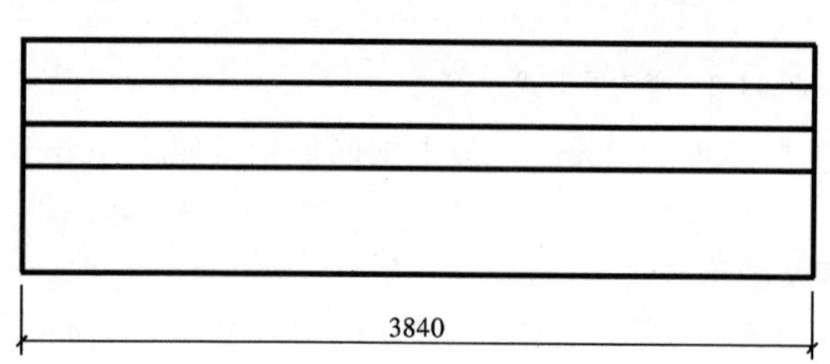

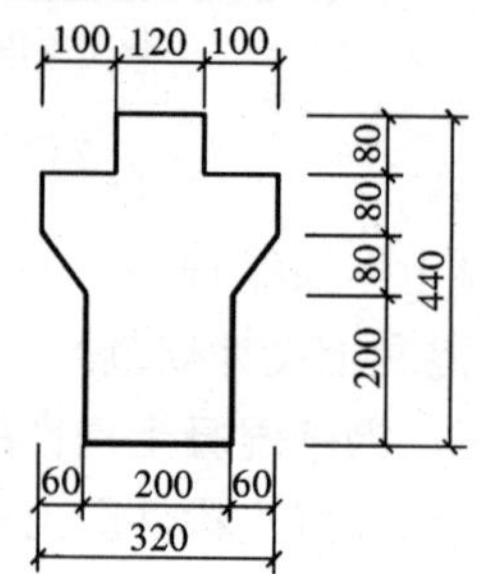

图 11-3 梁的模板图

2. 配筋图

配筋图就是钢筋混凝土构件中的钢筋配置图。它应详尽的表达出所配置的钢筋的级别、形状、尺寸、直径、数量及摆放位置。

（1）配筋图的图示方法。配筋图是表达构件中钢筋布置的图。规定要用细实线画出构件的外形轮廓线；假想混凝土为透明体，可以看到钢筋，用粗实线绘出纵向钢筋；断面图中钢筋断面用黑圆点表示。一般梁、柱绘制立面图及断面图，板只需绘平面图。图 11-4 所示是梁的配筋图，立面图中用细实线绘出梁的外形轮廓和配筋，断面图中明确了钢筋的摆放位置。

（2）钢筋的编号。从图 11-4 中看出，构件中所配的钢筋规格形状、等级、直径等是不同的，为了有所区别，采用不同的钢筋用不同编号表示的方法来区别。钢筋编号是用阿拉伯数字注写在直径为 6mm 的细线圆圈内，并用引出线指到对应钢筋上。同时，在引出线的水平线段上，注出该种钢筋的根数、级别、直径等。箍筋一般不注明根数，而是用等间距代号

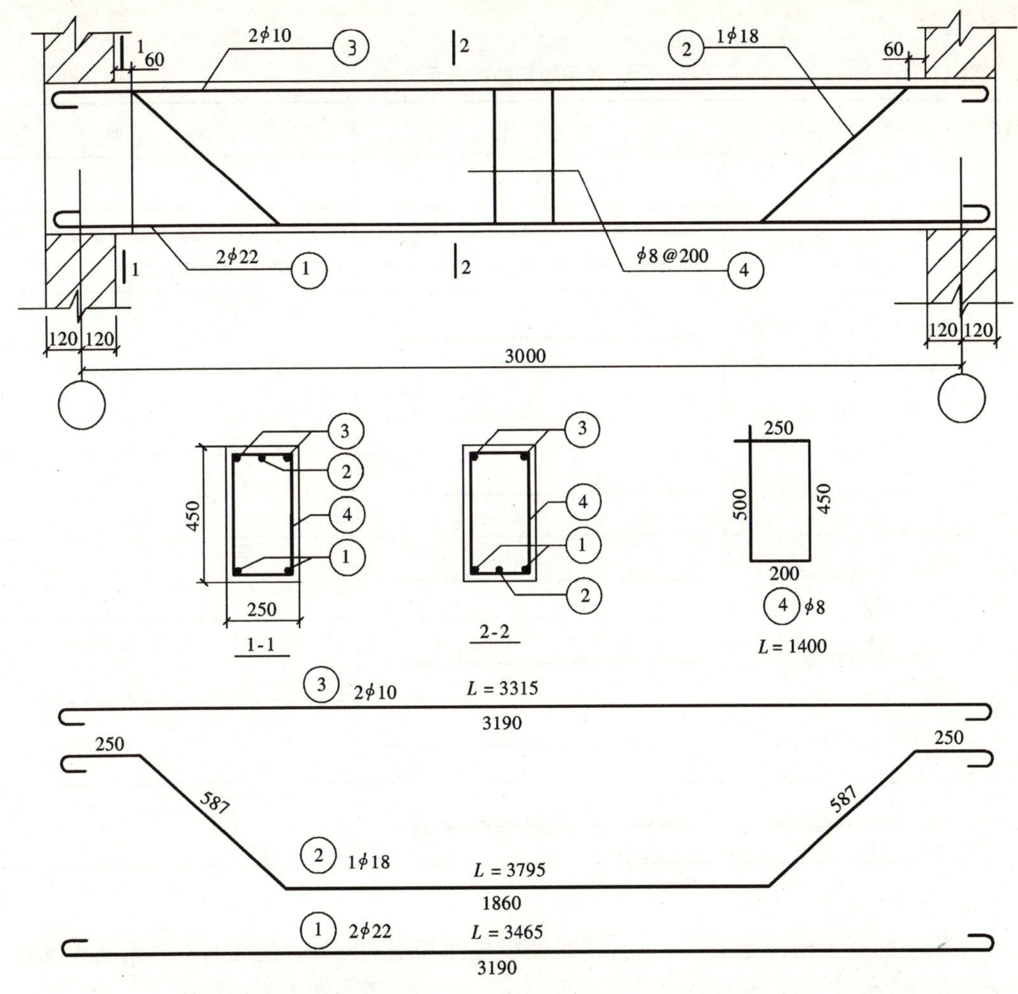

图 11-4　梁的配筋图

@后面注明间距表示，具体形式如图 11-4 所示。

图 11-4 中的钢筋就是采用上述方式编号并标注的。例如①号钢筋是 HPB235 级钢，2 根。直径为 22mm。

（3）钢筋的详图。配筋图中虽然标注了钢筋的编号及根数、等级、直径等，但对于钢筋的形状和尺寸还不清楚，不能满足施工要求，需另绘钢筋详图表示（也叫钢筋的成型图。简单的构件也可在钢筋用量表中绘制）。它是将钢筋按形状用粗实线单线绘出，并分别标出每段尺寸。所标注尺寸不包括弯钩长度，并且需注意一般钢筋所注尺寸为外皮尺寸，箍筋所注尺寸为内皮尺寸。例如图 11-4 中所示的①号钢筋长度为梁长减去两端保护层，即 3240－2×25＝3190mm。②钢筋弯起长度 587mm 为该钢筋下部下皮尺寸到上部上皮尺寸；④号箍筋长度 450mm 为内皮尺寸。

钢筋图中还需标注出该钢筋的下料长度尺寸以便于施工下料。下料尺寸＝设计长度尺寸＋两端弯钩长度尺寸－弯曲伸长度尺寸。例如①号钢筋下料长度：3190＋2×6.25×22＝3465mm。弯钩尺寸及弯曲伸长尺寸见建筑施工类书籍，本书不详细介绍。

（4）钢筋连接。当构件长于钢筋长度时，钢筋需要连接，连接形式有搭接、焊接等，画法见表 11-5。

表 11-5　　常用的钢筋的表示方法

序号	名　　称	图　　例	说　　明
1	钢筋断面		
2	无弯钩的钢筋端部	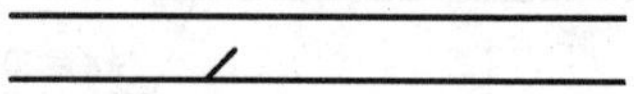	下图表示长、短钢筋投影重叠时，短钢筋的端部用 45°斜划线表示
3	带半月形弯钩钢筋端部		
4	带直钩的钢筋端部		
5	带丝扣的钢筋端部		
6	无弯钩的钢筋搭接		
7	带半月弯钩的钢筋搭接		
8	带直钩的钢筋搭接		
9	套管接头（花篮螺丝）	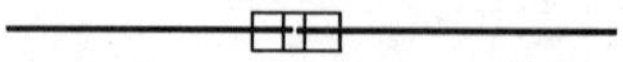	

3. 钢筋用量表

在钢筋混凝土构件施工图中，除需绘制模板图和配筋图外，还需有一个钢筋用量表。它以表格的形式，把每个构件的钢筋按类型列出，以供施工和做工程预算用。

在钢筋用量表中需标明构件代号，构件数量、钢筋简图、编号、直径、数量、长度、总长、总重等，见表 11-6，该表省略了部分内容。

表 11-6　　钢 筋 用 量 表

编号	简　　图	直径	长度（cm）	根数	总长（m）	总量（kg）
1		ϕ22	3465	2	6.93	20.68
2		ϕ18	3770	1	3770	7.54
3		ϕ10	3315	2	6.63	4.09
4		ϕ8	1400	17	23.90	10.00

4. 预埋件详图

在钢混凝土构件中，有时为了满足吊装、安装、连接等要求，需要有预埋件。如吊环、钢板、拉筋等，需将预埋件图绘出。如图 11-5 所示轴测图、复杂的需画正投影图并标注尺寸。

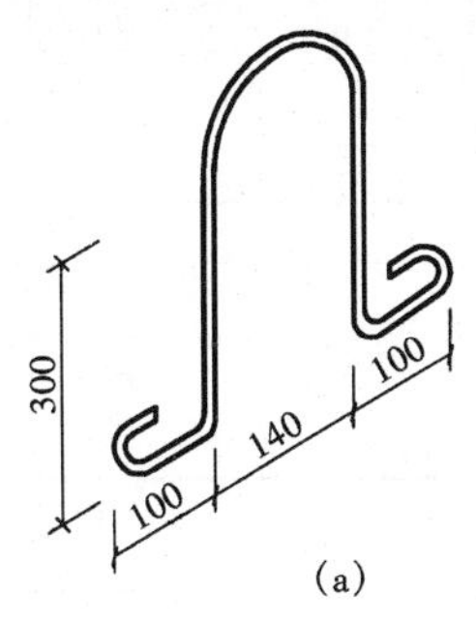

(a)

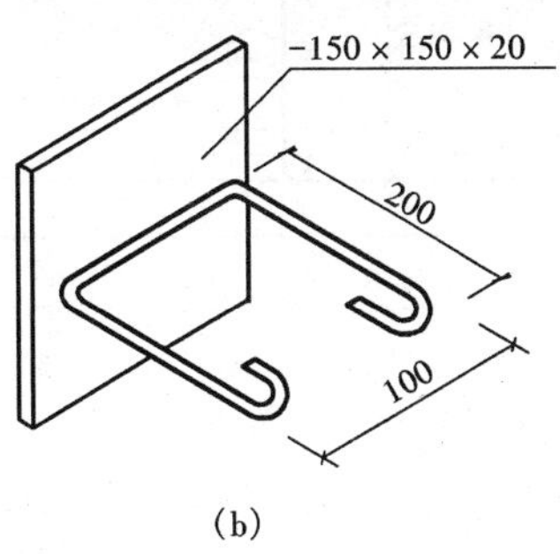

(b)

图 11-5 预埋件详图

(a) 预埋吊钩；(b) 预埋钢板

四、钢混凝土构件详图

筋混凝土构件可用代号表示，见表 11-3，而且编有标准图集供设计单位采用。施工单位按所选图集中的构件图施工即可。梁的详图前面已经介绍了，下面介绍一些非标准构件的施工图。

1. 钢筋混凝土现浇板

现浇板具有整体性较好，防渗性能好，且便于预留孔洞等优点，现仍被广泛采用。

(1) 模板图。因板在施工现场浇筑，所以需先现场支模板，绑扎钢筋后才能浇筑混凝土。但因板的结构简单，一般不单独绘制模板图，而是与配筋图合并表示板的形状、尺寸及预留洞等内容。如需绘制模板图，要求同前述梁的相同。

(2) 配筋图。在板的配筋图中，不但要用细实线画出板的平面形状，且需要中虚线画出板下边的墙、梁、柱的位置。而对于板厚或梁的断面形状一般采用重合断面的方法表示。

板的配筋与梁不同，板内配筋一般等距排列，而且有单向配受力筋（单向板），受力筋在下边，分布筋在上边；双向配受力筋（双向板），短的受力筋在下；双层配筋，指板上下两层配置受力筋。

配筋绘在板的平面图内，并需用粗实线画出板内受力筋的形状和配置情况，并注明其编号、尺寸、等级、直径、间距（或根数），每种规格只画一根表示即可，按其立面形状画在安放的位置上。对弯起筋要注明弯起点到端部（或轴线）的距离。当双层配筋时，为了有所区别，要求底层钢筋的弯钩向上（或向左）画出，顶层钢筋弯钩向下（或向右）画出。在平面图上与受力筋垂直布置的分布筋可不画出，但需在附注上或钢筋表中说明其级别、直径、间距（或数量）及长度等，如图 11-6 所示。钢筋详图可在钢筋用量表中标注。

(3) 钢筋用量表。板的钢筋用量表要求与梁相同，一般在简图中表明钢筋详图，如表 11-6。本书从略。

图 11-6 现浇板中设有板梁、下部设有管沟，在②～③轴线之间有挑阳台，在①、②、③轴线上有过梁和挑过梁等。板中配筋为①ϕ8@150；②ϕ8@150；过梁处加配③3ϕ15 钢筋等。GL 梁钢筋另图配置。

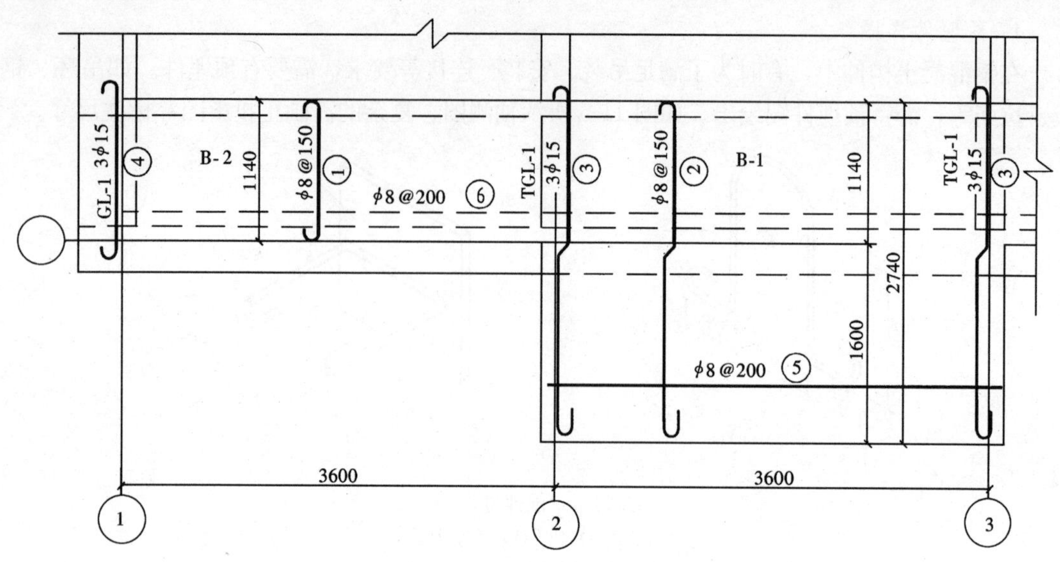

图 11-6　钢筋混凝土板配筋图

2. 钢筋混凝土柱

柱与梁的受力情况不同，但图示方法基本相同。柱内配筋按受力情况可分为受力筋和箍筋，受力筋又分为抗压筋（轴心抗压柱）和压、拉筋（偏心受压柱）等。而且有的柱需与其他构件连接，需配拉接筋或设有预埋件。

（1）模板图。外形复杂的柱需用模板图表明构件外形尺寸、预埋件位置等，图示方法同梁。对于构造简单的柱，可与配筋图合并表示。

（2）配筋图。同样，柱的配筋图需表明柱钢筋编号、级别、直径、数量、形状尺寸等。并表明与其构件的连接关系等，因它比较简单，这里不再详述。

第三节　基础施工图

基础是位于建筑物室内地面以下的承重部分。它承受上部墙、柱等传来的荷载，并传给基础下面的地基。建筑物上部结构形式相对应的决定了下部基础的形式。建筑物基础的形式很多，而且所用材料也不同，比较常用的是由毛石或砖砌筑的墙下条型基础和钢筋混凝土材料浇筑的柱下单独基础，如图 11-7 所示。本书主要介绍这两种基础。

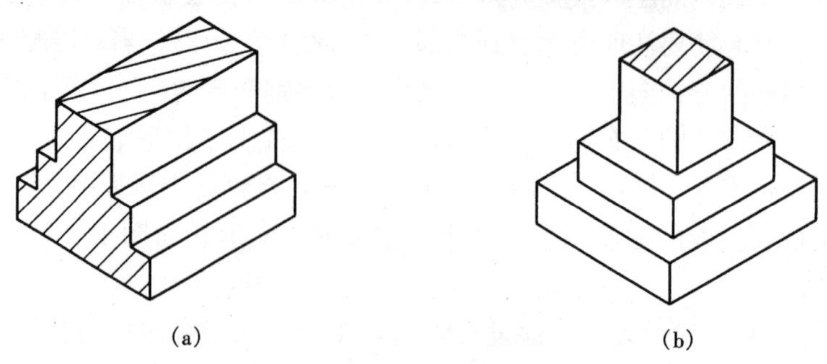

图 11-7　基础的形式

（a）墙下条形基础；（b）柱下条形基础

一、基础施工图的作用

基础施工图是进行施工放线、基槽开挖和基础砌筑的主要依据，也是做施工组织设计和施工预算的主要依据。主要图纸有基础平面图和基础详图。

二、基础平面图

基础平面图是表示基础平面布置的工程图样。

1. 形成

假想用一个水平的剖切平面，沿建筑物室内地面以下剖开后，移去上部建筑物和土层后，向水平面做正投影所得到的投影图样称基础平面图，如图 11-8 所示。

2. 基础平面图的图示内容及图示方法

基础平面图的图示内容如图 11-8 所示。

(1) 定位轴线。它与建筑施工图一样，基础平面图也要绘制轴线，并且轴线的编号、间距尺寸应与建筑施工图中的底层平面图一致。

(2) 墙身剖切线。墙身被切到的部分，可用中实线绘制其轮廓线，可不画材料符号。

(3) 基础轮廓线。条形基础一般设计有大放脚成台阶型，而基础平面图上只需用中实线画出最外两条轮廓线的投影即可，不画出台阶投影。

(4) 其他构造部分图示方法。对于设有圈梁的基础，可用一条粗实线（画在墙厚中间）表示可见的基础圈梁（不可见用粗虚线表示）。剖到的钢筋混凝土柱，可用涂黑的材料符号表示。穿过基础的管道洞口，可用细虚线表示。基础中的地沟同样用细虚线表示。

(5) 断面详图位置符号。房屋各部分墙的基础受力情况不同所以构造、埋深等断面形状也不同，要分别绘制基础详图。所以在基础平面图上，标注基础断面详图的位置符号和编

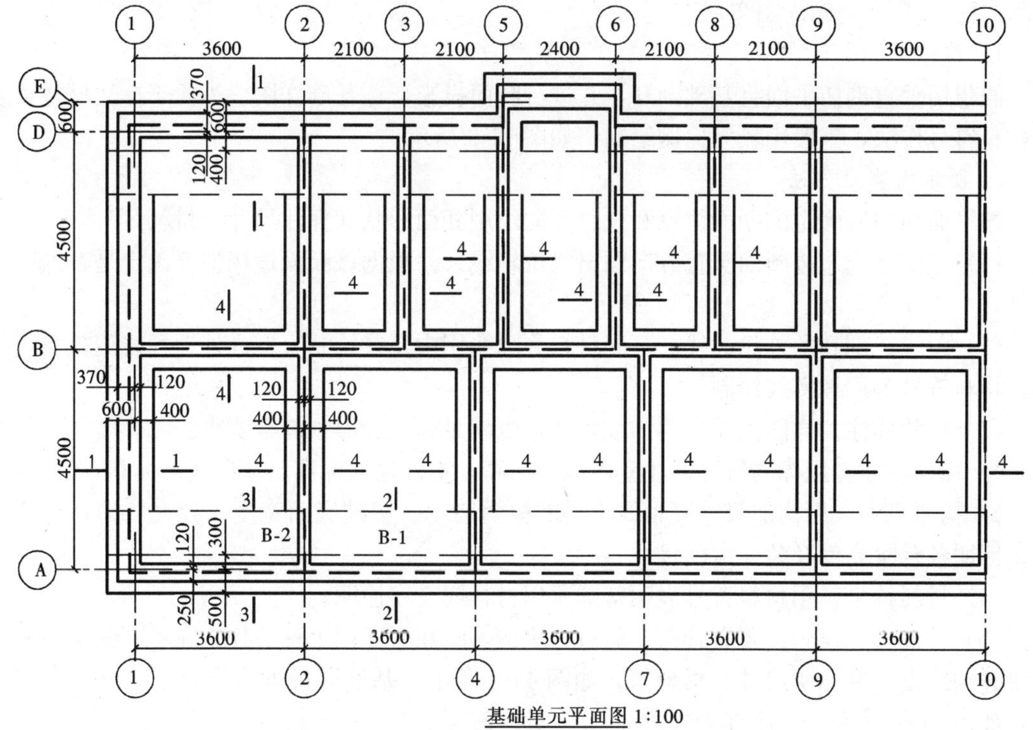

基础单元平面图 1:100

图 11-8　基础平面图

号，形状、尺寸不同处的断面要分别编号，如相同，可用同一编号标注，且要注意投影方向，如图 11-8 所示。

3. 基础平面图的尺寸标注

(1) 轴线尺寸。在基础平面图上需标注定位轴线间尺寸（开间和进深），最外两根轴线之间总尺寸。

(2) 墙体尺寸。基础平面图上要以轴线为基准标注出同建筑平面图一致的上部砌体尺寸。

(3) 基础宽度尺寸。基础平面图上要以轴线为基准标注出各墙基础最外轮廓宽度尺寸，构造相同的可用同一个断面图编号表示。

(4) 其他尺寸。若设有管沟洞口等，在基础平面图上也要注明位置及尺寸。

图 11-8 为条形基础平面图实例局部，就是按上述内容和要求绘制的。

4. 基础平面图的阅读

以图 11-8 为例，阅读基础平面图。

(1) 图名、比例。由图 11-8 中知为条形基础平面图，比例为 1∶100。

(2) 轴线。它与平面图一致，轴线确定基础间尺寸，开间方向 3600mm，进深方向 4500mm。

(3) 圈梁。图 11-8 内中粗虚线可知设有圈梁。

(4) 基础宽度。由图 11-8 中知基础宽度有 1000mm、800mm 等，断面形式从 1—1 到 4—4 等。

(5) 管沟。从图 11-8 中细虚线知基础设有管沟。

三、基础详图

基础平面图只确定了基础最外轮廓线宽度尺寸，对于断面形状、尺寸和材料用断面详图表示。图 11-9 为基础详图实例。

1. 形成

假想用垂直剖切平面将基础剖开，并进行断面投影，称基础详图。为便于标注尺寸和表示材料符号作法，一般用较大比例绘制，如图 11-9 所示。

2. 图示内容及方法

按平面图中所确定的断面位置和投影方向绘制断面形状和标注尺寸及材料。

(1) 定位轴线。按断面竖直方向画出定位轴线。并根据该断面适用情况确定是否加轴线编号。

(2) 图线。剖到的外轮廓线，不同材料分隔线用中实线绘制，室内外地坪线用粗实线绘制，材料符号等用细实线绘制。

(3) 尺寸标注。详图上需标明详细尺寸，以满足施工、做预算等要求。

1) 标高尺寸。用标高符号标注室内地面标高，室外地坪标高、基础底面标高。

2) 构造尺寸。用构造尺寸以轴线为基准标明墙宽、基础底面宽度，各大放脚处台阶宽度，标明各台阶高度及整体深度尺寸。

(4) 材料符号。用材料符号表明基础所用材料或文字注明。

(5) 其他构造设施。若有管沟、洞口等构造，除在平面图上标明外，在所剖断面详图上也要详细绘出，并标明尺寸、材料等，如图 11-9 所示。基础圈梁可涂黑表示，也可画出配筋（如图 11-9 所示）。当设有防潮层时需注明位置及作法。

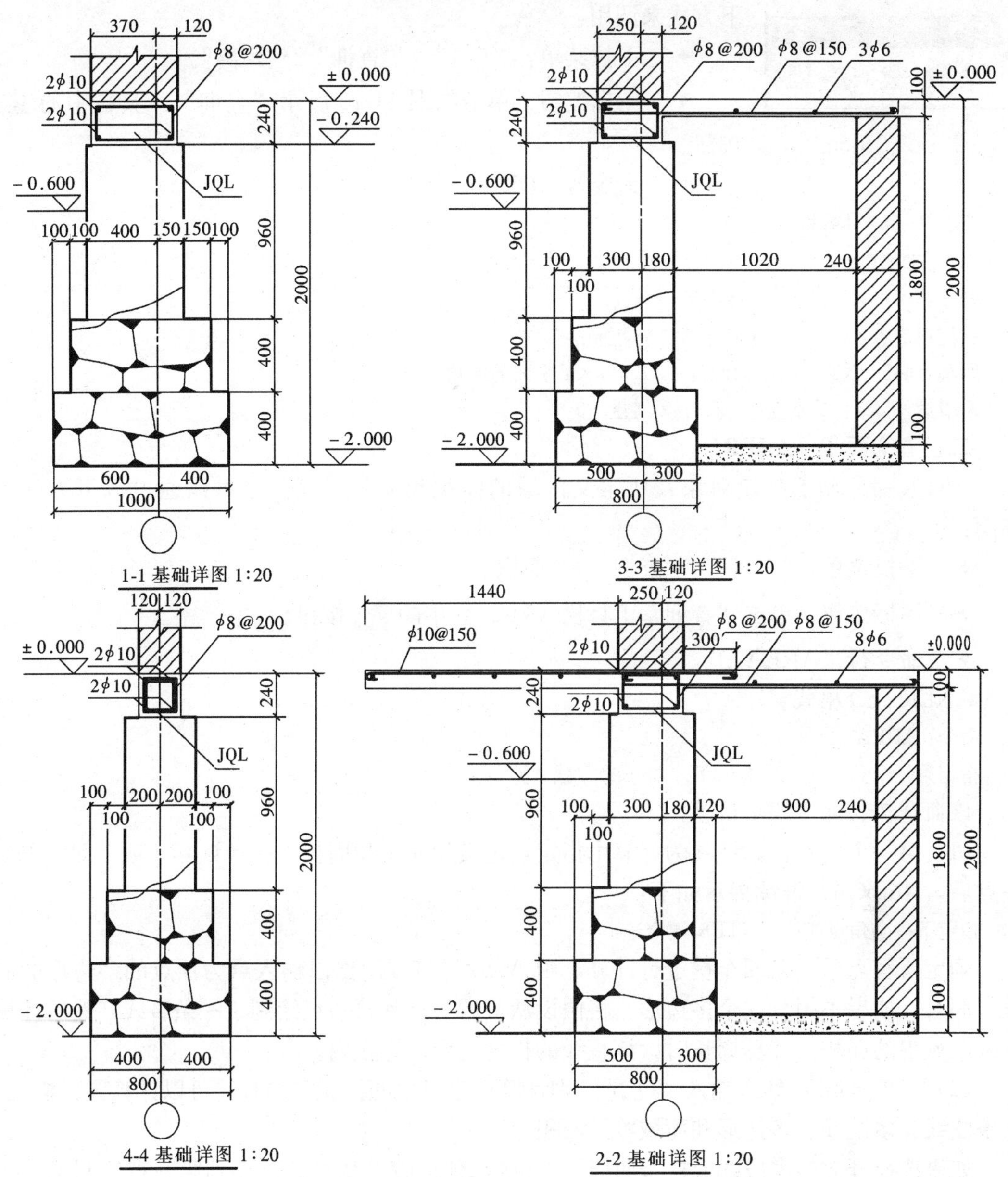

图 11-9 基础详图

第四节 AutoCAD 2006 查询图形信息

在 AutoCAD 中，任何图形对象均是由不同形状的线段组成的。对于这些线段自然就包含线段的长度、线段间的夹角以及由线段所围成区域的面积等特性。

一、查询距离（DIST）

DIST 命令为透明命令，用于测量两点间的距离、两点虚构线在 *XY* 平面内的倾角及与 *XY* 平面的夹角（对于三维空间）、两点间的 *X*、*Y*、*Z* 增量或坐标变化。该命令可以通过以

图 11-10 “查询”工具栏

下方式来调用：

✦ 下拉菜单：“工具” / “查询” / “距离”。

✦ 图标按钮：单击如图 11-10 所示“查询”工具栏中的 按钮。

✦ 命令行：DIST ↵。

DIST 命令格式：

命令：DIST ↵

指定第一点：　　　（捕捉第一个点）

指定第二点：　　　（捕捉第二个点）

距离＝445，XY 平面中的倾角＝30，与 XY 平面的夹角＝0

X 增量 ＝387，Y 增量 ＝ 219，Z 增量＝0

二、查询面积（ARER）

ARER 命令用于测量对象及所定义区域的面积和周长。该命令可以通过以下方式来调用：

✦ 下拉菜单：“工具” / “查询” / “面积”。

✦ 图标按钮：单击“查询”工具栏（11-10）中的 按钮。

✦ 命令行：AREA ↵

ARER 命令格式：

命令：AREA ↵

指定第一个角点或 [对象（O）/加（A）/减（S）]：

该命令包含如下四个选项。

（1）第一个角点：默认项为计算由指定点定义的面积和周长。执行该默认项，即给出第一点后，AutoCAD 继续提示如下：

指定下一个角点或按 ENTER 键全选：

确定所有点后，按回车键进行计算。则 AutoCAD 提示出以输入点为顶点的多边形的面积与周长。如果不闭合这个多边形，将假设从最后一点到第一点绘制了一条直线，然后计算所围区域中的面积。计算周长时，该直线的长度也会计算在内。

（2）对象（O）：如果输入“O ↵”，则计算选定对象的面积和周长。可以计算圆、椭圆、样条曲线、多段线、多边形和面域等的面积。

如果选择开放的多段线或样条曲线，AutoCAD 将假设从最后一点到第一点绘制了一条直线，然后计算所围区域中的面积。计算周长时，将忽略该直线的长度。

（3）加（A）：如果输入“A ↵”，则打开“加”模式。使用“加”模式计算各个定义区域和对象的面积、周长，也计算所有定义区域和对象的总面积。

（4）减（S）：如果输入“S ↵”，则打开“减”模式。使用“减”模式从总面积中减去指定面积。

三、查询对象特性（LIST）

LIST 命令用于列表显示对象特性。该命令可以通过以下方式来调用：

✦ 下拉菜单：“工具”/“查询”/“列表显示”。

✦ 图标按钮：单击“查询”工具栏(图 11-10)中的 按钮。

✦ 命令行：LIST ↵。

LIST 命令格式：

命令：LIST ↵

选择对象：找到 1 个(选择要列表显示特性的对象，如圆)

选择对象：↵ （结束选择，这时屏幕出现文本窗口，显示被查询对象的各项数据）

CIRCLE 图层：0
空间：模型空间
颜色：5（蓝色）线型：BYLAYER
线宽：0.25 毫米
句柄 = 477
圆心点，X= 138 Y= 660 Z= 0
半径 64
周长 405
面积 13060

四、查询点坐标（ID）

ID 命令用于显示图形中某一点的位置坐标。该命令可以通过以下方式来调用：

✦ 下拉菜单："工具" / "查询" / "点坐标"。

✦ 图标按钮：单击"查询"工具栏（图 11-10）中的 按钮。

✦ 命令行：ID ↵。

命令执行后，用户在图形中指定需要显示坐标的点，AutoCAD 显示出该点的 X、Y、Z 坐标。

第十二章 给水排水工程图

第一节 概 述

给水排水工程一般指与市政人工水环境相关的各项水工程，按其工程的途径可分为给水工程和排水工程两个部分。给水工程是指水源取水、水质净化、净水输送、配水使用等工程。排水工程是使用后的污水的收集、污水输送、污水处理，处理后的污水排入自然水体的工程。给水排水工程图是表达给水排水工程设施的结构形状、大小、位置及有关设计施工要求等的图样。

一、给水排水工程图的组成及其分类

给水排水工程图可分为室内给水排水工程图和室外给水排水工程图两大类。室外给排水工程图表示的范围比较广，它表示一个区域或一个厂区的给水工程设施和排水工程设施，主要包括管道总平面布置图、流程示意图、纵断面图、工艺图和详图。室内给水排水工程图主要表示房屋中用水设备，卫生器具，给水排水管道及其附件的类型、大小与房屋的相对位置和安装方式的施工图，它一般由管道总平面图、管道平面图、管道系统图、安装详图、图例和施工说明等组成。

二、室内给水排水系统的组成

1. 室内给水系统

室内给水系统的任务是将水自室外给水管网引入室内，并在保证满足用户对水质、水量、水压等方面要求的情况下，把水输送到各个配水点，如配水龙头、生产用水设备、消防设备等。

一般室内给水系统由下列各部分组成（见图 12-1）。给水引入管自室外给水管网将水引至室内给水管网，在引入管上装有水表节点，水表节点包括水表、水表前后阀门和泄水口等装置，水表前后的阀门用以水表检修和拆换时关闭管路，泄水装置主要用于检修管路时，将系统内的水放空和检验水表的灵敏度。

给水管网是由水平干管、立管和支管等组成的管道系统。水平干管的作用是将水从引入管沿水平方向输送到房屋的各个立管；立管是将水从水平干管沿垂直方向输送到各楼层；支管将水从立管输送到各用水设备。根据干管敷设位置不同，室内给水系统一般分为下行上给式和上行下给式及中分式等。下行上给式如图 12-1（a）所示，干管敷设在首层地面下或地下室，一般用于室外给水管网的水压、水量能满足要求的建筑物。上行下给式如图 12-1（b）所示，给水干管敷设在顶层的顶棚上或阁楼中，用于室外水压不足，建筑物需设屋顶水箱和水泵联合工作的场合。

管道系统中的阀门是用来调节水量、水压、控制水流方向的；水箱的作用是增压、贮水。

2. 室内排水系统

室内排水系统的任务是排除居住建筑、公共建筑和生产建筑内的污水。按所排除的污水

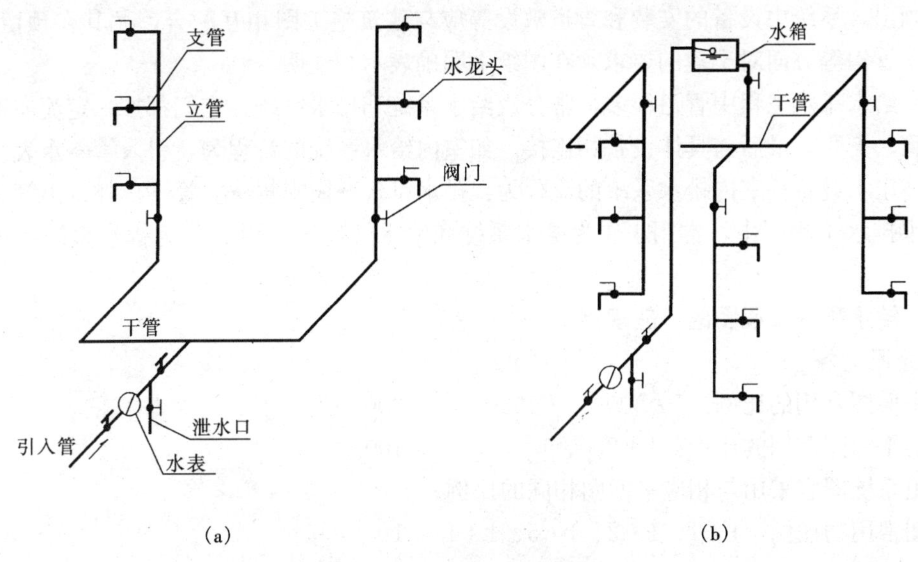

图 12-1　室内给排水系统的组成

(a) 下行上给式给水系统；(b) 上行下给式给水系统

性质不同，室内排水系统可分为生活污水管道、生产污（废）水管道、雨水管道。

室内生活排水系统一般由下列各部分组成（见图 12-2）。卫生设备（如洗脸盆、洗涤盆、大便器、地漏等）用来接纳生活污水并经存水弯或设备排出管排入横支管；横支管接纳各卫生设备排出的污水然后排至排水立管，横支管上应具有一定的坡度；排水立管接纳各横支管排放的污水，将其排入排出管；排出管是室内排水立管与室外检查井之间的连接管段；通气管的作用是排除管道系统中产生的臭气及有毒害的气体，稳定污水排放时管系内的压力变化；为了疏通排水管道系统，需设置检查口、清扫口、检查井等清通设备。

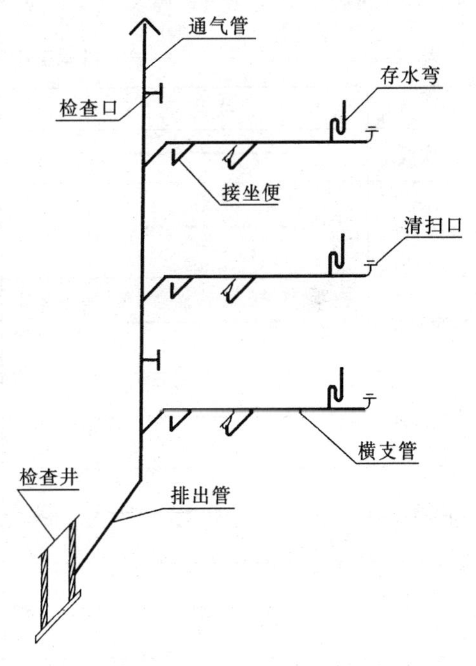

图 12-2　排水系统的组成

三、给水排水工程图的特点

(1) 给水排水工程图中所表示的管道一般均采用统一的图例表示。给水排水管道一般用单线表示，不同直径的管道以同样的线宽表示，管道坡度无需按比例画出（画成水平），管径及坡度均用数字注明。给水排水设备采用《给水排水制图标准》(GB/T 50106—2001) 中规定的图例符号表示。

(2) 给水排水工程图中的平面图、详图等图样均采用正投影法绘制。

(3) 给水排水系统图宜按 45°正面斜轴测投影法绘制。管道布图方向应与平面图一致，并按比例绘制。局部管道按比例不易表示清楚时，该处可不按比例绘制。

(4) 为了表明管道与设备在房屋中的位置，画图时需将与给水排水系统有关的建筑图部分一并画出。系统中设备的安装和管道敷设等应与建筑施工图相互配合，尤其在预留孔洞、预埋件、管沟等方面对土建的要求须在图纸上明确表示和注明。

（5）给水排水工程中管道很多，常分成给水系统和排水系统。它们都按一定流向通过干管、立管、支管，最后与具体设备相连接。如室内给水系统的流程为：引入管→水表→干管→支管→用水设备；室内排水系统的流程为：排水设备→横支管→立管→户外排出管→排水井。给水排水工程图中，常用J作为给水系统和给水管代号，用P作为排水系统和排水管代号。

四、给水排水工程图的一般规定

1. 绘图比例

总平面图常用的比例：1∶500、1∶1000、1∶2000。

管道平面图常用的比例：1∶200、1∶150、1∶100。

管道系统图宜采用与相应平面图相同的比例。

详图常用的比例：1∶1、1∶2、1∶5、1∶10、1∶20等。

2. 图线及其应用

给水排水工程图中，采用的各种线型应符合《给水排水制图标准》（GB/T 50106—2001）中的规定，见表12-1。

表12-1　给水排水工程图中采用的线型及其含义

名　称	线　型	线 宽	一　般　用　途
粗实线	——————	b	新设计的各种给水和其他重力流管线
粗虚线	— — — — —	b	新设计的各种排水和其他重力流管线的不可见轮廓线
中粗实线	——————	$0.75b$	新设计的各种给水和其他压力流管线；原有的各种排水和其他重力流管线
中粗虚线	—— —— —— ——	$0.75b$	新设计的各种给水和其他压力流管线及原有的各种排水和其他重力流管线的不可见轮廓线
中实线	——————	$0.5b$	给水排水设备、零（附）件的可见轮廓线；原有的各种给水和压力流管线
中虚线	－－－－－－－－	$0.5b$	给水排水设备、零（附）件的不可见轮廓线；原有的各种给水和压力流管线的不可见轮廓线
细实线	——————	$0.25b$	建筑的可见轮廓线；制图中的各种标注线
细虚线	－－－－－－－－	$0.25b$	建筑的不可见轮廓线
折断线	———∿———	$0.25b$	断开界线

3. 图例符号

《给水排水制图标准》（GB/T 50106—2001）国家标准中，规定了给水排水工程图中常用的管道、设备、部件的图例符号，现摘录其中常用的图例示于表12-2中。

表 12-2　**给水排水工程图中的常用图例**

名　称	图　例	备　注	名　称	图　例	备　注
生活给水管	—J—		放水龙头	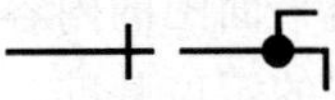	左侧为平面 右侧为系统
污水管	—W—		存水弯		
多孔管			地　漏	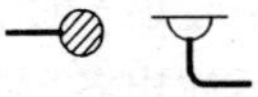	左侧为平面 右侧为系统
弯折管			清扫口	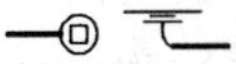	左侧为平面 右侧为系统
管道立管	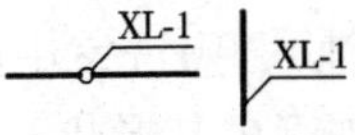 XL-1　XL-1	X：管道类别 L：立管 I：编号	浴　盆	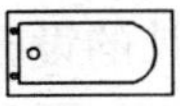	
立管检查口			立式洗脸盆	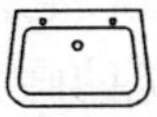	
通气帽	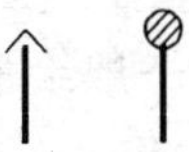		污水池		
闸　阀			坐式大便器	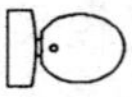	
截止阀			浴盆排水件	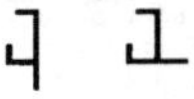	
止回阀			消火栓		左侧为平面 右侧为系统

第二节　室内给水排水工程图

一、给水排水平面图

室内给水排水平面图主要反映一幢建筑物内卫生器具、管道及其附件的类型、大小，在房屋中的位置等情况。一般把室内给水排水管道用不同的线型合画在一张图上，但当给水管道较复杂时，也可分别画出给水、排水平面图。

1. 给水排水平面图的表达方法

(1) 给水排水管道平面图是在管道系统之上水平剖切后，按正投影法在绘制的水平投影图。

(2) 管道平面图的数量。多层房屋的管道平面图原则上应分层绘制。底层由于室内管道需与室外管道相连接，必须单独画出一个完整的平面图，楼层平面图只抄绘与卫生设备和管道布置有关部分的平面图。如各楼层的卫生设备和管道布置完全相同时，只需画出相同楼层的一个平面图，但在图中必须注明各楼层的层次和标高。设有屋顶水箱的楼层可单独画出屋顶给水排水平面图，但当管道布置不太复杂时，也可在最高层给水排水平面图中用虚线画出水箱的平面位置。

（3）抄绘建筑平面图的内容。在管道平面图中所画的建筑平面图，仅作为管道系统各组成部分的平面布置的定位基准，因此，一般只要抄绘房屋的墙身、柱、门窗洞、楼梯等主要构配件，至于房屋的细部、门窗代号等均可略去。在给水排水平面图中，所有的墙、柱、门窗等都用细实线表示，窗在平面图中，通常只在墙身内画一条线。为使土建施工与管道设备的安装一致，在各层管道平面图上，均需标明定位轴线，并在底层平面图的定位轴线间标注尺寸；同时，还应标注出各层平面图上的有关标高。

（4）卫生设备和器具的画法。各类卫生设备和器具均按表 12-2 的图例绘制，用中实线画出其平面图形的外轮廓。对常用的定型产品，如洗脸盆、大便器、小便器、地漏等，只表示出它们的类型和位置，按规定图例画出，施工时可外购，并按《给水排水国家标准图集》安装。对于非标准设计的设施和器具，如厨房中的水池（洗涤池）、盥洗室中的盥洗槽、厕所中的大小便槽等，则在建筑施工图中应另有详图，也不必详细画出其形状，如在施工或安装时有所需要，可标注出它们的定位尺寸。

（5）给水排水管道的画法。给水排水管道应包括干管、立管、支管，不论直径大小，也不论管道是否可见，一律按表 12-1 所规定的图例符号表示。为了便于读图，在底层给水排水平面图中各种管道要按系统编号，系统的划分视具体情况而定，一般给水管以每一引入管为一个系统，污水、废水管以每一个承接排水管的检查井为一个系统。

给水排水管道的管径尺寸应以 mm 为单位，焊接钢管应以公称直径“DN”表示，如 DN15、DN50 等。单根管道，管径应按图 12-3（a）标注。多根管道时，管径按图 12-3（b）标注。管道的长度是在施工安装时，根据设备间的距离，直接测量截割的，所以在图中不必标注管长。

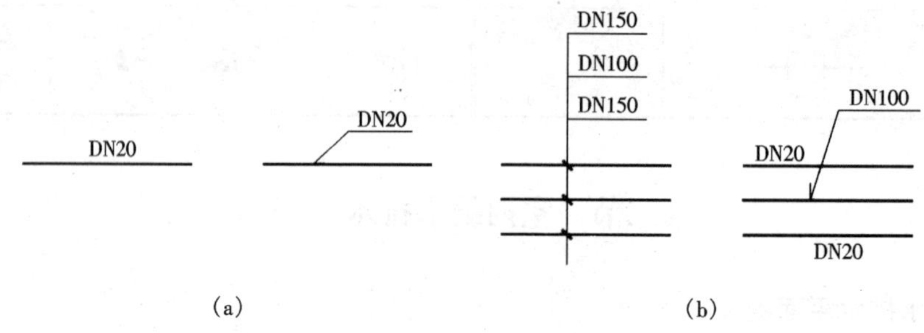

图 12-3 管径表示法

（a）单管管径表示法；（b）多管管径表示法

标高应以 m 为单位，室内工程应标注相对标高；室外工程宜标注绝对标高，当无绝对标高资料时，可标注相对标高，但应与建筑总图标注一致。标高尺寸一般注写到小数点后第三位。应标注管道起讫点、转角点、连接点、变坡点、变尺寸（管径）及交叉点的标高。管道标高应按图 12-4 的方式标注。

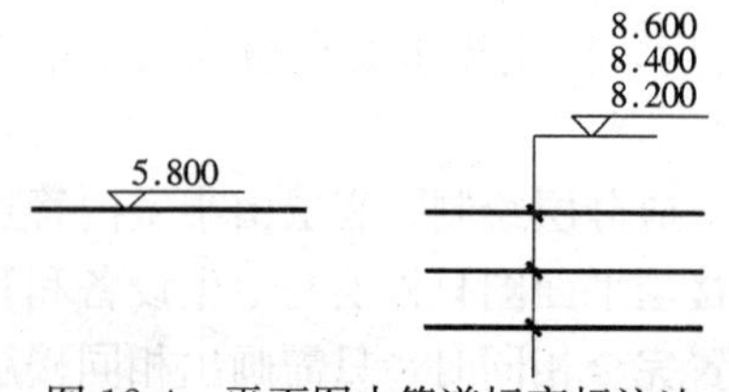

图 12-4 平面图中管道标高标注法

（6）管道的类别代号和管道系统编号。当建筑物的给水引入管或排水排出管的数量超过 1 根时，宜进行编号，编号方式如图 12-5（a）所示。图中“J”为管道类别代号，以汉语拼音的开头字母表示，如给水管道为“J”、排除废水的排水管道为“P”、污水排除管道为“W”等。“2”为同类管道的管道编号，用阿拉伯数字顺序编号。

上述给水排水进出口编号表示法，也常用作管道系统编号的表示法。

建筑物内穿越楼层的立管，其数量超过一根时，宜进行编号，编号的形式如图 12-5（b）所示。图中“JL”为管道类别代号，“J”为给水管道；L 表示立管。1 为立管编号。

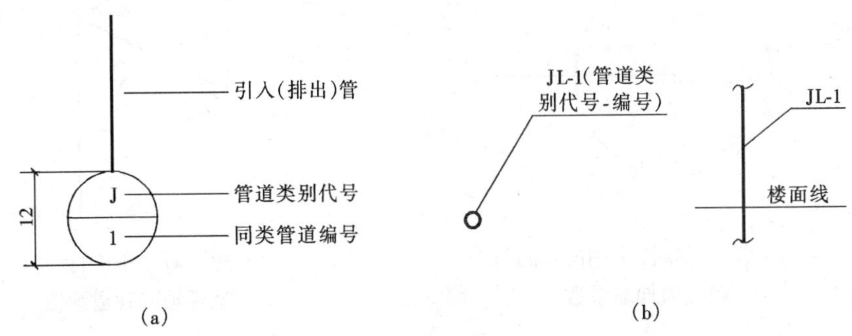

图 12-5　管道编号表示法

（a）给水排水进出口管编号表示法；（b）立管编号表示法

（7）为方便读图，在底层平面图上，还应画出相应的图例符号、注写施工说明等。

2. 绘图步骤

绘制管道平面图，一般是先画底层给水排水平面图，再画各楼层和屋顶的给水排水平面图。每一楼层管道平面图的绘图步骤如下：

（1）用细实线抄绘建筑平面图；

（2）用中实线画出卫生器具的平面布置；

（3）绘制管道系统的平画图

绘制顺序：给水引入管→给水干管→立管→支管→管道附件→排水支管→排水立管→干管→排出管；

（4）绘制有关图例；

（5）标注尺寸、轴线编号和注写文字说明。

二、给水排水系统图

在管道系统图中，把系统中所有的管道及其附件用轴测投影的方法画出，可清楚地表示出管道的空间走向、用水设备与管道及其附件的连接形式等。配合平面图共同表达给水系统全貌。

1. 表达方法

（1）比例。系统图常采用与平面图相同的比例绘制。当局部管道按正常比例表达不清楚时，该处可不按比例绘制。

（2）采用正面斜等测画图。我国习惯上采用正面斜等测来绘制系统图，绘图时，通常将 OZ 轴竖放表示管道高度，OX 轴与房屋横向一致，OY 轴作为房屋的纵向并画成 45°斜线方向，其轴间角和轴向伸缩系数如图 12-6 所示。由于采用与给水排水平面图相同的比例，沿坐标轴 X、Y 方向敷设的管道，可以从给水排水平面图中直接量取尺寸，平行于 OZ 方向的管道可根据楼层的标高尺寸、卫生器具及附件的习惯安装高度确定。凡不平行坐标轴方向的管道，则可通过作平行于坐标轴的辅助线，从而确定管道的两端点而连成。如图 12-7 表示了从立管画向左 0.3m、向前 0.42m 的水平管的绘制方法。

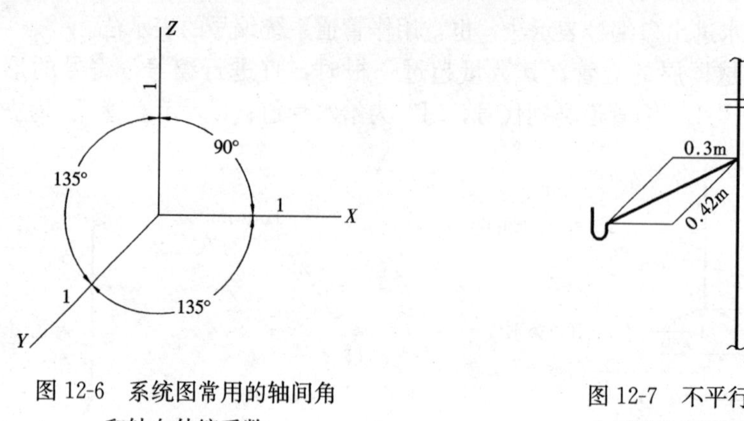

图 12-6 系统图常用的轴间角和轴向伸缩系数

图 12-7 不平行于坐标轴的管道画法

（3）图线、图例与省略画法。给水、排水、污水系统图中的管道，都用粗实线表示，不必如平面图那样，用不同线型的粗线来表示不同类型的管道，其他的图例和线宽仍按原规定，在系统图中不必画出管件的接头形式。

为了使图面清晰，节省作图时间，当各层的管道及其附件的布置相同时，可将其中一层完整画出，其他各层管网沿支管折断（画出折断符号），并注明“同某层”。

由于所有卫生设备或配水器具已在给水排水平面图中表达清楚，在排水管道系统图中就没有必要画出。只需用相应图例画出卫生设备上的存水弯、地漏或检查口等。排水横管虽有坡度，但由于比例较小，故可画成水平管道。

（4）管道系统的划分。一般按管道平面图中进出口编号所分成的系统，分别绘制出各管道系统的系统图，这样，可避免过多的管道重叠和交叉。为了与平面图呼应，每个管道系统图应编号，且编号应与底层给水排水平面图中管道进出口的编号一致。

（5）房屋构件的位置。为了反映管道和房屋的联系，系统图中还要画出被管道穿越的墙、地面、楼面、屋面的位置，一般用细实线画出地面和墙面，并画上轴测图中的材料图例线，用两条靠近的水平细实线画出楼面和屋面，见图 12-8。

对于水箱等大型设备，为了便于与各种管道连接，可用细实线画出其主要外形轮廓的轴测图。

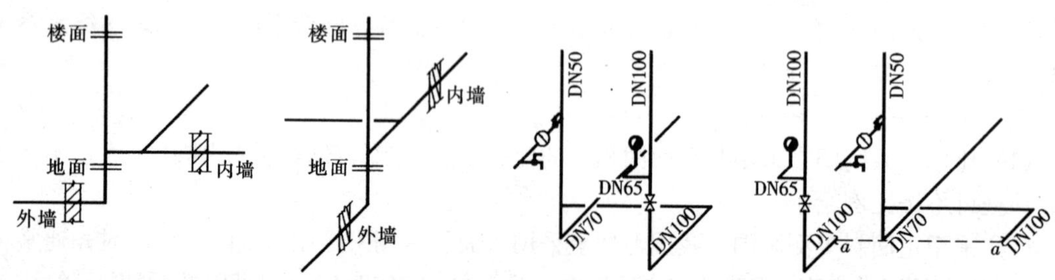

图 12-8 管道与房屋构件位置关系表示方法

图 12-9 系统图中管道重叠处的移出画法

(6) 系统图中管道交叉、重叠时的图示法。当管道在系统图中交叉时，应在鉴别其可见性后，在交叉处将可见的管道画成延续，而将不可见的管道画成断开，如图 12-9 所示。当在同一系统中管道因互相重叠和交叉而影响该系统清晰时，可将一部分管道平移至空白位置画出，称为移出画法，如图 12-9 在“a”点处将管道断开，在断开处画上断裂符号，并注明连接处的相应连接编号“a”。

(7) 管径、坡度及标高的标注。管道的管径一般标注在该管段旁边，标注空间不够时，可用指引线引出标注，室内给水排水管道标注公称直径 DN。管道各管段的直径要逐段注出，当连续几段的管径都相同时，可以仅标注它的始段和末段，中间段可以省略不注。

凡有坡度的横管（主要是排水管），都要在管道旁边或引出线上标注坡度，如 $i=0.020$，数字下面的单面箭头表示坡向（指向下坡方向）。当排水横管采用标准坡度时，则在图中可省略不注，在施工图的说明中写明。

管道系统图中标注的标高是相对标高，即以底层居室内主要地面为±0.000。在给水系统图中，标高以管中心为准，一般要注出引入管、横管、阀门、放水龙头、卫生器具的连接支管等的标高，如图 12-10 所示。在排水系统图中，横管的标高以管底为准，一般应标注立管上的通气帽、检查口、排出管的起点标高。其他排水横管的标高，一般根据卫生器具的安装高度和管件的尺寸，由施工人员决定。此外，还要标注各层楼地面及屋面等的标高。

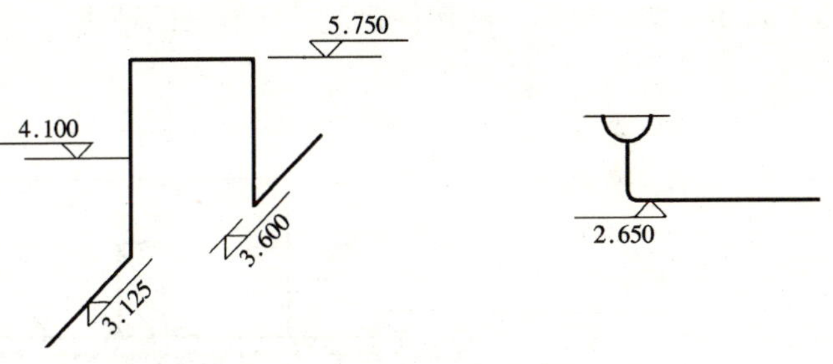

图 12-10　轴测图中管道标高标注法

2. 绘图步骤

为了便于读图，可把各系统图的立管所穿过的地面画在同一水平线上；管道系统图的长度尺寸可由平面图中量取，高度则应根据房屋的层高、卫生器具的安装高度等决定。

(1) 先画各系统的立管。

(2) 定出各层的楼地面及屋面。

(3) 在给水系统图中，先从立管往管道进口方向转折画出引入管，然后在立管上引出横支管和分支管，从各支管画到放水龙头以及洗脸盆、大便器的冲洗水箱的进水口等；在排水、污水系统图中，先从立管或竖管（如污水系统在底层另有一根不通过立管的竖管，与另设的排出管相连，排除底层大便器的污水，则按竖管与立管的相对位置先补画这条竖管）往管道出口方向转折画出排出管，然后在立管或竖管上画出承接支管、存水弯等。

(4) 定出穿墙的位置。

(5) 标注公称管径、坡度、标高等数据及有关说明。

三、管道上的构配件详图

在给水排水工程图中，管道平面图和管道系统图只能表示出管道和卫生器具的布置情况，对各种卫生器具的安装和管道的连接，还要绘制出具体施工用的安装详图。

详图采用的比例较大，在《给水排水制图标准》中规定，宜选用 1∶50、1∶30、1∶20、1∶10、1∶5、1∶2、1∶1、2∶1 等。安装详图必须按施工安装的需要表达的详尽、具体、明确，一般都采用正投影绘制。设备的外形可以简单画出，管道用双线表示，安装尺寸应注写完整和清晰，主要材料和有关说明都要表达清楚。

常用的卫生设备多已标准化、定型化了，所以它们的安装详图可套用《全国通用给水排水标准图集 90S342 卫生设备安装》中的图样，不必另行绘制。在设计和绘制管道平面图和管道系统图时，各种卫生器具进出水管的平面布置和安装高度，必须与安装详图一致。

图 12-11 是 PVC—U 塑料管穿地下室的外墙时，设置刚性防水套管的安装详图。为了防止地下水在管道穿墙处发生渗漏现象，在管道穿越的外墙处设有比穿越管径大的钢管，在钢管外焊有防水翼环，与混凝土外墙浇注在一起，然后在穿越管与钢管之间填充防水材料及膨胀水泥砂浆，使管道与墙体严密接触，达到防水目的。因为管道和套管都是回转体，所以图中采用一个剖视图，剖切位置通过穿墙管的轴线。

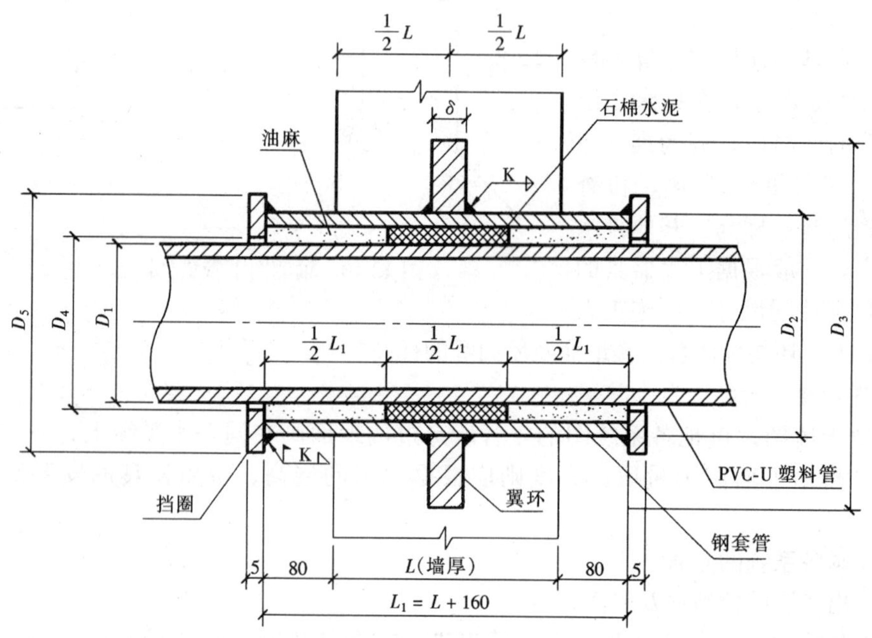

图 12-11　管道穿壁处的刚性防水套管的安装详图

图 12-12 为洗脸盆安装详图，从图中可知，洗脸盆上台面的安装高度为 770mm，冷热水龙头之间的距离可在 140～162mm 之间调整。洗脸盆由埋入墙体内的横梁支撑，两个横梁在安装时，埋入墙体的深度为 120mm，横梁与墙体之间用水泥捻实。冷、热水管均为在墙体内暗装，管径为 DN15mm。冷热水管的出口高度均为 450mm，在出口处各设有一编号为 15 的角阀。冷水管敷设在出口的下方 100mm，热水管敷设在出口的上方 75mm。洗脸盆下面接一 S 型存水弯，在存水弯下方接出的排水支管管径 DN32mm，支管中心距墙 70mm。

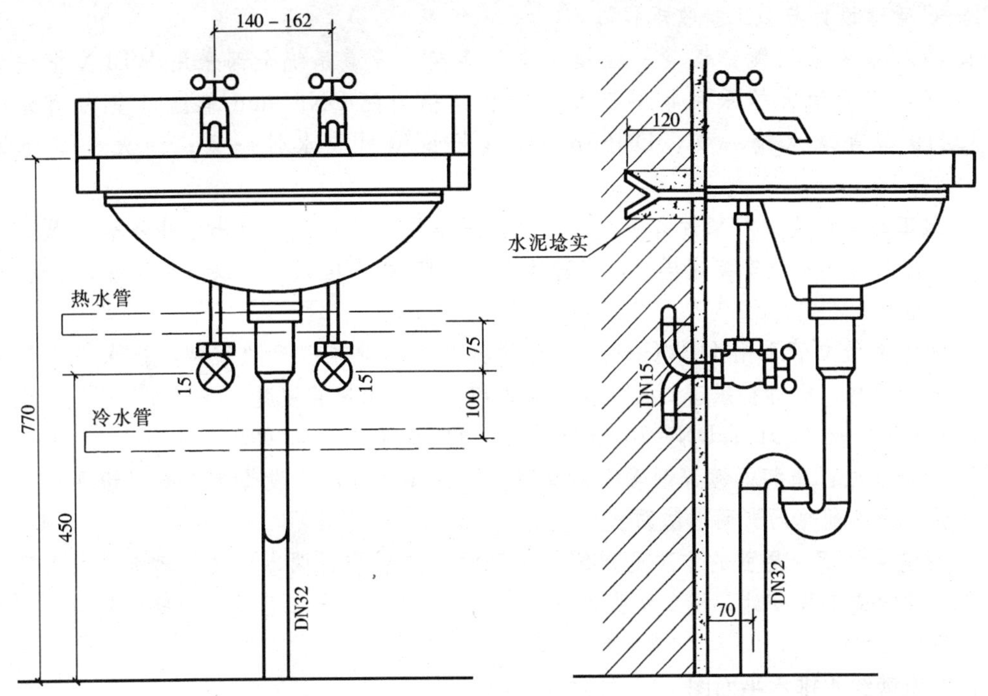

图 12-12　洗脸盆安装详图

第三节　给水排水工程图的识读

识读室内给水排水工程图的顺序是：首先看设计施工说明，再依次识读室内给水排水平面图、给水排水系统图、详图或标准图。

下面以图 12-13、图 12-14、图 12-15、图 12-16 住宅楼的室内给水排水工程图为例，说明读图的方法和步骤。

一、设计施工说明

给水排水设计施工说明，是整个给水排水工程中的指导性文件，通常阐述以下内容：尺寸单位及标高标准；管材连接方式；消火栓安装情况；卫生器具的安装标准；管道支架及吊架的作法；管道的保温与防腐处理；试压要求及其他未说明的各项施工要求应遵守什么规范的有关规定等。

本例设计施工说明如下：

给水排水工程图设计施工总说明

1. 本设计图中尺寸单位：除标高以 m 计外，其他均以 mm 计，管径为公称直径，±0.000 相对于绝对标高值见土建施工图。

2. 明设的生活给水系统采用 PP—C 给水用塑料管材与管件，热熔连接（阀门与配水龙头为螺纹连接），暗装、埋地部分的给水管材采用给水铸铁管，石棉水泥捻口。

3. 管道系统需由经过专业培训的人员施工。具体要求详见《建筑给水，供热水，采暖用 PP—C 管道设计与施工验收规程》。

4. 消防系统采用镀锌钢管，丝扣及法兰连接；管道系统全部采用 WBLX 把手型对夹式碟阀；室内消火栓采用钢制产品，暗装，箱内配 DN65mm 单出口室内消火栓一个，QZ19 型直流水枪一支，DN65mm15m 长纶编衬胶水带一条；消火栓口距地面 1.100m。

5. 施工时，管道中严禁带进杂物。系统使用前应反复冲洗，以出水中不含杂质，水质清澈为合格。给水系统安装完毕后，应进行 1.00MPa 的水压试验，以不渗不漏，10 分钟不降压为合格。

6. 排水系统立管采用 UPVC 螺旋消音管材与中心导流型三通组装，排水横支管采用 UPVC 普通管材，螺母挤压密封接头排水管件组装，排水横管坡度：

DN=100，$i \geqslant 0.012$；DN=70，$i \geqslant 0.015$；DN=50，$i \geqslant 0.025$

7. 防腐作法：暗装的镀锌钢管刷锌黄酚醛防锈漆两遍，明设管道再刷银粉两遍，埋地部分的管道刷石油热沥青两遍防腐。

8. 管道穿楼面、屋面的作法见 96S341—13 页，其他未说明事项按《建筑排水用硬聚氯乙烯螺旋管管道工程设计，施工及验收规程》和《采暖与卫生工程施工及验收规范》中有关规定执行。

二、识读给水排水平面图

图 12-13 所示为某住宅楼的底层给水排水平面图，本书因限于篇幅底层给水排水平面图仅画出一部分。图 12-14 是二～六层给水排水平面图。

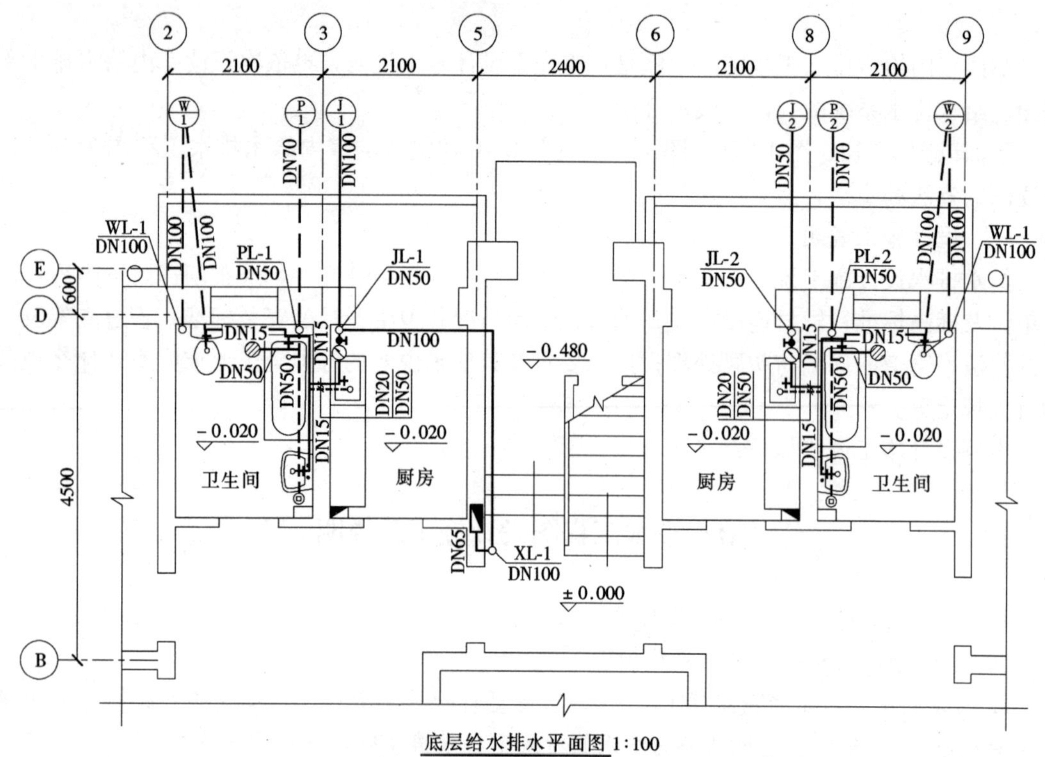

图 12-13 底层给水排水平面图

读图时，一般从底层平面图开始，逐层识读给水排水平面图，从而可知：

1. 用水房间、用水设备、卫生设施的平面布置和数量

对照图 12-13 底层给水排水平面图、图 12-14 二～六层给水排水平面图可以看出，该住宅楼一共六层，楼层布局为一梯两户，共有 12 户。每户均有厨房和卫生间两个用水房间，在厨房内有一个洗涤池，装有配水龙头一个；卫生间内有洗脸盆、浴盆、座式大便器各一个，此外卫生间内还设有地漏和清扫口等卫生设施。住宅楼梯间地面标高为－0.48m，底层厨房、卫生间地面标高为－0.02m。从图 12-14 标准层给水排水平面图中可知，二、三、四、五、六层的厨房、卫生间的地面标高分别为 2.780、5.580、8.380、11.180、13.980m。

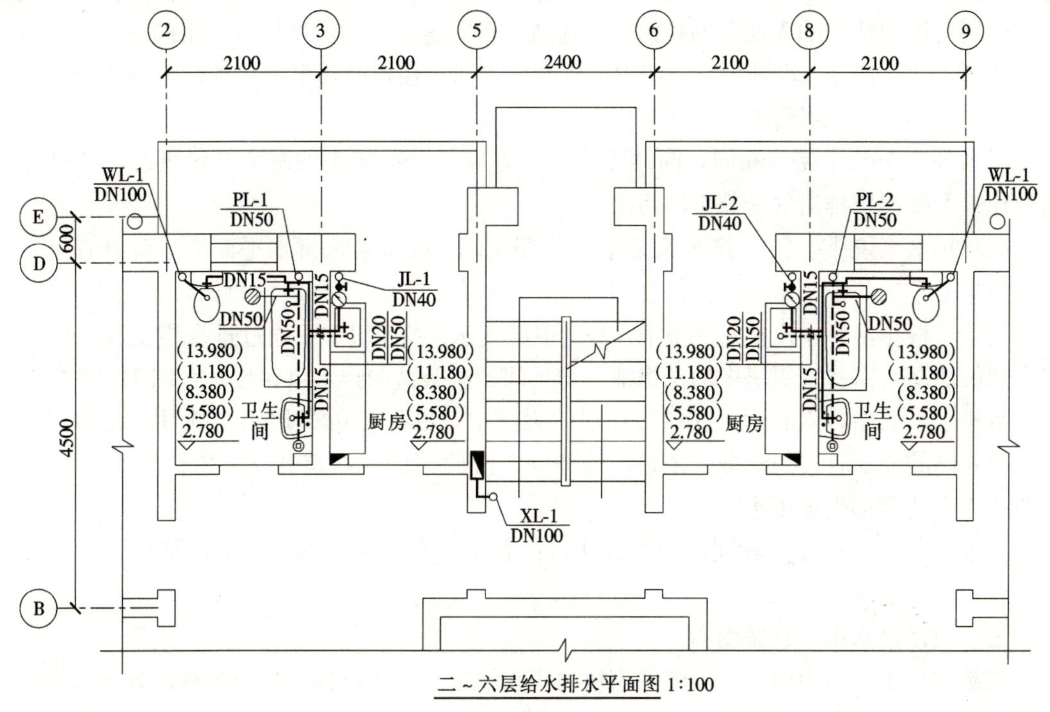

图 12-14 标准层给水排水平面图

2. 给水管道进户点

从图 12-13 底层给水排水平面图中可以看到，两个给水入口$\frac{J}{1}$、$\frac{J}{2}$均在住户厨房北侧外墙引入，管径为分别为 DN100mm、DN50mm。引入管进入室内后在厨房的洗涤池处立起，分别接给水立管 JL-1、JL-2，两立管管径均为 DN50mm。在$\frac{J}{1}$的给水系统上还接出一根消防立管，立管编号为 XL-1，管径为 DN100mm。

3. 给水管线的布置

从图 12-13 底层给水排水平面图中可以看出，在$\frac{J}{1}$给水系统上，接有 2 根立管 JL-1 和 XL-1。立管 JL-1 为西边住户给水立管，每个住户均从立管上接出一水平支管，管径为 DN20mm，该水平支管上依次安装有截止阀、水表及洗涤池用配水龙头，然后向西接一水平支管，支管穿过③轴墙进入卫生间后，分为两个支路，其一向南接洗脸盆供水，管径 DN15mm；另一根支管向北接浴盆供水，再转向西继续接到座式大便器的水箱供水，管径 DN15mm。立管 XL—1 为消防立管，在消防立管上接出的水平支管与室内消火栓连接，管

径为 DN65mm。

$\frac{J}{2}$给水系统上只有 1 根立管 JL-2，其管线的布置与 JL-1 基本相同，读者自行分析。

4. 排水方式和排水出户点

（1）污水系统$\frac{W}{1}$、$\frac{W}{2}$。污水系统$\frac{W}{1}$，在底层给水排水平面图中，显示了这个排除污水的污水系统有两根排出管，在底层西边住户的卫生间穿墙出户，一根排出管与该住户的大便器的排污口相连通，直接排除该住户大便器所排出的污水；另一根排出管则与立管 WL-1 相接，排除汇总在立管 WL-1 中的污水。在图 12-14 二～六层给水排水平面图中可以看到，西边各层住户的卫生间中也都有立管 WL-1，这根立管在二、三、四、五、六层都各有一根支管，分别与该层住户的大便器的排污口相连通，排除这五户的大便器所排出的污水。

从图 12-13 底层给水排水平面图中可以看出，西边住户的两根污水排出管承接于同一个检查井，属于一个污水管道系统。

污水系统$\frac{W}{2}$与$\frac{W}{1}$基本相同，同样方法可以看出污水系统$\frac{W}{2}$的整个管路概况，它排除东边六住户大便器所排出的全部生活污水。

（2）排水系统$\frac{P}{1}$、$\frac{P}{2}$。排水系统$\frac{P}{1}$，从图 12-13 底层给水排水平面图中可以看出，这个排除生活废水的排水系统的排出管，在底层西边住户的厨房穿墙出户，只有立管 PL-1 与它相接，这根排出管排出汇总在立管 PL-1 中的废水。立管 PL-1 通过排水横支管，顺次与卫生间的地漏、浴盆、厨房中的洗涤池、卫生间的洗脸盆的排水口相接。在图 12-14 二～六层给水排水平图中可以看到，在西边住户的厨房中，也都有立管 PL-1，并且，也都有与底层住户相同的横支管，与地漏、浴盆、洗涤池、洗脸盆的排水口相接。所以排水系统$\frac{P}{1}$排除西边六户的全部生活废水。

排水系统$\frac{P}{2}$与$\frac{P}{1}$基本相同，同样方法可以看出排水系统$\frac{P}{2}$的整个管路概况，它排除东边六住户的全部生活废水。

三、识读给水排水系统图

在给水排水平面图中，只反映住宅楼内用水设备、排水设施的平面布置、数量及管网的布置和走向等。对于用水设备、排水设施、管道的规格、标高等情况，在平面图上不易看出，还需配合给水排水系统图来加以说明。

在识读房屋的给水排水系统图时，通常是先看房屋的给水排水进出口的编号，由它们确定划分出哪几个管道系统，再分别按给水排水系统图的各个系统，对照给水排水平面图，逐个看懂各个管道系统图。

1. 给水系统

识读给水系统图，一般从各系统的引入管开始，依次看水平干管、立管、支管、放水龙头和卫生器具。

图 12-15 是住宅室内给水系统图，从图中可以看出，本住宅楼有两个给水系统$\frac{J}{1}$、$\frac{J}{2}$。

（1）$\frac{J}{1}$给水系统。给水引入管（DN100）从户外相对标高－1.100m 处穿墙入户后，向上转折成第 1 号给水立管 JL-1（DN40），穿出标高为－0.020m 的地面，进人西边底层住户的厨房。在标高 1.000m 处接有 DN20 水平文管，支管向南，接阀门、水表、洗涤池的配水龙头后，再向南，然后向下，在标高 0.250m 处折向西，穿墙进入卫生间。再分别向南和向北接直径为 DN15 分支管两根。向南分支管接洗脸盆的给水口后，即以阀门堵住；向北的分

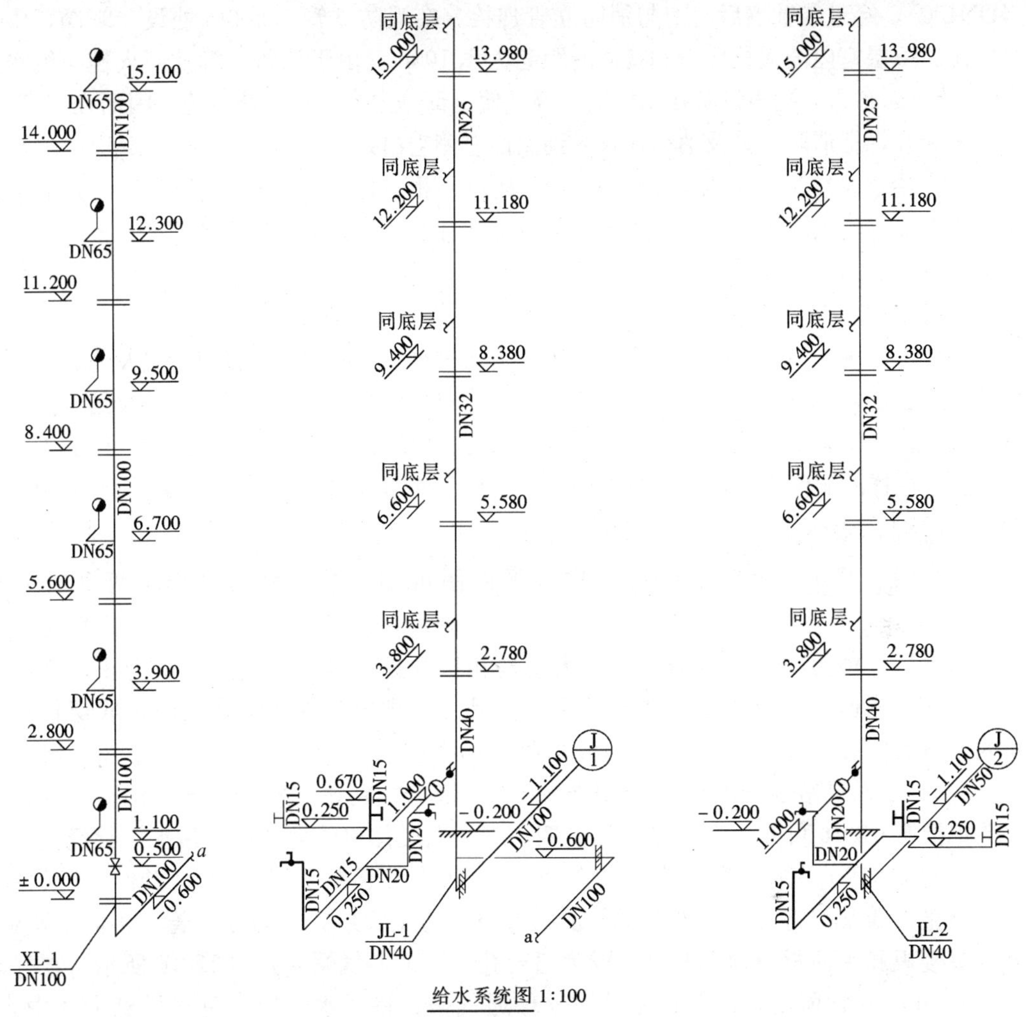

图 12-15　给水管道系统图

支管向北后，折向西，再用 DN15 分支管折向上，在标高 0.670m 处，接浴盆的放水龙头，而在这根 DN15 分支管折向上处，它还继续向西伸延，最后向上接大便器水箱的 DN15 给水口。第 1 号给水立管 JL-1 在标高 1.000m 处接支管后，继续上行，管径为 DN40，穿过二层楼板，在标高为 2.780m 的二层厨房楼面上穿出，再继续上行至标高 3.800m 处，向南转接水平支管。在图 12-14 二～六层给水排水平面图中，显示了立管 JL-1 穿过二楼楼板达到二层西边住户的厨房后，接有支管（DN20），为二层西边住户的厨房和卫生间配水，支管所经的管道、水表、阀门和用水设备的供水情况，与底层相同，为了图面清晰简洁，绘图时，采用省略画法，在水平支管处画折断线，用文字说明省略部分与底层相同。立管 JL—1 继续上行，管径由 DN40 减为 DN32，分别在标高 6.600、9.400、12.200、15.00m 处接水平支管（DN20），为三～六层西边住户的厨房和卫生间配水，具体分布也同底层一样所以画法也同二层一样。

入口$\frac{J}{1}$的给水引入管由室外引入室内立起后，在−0.600m 标高处向东接出水平消防干管（DN100），穿过⑤轴墙后向南与消防立管连接。在消防立管 0.500m 处设一蝶阀，供检修时使用。每层室内消火栓栓口到楼面的距离为 1.100m。由于消防立管及消火栓与给水立管 JL-1 及上面布置的配水设备在图面上重叠，使这部分内容不易表达清楚，因而在“a”点处将管道断开，把消防立管及消火栓移置到图面左侧空白处。

（2）$\frac{J}{2}$给水系统。给水引入管（DN50）从户外相对标高－1.100m 处穿墙入户后，向上转折成第 2 号给水立管 JL-2（DN40），给水立管 JL-2 上管道的布置与用水设备的配置与 JL-1 基本相同请读者自行识读。

2. 排水系统和污水系统

识读排水系统和污水系统，一般先在底层给水排水平面图中找出排出管以及与它相对应的系统，然后按各个系统看出与该系统相连的立管或竖管的位置，再找出各楼层给水排水平面图中该立管的位置，以此作为联系，依次按水池、地漏、卫生器具、连接管、横支管、立管、排出管这样的顺序进行识读。图 12-16 的排水系统图表明，污水分 4 路通过排出管$\frac{W}{1}$、$\frac{W}{2}$和$\frac{P}{1}$、$\frac{P}{2}$排出室外。

（1）$\frac{W}{1}$污水系统。对照底层给水排水平面图可知，第 1 号污水排出管共有两根 DN100 的管道，户外终点标高均为－1.400m。其中的一根排出管穿墙入西边底层住户卫生间的地下后，便折向上，成为与该户大便器相接的排污竖管，画到管口为止，这根排出管只单独排出西边底层住户大便器的污水。另一根排出管则在穿墙入西边底层住户卫生间的地下后，在卫生间大便器旁的墙角处，向上接管径为 DN100 的第 1 号污水立管 WL-1。在二～六层给水排水平面图的同一位置上都可找到该立管，结合各楼层给水排水平面图识读图 12-16 可知，西边二、三、四、五、六层住户的大便器的污水，都经过各层楼板下面的 DN100 污水支管，排入立管 WL-1，污水支管在系统图中只需画到接大便器的管口为止。通常都将污水立管在接了顶层大便器的支管后，作为通气管，再向上延伸，穿出六层楼板和屋面板，顶端开口，成为通气孔，上加通气帽。如图 12-16 所示，在标高为 17.500m 的立管顶端处，装有镀锌铁丝球通气帽，将污水管中的臭气排到大气中去。为了疏通管道，一般在管道系统中设检查口，如图 12-16 的立管在标高 1.000m、6.600 和 12.200m 处各装一个检查口。由此可见，第 1 号排污系统有两根排出管：一根直接排除西边底层住户中大便器所排出的污水；另一根排除由第 1 号污水立管汇总的西边二、三、四、五六层五户中大便器所排出的污水。

（2）$\frac{W}{2}$污水系统。污水系统$\frac{W}{2}$与污水系统$\frac{W}{1}$基本相同，请读者自行识读系统图。

（3）$\frac{P}{1}$排水系统。对照底层给水排水平面图可知，第 1 号排除生活废水的排出管，在西边底层住户的卫生间东北角穿墙出户，排出管的户外终点标高也是－1.100m，管径为 DN70，在西边底层住户厨房内西北角的地面下标高为－1.100m 处，与管径 DN50 的第 1 号排水立管 PL-1 相接。由于在各楼层给水排水平面图的同一位置上，都可找到该立管，所以西边六户的生活废水，都汇总到立管 PL-1，然后由第 1 号生活废水排出管排除。对照图 12-13、图 12-14 给水排水平面图，识读图 12-16 中的排水系统$\frac{P}{1}$的系统图，可以清楚地看出，排除厨房中洗涤池的废水的支管，在各层楼地面的下方，穿墙后接排水横支管。卫生间中洗脸盆、地漏和浴盆的废水的支管，也在各层楼地板的下方，通过排水横支管接于立管 PL-1。由于各层的布置都相同，所以只要详细画出底层的管道系统，其他各层都可在画出支管后，

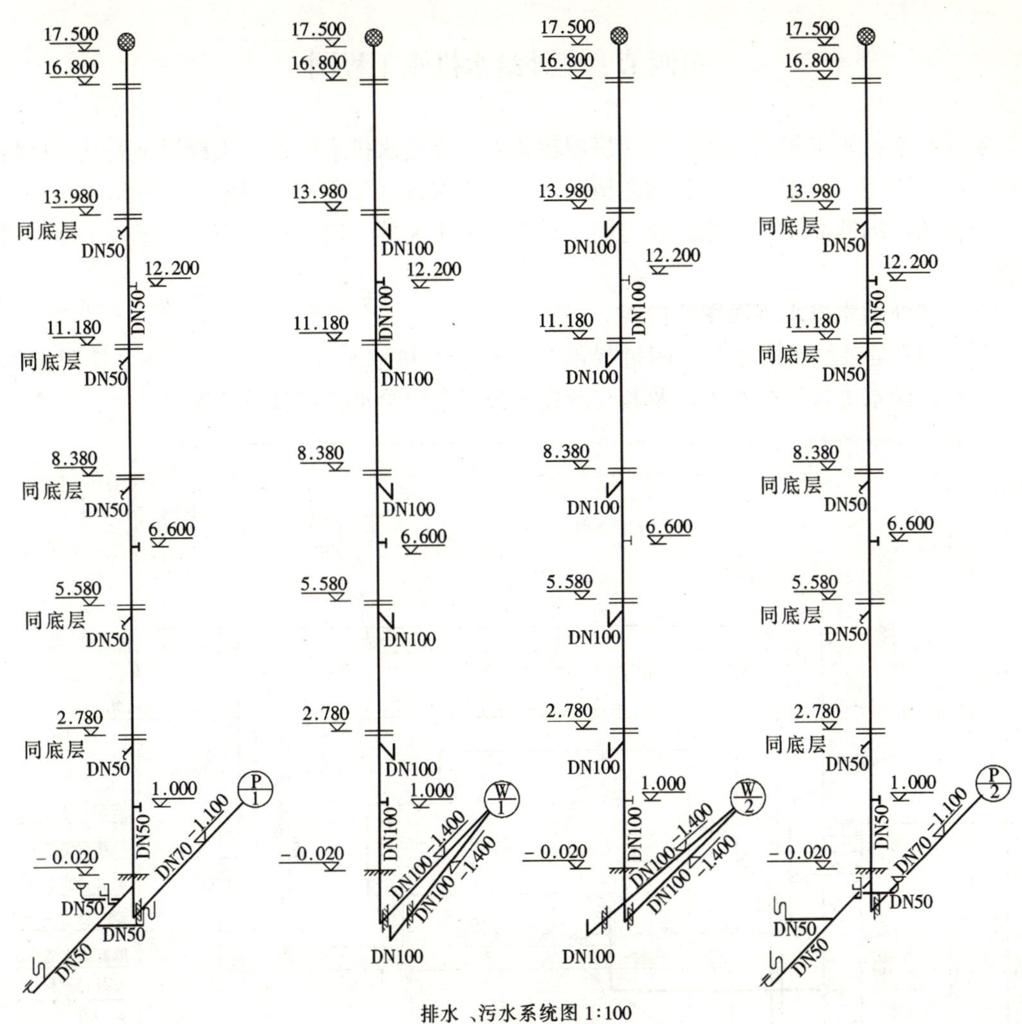

图 12-16　排水和污水管道系统图

就用折断线表示断开，后面的相同部分都省略不画。为了使排水管道中的臭气排到大气中去，也将立管在六层楼面之上作为通气管，再向上延伸穿出屋面，至标高 17.500m 处，加镀锌铁丝网通气帽。为了便于检查和疏通管道，在立管 PL-1 的与立管 WL-1 的相同标高处设置 3 个检查口。

由于污水系统(W/1)中只有连接排除坐式大便器的污水排污支管，而在坐式大便器的构造中，本身就有水封，因此在排泄口处不一定设置存水弯，而在排水系统(P/1)中各卫生器具的泄水口处，都要设置存水弯，以便利用存水弯内的存水形成水封，阻止排水管内的臭气向卫生间或厨房外溢，也可防止虫类通过排水管侵入室内，因此在(P/1)排水系统的系统图中都画出了存水弯的图例。排水系统的系统图中的管道，都应画到水池和卫生器具的泄口为止。

(4) (P/2)排水系统

第 2 号生活废水排水系统(P/2)的情况，基本上与第 1 号排水系统(P/1)相同，请读者自行识读。

第四节　室外给水排水工程图

室外给水排水工程图主要是表明房屋建筑的室外给水排水管道、工程设施及其与区域性的给水排水管网、设施的连接和构造情况。室外给水排水工程图一般包括室外给水排水平面图、流程图、纵断面图、工艺图及详图。对于规模不大的一般工程，则只需平面图即可表达清楚。

一、室外给水排水平面图的内容

图 12-17 是某科研所办公楼附近局部的室外给水排水平面图，表示了办公楼附近的给水、污水、雨水等管道的布置，及其与新建办公楼室内给水排水管道的连接。

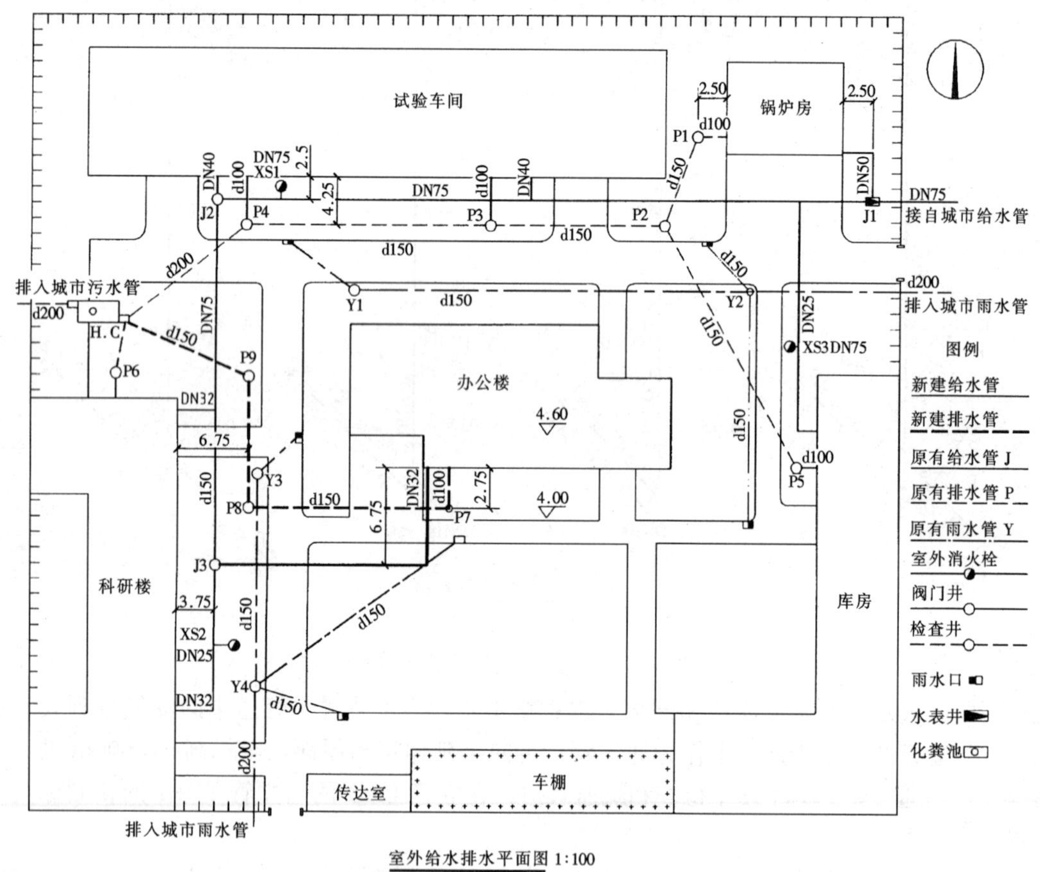

图 12-17　室外给水排水平面图

1. 室外给水排水平面图的图示特点和内容

（1）比例。室外给水排水平面图的比例，一般采用与建筑总平面图相同的比例，常用 1∶500、1∶1000、1∶2000 等。图 12-17 所示的室外给水排水平面图是采用 1∶500 的比例绘制的。

（2）建筑物及其附属设施。在室外给水排水平面图中，主要反映室外管道的布置，所在平面图中原有的房屋、道路围墙等附属设施，均按建筑总平面图的图例，用细实线绘制其轮廓，新建建筑物则用中实线画出他的轮廓线。

(3) 管道及设备。在室外给水排水平面图中，新建的管道用粗单线表示，以不同的线型予以区分，如图 12-17 所示，给水管用粗实线表示；污水管用粗虚线表示；雨水管用粗点画线表示。各种附属设备，如检查井、雨水口、化粪池等用图例符号表示。管径都标注在相应管道的旁边，给水管一般采用铸铁管，以公称直径 DN 表示；雨水管、污水管一般采用混凝土管，以内径 d 表示。室外给水排水平面图上的室外管道标高应标注绝对标高。

在图 12-17 中可以看出，新旧给水系统、排水系统和雨水排放系统的布置和连接情况。

给水系统：原有给水管道是从东面市政给水管网引入的，管径为 DN75。其上设一水表井 J1，内装水表及控制阀门。给水管一直向西再折向南，沿途分设支管分别接入锅炉房 (DN50)、库房 (DN25)、试验车间 (DN40-2) 科研楼 (DN32-2)，并分别在试验车间 (XS1DN75)、科研楼 (XS2DN75) 和库房 (XS3DN75) 附近设置了三个室外消火栓。新建给水管道则是由科研楼东侧的原有给水管阀门井 J3（预留口）接出，向东再向北引入新建办公楼，管径为 DN32，管中心标高 3.10m。

排水系统：根据市政排水管网提供的条件采用分流制，分为污水和雨水两个系统分别排放。其中，污水系统原有污水管道是分两路汇集至化粪池的进水井。北路：连接锅炉房、库房和试验车间的污水排出管，由东向西接入化粪池 (P5-P1-P2-P3-P4-H. C)。南路：连接科研楼污水排出管向北排入化粪池 (P6-H. C)。新建污水管道由是办公楼污水排出管由南向西再向北排入化粪池 (P7-P8-P9-H. C)。汇集到化粪池的污水经化粪池预处理后，从出水井排入附近市政污水管。各管段管径、检查井井底标高及管道、检查井、化粪池的位置和连接情况见图 12-17 和图 12-18。

雨水系统：各建筑物屋面雨水经房屋雨水管流至室外地面，汇合庭院雨水经路边雨水口进入雨水道，然后经由两路 Y1-Y2 向东和 Y3-Y4 向南排入城市雨水管。

(4) 指北针、图例和说明。在室外给水排水平面图中，应画出指北针，标明图例，书写必要的说明，以便于读图和施工。

2. 室外给水排水平面图的绘图方法和步骤

(1) 选定比例尺，画出建筑总平面图的主要内容（建筑物及道路等）。

(2) 根据底层管道平面图，画出各房屋建筑给水系统引入管和污水系统排出管。

(3) 根据市政（新建筑物室外）或原有给水系统和排水系统的情况，确定与各房屋引入管和排出管相连的给水管线和排水管线。

(4) 画出给水系统的水表、阀门、消火栓、排水系统的检查井、化粪池及雨水口等。

(5) 注明管道类别、控制尺寸（坐标）、节点编号、各建筑物、建筑物的管道进出口位置、自用图例及有关文字说明等。当不绘制给水排水管道纵断面图时，图上应将各种管道的管径、坡度、管道长度、标高等标注清楚。

二、室外给水排水管道纵断面图

若给水排水管道种类繁多，地形比较复杂，则应绘制管道纵断面图，以显示路面的起伏、管道敷设的埋深和管道交接等情况。

1. 管道纵断面图的图示特点及内容图

(1) 比例

由于管道的长度比直径方向大得多，为了表明地面起伏情况，在纵断面图中，通常采用横竖两种不同的比例，竖向比例常用 1：200、1：100，纵向比例常用 1：1000、1：500 等。

（2）断面轮廓线的线型

管道纵断面图是沿干管轴线铅垂剖切后画出的断面图，一般压力管宜用粗实线单线绘制，重力管宜用粗实线双线绘制（见图 12-18 所示的污水管）；地面、检查井、其他管道的横断面（不按比例，用小圆圈表示）等，用中实线绘制。

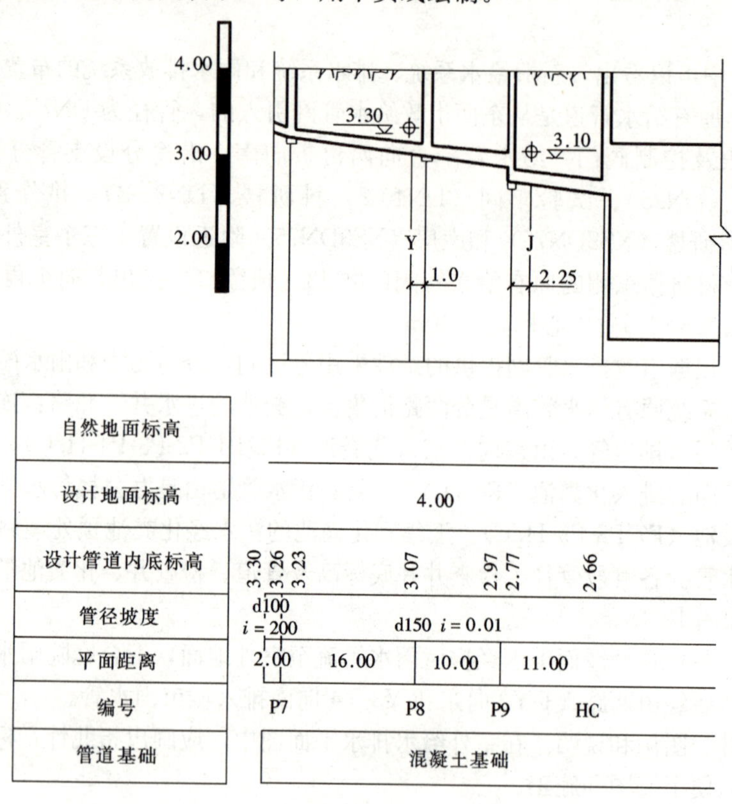

排水管道纵断面图 1:100

图 12-18 排水管道纵断面图

（3）所表达干管的有关情况和设计数据，以及在该干管附近的管道、设施和建筑物

如图 12-18 所示，所需表达的污水干管纵断面、剖切到的检查井、地面，以及其他管道的横断面，都用断面图的形式表示。图中还在其管道的横断面处，标注了管道类型的代号、定位尺寸和标高。在断面图的下方，用表格分项列出该干管的各项设计数据，如设计地面标高、干管内底标高、管径、坡度、水平距离、检查井编号、管道基础等。

2. 管道纵剖面图的绘图方法和步骤

（1）确定纵向、横向比例。

（2）布置图面。

（3）根据节点间距，按横向比例绘制垂直分格线，再按纵向比例，根据地面标高、管道标高等绘出其纵断面图。

（4）绘制数据表格，标注数字。

第五节　利用 AutoCAD 2006 绘制给排水系统图

利用 AutoCAD 绘图软件绘制给排水工程图相对于绘制建筑施工图来说，更显示出其优越性。因为给排水的设计往往是在建筑设计完成后进行的，因此可直接在建筑施工图上绘画管网的平面布置图。为此，可先关闭一些给排水平面图上不需要的图层，再建立新的图层，即可进行管网平面布置图的绘制。绘画管网图上的水控件时，大量采用图块插入的方式，节省绘图时间，提高工作效率。

在绘制给排水工程图时，除了绘制管网平面布置图外，还应绘制管网系统图，下面简述绘制给排水系统图的一般方法。

一、利用 AutoCAD 绘图软件绘制给排水系统图的一般方法

绘制管网系统图的主要目的是为了清楚地表示管网的走向、连接情况及各种水控件的安放位置。为此，绘制给排水系统图常采用正面斜等测图，可采用极轴追踪的方法进行绘制。常常设定如下的轴测轴方向：X 轴水平向左；Z 轴竖直向上；Y 轴为向右上方倾斜的 45°线。因此可设定 45°的角度增量，启用极轴追踪功能绘制管网系统图。绘制时先绘制主要管线，再绘制次要管线，用图块插入的方式绘制管线上的水控件。

另外，绘制管网系统图时，常常需要从平面布置图中量取数据，这时可同时打开平面布置图和系统图，在平面布置图中调用 LIST 命令测量管线长度后，可直接按数据绘制系统图。

二、实例

【例 12-1】　利用 AutoCAD 2006 绘图软件绘制如图 12-19 所示的给水系统图。

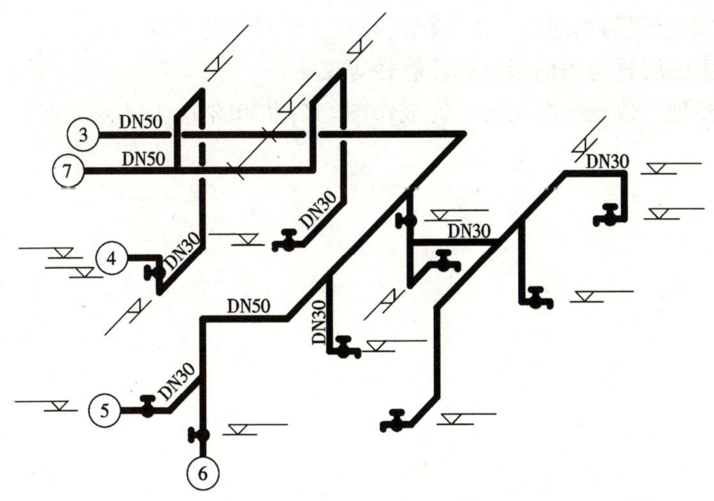

图 12-19　给水系统图

绘图过程大致如下：

(1) 设定不同的图层，如管网图层、符号图层、文字图层等，为不同的图层分别设定颜色、线型和线宽。管网图层应设定较宽的线宽（如 0.5mm）。并将状态栏的“线宽”按钮激活以显示线宽。

（2）设置文字样式。

（3）定义水控件、标高符号、编号圆等图形块。

（4）调用 DSETTINGS 命令打开“草图设置”对话框，在“极轴追踪”选项卡中设置“角增量”为 45。

（5）将管网图层置为当前层。将状态栏的“极轴”按钮激活以进入极轴追踪状态。

（6）用极轴追踪的方式绘画管线（图 12-20）。

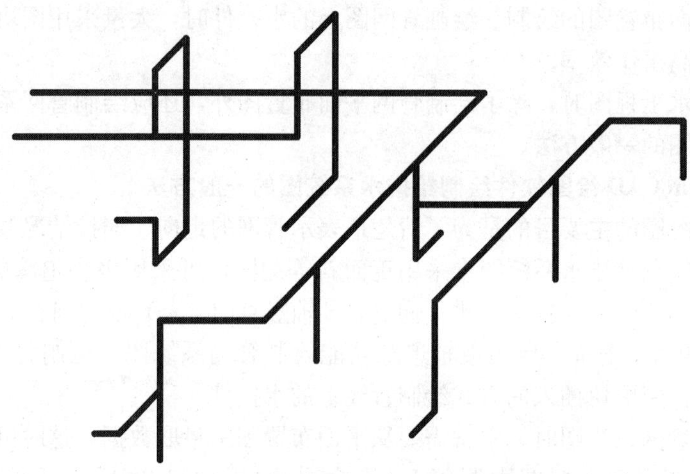

图 12-20 用极轴追踪方式绘画管线

（7）用 TRIM 命令将交叉的管线在重影处断开。

（8）用图块插入的方式在需要的地方插入水龙头、阀门等水控件。

（9）将符号图层置为当前层。插入标高符号、编号圆等图块。

（10）将文字图层置为当前层。标注管径等文字。

（11）检查整理，改正错漏之处，完成作图。结果如图 12-19 所示。

第十三章　采 暖 工 程 图

第一节　概　　述

在冬季，由于室外温度低于室内温度，因而房间里的热量不断地传向室外，为使室内保持所需的温度，就必须向室内供给相应的热量。这种向室内供给热量的工程设备，称为采暖系统。采暖工程图是表达采暖工程设施的结构、形状、大小、位置以及有关设计施工要求等的图样。

一、采暖工程图的组成及其分类

采暖工程图可分为室外采暖工程图和室内采暖工程图两大类。

室外部分是表示一个区域的供热管网，其工程图包括总平面图、管道横剖面图、管道纵剖面图和详图等。

室内部分表示一幢建筑物内的采暖工程，其工程图包括采暖平面图、采暖系统图和详图等。以上两部分均有设计及施工说明，其内容主要有热源、系统方案及用户要求等设计依据，以及材料和施工要求等。

二、室内采暖系统的组成

采暖系统分类方法很多，通常有下列几种。接采暖的范围可分为：局部采暖系统、集中采暖系统和区域采暖系统。接采暖所用的热媒不同可分为：热水采暖系统、蒸汽采暖系统、热风采暖和烟风采暖。在热水采暖系统中，按循环动力不同，可分为自然循环系统和机械循环系统两种；按供热干管敷设的位置不同，可分为上行下给、下行上给、中行上给下给系统；按立管的数量，可分为双管式及单管式系统。

目前应用最广的是以热水和蒸汽作为热媒的集中采暖系统。这种系统首先在锅炉房利用燃料燃烧产生的热量，将热媒加热成热水或蒸汽，再通过输热管道将热媒输送至用户。

图 13-1 是机械循环上行下给双管式热水供暖系统示意图。热水供暖系统中全部充满水，依靠电动离心式循环水泵所产生的动力促使热水在管道系统内循环流动。从循环水泵出来的水，被注入热水锅炉，水在炉锅中被加热（一般从锅炉出来的水温 90℃左右），经供热总立管、供热干管、供热立管、供热支管，输送到建筑物内各采暖房间的散热器中散热，使室温升高。热水在散热器中放热冷却（一般从散热器出来的水温为 70℃左右），又经回水支管、回水立管、回水干管，被循环水泵抽回再注入锅炉。热水在系统的循环过程中，不断地从锅炉中吸收热量，又不断地在散热器中将热量放出，以维持室内所要求的温度，达到供暖之目的。

在图 13-1 所示的采暖系统中，有两根立管（供热立管、回水立管），立管上连接的散热器均为并联，故称双管并联系统；且供热干管位于顶层采暖房间的上部，回水干管位于底层采暖房间的下部，故又称"上供下回"。在该系统中，供热干管沿水流方向有向上的坡度，并在供热干管的最高点设置集气罐，以便顺利排除系统中的空气；为了防止采暖系统的管道

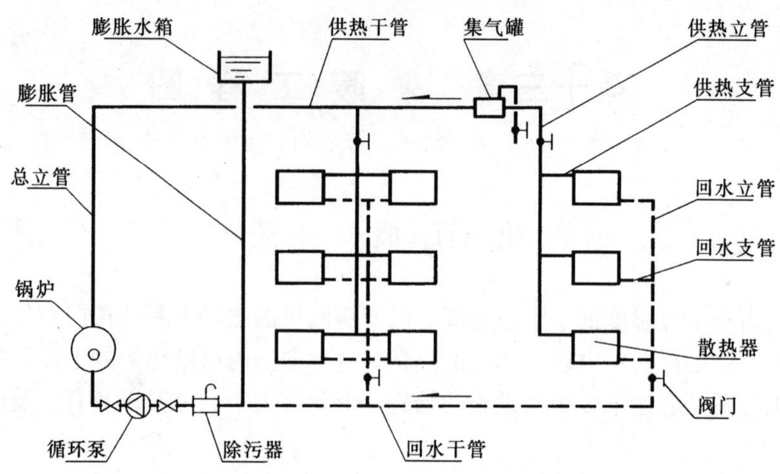

图 13-1 机械循环上行下给双管式热水供暖系统示意图

因水被加热体积膨胀而胀裂，在管道系统的最高位置，安装一个开口的膨胀水箱，水箱下面用膨胀管与靠近循环水泵吸入口的回水干管连接。在循环水泵的吸入口前，还安装有除污器，以防止积存在系统中的杂物进入水泵。

三、采暖工程图的特点

（1）采暖工程中所表示的管道和设备，一般均采用统一的图例表示。采暖管道一般采用单线表示，根据管道的作用不同而采用不同的线型，管道坡度无需按比例画出（画成水平），管径及坡度均用数字注明。采暖设备采用《暖通空调制图标准》（GB/T 50114—2001）中的规定图例符号表示。

（2）采暖工程图中的平面图、详图等图样均采用正投影法绘制。

（3）采暖管道的敷设与设备安装离不开房屋建筑，画图时必须将与采暖系统有关的建筑图部分一并画出，以表明管道与设备在房屋中的位置。系统中设备的安装、管道敷设应与建筑施工图相互配合，尤其在预留孔洞、预埋件、管沟等方面对土建的要求须在图纸上明确表示和注明。

（4）采暖系统的管道纵横交错，在平面图上难以表明它们空间的走向。为了看清管道的空间联接情况和相互位置，通常采用斜轴测投影画出管道系统的立体图，即管道系统轴测图。采暖系统图宜按 45°正面斜轴测投影法绘制，管道布置方向应与平面图一致，并按相同比例绘制。局部管道按比例绘制不易表达清楚时，该处可不按比例绘制。

（5）采暖管道中的热水或蒸汽都有一个来源，按一定的方向在管道中流动。如热水供暖系统，在锅炉将冷水加热，经供热总立管、供热干管将热水分配到各立管、支管，最后进入散热器。热水在散热器放热后，冷却的水经回水支管、立管、干管重新回到锅炉加热。掌握这一循环过程，在识读采暖工程图时就能很容易读懂图纸。

四、采暖工程图的一般规定

1. 绘图比例

总平面图常用的比例为：1∶500、1∶1000、1∶2000。

平面图常用的比例为：1∶200、1∶150、1∶100、1∶50。

管道系统图宜采用与相应平面图相同的比例。

详图常用的比例为：1∶1、1∶2、1∶5、1∶10、1∶20 等。

2. 图线及其应用

采暖工程图中采用的各种线型应符合《暖通空调制图标准》（GB/T 50114—2001）中的规定，见表 13-1。

表 13-1　采暖工程图中采用的线型及其含义

名 称	线 型	线宽	一 般 用 途
粗实线		b	供热管线
中实线		$0.5b$	本专业的设备轮廓线
细实线		$0.25b$	建筑物轮廓；尺寸、标高、角度等标注线及引出线；非本专业设备轮廓
粗虚线		b	回水管线
中虚线		$0.5b$	本专业设备及管道被遮挡的轮廓线
细虚线		$0.25b$	地下管沟；示意性连线
单点长画线		$0.25b$	轴线、中心线
双点长画线		$0.25b$	假想或工艺设备轮廓线
折断线		$0.25b$	断开界线

3. 图例符号

《暖通空调制图标准》（GB/T 50114—2001）国家标准中，规定了采暖工程图中常用的设备、部件的图例符号，现摘录其中的常用图例示于表 13-2。

表 13-2　采暖工程图常用的图例

名 称	图 例	名 称	图 例
阀门（通用）、截止阀	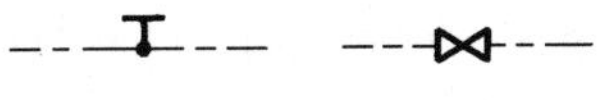	方形补偿器	
止回阀	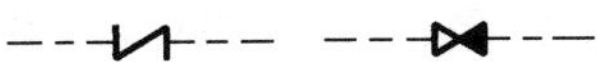	套管补偿器	
闸阀		波纹管补偿器	
蝶阀		手动调节阀	
坡度及坡向	$i=0.003$ 或 $i=0.003$	集气罐、排气装置	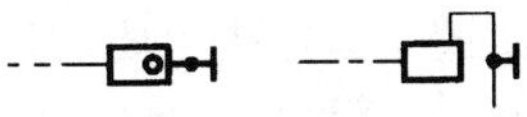

续表

名　称	图　例	名　称	图　例
自动排气阀		散热器及手动放气阀	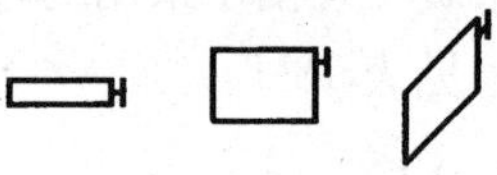
变径管 异径管	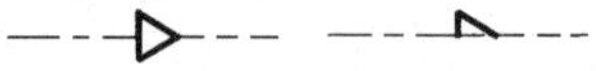	疏水器	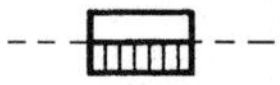
固定支架		水泵	
活接头		除污器	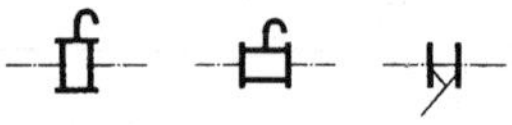

第二节　室内采暖工程图

一、采暖平面图

采暖平面图主要反映供热管道、散热设备及其他附件的平面布置情况，以及与建筑物之间的位置关系。

1. 采暖平面图的表达方法

（1）采暖平面图是在管道系统之上，作水平剖切后的水平投影图。

（2）平面图的数量。在多层建筑中，若为上供下回的采暖系统，则须绘出一层平面图和顶层平面图；对中间楼层，当散热器和采暖管道系统的布置及相应位置、散热器的型号、规格相同时，可绘一个楼层即标准层采暖平面图。当各层的建筑结构和管道布置不相同时，应分层表示。

（3）在采暖平面图中所画的建筑平面图，仅作为管道系统各组成部分的平面布置的定位基准，因此，一般只要抄绘房屋的墙身、柱、门窗洞、楼梯等主要构配件，至于房屋的细部、门窗代号等均可略去。在采暖平面图中，所有的墙、柱、门窗等都用细实线表示，窗在平面图中，通常只在墙身内画一条线。为使土建施工与管道设备的安装一致，在各层管道平面图上，均需标明定位轴线，并在底层平面图的定位轴线间标注尺寸；同时，还应标注出各层平面图上的有关标高。

（4）采暖管道的画法。绘制采暖平面图时，各种管道无论是否可见，一律按《暖通空调制图标准》（GB/T 50114—2001）中规定的线型画出。供热干管用粗实线绘制，供热立管、支管用中实线绘制，回水干管用粗虚线绘制，回水立管、支管用中虚线绘制。在底层平面图上应画出供热入口、回水出口的位置，总立管、干管、立管、支管的位置及连接情况。在标准层采暖平面图中主要反映立管与支管间的连接情况。

1）管道转向、连接的表示方法见图 13-2。

2）管道交叉的表示方法见图 13-3。

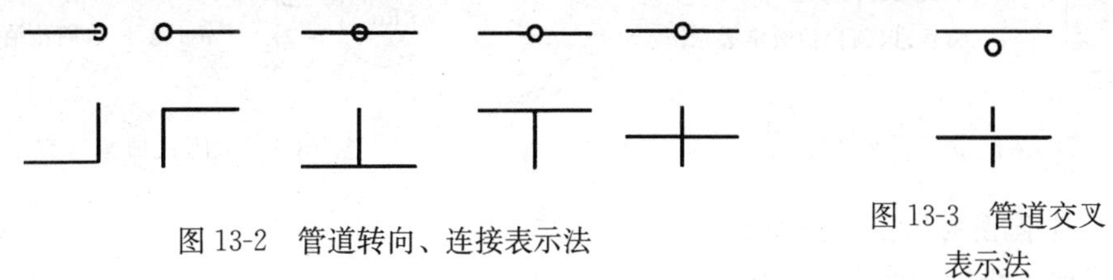

图 13-2 管道转向、连接表示法

图 13-3 管道交叉表示法

3）管道在本图中断，转至其他图上时的表示方法见图 13-4。管道由其他图上引来时的表示方法见图 13-5。

图 13-4 管道中断的表示法

图 13-5 管道引来的表示法

（5）散热器、集气罐、疏水器、补偿器等主要设备均为工业产品，不必详细画出，一般用中实线按表 13-2 图例表示。平面图上应画出散热器的位置及与管道的连接情况，管道上的阀门、集气罐、变径接头等设备的安装位置，画出地沟、管道支架的位置。

（6）尺寸标注。房屋的平面尺寸一般只需在底层平面图中标注出轴线间尺寸，另外要标注室外地坪的标高和各层地面标高。管道及设备一般都是沿墙设置的，不必标注定位尺寸。必要时，以墙面或柱面为基准标出。采暖入口的定位尺寸应标注管道中心至相邻墙面或轴线的距离。

平面图上应注明各管段管径、坡度、立管编号、散热器的规格和数量。见图 13-6。

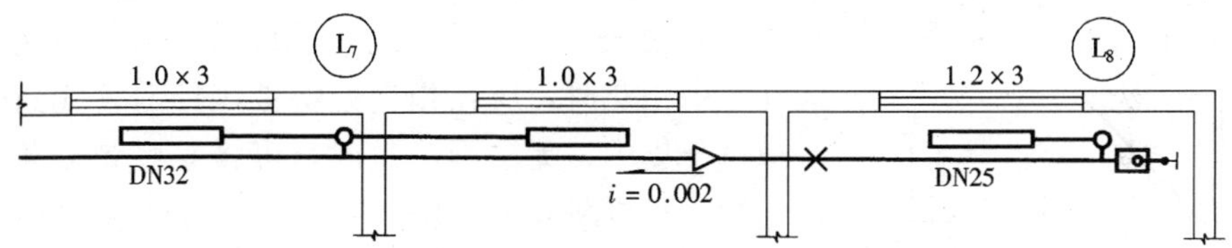

图 13-6 平面图中管径、坡度及散热器的标注方法

管道的管径尺寸应以 mm 为单位，焊接钢管应以公称直径“DN”表示，如 DN15、DN50 等；无缝钢管应以外径和壁厚表示，如 D114×5。

坡度宜用单面箭头加数字表示，数字表示坡度的大小，箭头表示低的方向。

散热器的规格及数量的标注方法：

1）柱式散热器只标注数量；

2）光管散热器应标注管径、长度、排数。如：D108×3000×4 表示光管直径 108mm，管长 3000mm，共 4 排。

3）串片式散热器应注长度、排数。如 1.0×3 表示串片长 1.000m，共 3 排。

4）散热器的规格、数量应标注在本组散热器所靠外墙的外侧，远离外墙布置的散热器直接标注在散热器的上方（横向放置）或右侧（竖向放置）。

（7）立管编号、采暖入口编号。采暖立管和采暖入口的编号应标注在它近旁的外墙外侧。采暖立管编号的表示法见图 13-7。采暖入口编号的表示法见图 13-8。

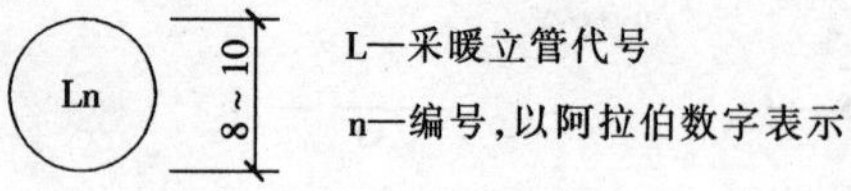

图 13-7 采暖立管编号表示法

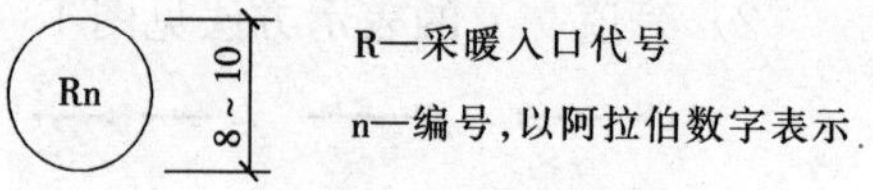

图 13-8 采暖入口编号表示法

2. 采暖平面图的绘图方法和步骤

（1）用细实线抄绘建筑平面图。

（2）用中实线画出采暖设备的平面布置。

（3）画出由干管、立管、支管组成的管道系统的平面布置。

（4）标注轴线间尺寸、标高、管径、坡度、散热器规格数量，注写立管编号以及有关图例、文字说明等。

二、采暖系统图

采暖系统图是把采暖系统中的管道及其设备用正面斜轴测投影的方法绘制的立体图。主要表明采暖系统中管道及设备的空间布置与走向。

1. 采暖系统图的表达方法

（1）轴向选择与绘图比例。采暖系统图宜采用正面斜轴测或正等轴测投影法绘制。当采用正面斜轴测投影时，*OX* 轴处于水平，*OY* 轴与水平线夹角选用 45°或 30°，*OZ* 轴竖直放置。三个轴向变形系数均为 1。采暖系统图是依据采暖平面图绘制的，所以系统图一般采用与平面图相同的比例，*OX* 轴与房屋横向一致，*OY* 轴作为房屋纵向并画成 45°斜线方向，*OZ* 轴竖放表达管道高度方向尺寸。

（2）管道系统。采暖系统图用单线绘制，供暖管道用粗实线，回水管道用粗虚线，采暖设备及部件以图例的形式用中实线绘制，见表 13-2。绘制管道系统时，当空间交叉的管道在图中相交时，应在相交处将被遮挡的管线断开。当管道过于集中，无法画清楚时，可将某些管段断开，引出绘制，相应断开处采用相同的小写拉丁字母注明，见图 13-9。具有坡度的水平横管无需按比例画出其坡度，而仍以水平线画出，但应注出其坡度或另加说明。

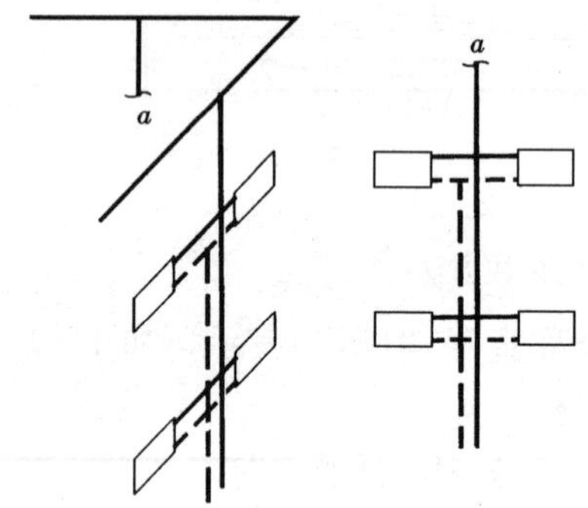

图 13-9 系统图中重叠、密集处的引出画法

（3）房屋构件的位置。为了反映管道和房屋的联系，系统图中还要画出被管道穿越的墙、地面、楼面的位置，一般用细实线画出地面和楼面，墙面用两条靠近的细实线画出并画上轴测图中的材料图例线。如图 13-10 所示。

（4）尺寸标注。管道系统中所有的管段均需标注管径，凡水平干管均需注出其坡度，还应注明管道和设备的标高、散热器的规格和数量及注写立管编号；此外，还需注明室外地坪的标高、室内地面标高、各层楼面的标高。

管道管径的标注方法见图 13-11，水平管道的管径应注于管道的上方；斜管道的管径应注于管道的斜上方；竖管道的管径应注于管道的左侧；管道的变径处；当无法按上述位置标注管径时，可用引出线将管段管径引至适当位置标注；同一种管径的管道较多时，可不在图上标注，但应在附注中说明。

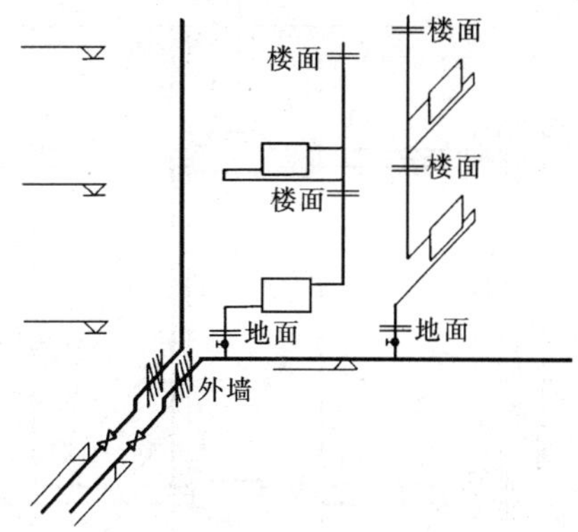

图 13-10 穿越建筑结构的表示法

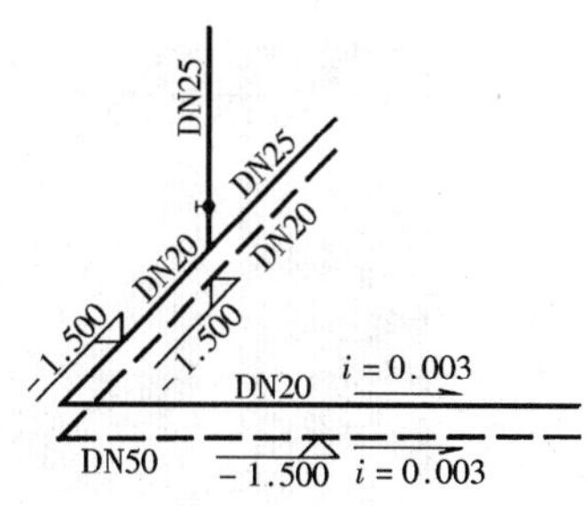

图 13-11 管道管径、标高尺寸的标注位置

2. 采暖系统图的绘图方法和步骤

(1) 选择轴测类型，确定轴测轴方向。

(2) 按比例画出建筑物楼层地面线。

(3) 根据平面图上管道的位置画出水平干管和立管。

(4) 根据平面图上散热器安装位置及设计高度尺寸画出各层散热器及散热器支管。

(5) 按设计位置画出管道系统中的控制阀门、集气罐、补偿器、变径接头、疏水器、固定支架等。

(6) 画出管道穿越建筑物构件的位置，特别是供热干管与回水干管穿越外墙和立管穿越楼板的位置。

(7) 标注管径、标高、坡度、散热器规格数量、其他有关尺寸以及立管编号等。

三、详图

由于平面图和系统图所用比例小，管道及设备等均用图例表示，它们的构造及安装情况都不能表达清楚，因此需要按大比例画出构造安装详图，详图比例一般用 1∶1、1∶2、1∶5、1∶10、1∶20 等。

采暖系统中的详图有标准详图和非标准详图，对于标准详图可查阅标准图集，如集气罐安装详图、支架安装详图、水箱安装详图等。对于平面图、系统图表示不清楚而又无标准详图可套用的，要根据实际工程另绘详图。

图 13-12 是一组长翼型散热器安装详图。图 13-12（a）为散热器连接图，该图是室内窗台下散热器组安装的通用图，由图中可以看出，散热器采用半暗装方式，墙槽深 120mm，散热器组距墙槽表面 40mm，上下表面距墙槽上沿及楼板表面分别为 100mm 和 150mm。散热器组用托钩固定在墙槽内。其左端距墙槽侧面应大于 150mm，右端距墙槽侧面应大于 200mm。管道为明设，与散热器连接的上下支管各安一个检修用的活接头，而且两个支管段都有 $i=0.01$ 的坡度。图 13-12（b）为托钩详图，在托钩详图中标注了托钩的全部构造尺寸。图 13-12（c）为散热器托钩位置图，示意画出了由四片散热器构成的散热器组和由五片散热器构成的散热器组托钩安装的数量与布置位置。

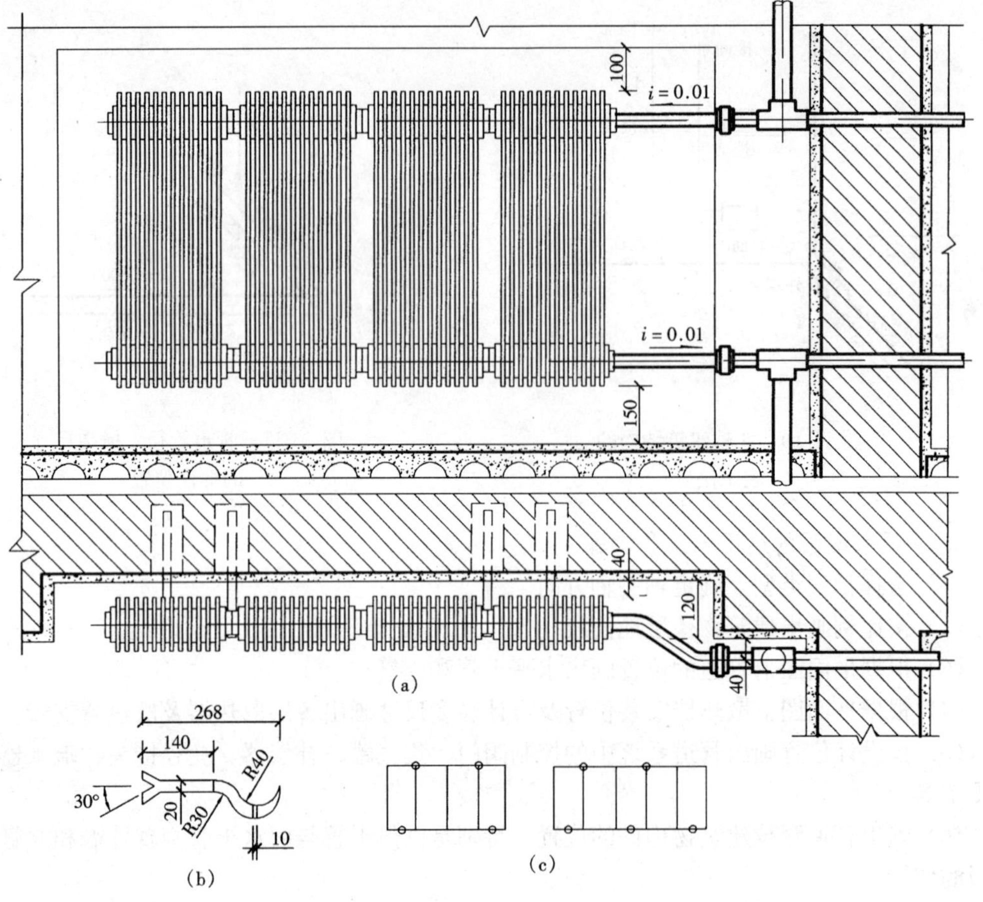

图 13-12　散热器安装详图

(a) 散热器连接；(b) 托钩；(c) 散热器主托钩位置

第三节　室内采暖工程图的识读

识读室内采暖工程图的顺序是：首先看设计施工说明，再依次识读室内采暖平面图，采暖系统图，详图或标准图及通用图。

图 13-13～图 13-16 为某六层住宅楼的室内采暖工程图，下面以该住宅采暖工程图为例，说明室内采暖工程图的识读方法和步骤。

一、设计施工说明

采暖工程图的设计施工说明是整个采暖工程中的指导性文件，通常阐述以下内容：采暖室内外计算温度；采暖建筑面积，采暖热负荷，建筑平面热指标；建筑物采暖入口数，各入口的热负荷，压力损失；热媒种类，来源，入口装置形式及安装方法；采用何种散热器，管道材质及连接方式；采暖系统防腐，保温作法；散热器组装后试压及系统试压的要求。其他未说明的各项施工要求应遵守什么规范及有关规定等。

本例设计说明如下：

采暖工程图设计施工总说明

1. 采暖室外计算温度 t_w＝－23℃；采暖室内计算温度 t_n＝18℃。

2. 采暖建筑面积：F＝1036.8m²；采暖热负荷：Q＝67910.4W；建筑平面热指标 q＝65.5W/m²。

3. 采暖热媒为供水水温＝95℃，回水水温＝70℃的低温热水。散热器采用 760 型铸铁散热器，散热器底距楼板或地面 150mm。

4. 系统采用焊接钢管，公称直径 DN≤32mm 管件为丝扣连接，DN＞32mm 管件为焊接连接或法兰连接，除图中标注外，管道系统全部采用 Z15T-10 型丝扣式闸阀。

5. 管道水平安装的支架间距：固定支架按设计图纸中标注的位置施工。滑动支架应按下表规定施工。

管道滑动支架最大间距表

管道直径（mm）		DN15	DN20	DN25	DN32	DN40	DN50	DN70	DN80	≥DN100
支架最大间距	保温	1.5	2.0	2.0	2.5	3.0	3.0	4.0	4.0	4.0
	不保温	2.5	3.0	3.5	4.0	4.5	5.0	5.0	6.0	6.0

6. 防腐作法：管道及散热器组刷油前必须将其内外表面的铁锈、油污等杂物除净。散热器组、明设管道及支架刷红丹防锈漆两遍后，再刷银粉两遍。暗设的管道及支架刷红丹防锈漆两遍。

7. 保温作法：安装在地沟内的供回水管道，采用厚度为 50mm 的岩棉管壳保温，外缠塑料布一层，玻璃丝布两层后，再刷调和面漆两遍。

8. 散热器组装完毕后，应进行单组水压试验，以不小于 0.4MPa，2～3min 不渗不漏为合格。采暖系统安装完毕后，再进行 1.20 倍数系统工作压力的水压试验，且不小于 0.40MPa，10min 不渗漏，压力降不超过 10%为合格。

9. 其他未说明事项按《采暖与卫生工程施工及验收》(GBJ 242—82) 中有关规定执行。

二、室内采暖平面图

识读采暖平面图时，先弄清热入口、供热总立管、供热干管、立管、回水干管、散热器的平面布置位置，弄清该采暖管道系统属何种布置形式。然后按热介质流向。以热入口→供热总立管→供热干管→各立管→回水干管→回水出口的顺序进行识读。识读时，应结合采暖系统图对照识读，以弄清各部分的布置尺寸、构造尺寸及其相互关系。

(1) 底层采暖平面图。图 10-13 为住宅底层采暖平面图，从图中可以看到以下内容：采暖热入口在①轴与Ⓐ轴交点的右侧沿①轴方向穿Ⓐ轴引入室内。然后与建筑物内供热总立管相接。图中粗虚线表示回水干管，回水干管起始端在住宅的西北角的居室内，管径为 DN25，回水干管上设有 4 个变径接头，其中有两个变径接头分别设置在北侧外墙②轴和⑨轴处，另 1 变径接头设在南侧外墙⑦和②轴处，回水干管的管径随着流量的变化，沿程逐渐增加，在靠近出口处管径为 DN50；根据坡度标注符号可知，回水干管均有 i=0.003 的坡度且坡向回水干管出口。从图中还可以看出，回水干管上共有 3 个固定支架；在楼梯间内设有

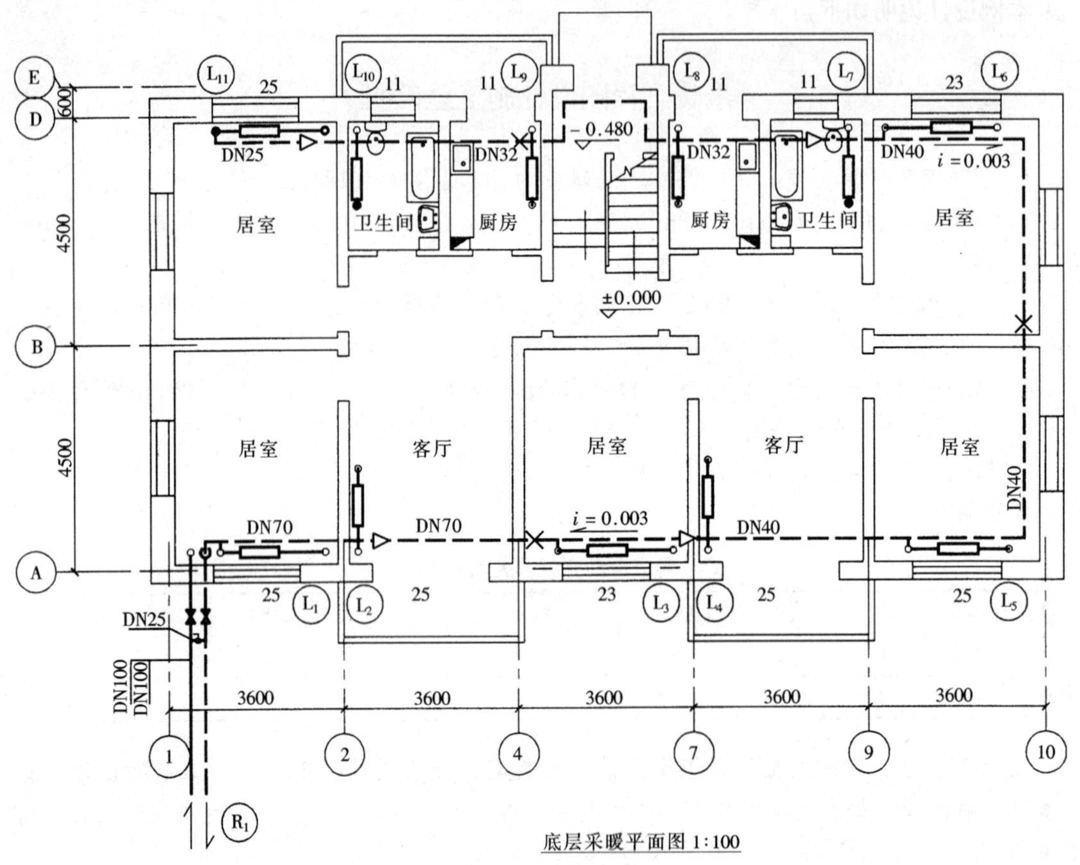

图 13-13 底层采暖平面图

方形补偿器，在回水干管出口处装有闸阀。在采暖引入管与回水排出管之间设置的阀门为建筑物内采暖系统检修调试用。

各居室散热器组均布置在外墙内侧的窗下，厨房、卫生间和客厅内的散热器组沿内墙竖向布置。每组散热器的片数都标注在建筑物外墙外侧靠近每组散热器安装位置处，散热器与供热立管的连接均为单侧连接。每根供热立管均标有编号，共有 11 根供热立管，由于采暖供热总立管只有 1 根，所以没有对其进行编号。

（2）从图 13-14 标准层采暖平面图中可以看到，其建筑结构与底层基本相同，散热器的布置位置、散热器与供热立管的连接方式、供热立管编号均与底层采暖平面图完全相同，二～五层各组散热器的片数均标注在建筑物外墙外侧靠近每组散热器安装位置处。

在标准层采暖平面图中不反映供热干管和回水干管，故在标准层采暖平面图中只画出散热器、散热器连接支管、立管等的位置。

（3）图 13-15 为顶层采暖平面图，从图中可以看出，采暖供热总立管从底层经二、三、四、五层引入后，在顶层屋面板下分两个支路沿外墙敷设，第一支路，从供热总立管沿南侧外墙向东敷设至东侧外墙里侧，然后折向北至北侧外墙里侧又折向西至⑨轴，呈“$\lrcorner$”形布置，在该供热干管的末端配有集气罐，管道具有 $i=0.003$ 的坡度且坡度坡向供热总立管。在该供热干管上设有 2 个变径接头，各管道的管径图中均已注明。此外，该供热干管上配有 2 个固定支架。另一分支路从供水总立管沿西侧外墙敷设至北侧外墙里侧，然后折向东敷设至⑨轴。呈“┌──”布置，其上配有集气罐、补偿器、变径接头、固定支架等设备，见图13-15。该供热干管的坡度 $i=0.003$，坡向供热总立管。

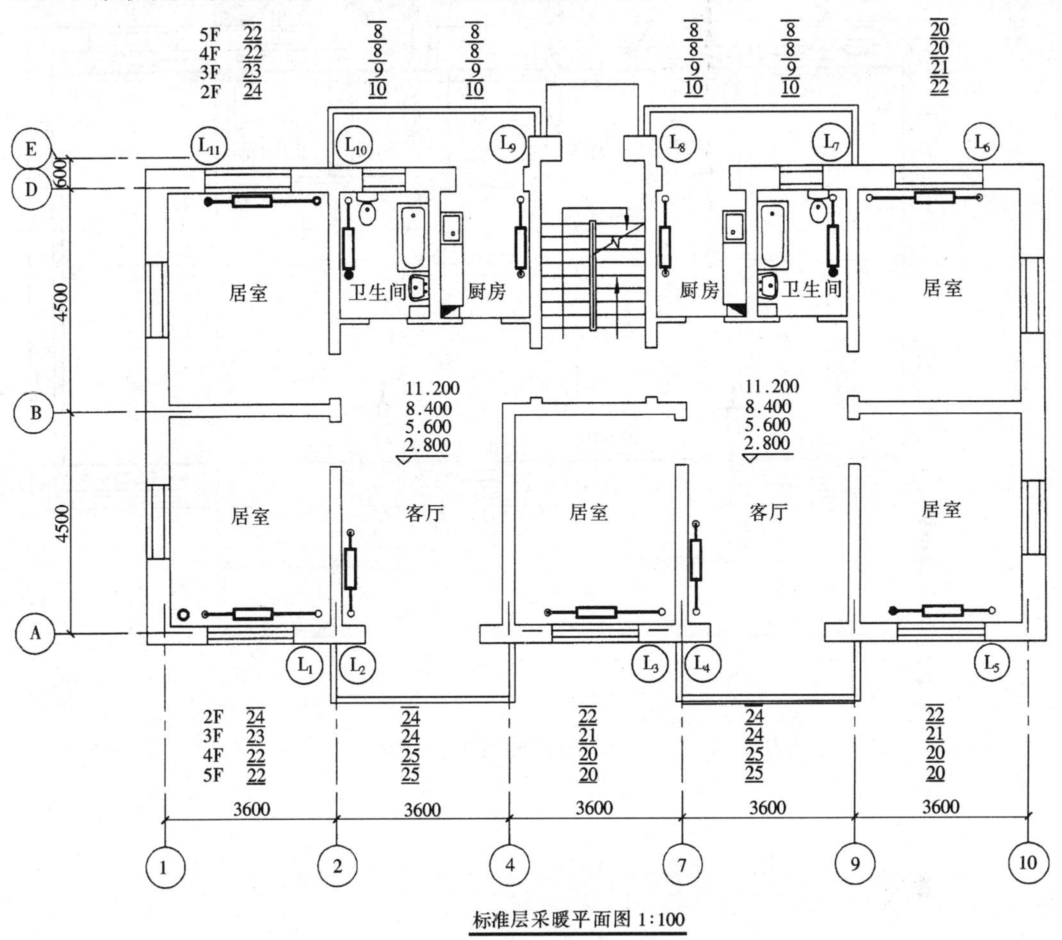

图 13-14　标准层采暖平面图

供水干管距外墙饰面之间的距离，在采暖平面图中仅为示意性绘出，其距离与楼层数、管径有关，见国家标准图集。供热干管与立管的连接，在平面图和系统图中也为示意地表示，其作法见国家标准图集。

顶层散热器的布置位置、散热器与供热立管的连接方式、供热立管编号均与底层采暖平面图相同。

通过上述识读过程，可以知道，该住宅楼所采用的采暖方式为上行下给单管并联式供暖系统。

三、采暖系统图

通过识读采暖平面图，我们对建筑物内供热管网的布置及走向、采暖设备的平面布置、数量等有了比较清楚的了解，但还不能形成清晰完整的空间立体概念，对于采暖管道及设备的高度情况还需配合采暖系统图来加以说明，见图 13-16。

图 13-16 是住宅的采暖系统图，结合图 13-13～图 13-15 采暖平面图可以看出，室外引入管（采暖热入口）由本住宅①轴线右侧，标高为－1.5m 处穿墙进入室内，然后竖起，穿

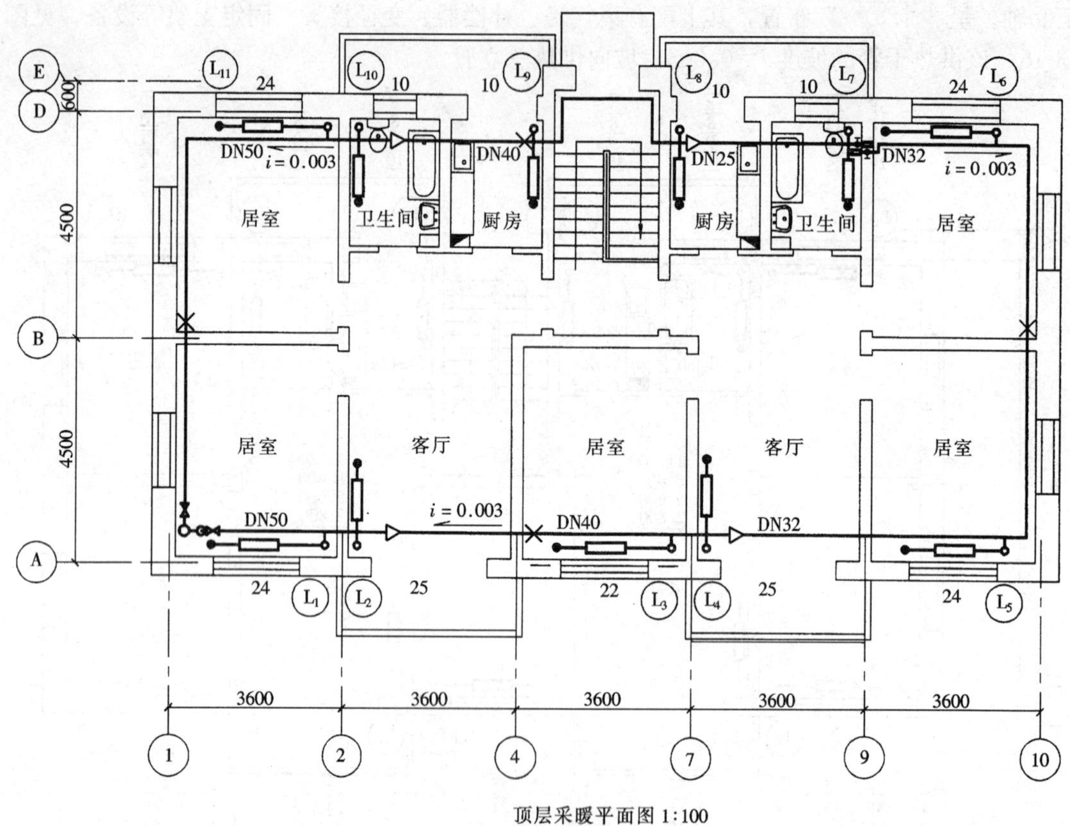

图 13-15　顶层采暖平面图

越二、三、四、五层楼板到达六层顶棚下标高 16.3m 处，其管径为 DN70。在此处，总立管分别向东、向北各接一供热干管，管径均为 DN50。

在此，首先看由西向东敷设的干管，供水干管始端装一截止阀，以便调节流量。供热干管由西往东沿Ⓐ轴墙内侧敷设，至⑩轴墙处折向北沿⑩敷设，至Ⓓ轴墙又折向西沿Ⓓ敷设至⑨轴墙止（见顶层采暖平面图），供热干管管径依次为 DN50、DN40、DN32，其中 DN32 为供热干管末端的管径。供热干管的坡度为 0.003，坡度坡向供热总立管。供热干管的末端且最高位置装一自动排气罐，以排除系统中的空气。

供热干管上从①轴到⑩轴之间的管段和从Ⓐ轴到Ⓓ轴之间的管段的中间部位各设一固定支架，其作用是：均匀分配补偿器间管道的热变形，保证补偿器均匀工作，防止管道因受过大的热应力而引起管道破坏与过大的变形。

在该供水干管上依次连接 6 根立管，管径均为 DN32，与其相接的散热器支管的管径为 DN25。立管上下端均设有截止阀。在立管中，热水依次流经顶层、五层、四层、三层、二层、底层散热器到回水干管。与各立管连接的散热器均为单侧连接。回水干管从Ⓓ轴与①轴相交的墙角处起，在散热器下面自西往东沿Ⓓ轴墙在地沟内暗敷，至⑩轴墙处折向南沿⑩轴墙敷设，至Ⓐ轴后又转向西沿Ⓐ轴墙敷设，至回水排出管止。

在回水干管上装有方形补偿器、变径接头、固定支架等设备，在图中均以用图例表明其安装位置。另外，回水干管具有 0.003 的坡度，坡度坡向回水排出管。

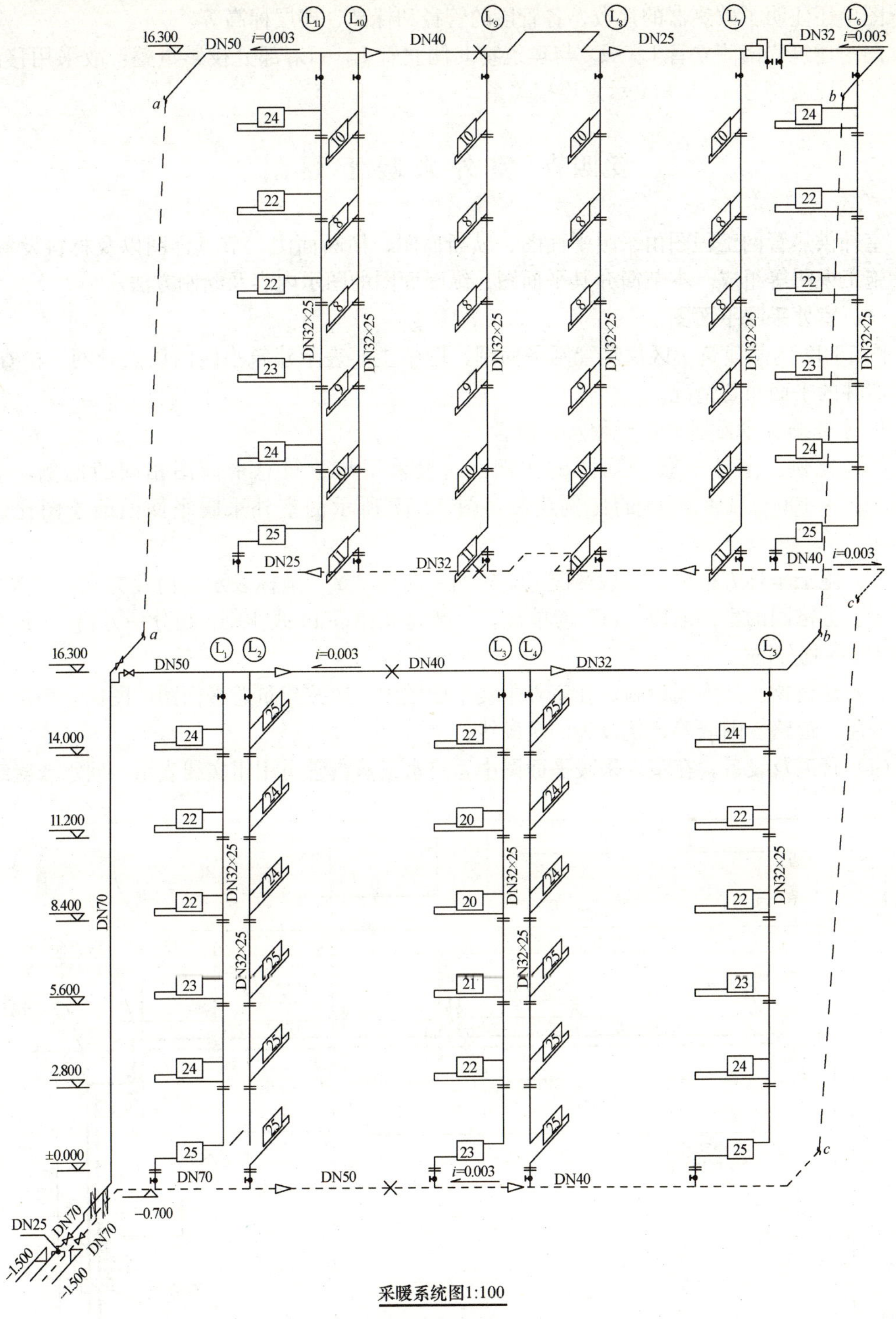

图 13 16 采暖系统图

由南向北敷设的供热干管上各环路的识读方法与上述相同。在该干管上装有方形补偿器，其作用是解决由于管道热胀冷缩而产生变形，致使管道弯曲和破裂的问题。

图中还注明了散热器的片数、各管段的管径和标高、楼层标高等。

图中建筑物南侧立管 L_1～L_5 与建筑物北侧立管 L_6～L_{11} 部分投影重叠，故采用移出画法，并用连接符号 a、b 和 c 示意连接关系。

第四节 室外采暖工程图

室外供热管网工程图由采暖平面图、纵断面图、横断面图、节点详图以及材料设备表、设计施工说明等组成。本节简介其平面图、纵断面图的图示内容及绘制方法。

一、室外采暖平面图

图 13-17 为某建筑小区供热管网平面图，图中主要表示建筑小区内供热管网、检查井、补偿器井的平面布置情况。

1. 室外采暖平面图的图示特点和内容

(1) 比例。室外采暖平面图的比例，一般采用与建筑总平面图相同的比例，常用 1∶500、1∶1000、1∶2000 的比例绘制。图 13-17 所示的室外采暖平面图的绘图比例为 1∶500。

(2) 施工坐标方格网。一般情况下，东西方向用“Y”坐标表示，南北方向用“X”坐标表示。方格网的坐标值以“m”为单位，一般每相距 50m 或 100m 画分一方格。图 13-17 是以 100m 划分的。

(3) 建筑物及其附属设施。在室外采暖平面图中，应按建筑总平面图的图例，用细实线绘出房屋、道路、围墙等建筑设施的轮廓线。

(4) 管道及设备。在室外采暖平面图中，热水或蒸汽管道用粗实线表示，回水或凝结水

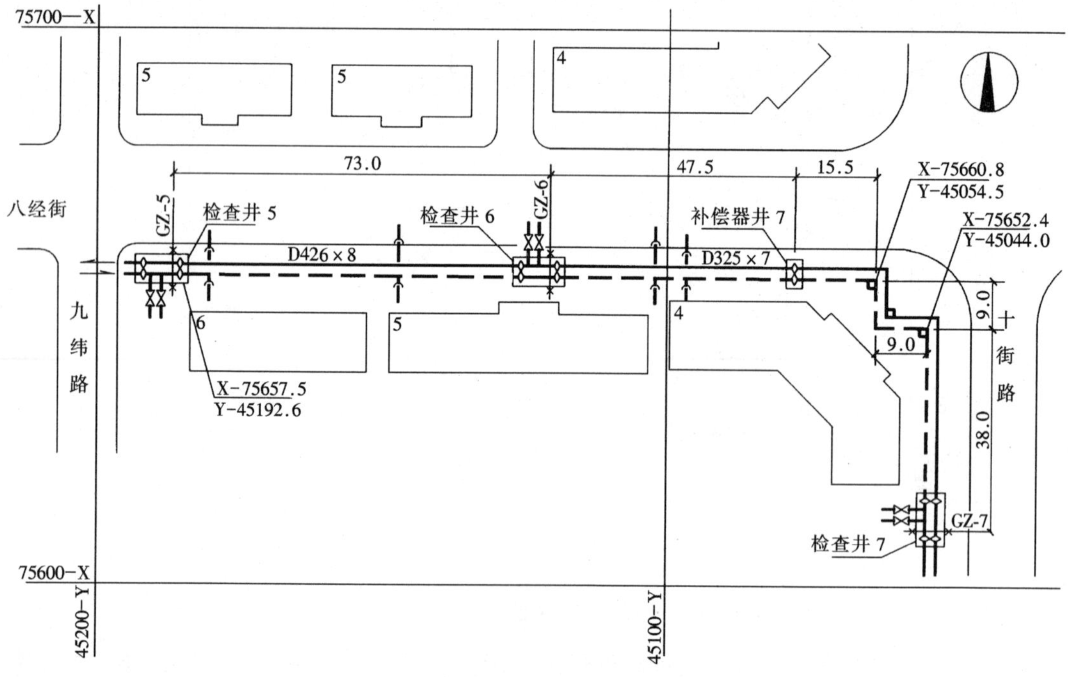

图 13-17 室外采暖平面图

管道用粗虚线表示。各种附属设备，如检查井、波纹管补偿器、固定支架、阀门等用图例符号表示。管径都标注在相应管道的旁边，并注明各管道间的距离。室外供热平面图上的室外管道标高应标注绝对标高。

从图 13-17 可以看出，供热管道布置在坐标 45000－Y（图中未画出）至 45200－Y、75600－X 至 75700－X 区域内，较长线路是沿八经街南侧东西方向布置的，较短线路是沿十街路西侧南北方向布置的。小区供热入口在八经街与九纬路相交路口的东南角，在此处设有检查井 5，施工坐标为$\frac{X-75657.5}{Y-45192.6}$。从检查井 5 接出两根管道，一根是热源输送热介质来的管道，另一根是使用后的热介质回至热源的管道。干管上向南接出装有阀门的支管。分支管南侧干管上装有 GZ－5 号固定支架。分支管西侧和 GZ－5 号固定支架东侧各装一波纹管补偿器，以补偿管道的热变形。

供热干管从检查室 5 起，由西往东经检查井 6、补偿器井 7 直埋铺设至八经街与十街路交汇处，然后折向南，再折向东，再向南至检查井 7。在检查井 5 与检查井 6 之间距离为 73.0m，管道直径为 D426×8，在该管段有两处管道交叉。检查井 6 与补偿器井 7 之间距离为 47.5m，管道直径 D325×7，在该管段也有两处管道交叉。由补偿器井 7 接出的管线成折线布置，总长为 15.5＋9.0＋9.0＋38＝71.5m，两个转折点的坐标在图中均已注明。检查井 6 和检查井 7 内管道和附件的布置与检查井 5 基本相同，在补偿器井 7 中，供热干管与回水干管上各装有 1 个波纹管补偿器。

2. 室外采暖平面图的绘图方法和步骤

（1）绘制区域图。绘制时，先绘制坐标网络，然后绘与供热管网有关的已建和拟建的建筑物、构筑物线框以及公路的边线。

（2）绘制供热管线及其管线上的节点、附件等。

（3）绘制分支管线和供热管线的交叉管线。

（4）标注数字与编号。

二、管道纵剖面图

供热管道纵剖面图是根据供热管网平面图所确定的管道线路，在建筑小区地形图基础上沿管线纵向剖切而绘制的竖向断面图，主要表明管道的高度、坡度，地形的高低起伏变化，检查井的位置、标高及补偿器的位置等。

1. 管道纵剖面图的图示特点及内容

（1）画出自然地面标高、设计地面标高、管道标高的等高线。

（2）标注节点编号与节点间距。

（3）注明管道的坡度、坡向及距离。绘制管线平面展开图和设计数据表格。

（4）纵断面图中的管线用粗实线绘制；被剖切的节点的轮廓线用中实线绘制；其余均采用细实线绘制。

（5）由于管道的长度比直径方向尺寸大很多，为了表明管道断面的情况，在纵剖面图中，通常采用横竖两种不同的比例，一般选用的比例相差 10 倍，即高度所采用的比例比长度所选用的比例大 10 倍。

图 13-18 所示为采暖管道纵剖面图。管道剖面图采用特殊的表达方法，图中上部绘出的是管道剖面图，中部绘出的是线路平面简图，下部为资料表，在资料表中标出了各节点编号

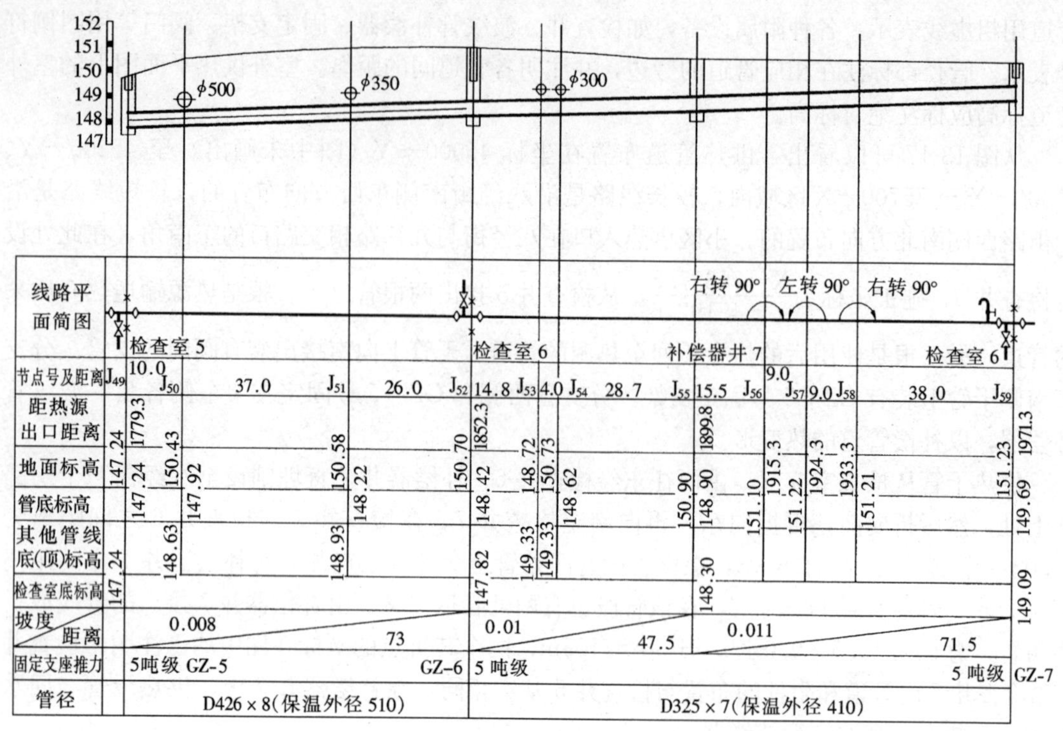

图 13-18 供热管道纵剖面图

和距离、节点距热源出口距离、地面标高、管底标高、检查室底标高、管道的直径、长度、坡度、固定支座推力等参数。另外还标注了供热管网中与其交叉管路的管径、标高等参数。

2. 管道纵剖面图的绘图方法和步骤

（1）确定纵向、横向比例。

（2）布置图面。

（3）根据节点间距，按横向比例绘制垂直分格线，再按纵向比例，根据地面标高、管道标高等绘出其纵断面图。

（4）绘制数据表格，标注数字。

第十四章　通风与空调工程图

第一节　概　　述

通风与空调工程是改善室内空气环境的一种手段。通风就是把室内被污染的空气直接或经净化后排至室外，把新鲜空气补充进来，从而保持室内的空气环境符合卫生标准和满足生产工艺的需要。空调就是用人工的方法使室内空气的温度、相对湿度、洁净度和气流速度等参数达到一定要求。通风空调工程图是表达通风空调设施的结构形状、大小、位置及有关设计施工要求的图样。

一、通风与空调工程图的组成

通风与空调工程图由管道和设备布置平面图、剖面图、管道系统图、原理图、详图、设计说明及主要设备材料表等组成。设计说明中包括所采用的气象资料、工艺标准等基本数据；通风系统的划分方式、通风系统的保温、油漆等统一做法和要求。设备材料表即为风机、水泵、过滤器等设备的统计表。

在工程设计中，宜依次表示图纸目录、选用图集（纸）目录、设计施工说明、图例、设备及主要材料表、总平面图、工艺图、系统图、平面图、剖面图、详图等。如单独成图时，其图纸编号也应按所述顺序排列。

二、通风与空调系统的组成

通风系统可分为送风系统与排风系统。送风系统由吸入外部空气的设备（进风口的百叶窗、进风室等）、空气处理设备（将空气过滤、加热或冷却、加湿等）、通风机、通风管道、风量调节装置和空气分布器等组成，如图 14-1 所示。

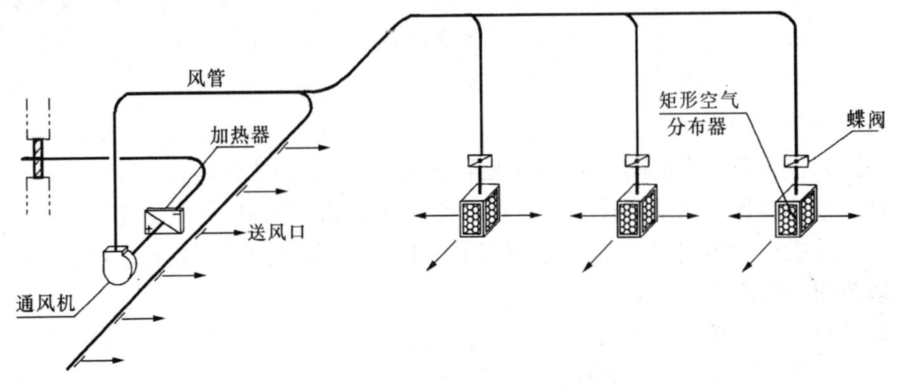

图 14-1　送风系统示意图

排风系统由吸气罩、排风管道、风量调节装置、通风机、除尘器和排风帽等组成，如图 14-2 所示。

空调系统分全空气系统、空气—水系统、制冷剂系统等。对于全空气空调系统由处理空

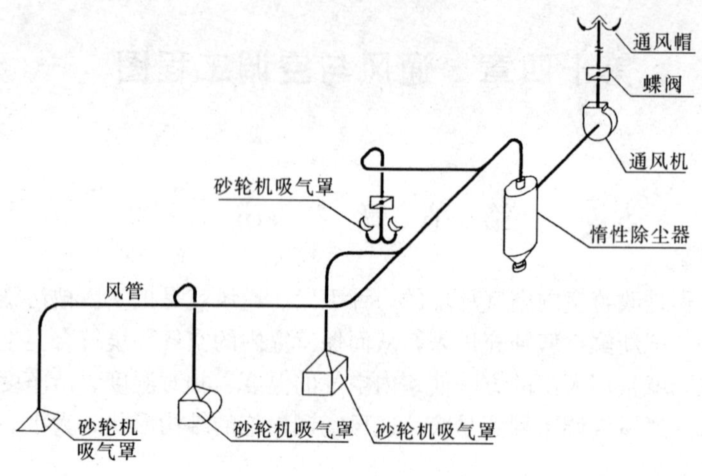

图 14-2　排风系统示意图

气、输送空气、在室内分配空气以及运行调节等四个基本部分组成。图 14-3 为全面机械通风空调系统示意图。该送风系统由新风口将室外新鲜空气送入空气处理室，空气在空气处理室内经过滤、加热、加湿等处理，由风机将处理后的空气送入风管，然后经送风口输送到各空调房间；同时，将室内的浊气由风机经回风口吸入空气处理室，经处理后一并送入送风管，输送到空调房间。

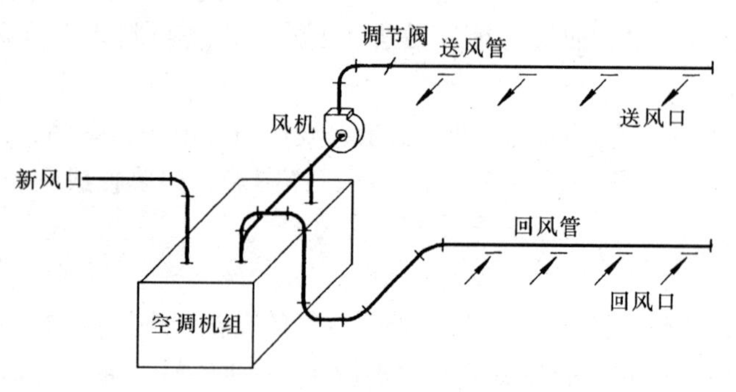

图 14-3　空调系统示意图

三、通风工程图的特点

（1）通风空调平面图、剖面图中风管一般采用双线绘制。通风空调系统图中风管一般采用单线绘制，在平面图、剖面图和系统图中均需注明风管的断面尺寸。通风空调设备、部件一般均采用图例符号表示。

（2）管道和设备布置平面图、剖面图及详图直接以正投影法绘制。

（3）管道系统图如采用轴测投影法绘制，宜采用与相应平面图相同的比例，按正等轴测或正面斜轴测的投影规则绘制。在不致引起误解时，管道系统图可不按轴测投影法绘制。通风与空调系统图一般用单线绘制。

（4）通风空调工程按空气流动方向可分为送风系统、排风系统和空调系统。送风系统流程为：进风口→进风管道→空气处理室→通风机→主干风管→分支风管→送风口；排风系统流程为：排气（尘）罩类→吸气管道→排风机→排风立管→风帽；全空气空调系统流程为：新风口→新风管道→空气处理设备→送风机→送风干管→送风支管→送风口→空调房间→回风口→回风机→回风管道（同时接排风管道、排风口）→一、二次回风管道→空气处理设备等。掌握这一循环过程，在识读通风空调工程图时就能很快熟悉图纸。

四、通风工程图的一般规定

1. 绘图比例

总平面图、平面图一般采用与建筑平面图相同的比例。

剖面图选用的比例宜为1∶200、1∶150、1∶100、1∶50。

管道系统图宜采用与相应平面图相同的比例。

绘制详图的比例常用1∶1、1∶2、1∶5、1∶10、1∶20等。

2. 图线及其应用

通风空调工程图中采用的各种线形应符合《暖通空调制图标准》（GB/T 50114—2001）中的规定。见表14-1。

表14-1　通风空调工程图中采用的线型及其含义

名称	线型	线宽	一般用途
粗实线	————	*b*	单线表示的管道
中实线	————	0.5*b*	通风空调设备轮廓、双线表示的管道轮廓
细实线	———	0.25*b*	建筑物轮廓；尺寸、标高、角度等标注线及引出线；非本专业设备轮廓
中虚线	— — — —	0.5*b*	通风空调设备及管道被遮挡的轮廓
细虚线	- - - - -	0.25*b*	地下管沟、改造前风管的轮廓线；示意性连线
中粗波浪线	〰〰	0.5*b*	单线表示的软管
细波浪线	〰〰	0.25*b*	断开界线
单点长画线	—·—·—	0.25*b*	轴线、中心线
双点长画线	—··—··—	0.25*b*	假想或工艺设备轮廓线
折断线	——\/\——	0.25*b*	断开界线

3. 图例符号

《暖通空调制图标准》（GB/T 50114—2001）国家标准中，规定了通风空调工程中常用的设备、部件的图例符号，现摘录其中的常用图例示于表14-2。

表14-2　通风空调工程中的常用图例

名称	图例	名称	图例
风、烟道		蝶阀	
风口		风管止回阀	

续表

名　称	图　例	名　称	图　例
防火阀		窗式空调机	
对开多叶调节阀	手动　电动	风机盘管	
气流方向	通用　送风　回风	消声弯头	
软管		空气加热、冷却器	加热　冷却　双功能
软接头		空气过滤器	粗效　中效　高效
散流器		加湿器	
轴流风机		百叶窗	
离心风机		检查孔、测量孔	检　测　检　测

第二节　通风与空调工程图

一、管道和设备布置平面图

管道和设备布置平面图主要表明通风与空调系统管道及设备、部件等的平面布置及连接形式，管道上送风口或排风口的分布及空气流动方向，通风空调设备、管道与建筑结构的定位尺寸，风管的断面或直径尺寸，管道和设备部件的编号，送风系统、排风系统、空调系统的编号等。

1. 管道和设备布置平面图的表达方法

(1) 管道和设备布置平面图应按假想除去上层楼板后俯视投影绘制，否则应在相应垂直剖面图中画出水平剖面的剖切符号。

(2) 管道和设备布置平面图的数量。管道和设备布置平面图有各层各系统平面图、空调机房平面图、制冷机房平面图等。

(3) 抄画建筑平面图的内容。在管道和设备布置平面图中，应用细实线绘出建筑轮廓线和与通风空调有关的梁、柱、平台、门、窗等建筑构配件，并注明相应定位轴线编号、房间名称、平面标高等。

(4) 通风空调设备、管道的画法。通风空调工程中风道、阀门及附件均按表14-2的图例绘制，用中实线画出其平面图形的外轮廓。以双线绘出风道、异径管、三通、四通、弯管、检查孔、测量孔、调节阀、防火阀、送风口、排风口的位置；注明风道及风口尺寸、空气处理设备轮廓尺寸；注明各设备、部件的名称、型号、规格；还应标出通风空调设备、管道定位（中心、外轮廓、地脚螺栓孔中心）线与建筑定位（墙边、柱边、柱中）线间的定位尺寸。

风道的断面尺寸应以mm为单位，圆形风管的截面尺寸应以直径符号“ϕ”后跟以数值表示。矩形风管（风道）的截面定型尺寸应以“$A\times B$”表示。“A”为该视图投影面的边长尺寸，“B”为另一边尺寸。

风道的标高尺寸应以m为单位，平面图中无坡度要求的风道标高可以标注在风道截面尺寸后的括号内，如“ϕ32 (2.50)”、“200×200 (3.10)”。必要时，应在标高数字前加“底”或“顶”的字样，矩形风管所注标高未予说明时，表示管底标高；圆形风管所注标高未予说明时，表示管中心标高。如在剖面图中已标注了标高尺寸，则一般在平面图中也可省略标注。

图14-4为某研究所通风系统平面图的一部分，图中注明了各房间的名称、地面标高；

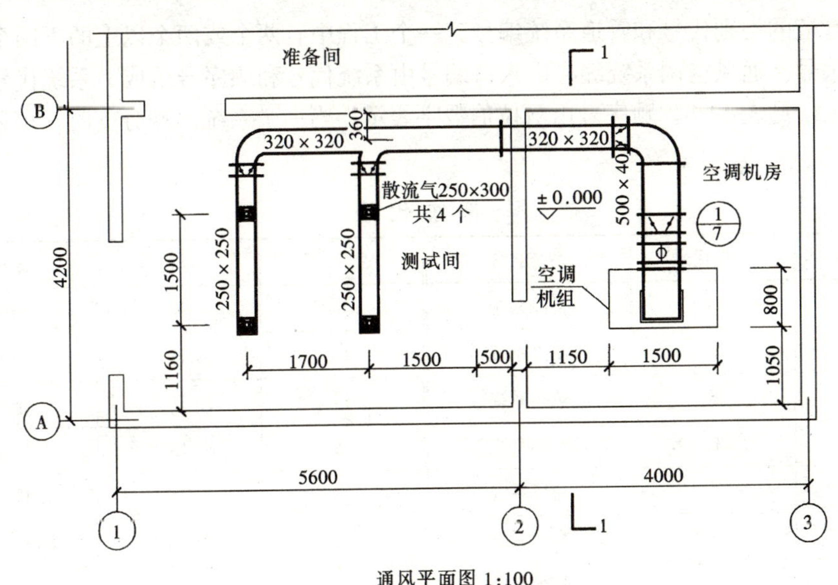

图14-4　局部排风平面图

标注出所有的通风管道的断面尺寸（如 250×250、320×320 等）和定位尺寸（如 1500、1160、360、1700、1500 等），采用国家标准规定的图例符号表示出对开多叶调节阀、防火阀的安装位置，以及散流器的规格尺寸和数量（散流器 250×300 共 4 个）；还注明了空调机组的轮廓尺寸（1500、800）和定位尺寸（1150、1050 等）。另外，在空调机房处有详图索引符号，表示另有空调机房详图详细地表达空调机房的尺寸、构造及作法。

风口、散流器的规格、数量及风量的表示方法如图 14-5 所示。

图 14-5 风口、散流器的表示方法

（5）管道和设备布置平面图中需另绘详图时，应在平面图上标注索引符号。索引符号的画法如图 14-6 所示。右图为引用标准图或通用图时的画法。

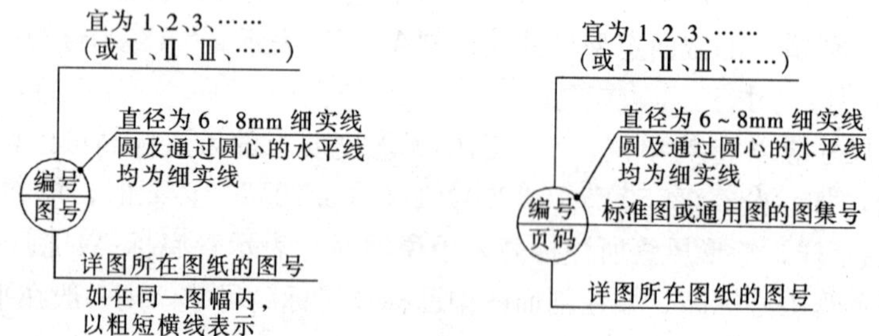

图 14-6 索引符号的画法

（6）管道的类别代号和管道系统编号。一个工程中有两个或两个以上的不同系统时，应进行系统编号。通风空调系统编号、入口编号由系统代号和顺序号组成。系统代号由大写拉丁字母表示，见表 14-3，顺序号由阿拉伯数字表示。当一个系统出现分支时，可采用图14-7 的画法。

表 14-3 系统代号

序号	字母代号	系统名称	序号	字母代号	系统名称
1	N	供暖系统	9	X	新风系统
2	L	制冷系统	10	H	回风系统
3	R	热力系统	11	P	排风系统
4	K	空调系统	12	JS	加压送风系统
5	T	通风系统	13	PY	排烟系统
6	J	净化系统	14	P（Y）	排风兼排烟系统
7	C	除尘系统	15	RS	人防送风系统
8	S	送风系统	16	RP	人防排风系统

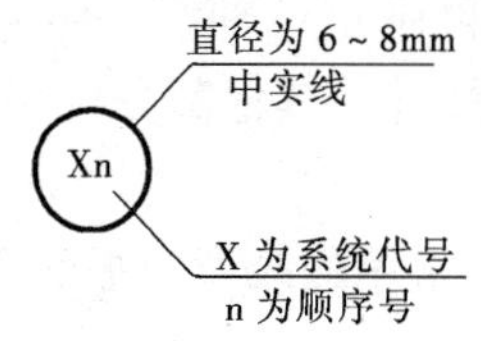

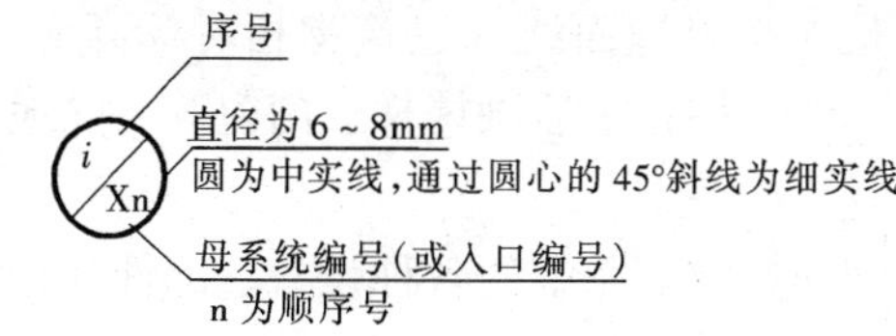

图 14-7　系统代号、编号的画法

（7）为方便读图，在底层平面图上，还应画出相应的图例符号、注写施工说明等。

2. 管道和设备布置平面图的绘图步骤

（1）用细实线抄绘建筑平面图的主要轮廓。抄绘建筑平面图的步骤是：首先绘制定位轴线，然后绘制与通风空调系统有关的墙身、柱子、门窗、楼梯等的轮廓线。

（2）布置通风空调设备的位置。布置通风空调设备位置时，按其外轮廓线绘出。

（3）绘制管道系统。绘制管道系统时，先绘主管，后绘支管，最后绘风口。

（4）标注尺寸与编号。标注建筑定位轴线间距、外墙长宽总尺寸、墙厚、地面标高、主要通风空调设备的轮廓尺寸、风道及风口尺寸、通风空调设备和管道的定位尺寸等。

二、剖面图

通风空调剖面图主要表明通风管道、通风设备及部件在竖直方向的联接情况，管道设备与土建结构的相互位置及高度方向的尺寸关系。

1. 剖面图的表达方法

（1）通风空调系统剖面图应在其平面图上选择能反映系统全貌的部位垂直剖切，其画法与通风平面图基本一样。剖面图应先画出建筑剖面轮廓线，标出定位轴线编号，以及与通风空调系统有关的梁、柱、平台、门、窗等建筑构配件，见图 14-8。

（2）剖面图中应对应于平面图画出风道、设备、零部件和有关工艺设备。

（3）剖面图中应标注出风道、设备、零部件的位置尺寸和有关工艺设备的位置尺寸；注明风道直径（或截面尺寸）和风管标高；注明送、排风口的形式、尺寸、标高和空气流动方向；注明设备中心标高；注明风管穿出屋面的高度和风帽标高（风管穿出屋面超过 1.5mm 时，还应表明立风管的拉索固定高度尺寸）。风管截面尺寸、标高尺寸的标注同平面图。

（4）索引符号、管道的类别代号和管道系统编号的标注方法同平面图。

图 14-8 为某研究所通风剖面图，图中表明了通风系统高度方向的尺寸。新风入口的高度为 2.900m，新风管与空调机组相接的高度 1.200m；空调机组的高度为 1.700m；送风管底面标高 2.900m 等。此外与图 14-4 通风平面图对应画出了空调机组、风道、风口、防火阀、对开多叶调节阀、过滤器等通风空调设备的投影。图中还标注了建筑结构的有关标高尺寸。

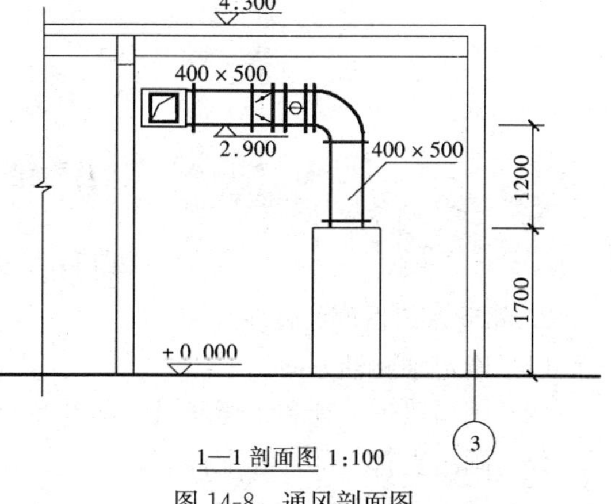

图 14-8　通风剖面图

2. 剖面图的绘图步骤

（1）画出房屋建筑剖面图的主要轮廓

线。其步骤是先绘出地面线（建筑物相对标高±0.000线），再画定位轴线，然后画墙身、楼面、屋面、梁、柱，最后画楼梯、门窗等。除地面线用粗实线外，其他部分均用细实线绘制。

（2）绘制通风空调系统的各种设备、部件和管线（双线），采用的线型与平面图相同。

（3）标注必要的尺寸、标高。

三、管道系统图

通风空调管道系统图是把通风空调系统的全部管道、设备和部件用平行斜投影的方法绘制的立体图（即轴测图），以表明通风管道、设备和部件在空间的连接及纵横交错、高低变化等情况。

1. 管道系统图的表达方法

（1）管道系统图宜采用与相应平面图相同的比例，按正等轴测或正面斜二轴测的投影规则绘制。在不致引起误解时，管道系统图可不按轴测投影法绘制。通风与空调系统图一般用单线绘制。

（2）断开画法。系统图中的管线重叠、密集处，可采用断开画法。断开处宜以相同的小写拉丁字母表示，也可用细虚线连接，见图14-9。

（3）管道系统图应画出包括设备、管道及三通、弯头、变径管等配件；与管线连接处的法兰盘等完整的内容，并应按比例绘制。

（4）系统图必须标注详尽齐全。主要设备、部件应注明编号，以便与平面、剖面图及设备表对照；还应注明管径、截面尺寸、标高、坡度（标注方法与平面图相同），管道标高一般应标注中心标高。如所注标高不是中心标高，则必须在标高字符下用文字加以说明。

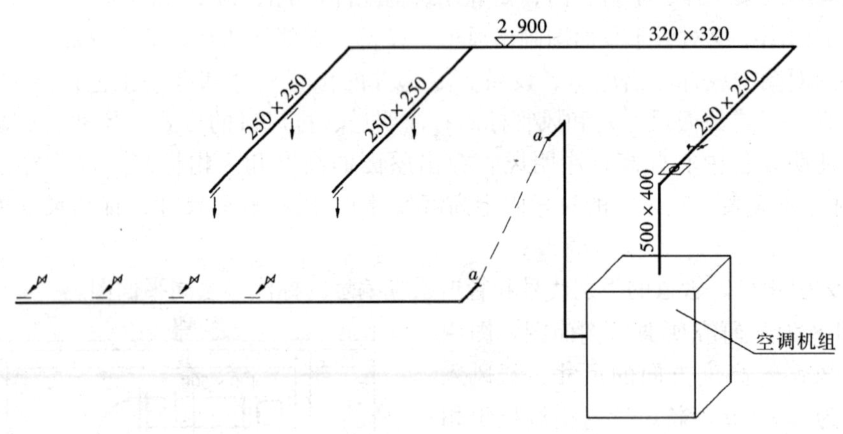

图14-9　通风系统图

2. 管道系统图的绘图步骤

（1）确定轴测轴方向。

（2）画出风道干管和主要通风空调设备的轴测图。

（3）画出支管、部件和配件等。

（4）进行编号和标注尺寸。

四、详图

通风空调工程图详图包括构、配件的安装详图和加工详图，主要反映设备部位或局部风管的详细结构及尺寸。如空调器、过滤器、除尘器、通风机等设备的安装详图；各种阀门、检查孔、测定孔、消声器等设备部件的加工制作详图；风管与设备保温详图等。各种详图大多有标准图可供选用。绘制详图的比例常用1∶5、1∶10、1∶20等。

图14-10为悬吊管道的安装详图，从图中可以看出，在楼板上设有2个预埋铁件，风道1和风道2安装在角钢支架上，角钢的规格尺寸为50×50×5。角钢支架是通过直径为ϕ8的吊筋与预埋铁件连接。

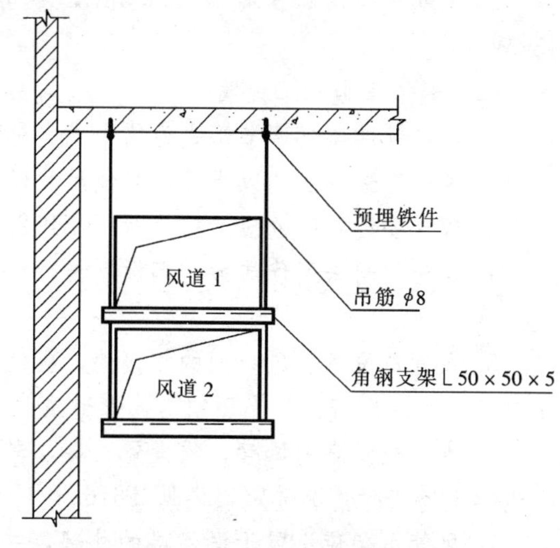

图14-10　管道支架详图

第三节　通风与空调工程图的识读

读图时应先看图纸目录，设计施工说明、材料设备表（表14-4）等，了解工程性质、图纸种类与数量、设备部件的名称、规格、材料等；然后对照平面图、剖面图、系统图、详图查找各设备、管道的对应关系，空间走向，尺寸标注，按介质（空气或水）的流动方向逐段识读。

图14-11～图14-13为某宾馆通风空调的施工图。图纸有二层空调平面图、1—1剖面图、2—2剖面图、二层空调系统图。另外还附有表14-4设备及主要材料统计表、表14-5为预留孔洞尺寸表及通风空调设计总说明。

一、设计施工说明及设备材料表

通风空调工程图的设计施工说明是整个通风空调施工中的指导性文件，通常阐述以下内容：通风空调室外气象参数、室内设计参数；空调系统的划分、冷热指标与运行工况；管道的材料及安装方式、管道及通风空调设备的保温、风量调节阀和防火阀的选用与安装；空调机组的安装要求；系统调试的要求；其他未说明的各项施工要求应遵守什么规范的有关规定等。

本例设计说明如下：

通风空调工程图设计施工总说明

一、主要设计参数

1. 空调室外计算温度：冬季－26℃，夏季应逐时（从0～23）计算。
2. 空调室内计算温度：冬季18～22℃，夏季24～28℃。
3. 室内相对湿度：冬季ϕ＝50％±10％，夏季ϕ＝60％±10％。
4. 室内风速：冬季≤0.2m/s，夏季≤0.3m/s。

5. 本项目空调总面积为 233.3m^2，冬季设计热负荷为 100W/m^2，夏季设计冷负荷为 150W/m^2。

二、通风管道施工说明

1. 本设计的空气调节形式为集中式、全空气、一次回风系统。

2. 通风管道标高均以米计，其他尺寸以毫米计，管道标高均为通风管道管底标高。

3. 管道安装及验收应严格执行《GBJ 235—1988 工业管道工程施工及验收规范》。

4. 风管材料采用优质镀锌钢板制作，厚度及加工方法按 GB 50243—1997 规范的规定确定。

5. 风管与设备、风口间的相接处，应设置 L=100～200mm 的无纺布软管连接；软接的接口应牢固，严密，且光面朝内，管道法兰连接处，采用闭孔海绵橡胶板，厚度 5mm。

6. 水平或垂直的风管，须设置吊架，其构造形式由安装单位在保证牢固，可靠的原则下根据现场实际情况选定，详见 T616。

7. 风管吊架应设置于保温层的外部，并在其间镶以垫木。应避免在法兰、测孔、风阀等处设置支吊托架。风管法兰、吊架应刷防锈漆两遍。

8. 安装风阀等配件时，注意将操作手柄配置在便于操作的地方。

9. 防火阀的安装方向应正确，同时应事先检验其外观质量动作灵活可靠之后方可安装。防火阀须单独配置支吊托架。

三、机组安装说明

1. 安装前应检查其功能是否与设计相符，内部的部件应保证完好，对有损伤的部位应予以修复，各阀门启动灵活。

2. 机组安装完毕后，清除内外杂物，检查其密闭性，各阀门调节机构的灵活性，各固定部件的紧固程度。

四、施工需遵守以下规范

1. 《通风与空调工程施工及验收规范》(GBJ 243—1982)。

2. 《工业管道工程施工及验收规范》(GBJ 235—1982)。

3. 《现场设备、工业管道焊接工程施工及验收规范》(GBJ 236—1982)。

五、其他

1. 设计尺寸若与现场不符，请根据实际情况协商解决。

2. 施工中请注意与其他专业间的密切配合。

3. 设备及主要材料表。

材料表主要表示通风与空调工程图中各种通风空调设备、元件的名称、规格型号及数量等数据和资料。

表 14-4 设备及主要材料表

序号	名称	型号及技术性能	单位	数量	备注
1	空调机组	LFD15HP 制冷量 42—DW	台	1	K—1
2	矩形防火阀	FFH—1 800×400	个	1	
3	矩形防火阀	FFH—1 500×400	个	1	
4	对开多叶风量调节阀	FT—19# 500×400	个	1	

续表

序　号	名　　称	型号及技术性能		单　位	数　量	备　注
5	对开多叶风量调节阀	FT－6＃	200×200	个	3	
6	对开多叶风量调节阀	FT－11＃	200×320	个	1	
7	防水百叶风口	FK－54	500×400	个	1	
8	矩形散流器		360×480	个	5	
9	单层百叶风口		500×400	个	4	
10	单层百叶风口		200×200	个	3	
11	单层百叶风口		320×200	个	1	
13	单层百叶风口		400×200	个	2	
14	风口调节阀	FK－11	360×480	个	4	
15	消声弯头	VKW－118＃	800×400	个	1	

二、通风空调平面图

识读通风空调平面图时，需要将平面图、剖面图对应分析，综合识读。读图的顺序可按气流方向进行。

（1）了解建筑物的土建情况。从图 14-11 所示的某宾馆二层空调平面图中可以看出，空调机房设在建筑物的西北角，此层建筑平面有 1 个休息大厅、1 个活动室和 3 个包房均设有空调设备。

（2）空调机房的管道和设备。该空调系统采用集中式空调，空调机组集中安置在空调机房内。新风由空调机房的防水百叶风口 7、对开多叶风量调节阀 4，自北向南敷设一段距离后折向下再向东将新风送入空调机组 1。新风管的截面尺寸为 500mm×400mm，定位尺寸距①轴 400mm，与空调机组相接的风管截面尺寸为 1636mm×500mm（见 2-2 剖面图）。空气在空调机内经过过滤、加湿、加热、冷却等处理后，由机组上方出口与送风管道相连，然后送至各空调房间。

（3）送风管道的敷设及送风口的配置。在送风管道始端装有防火阀 2，自西向东敷设的送风管道，截面尺寸为 1250mm×250mm，距Ⓒ轴线为 1700mm，送风管道在休息大厅内的管段装有 4 个矩形散流器，散流器间距 2300mm；送风管进入包房走廊前管径变小，截面尺寸 630mm×250mm，管中心距Ⓔ的定位尺寸 900mm。在该管段上接有 3 个截面为 200mm×200mm 和 1 个 200mm×320mm 支风管，支风管的定位尺寸已在平面图上标出，在 3 个 200mm×200mm 的支风管上各装有对开多叶风量调节阀 5 和单层百叶风口 10，分别向 3 个包房送入空调机组处理后的空气，通向活动室的支风管管径为 200mm×320mm，并装有对开多叶风量调节阀 6 和单层百叶风口 11。

（4）回风管道的附设及回风口的配置。在休息大厅的南侧，设有回风管道，截面尺寸为 800mm×250mm，该管道从⑤轴西侧Ⓓ轴处由北向南敷设，距⑤轴尺寸为 900mm，后沿Ⓐ轴由东向西敷设，距Ⓐ轴尺寸为 700mm。回风管下设 4 个截面尺寸为 500mm×400mm（见 2—2 剖面图）的竖管，竖管上装有单层百叶风口 9，其作用是将休息大厅和包房与活动室内排出浊气吸入回风管，回风管的截面尺寸在进入空调机房后变径为 500mm×400mm，并设矩形防火阀 3。

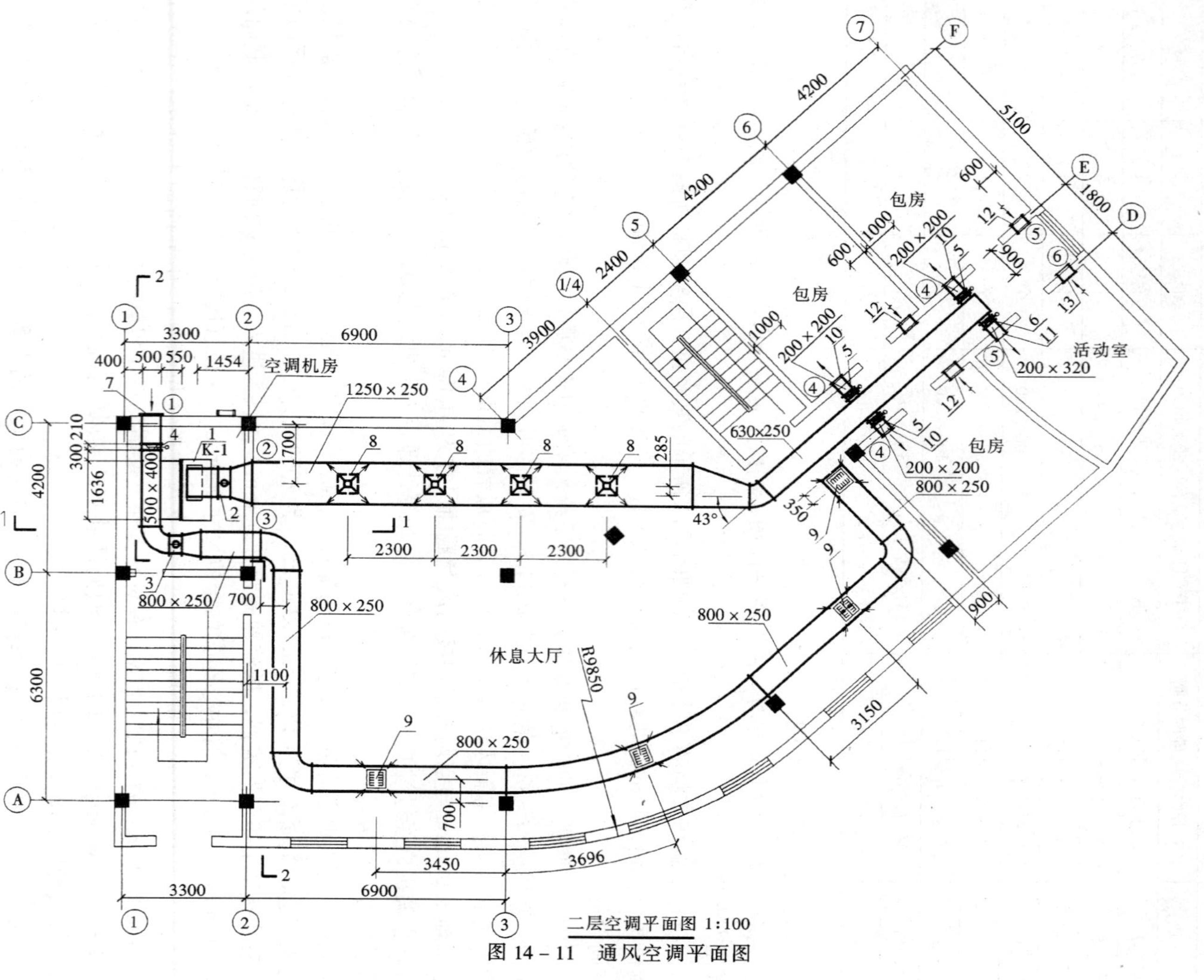

二层空调平面图 1:100

图 14－11 通风空调平面图

包房与活动室墙上设置的单层百叶风口 11，12 的作用是将室内的部分空气排至走廊内。

(5) 了解通风空调设备的安装情况。由平面图对照设备材料表，可知主要设备材料的型号规格及有关性能；由平面图对照预留孔洞尺寸表，可知风管穿过建筑物的预留孔洞尺寸及数量；由平面、剖面图对照图纸说明，可知该工程的安装要求。

表 14-5　　预留孔洞尺寸表

编　　号	孔洞尺寸	洞底距地高度 (mm)	数　　量	备　　注
①	500×400	7850	1	
②	1350×350	8500	1	
③	900×350	8500	1	
④	200×200	8000	3	
⑤	320×200	8000	4	
⑥	400×200	8000	1	

三、剖面图

由于空调机组、新风管、回水管的连接方式，送、回风管的高度在平面图中均未表示清楚，可对照 1-1、2-2 剖面图和系统图进一步识读。

识读剖面图与系统图时，应与平面图对照进行。识读平面图以了解设备、管道的平面布置位置及定位尺寸；识读剖面图以了解设备、管道在高度方向的布置情况、标高尺寸以及管道在高度方向的走向。

1. 识读 1-1 剖面图

从图 14-12 某宾馆 1-1 剖面图可以看出，空调机房设在二楼，二楼地面标高 4.5m。空调机组安装在机房地面的中间位置，送风管在空调机组上方接出，接口截面尺寸为 1040mm×404mm，接口处标高为 6.385m。该管竖直向上，在风管向东折弯处接一消生弯头 15、矩形防火阀 2 及变径接头，送风管变径后的截面尺寸为 1250mm×250mm，在休息大厅内，送风管暗装在吊顶内，送风口直接装在吊顶表面上，送风口调节阀 14 设在吊顶表面上，用以调节风量的大小。风管底面标高 7.85m。消声弯头是用来消除和减弱由于风机振动、风与风管摩擦所引起的噪音的。

在空调机房的左侧为被剖切平面剖到的回风管，截面尺寸为 500mm×400mm，标高 7.85m。回风由此向下，进入 500mm×1636mm 风管且与新风混合后，被空调机吸入。回风

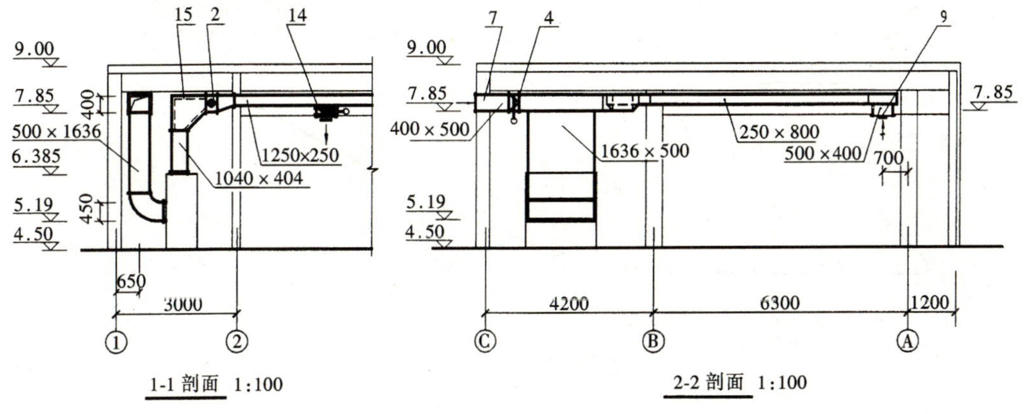

图 14-12　通风空调剖面图

管与空调机组接口的截面尺寸为450mm×1636mm接口底面标高为5.19m。

2. 识读2-2剖面图

2-2剖面图主要反映空调机组与新风管、回风管，在竖直方向的连接关系，进风口接口处的尺寸1636×500mm，接口处标高5.19m，以及回风管管径在高度方向上的变化情况等。

四、系统图

通风空调系统图主要表明空调管道在空间的曲折、交叉和走向以及部件的相对位置。识读系统图时应注意，通风空调平面图、剖面图中的风管是用双线表示的，而系统图中的风管则是按单线绘制的。识读时应查明系统的编号；各设备型号规格及相对位置。

图14-13是空调系统图，采用斜等轴测按1∶100比例绘制，图中风管用单线绘制，设备部件用图例表示。

读图时，首先从送风系统开始，从图14-13中可以看到，送风管从空调机组的上方垂直向上接出，管径为1040×404，然后通过消声弯头15接一水平干管，在干管的始端接有防火阀2和变径管，水平干管上装有4个散流器，每个散流器上方均设有电动对开多叶风量调节阀1个。水平干管由西向东敷设一段距离后，接一变径管，在此处干管折向东北方向，在该斜管上设有4个分支管，每各分支管上各装有1个电动对开多叶风量调节阀和单层百叶送

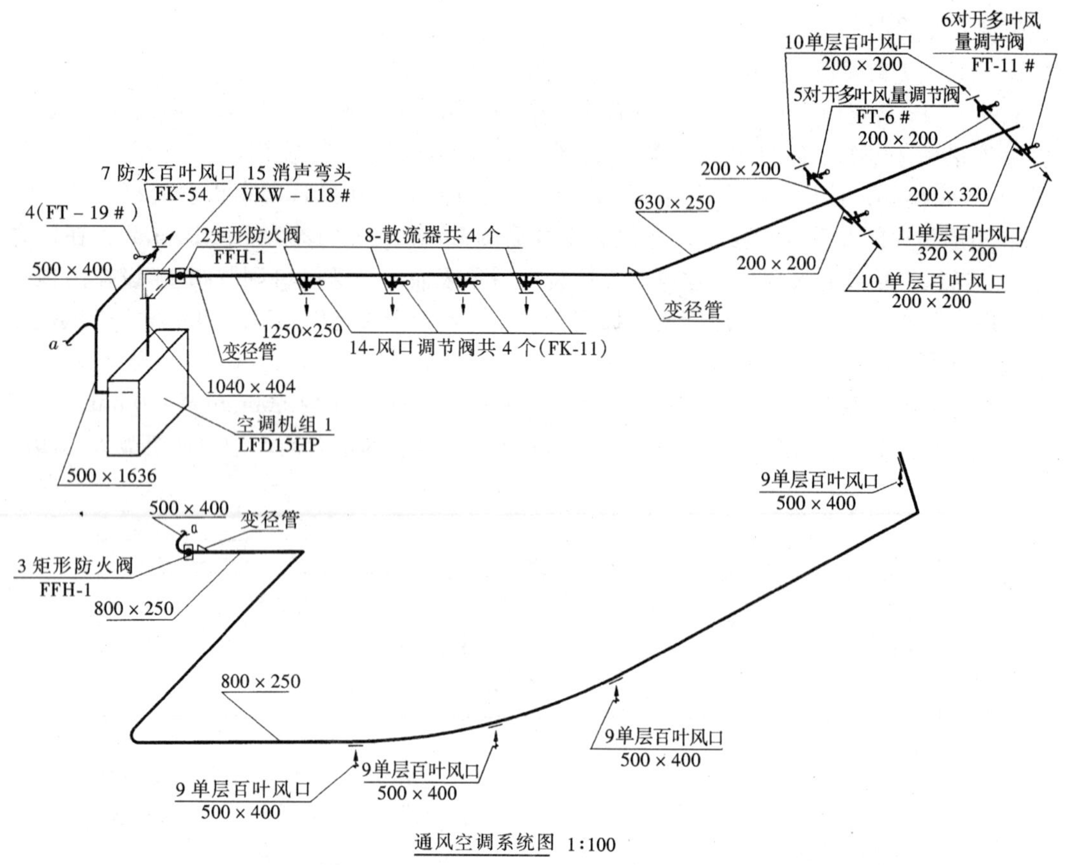

图14-13　通风空调系统图

风口。

回风管道是从空调机组的西边中间部位接出的，由于受图纸幅面限制，回风系统采用了断开移出画法，并用连接符号 a 示意连接关系。在回风管道上靠近空调机组的位置装有防火阀 3 和变径管，回风管道在系统图中为一组折线，表明回风管道在建筑物内沿墙敷设布置的情况，在回风干管上共设有 4 个单层百叶回风口。

在空调系统图中还反映了下列内容；注明空调机组型号；其他主要设备、部件的编号(编号与通风空调系统平面图、剖面图一致)、名称及型号规格；注明风管截面尺寸、标高等；注明风口、调节阀、防火阀以及各异形部件的相对位置。

第十五章 电气工程图

第一节 概 述

建筑电气设备是建筑物不可缺少的组成部分，建筑电气工程包括建筑物内照明灯具、电源插座、有线电视、电话、消防控制、防雷工程及各种工业与民用的动力装置等。建筑电气工程图是用来说明建筑电气工程的构成和功能、描述电气装置的工作原理、提供安装技术数据、编制电气工程预算、组织施工方案、指导设备安装的主要依据。

一、电气工程图的组成及其分类

电气工程图主要是用来表示供电、配电线路的规格与敷设方式；各种电气设备及配件的选型、规格及安装方式。

建筑电气工程图包括以下几种。

1. 首页图

设计图的首页，包括电气工程图图纸目录、电气设备型号及材料规格和设计说明等。

2. 供电总平面图

供电总平面图是指在一个建筑小区的总平面图中，标有变（配）电所的容量、位置及通向各用电建筑物的供电线路的走向，线型与数量、敷设方法，电线杆、路灯、接地等位置及做法的图样。

3. 变（配）电室的电气平面图

是指在变（配）电室的电气平面图中，用与建筑物同一比例，给出高低压开关柜、变压器、控制盘等设备的平面排列布置图。

4. 室内电气平面图

是指在一幢建筑的平面图中，各种电气工程中的电气设备、装置和线路的平面布置。

5. 室内电气系统图

主要用图例和文字符号表示整幢建筑的供电方式和电能分配输送及控制的关系。

本章主要介绍室内电气平面图和系统图的图示内容及阅读方法。

二、电气施工图的特点

（1）大部分电气工程图都是一种示意性的简图，即用图形符号、文字符号加连接线来表示电气设备的规格、型号、电气参数、安装方式、安装位置等信息以及系统中各组成部分之间的相互关系。因此，在绘制和阅读电气工程图前，首先要明确和熟悉一些常用的图形符号和文字符号所代表的内容和含义，掌握正确画法。

（2）由于电气线路在建筑物内总是纵横交错地敷设着，在平面图上较难表明它们的空间走向。但是，对于每个系统的电气施工图总是有一定的来源按一定的方向，通过干管（干线）、支管（支线），最后与具体设备相联接。如：对一个由低压供电的建筑工程，其供电系统包括如下内容：

进户线→总配电盘→干线→分配电盘→支线→用电设备。

因此，为了更好地表达设计意图和施工要求，不仅要有平面图，还要有系统图等。

(3) 由于电气管线的敷设或一些插座的安装位置，不是要求十分精确，一般按照图上所画的位置施工，并允许有一定的误差。如果对线路、插座、灯具、出线口等的位置有比较准确的尺寸要求时，应在图上注明尺寸。

(4) 电气工程往往与土建工程及其他安装工程相互配合进行。例如，电气设备的布置与土建平面布置、立面布置有关；线路走向与建筑物结构的梁、柱、门窗、楼板的位置走向有关，还与管道的规格、用途、走向有关；安装方法与墙体结构有关；特别是一些暗敷设线路、电气设备基础及各种电气预埋件更与土建工程密切相关。因此，绘制和阅读电气工程图时应首先查阅有关的土建工程图。

三、电气制图的一般规定

1. 绘图比例

各种电气平面布置图，采用与相应建筑平面图相同的比例。但大部分电气工程图一般不按比例绘制，只有某些位置图（电气设备安装位置）按比例绘制或部分按比例绘制。

2. 图线及其应用

电气工程图中的图线，其线宽应遵守建筑制图标准的统一规定。电气施工图一般采用四种图线，各种图线的应用见表 15-1。图线的宽度（mm）可以从 0.25、0.35、0.5、0.7、1.0 这六种规格中选定，其公比为$\sqrt{2}$。应用时，可根据图的大小和复杂程度来选用，通常在同一张图纸上，只选用两种宽度的图线，并且粗实线为细实线的两倍。当确实需要两种以上宽度的图线时，线宽应以 2 的倍数递增。

表 15-1　　图线及其应用

名称	图线线型	一般应用
实线	————————	导线、导线组、电路线路，母线一般符号
虚线	— — — — — — —	事故照明线
点画线	—·—·—·—·—	控制及信号线（电力及照明用）
双点画线	—··—··—··—	50V 及其以下电力及照明线路

3. 电气图形符号和文字符号

建筑电气工程图中，在一般情况下都是借用图形符号、文字符号来表达各种元件、设备、装置、线路及其安装方法等，了解和熟悉有关的符号、内容、含义以及它们之间的关系，是阅读建筑电气施工图的一项重要内容。

(1) 电气工程图中常用的电气图形符号。表 15-2 列出了《电气简图用图形符号》GB/T4728中规定的一部分常用电气工程图例。

(2) 电气工程图中的文字符号。图形符号提供了一类设备或元件的共同符号，为了明确地区分不同的设备、元件，尤其是区分同类设备或元件中不同功能的设备或元件，还必须在图形符号旁标注相应的文字符号，文字符号主要用来表明电气设备和元件的种类、规格型号、安装地点、敷设方式等信息。

表 15-2 常用电气的图形符号

图形符号	说明	图形符号	说明
	进户线		灯或信号灯的一般符号
	向上配线		防水防尘灯
	向下配线		花灯
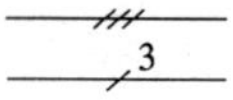 3	三根导线		荧光灯的一般符号
	断路器		双管荧光灯
	单极开关	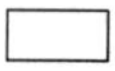	屏、台、箱柜一般符号
	单极拉线开关		动力或照明配电箱
	暗装单极开关		自动开关箱
	暗装双极开关	 Wh	电度表（瓦时计）
	暗装单相三孔插座	 TP	电话插座
	密闭（防水）单相三孔插座	 TV	电视插座

文字符号通常由基本符号、辅助符号和数字组成。基本文字符号用以表示电气设备、装置和元件以及线路的基本名称、特性。辅助文字符号用以表示电气设备、装置和元件以及线路的功能、状态和特征。

1）动力及照明线路的导线标注方法

$$a-b(c\times d)e-f$$

式中 a——线路编号或线路用途的符号；

b——导线型号，见表 15-3；

c——导线根数；

d——导线截面尺寸，mm^2；

e——敷设方式符号及穿管径，见表 15-3；

f——线路敷设部位符号，见表 15-3。

表 15-3 常见动力及照明设备的文字符号表

名称	符号	说明
导线型号表	RVB	铜芯聚氯乙烯绝缘平型软线
	BLV	铝芯聚氯乙烯绝缘电线
	BV	铜芯聚氯乙烯绝缘电线
	VV	PVC 绝缘 PVC 护套电力电缆
	VV_{22}	铜芯聚氯乙烯绝缘聚氯乙烯护套钢带铠装电力电缆
导线敷设方式	SC	穿焊接钢管敷设
	MT	穿电线管敷设
	PC	穿硬塑料管敷设
	PR	塑料线槽敷设
	PVC	穿阻燃塑料管敷设
	FPV	穿聚氯乙烯半硬质管敷设
导线敷设部位	WS	沿墙面敷设
	WC	暗敷在墙内
	SCE	吊顶内敷设
	CE	沿天棚或顶板面敷设
	CC	暗敷在顶板内
	FC	暗敷在地面内

图 15-1 是某住宅室内照明供电系统组成示意图，从图中可以看出，电源进户后首先进入总配电箱，经过总配电箱内的控制开关引出干线进入计量箱，再经计量表进入用户配电箱，线路最后通至各电器照明设备。

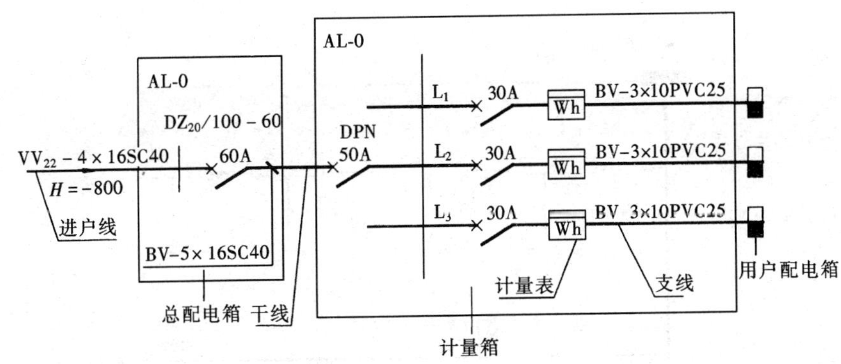

图 15-1 照明配电系统图

图中标注 VV_{22}4×16SC40 各字符的意义如下：VV_{22} 表示该线路采用铜芯聚氯乙烯绝缘聚氯乙烯护套钢带铠装电力电缆；4×16 表示电缆内有 4 根铜芯，导线截面为 16mm^2；SC40 表示穿焊接钢管敷设，钢管的管径 40mm。（$H=-800$ 表示埋地深度）。BV—3×10PVC25 表示铜芯聚氯乙烯绝缘电线，导线为 3 根，导线截面为 10mm^2，穿阻燃塑料管敷设，管径 25mm。DZ_{20}/100—60 为断路器型号。

2）照明灯具的一般标注方法

$$a-b\frac{c\times d\times L}{e}f$$

式中 a——灯具数量；

b——灯具类型代号，可以查阅施工图册或产品样本；

c——每盏照明灯具的灯泡数；

d——每个灯泡或灯管的功率，单位为 W（瓦）；

e——灯泡安装高度，单位为 m（米）；

f——安装方式代号，见表 15-4；

L——光源种类，见表 15-4。

表 15-4 灯具安装方式的文字符号及电源种类表

名称	符号	说明	名称	符号	说明
灯具安装方式	CS DS W C	链吊式 管吊式 壁装式 吸顶式	光源种类	IN FL Hg I	白炽灯 荧光灯 汞灯 碘灯

图 15-2 是某办公室局部电气照明平面的示意图（图中没有画出土建图部分）。一般灯具标注，常不写型号，如图中 $4\frac{100}{-}C$，表示 4 个灯具，每盏灯具为 1 个灯泡或 1 个灯管，容量为 100W，吸顶安装。有特殊要求时，也可标明灯具型号，如图中 $8-YG_2\frac{2\times40\times FL}{2.7}$表示 8 盏型号为 YG_2 型荧光灯，每盏灯有 2 个 40W 的灯管，安装高度 2.7m，FL 表示采用链吊式安装。

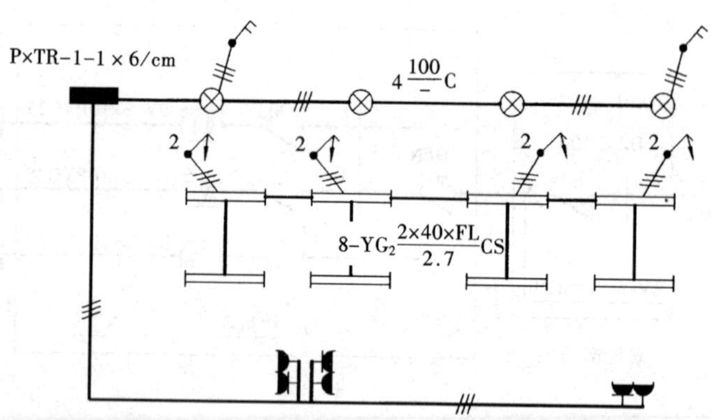

图 15-2 照明平面图局部

在平面图上电气线路多用单线表示，即每一回路的线路无论是几条导线都只画一条线，实际的导线根数可在单线上画短斜线表示。例如 3 根导线的表示方法“—///—”；也可用一根短斜线并标注阿拉伯数字的方法表示多根导线，如“—/5—”，表示 5 根导线。

第二节 室内电气施工图

室内电气施工图主要包括室内电气平面图、室内电气系统图、设计说明、材料表等。

一、室内电气平面图

室内电气平面图是表示建筑物内配电设备、动力、照明设备等的平面布置、线路走向的图纸。在平面图中主要表示动力及照明线路的位置、导线的规格型号、导线根数、敷设方式、穿管管径等，同时还标出了各种用电设备（如照明灯、电动机、电风扇、插座、电话、有线电视等）及配电设备（配电箱，控制开关）的数量、型号和相对位置。

1. 室内电气平面图表达的主要内容

（1）电源进户线和电源总配电箱及各分配电箱的形式、安装位置，以及电源配电箱内的电气系统。

（2）照明线路中导线的根数、线路走向、型号、规格、敷设位置、配线方式和导线的连接方式等。为了便于读图，对于支线的相关参数在平面图中一般不加标注，而是在设计说明里加以注明。这是因为支线条数多，如一一标注，图面拥挤，不易识别，反易出错。

（3）照明灯具、照明开关、插座等设备的安装位置，灯具的型号、数量、安装容量、安装方式、悬挂高度及接线等，如图 15-2 所示。

（4）电气工程中都是根据图纸进行电气施工预算和备料的，因此，在电气平面图上要注明建筑的尺寸及标高。另外，由于在电气工程图中所采用的设备的安装和导线施工方法与建筑施工密切相关，因此有时还需根据设备的安装和导线的敷设要求，说明土建的一些施工方法。

2. 室内电气平面图的画图方法

绘图时先用细实线画出建筑物的平面轮廓、墙柱的厚度、门窗位置；再用中实线以图形符号的形式绘制有关设备（如灯具、插座、配电箱、开关等）；最后用粗实线画出进户线及连接导线，并加文字标注说明。

对于一个系统，往往有多张平面图与它对应。多层建筑的各层结构不同时，除画底层照明平面图之外，还应画出其他楼层照明平面图。当用电设备种类较多，在一个平面图上不易表达清楚时，也可在几个平面图上分开表达不同的内容。

二、室内电气系统图

室内电气系统图，是表示建筑物内的配电系统的组成和连接的示意图。主要表示电源的引进设置、总配电箱、干线分布，分配电箱、各相线分配、计量表和控制开关等。

1. 室内电气系统图表达的主要内容

（1）供电电源的种类及表达方式，电源的分配，配电箱内部的电气元件及相互连接关系等。建筑照明通常采用 220V 的单相交流电源。若负荷较大，可采用 380/220V 的三相四线制电源供电。

（2）导线的型号、截面、敷设方式、敷设部位及穿管直径和管材种类。导线分为进户线、干线和支线，如图 15-1 所示。导线的型号、截面尺寸、敷设方式、敷设部位、穿管材料及管径等均需在图中用文字符号注明。

（3）配电箱、控制、保护和计量装置等的型号、规格。配电箱较多时，应进行编号，且编号顺序应与平面图一致。

（4）建筑电气工程中的设备容量、电气线路的计算功率、计算电流、计算时取用的系数等均应标注在系统图上。

2. 室内电气系统图的画图步骤

由于系统图是表明供电系统特性的一种简图。因此，一般不按比例绘制，也不反映电气设备在建筑中的具体安装位置。系统图中用单线表示配电线路所用导线；用图形符号表示电气设备；用文字符号表示设备的规格、型号、电气参数等。

第三节　建筑电气工程图的识读

识读电气工程图的顺序是：首先识读设计说明，然后按电源入户方向，即按进户线→配电箱→支路→支路上的用电设备的顺序阅读。读图时，要将电气平面图对照配电系统图交叉反复阅读。

现以某六层住宅室内电气工程图为例，说明其识读方法。图 15-3～图 15-6 分别为住宅底层插座平面图，底层照明平面图，底层电视、电话平面图，其绘图比例 1∶100。图 15-7 为该住宅电气系统图，另外还附有电气设计说明和电气设计图例供读图时参考。

一、电气设计说明及材料表

1. 电气设计说明

电气工程设计说明主要阐述电气工程的设计依据，基本指导思想及原则，图纸未能表明的工程特点、安装方法和基本要求。例：进户线距地面高度，配电盘的安装高度，灯具开关和插座的安装高度，进户线重复接地的做法等。另外还应说明特殊设备的安装使用说明，有关的注意事项等。

本例的电气说明如下：

电 气 设 计 说 明

一、基本概况：

本工程为住宅楼，六层，建筑高度 17.1m，建筑面积 1036.8m。

设计范围：本工程设计内容包括照明、电视、电话系统。

二、建筑构造概况：

本工程结构形式为砖混结构，除楼梯间、卫生间、厨房楼板为现浇外，其余为预制板。

三、用电负荷等级：

本工程三级负荷。

四、供电方式：

本建筑供电采用 TN—C—S 系统，供电电压为 380/220V。

进户电缆采用铜芯聚氯乙烯绝缘聚氯乙烯护套钢带铠装电力电缆直埋引入。

五、配线方式：

室内配线为 BV—500V 塑料绝缘铜线，穿阻燃管，沿墙、板缝、板孔和现浇板内暗敷设。图中未注明的管线均(2～3)×2.5—FPC15，(4～6)×2.5—FPC20。

所有插座回路均为 BV—500V—3×4—FPC20—CC。

未标注的电视管线为 SYV—75—5—FPC20。

未标注的电话管线为(1～2)RVB—2×0.2—FPC15。

六、所有配电箱、开关、灯具、插座等设备型号及安装高度详见《图例》。

七、接地装置：利用混凝土基础内钢筋作为接地极。

采用综合接地，故其接地阻值 $R<1$ 欧姆，进出建筑物的金属管道，应在进出口处就近与接地装置相连。

八、本工程采用的国家标准图集

99D562 建筑物、构筑物防雷设施安装

86D563 接地装置安装

九、本工程均应严格按有关施工规范和验收规范施工。

2. 材料表

材料表主要表示施工图中各种电气设备、元件的图例、名称、规格型号及数量等数据和资料，见表15-5。

表 15-5　　电气设计材料表

序号	图 例	名 称	型 号	容量及安装高度	安 装 场 所
1		照明配电箱	甲方自选	底距地 1.5m	楼梯间、客厅
2		电视前端箱	甲方自选	底距地 0.5m	楼梯间
3		电话交接箱	甲方自选	底距地 0.5m	楼梯间
4		单管日光灯	甲方自选	$\frac{1\times40\text{W}}{-}\text{S}$	居室
5		防水灯头	甲方自选	$\frac{1\times60\text{W}}{-}\text{S}$	卫生间、厨房、后阳台
6		圆形荧光灯	甲方自选	$\frac{1\times40\text{W}}{-}\text{S}$	客厅、前阳台、前室
7		花灯	甲方自选	$\frac{6\times60\text{W}}{-}\text{S}$	客厅
8		声控灯头	甲方自选	$\frac{1\times100\text{W}}{-}\text{S}$	楼梯间
9		换气扇	甲方自选	$\frac{1\times60\text{W}}{2.4}\text{S}$	卫生间
10		单联单控板式暗开关	甲方自选	距地 1.4m	
11		四联单控板式暗开关	甲方自选	距地 1.4m	
12		单相五孔暗插座	甲方自选	距地 1.8m	居室、厨房、阳台
13		单相五孔防溅暗插座	甲方自选	距地 1.8m	卫生间
14	TP	电话暗插座	甲方自选	距地 0.3m	客厅、居室
15	TV	电视暗插座	甲方自选	距地 0.3m	客厅、居室

二、识读室内电气平面图

阅读电气平面图时，按下述步骤进行。

(1) 了解建筑物的土建情况，从建筑平面图的角度读图。图中用细实线给出了建筑物的平面图，该单元户型为一梯两户，西侧用户的户型为两室、一厅、一厕、一厨、南北各有阳台一个；东侧用户的户型为三室、一厅、一厕、一厨、南北阳台各一个。建筑物总长为

18740mm，总宽为 10220mm，建筑物用地面积为 187.4m^2。

(2) 识读底层插座平面图（图 15-3)，从图中可以看出，该系统进户线共有三根，分别为照明用进户线、有线电视进户线、电话进户线。

照明用进户线采用铜芯聚氯乙烯绝缘聚氯乙烯护套钢带铠装电力电缆直埋引入，电缆额定电压 1000V，内有 4 根铜芯，导线截面为 50mm^2，穿钢管埋地敷设，钢管管径 50mm，埋置深度 $H=-800$mm。

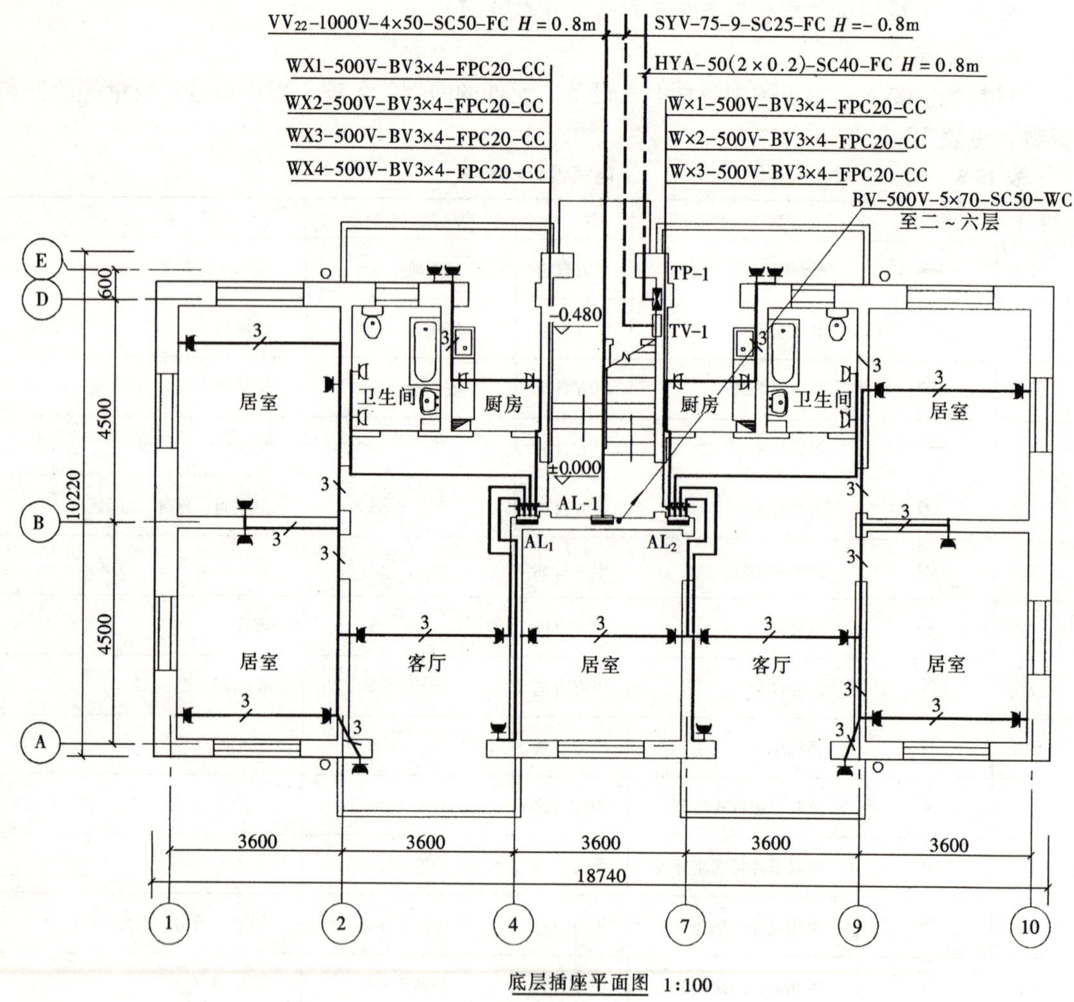

图 15-3 底层插座平面图

电源线进户后首先进入编号为“AL－1”总配电箱，后从该配电箱引出 2 条线路，分别接入编号为 AL_1、AL_2 两个用户配电箱内（总配电箱与用户配电箱的连接关系见图 15-4)。旁边带有黑圆点的箭头表示引向上层配电箱的引通干线，导线类型为铜芯聚氯乙烯绝缘电线，额定电压 500V，内有 5 根铜芯，导线截面为 70mm^2，穿钢管敷设，钢管管径 50mm，暗敷在墙内。

有线电视进户线为射频同轴电缆，其型号为 SYV－75－9，穿钢管埋地敷设，钢管管径

25mm，埋置深度 $H=-800$mm。

电话进户线为电话电缆，其型号为 HYA－50（2×0.2），穿钢管埋地敷设，钢管管径 40mm，埋置深度 $H=-800$mm。

AL_1 为西侧用户配电箱，从图 15-3 可以看出，从该配电箱中引出 4 条插座线路 WX1、WX2、WX3、WX4，其额定电压 500V，导线类型为铜芯聚氯乙烯绝缘电线，内有 3 根铜芯，每根导线截面为 4mm^2，穿聚氯乙烯半硬质管敷设，穿管管径 20mm，暗敷在顶板内。WX1 线路由用户配电箱引至厨房，在厨房内安装两个单相五孔防溅暗插座。该线路向北延伸至北侧阳台，在阳台上装有 2 个单相五孔暗插座；WX2 线路由用户配电箱引至卫生间，在卫生间内安装 2 个单相五孔防溅暗插座；WX3 线路由用户配电箱引至居室、客厅和南侧阳台，在客厅内装有 2 个单相五孔暗插座，在左侧两个居室内各装有 3 个单相五孔暗插座，南侧阳台上装有 1 个单相五孔暗插座。WX4 线路由用户配电箱引至客厅，其上装有的 1 个单相五孔暗插座。西侧住户共装有 12 个单相五孔暗插座，4 个单相五孔防溅暗插座。

从电气设计说明可知，所有插座回路均为 BV－500V－3×4－FPC20，即导线类型为铜芯聚氯乙烯绝缘电线，额定电压 500V，内有 3 根铜芯，导线截面为 4mm^2，穿聚氯乙烯半硬质管暗敷在墙内，穿管管径 20mm。从电气设计图例中可知，单相五孔插座的安装高度为距地 1.8m，单相五孔防溅暗插座的安装高度为 1.8m。

AL_2 为东侧用户配电箱，其插座配置与西侧用户基本相同。

其他各层与底层类同，本例省略未画出标准层平面。

（3）图 15-4 为底层照明平面图，从图中可以看出，由单元配电箱 AL—1 接出 3 条线路，其中线路编号分别为 WL1、WL3 的两条线路，向两侧用户配电箱 AL_1、AL_2 供电，其导线类型为铜芯聚氯乙烯绝缘电线，额定电压 500V，内有 3 根铜芯，导线截面为 10mm^2，穿钢管暗敷在墙内，钢管管径 20mm。

编号为 WL2 是楼梯间公共照明线路，导线类型为铜芯聚氯乙烯绝缘电线，额定电压 500V，内有 2 根铜芯，导线截面尺寸为 2.5mm^2，穿聚氯乙烯半硬质管暗敷在顶板内，穿管管径 15mm。在 WL2 线路上装有 3 盏声控灯，分别安装室外在入室门门口、楼梯间入口和底层两住户入户门中间顶棚处，安装方式均为吸顶安装。

从图中可以看出，由 AL_1 配电箱接出照明线路引至西侧用户。西侧用户的户型为两室、一厅、一厕、一厨、南北阳台各一个，室内安装灯具共 8 盏灯。所有的灯具均采用吸顶安装，其中 2 居室内各装有一盏单管荧光灯，客厅棚顶装有花灯，门厅处和南侧阳台安装圆形荧光灯，卫生间和厨房安装防水圆球灯。在卫生间内还安装有换气扇，参照电气设计图例中可知，换气扇的安装高度为 2.4m。

照明灯具控制开关的安装方式如下：

客厅、门厅、厨房和北侧阳台灯具采用一个四极开关；卫生间灯具和卫生间内换气扇用一个双极开关；两居室和南侧阳台灯具各用一个单极开关控制。

由 AL_2 配电箱接出照明线路引至东侧住户，读图时，其照明灯具和开关的配置情况可参照西侧住户。

其他各层与底层类同，本例省略了标准层照明平面。

（4）图 15-5 为底层电话、电视平面图，图中 TP－1 和 TV－1 分别为电话交接箱和有线

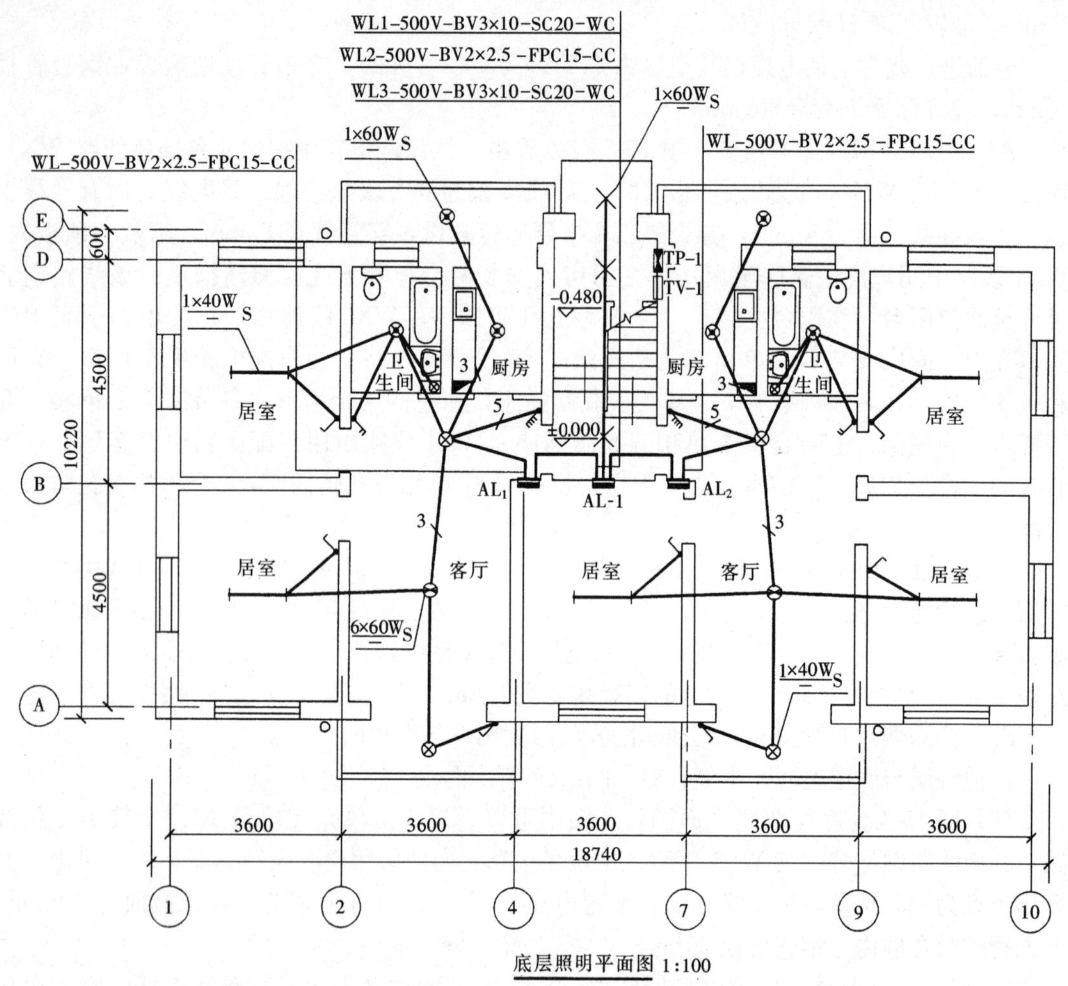

图 15-4 底层照明平面图

电视系统的前端设备箱。

在 TP－1 的旁边带有黑圆点的箭头表示电话线引至上层交接箱，导线型号为 HYA－30（2×0.2），是双股多芯塑料绝缘铜线。每股导线总截面积为 0.2mm²，穿钢管暗敷在墙内，钢管管径 25mm。

由 TP－1 电话交接箱内引出的 2 根导线，分别接入东西两侧用户。导线类型为铜芯聚氯乙烯绝缘平型软线，穿聚氯乙烯半硬质管暗敷在地面内，穿管管径 15mm。西侧用户室内共设 3 个电话插座，分别安装在 2 个居室和客厅内。东侧用户室内设有 4 个电话插座，安装在 3 个居室和客厅内。电话插座的安装高度均为 0.3m。

在 TV－1 旁边带有黑圆点的箭头表示电视线向上的引通干线，其型号为 SYVA－75－9，为射频同轴电缆。穿聚氯乙烯半硬质管暗敷在墙内，穿管管径 20mm。

由 TV－1 电视系统的前端设备箱内引出的 2 根导线，分别接入东西两侧用户。其型号为 SYVA－75－5，为射频同轴电缆。穿聚氯乙烯半硬质管暗敷在墙内，穿管管径 20mm。在西侧用户客厅和居室内各安装 1 个电视插座；东侧用户共安装 2 个电视插座，分别设置在客厅和左侧居室内，电视插座的安装高度为 0.3m。

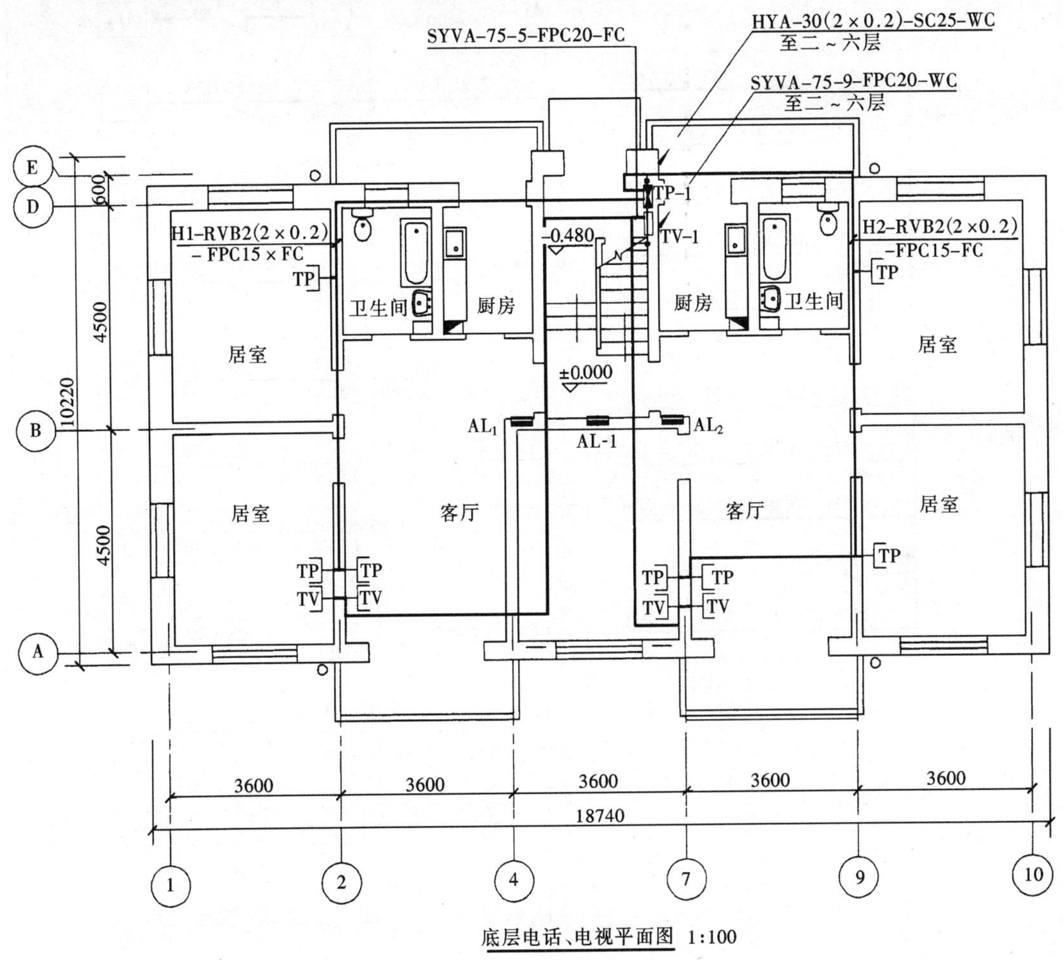

图 15-5 底层电话、电视平面图

三、识读室内电气系统图

图 15-6 为电气系统图，现对照图 15-3～图 15-4 电气平面图进行阅读。

(1) 从图 15-6 电气系统图可以看出，进户电源采用铜芯聚氯乙烯绝缘聚氯乙烯护套钢带铠装电力电缆直埋引入，在进户线上设有型号为 SIS－125/R 100－3P 的三相自动空气控制开关，开关的额定电流为 100A。

进户线进入建筑物后，向上引出干线，分别接入一～六层编号为 AL－1～AL－6 的单元配电箱内，底层单元配电箱的额定功率为 11.48kW；二～六层单元配电箱的额定功率为 11.0kW，配电箱的外形尺寸为 600mm×400mm×200mm。

底层单元配电箱经空气自动总开关（S252S－C40）引出 3 条线路，其中的 2 条线路通过分路开关（S252S－C20），进入底层用户配电箱 AL_1、AL_2。另外 1 条线路通过分路开关（S252S－C10），与底层公共照明线路相接，功率为 0.48kW，向底层楼梯间内 3 盏声控灯供电。

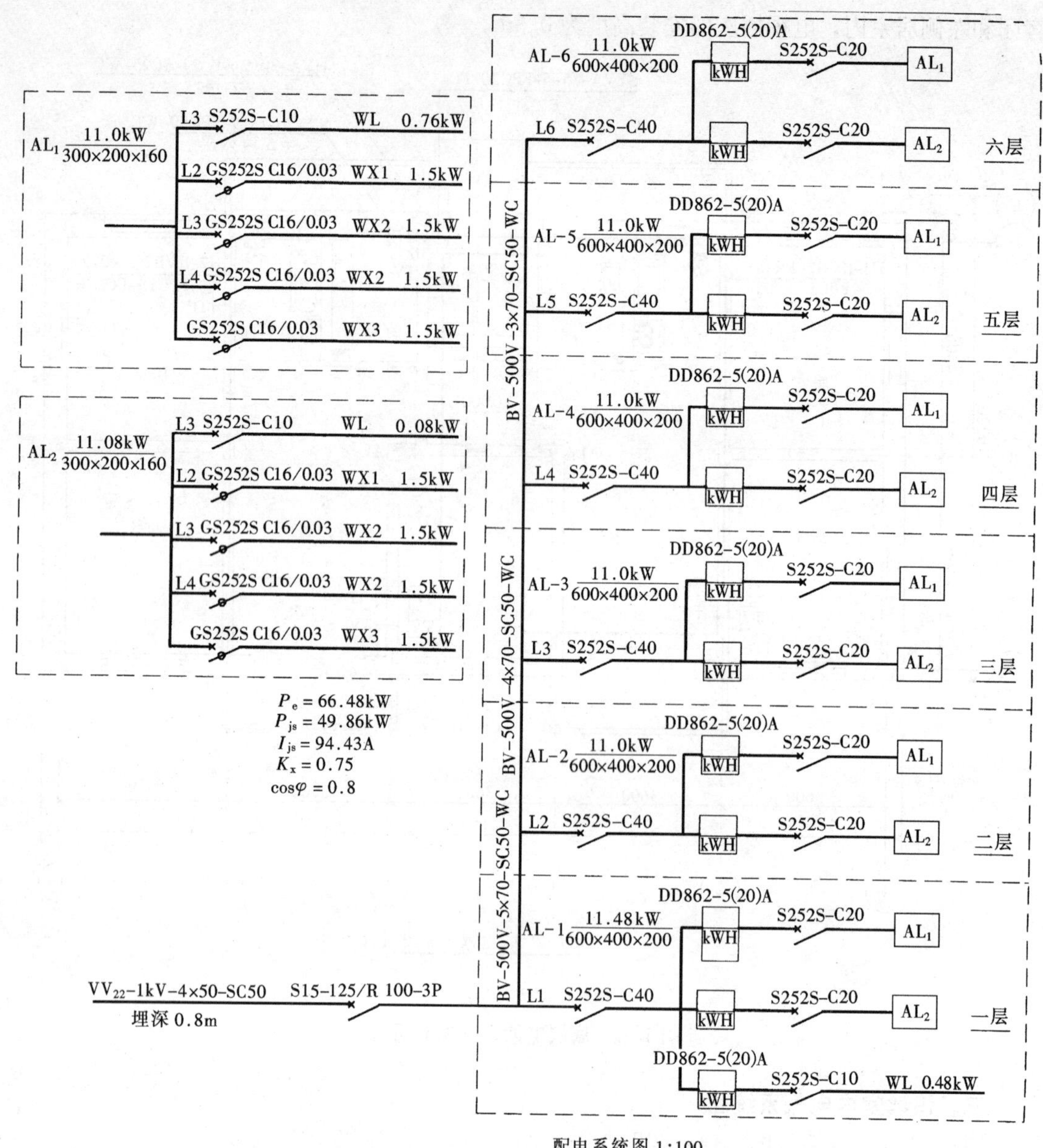

图 15-6 配电系统图

二～六层单元配电箱经空气自动总开关（S252S－C40）各引出 2 条线路，通过分路开关（S252S－C20），进入各楼层用户配电箱 AL_1、AL_2。

（2）对照图 15-3 底层插座平面图、图 15-4 底层照明平面图可知，配电箱 AL_1 为西侧用户配电箱。在 AL_1 配电箱内，设有计量表（KWH），总开关 S252S－C20。由 AL_1 用户配电箱中接出 5 条支路给西侧住户房间各部分供电。5 条分支路中，1 条照明支路，额定功率为 0.76kW，照明支路上装有自动空气开关（S252S－C10）；其余 4 条分支路均为插座支路，其额定功率为 1.5kW，插座支路上装有具有漏电保护功能的自动空气开关（GS252S－C16/0.03）。

配电箱 AL_2 为东侧用户配电箱，其中线路和控制开关的配置与 AL_1 配电箱内基本相同。但由于东侧住户比西侧住户照明设备多，故由配电箱接出的照明分支路的额定功率为0.80kW；比 AL_1 配电箱接出的照明分支路的额定功率（0.76kW）大。

（3）在图 15-6 中标注出各进户线、干线、支线的规格型号、敷设方式和部位、导线根数、截面积等，该内容在电气平面图中已详尽说明。

（4）其他方面的技术要求，设备容量 P_e＝66.48kW；计算功率 P_{js}＝49.86kW；计算电流 I_{js}＝94.43A；需要系数 K_x＝0.75；功率因数 $\cos\varphi$＝0.8。

第十六章 展 开 图

第一节 概 述

工程上有些形体是由垂直面、一般面、曲面等构成。有时投影视图中不反映各个面的实形、实长等，如图 16-1 所示。

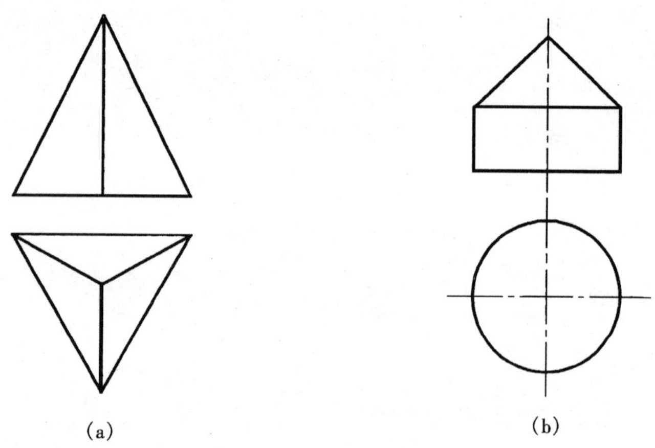

图 16-1 投影不反映表面实形
(a) 三棱锥；(b) 圆柱与圆锥

把围成立体表面的各个面，依次摊平在一个平面上，称为立体表面的展开。立体表面展开后所绘的平面图形称展开图，如图 16-2 所示。

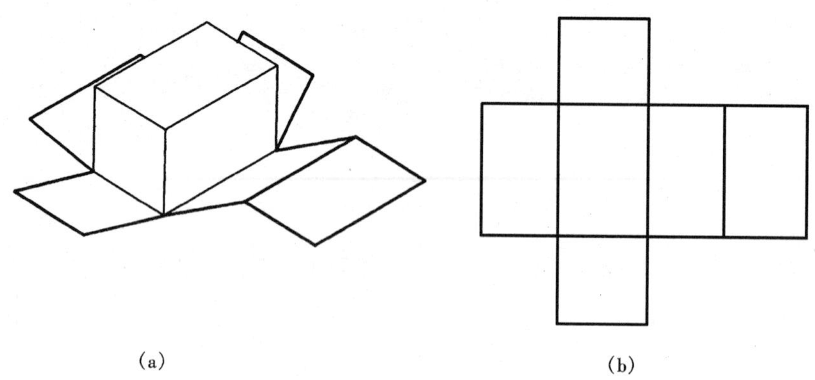

图 16-2 立体表面的展开
(a) 展开过程；(b) 展开图

立体的表面，有些可以无折皱地摊平在一个平面上，称为可展面。平面立体均为可展面。相邻两素线是平行或相交的曲面立体也为可展开面。如圆柱、圆锥等。有些立体表面只能近似的“摊平”在一个平面上，称为不可展面，如球、环、双曲抛物面等。

画展开图实质上是求立体表面的实形问题。对于工程实际形体表面展开后，还要留连接口，连系相邻部分。接口形式可用铆接、焊接、咬口等方式，画展开图需要根据接口的不同形式留有余量，详见有关钣金工手册，这里不作详细的介绍，本章只讲述形体各表面的展开方法。

第二节　平面立体的展开

一、棱柱表面的展开

棱柱面的表面有矩形、平行四边形、梯形、三角形等。棱柱各面在投影中有实形或实长、实高，可采用翻滚法依次画出即可。但实际工程中需注意由那个棱边展开，以确定接口位置及形式。

翻滚法就是将棱柱体在 H 面上依次翻转，并画出各面实形，如图 16-3 所示。翻滚一周后完成展开。对于棱柱体，一般展开图垂直于柱的棱线绘制较方便。

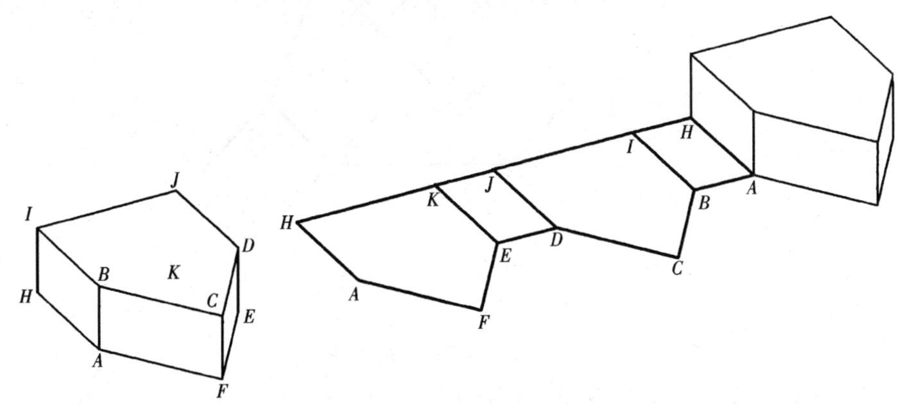

图 16-3　立体表面的翻滚展开

【例 16-1】　作图 16-4（a）所示斜管接头的展开图。

从图中可知立管上部是矩形，反映实形，各棱边同样反映实长；下部斜管的正截面同立管，尺寸相同，各棱边反映实长。

1. 立管的展开

（1）选择某棱线作为翻滚展开的起始边，本例选 FB 边，上部截口在同一水平线上；

（2）向右侧翻滚依次按 M、N 宽度画出 B、C、D、A、B 各点；

（3）过各点作垂线为棱线；

（4）依次截各棱线 FB、GC……，长度如图示；

（5）连接各点完成展开图，如图 16-4（b）所示。

2. 下部斜管的展开

（1）做一垂直棱线的截面 PV，截口交线为矩形，展开在 PV 面上按 m、n 宽度求出棱线交点；

（2）过各点作直线垂直断面展开线；

（3）依次截各棱线长度；

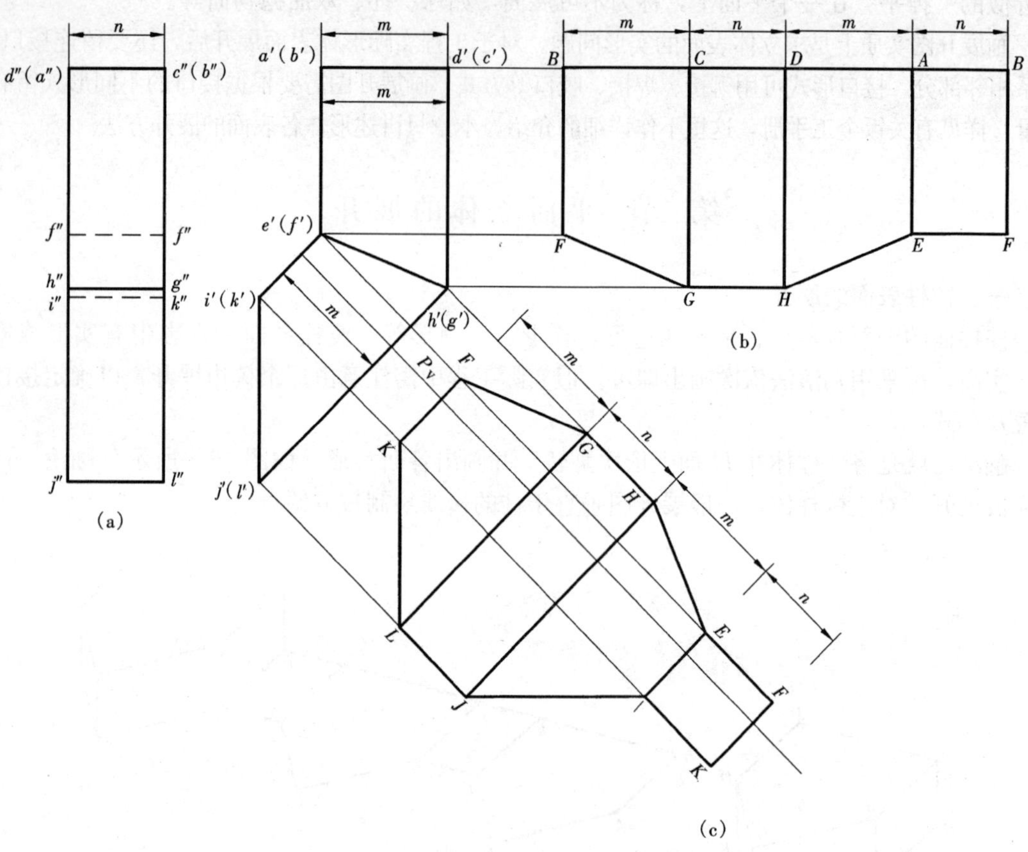

图 16-4 斜管接头的展开

(a) 投影图；(b) 立管展开；(c) 斜管展开

(4) 连接各点完成展开图。如图 16-4 (c) 所示。

此类形体也可将展开图拼接到一起下料时较节省。

二、棱锥表面的展开

棱锥体的表面是三角形，有些棱线投影不反映实长，需求出实长再求实形。

【例 16-2】 作图 16-5 (a) 所示三棱锥的展开图。

从图中知该三棱锥为一斜锥，投影中锥底反映实形，其余各斜棱线投影不反映实长，需求出实长。

1. 用直角三角形法求实长。如图 16-5 (b) 所示，以 *AS* 等的 *V* 面投影坐标差 *Ss* 为直角边；水平投影 *as* 为另一直角边，作直角三角形，斜边即为实长，如图所示 *SA*……；

2. 作底边实形 *ABC* 为底边展开图；

3. 求侧面展开，以 *B*、*C* 为圆心，*BS*、*CS* 为半径画弧交于 *S* 点，连 *BS*、*CS* 为后面展开；

4. 同理作另外两侧面展开如图 16-5 (c) 所示；(本例以 *BC* 为展开边，同样也可以 *AB* 为展开边作图)。

三、棱台表面的展开

棱台的表面同棱锥一样，有时需要求出棱台的侧棱线实长和实高，再进行展开。

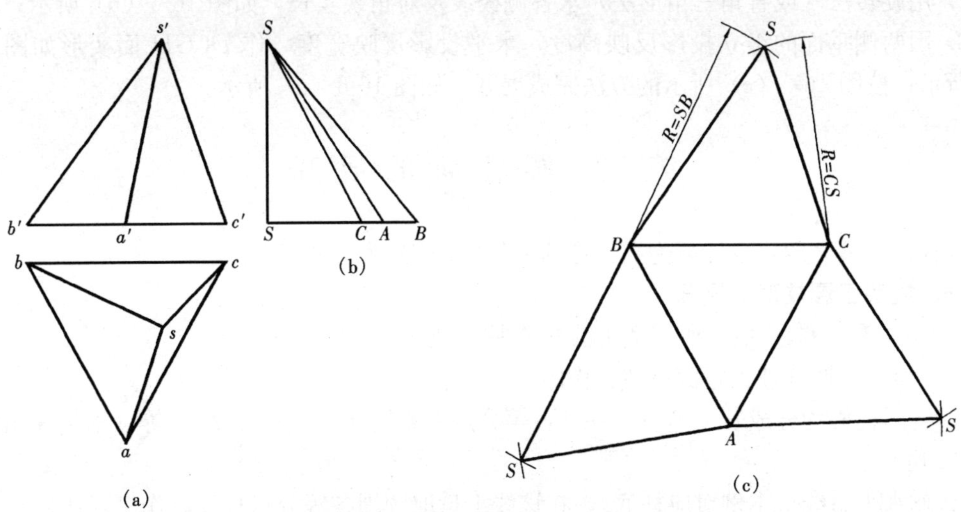

图 16-5 三棱锥的展开

(a) 投影图；(b) 求棱线实长；(c) 展开图

【例 16-3】 作图 16-6（a）所示的棱台的展开图。

如图所示，该正棱台棱线不反映实长，可用图 16-5（b）的方法补出顶点 S，求 AF、HD、CG、BF 等长度，再作展开图。参见例 16-2 作法。

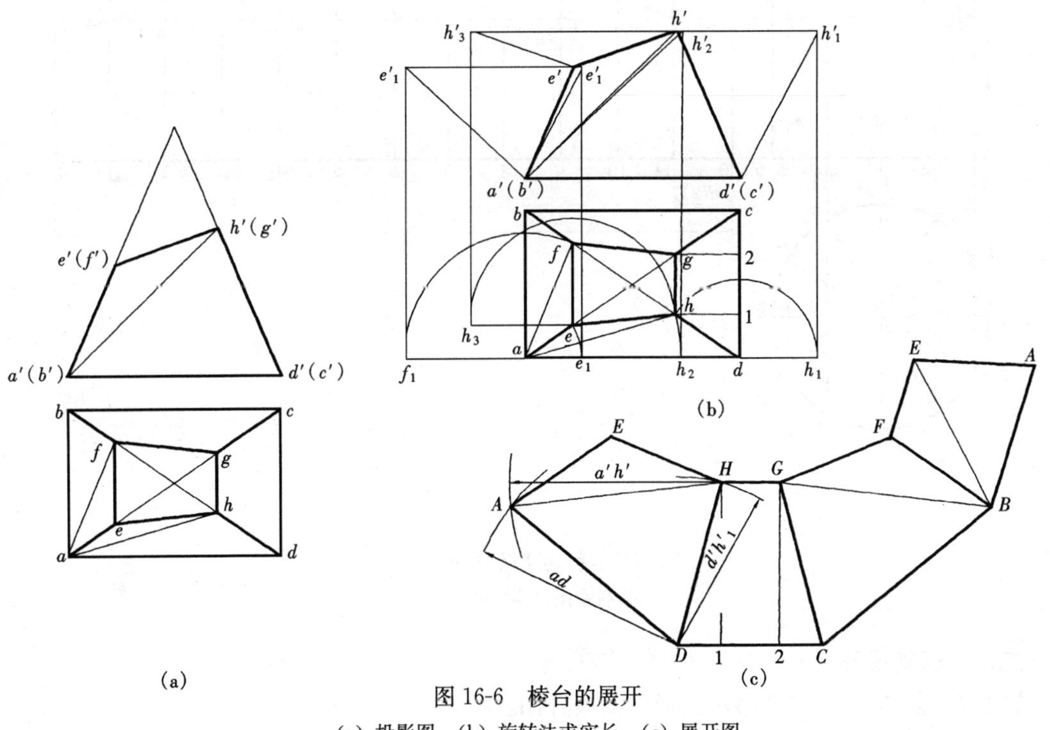

图 16-6 棱台的展开

(a) 投影图；(b) 旋转法求实长；(c) 展开图

本例介绍用辅助对角线法求实形。

1. 在 $AEHD$ 面上作辅助对角线 AH；

2. 用旋转法（或直角三角形法）求各侧棱线及对角线实长，如图 16-6（b）所示；

3. 因两侧垂面的正立投影反映高度，水平投影反映宽度，作 *DCGH* 面实形如图 16-6（c）所示；按图 16-5（c）所示的方法完成展开，如图 16-6（c）所示。

第三节　圆柱面的展开

圆柱面的展开图是以柱高为高，柱的周长（$2\pi R$）为底的矩形。

一、截头正圆柱形的展开

【例 16-4】　作图 16-7 所示截头圆柱的展开图。

如图所示，圆柱被正垂面所截，作图步骤如下：

1. 将圆柱面均分成若干等份，并求各等分点上素线高度 $1'b'$、$2'c'$等（本例采用习惯分成 12 份）；

2. 作水平直线（本例对应柱底），在该线上量取圆周各等分点长度，作出素线；

3. 根据正立投影作出对应的素线高度 H；

4. 圆滑的连接各端点，完成作图如图 16-7（b）所示。

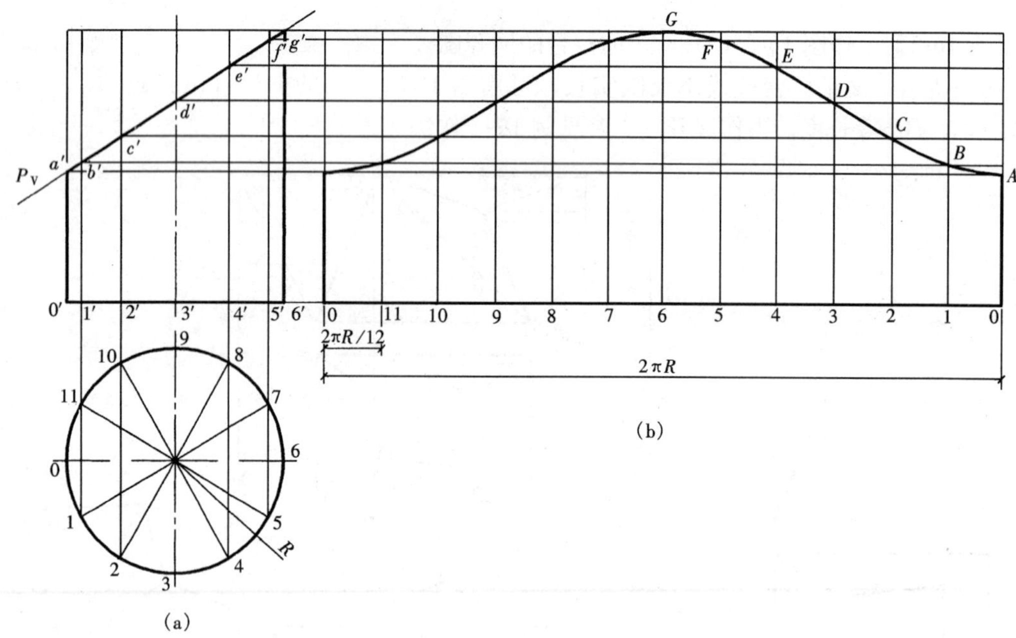

图 16-7　斜切正圆柱的展开

（a）投影图；（b）展开图

二、三通管展开

【例 16-5】　作图 16-8 所示三通管的展开图。

如图 16-8 所示，三通管立管展开为矩形，相贯处孔间展开如图 16-7 的作法。

1. 将柱均分成若干份（本例 12 份）；

2. 按高为 H，长为 $2\pi R$ 作柱面展开矩形；

3. 在矩形上求相贯孔间处各对应点高度位置和宽度位置；

4. 圆滑的连线完成作图如图 16-8 所示。

水平横管展开方法相同，请读者自己完成，不再详述。

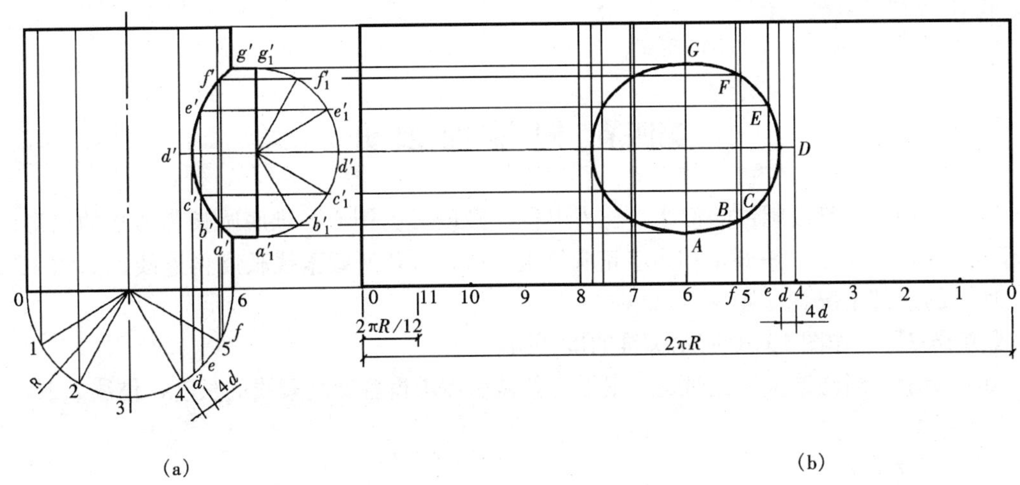

图 16-8　三通管的展开

(a) 投影图；(b) 展开图

三、四节圆柱弯管的展开

多节弯管常用于通风、给排水、热力等管道上。一般等径、均匀发成 n 节且截面通过曲率中心，俗称虾米弯管，如图 16-9 (a) 所示。

【例 16-6】　作图 16-9 (a) 所示弯管展开图。

从图中知，该弯管由相同正交的四节管构成，中间两节相同，端部两节是中间节的1/2，一端为平头管。

为作图方便和节省材料，可将中间管旋转 90°成一直管型，如图 16-9 (b) 所示。

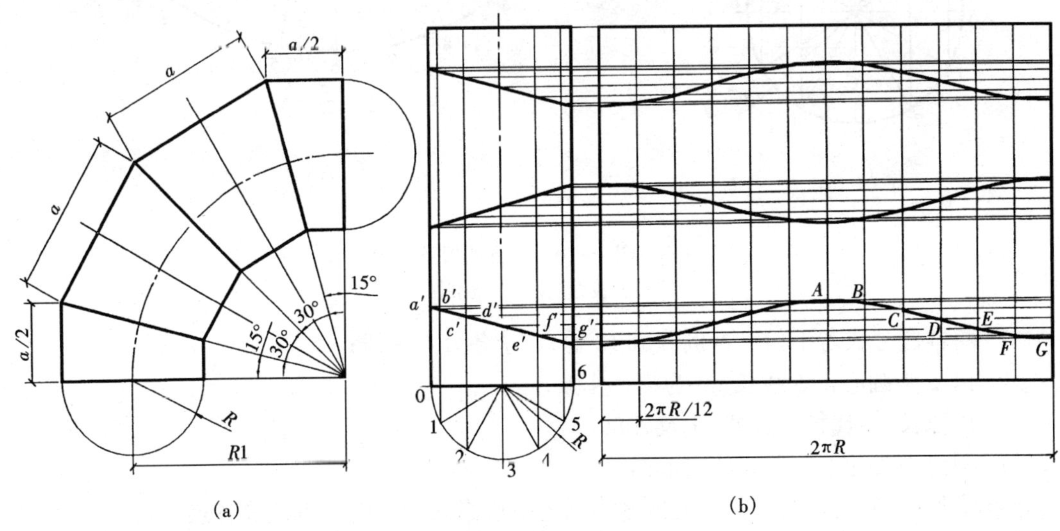

图 16-9　四节弯管的展开

(a) 投影图；(b) 展开图

1. 采用例［16-4］的方法将圆管分成若干份；
2. 作直线求弧长各点；
3. 过各点作直线的垂线为素线；
4. 求各素线点高度；
5. 圆滑连线如图 16-9（c）所示。

第四节　圆锥的展开

正圆锥的展开是以圆锥的素线实长为半径，锥顶 S 为圆心，锥底圆长为弧长的扇形面。如图 16-10（b）所示。斜圆锥相当于正圆锥被斜截，求各所截素线长度再连线。如图 16-10（b）所示的上部情况。

【例 16-7】 作图 16-10 所示圆锥的展开图。

如图所示，当圆锥未被截时是一扇形，斜截后需求得各截割素线的长度，作法如下：

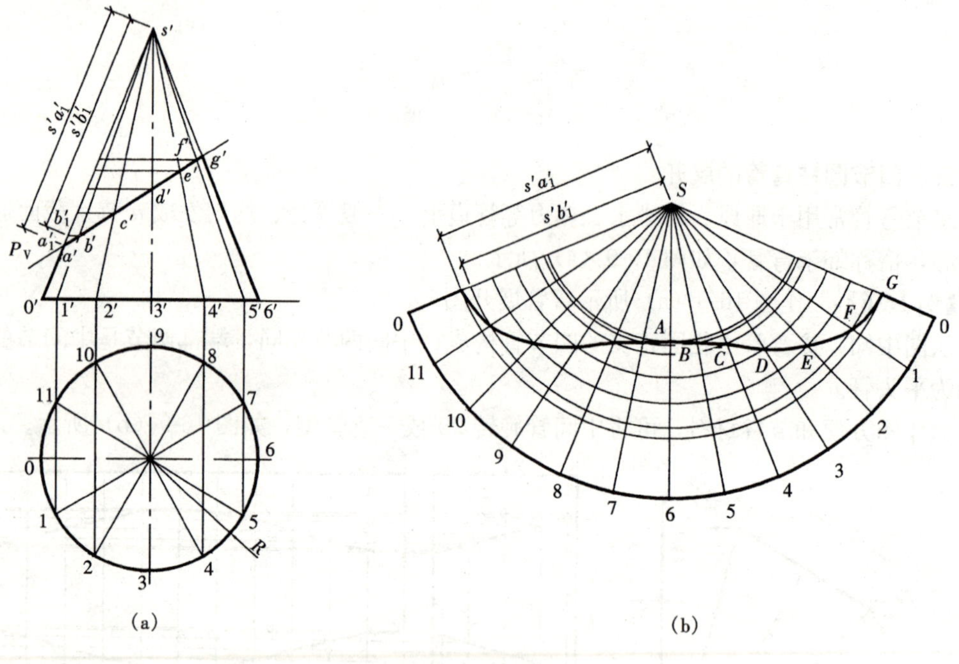

图 16-10　圆锥的展开
（a）投影图；（b）展开图

1. 将锥底分成若干份（本例分成 12 份），求各分点素线；
2. 以 S 为圆心，素线长 $S0$ 为半径作弧；
3. 以弦长 01 代替弧长截 01 及各点；
4. 圆滑连线为锥面展开的扇形面。

当圆锥被 P_V 所截时，需用旋转法求出各对应素线的长度，再截取各点。

5. 求截断点素线长度 SA 的实长 SA_1，及其余各线实长；
6. 截取 SA_1 等各点；

7. 圆滑的连线如图 16-10（b）所示的展开图。

第五节 球面的近似展开

球面属不可展开面，只能用近似的方法展开。常用方法有柳叶法和锥面法等。下面介绍柳叶展开法。

假设通过球的铅垂旋转轴将球面切成若干等份，则每份球面均成柳叶状。把各个叶片从球面上剥离下来，近似的摊在一个平面上，连接起来成球面的展开图。

【例 16-8】 作图 16-11 所示的球体的展开图。

1. 将球的水平投影过回转中心分成若干等份（本例 12 份），则每一份就是一片柳叶；

2. 将球的正立投影同样分成若干等份（本例 12 份），求各份的水平投影则得各柳叶对应点宽度 $a-a$，$b-b$ 等；

3. 作柳叶展开的对称线，截取长度为球最大周长的一半即 $2\pi R/2$；

4. 按对应分割点截取长度（如 $2\pi R/12$ 为一分割点），$a-a$ 对应 $1'$；$c-c$ 对应 $3'$等；

5. 依次连接各点完成展开图如图 16-11（b）所示。

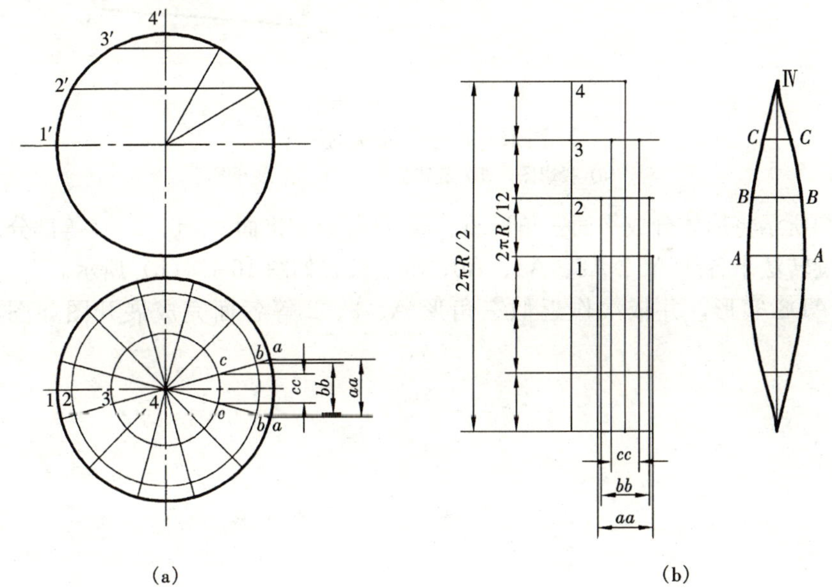

图 16-11 球面的展开
（a）投影图；（b）展开图

第六节 变形接头的展开

变形接头是指接头的两端形状不同，常用的是图 16-13（a）所示的变形接头，俗称天圆地方。它的展开是将形体假设分成平面三角形部分和锥面扇形部分进行展开作图。

【例 16-9】 作图 16-12（a）所示的变形接头的展开图。

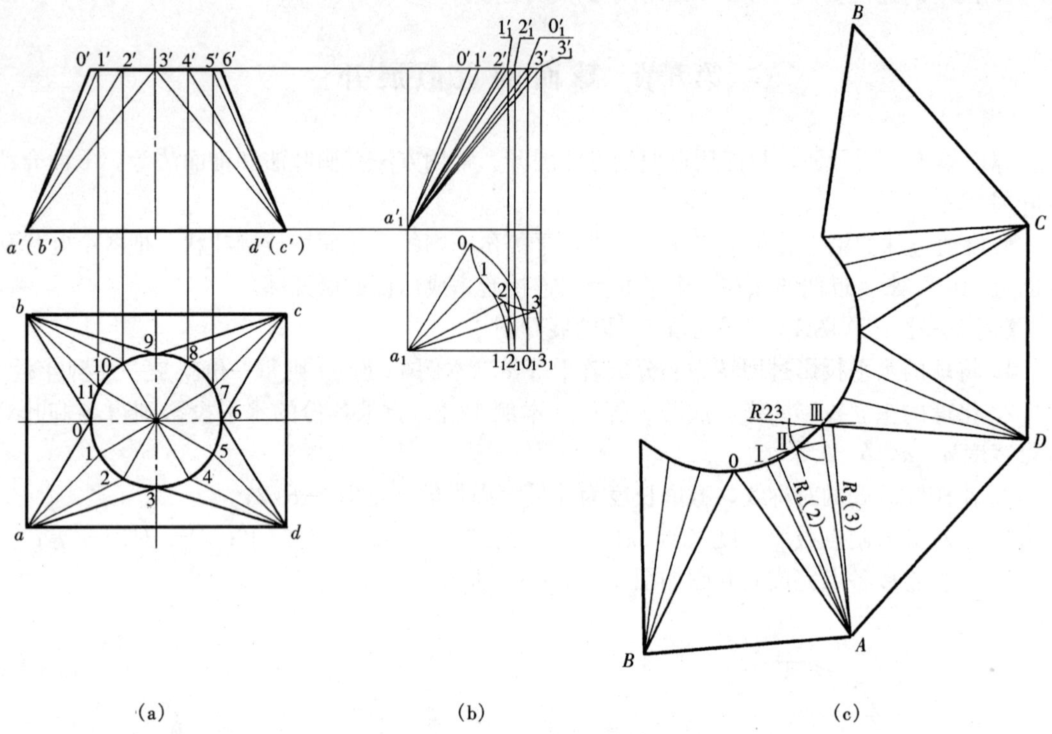

图 16-12 变形接头的展开

(a) 投影图；(b) 旋转法求实长；(c) 展开图

1. 如图所示将形体分成平面三角形 A、3、D 部分和锥面 0、1、2、3 等部分。

2. 用旋转法求各线 A3、A2、A1、A0；等实长，如图 16-12（b）所示。

3. 作 AD3 实形，并依次作近似三角形 A、3、2 等各面完成展开图如图 16-12（c）所示。

第十七章　焊接图与钢结构图

第一节　常用焊缝形式及标注符号

在建筑安装工程和钢结构工程及管道工程中，经常采用焊接的方法将各种金属件连接起来。焊接就是利用局部加热并填充熔化金属（或加压）的方法将需要连接的金属件融合在一起。它是一种固定的不可拆的连接形式。

一、常用焊接接头和焊缝形式

金属件的焊接接头和焊缝形式有：对接接头、带垫板接头、搭接接头、T型接头、角接接头等。如图17-1所示。

焊缝的形式有对接焊缝、角焊缝和点焊缝等，如图17-1所示。

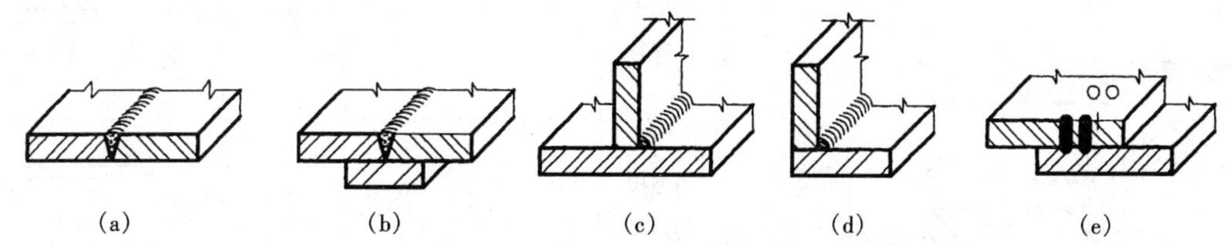

图17-1　常用焊接接头和焊缝形式

(a) 对接焊缝；(b) 带垫板焊缝；(c) T型焊缝；(d) 角焊缝；(e) 搭接焊缝

二、焊缝代号

1. 焊缝代号

由于设计对焊接连接的要求不同，所以焊缝的形式、要求也不同。因此，设计图样中必须把焊缝的形式、位置和尺寸标注清楚。焊缝要按《焊接符号表示法》(GB 324—1988) 和《建筑结构制图标准》(GB/T 50105—2001) 的规定，采用"焊缝代号"标注，焊缝代号如图17-2所示。

其中：

引出线——表示焊缝位置；

补充符号——焊缝特征的辅助要求；

图形符号——焊缝断面的基本形式；

焊缝尺寸——焊缝的高度尺寸等，见表17-1。

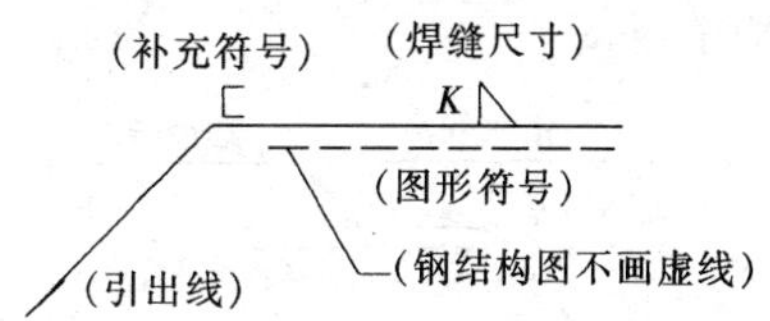

图17-2　焊缝代号

2. 焊缝的图形符号和补充符号

几种常用的焊缝的图形符号和补充符号见表17-1。

(1) 在同一图形上，当焊缝各种要求均相同时，可只选择一处标注，并加注"相同焊缝符号"。

(2) 同一图形上有数种相同焊缝时，可按类型编号为A、B、C……等，并在相同焊缝符号尾部注明。

表 17-1　　图形符号和补充符号

焊缝名称	示意图	图形符号	符号名称	示意图	补充符号	标注方法
V 型焊缝			周围焊缝符号			
单边 V 型焊缝			三面焊缝符号			
角焊缝			带垫板符号			
I 型焊缝			现场焊接符号			
点焊缝			相同焊接符号			
			尾部符号			

3. 引出线

引出线如图 17-3 所示，由箭头和基准线组成。基准线一般画成细水平线，下部加画细虚线。（双面焊缝时可以省略；钢结构施工图中不画）在其上侧和下侧用来标注各种符号和尺寸等。

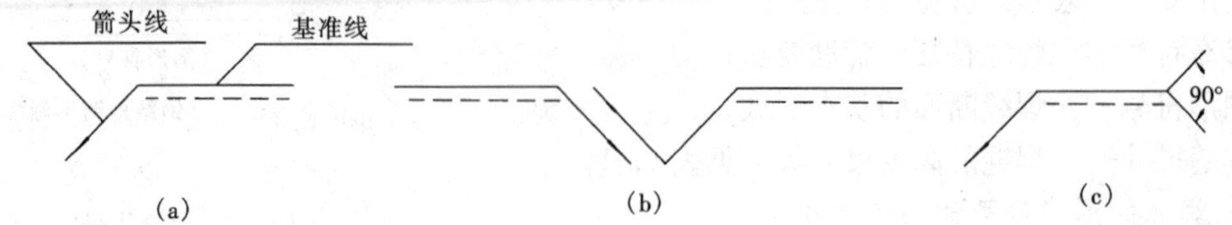

图 17-3　引出线

(a) 引出线组成；(b) 箭头线的转折；(c) 引出线尾部

箭头线指在坡口较大焊缝处，可画在横线上、下、左、右各方，必要时允许转折一次。有时在基准线末端加一尾部符号，以供作为说明时之用。

4. 辅助符号

辅助符号是表明焊缝表面的形状和特征的符号。对于一些对焊缝表面形状不需要作明确要求的，可以省略。辅助符号见表 17-2。

表 17-2　　　辅　助　符　号

符号名称	示　意　图	符号图形	标注方法
平面符号	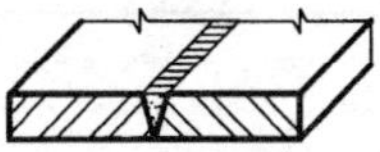		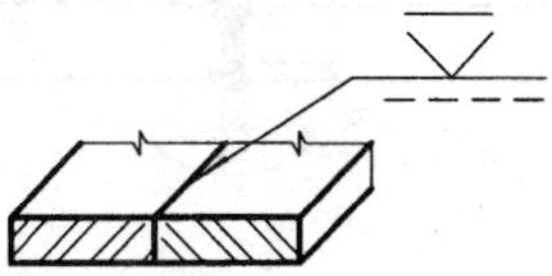
凹面符号	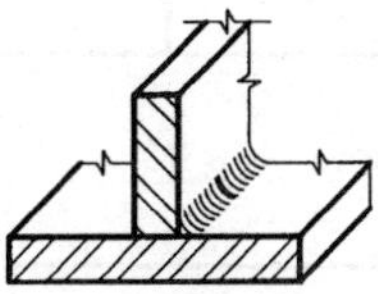		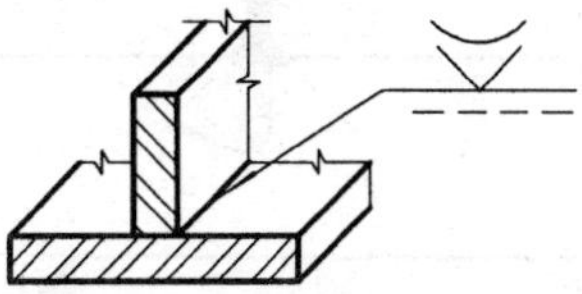
凸面符号			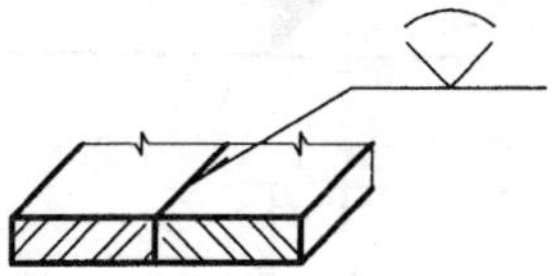

三、焊缝的标注

在施工图中须对焊缝进行标注，以供施工时按图施工。常用的标注方法如下：

1. 单面焊缝标注

（1）当箭头指向焊缝所在面时，应将图形符号和尺寸标注在基准线的上方，如图 17-4（a）所示；当箭头指向焊缝所在另一面时，应将图形符号和尺寸标注在横线的下方，如图 17-4（b）所示。

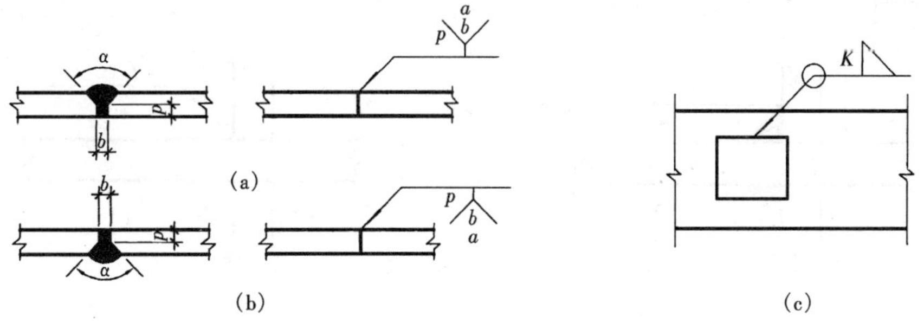

图 17-4　单面焊缝的标注方法

（2）当焊缝为周边焊缝时，其围焊焊缝符号为圆圈，绘在引出线转折处，并标注焊角尺寸 K，如图 17-4（c）所示。

2. 双面焊缝标注

（1）当双面焊缝不同时，应在焊缝的上、下都标注符号和尺寸。上方表示箭头一面的符号和尺寸，下方表示另一面的符号和尺寸，如图 17-5（a）所示。

（2）当两面的焊缝相同时，只需在横线上方标注焊缝的符号和尺寸，如图 1-5（b）

所示。

(3) 当两个焊件搭接焊时，标注方法如图 17-5（c）所示。

(4) 当两个焊件垂直焊时，标注方法如图 17-5（d）所示。

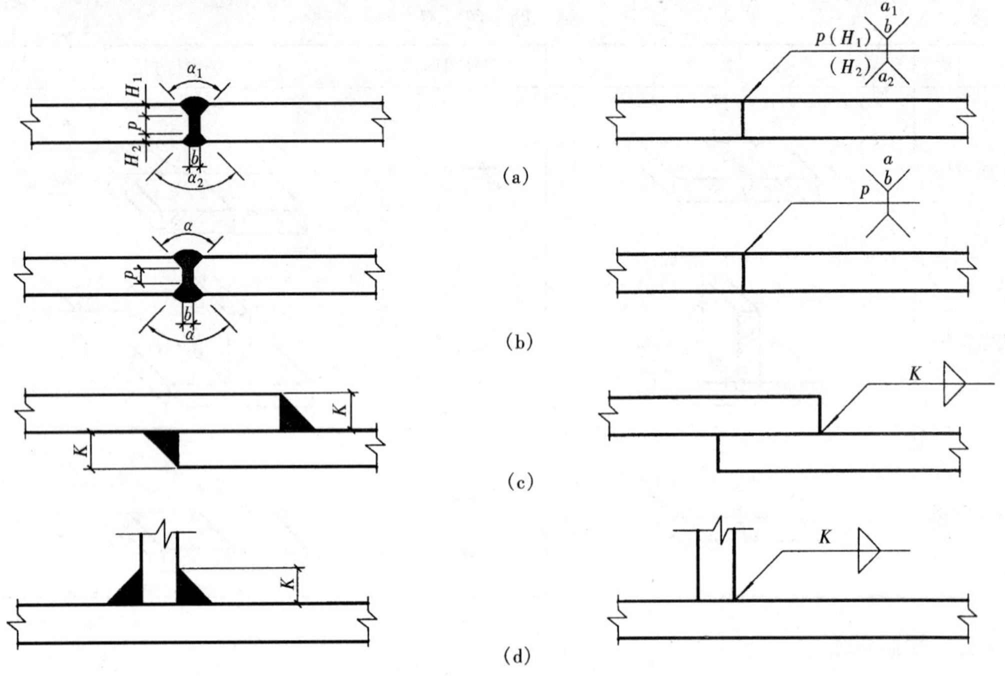

图 17-5 双面焊缝的标注方法

3. 三个和三个以上的焊件相互焊接时的焊缝标注

三个和三个以上的焊件相互焊接时的焊缝，不得作为双面焊缝标注。其焊缝和尺寸应分别标注，如图 17-6 所示。

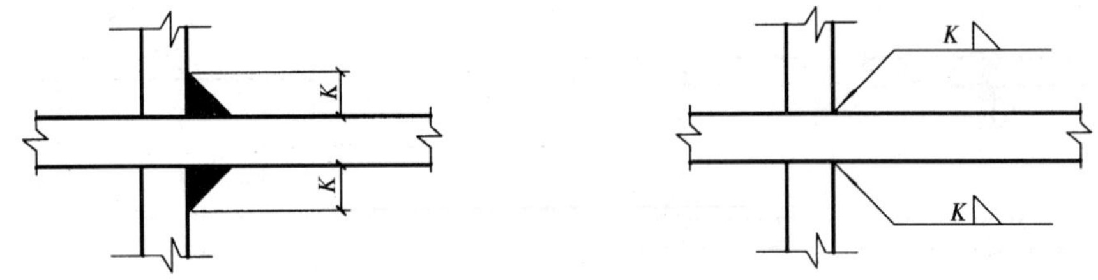

图 17-6 三个以上焊件的标注方法

4. 单坡口焊缝的标注

相互焊接的两个焊件中，当只有一个焊件带坡口时，引出线箭头必须指向带坡口的焊件，如图 17-7 所示。

5. 不规则焊缝的标注

当焊缝分布不规则时，在标注焊缝的同时，宜在焊缝处加中实线表示可见焊缝；或加细栅线表示不可见焊缝。如图 17-8 所示。

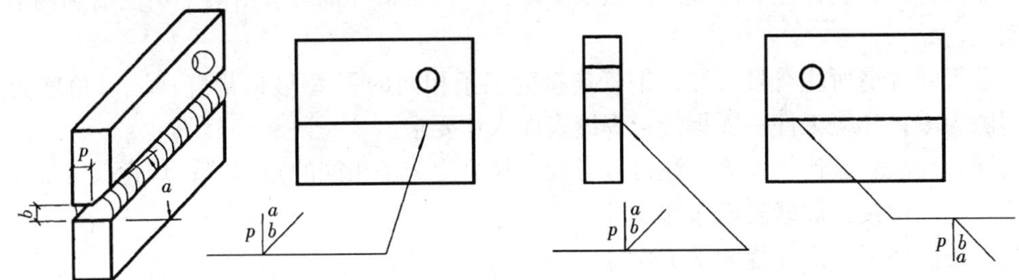

图 17-7　单坡口焊缝的标注方法

6. 熔透角焊缝的标注方法

熔透角焊缝的符号为涂黑的圆圈，绘在引出线的转折处，标注方法如图 17-9 所示。

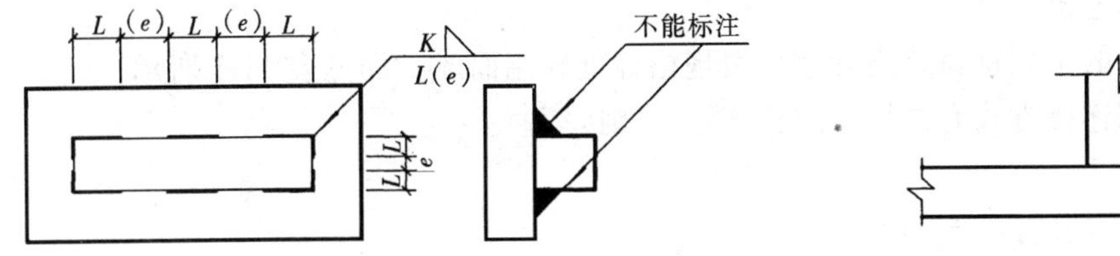

图 17-8　不规则焊缝的标注方法

图 17-9　熔透角焊缝的标注方法

四、焊接图实例

焊接图是金属焊接加工时所用的图样。除需要把金属连接件本身的形状、尺寸、材料和要求表达清楚外，还必须表达清楚有关焊接内容和技术要求，尤其焊缝的作法及要求。焊缝可用符号表示，复杂时也可用图样表达。

图 17-10 所示弯头为管道工程中常用的一个焊接件。它除了按《机械制图》要求表达清

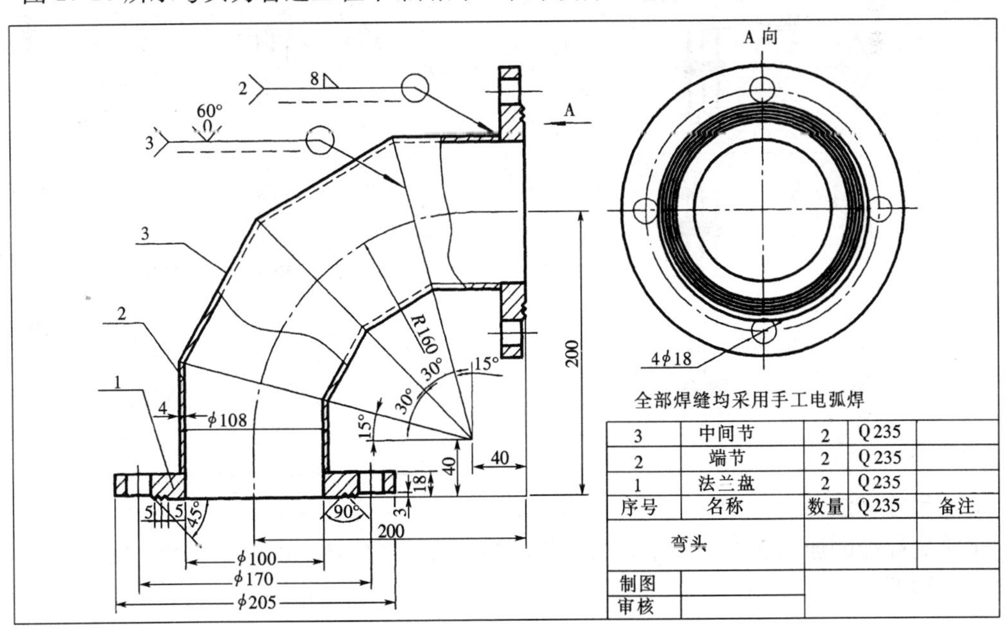

序号	名称	数量	Q235	备注
3	中间节	2	Q235	
2	端节	2	Q235	
1	法兰盘	2	Q235	
弯头				
制图				
审核				

图 17-10　弯头焊接图

楚各个连接件外，还标注了焊缝的作法及要求。从图中知，该弯头由两个法兰盘和四节钢管焊接而成。

由钢管间焊缝所注符号可知：钢管连接为三条相同的V型坡口焊缝；坡口角度为60°；根部间隙为零；环绕工件一周焊接；焊缝表面未作要求。

由钢管与法兰盘连接焊缝所注符号可知：焊缝为2条相同的角焊缝；焊角尺寸高8mm；环绕工件一周焊接；焊缝表面未作要求。

图中还注明了全部焊缝为手工焊缝。

第二节 钢 结 构 图

钢结构是由各种型钢组合连接而成的结构物。主要用于大跨度的公共建筑。

一、型钢及其连接

型钢是钢结构的主用钢材，由轧钢厂按规格标准轧制而成。详见表11-1所示。

钢结构的常用连接方式有焊接、螺栓连接、铆接等。

1. 焊接

钢结构焊接符号及标注同前所述。

2. 螺栓连接、铆接

螺栓、孔、电焊铆钉的表示方法：国标规定了螺栓、孔、电焊铆钉的表示方法及标注方法见表17-3。

表17-3　螺栓、孔、电焊铆钉的表示方法

名称	图例	名称	图例	说明
永久螺栓	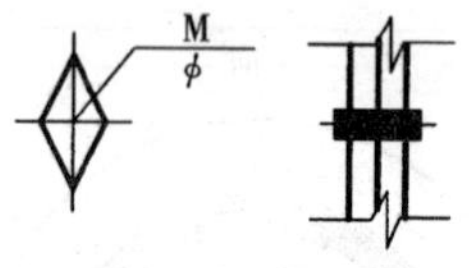 M φ	圆形螺栓孔	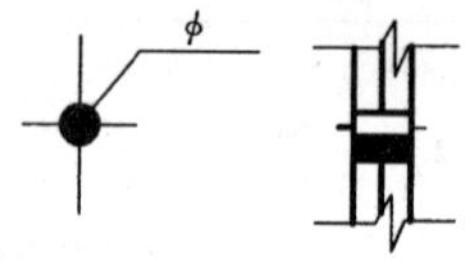 φ	1. 细“十”线表示定位轴线。 2. M表示螺栓型号。 3. φ表示螺栓孔直径。 4. d表示电焊铆钉直径。 5. 采用引出线标注螺栓时，横线上标注螺栓规格，横线下标注螺栓孔直径
高强螺栓	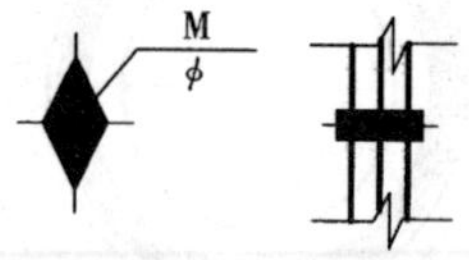 M φ	长圆形螺栓孔	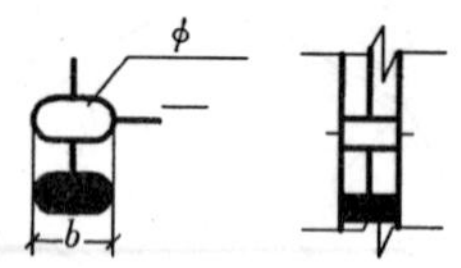 φ b	
安装螺栓	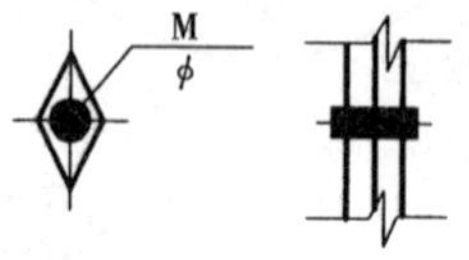 M φ	电焊铆钉	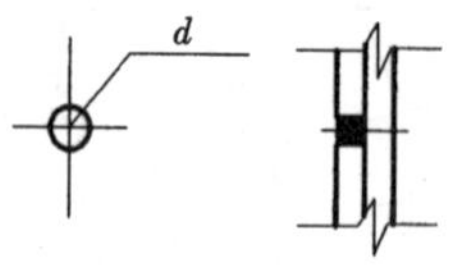 d	

二、尺寸标注

钢结构杆件的加工和安装要求较高，因此标注尺寸时应达到准确、清楚、完整。常用的标注方法如下：

1. 切割板材尺寸的标注

切割板材应标注各线段的长度及位置，如图17-11所示。

2. 重心线不重合的表示方法

两构件重心线很近且又不重合时，应在交汇处各自将其相外错开，如图 17-12 所示。

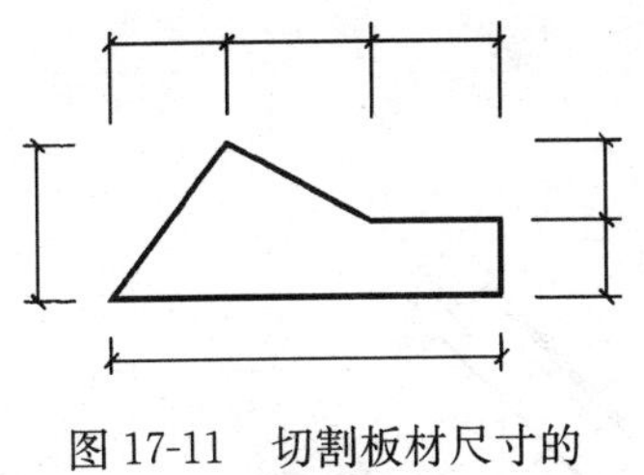

图 17-11　切割板材尺寸的标注方法

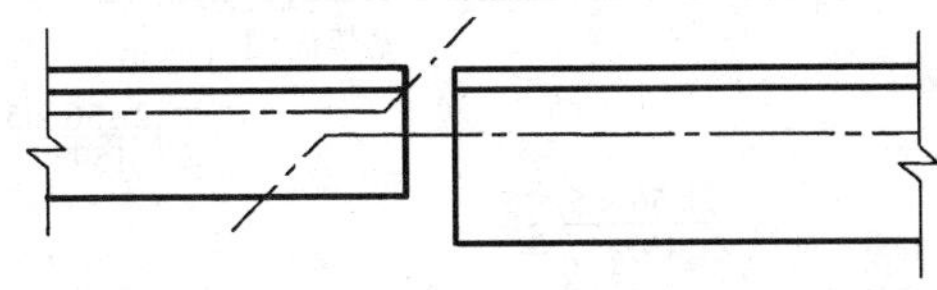

图 17-12　重心线不重合的表示方法

3. 节点尺寸的标注

节点尺寸，应注明节点板的尺寸和各杆件螺栓孔中心或中心距，以及杆件端部至几何中心线交点的距离，如图 17-13 所示。

非焊接的节点板，应注明节点板尺寸和螺栓孔中心与几何中心线交点的距离，如图 17-13 所示。

4. 材料型号的标注

不等边角钢的构件，必须标注出角钢各肢的尺寸，如图 17-14 所示。

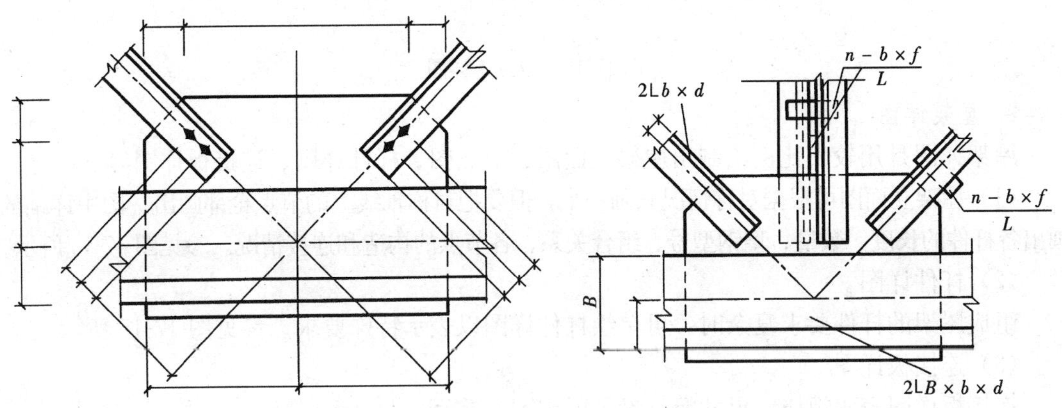

图 17-13　节点尺寸的标注方法

图 17-14　材料型号的标注方法

双型钢组合截面的构件，应注明缀板的数量和尺寸，引出线上方标注数量及宽度、厚度，引出线下方标注长度尺寸，如图 17-14 所示。

三、钢屋架结构图实例

钢屋架结构图是表示钢屋架形式、大小、型钢的规格、杆件的组合关系、连接情况的图样。主要内容有屋架简图、屋架详图、杆件详图、连接板详图、节点详图及钢材用量表等。

1. 屋架简图

屋架简图是用单线的形式表示屋架节点间的几何尺寸和总尺寸、屋架结构形式的图样，作为施工放样的依据。

在简图中，屋架各杆件用中实线绘制，比例可用 1∶100 或 1∶200 等。习惯绘在图纸左上角或右上角。图中要注明屋架的跨度、高度、节点间的杆件长度尺寸等。如图 17-15 所示。

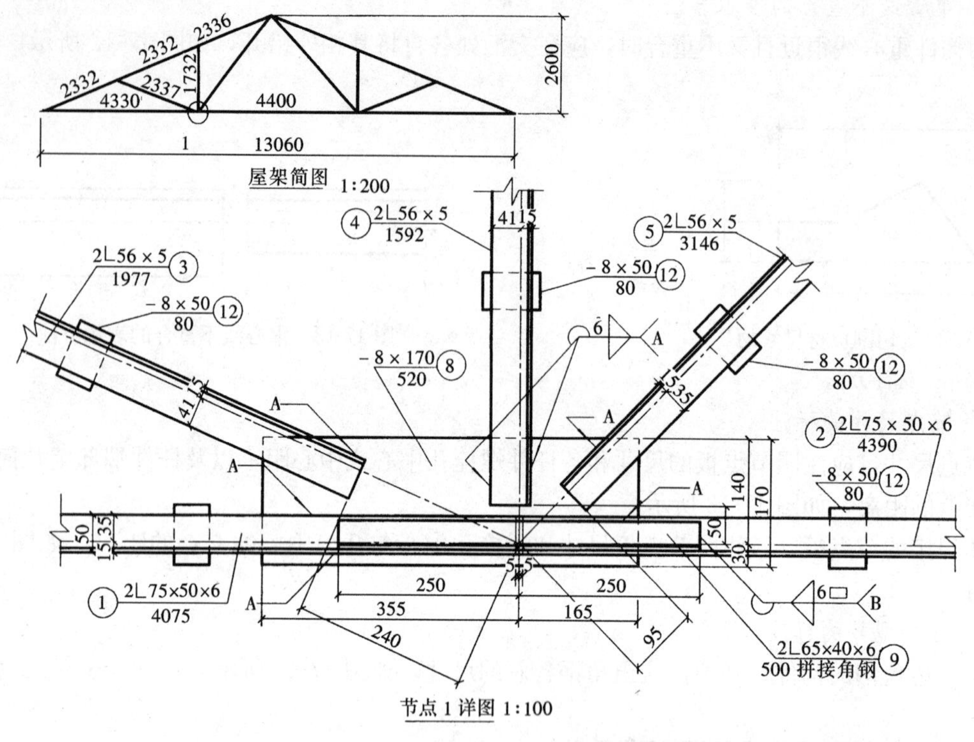

图 17-15 节点 1 详图

2. 屋架详图

屋架详图是用较大比例绘制出屋架立面图、节点图、杆件详图、连接板详图等。

（1）屋架立面图可根据对称情况只画一半，但要把对称轴线上的节点全部画出。图中详细的画出各杆件的长度、数量、型钢型号、组合关系、各节点的构造和连接情况。参见图 17-15 所示。

（2）杆件详图

组成屋架的杆件要求复杂时，可单绘杆件详图以表示特殊要求。参见图 17-15 所示。

（3）连接板详图

连接板详图表明规格、尺寸等，参见图 17-15 所示。

3. 节点详图

节点详图用较大比例绘制。详细表达节点处各杆件的组合、连接方式。杆件的几何尺寸，规格型号等。如图 17-15 所示。

四、钢屋架结构图阅读

读图 17-15 钢屋架详图。

从图名知为 1 号节点，比例为 1∶10。从简图知为下弦杆中间点，由连接板焊接连接三个腹杆。下弦杆由双肢不等边角钢组合，中间用缀板连接，规格尺寸如图 17-15 所示。中间用角钢焊接。连接板为钢板 8×170×520，焊接。腹杆均为双肢等边角钢组合，中间用缀板连接，规格尺寸如图 17-15 所示。中间用角钢焊接。

焊缝有单面焊缝、双面焊缝，如图 17-15 所示。

杆件几何位置尺寸如图 17-15 所示。

附　　录

一、常用螺纹与螺纹紧固件

1. 普通螺纹（摘自 GB/T 193—2003、GB/T 196—2003）

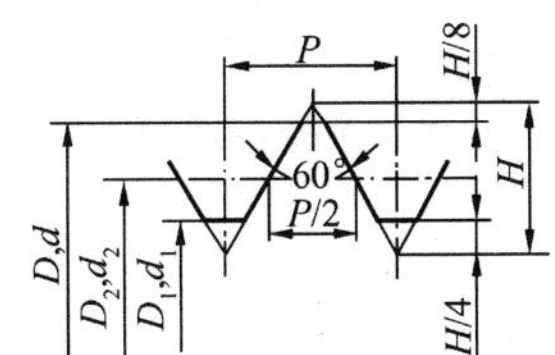

附表 1-1　　直径与螺距系列、基本尺寸　　mm

公称直径 D、d 第一系列	公称直径 D、d 第二系列	螺距 P 粗牙	螺距 P 细牙	粗牙小径 D_1、d_1
3		0.5	0.35	2.459
	3.5	(0.6)		2.850
4		0.7	0.5	3.242
	4.5	(0.75)		3.688
5		0.8		4.134
6		1	0.75,(0.5)	4.917
8		1.25	1,0.75,(0.5)	6.647
10		1.5	1.25,1,0.75,(0.5)	8.376
12		1.75	1.5,1.25,1,(0.75),(0.5)	10.106
	14	2	1.5,(1.25),1,(0.75),(0.5)	11.835
16		2	1.5,1,(0.75),(0.5)	13.835
	18	2.5	2,1.5,1,(0.75),(0.5)	15.294
20		2.5		17.294

公称直径 D、d 第一系列	公称直径 D、d 第二系列	螺距 P 粗牙	螺距 P 细牙	粗牙小径 D_1、d_1
	22	2.5	2,1.5,1,(0.75),(0.5)	19.294
24		3	2,1.5,1,(0.75)	20.752
	27	3	2,1.5,1,(0.75)	23.752
30		3.5	(3),2,1.5,1,(0.75)	26.211
	33	3.5	(3),2,1.5,(1),(0.75)	29.211
36		4	3,2,1.5,(1)	31.670
	39	4		34.670
42		4.5	(4),3,2,1.5,(1)	37.129
	45	4.5		40.129
48		5		42.87
	52	5		46.587
56		5.5	4,3,2,1.5,(1)	50.046

注　1. 优先选用第一系列，括号内尺寸尽可能不用。第三系列未列入。

2. 中径 D_2、d_2 未列入。

附表 1-2　　细牙普通螺纹螺距与小径的关系　　mm

螺距 P	小径 D_1、d_1	螺距 P	小径 D_1、d_1	螺距 P	小径 D_1、d_1
0.35	$d-1+0.621$	1	$d-2+0.918$	2	$d-3+0.835$
0.5	$d-1+0.459$	1.25	$d-2+0.647$	3	$d-4+0.752$
0.75	$d-1+0.188$	1.5	$d-2+0.376$	4	$d-5+0.670$

注　表中的小径按 $D_1=d_1=d-2\times\frac{5}{8}H$，$H=\frac{\sqrt{3}}{2}P$ 计算得出。

2. 非螺纹密封的管螺纹（摘自 GB/T 7307—2001）

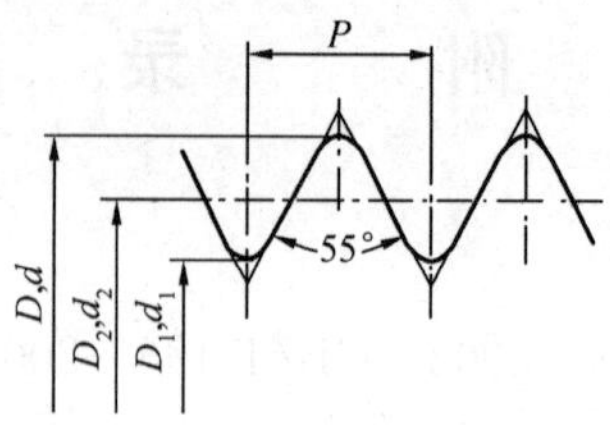

附表 1-3　管螺纹尺寸代号及基本尺寸　mm

尺寸代号	每 25.4mm 内的牙数 n	螺距 P	基本直径	
			大径 D、d	小径 D_1、d_1
1/8	28	0.907	9.728	8.566
1/4	19	1.337	13.157	11.445
3/8	19	1.337	16.662	14.950
1/2	14	1.814	20.955	18.631
5/8	14	1.814	22.911	20.587
3/4	14	1.814	26.441	24.117
7/8	14	1.814	30.201	27.877
1	11	2.309	33.249	30.291
$1\frac{1}{8}$	11	2.309	37.897	34.939
$1\frac{1}{4}$	11	2.309	41.910	38.952
$1\frac{1}{2}$	11	2.309	47.803	44.845
$1\frac{3}{4}$	11	2.309	53.746	50.788
2	11	2.309	59.614	56.656
$2\frac{1}{4}$	11	2.309	65.710	62.752
$2\frac{1}{2}$	11	2.309	75.184	72.226
$2\frac{3}{4}$	11	2.309	81.534	78.576
3	11	2.309	87.884	84.926

二、极限与配合

附表 2-1　　基本尺寸小于 500mm 的标准公差（摘自 GB/T 1800.3—1998）　　μm

基本尺寸 mm	公差等级																			
	IT01	IT0	IT1	IT2	IT3	IT4	IT5	IT6	IT7	IT8	IT9	IT10	IT11	IT12	IT13	IT14	IT15	IT16	IT17	IT18
≤3	0.3	0.5	0.8	1.2	2	3	4	6	10	14	25	40	60	100	140	250	400	600	1000	1400
>3～6	0.4	0.6	1	1.5	2.5	4	5	8	12	18	30	48	75	120	180	300	480	750	1200	1800
>6～10	0.4	0.6	1	1.5	2.5	4	6	9	15	22	36	58	90	150	220	360	580	900	1500	2200
>10～18	0.5	0.8	1.2	2	3	5	8	11	18	27	43	70	110	180	270	430	700	1100	1800	2700
>18～30	0.6	1	1.5	2.5	4	6	9	13	21	33	52	84	130	210	330	520	840	1300	2100	3300
>30～50	0.7	1	1.5	2.5	4	7	11	16	25	39	62	100	160	250	390	620	1000	1600	2500	3900
>50～80	0.8	1.2	2	3	5	8	13	19	30	46	74	120	190	300	460	740	1200	1900	3000	4600
>80～120	1	1.5	2.5	4	6	10	15	22	35	54	87	140	220	350	540	870	1400	2200	3500	5400
>120～180	1.2	2	3.5	5	8	12	18	25	40	63	100	160	250	400	630	1000	1600	2500	4000	6300
>180～250	2	3	4.5	7	10	14	20	29	46	72	115	185	290	460	720	1150	1850	2900	4600	7200
>250～315	2.5	4	6	8	12	16	23	32	52	81	130	210	320	520	810	1300	2100	3200	5200	8100
>315～400	3	5	7	9	13	18	25	36	57	89	140	230	360	570	890	1400	2300	3600	5700	8900
>400～500	4	6	8	10	15	20	27	40	63	97	155	250	400	630	970	1550	2500	4000	6300	9700

附表 2-2　　轴的优先及常用轴公差带极限偏差数值表（摘自 GB/T 1008.4—1999）

基本尺寸 mm	常用及优先公差带（带圈者为优先公差带）															
	f					g			h							
	5	6	⑦	8	9	5	⑥	7	5	⑥	⑦	8	⑨	10	⑪	12
>0～3	−6 −10	−6 −12	−6 −16	−6 −20	−6 −31	−2 −6	−2 −8	−2 −12	0 −4	0 −6	0 −10	0 −14	0 −25	0 −40	0 −60	0 −100
>3～6	−10 −15	−10 −18	−10 −22	−10 −28	−10 −40	−4 −9	−4 −12	−4 −16	0 −5	0 −8	0 −12	0 −18	0 30	0 −48	0 −75	0 −120
>6～10	−13 −19	−13 −22	−13 −28	−13 −35	−13 −49	−5 −11	−5 −14	−5 −20	0 −6	0 −9	0 −15	0 −22	0 −36	0 −58	0 −90	0 −150
>10～14 >14～18	−16 −24	−16 −27	−16 −34	−16 −43	−16 −59	−6 −14	−6 −17	−6 −24	0 −8	0 −11	0 −18	0 −27	0 −43	0 −70	0 −110	0 −180
>18～24 >24～30	−20 −29	−20 −33	−20 −41	−20 −53	−20 −72	−7 −16	−7 −20	−7 −28	0 −9	0 −13	0 −21	0 −33	0 −52	0 −84	0 −130	0 −210
>30～40 >40～50	−25 −36	−25 −41	−25 −50	−25 −64	−25 −87	−9 −20	−9 −25	−9 −34	0 −11	0 −16	0 −25	0 −39	0 −62	0 −100	0 −160	0 −250
>50～65 >65～80	−30 −43	−30 −49	−30 −60	−30 −76	−30 −104	−10 −23	−10 −29	−10 −40	0 −13	0 −19	0 −30	0 −46	0 −74	0 −120	0 −190	0 −300
>80～100 >100～120	−36 −51	−36 −58	−36 −71	−36 −90	−36 −123	−12 −27	−12 −34	−12 −47	0 −15	0 −22	0 −35	0 −54	0 −87	0 −140	0 −220	0 −350

续表

基本尺寸 mm	常用及优先公差带（带圈者为优先公差带）														
	js			k			m			n			p		
	5	⑥	7	5	⑥	7	5	6	7	5	⑥	7	5	⑥	7
>0～3	±2	±3	±5	+4 0	+6 0	+10 0	+6 +2	+8 +2	+12 +2	+8 +4	+10 +4	+14 +4	+10 +6	+12 +6	+16 +6
>3～6	±2.5	±4	±6	+6 +1	+9 +1	+13 +1	+9 +4	+12 +4	+16 +4	+13 +8	+16 +8	+20 +8	+17 +12	+20 +12	+24 +12
>6～10	±3	±4.5	±7	+7 +1	+10 +1	+16 +1	+12 +6	+15 +6	+21 +6	+16 +10	+19 +10	+25 +10	+21 +15	+24 +15	+30 +15
>10～14 >14～18	±4	±5.5	±9	+9 +1	+12 +1	+19 +1	+15 +7	+18 +7	+25 +7	+20 +12	+23 +12	+30 +12	+26 +18	+29 +18	+36 +18
>18～24 >24～30	±4.5	±6.5	±10	+11 +2	+15 +2	+23 +2	+17 +8	+21 +8	+29 +8	+24 +15	+28 +15	+36 +15	+31 +22	+35 +22	+43 +22
>30～40 >40～50	±5.5	±8	±12	+13 +2	+18 +2	+27 +2	+20 +9	+25 +9	+34 +9	+28 +17	+33 +17	+42 +17	+37 +26	+42 +26	+51 +26
>50～65 >65～80	±6.5	±9.5	±15	+15 +2	+21 +2	+32 +2	+24 +11	+30 +11	+41 +11	+33 +20	+39 +20	+50 +20	+45 +32	+51 +32	+62 +32
>80～100 >100～120	±7.5	±11	±17	+18 +3	+25 +3	+38 +3	+28 +13	+35 +13	+48 +13	+38 +23	+45 +23	+58 +23	+52 +37	+59 +37	+72 +37

附表 2-3　孔的优先及常用公差带极限偏差数值表（摘自 GB/T 1800.4—1999）　μm

基本尺寸 mm	常用及优先公差带（带圈者为优先公差带）														
	E		F				G		H						
	8	9	6	7	⑧	9	6	⑦	6	⑦	⑧	⑨	10	⑪	12
>0～3	+28 +14	+39 +14	+12 +6	+16 +6	+20 +6	+31 +6	+8 +2	+12 +2	+6 0	+10 0	+14 0	+25 0	+40 0	+60 0	+100 0
>3～6	+38 +20	+50 +20	+18 +10	+22 +10	+28 +10	+40 +10	+12 +4	+16 +4	+8 0	+12 0	+18 0	+30 0	+48 0	+75 0	+120 0
>6～10	+47 +25	+61 +25	+22 +13	+28 +13	+35 +13	+49 +13	+14 +5	+20 +5	+9 0	+15 0	+22 0	+36 0	+58 0	+90 0	+150 0
>10～14 >14～18	+59 +32	+75 +32	+27 +16	+34 +16	+43 +16	+59 +16	+17 +6	+24 +6	+11 0	+18 0	+27 0	+43 0	+70 0	+110 0	+180 0

续表

基本尺寸 mm	常用及优先公差带（带圈者为优先公差带）														
	E		F				G		H						
	8	9	6	7	⑧	9	6	⑦	6	⑦	⑧	⑨	10	⑪	12
>18～24 >24～30	+73 +40	+92 +40	+33 +20	+41 +20	+53 +20	+72 +20	+20 +7	+28 +7	+13 0	+21 0	+33 0	+52 0	+84 0	+130 0	+210 0
>30～40 >40～50	+89 +50	+112 +50	+41 +25	+50 +25	+64 +25	+87 +25	+25 +9	+34 +9	+16 0	+25 0	+39 0	+62 0	+100 0	+160 0	+250 0
>50～65 >65～80	+106 +6	+134 +80	+49 +30	+60 +30	+76 +30	+104 +30	+29 +10	+40 +10	+19 0	+30 0	+46 0	+74 0	+120 0	+190 0	+300 0
>80～100 >100～120	+126 +72	+159 +72	+58 +36	+71 +36	+90 +36	+123 +36	+34 +12	+47 +12	+22 0	+35 0	+54 0	+87 0	+140 0	+220 0	+350 0

基本尺寸 mm	常用及优先公差带（带圈者为优先公差带）													
	J_s			K			M			N			P	
	6	7	8	6	⑦	8	6	7	8	6	⑦	8	6	⑦
>0～3	±3	±5	±7	0 −6	0 −10	0 −14	−2 −8	−2 −12	−2 −16	−4 −10	−4 −14	−4 −18	−6 −12	−6 −16
>3～6	±4	±6	±9	+2 −6	+3 −9	+5 −13	−1 −9	0 −12	+2 −16	−5 −13	−4 −16	−2 −20	−9 −17	−8 −20
>6～10	±4.5	±7	±11	+2 −7	+5 −10	+6 −16	−3 −12	0 −15	+1 −21	−7 −16	−4 −19	−3 −25	−12 −21	−9 −24
>10～14 >14～18	±5.5	±9	±13	+2 −9	+6 −12	+8 −19	−4 −15	0 −18	+2 −25	9 −20	+5 −23	−3 −30	−15 −26	−11 −29
>18～24 >24～30	±6.5	±10	±16	+2 −11	+6 −15	+10 −23	−4 −17	0 −21	+4 −29	−11 −24	−7 −28	−3 −36	−18 −31	−14 −35
>30～40 >40～50	±8	±12	±19	+3 −13	+7 −18	+12 −27	−4 −20	0 −25	+5 −34	−12 −28	−8 −33	−3 −42	−21 −37	−17 −42
>50～65 >65～80	±9.5	±15	±23	+4 −15	+9 −21	+14 −32	−5 −24	0 −30	+5 −41	−14 −33	−9 −39	−4 −50	−26 −45	−21 −51
>80～100 >100～120	±11	±17	±27	+4 −18	+10 −25	+16 −38	−6 −28	0 −35	+6 −48	−16 −38	−10 −45	−4 −58	−30 −52	−24 −59

三、螺纹紧固件

1. 六角头螺栓

六角头螺栓—C级（摘自GB/T 5780—2000）　　六角头螺栓—A和B级（摘自GB/T 5782—2000）

标记示例

螺纹规格 d=M12、公称长度 l=80mm、性能等级为8.8级，表面氧化、A级的六角头螺栓，其标记为：

螺栓　GB/T 5782　M12×80

附表 3-1　　六角头螺栓各部分尺寸　　mm

螺纹规格 d			M3	M4	M5	M6	M8	M10	M12	M16	M20	M24	M30	M36	M42
b 参考	l≤125		12	14	16	18	22	26	30	38	46	54	66	—	—
	125<l≤200		18	20	22	24	28	32	36	44	52	60	72	84	96
	l>200		31	33	35	37	41	45	49	57	65	73	85	97	109
c			0.4	0.4	0.5	0.5	0.6	0.6	0.6	0.8	0.8	0.8	0.8	0.8	1
d_w	产品等级	A	4.57	5.88	6.88	8.88	11.63	14.63	16.63	22.49	28.19	33.61	—	—	—
		A、B	4.45	5.74	6.74	8.74	11.47	14.47	16.47	22	27.7	33.25	42.75	51.11	59.95
e	产品等级	A	6.01	7.66	8.79	11.05	14.38	17.77	20.03	26.75	33.53	39.98	—	—	—
		B、C	5.88	7.50	8.63	10.89	14.20	17.59	19.85	26.17	32.95	39.55	50.85	60.79	72.02
k 公称			2	2.8	3.5	4	5.3	6.4	7.5	10	12.5	15	18.7	22.5	26
r			0.1	0.2	0.2	0.25	0.4	0.4	0.6	0.6	0.8	0.8	1	1	1.2
s 公称			5.5	7	8	10	13	16	18	24	30	36	46	55	65
l（商品规格范围）			20～30	25～40	25～50	30～60	40～80	45～100	50～120	65～160	80～200	90～240	110～300	140～360	160～440
l 系列			12，16，20，25，30，35，40，45，50，55，60，65，70，80，90，100，110，120，130，140，150，160，180，200，220，240，260，280，300，320，340，360，380，400，420，440，460，480，500												

注　1. A级用于 d≤24 和 l≤10d 或≤150 的螺栓；

B级用于 d>24 和 l>10d 或>150 的螺栓。

2. 螺纹规格 d 范围：GB/T 5780 为 M5～M64；GB/T 5782 为 M1.6～M64。

3. 公称长度范围：GB/T 5780 为 25～500；GB/T 5782 为 12～500。

2. 双头螺柱

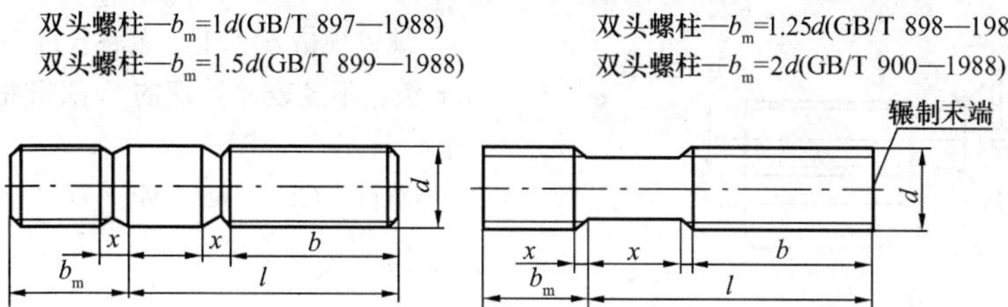

标记示例

两端均为粗牙普通螺纹、d=10、l=50、性能等级为 4.8 级、B 型、b_m=1d 的双头螺柱，其标记为：

螺栓　GB/T 897　M10×50

旋入机体一端为粗牙普通螺纹、旋螺母一端为螺距 1 的细牙普通螺纹、d=10、l=50、性能等级为 4.8 级、A 型、b_m=1d 的双头螺柱，其标记为：螺柱 GB/T 897 AM10—M10×1×50

附表 3-2　　双头螺柱各部分尺寸　　mm

螺纹规格		M5	M6	M8	M10	M12	M16	M20	M24	M30	M36	M42
b_m（公称）	GB/T 897	5	6	8	10	12	16	20	24	30	36	42
	GB/T 898	6	8	10	12	15	20	25	30	38	45	52
	GB/T 899	8	10	12	15	18	24	30	36	45	54	65
	GB/T 900	10	12	16	20	24	32	40	48	60	72	84
d_s(max)		5	6	8	10	12	16	20	24	30	36	42
x(max)		2.5P										
$\frac{l}{b}$		$\frac{16\sim22}{10}$	$\frac{20\sim22}{10}$	$\frac{20\sim22}{12}$	$\frac{25\sim28}{14}$	$\frac{25\sim30}{16}$	$\frac{30\sim38}{20}$	$\frac{35\sim40}{25}$	$\frac{45\sim50}{30}$	$\frac{60\sim65}{40}$	$\frac{65\sim75}{45}$	$\frac{65\sim80}{50}$
		$\frac{25\sim50}{16}$	$\frac{25\sim30}{14}$	$\frac{25\sim30}{16}$	$\frac{30\sim38}{16}$	$\frac{32\sim40}{20}$	$\frac{40\sim55}{30}$	$\frac{45\sim65}{35}$	$\frac{55\sim75}{45}$	$\frac{70\sim90}{50}$	$\frac{80\sim110}{60}$	$\frac{85\sim110}{70}$
			$\frac{32\sim75}{18}$	$\frac{32\sim90}{22}$	$\frac{40\sim120}{26}$	$\frac{45\sim120}{30}$	$\frac{60\sim120}{38}$	$\frac{70\sim120}{46}$	$\frac{80\sim120}{54}$	$\frac{95\sim120}{60}$	$\frac{120}{78}$	$\frac{120}{90}$
					$\frac{130}{32}$	$\frac{130\sim180}{36}$	$\frac{130\sim200}{44}$	$\frac{130\sim200}{52}$	$\frac{130\sim200}{60}$	$\frac{130\sim200}{72}$	$\frac{130\sim200}{84}$	$\frac{130\sim200}{96}$
										$\frac{210\sim250}{85}$	$\frac{210\sim300}{91}$	$\frac{210\sim300}{109}$
l 系列		16，(18)，20，(22)，25，(28)，30，(32)，35，(38)，40，45，50，(55)，60，(65)，70，(75)，80，(85)，90，(95)，100，110，120，130，140，150，160，170，180，190，200，210，220，230，240，250，260，280，300										

注　P 是粗牙螺纹的螺距。

3. 开槽沉头螺钉(摘自 GB/T 68—2000)

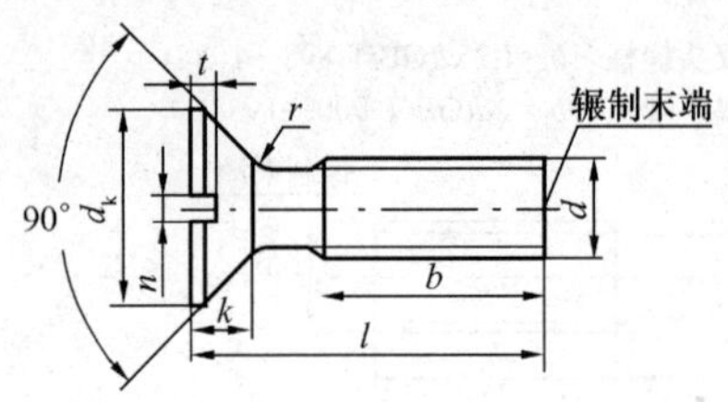

标记示例

螺纹规格 d=M5、公称长度 l=20、性能等级为 4.8 级、不经表面处理的 A 级开槽沉头螺钉，其标记为：

螺钉　GB/T 68　M5×20

附表 3-3　　开槽沉头螺钉各部分尺寸　　mm

螺纹规格 d	M1.6	M2	M2.5	M3	M4	M5	M6	M8	M10
P(螺距)	0.35	0.4	0.45	0.5	0.7	0.8	1	1.25	1.5
b	25	25	25	25	38	38	38	38	38
d_k	3.6	4.4	5.5	6.3	9.4	10.4	12.6	17.3	20
k	1	1.2	1.5	1.65	2.7	2.7	3.3	4.65	5
n	0.4	0.5	0.6	0.8	1.2	1.2	1.6	2	2.5
r	0.4	0.5	0.6	0.8	1	1.3	1.5	2	2.5
t	0.5	0.6	0.75	0.85	1.3	1.4	1.6	2.3	2.6
公称长度 l	2.5～16	3～20	4～25	5～30	6～40	8～50	8～60	10～80	12～80
l 系列	2.5，3，4，5，6，8，10，12，(14)，16，20，25，30，35，40，45，50，(55)，60，(65)，70，(75)，80								

注　1. 括号内的规格尽可能不采用。

2. M1.6～M3 的螺钉、公称长度 $l \leqslant 30$ 的，制出全螺纹；M4～M10 的螺钉、公称长度 $l \leqslant 45$ 的，制出全螺纹。

4. 紧定螺钉

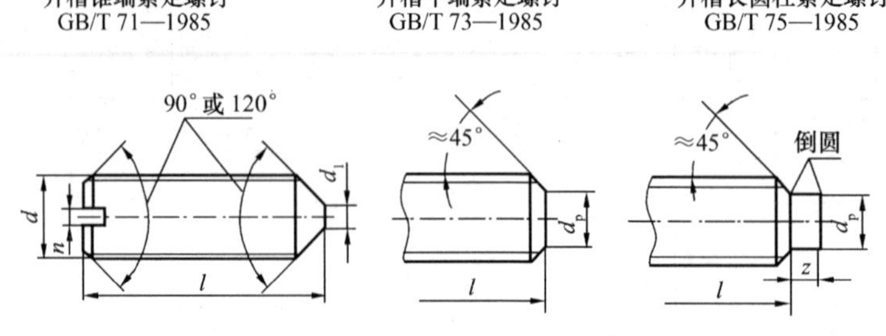

标记示例

螺纹规格 d=M5、公称长度 l=12、性能等级为 14H 级、表面氧经的开槽长圆柱端紧定螺钉，其标记为：

螺钉　GB/T 75　M5×12

附表 3-4　　**紧定螺钉各部分尺寸**　　mm

螺纹规格 d		M1.6	M2	M2.5	M3	M4	M5	M6	M8	M10	M12
P(螺距)		0.35	0.4	0.45	0.5	0.7	0.8	1	1.25	1.5	1.75
n		0.25	0.25	0.4	0.4	0.6	0.8	1	1.2	1.6	2
t		0.74	0.84	0.95	1.05	1.42	1.63	2	2.5	3	3.6
d_t		0.16	0.2	0.25	0.3	0.4	0.5	1.5	2	2.5	3
d_p		0.8	1	1.5	2	2.5	3.5	4	5.5	7	8.5
z		1.05	1.25	1.5	1.75	2.25	2.75	3.25	4.3	5.3	6.3
l	GB/T 71—1985	2～8	3～10	3～12	4～16	6～20	8～25	8～30	10～40	12～50	14～60
	GB/T 73—1985	2～8	2～10	2.5～12	3～16	4～20	5～25	5～30	8～40	10～50	12～60
	GB/T 75—1985	2.5～8	3～10	4～12	5～16	6～20	8～25	10～30	10～40	12～50	14～60
l 系列		2，2.5，3，4，5，6，8，10，12，(14)，16，20，25，30，35，40，45，50，(55)，60									

注　1. l 为公称长度。

2. 括号内的规格尽可能不采用。

5. 螺母

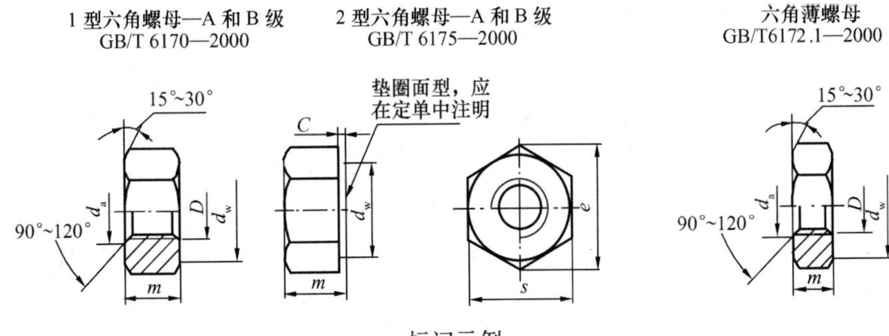

标记示例

螺纹规格 D=M12、性能等级为 8 级、不经表面处理、产品等级为 A 级 1 型六角螺母，其标记为：

螺栓　GB/T 6170　M12

螺纹规格 D=M12、性能等级为 9 级、表面氧化的 2 型六角螺母，其标记为：螺母 GB/T 6175　M12

螺纹规格 D=M12、性能等级为 04 级、不经表面处理的六角薄螺母，其标记为：螺母 GB/T 6172.1 M12

附表 3-5 　　　　**螺母各部分尺寸** 　　　　mm

螺纹规格 D		M3	M4	M5	M6	M8	M10	M12	M16	M20	M24	M30	M36
e	min	6.01	7.66	8.63	10.89	14.20	17.59	19.85	26.17	32.95	39.55	50.85	60.79
s	max	5.5	7	8	10	13	16	18	24	30	36	46	55
	min	5.5	7	8	10	13	16	18	24	30	36	46	55
c	max	0.4	0.4	0.5	0.5	0.6	0.6	0.6	0.8	0.8	0.8	0.8	0.8
d_w	min	4.6	5.9	6.9	8.9	11.6	14.6	16.6	22.5	27.7	33.2	42.8	51.1
d_a	max	3.45	4.6	5.75	6.75	8.75	10.8	13	17.3	21.6	25.9	32.4	38.9
GB/T 61770—2000 m	max	2.4	3.2	4.7	5.2	6.8	8.4	10.8	14.8	18	21.5	25.6	31
	min	2.15	2.9	4.4	4.9	6.44	8.04	10.37	14.1	16.9	20.2	24.3	29.4
GB/T 6172.1—2000 m	max	1.8	2.2	2.7	3.2	4	5	6	8	10	12	15	18
	min	1.55	1.95	2.45	2.9	3.7	4.7	5.7	7.42	9.10	10.9	13.9	16.9
GB/T 6175—2000 m	max	—	—	5.1	5.7	7.5	9.3	12	16.4	20.3	23.9	28.6	34.7
	min	—	—	4.8	5.4	7.14	8.94	11.57	15.7	19	22.6	27.3	33.1

注　A级用于 $D \leqslant 16$；B级用于 $D > 16$。

6. 垫圈

小垫圈—A级（GB/T 848—2002）

平垫圈—A级（GB/T 97.1—2002）

平垫圈　倒角型—A级（GB/T 97.2—2000）

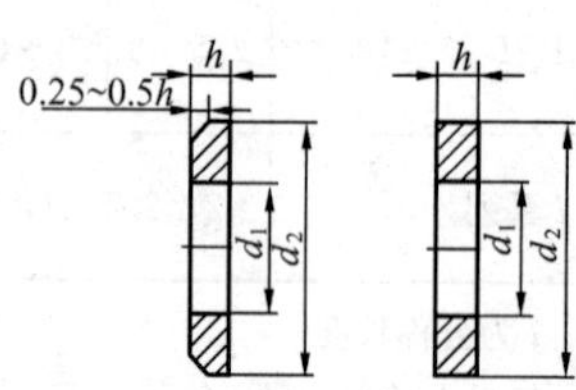

标记示例

标准系列、规格 8、性能等级为 140HV 级、不级表面处理的平垫圈，其标记为：垫圈 GB/T 97.1　8

附表 3-6 　　　　**垫圈各部分尺寸** 　　　　mm

公称尺寸（螺纹规格 d）		1.6	2	2.5	3	4	5	6	8	10	12	14	16	20	24	30	36
d_1	GB/T 848	1.7	2.2	2.7	3.2	4.3	5.3	6.4	8.4	10.5	13	15	17	21	25	31	37
	GB/T 97.1	1.7	2.2	2.7	3.2	4.3	5.3	6.4	8.4	10.5	13	15	17	21	25	31	37
	GB/T 97.2						5.3	6.4	8.4	10.5	13	15	17	21	25	31	37
d_2	GB/T 848	3.5	4.5	5	6	8	9	11	15	18	20	24	28	34	39	50	60
	GB/T 97.1	4	5	6	7	9	10	12	16	20	24	28	30	37	44	56	66
	GB/T 97.2						10	12	16	20	24	28	30	37	44	56	66
h	GB/T 848	0.3	0.3	0.5	0.5	0.5	1	1.6	1.6	1.6	2	2.5	2.5	3	4	4	5
	GB/T 97.1	0.3	0.3	0.5	0.5	0.5	1	1.6	1.6	1.6	2	2.5	2.5	3	4	4	5
	GB/T 97.2						1	1.6	1.6	1.6	2	2.5	2.5	3	4	4	5

7. 标准型弹簧垫圈(摘自 GB/T 93—1987)

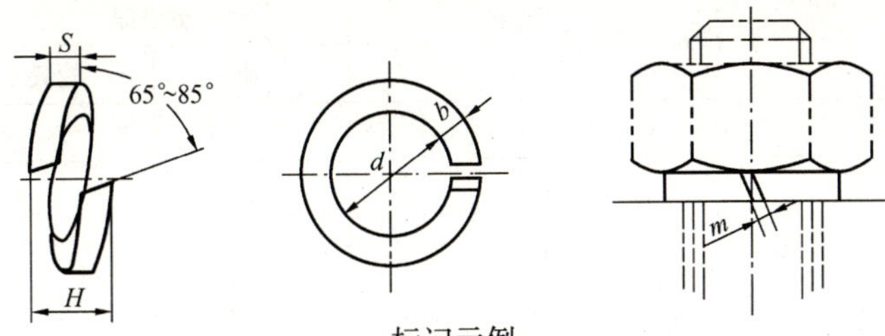

标记示例

规格 16、材料为 65Mn、表面氧化的标准型弹簧垫圈，其标记为：垫圈 GB/T 93　16

附表 3-7　　**标准型弹簧垫圈各尺寸**　　mm

规格(螺纹大径)		3	4	5	6	9	10	12	(14)	16	(18)	20	(22)	24	(27)	30
d		3.1	4.1	5.1	6.1	8.1	10.2	12.2	14.2	16.2	18.2	20.2	22.5	24.5	27.5	30.5
H	GB/T 93	1.6	2.2	2.6	3.2	4.2	5.2	6.2	7.2	8.2	9	10	11	12	13.6	15
	GB/T 859	1.2	1.6	2.2	2.6	3.2	4	5	6	6.4	7.2	8	9	10	11	12
$S(b)$	GB/T 93	0.8	1.1	1.3	1.6	2.1	2.6	3.1	3.6	4.1	4.5	5	5.5	6	6.8	7.5
S	GB/T 859	0.6	0.8	1.1	1.3	1.6	2	2.5	3	3.2	3.6	4	4.5	5	5.5	6
$m\leqslant$	GB/T 93	0.4	0.55	0.65	0.8	1.05	1.3	1.55	1.8	2.05	2.25	2.5	2.75	3	3.4	3.75
	GB/T 859	0.3	0.4	0.55	0.65	0.8	1	1.25	1.5	1.6	1.8	2	2.25	2.5	2.75	3
b	GB/T 859	1	1.2	1.5	2	2.5	3	3.5	4	4.5	5	5.5	6	7	8	9

注　1. 括号内的规格尽可能不采用。

2. m 应大于零。

四、键、销

1. 普通型平键及键槽(摘自 GB/T 1096—2003 及 GB/T 1095—2003)

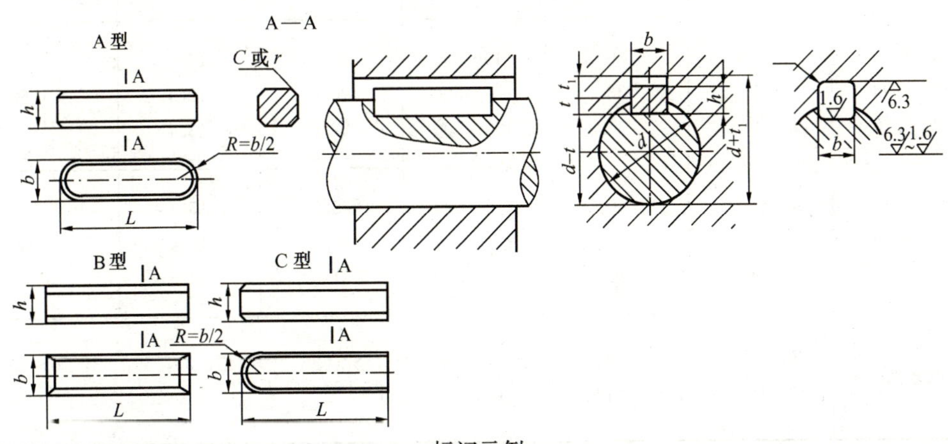

标记示例

圆头普通型平键(A 型)，b=18mm，h=11mm，L=100mm GB/T 1096　键　18×11×100

圆头普通型平键(B 型)，b=18mm，h=11mm，L=100mm GB/T 1096　键 B　18×11×100

附表 4-1　普通平键及键槽各部分尺寸　mm

轴径 d	键的公称尺寸			键槽深		r 小于
				轴	轮毂	
	b	h	L	t	t_1	
自 6～8	2	2	6～20	1.2	1.0	0.16
>8～19	3	3	6～36	1.8	1.4	
>10～12	4	4	8～45	2.5	1.8	
>12～17	5	5	10～56	3.0	2.3	0.25
>17～22	6	6	14～70	3.5	2.8	
>22～30	8	7	18～90	4.0	3.3	
>30～38	10	8	22～110	5.0	3.3	0.40
>38～44	12	8	28～140	5.0	3.3	
>44～50	14	9	36～160	5.5	3.8	
>50～58	16	10	45～180	6.0	4.3	
>58～65	18	11	50～200	7.0	4.4	
>65～75	20	12	56～220	7.5	4.9	0.60
>75～85	22	14	63～250	9.0	5.4	
>85～95	25	14	70～280	9.0	5.4	
>95～100	28	16	80～320	10.0	6.4	
>110～130	32	18	90～360	11.0	7.4	
>130～150	36	20	100～400	12.0	8.4	1.00
>150～170	40	22	100～400	13.0	9.4	
>170～200	45	25	110～450	15.0	10.4	
>200～230	50	28	125～500	17.0	11.4	
>230～260	56	30	140～500	20.0	12.4	1.60
>260～290	63	32	160～500	20.0	12.4	
>290～300	70	36	180～500	22.0	12.4	
>330～380	80	40	200～500	25.0	15.4	2.50
>380～440	90	45	220～500	28.0	17.4	
>440～500	100	50	250～500	31.0	19.5	
L 的系列	6，8，10，12，14，16，18，20，22，25，28，32，36，40，45，50，56，63，70，80，90，100，110，125，140，160，180，200，220，250					

注　1. 在工作图中轴槽深用 t_1 标注，轮毂槽深用 t_2 标注。

2. 对于空心轴、阶梯轴、传递较低扭矩及定位等特殊情况，允许大直径的轴选用较小剖面尺寸的键。

3. 轴径 d 是 GB/T 1095—1979 中的数值，供选用键时参考，本标准中取消了该列。

2. 销

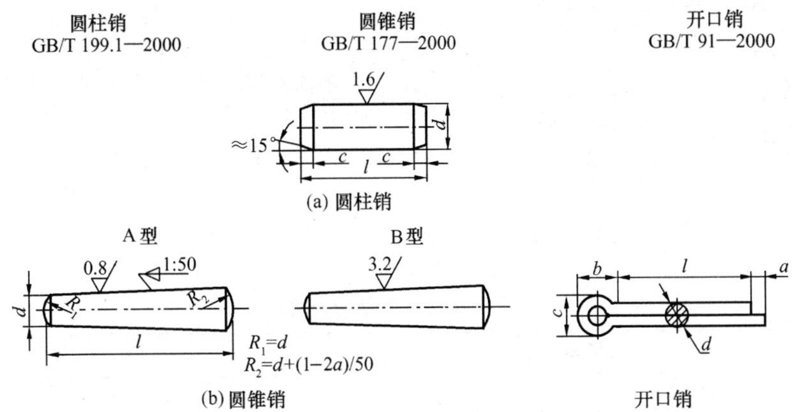

(a) 圆柱销

(b) 圆锥销　　　　开口销

标记示例

公称直径 10mm、长 50mm 的 A 型圆柱销，其标记为：销 GB/T 119.1　6m10×50

公称直径 10mm、长 60mm 的 A 型圆锥销，其标记为：销 GB/T 117　10×60

公称直径 5mm、长 60mm 的开口销，其标记为：销 GB/T 91　10×50

附表 4-2　　**销 各 部 分 尺 寸**　　mm

名称	公称直径 d	1	1.2	1.5	2	2.5	3	4	5	6	8	10	12
圆柱销（GB/T 199.1—2000）	$n\approx$	0.12	0.16	0.20	0.25	0.30	0.40	0.50	0.63	0.80	10	1.2	1.6
	$c\approx$	0.20	0.25	0.30	0.35	0.40	0.50	0.63	0.80	1.2	1.6	2	2.5
圆锥销（GB/T 117—2000）	$a\approx$	0.12	0.16	0.20	0.25	0.30	0.40	0.50	0.63	0.80	1	1.2	1.6
开口销（GB/T 91—2000）	d(公称)	0.6	0.8	1	1.2	1.6	2	2.5	3.2	4	5	6.3	8
	c	1	1.4	1.8	2	2.8	3.6	4.6	5.8	7.4	9.2	11.8	15
	$b\approx$	2	2.4	3	3	3.2	4	5	6.4	8	10	12.6	16
	a	1.6	1.6	1.6	2.5	2.5	2.5	2.5	4	4	4	4	4
	l(商品规格范围公称长度)	4～12	5～16	6～0	8～6	8～2	10～40	12～50	14～65	18～80	22～100	30～120	40～160
l 系列	2，3，4，5，6，8，10，12，14，16，18，20，22，24，26，28，30，32，35，40，45，50，55，60，65，70，75，80，85，90，95，100，120												

五、常用滚动轴承

深沟球轴承(GB/T 276—1994)

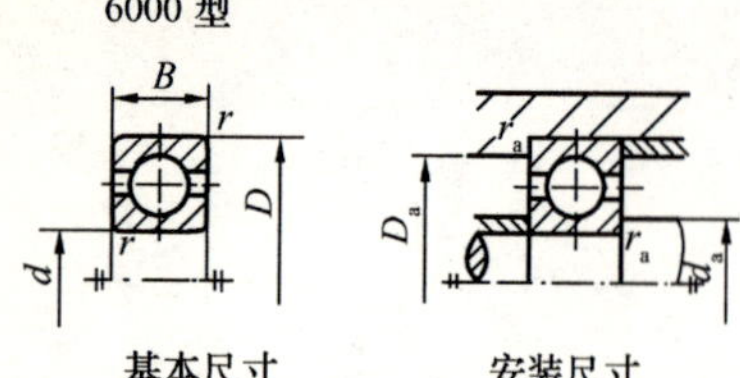

标记示例

内径 d=20 的 60000 型深钩球轴承，尺寸系列为(0)2，组合代号为 62，其标记为：

滚动轴承　6204　GB/T 276—1994

附表 5-1　　深沟球轴承各部分尺寸

轴承代号	基本尺寸/mm				安装尺寸/mm		
	d	D	B	r_s min	d_a min	D_a max	r_{as} max
(1)0 尺寸系列							
6000	10	26	8	0.3	12.4	23.6	0.3
6001	12	28	8	0.3	14.4	25.6	0.3
6002	15	32	9	0.3	17.4	29.6	0.3
6003	17	35	10	0.3	19.4	32.6	0.3
6004	20	42	12	0.6	25	37	0.6
6005	25	47	12	0.6	30	42	0.6
6006	30	55	13	1	36	49	1
6007	35	62	14	1	41	56	1
6008	40	68	15	1	46	62	1
6009	45	75	16	1	51	69	1
6010	50	80	16	1	56	74	1
6011	55	90	18	1.1	62	83	1
6012	60	95	18	1.1	67	88	1
6013	65	100	18	1.1	72	93	1
6014	70	110	20	1.1	77	103	1
6015	75	115	20	1.1	82	108	1
6016	80	125	22	1.1	87	118	1
6017	85	130	22	1.1	92	123	1
6018	90	140	24	1.5	99	131	1.5
6019	95	145	24	1.5	104	136	1.5
6020	100	150	24	1.5	109	141	1.5
(0)2 尺寸系列							
6200	10	30	9	0.6	15	25	0.6
6201	12	32	10	0.6	17	27	0.6
6202	15	35	11	0.6	20	30	0.6
6203	17	40	12	0.6	22	35	0.6
6204	20	47	14	1	26	41	1
6205	25	52	15	1	31	46	1

续表

轴承代号	基本尺寸/mm				安装尺寸/mm		
	d	D	B	r_s min	d_a min	D_a max	r_{as} max
(0)2 尺寸系列							
6206	30	62	16	1	36	56	1
6207	35	72	17	1.1	42	65	1
6208	40	80	18	1.1	47	73	1
6209	45	85	19	1.1	52	78	1
6210	50	90	20	1.1	57	83	1
6211	55	100	21	1.5	64	91	1.5
6212	60	110	22	1.5	69	101	1.5
6213	65	120	23	1.5	74	111	1.5
6214	70	125	24	1.5	79	116	1.5
6215	75	130	25	1.5	84	121	1.5
6216	80	140	26	2	90	130	2
6217	85	150	28	2	95	140	2
6218	90	160	30	2	100	150	2
6219	95	170	32	2.1	107	158	2.1
6220	100	180	34	2.1	112	168	2.1
(0)3 尺寸系列							
6300	10	35	11	0.6	15	30	0.6
6301	12	37	12	1	18	31	1
6302	15	42	13	1	21	36	1
6303	17	47	14	1	23	41	1
6304	20	52	15	1.1	27	45	1
6305	25	62	17	1.1	32	55	1
6306	30	72	19	1.1	37	65	1
6307	35	80	21	1.5	44	71	1.5
6308	40	90	23	1.5	49	81	1.5
6309	45	100	25	1.5	54	91	1.5
6310	50	110	27	2	60	100	2
6311	55	120	29	2	65	110	2
6312	60	130	31	2.1	72	118	2.1
6313	65	140	33	2.1	77	128	2.1
6314	70	150	35	2.1	82	138	2.1
6315	75	160	37	2.1	87	148	2.1
6316	80	170	39	2.1	92	158	2.1
6317	85	180	41	3	99	166	2.5
6318	90	190	43	3	104	176	2.5
6319	95	200	45	3	109	186	2.5
6320	100	215	47	3	114	201	2.5

续表

轴承代号	基本尺寸/mm				安装尺寸/mm		
	d	D	B	r_s min	d_a min	D_a max	r_{as} max
(0)4 尺寸系列							
6403	17	62	17	1.1	24	55	1
6404	20	72	19	1.1	27	65	1
6405	25	80	21	1.5	34	71	1.5
6406	30	90	23	1.5	39	81	1.5
6407	35	100	25	1.5	44	91	1.5
6408	40	110	27	2	50	100	2
6409	45	120	29	2	55	110	2
6410	50	130	31	2.1	62	118	2.1
6411	55	140	33	2.1	67	128	2.1
6412	60	150	35	2.1	72	138	2.1
6413	65	160	37	2.1	77	148	2.1
6414	70	180	42	3	84	166	2.5
6415	75	190	45	3	89	176	2.5
6416	80	200	48	3	94	186	2.5
6417	85	210	52	4	103	192	3
6418	90	225	54	4	108	207	3
6420	100	250	58	4	118	232	3

注 r_{amin}为 r 的单向最小倒角尺寸；r_{asmax}为 r_{as}的单向最大倒角尺寸。

参 考 文 献

1 何铭新．画法几何及土木工程制图．武汉：武汉工业大学出版社，2001
2 王子茹．房屋建筑设备识图．北京：中国建材工业出版社，2001
3 莫章金．建筑安装工程制图．重庆：重庆大学出版社，1997
4 何斌．建筑制图．北京：高等教育出版社，2001
5 邹宜候，窦墨林．机械制图．北京：清华大学出版社，2001
6 何铭新，钱可强．机械制图．北京：高等教育出版社，1997
7 董怀武，刘传慧．画法几何及机械制图．武汉：武汉理工大学出版社，2001
8 合肥工业大学工程图学教研室．机械制图．北京：机械工业出版社，1999
9 周霭明，缪临平，顾文逵．机械制图．上海：同济大学出版社，2001